# 建筑石膏生产与应用技术

赵云龙　编著

中国建材工业出版社

图书在版编目（CIP）数据

建筑石膏生产与应用技术/赵云龙编著．--北京：
中国建材工业出版社，2019.11
ISBN 978-7-5160-2689-2

Ⅰ．①建… Ⅱ．①赵… Ⅲ．①建筑材料－石膏－基本
知识 Ⅳ．①TU521.2

中国版本图书馆 CIP 数据核字（2019）第 213290 号

## 内容简介

　　本书共十章，主要内容包括建筑石膏的性能与生产管理、石膏原材料、石膏脱水及水化硬化机理、建筑石膏的改性、生产建筑石膏项目工艺与设备的选择、建筑石膏煅烧生产线主要设备、生产建筑石膏的质量控制及其影响因素、建筑石膏的质量检验、建筑石膏在使用中的影响因素和建筑石膏应用产品简述。

　　本书可作为石膏建材行业基础培训教材，也可作为企业立项、设备选购、工艺选择的参考文献。

**建筑石膏生产与应用技术**

Jianzhu Shigao Shengchan yu Yingyong Jishu

赵云龙　编著

出版发行：中国建材工业出版社
地　　址：北京市海淀区三里河路 1 号
邮　　编：100044
经　　销：全国各地新华书店
印　　刷：北京鑫正大印刷有限公司
开　　本：787mm×1092mm　1/16
印　　张：26
字　　数：650 千字
版　　次：2019 年 11 月第 1 版
印　　次：2019 年 11 月第 1 次
定　　价：**138.00 元**

# 前　言

　　建筑石膏（又称熟石膏），是以半水硫酸钙为主要成分，不预先添加任何外加剂或掺合料的粉状胶凝材料，也是一种在建筑与装饰工程中应用广泛的绿色建筑材料。

　　长期以来，石膏建筑材料在发达国家的应用已很普遍，我国对建筑石膏生产和应用技术的研究应予以高度重视。近年来，随着我国环境保护政策的落实、人居环境的改善，以及绿色建材理念的深入人心，行业对建筑石膏的需求量日趋增大，工业副产石膏和建筑石膏应用技术飞速进步。但由于我国建筑石膏的应用起步较晚，发展时间较短，在生产和应用技术方面尚存在很多不足。为了更好地引导和服务石膏建材行业的稳步发展，特邀请了多位从事建筑石膏生产与应用领域相关科研、装备、生产、管理等方面的专业人士共同编著了《建筑石膏生产与应用技术》一书。

　　本书内容涵盖了石膏原料，石膏水化硬化机理，建筑石膏的改性、生产工艺的选择、生产装备、质量控制与性能检验，以及建筑石膏在使用中的影响因素等。本书实用性强，编著者在实践经验的基础上，在建筑石膏质量的稳定性、产品生产过程中的环保措施等方面引入了一些新的技术。本书可为石膏建材企业及相关专业人士提供参考，也可作为石膏行业培训的教材。

　　本书在编写时参考和引用了诸多专家学者及业内专业人士的观点和资料，特在此致以诚挚的谢意。在编写过程中，本书得到了中国建筑材料联合会石膏建材分会的大力支持，在此表示衷心的感谢。

　　由于编著者水平有限，编写时间紧迫，本书难免存在不足之处，希望读者批评指正。

编著者

2019 年 9 月

# 编写人员名单

**主　编：**赵云龙

**编写人：**

第一章　赵云龙

第二章　杨再银　王欣宇

第三章　陈红霞

第四章　黄　滔

第五章　赵云龙

第六章

　　　　第一节　朱元斌

　　　　第二节　朱元斌

　　　　第三节　陈加印

　　　　第四节　陈加印　朱元斌　王立民　赵兴银

　　　　第五节　陈加印

　　　　第六节　朱元斌　王立民　赵兴银　柳建峰

　　　　　　　　陈加印

　　　　第七节　赵兴银

　　　　第八节　赵兴银

　　　　第九节　陈加印

　　　　第十节　赵兴银

第七章　赵云龙

第八章　张　欢　杨雅晴

第九章　赵云龙

第十章　柳建峰

**审　核**　李逸晨　徐洛屹

# 目　　录

# 第一章 建筑石膏的性能与生产管理

## 第一节 建筑石膏简述

建筑石膏是一种在建筑工程中得到广泛应用的建筑材料，根据我国国家标准 GB/T 9776—2008，建筑石膏是以 β-半水石膏为主要成分，不预加任何外加剂的粉状胶结料，主要用于制作石膏建筑制品。

建筑石膏也称熟石膏，它是二水石膏在 140～180℃ 的非饱和蒸汽介质中脱水而成的，可用来生产石膏粉体建筑材料（如抹灰石膏、石膏腻子、嵌缝石膏、粘结石膏、石膏防火砂浆等）、石膏墙体建筑材料（如石膏条板、石膏砌块、无纸面石膏板、石膏刨花板、石膏发泡板、石膏保温板等）、石膏装饰板（如纸面石膏板、吸声板等）、装饰部件（如石膏条线、罗马柱、石膏花盘等）。建筑石膏是一种在建筑工程、室内装饰工程中应用广泛的建筑材料。石膏制品质轻，对火灾、噪声、电磁辐射等具有较强的抵御能力，在节能、环保、生态平衡等方面有其独特的优点，在制造使用中无毒、无味、无公害，因而是一种理想的绿色建筑材料。

目前，我国建筑石膏产业需要加大产业结构和产品结构的调整力度，优先发展生态环境需要、市场需要、人民健康需要、国民经济需要的产品；加快建设一批具有环保节能、产品优质、设备智能、管理现代化的先进水平示范企业。产品以纸面石膏板为主的同时，积极发展石膏条板（砌块）、石膏刨花板、纤维石膏板、石膏发泡板、装饰石膏板及抹灰石膏、石膏腻子等石膏建筑产品，并研究开发环保、节能的相关生产设备和新型的先进技术，使石膏产品多样化、上档次、高水平，积极开拓市场，变资源优势为效益优势。

建筑石膏及制品已向轻质、高强、复合、多功能、环保等方向发展，正在逐步取代传统的墙体材料和装饰、装修材料，从而成为建筑与装饰中应用的主导材料，应用市场相当普遍。

我国经过多年的推广，现也有不少人认识到石膏建筑制品的舒适性（隔热、隔声、调节湿度）和安全性（防火），使得近几年来建筑石膏的研究与开发得到迅速发展。随着我国建筑业和建材工业的发展，对石膏及石膏建筑制品的需求量将会越来越大，尤其是具有节能和环保特点的石膏基复合材料必将成为我国建筑材料的一项支柱产品。发展建筑石膏制品，定会大有可为。

## 第二节 石膏胶凝材料和石膏制品的性能特征

石膏胶凝材料得到广泛应用和快速发展，是因为其具有一系列的优越性能。其性能如下：

**1. 凝结硬化快**

建筑石膏与水拌和后，在常温下数分钟即可初凝，而终凝一般在 30min 以内。在室内

1

自然干燥的条件下，达到完全硬化约需要一个星期。建筑石膏的凝结硬化速度非常快，其凝结时间随着煅烧形式、工艺、煅烧温度、脱水时水蒸气压力、石膏粉磨细度和杂质含量的不同等而变化。

**2. 硬化时体积膨胀**

建筑石膏在凝结硬化过程中，体积略有膨胀，硬化时不会像水泥基材料那样因收缩而出现裂缝。因而建筑石膏可以不掺加填料而单独使用。硬化后的石膏，表面光滑、质感丰满，具有非常好的装饰性。水泥基材料在凝结硬化过程中，会出现很大的体积收缩，因而水泥基材料在凝结硬化及失水干燥过程中不可避免地会出现体积收缩，在材料中出现宏观或微观的裂缝，使材料性能受到削弱。石膏胶凝材料凝结硬化后不收缩的特性使其能够作为各种精确模具。这种性质对石膏胶凝材料应用于自流平地坪材料、墙面抹灰材料都十分有利。

**3. 硬化后孔隙率较大、表观密度和强度较低**

建筑石膏的水化在理论上的需水量只需要石膏质量的 18.6%，但实际上为了使石膏浆体具有一定的可塑性，往往需要加入 40%～80% 的水，多余的水分在硬化过程中逐渐蒸发，使硬化后的石膏结构中留下大量的孔隙，一般孔隙率为 50%～60%。因此，建筑石膏硬化后，强度较低，表观密度较小，导热率低，吸声性较好。

**4. 防火性能良好**

石膏硬化后的结晶物 $CaSO_4 \cdot 2H_2O$ 遇到高温时，结晶水蒸发，吸收热量并在表面生成具有良好绝热性能的无水物，起到阻止火焰蔓延和温度升高的作用。

钢铁结构的厂房、钢结构的梁柱需要石膏制品的保护。在大火来临时，石膏制品如何发挥它的防火功能呢？其原因是石膏制品内部潜存着前后两道防线。

一是在火灾之中，首先启动第一道防线，即产生防火一级方程式：

$$CaSO_4 \cdot 2H_2O \longrightarrow CaSO_4 \cdot \frac{1}{2}H_2O + 1\frac{1}{2}H_2O$$

这个方程式具有强大的防火功能。1t 石膏制品能够释放出 150kg 的水分，这个反应进行时，不仅吸收大量的分解热，而且在石膏面与火焰之间形成一道保护气膜，防止表面温度升高。这个反应完成之前，石膏板背面的温度始终低于 160℃。

二是一旦第一道防线被大火攻破，随即会启动第二道防线，即产生防火二级方程式：

$$CaSO_4 \cdot \frac{1}{2}H_2O \longrightarrow CaSO_4(Ⅲ) + \frac{1}{2}H_2O$$

这一道防线没有第一道防线强大，1t 石膏制品只能释放出 50kg 水分，但只要二级方程式还进行着，石膏板背面的温度始终低于 200℃，这就有效保护了钢结构梁柱不会软化而坚挺着。

一旦第二道防线被大火攻破，石膏板背面的温度会很快上升至 600℃，引起钢材软化、梁柱坍塌。因此石膏制品的防火性能有一定的时效性，过了有效时间也就无效了，但它能够给消防人员提供更多时间去扑灭局部火灾，比其他防火材料更有效地防止火灾的蔓延，所以石膏具有良好的抗火性。

**5. 具有一定的调温、调湿作用**

建筑石膏是三大胶凝材料（水泥、石灰、熟石膏）中唯一具有呼吸功能的多孔气硬性材料、故石膏制品热容量大，吸湿性强，能够对环境温度和湿度起到一定的调节和缓冲作用。

当今社会人们越来越重视生活质量，追求健康、舒适的生活环境。人的一生有80％的时间在室内度过，室内空气质量与人们的身体健康密切相关。世界卫生组织详细地规定了健康住宅的标准，其中给出了室内温度、湿度具体的数值范围。近年来，随着人们对生活舒适度要求的日益提高，湿度对人居生活环境的影响越来越受重视。空气湿度是一个与人们生活和生产有密切关系的重要环境参数，室内空气质量、湿度对人体舒适度、家具的保养都有重要意义。

世界卫生组织规定"室内湿度要全年保持为40％～70％"，在干燥的环境中，人呼吸系统的抵抗力降低，容易引发或者加重呼吸系统的疾病。有研究结果表明，当空气中相对湿度低于40％时，空气干燥，对人体免疫力有不利影响。

过高的湿度同样也会影响人居环境与人体健康。湿度太高影响人的体温调节功能，影响正常的体温调节，肌肤蒸发散热的功能就要受到阻滞，造成皮肤呼吸不畅，高热且体温不易下降，甚至发生中暑。

在极端的高温与高湿环境中，较高的相对湿度会进一步加剧人的热感觉；在极端的低温与低湿环境中，较低的相对湿度会加剧人的冷感觉。

因此，大力发展具有呼吸功能、调整室内湿度的环保型石膏建筑材料是一项利国利民、造福人类的积善事业。

**6. 耐水性、抗冻性和耐热性差**

建筑石膏硬化后具有很强的吸湿性和吸水性，在潮湿的环境中，晶体间的粘结力减弱，导致强度降低。处于水中的石膏晶体还会因为溶解而破坏。在流动的水中破坏更快（动态溶触性极差），因而石膏的软化系数只有0.35左右。若石膏吸水后受冻，则孔隙内的水分结冰，产生体积膨胀，使硬化后的石膏晶体破坏。因而石膏的耐水性、吸水后抗冻性较差。此外，若在温度过高（例如超过65℃）的环境中长期使用，二水石膏会脱水分解，造成强度降低。因此，建筑石膏不宜应用于潮湿环境和温度过高的环境。

在建筑石膏中掺加一定量的水泥或者其他含有活性的材料，如粒化高炉矿渣、石灰、粉煤灰，或者掺加有机防水剂等，可不同程度地改善建筑石膏的耐水性。提高石膏的耐水性是改善石膏性能、扩展石膏用途的重要途径，人们一直进行着有关研究。

# 第三节　石膏基础性研究的重要意义

石膏基础性研究工作是石膏工业可持续发展的基础，是提高石膏产品科技含量的根本。这里所讲的石膏基础性研究并不是单纯理论性的，而是与生产和应用密切相关的研究工作，它能对生产和应用中出现的现象和问题做出有科学根据的解释，从而指导石膏建材产品的生产和应用。

具体地说，石膏基础性研究工作就是对石膏（天然或工业副产的二水石膏和无水石膏）的组成、结构、性质，以及在脱水、活化、改性、水化和凝结硬化过程中发生的物理化学作用的分析研究。诸如石膏脱水相的种类、结构和性质的研究，石膏脱水相的形成和转化的研究，掺加无机材料改性的研究，杂质的类型、性质和分布的研究，外加剂或激发剂在石膏中作用机理的研究，石膏水化与凝结硬化的研究等，这些都对石膏生产和应用水平的提高和创新有重要意义。

## 第四节 石膏建材企业的发展

质量是企业的生命线，生产企业无论遇到任何困难，都应保证产品质量，只有保证产品的质量，才能打造企业品牌，企业也才能求生存求发展。一味追求低成本而忽视产品的质量，这样的企业必将被淘汰。目前我国正处于产业转型升级的关键时期，在当前形势之下，企业管理及技术人员更需要走出去，开阔视野，加强学习，提高自身素质水平，这也是石膏建材企业发展的唯一出路。

## 第五节 建筑石膏生产企业的管理

### 一、建立和完善建筑石膏企业的质量管理制度

建筑石膏质量管理制度是企业质量管理的根本法规，主要内容包括企业管理的任务和指导思想、质量检验和控制方法。

### 二、建筑石膏企业的质量管理机构（化验室）

化验室是石膏建材企业的专职机构，全权负责建筑石膏及制品生产过程中的质量控制和产品出厂的质量监督，包括对原材料、半成品、出入库产品品质管理，废品和质量事故的处理，以及有关质量的其他事宜。在加强企业经营管理、科学地组织生产活动方面，起着重要的作用。

化验室的职能主要有以下四个方面：

**1. 品质检验**

编制和调整生产控制流程图表，将生产工艺的控制点按序号在一张平面图上清晰地予以表示，注明物料名称、控制点、取样地点、实验次数、检验项目、技术标准等。

根据国家标准（或行业标准、团体标准、企业标准）对工艺过程的原材料、半成品和成品进行必要的化学和物理性能检验，随时掌握质量动态，及时提供可靠信息，提供生产控制、配料、出厂产品检定的依据。

**2. 质量管理**

根据企业产品质量要求，制定企业内部控制标准，按有关制度对生产工艺全过程的质量进行调整和管理，应用检验数据统计方法掌握其规律性，不断提高产品生产质量的预见性和防范能力，以保证各工序的生产活动均能符合企业规定产品质量标准要求，使生产井然有序、经济合理。

**3. 产品监督**

通过严格的质量检验，按相关标准检定品质，做到不合格产品决不出厂。若发生重大质量事故，立即采取应急措施并报告上级主管部门请示处理。

**4. 试验研究**

根据企业生产发展和提高产品质量的需要，开展新产品、新技术、新工艺、新装备、新管理的科学研究工作，协同有关技术部门推广新技术、新工艺、新装备的应用工作，尽快提高企业产品在市场中的质量水平与知名度。

除此之外，化验室还应开展质量教育，提供并及时公布质量控制指标考核成绩，指导并协助车间质量管理技术业务工作，会同有关单位走访用户，征求意见，改进产品质量等方面的工作。

## 第六节 正确运用数据指导建筑石膏产品的生产

作为建筑石膏生产质量管理人员，不仅要知道如何制定工艺控制点，如何取样，如何正确检测，更重要的是根据试验结果指导企业生产或提出更合理的生产管理方案。

原料石膏的品位直接影响建筑石膏的强度，其与煅烧设备、煅烧制度也有直接关系。在给定煅烧设备的情况下，通过调整工艺参数，可改变建筑石膏的相成分，进而改变最终产品的理化性能指标。

（1）在实际生产过程中，要检测建筑石膏的结晶水、标稠、初终凝时间和 2h 强度，这些理化指标的变化与煅烧建筑石膏中物相组分有着直接的关系，简单地说：

① 可溶性无水石膏（AⅢ）含量偏多，一般标稠用水量偏大，初凝时间短而终凝时间长，2h 强度偏低。

② 在难溶性无水石膏（AⅡ）含量偏多的情况下，建筑石膏一般标稠较小，初凝慢，终凝也慢，2h 强度低，但在有添加掺合料和活性激发剂的条件下后期强度高。

③ 在二水石膏含量偏大时，标稠用水量偏小，初凝快，终凝也快，2h 强度低，干强度也低。

综合以上情况，相分析数据是正确指导建筑石膏生产的必要手段之一。

（2）理想的建筑石膏其物相组成应以半水相石膏（HH）为主，极少量二水相石膏（DH）含量一般＜3％，最好是 0％。刚煅烧后的熟石膏中允许有 12％ 以下的可溶型无水相石膏（AⅢ），经陈化后绝大多数可转化为半水相石膏。陈化后的建筑石膏中可溶型无水石膏（AⅢ）要＜3％。在高温煅烧的情况下，难溶型无水石膏（AⅡ）的含量要控制在 3％ 左右；如果熟石膏煅烧后产品中 AⅢ 含量大于 10％，则说明煅烧温度高，也可称过火；如果产品中 DH 含量大于 6％ 时，说明煅烧温度偏低，也称欠火；通常在高温快速煅烧中产品常出现 AⅢ 和 DH 数量都大，还有 AⅡ 的产生，则说明熟石膏质量不理想，后期陈化和均化或产品生产应用时都要采取必要手段进行处理方可达到石膏制品的使用要求。

（3）特别要关注建筑石膏中残留二水石膏含量：二水石膏在建筑石膏的水化过程中使其标准稠度用水量上升，促进水化加快，凝结时间缩短，这对建筑石膏的应用会产生不利影响，如在抹灰石膏的生产中，二水石膏含量＞5％ 的建筑石膏，所用缓凝剂是正烧建筑石膏用量的 1 倍以上，这不但增大生产抹灰石膏的成本，还将大大影响抹灰石膏的性能，造成抹灰石膏产品强度下降，凝结时间不能满足要求，施工性能变差，也会产生裂纹，出现掉粉现象，如在脱硫建筑石膏中二水石膏含量＞12％，根本不能用来生产抹灰石膏，这种石膏并不能通过陈化、粉磨、复合改性来提高建筑石膏的性能，只有回炉进行二次脱水，成为再生半水石膏，方可用于抹灰石膏类产品。

（4）巧用陈化效应，修正质量数据：陈化是生产建筑石膏不可缺少的重要环节。当建筑石膏在煅烧后出现残留二水石膏（DH）较多时为欠烧。在可溶性无水石膏（AⅢ）过多时称过烧。当 DH、HH、AⅢ 以及 AⅡ 都存在时为多相石膏。针对这些情况，我们的陈化方法就应是：欠烧陈化要保温，仓内蒸汽速排抽；过烧陈化需见潮，湿度大小细调整；多相组分并存时，陈化保温要密封。这样，通过不同的陈化手段，使煅烧后的熟石膏转化为优质的建筑石膏，满足客户的使用要求。

（5）在建筑石膏粉生产线中，因产品用途多，各用途对产品性能的要求差异较大；产品从煅烧到出厂甚至到用户的过程中产品性能都可能存在不同的变化。因此，生产管理对多品种、多用途、多客户群的生产企业尤为重要。首先要掌握和了解自己石膏原材料的品质，建筑石膏生产线的工艺及煅烧设备特征，煅烧温度对产品的调整范围，可以生产哪类产品，质量的主要影响因素及控制要点。调整要求与产品性能的对应关系，建立健全生产线质量管理体系，以及各生产工序段的检测检验要求。如条件许可，还应做好储存陈化7天后出厂，以保证产品发货的检测指标与到用户的指标的一致性。

总之，管理是整个生产系统能够正常发挥作用的关键，有了能够适应生产及市场的管理体系，才能预防问题，保证质量，适应用户，减少损失，取得最大的效益。

# 第二章　石膏原材料

## 第一节　天然石膏

天然石膏因其资源量大，且分布广泛的优势，是我国的重要非金属矿产之一。天然石膏的产地涉及山东、山西、湖南、湖北、广东、四川、宁夏、甘肃等 23 个省区。由于其制品质轻、快凝，对火灾、噪声、电磁辐射等有较强的抵御能力，并在节能、环保、生态平衡等方面有其独特的优势，因此，天然石膏被广泛应用于建筑及建材工业、化学工业、轻工业、农业、精密铸造业、医疗业等诸多领域。

### 一、天然二水石膏

#### （一）天然二水石膏的成分

天然二水石膏又称二水硫酸钙，化学分子式为 $CaSO_4 \cdot 2H_2O$，是由含两个结晶水的硫酸钙复合组成的层积岩石，一般层积在地表 $8 \sim 800m$ 深处。二水石膏的理论质量组成为 $CaO$ 32.56%、$SO_3$ 46.51%和 $H_2O$ 20.93%。

#### （二）天然二水石膏的分类

天然二水石膏依据物理性质可分为五类，分别是透明石膏、纤维石膏、雪花石膏、普通石膏和土石膏（表 2-1）。

表 2-1　天然二水石膏的分类

| 类别 | 透明石膏（透石膏） | 纤维石膏 | 雪花石膏（结晶石膏） | 普通石膏 | 土石膏（或黏土石膏/泥质石膏） |
|---|---|---|---|---|---|
| $CaSO_4 \cdot 2H_2O$ 含量（%） | ≥95 | $85 \sim 94$ | $75 \sim 84$ | $65 \sim 74$ | $55 \sim 64$ |
| 外观特征 | 通常无色透明，有时略带淡红色或浅色，有玻璃光泽 | 纤维状集合体，呈乳白色，有时略带蜡黄色和淡红色，呈丝绢状光泽 | 细粒块状集合体，呈白色、半透明状态 | 致密块状集合体，常不纯净，光泽较暗淡 | 杂质较多，有黏土混入，呈土状 |

#### （三）生产建筑石膏的质量要求

（1）天然石膏产品的附着水含量（质量分数）不大于 4%。

（2）天然石膏产品的品位应符合表 2-2 的要求。

表 2-2　质量要求

| 级别 | 品位（质量分数）（%） | | |
| --- | --- | --- | --- |
| | 石膏（G） | 硬石膏（A） | 混合石膏（M） |
| 特级 | ≥95 | — | ≥95 |
| 一级 | ≥85 | | |
| 二级 | ≥75 | | |
| 三级 | ≥65 | | |
| 四级 | ≥55 | | |

（四）化学分析方法

表 2-3 为天然石膏的检验方法。

表 2-3　检验方法

| 序号 | 项目 | 检测依据标准 |
| --- | --- | --- |
| 1 | 附着水 | GB/T 5484—2012 石膏化学分析方法 |
| 2 | 结晶水 | GB/T 5484—2012 石膏化学分析方法 |
| 3 | 三氧化硫 | GB/T 5484—2012 石膏化学分析方法 |
| 4 | 品位计算 | GB/T 5483—2008 天然石膏 |

## 二、天然硬石膏

（一）天然硬石膏的成分

天然硬石膏又称无水石膏，主要是由无水硫酸钙（$CaSO_4$）所组成的沉积岩石。GB/T 5483 中对硬石膏的定义为在形式上主要以无水硫酸钙（$CaSO_4$）存在的，且无水硫酸钙（$CaSO_4$）的质量分数与二水硫酸钙（$CaSO_4 \cdot 2H_2O$）的质量分数和无水硫酸钙（$CaSO_4$）的质量分数之和的比不小于 80％的石膏。硬石膏通常在矿物水作用下变成二水石膏，二水石膏在硬石膏中占 5％以上。纯硬石膏的化学组成为 CaO 41.2％、$SO_3$ 58.8％。

（二）天然硬石膏的特性

天然硬石膏主要形成于内海及盐湖中，是化学沉积作用的产物，在热液矿床和接触交代矿床及火山熔岩洞孔内也偶有出现，常与石膏、石盐共生。纯净的硬石膏为透明、无色或白色，含杂质而呈暗灰色，有时略带红色和蓝色。硬石膏结晶主要为细的有限平面状晶体，显得不平滑，无条纹，比二水石膏致密且坚硬。

硬石膏溶解度大于二水石膏，其水化反应是热力学自发过程，即硬石膏具备潜在胶凝性。硬石膏颗粒流变性优于建筑石膏，硬化体孔隙率大大低于建筑石膏，经过改性的硬石膏强度和耐水性均明显优于建筑石膏。此外，硬石膏胶结材生产能耗低，水化产物二水石膏可脱水再生利用，是目前世界上生产能耗最低的胶结材，该性能被充分利用，将为建材建筑业可持续发展带来重大的现实意义，开发应用前景广阔。

# 第二节　工业副产石膏

## 一、脱硫石膏

### （一）生产过程

应用石灰石/石灰-石膏湿法脱硫的基本生产过程：通过除尘处理后的烟气经热交换及喷淋冷却后进入吸收塔，与吸收器浆液（石灰石或石灰）逆流接触，脱除所含的$SO_2$，生成亚硫酸钙（$CaSO_3 \cdot \frac{1}{2} H_2O$），净化后的烟气从吸收塔排出，通过除雾和再热升压，最终从烟囱排入大气。吸收塔内生成的含亚硫酸钙的混合浆液用泵送入 pH 值调节槽，加酸将 pH 值调至 4.5 左右，然后送入氧化塔，加入约 5 kg/cm² 的压缩空气进行强制氧化，将亚硫酸钙氧化成二水硫酸钙（$CaSO_4 \cdot 2 H_2O$），其反应方程式为

$$CaO + H_2O \longrightarrow Ca(OH)_2$$

$$Ca(OH)_2 + SO_2 \longrightarrow CaSO_3 \cdot \frac{1}{2} H_2O + \frac{1}{2} H_2O$$

$$CaSO_3 \cdot \frac{1}{2} H_2O + \frac{1}{2} O_2 + 1\frac{1}{2} H_2O \longrightarrow CaSO_4 \cdot 2 H_2O$$

或

$$CaCO_3 + SO_2 + \frac{1}{2} H_2O \longrightarrow CaSO_3 \cdot \frac{1}{2} H_2O + CO_2 \uparrow$$

$$CaSO_3 \cdot \frac{1}{2} H_2O + \frac{1}{2} O_2 + 1\frac{1}{2} H_2O \longrightarrow CaSO_4 \cdot 2 H_2O$$

生成的石膏浆液经增稠浓缩、离心分离和皮带脱水后，最终产物为颗粒细小、品位高、残余含水率为 5%～15% 的脱硫石膏。

### （二）化学成分

从脱硫石膏的生产过程可知，脱硫石膏的主要成分为二水硫酸钙，主要杂质一为吸收剂带来的杂质和未反应完全的吸收剂、亚硫酸钙，二为煤燃烧后没有除净的灰尘（表 2-4）。

其外观为含水率10%～20%的潮湿松散的细小颗粒，脱硫正常时脱硫石膏颜色近乎白色（微黄），脱硫不正常时因带进煤灰导致发黑。

除普通石灰石/石灰-石膏湿法烟气脱硫系统外，还有一种简易石灰石/石灰-石膏湿法烟气脱硫系统（或称湿式快速脱硫）。后者缩小了反应塔，简化了辅助设施，降低了对电厂除尘效率及脱硫剂石灰石纯度和细度的要求，从而降低了造价和运行费用，当然也降低了脱硫效率和副产脱硫石膏的质量。我国太原第一电热厂采用的即简易法。

表 2-4　脱硫石膏的常规化学成分

| 样品号 | $SiO_2$ | $Al_2O_3$ | $Fe_2O_3$ | $CaO$ | $K_2O$（可溶） | $K_2O$（总量） | $SO_3$ |
|---|---|---|---|---|---|---|---|
| 1 | 1.60 | 0.34 | 0.06 | 32.21 | <0.01 | 0.03 | 44.46 |
| 2 | 2.52 | 0.36 | 0.28 | 32.52 | <0.01 | 0.02 | 42.36 |
| 3 | 1.28 | 0.32 | 0.24 | 31.86 | <0.01 | 0.04 | 44.86 |
| 4 | 0.90 | 0.30 | 0.12 | 32.52 | <0.01 | 0.03 | 44.82 |

续表

| 成分<br>样品号 | SiO₂ | Al₂O₃ | Fe₂O₃ | CaO | K₂O<br>(可溶) | K₂O<br>(总量) | SO₃ |
|---|---|---|---|---|---|---|---|
| 5 | 0.94 | 0.30 | 0.16 | 32.28 | <0.01 | 0.03 | 45.06 |
| 6 | 2.64 | 0.50 | 0.22 | 31.54 | 0.02 | 0.03 | 43.70 |
| 7 | 3.59 | 0.51 | 0.16 | 31.34 | <0.01 | 0.03 | 43.58 |
| 8 | 1.71 | 0.29 | 0.20 | 31.65 | <0.01 | 0.02 | 45.31 |
| 9 | 2.43 | 0.83 | 0.28 | 31.32 | <0.01 | 0.03 | 41.74 |
| 10 | 2.84 | 0.93 | 0.25 | 32.32 | <0.01 | 0.04 | 41.18 |
| 11 | 2.02 | 0.62 | 0.22 | 30.48 | <0.01 | 0.03 | 44.44 |
| 12 | 2.76 | 1.09 | 0.31 | 31.08 | <0.01 | 0.03 | 41.12 |
| 13 | 0.63 | 0.32 | 0.10 | 32.22 | <0.01 | 0.02 | 43.40 |
| 14 | 3.20 | 1.87 | 0.37 | 30.92 | <0.01 | 0.02 | 42.14 |
| 15 | 2.40 | 1.31 | 0.16 | 31.14 | <0.01 | 0.02 | 44.06 |
| 重庆电厂脱硫石膏 | 1.82 | 0.39 | 0.2 | 31.24 | — | 0.13 | 44.23 |
| 太原电厂脱硫石膏 | 3.26 | 1.90 | 0.97 | 31.93 | | 0.15 | 40.09 |
| 宝钢电厂脱硫石膏 | 4.37 | 1.73 | 0.87 | 32.7 | — | — | 43.1 |

脱硫石膏和天然石膏的化学成分对比见表 2-5。国内脱硫石膏的纯度为 85%～95%，是一种纯度较高的化学石膏，但和国外先进脱硫工艺相比要低得多，日本和欧洲的脱硫石膏纯度达到 95% 以上，碱含量低，有害杂质较少，酸碱度基本呈中性。

表 2-5　脱硫石膏和天然石膏的化学成分对比（%）

| 组成<br>类别 | SiO₂ | Al₂O₃ | Fe₂O₃ | CaO | MgO | Na₂O | K₂O | SO₃ | 结晶水 |
|---|---|---|---|---|---|---|---|---|---|
| 天然石膏 | — | 0.48 | 0.48 | 31.25 | — | — | — | 43.15 | 19.06 |
| 脱硫石膏 | 1.82 | 0.39 | 0.2 | 31.24 | 0.64 | 0.05 | 0.13 | 44.23 | 18.56 |

（三）颗粒特征

一般来说，天然石膏经过粉磨之后，二水石膏相因为表面磨碎而粘结在一起，而脱硫石膏的结晶析出是在溶液中完成的，所以各个晶体是单独存在的，结晶完整均一，所以造成脱硫石膏分布过窄，级配较差，这对于脱硫石膏煅烧成熟石膏粉的影响较大，导致煅烧后的脱硫熟石膏颗粒分布仍然比较集中，比表面积比天然石膏小，在水化硬化过程中流变性能差，易离析分层，导致制品的密度不均匀，故而一般应在脱硫石膏煅烧后通过改性磨改性，改善比表面积以及提高其他性能。我国脱硫石膏的主要问题是尺寸稳定性不佳，目前普遍认为石膏收缩开裂主要是由于脱硫建筑石膏颗粒级配较差引起的。

天然石膏是块状，脱硫石膏是潮湿的粉状。其颗粒性质与天然石膏经粉碎后的颗粒性质有很多不同，主要区别如下：

（1）颗粒性质不一样，天然石膏经粉碎后为不规则颗粒，而脱硫石膏由于是结晶体，其颗粒为规则的柱状、纤维状、薄片状或六角板状等。

（2）颗粒级配不同。表 2-6 为某厂脱硫石膏颗粒分布情况。

**表 2-6 脱硫石膏颗粒分布表**

| 粒级（mm） | 分布率（%） | 累计分布率（%） |
|---|---|---|
| 0.0009 | 0.2 | 0.2 |
| 0.0014 | 1.7 | 1.9 |
| 0.0019 | 3.9 | 5.8 |
| 0.0028 | 9.7 | 15.5 |
| 0.0039 | 12.3 | 27.8 |
| 0.0055 | 19.3 | 47.1 |
| 0.0078 | 2.7 | 49.8 |
| 0.0110 | 12.1 | 61.9 |
| 0.0160 | 14.6 | 76.5 |
| 0.0220 | 5.2 | 81.7 |
| 0.0310 | 6.8 | 88.5 |
| 0.0440 | 1.1 | 89.6 |
| 0.0620 | 7.5 | 97.1 |
| 0.0800 | 2.2 | 99.3 |
| ＞0.1600 | 0.7 | 100.0 |

表 2-7 为中国矿业大学分析的取自 15 个厂的脱离石膏颗粒级配特点。

**表 2-7 脱硫石膏颗粒级配特点**

| 编号 | $d0.1$（$\mu$m） | $d0.5$（$\mu$m） | $d0.9$（$\mu$m） | 比表面积（m²） |
|---|---|---|---|---|
| 1 | 6.749 | 22.777 | 60.961 | 513 |
| 2 | 13.613 | 37.791 | 69.385 | 303 |
| 3 | 10.227 | 26.085 | 53.942 | 382 |
| 4 | 17.896 | 35.246 | 62.280 | 249 |
| 5 | 16.403 | 34.237 | 62.147 | 260 |
| 6 | 12.197 | 28.647 | 52.121 | 338 |
| 7 | 19.165 | 48.345 | 87.636 | 236 |
| 8 | 23.825 | 46.493 | 80.524 | 198 |
| 9 | 12.992 | 34.896 | 68.887 | 291 |
| 10 | 15.444 | 35.484 | 63.457 | 282 |
| 11 | 15.174 | 32.829 | 69.475 | 273 |
| 12 | 19.626 | 43.935 | 82.305 | 223 |
| 13 | 22.462 | 43.231 | 74.885 | 178 |
| 14 | 11.534 | 31.735 | 63.909 | 370 |
| 15 | 9.836 | 45.937 | 110.260 | 316 |

（3）天然石膏经过粉碎后，颗粒级配较好，粗、细颗粒均有。而未粉碎的脱硫石膏颗粒级配不好，颗粒分布比较集中，没有细粉，比表面积小，其勃氏比表面积只有天然石膏粉磨后的 40%～60%，在煅烧后，其颗粒分布特征没有改变，导致石膏粉加水后的流变性较差，

颗粒离析，分层现象严重，表观密度大。因此用于生产建筑石膏的脱硫石膏应该进行改性粉磨，增加细颗粒比例，提高比表面积。

（4）因为杂质与石膏之间的易磨性差别，天然石膏粉磨后粗颗粒多为杂质，而脱硫石膏则相反，粗颗粒多为石膏，细颗粒多为杂质。

（四）用于生产建筑石膏的质量要求

不同的建筑材料对建筑石膏的质量有不同的要求，例如石膏砌块和粉刷石膏对于建筑石膏的性能要求就有明显差异。石膏砌块要求建筑石膏凝结时间短，在规定的时间能顺利脱模，强调强度但对白度没有要求，因此直接加热和高温快速煅烧设备是其合理的选择。这样不但能达到其强度等要求，而且能耗也低。可是粉刷石膏要求初凝时间长，这样可减少缓凝剂的用量，在降低成本的同时提高了粉刷石膏强度，选择间接加热和低温慢速煅烧设备较为合理，可以达到其要求的初凝时间和其他指标要求。

如果石膏白度较高，当地又有粉刷石膏市场，应当生产高档建筑石膏粉，例如石膏制品和面层粉刷石膏。面层粉刷石膏对建筑石膏的白度要求较高，对加工设备的选择有严格要求。脱硫石膏加工一般采用二步法，先烘干后煅烧，在烘干段要特别注意，不能采用直接加热烘干工艺，否则将会将粉煤灰随着加热源带入石膏，污染石膏的白度，这点有些生产厂家已经有体会。

有的石膏产品对建筑石膏质量要求不高，其加工工艺的选择范围就广，有的石膏产品对建筑石膏品质要求较高，因此对生产工艺要求较为严格。部分生产工艺难以保证建筑石膏各项指标的稳定，每批产品的凝结时间和强度不一样，甚至不能达到国家规定的质量指标，不能满足用户的要求，难以打开市场或者失去原有市场，在激烈的市场竞争中失去优势。例如初凝时间这一指标，通常低温慢速煅烧初凝时间长；高温快速煅烧初凝时间短。有些石膏加工设备，由于各种原因其指标很难调整，这也是这些脱硫建筑石膏生产线投产以后产品质量不能满足市场需要，设备改造又久未见效的原因所在。

欧洲标准中烟气脱硫石膏的质量要求应符合表 2-8 的规定。

表 2-8　脱硫石膏的欧洲标准

| 质量参数 | 单位 | 质量标准 |
| --- | --- | --- |
| 游离水 | % | <10 |
| 二水硫酸钙 | % | >93 |
| MgO | % | <0.10 |
| $Na_2O$ | % | <0.06 |
| Cl | ppm | <100 |
| 半水亚硫酸钙 | % | <0.5 |
| pH 值 | — | 5~9 |
| 颜色 | — | 白色 |
| 气味 | — | 同天然石膏 |
| 平均颗粒尺寸（$32\mu m$ 以上） | % | >60 |
| 可燃有机成分 | % | <0.10 |
| $Al_2O_3$ | % | <0.30 |
| $Fe_2O_3$ | % | <0.15 |

续表

| 质量参数 | 单位 | 质量标准 |
|---|---|---|
| $SiO_2$ | ％ | ＜2.5 |
| $CaCO_3+MgCO_3$ | ％ | ＜1.5 |
| $K_2O$ | ％ | ＜0.06 |
| $NH_3+NO_3$ | ％ | 0 |
| 放射性元素 | — | 必须符合国家标准 |
| 毒性 | — | 无毒 |

用于生产建筑石膏的质量标准应符合中华人民共和国行业标准《烟气脱硫石膏》（JC/T 2074—2011）。其中烟气脱硫石膏的技术性能应符合表2-9的规定。

**表2-9　烟气脱硫石膏的技术要求**

| 序号 | 项目 | 指标 | | |
|---|---|---|---|---|
| | | 一级（A） | 二级（B） | 三级（C） |
| 1 | 气味（湿基） | 无异味 | | |
| 2 | 附着水含量（湿基）（％）≤ | 10.00 | | 12.00 |
| 3 | 二水硫酸钙（$CaSO_4 \cdot 2H_2O$）（干基）（％）≥ | 95.00 | 90.00 | 85.00 |
| 4 | 半水亚硫酸钙（$CaSO_2 \cdot \frac{1}{2}H_2O$）（干基）（％）≤ | 0.50 | | |
| 5 | 水溶性氧化镁（MgO）（干基）（％）≤ | 0.10 | | 0.20 |
| 6 | 水溶性氧化钠（$Na_2O$）（干基）（％）≤ | 0.06 | | 0.08 |
| 7 | pH值（干基） | 5～9 | | |
| 8 | 氯离子（$Cl^-$）（干基）（mg/kg）≤ | 100 | 200 | 400 |
| 9 | 白度（干基）（％） | 报告测定值 | | |

表2-10为北新建材对制备纸面石膏板原料的各项性能指标要求。

**表2-10　北新建材对制备纸面石膏板原料（非β-建筑石膏或α-高强石膏）的各项性能指标要求**

| 项目 | | 单位 | 标准值 |
|---|---|---|---|
| 1. 附着水 | | ％ | ＜10 |
| 2. 纯度 | | ％ | ＞90 |
| 3. pH值 | | — | 5～8 |
| 4. 气味 | | ％ | 无味（同天然石膏） |
| 5. 细度（32μm方孔筛筛余） | | — | ＞60 |
| 6. 限制组分其中： | | | |
| 6.1 杂质总量 | | ％ | ＜10 |
| 6.1.1 MgO, | MgO, 总量 | ％ | ＜1.0 |
| 6.1.2 氧化镁 | MgO, 水溶 | ％ | ＜0.1 |
| 6.2 氧化钠 | $Na_2O$ 水溶 | ％ | ＜0.06 |
| 6.3 氧化钾 | $K_2O$ 水溶 | ％ | ＜0.06 |
| 6.4 氯化物 | $Cl^-$ | ppm | ＜200 |

| 项目 | | 单位 | 标准值 |
|---|---|---|---|
| 6.5 亚硫酸钙 | $CaSO_3 \cdot \frac{1}{2}H_2O$ | % | < 0.50 |
| 6.6 可燃有机物 | | % | < 0.1 |
| 6.7 氧化铝 | $Al_2O_3$ | % | < 0.3 |
| 6.8 氧化铁 | $Fe_2O_3$ | % | < 0.15 |
| 6.9 二氧化硅 | $SiO_2$ | % | < 2.5 |
| 6.10 碳酸钙和碳酸镁 | $CaCO_3 + MgCO_3$ | % | <1.5 |
| 7. 放射性必须符合 GB 6566—2010 的规定。 | | | |

（五）脱硫石膏检验方法

烟气脱硫石膏的出厂检验项目为附着水含量、二水硫酸钙含量、氯离子含量。

烟气脱硫石膏的型式检验项目为气味、附着水含量、二水硫酸钙含量、半水亚硫酸钙含量、水溶性氧化镁含量、水溶性氧化钠含量、pH 值、氯离子含量、白度。这些项目的检测方法在我国建材行业标准《烟气脱硫石膏》（JC/T 2074—2011）中均有具体规定。

表 2-11 为脱硫石膏的检验方法。

**表 2-11　检验方法**

| 序号 | 项目 | 检测依据标准 |
|---|---|---|
| 1 | 附着水（湿基）（%） | GB/T 5484—2012 石膏化学分析方法 第 9 章 |
| 2 | 二水硫酸钙（$CaSO_4 \cdot 2H_2O$）（干基）（%） | JC/T 2074—2011 烟气脱硫石膏 第 5 章 |
| 3 | 半水亚硫酸钙（$CaSO_3 \cdot \frac{1}{2}H_2O$）（干基）（%） | JC/T 2074—2011 烟气脱硫石膏 第 5 章 |
| 4 | 水溶性氧化镁（MgO）（干基）（%） | JC/T 2074—2011 烟气脱硫石膏 第 5 章 |
| 5 | 水溶性氧化钠（$Na_2O$）（干基）（%） | JC/T 2074—2011 烟气脱硫石膏 第 5 章 |
| 6 | 氯离子（$Cl^-$）（干基）（mg/kg） | JC/T 2074—2011 烟气脱硫石膏 第 5 章 |
| 7 | pH 值 | JC/T 2074—2011 烟气脱硫石膏 第 5 章 |
| 8 | 白度 | GB/T 5950—2008 建筑材料与非金属矿产品白度测量方法 |
| 7 | 水溶性氧化钾（$K_2O$）（干基）（%） | GB/T 176—2017 水泥化学分析方法 6.14 |
| 8 | 三氧化二铝（$Al_2O_3$）（干基）（%） | GB/T 5484—2012 石膏化学分析方法 第 16、34、35 章 |
| 9 | 三氧化二铁（$Fe_2O_3$）（干基）（%） | GB/T 5484—2012 石膏化学分析方法 第 15、33 章 |
| 10 | 二氧化硅（$SiO_2$）（干基）（%） | GB/T 5484—2012 石膏化学分析方法 第 13、14 章 |

（六）杂质对建筑石膏性能的影响

**1. 可燃有机物的影响**

烟气脱硫石膏中的可燃有机物主要指烟灰和焦渣。当脱硫石膏煅烧制成建筑石膏时，其内的焦渣仍保持原有的形态，毫无变化地保留建筑石膏粉内；当用含有过量的烟灰建筑脱硫石膏制备石膏制品时，如纸面石膏板，当熟石膏粉与水拌成的石膏料浆连续不断地流在成型下纸板上，经过短暂的振动，粗烟灰颗粒由于密度较大集中于料浆和成型纸板的界面上，大大减弱石膏浆和纸板的粘结力，直接影响石膏板的粘结性能。焦渣还可使发泡剂的泡沫破裂，影响石膏板的单位质量。

当建筑脱硫石膏用作粉刷石膏、嵌缝石膏等，过量的烟灰、焦渣也会聚集在粉刷好的墙体表面，出现一些用肉眼可见的黑点，影响墙体装饰装修的美观。

**2. 水溶性盐的影响**

水溶性盐主要是指易溶于水中的盐。

脱硫石膏同天然石膏一样，其水溶性盐的过量会给石膏制品带来粘结、膨胀、返碱等质量问题，特别对纸面石膏板的质量影响更为突出。

石膏内可溶性的 Na、K、Mg 等的过量对石膏制品的危害是业内人士所熟知的，这里就不再多述。仅就氯化物的超量影响谈一点看法。

脱硫石膏的氯化物含量一般大于天然石膏。$Cl^-$ 含量较高时，易产生锈蚀现象，这是大家都熟知的。但是，对纸面石膏板的粘结到底有无影响？对脱硫石膏中 $Cl^-$ 的极限含量，国外规定为低于 100ppm，在我国又应定为多少合适呢？就这个问题我们做了一些试验。

我们选用氯含量低的脱硫石膏，加入 $CaCl_2$ 标准溶液使所制得的石膏板的 $Cl^-$ 含量达到 100ppm、200ppm、800ppm。将实验小板烘干后在 20℃，相对湿度 90％条件下和 20℃，相对湿度 50％分别放置 24h，观察其粘结情况。从实验结果来看，石膏板的干结合都为一类，而受了潮的板粘结性能都较干板差；随掺入的 $CaCl_2$ 量的增加，受了潮的板的粘结效果逐渐下降（Ⅱ类、Ⅲ类）；无论掺量多少，受了潮的板在室内放置后，其粘结又变为Ⅰ类。这个现象同天然石膏中 $Na_2O$ 含量超标时类似。这主要是在潮湿的环境中，水溶性盐吸潮、析晶，从而影响了板的粘结。这种现象对施工极为不利。

**3. 氧化铝、氧化硅的影响**

从烟气脱硫石膏的化学分析可得知，氧化铝、氧化硅都是脱硫石膏中的次要组分。它们的硬度都较石膏大，当烟气脱硫石膏粉磨时，对磨机具有磨损性。同样，在陶瓷工业中使用含有坚硬、粗糙杂质的注模石膏，将减少注模次数，缩短模具的使用寿命。因此，在生产中应该控制脱硫石膏中的铝和硅的含量。

**4. 含铁化合物的影响**

烟气脱硫石膏中的含铁化合物来源为吸收剂、烟气或脱硫设备。它是以两种形态存在于脱硫石膏中。一种是氧化物形式存在的铁，它的颗粒较粗，同氧化铝、氧化硅一样，在生产中对设备有磨损；另外一种是胶体状态的含铁化合物，它对石膏的颜色影响较大。

国外的研究发现，大多数含铁化合物都包含在粗颗粒中，并且都具有磁性，在工厂中可除去。另外，他们还对含铁化合物颗粒进行扫描电镜、EDX 和 X 射线衍射分析，发现这些颗粒主要成分是氧化铁和一些二氧化硅。在 X 射线分析表明这些颗粒中含有如下成分的结晶相（按出现频率排列）

二氧化硅　　　　$SiO_2$

赤铁矿　　　　　$Fe_2O_3$

磁铁矿　　　　　$Fe_3O_4$

针铁矿　　　　　$FeO(OH)$

黄钾铁矾　　　　$(KH_3O)Fe_3(SO_4)_2(OH)_6$

板铁矿　　　　　$FeH(SO_4)_2 \cdot 4H_2O$

**5. 残余的碳酸盐**

烟气脱硫石膏中的碳酸钙、碳酸镁都是残余的碳酸盐。这些杂质在脱硫石膏煅烧时，特别是采用直热式的煅烧工艺，烟气温度高于 400℃，它们可能会分解成 $CO_2$ 和碱土金属氧化物，使得建筑石膏 pH 值超过 8.5，若生产纸面石膏板，这些产物会影响其粘结性能。这种现象在含有碳酸盐的天然石膏中未出现过。

（七）减少杂质含量的方式方法

必须采用没有污染的热源，选择间接加热设备。根据目前各类煅烧设备的特点，选择沸腾炉作为煅烧设备，因为沸腾炉已经有近 20 年的实践过程，其能够保证产品的优质和稳定，特别是温度可控性强，可以确保 85% 的半水石膏产品质量稳定。加热源可以选择蒸汽，也可以采用导热油锅炉，向沸腾炉提供加热源。湿法脱硫生成的脱硫石膏经真空皮带脱水机脱水后含有 10% 左右的游离水，结合沸腾煅烧炉的工艺特点，若把高含水率的冷料直接加入炉内，则冷的含水物料接触炉内的高温物料式容易出现结块，我们采取煅烧后的合格石膏粉部分返回的原理，即半水石膏返回到送料螺旋和湿冷物料混合，在混合器内半水石膏吸附游离水再变成二水石膏并放热，这样既降低了游离水含量又提高了料温。如此混合后的脱硫石膏原料加入到沸腾炉后即可完成煅烧工序而不会出现上述问题。

综上所述，要提高脱硫建筑石膏的质量，必须从源头上开始控制。只有提高了原料的质量，才能保证成品的品质。从系统的角度说，只有优良的原料和科学的工艺，才能生产出品质优良的脱硫建筑石膏粉，两者缺一不可。

## 二、磷石膏

（一）生产过程

我国是世界上人口最多的国家，农业生产对于国家的生存和发展有着至关重要的作用。我国耕地普遍缺磷、少钾，因而磷肥对于农业生产具有极为重要的意义。

磷肥就是含有磷元素的肥料，磷元素的浓度和纯度一般是以五氧化二磷的含量来计算的。表 2-12 是我国目前所用主要磷肥的五氧化二磷含量。

**表 2-12　我国目前所用主要磷肥的五氧化二磷含量**

| 化肥名称 | 过磷酸钙 | 钙镁磷肥 | 磷酸铵 | 重过磷酸钙 |
|---|---|---|---|---|
| 含量（%） | 12～18 | 16～18 | 46～55 | 40～50 |

磷元素是植物原生质中的重要成分，也是构成蛋白磷脂和植物素等不可缺少的物质。在植物生命调节物，酶和激素中也含有磷元素。实践证明合理施用磷肥对很多植物都有明显的增产作用，增产率为 20%～50%，有的甚至达到 70%。

磷肥品种繁多，大体可分为酸法磷肥和热法磷肥两大类（目前我国热法磷肥产量仅 260 万 t/a）。其中酸法磷肥因其产品多数为水溶性速效磷肥，所以在生产上所占比例较大。酸法磷肥即用硫酸、磷酸、硝酸或盐酸分解磷矿而制成的磷肥。当使用硝酸或盐酸分解磷矿时，由于生成的硝酸钙或氯化钙在磷酸溶液中的溶解度很大，很难以简易的方法把它们分离出来，而且所得磷酸浓度较低，须经过有机溶液萃取才能将其提取出来。但以硫酸处理磷矿时，所生成的硫酸钙在磷酸溶液中的溶解度很小，而且采用一般的过滤方法很容易将其分离，并能用水洗涤，且所得磷酸浓度也比较高。因此用硫酸制取磷酸在技术和经济上都较好。酸法工艺中绝大多数为硫酸法。

硫酸法制磷酸又称湿法磷酸。湿法磷酸的基本原理是用硫酸酸解磷矿得到磷酸溶液，并沉淀出硫酸钙。其中高浓度磷肥、复合肥料的生产还涉及磷矿用硫酸提取出磷酸溶液，磷酸再加工成磷酸铵、重过磷酸钙和复合肥料的过程。磷矿的主要组分是氟磷酸钙〔$3Ca_3(PO_4)_2 \cdot CaF_2$〕，它被硫酸分解时的反应式如下：

$$Ca_{10}F_2(PO_4)_6 + 10\,H_2SO_4 + 20\,H_2O \longrightarrow 6\,H_3PO_4 + 10\,CaSO_4 \cdot 2\,H_2O + 2HF$$

当磷矿含有少量方解石和白云石时，它们也与硫酸反应，生成二水硫酸钙：

$$CaCO_3 + H_2SO_4 + H_2O \longrightarrow CaSO_4 \cdot 2\,H_2O + CO_2$$

$$CaCO_3 \cdot MgCO_3 + 2\,H_2SO_4 \longrightarrow CaSO_4 \cdot 2\,H_2O + MgSO_4 + 2\,CO_2$$

由反应式可知，用硫酸酸解磷矿制取磷酸时，所得硫酸钙的分子数多于磷酸的分子数。用多数商品磷矿（$P_2O_5$ 30%～34%，CaO 48%～52%）制取磷酸时，得到每吨 $P_2O_5$ 的磷酸，消耗 2.6～2.8t 硫酸，产生 4.8～5t 主要成分为二水硫酸钙的石膏。

（二）化学成分

磷石膏是一种自由水含量为 10%～20% 的潮湿粉末或浆体，pH 值为 1.9～5.3，颜色以灰色为主。

磷石膏的化学成分以 $CaSO_4 \cdot 2\,H_2O$ 为主，其所含杂质主要是磷矿酸解时未分解的磷矿、氟化合物、酸不溶物（铁、铝、镁、硅等）、碳化的有机物、未碳化的有机物、水洗硫酸钙滤饼时未洗净的磷酸。另外，多数磷矿还含有少量的放射性元素，其中的铀化合物多数溶解在酸中，但是其中的镭以硫酸镭的形式沉淀出来。磷石膏的化学成分与磷矿的质量、磷酸的生产工艺及工艺控制有关。

摩洛哥磷矿品位较高（含 33%～34% $P_2O_5$），用其生产磷肥时生产的磷石膏质量较好。我国磷矿的品位不高，但是有一个很大的优点，多数磷矿放射性物质含量较低（世界主要磷矿资源中，中东地区、北非和美国佛罗里达州的磷矿均含有较高的放射性核素）。这对于我国的磷石膏利用极为有利，但是由于质量的不均匀性，在应用新矿点、新产地的磷石膏时仍应注意其放射性问题。

除少数靠近磷矿的磷肥厂一般只使用单一矿山的磷矿外，多数磷肥厂均同时采用多个矿山的磷矿为原料，不同矿点的磷矿生产磷肥所副产的磷石膏质量均有差异。所以不同厂家、同一厂家、不同批次的磷石膏质量均有差异，这也是影响磷石膏石膏的一个重要原因。

表 2-13 为不同原料对磷石膏质量的影响。

**表 2-13　不同原料对磷石膏质量的影响**

| 产地 | | CaO | Fe₂O₃ | Al₂O₃ | MgO | 酸不溶物 | P₂O₅ | SiO₃ | SO₃ | 结晶水 |
|---|---|---|---|---|---|---|---|---|---|---|
| 四川<br>成达 | 磷石膏 | 31.58 | 0.62 | 0.74 | 3.22 | 5.39 | 0.88 | — | 42.13 | 18.98 |
| | 矿石 | 45.64 | 1.20 | 1.21 | 2.70 | 7.30 | 30.96 | — | — | — |
| 昆铁 | 磷石膏 | 28.73 | 0.32 | 0.92 | 0.39 | 6.59 | 1.42 | — | 38.50 | 17.40 |
| | 矿石 | 38.69 | 0.92 | 1.87 | 0.32 | 22.90 | 29.42 | — | — | — |
| 云南<br>塞肯 | 磷石膏 | 29.39 | 1.57 | 1.32 | 1.06 | 6.06 | 1.57 | — | 40.36 | 18.29 |
| | 矿石 | 41.17 | 1.19 | 1.52 | 1.17 | 17.50 | 29.98 | — | — | — |
| 云磷 | 磷石膏 | 29.23 | 0.41 | 0.55 | 0.77 | 7.52 | 0.87 | — | 40.65 | 18.36 |
| | 矿石 | 40.62 | 0.83 | 0.93 | 0.82 | 20.43 | 29.95 | — | — | — |

| 产地 | | CaO | Fe$_2$O$_3$ | Al$_2$O$_3$ | MgO | 酸不溶物 | P$_2$O$_5$ | SiO$_3$ | SO$_3$ | 结晶水 |
|------|------|------|------|------|------|------|------|------|------|------|
| 贵州青利 | 矿石 | 47.43 | 1.91 | 1.61 | 1.97 | 8.44 | 31.75 | — | — | — |
| | | 43.88 | 1.41 | 1.98 | 1.53 | 10.94 | 31.84 | — | — | — |
| | | 48.28 | 1.56 | 0.80 | 1.16 | 6.03 | 32.61 | 3.37 | — | — |
| | | 46.86 | 0.87 | 0.68 | 1.90 | 6.59 | 32.31 | — | — | — |
| | 磷石膏 | 32.61 | 0.53 | 0.46 | 1.20 | 7.11 | 1.86 | — | 41.72 | 18.77 |

表 2-14 是我国部分企业磷石膏样品化学成分。

**表 2-14　我国部分企业磷石膏样品化学成分**

| 企业名称 | 化学成分（%） | | | | | |
|------|------|------|------|------|------|------|
| | CaSO$_4$·2H$_2$O | 总P$_2$O$_5$ | 水溶性P$_2$O$_5$ | MgO | F$^-$ | pH |
| 贵州开磷集团息烽重钙厂 | 50.7～86.2 | 0.01～13.3 | 0.01～0.68 | 0.23～0.53 | 0.12～0.48 | 2.1～4.6 |
| 云南红河州磷肥厂 | 72.9～85.1 | 0.01～3.60 | 0.001～2.1 | 0.20～0.26 | 0.15～0.46 | 2.3～3.6 |
| 云南磷肥厂 | 72.5～87.3 | 0.01～2.96 | 0.001～1.28 | 0.22～0.37 | 0.01～0.36 | 2.5～6.5 |
| 云烽化学工业公司 | 61.8～78.6 | 0.02～4.29 | 0.004～1.92 | 0.23～0.27 | 0.17～0.76 | 2.4～4.8 |
| 江西贵溪化工厂 | 69.7～86.2 | 0.001～0.96 | 0.11～0.10 | 0.21～0.24 | 0.09～0.48 | 3.6～5.3 |
| 荆襄磷化公司大峪口化工厂 | 68.0～83.7 | 1.51～3.00 | 0.09～0.74 | 0.27～0.31 | 0.001～0.004 | 2.4～2.6 |
| 四川云山化工集团股份有限公司 | 72.9～85.6 | 0.01～2.08 | 0.001～0.009 | 0.25～0.36 | 0.13～0.67 | 2.7～3.5 |
| 陕西化肥总厂复合肥厂 | 76.0～81.8 | 0.53～3.34 | 0.05～0.63 | 0.23～0.26 | 0.001～0.017 | 2.2～2.8 |
| 山东鲁北企业集团总公司 | 84.4～88.6 | 0.15～0.35 | 0.01～0.04 | 0.27～0.29 | 0.11～0.20 | 2.5～3.2 |
| 山东省肥城市磷铵厂 | 71.1～88.9 | 0.25～11.2 | 0.01～1.00 | 0.25～0.52 | 0.12～0.75 | 2.2～5.4 |
| 山东红日集团 | 75.8～88.2 | 2.20～9.47 | 0.10～1.95 | 0.29～0.50 | 0.09～0.67 | 2.2～2.6 |
| 沈阳化肥总厂 | 79.2～85.7 | 0.01～0.59 | 0.001～0.28 | 0.23～0.27 | 0.02～0.29 | 2.4～5.2 |
| 南化集团磷肥厂 | 49.8～91.8 | 0.20～3.89 | 0.001～1.55 | 0.22～1.34 | 0.02～2.04 | 2.3～2.8 |
| 江苏泰兴磷肥厂 | 71.3 | 0.67 | 0.47 | 0.269 | 0.134 | 2.7 |
| 铜陵化学工业集团有限公司 | 62.4～89.6 | 0.006～1.0 | 0.004～0.51 | 0.16～0.21 | 0.08～0.66 | 2.8～5.4 |
| 湛花企业集团公司 | 61.7～96.4 | 0.006～17.1 | 0.004～5.7 | 0.15～0.22 | 0.10～1.51 | 1.9～5.1 |

（三）颗粒特征

彭家惠等人研究了磷石膏的颗粒级配与结构。用筛分与沉降分析测定的磷石膏（PG）与天然石膏（NG）的颗粒级配见表 2-15。

表 2-15　磷石膏（PG）与天然石膏（NG）的颗粒级配

| 粒径（μm）<br>级配（%） | 400～630 | 300～400 | 200～300 | 160～200 | 80～160 | 60～80 | 40～60 | 20～40 | 10～20 |
|---|---|---|---|---|---|---|---|---|---|
| PG | 1.8 | 4.1 | 7.2 | 12.1 | 47.8 | 13.1 | 7.5 | 3.7 | 2.1 |
| NG | 0.6 | 1.8 | 3.1 | 5.6 | 10.1 | 22.2 | 28.5 | 15.6 | 10.2 |

由表 2-15 可知，天然石膏颗粒尺度主要分布于 $20～80\mu m$ 范围，磷石膏颗粒呈正态分布，颗粒分布高度集中。

天然二水石膏晶体形貌呈柱状、板状与菱状。磷石膏中二水石膏晶体粗大、均匀，其生长较天然二水石膏晶体规整，多呈板状，长宽比约为 2.3：1。磷石膏的这种颗粒特征使其胶结材流动性很差，水膏比大幅增加，致使硬化体物理学性能变坏。即使采用高效减水剂，其流动性改善也很有限。磷石膏经粉磨处理后，晶体规则的外形和均匀的尺度遭到破坏，颗粒形貌呈柱状、板状、糖粒状等。因此，从胶结材工作性和水化硬化角度看，粉磨是改善磷石膏颗粒形貌与级配的有效途径。

磷石膏中可溶磷（$w-P_2O_5$）、共晶磷（$c-P_2O_5$）、总磷（$t-P_2O_5$）、$F^-$、有机物等杂质并不是均匀分布在磷石膏中的，不同粒度磷石膏中杂质含量存在显著差异。具体分布情况见表 2-16。

表 2-16　不同粒度磷石膏杂质质量分数　　　　　　　　　%

| 粒径（μm）<br>质量分数（%） | ＞300 | 300～200 | 200～160 | 160～80 | ＜80 |
|---|---|---|---|---|---|
| $w-P_2O_5$ | 1.54 | 0.92 | 0.83 | 0.56 | 0.10 |
| $c-P_2O_5$ | 0.12 | 0.20 | 0.25 | 0.32 | 0.46 |
| $t-P_2O_5$ | 3.20 | 2.41 | 2.12 | 1.67 | 0.93 |
| $F^-$ | 0.86 | 0.69 | 0.61 | 0.39 | 0.12 |
| 有机物 | 0.34 | 0.26 | 0.13 | 0.09 | 0.05 |

由表 2-16 可知，随着磷石膏颗粒度增加，可溶磷、总磷、氟和有机物杂质含量迅速增加。例如小于 $80\mu m$ 磷石膏中，可溶磷质量分数仅为 0.1%，$80～160\mu m$ 范围中可溶磷质量分数为 0.56%，而大于 $300\mu m$ 的可溶磷高达 1.54%。而共晶磷含量随磷石膏颗粒度减小而增加（这可能是二水石膏小晶体在磷酸浓度较高、过饱和度较大的区域成核长大，$P_2O_5$ 在这种液相条件进入二水石膏晶格的概率更大）。根据磷石膏杂质的这种分布特点，采用筛分去除 $300\mu m$ 以上磷石膏，去除大部分可溶磷、总磷、氟和有机物杂质，改善磷石膏性能，在工艺上是完全可行的。

（四）用于生产建筑石膏的质量要求

表 2-17 为澳大利亚博罗公司的磷石膏标准。

表 2-17　澳大利亚博罗公司磷石膏标准

| 品名 | 规格 | 品名 | 规格 |
|---|---|---|---|
| 纯度比 $CaSO_4 \cdot 2H_2O$（固体） | 90%（最小） | 氟 F（%）（总量） | 1.0（最大） |
| 水分含量（湿基） | 18%（最大） | pH 值 | 5.0～6.0 |

| 品名 | 规格 | 品名 | 规格 |
|---|---|---|---|
| 氧化镁 MgO（%）（水解） | 0.05（最大） | 粒尺寸 | |
| 氧化钠 $Na_2O$（%）（水解） | 0.05（最大） | ＋300 | 0.5%（目标） |
| 氯化物 Cl（%） | 0.02（最大） | ＋150 | （目标） |
| 二氧化硫 $SO_2$（%） | 0.30（最大） | ＋75 | （目标） |
| 氧化钾 $K_2O$（%）（水解） | 0.05（最大） | ＋45 | （目标） |
| 五氧化二磷 $P_2O_5$（%）（总量） | 0.9（目标） | 放射性 Ra226 | 最大 |
| 五氧化二磷 $P_2O_5$（%）（水解） | 0.10（最大） | | |

注：目标是指尽最大努力的最佳理想值

我国国家标准《磷石膏》（GB/T 23456—2018）适用于以磷矿石为原料，湿法制取磷酸时所得的，主要成分为二水硫酸钙（$CaSO_4 \cdot 2H_2O$）的磷石膏。该标准中规定了磷石膏的分类和标记、要求、试验方法、检验规则及包装、标志、运输和贮存。

磷石膏的基本要求应符合表 2-18 的规定。用于石膏建材时应满足一级或二级指标的要求。

表 2-18　基本要求

| 项目 | 指标 | | |
|---|---|---|---|
| | 一级 | 二级 | 三级 |
| 附着水（$H_2O$）质量分数（%） | ≤15 | ≤20 | ≤25 |
| 二水硫酸钙（$CaSO_4 \cdot 2H_2O$）（干基）（%） | ≥90 | ≥80 | ≥65 |
| 水溶性五氧化二磷（$P_2O_5$）（干基）（%） | ≤0.20 | ≤0.30 | ≤0.50 |
| 水溶性氟离子（$F^-$）质量分数（%） | ≤0.10 | ≤0.20 | ≤0.30 |
| 水溶性氧化镁（MgO）（干基）（%） | ≤0.10 | ≤0.30 | — |
| 水溶性氧化钠（$Na_2O$）（干基）（%） | ≤0.06 | ≤0.10 | — |
| 氯离子（$Cl^-$）（干基）（%） | ≤0.02 | ≤0.04 | — |
| 放射性核素限量 | 应符合 GB 6566—2010 的要求 | | |

（五）磷石膏检验方法

表 2-19 为磷石膏的检验方法。

表 2-19　检验方法

| 序号 | 项目 | 检测依据标准 |
|---|---|---|
| 1 | 附着水（$H_2O$）（%） | GB/T 5484—2012 石膏化学分析方法 第 9 章 |
| 2 | 二水硫酸钙（$CaSO_4 \cdot 2H_2O$）（干基）（%） | GB/T 23456—2018 磷石膏 第 5 章 |
| 3 | 水溶性五氧化二磷（$P_2O_5$）（干基）（%） | JC/T 2073—2011 磷石膏中磷、氟的测定方法 |
| 4 | 水溶性氟（$F^-$）（干基）（%） | JC/T 2073—2011 磷石膏中磷、氟的测定方法 |
| 5 | 水溶性氧化镁（MgO）（干基）（%） | GB/T 5484—2012 石膏化学分析方法 第 27 章 |
| 6 | 水溶性氧化钠（$Na_2O$）（干基）（%） | GB/T 5484—2012 石膏化学分析方法 第 28 章 |
| 7 | 氯离子（$Cl^-$）（干基）（mg/kg） | GB/T 5484—2012 石膏化学分析方法 第 29 章 |
| 8 | 放射性 | GB 6566—2010 建筑材料放射性核素限量 |
| 9 | pH 值 | GB/T 5484—2012 石膏化学分析方法 第 25 章 |

（六）杂质对建筑石膏性能的影响

磷石膏中二水石膏晶体较天然二水石膏晶体规整、粗大、均匀，并以板状为主。其颗粒级配呈正态分布，颗粒分布高度集中，磷石膏这种显微结构使其胶结材流动性差，蓄水量高，硬化体结构疏松。

磷石膏中的杂质可分为可溶性杂质和难溶性或不溶性杂质。

磷组分主要有可溶磷、共晶磷、沉淀磷三种形态。磷石膏中的氟化物一般以不溶性杂质的形式存在，但是有时会以 $Na_2SiF_6$ 的形式存在。

可溶磷、氟、共晶磷和有机物是磷石膏中的主要有害杂质。可溶磷、氟与有机物分布于二水石膏晶体表面，其含量随磷石膏颗粒度的增大而增加；共晶磷存在于二水石膏的晶格中，其含量随磷石膏颗粒度的减小而增加。

磷酸是使磷石膏呈酸性的主要物质，氟也会使磷石膏呈酸性。可溶性 $P_2O_5$，会影响石膏制品的外观形态，延缓凝结。可溶性氟则在石膏制品中缓慢地与石膏发生反应，释放一定的酸性钠、钾离子，会造成制品表面晶化。氟含量超过 0.3％时，会显著增加磷石膏的凝结时间和降低其强度。在利用磷石膏时，这些杂质还会腐蚀加工设备，影响磷石膏产品的性质。在堆存磷石膏时，这些杂质通过雨淋渗透而影响地下水质量从而污染环境。

磷石膏中的有机物为乙二醇甲醚乙酸酯、异硫氰甲烷、3-甲氧基正戊烷、2-乙基-1、3-二氧戊烷。它们可使需水量增大，削弱二水石膏晶体间的结合，降低硬化体的强度。可溶磷和共晶磷则可降低胶结料水化的液相过饱和度，延缓凝结硬化，使水化产物晶体粗化，结构疏松，强度降低。可溶磷和有机物的存在，还可显著降低二水石膏的脱水温度。

用于石膏制品的磷石膏中存在钾、钠盐等时，这些杂质会在石膏制品干燥时随水分迁移到制品表面，使制品"泛霜"。

磷石膏不溶性杂质主要有以下两种：

（1）在磷矿酸解时不发生反应的硅砂、未分解矿物和有机质；

（2）在硫酸钙结晶时与其共同结晶的磷酸二钙和其他不溶性磷酸盐、氟化物等。

多数不溶性杂质属惰性杂质，对磷石膏的性质影响不大。但是过多的共结晶磷酸二钙会影响磷石膏作为水泥缓凝剂的性能，在煅烧磷石膏后，不溶氟化物会分解而呈酸性，从而影响磷石膏的水化性能。

（七）减少杂质含量的方式方法

磷石膏中的杂质对其再资源化非常不利，如果能够在添加磷石膏前就进行预处理或者改性，不仅能减少杂质有害的影响，还能改善生产工艺，提高产品的性能。目前，用于磷石膏预处理的方法如下：

**1. 水洗、浮选**

水洗或浮选不仅能使磷石膏中的可溶磷溶解于水中，还去除覆盖在二水石膏表面的有机物。水洗至中性的磷石膏，其可溶磷、氟与有机物含量为零。但是水洗、浮选不能消除共晶磷、难溶磷等杂质。

**2. 碱改性或石灰中和改性**

通过在磷石膏中掺入石灰等碱性物质改变磷石膏体系的酸碱度，使磷石膏中可溶性磷、氟转化成惰性的难溶盐，从而降低对磷石膏胶结材的不利影响。

**3. 煅烧**

磷石膏只有在 800℃下煅烧，才可以消除有机物的影响。

**4. 筛分处理**

筛分工艺取决于磷石膏的杂质分布与颗粒级配，只有当杂质分布严重不均，筛分可大幅度降低杂质含量时，该工艺才是好的选择。

**5. 粉磨处理**

粉磨是改善磷石膏颗粒级配的有效手段。粉磨应与石灰中和、水洗等预处理手段相结合。

**6. 陈化处理**

磷石膏的短期陈化对其使用性能的改善不明显，而随时间的延长，陈化效果就会显示出来。

**7. 柠檬酸处理**

柠檬酸可以把磷、氟杂质转化为可以水洗分离的柠檬酸盐、铝酸盐以及铁酸盐。

磷石膏因含有磷、氟、游离酸等杂质，会增加制得的熟石膏水化时的凝结时间，降低制品的强度。因此，用来生产石膏建材时必须进行严格净化，利用磷石膏的各种技术中都包含磷石膏水洗分离杂质和中和游离酸的处理过程。

磷石膏的净化关键有两个：一是经水洗必须获得稳定且杂质含量符合建材行业要求的二水石膏；二是解决水洗过程中造成的二次污染。

净化方法主要有水洗、分级和石灰中和等几种。水洗工艺可以除去磷石膏中细小的不溶性杂质，如游离的磷酸、水溶性磷酸盐和氟等；分级处理可除去磷石膏中细小不溶性杂质，如硅砂、有机物以及很细小的磷石膏晶体，这些高分散性杂质会影响建筑石膏的凝结时间，同时黑色的有机物会影响建筑石膏产品的外观颜色。分级处理对磷、氟的脱除也有效果，另外，湿筛磷石膏还可以除去大颗粒石英和未反应的杂质。石灰中和的方法对去除磷石膏中的残留酸特别简便有效。

当使用含可溶性杂质、不溶物、有机物较高的磷矿制取磷酸时，生成的磷石膏呈聚合晶态，就要采用较复杂的净化方法。一种方法是用三级水力旋离器分离磷石膏料浆。在此情况下，水溶性杂质的去除率大于 95％，有机物的去除率也足够高，磷石膏的利用率为 70％～90％。

当磷石膏的粒度特别细小，水源又不很丰富时，采用浮选法代替水力旋离器分离杂质。浮选分离时有机物的分离程度很高，水溶性杂质的去除率为 85％～90％，石膏的回收率为 90％～96％。

净化后的石膏悬浮液用真空过滤操作尽量把游离水含量降低到最低程度，以减少其后干燥工段的热量消耗。选用哪种形式的过滤需视磷石膏的结晶粒度而定。离心机可使磷石膏的含水率降低得更低些，但对有些磷石膏并不适用；真空过滤机的脱水程度差，但它能适用于各种磷石膏，投资费用低，维修要求少。

## 三、柠檬酸石膏

（一）生产过程

柠檬酸石膏是用钙盐沉淀法生产柠檬酸时产生的以二水硫酸钙为主的工业废渣。

柠檬酸又名作枸橼酸，分子式为$C_6H_8O_7$，化学名为2-羟基丙烷-1，2，3-三羟酸，主要用作香料或饮料的酸化剂，在食品和医学上用作多价螯合剂，也是化学中间体。柠檬酸的生产工艺可简略地概括如下：

（1）利用糖质原料（如地瓜粉渣、玉米、甘蔗等），在一定条件和多种霉菌及黑曲霉的作用下，发酵制得柠檬酸，反应式如下：

$$C_{12}H_{22}O_{11}（蔗糖）+H_2O+3O_2 \longrightarrow 2C_6H_8O_7（柠檬酸）+4H_2O$$

（2）以上水溶液中除柠檬酸以外还有其他可溶性杂质，为将柠檬酸与其他可溶性杂质分开，加入碳酸钙与柠檬酸中和生成柠檬酸钙沉淀。反应式如下：

$$2C_6H_8O_7 \cdot H_2O+3CaCO_3 \longrightarrow Ca_3(C_6H_5O_7)_2 \cdot 4H_2O \downarrow （柠檬酸钙）+3CO_2 \uparrow +4H_2O$$

（3）用硫酸酸解柠檬酸钙得到纯净的柠檬酸和二水硫酸钙残渣。反应式如下：

$$Ca_3(C_6H_5O_7)_2 \cdot 4H_2O+3H_2SO_4+2H_2O \longrightarrow 2C_6H_8O_7+3CaSO_4 \cdot 2H_2O \downarrow$$

由上式可知，理论上每生产1t柠檬酸可得1.34t柠檬酸石膏，但是由于杂质和水分，实际经验数据为每吨柠檬酸产生1.5t柠檬酸石膏。

无论采用干法煅烧或湿法蒸压处理，均可制成适用的柠檬酸熟石膏。

最佳煅烧条件：在饱和水蒸气压力下制作α-半水型石膏时，以0.3～0.5MPa的水蒸气压下蒸压，恒压3～4h，并在100℃左右进行干燥比较适宜。

（二）化学成分

湿柠檬石膏的附着水含量约为40%，呈灰白色膏状体，偏酸性（pH值为2～6.5），其化学成分的参考值见表2-20。

表2-20　柠檬酸石膏化学成分　　　　　　　　　%

| 编号 | 结晶水 | $SiO_2$ | $Al_2O_3$ | $Fe_2O_3$ | CaO | MgO | $SO_3$ |
|---|---|---|---|---|---|---|---|
| 1 | 18.64 | 1.03 | 0.16 | 0.04 | 32.87 | 0.22 | 46.52 |
| 2 | 0.72 | 0.32 | — | — | 32.49 | 0.09 | 46.11 |
| 3 | 19.25 | 0.49 | 0.11 | 0.02 | 32.38 | — | 46.76 |

（三）颗粒特征

柠檬石膏的细度分布和颗粒分析的参考值见表2-21、表2-22。

表2-21　柠檬酸石膏细度分布

| 颗粒尺寸（μm） | >80 | 70～80 | 60～70 | 50～60 | 40～50 | <40 | $D50$（μm） |
|---|---|---|---|---|---|---|---|
| 1 | 0 | 0 | 0 | 2.0 | 2.5 | 95.5 | 7.395 |
| 2 | 0.80 | 0.10 | 0.10 | 0.04 | 0.01 | 99.0 | — |

表2-22　柠檬酸石膏激光颗粒分析（丰原生化集团有限公司样品）

| μm | 1.0 | 2.0 | 3.0 | 4.0 | 5.0 | 6.0 | 7.0 | 8.0 | 9.0 | 10.0 | 15.0 |
|---|---|---|---|---|---|---|---|---|---|---|---|
| % | 8.53 | 22.67 | 35.42 | 48.12 | 57.15 | 64.50 | 69.56 | 72.75 | 76.50 | 78.95 | 88.35 |
| μm | 20.0 | 25.0 | 30.0 | 35.0 | 40.0 | 45.0 | 50.0 | 55.0 | 60.0 | 70.0 | 80.0 |
| % | 92.75 | 94.60 | 95.00 | 95.45 | 98.10 | 98.80 | 99.35 | 99.70 | 99.90 | 99.98 | 100 |

（四）用于生产建筑石膏的质量要求

甘肃省建材科研设计院和西北民族大学土木工程学院联合进行了用未经水洗和其他预处理的柠檬酸石膏生产建筑石膏的研究。采用连续式炒锅，在200℃温度下用柠檬酸石膏炒制建筑石膏，其性能见表2-23。

表2-23 柠檬酸建筑石膏的质量

| 标准要求 | 等级 | | | 测试值 |
|---|---|---|---|---|
| | 3.0等级 | 2.0等级 | 1.6等级 | |
| 抗折强度（MPa）≥ | 3.0 | 2.0 | 1.6 | 3.1 |
| 抗压强度（MPa）≥ | 6.0 | 4.0 | 3.0 | 10.8 |
| 细度，0.2mm方孔筛筛余（%）≤ | 10.0 | 10.0 | 10.0 | 0.7 |

由表2-23看出，用柠檬酸石膏生产的建筑石膏，其抗折强度、抗压强度和细度均达到了《建筑石膏》（GB/T 9776—2008）标准中3.0等级要求。

## 四、氟石膏

（一）氟石膏的形成

氟石膏又称氟石，分子式为$CaF_2$，是用硫酸酸解萤石制取氟化氢所得的以无水硫酸钙为主的副产品。几乎所有的副产石膏都是二水石膏，只有副产的氟石膏是无水石膏。

氟化氢是制取氟元素、无机氟化物（氟化铝、氟化钠、合成冰晶石、二氟化钠、氟硼酸盐等）和有机氟化物（氟利昂、聚四氟乙烯等多种含氟塑料）的主要原料。

目前世界上生产氟化氢的方法主要是用硫酸酸解萤石，其反应式如下：

$$CaF_2 + H_2SO_4 \longrightarrow CaSO_4 + 2HF$$

由反应式计算，理论上生产1t氟化氢可副产3.4t氟石膏。

（二）氟石膏的排放量

氟石膏的排放量与氟化氢的产量密切相关。我国是世界上萤石储量大国，探明储量占世界总储量的三分之一。近年来我国萤石产量快速增加，占全球总产量的50%以上。由于资源丰富，近年来我国的氟化氢生产迅猛增长，到2005年氟化氢年产量达56万t。此外，冶金行业自产用于冶金的氟化氢约为6万t，总年产量为62万t。按每吨氟化氢排出氟石膏3.4t计，我国年排出氟石膏达211万t。

目前我国氟化氢生产企业有50余家，其中生产规模较大的生产企业约30家。氟化氢的生产主要集中在有萤石资源及其下游产品的浙江、福建、江苏、山东等省份，因此氟石膏排放也主要集中在此，主要省份的排放量见表2-24。

表2-24 主要省份氟石膏的排放量

万t

| 省份 | 氟化氢产量 | 氟石膏排放量 | 省份 | 氟化氢产量 | 氟石膏排放量 |
|---|---|---|---|---|---|
| 浙江省 | 23.7 | 81 | 山东省 | 6.8 | 23 |
| 福建省 | 10.6 | 36 | 其他省 | 5.5 | 19 |
| 江苏省 | 9.4 | 32 | 合计 | 56 | 191 |

注：本表未考虑炼铝的6万t氟化氢产量即20.4万t氟石膏产量。

由于我国萤石资源控制出口，国外将从中国进口萤石改为进口氟化氢，再加上我国氟化工的发展，可以预测我国的氟化氢工业今后仍将继续发展，氟石膏的年排放量也将随之增加。

（三）氟石膏的质量

在氟化氢生产中排出的无水硫酸钙温度为 $180\sim230℃$。新排出的氟石膏是一种微晶，粒度一般为几微米至几十微米，部分呈块状，疏松、易于用手捏碎。

X 射线和差热分析表明：氟石膏的物相主相是 II 型无水石膏，淄博某化工厂排出的由石灰中和处理后的氟石膏，经 X 射线衍射分析，其主要成分为 $CaSO_4$ 92％、$Ca(OH)_2$ 7.5％、$CaF_2$ 0.5％。

刚排出的氟石膏常伴有未反应的 $CaF_2$ 和 $H_2SO_4$，有时 $H_2SO_4$ 的含量较高，使排出的石膏呈强酸性，不能直接弃置。对此，我国有两种处理方法，所得的氟石膏也可以分为两种：一种是石灰-氟石膏，即将刚出炉的石膏用石灰中和至 pH 值为 7 左右，石灰与硫酸反应进一步生成硫酸钙。加入石灰时只引入少量 MgO，所得的石膏纯度为 80％～90％；另一种是铝土-氟石膏，是先用铝土矿中和剩余的硫酸，反应后生成硫酸铝，再用石灰中和残余在石膏中的硫酸铝，使 pH 值达到 7 左右，然后排出堆放。因铝土矿中含有约 40％的 $SiO_2$，因此，所得石膏的品位仅为 70％～80％。表 2-25 为两种氟石膏的化学成分。

表 2-25　两种氟石膏的化学成分　　　　　　　　　　％

| 产品 | 编号 | CaO | $SO_3$ | $SiO_2$ | $Al_2O_3$ | $Fe_2O_3$ | MgO | F | 结晶水 | 核定品位 |
|---|---|---|---|---|---|---|---|---|---|---|
| 石灰-氟石膏 | 1 | 33.10 | 43.90 | 0.57 | — | 0.35 | — | 1.5 | 19.70 | 85 |
| | 2 | 33.08 | 43.68 | 1.02 | 0.50 | 0.21 | 0.54 | — | 19.50 | 85 |
| | 波动范围 | 33.00～35.00 | 40.00～45.00 | 1.10～1.20 | 0.20～0.60 | 0.10～3.00 | 0.10～0.50 | 1.00～4.00 | 16.00～20.00 | 80～90 |
| 铝土-氟石膏 | 1 | 27.44 | 37.52 | 7.79 | 0.39 | 0.14 | 0.24 | 3.06 | 18.22 | 70 |
| | 2 | 28.20 | 36.39 | 8.93 | 3.02 | 0.15 | 0.16 | 1.80 | 17.53 | 70 |
| | 波动范围 | 27.00～35.00 | 35.00～41.00 | 1.40～9.00 | 1.00～4.00 | 0.10～0.40 | 0.10～0.50 | 1.00～4.00 | 15.00～19.00 | 70～80 |

注：表中为湖南湘乡的氟石膏，品位已扣除杂质的影响。

根据当前国内氟化氢生产的工艺条件分析，氟石膏形成时，物料温度为 $180\sim230℃$，而氟化氢在常温下极易挥发，在此温度条件下几乎不可能在氟石膏内残存；氟石膏中的氟元素以难溶于水的 $CaF_2$ 形式存在，其含量一般低于 2％。因此，氟石膏中有毒氟化物含量极低，不会危害人体。因此，利用副产氟石膏生产建筑材料是安全的。

氟石膏可以用于制作石膏胶凝材料、复合石膏胶凝材料、石膏建筑制品、水泥和混凝土的外加剂等。

## 五、钛石膏

（一）生产过程

钛石膏石是采用硫酸法（硫酸酸解钛铁矿 $FeTiO_3$）生产钛白粉时，为治理酸性废水，加入石灰（或电石渣）以中和大量的酸性废水而产生的以二水石膏为主要成分的废渣。

在采用硫酸法生产钛白粉的过程中，废水主要来自酸解用酸，和地坪、设备及煅烧尾气的冲洗用水。一般生产1t硫酸法钛白粉废水排放量为80～250t，pH值为1～5，产生钛石膏6～10t。

在酸性废水中加入石灰石中和硫酸生成二水硫酸钙沉淀，使废水的pH值达到7，然后加入絮凝剂在增稠器中沉降。清液合理溢流排放，下层浓浆通过压滤机过滤，压滤后的滤渣即钛石膏。

国外用石灰乳中和浓废酸（20％左右）生产钛石膏，这种钛石膏一般质量较好，但是成本较高，每吨废酸处理费用高达90美元（1980年价）。

（二）化学成分

钛石膏为化学副产石膏，其主要成分为二水硫酸钙（$CaSO_4 \cdot 2H_2O$），表2-26是钛石膏样品的化学成分分析实验结果。

表2-26　钛石膏的化学成分

| 成分名称 | $Al_2O_3$ | $Fe_2O_3$ | CaO | MgO | $SO_3$ | $TiO_2$ | $Na_2O$ | $K_2O$ | $SiO_2$ | 结晶水 |
|---|---|---|---|---|---|---|---|---|---|---|
| 含量（％） | 1.94 | 8.32 | 28.00 | 1.22 | 36.87 | 1.93 | 0.10 | 0.06 | 少量 | 18.67 |

石膏的品位一般是按照CaO、$SO_3$或结晶水含量分别推算，然后取其最小值。若按照此方法来计算石膏含量，钛石膏中的$CaSO_4 \cdot 2H_2O$含量一般可达80％以上。由表2-25实验数据可以看出，钛石膏的$Fe_2O_3$、$Al_2O_3$含量较高，因此钛石膏的含量不能简单地按照传统的理论进行计算。对用钛石膏炒制的半水石膏进行相分析，可推算出二水石膏含量在60％左右。

（三）颗粒特征

钛石膏显微结构如图2-1所示。

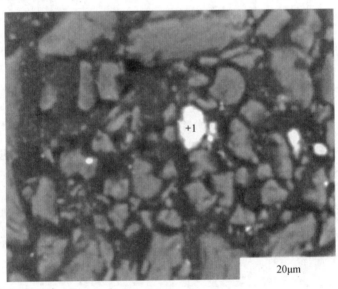

图2-1　钛石膏的显微结构

由图2-1可见，钛石膏的晶体多呈柱状、板状，同时还有大量的球状、絮状杂质存在，可能是Fe$(OH)_3$和$Al_2(SO_4)_3$等在脱水过程中形成的。这与天然石膏晶体呈粒状、针状、柱状和板状有所不同。

（四）用于生产建筑石膏的质量要求

钛石膏的二水石膏含量低于天然石膏和湿法脱硫石膏，其他杂质含量较多，因此影响了钛石膏作为建材原料的使用性能。通过对钛石膏进行预处理和配比优化，可以配制出符合标准要求的建材产品，满足市场需求。

（五）杂质对建筑石膏性能的影响

**1. 放射性核素的影响**

钛石膏的放射性核素来自钛铁矿，钛铁矿中有时会含有少量的放射性物质（铀、钍）。我国目前还没有钛石膏放射性超标的报道，因此放射性不应作为国内钛石膏应用发展的阻碍。

**2. 其他杂质**

钛石膏杂质含量高，不经处理几乎没有力学性能。钛石膏中的主要杂质为 $Fe(OH)_3$、$FeSO_4$ 和 $Al(OH)_3$。钛石膏的 X 射线衍射图样如图 2-2 所示。由表 2-25 和图 2-2 可见，钛石膏中主要含有铁、铝、镁等杂质，铁杂质含量最多，多以 $Fe(OH)_3$ 的形式存在。

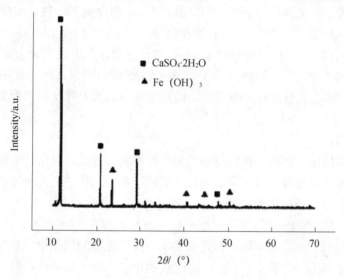

图 2-2　钛石膏的 X 射线衍射图样

通过分析钛石膏的 XRD 图谱证实其主要杂质成分为 $Fe(OH)_3$，与化学分析结果一致。$Fe(OH)_3$ 的形成原因是在硫酸法生产钛白粉的生产工艺过程中，$Fe^{3+}$ 全部被还原为 $Fe^{2+}$，虽然 $FeSO_4$ 最终被分离并得到利用，但仍有少部分进入钛石膏成为杂质之一。而 $FeSO_4$ 在 pH＝5 时开始水解生成 $Fe(OH)_2$，$Fe(OH)_2$ 在空气中又会转化为 $Fe(OH)_3$，经测定钛石膏中 $Fe(OH)_3$ 含量为 3.69％～5.14％，平均为 4.42％左右。

采用硫酸法生产钛白粉时，副产物钛石膏中的 $Fe_2O_3$ 与硫酸反应生成 $Fe_2(SO_4)_3$，$Fe_2(SO_4)_3$ 在酸性溶液中水解生成 $Fe(OH)_3$ 沉淀，在潮湿条件下，$Fe(OH)_3$ 沉淀以胶体的形式存在，所以钛石膏具有黏度大、置于空气中易变成红色等特点，这对钛石膏的处理工艺，将产生不利影响。

钛石膏的特点总结如下：

（1）含水率高、黏度大、杂质含量高。

钛石膏的主要杂质为 $Fe(OH)_3$、$FeSO_4$ 和 $Al(OH)_3$，与天然石膏相比，其 $Fe_2O_3$ 含

量较高，而 CaO、MgO 和 $SO_3$ 的含量较低，其他成分差别不大。钛石膏的黏度大主要是因为采用硫酸法生产钛白粉时，副产物钛石膏中的 $Fe_2O_3$ 与硫酸反应生成 $Fe_2(SO_4)_3$，$Fe_2(SO_4)_3$ 在酸性溶液中水解生成以胶体的形式存在的 $Fe(OH)_3$ 沉淀。

（2）晶体尺寸较小。

（3）pH 值 6～9，基本呈中性；

（4）从废渣处理车间出来时，呈灰褐色，置于空气中 $Fe^{2+}$ 逐渐被氧化成 $Fe^{3+}$ 而变成红色（偏黄）；

（5）有时会含有少量放射性物质（铀、钍），但在我国，尚未见有放射性超标的报道。

（六）减少杂质含量的方式方法

钛石膏中的主要杂质为铁元素，除铁方法大致分为湿法、干法两种。

**1. 湿法除铁**

（1）萃取法

有机物萃取除铁的方法是利用有机溶剂易萃取铁和硫酸钙在有机溶剂中溶解度下降的特性来除钛石膏中的铁。朱静平等分别使用萃取剂 P507 和丙酮来除铁，实验步骤是先将钛石膏用盐酸溶解，然后加入萃取剂，使用萃取剂 P507 法除铁的适宜条件：温度 25℃、相比 A/O＝2/1、体积分数 30%、平衡时间 45min，在此适宜条件下钛石膏去除率达到 63.97%。丙酮法除铁是直接在常温下，搅拌 5min、丙酮：料液＝3：1 下进行，此条件下硫酸钙沉淀完全。其中使用丙酮法除铁的操作更简单，能获得纯白的钛石膏，可作为工业生产上除铁主要方法。

（2）还原漂白法

还原漂白即使用还原剂将三价铁还原成易溶于水的二价铁，氧化铁是影响钛石膏最常见的杂质，可采用连二亚硫酸钠将三价铁还原成易溶于水的二价铁，洗涤过滤除去，从而达到除铁提高白度的目的。漂白原理如下：

$$Fe_2O_3 + Na_2S_2O_4 + 3H_2SO_4 \longrightarrow 2FeSO_4 + 2SO_2 + Na_2SO_4 + 3H_2O$$

通过该正交试验，可以确定影响因素的主次：连二亚硫酸钠用量＞矿浆 pH 值＞反应时间。且实验最佳条件为 pH 值 1.5，连二亚硫酸钠用量 1.2～5g，漂白时间 60min，白度达到最高 61.8%。除铁处理后的钛石膏颜色为灰白色，粒径较大，易脱水及进行后续回收加工再利用。该方法成本较高，对环境污染大。

（3）酸浸法

酸浸除铁法是使酸中 $H^+$ 置换生成可溶性的铁化合物进入溶液，故酸溶法可加入硫酸、盐酸、草酸等，盐酸浓度大于 15%，草酸浓度要大于 10%，有助于铁的溶出。酸浸法效果好，但是环境污染比较严重。

（4）浮选法

吸附浮选除铁的步骤首先调节 pH 值、加入能吸附 $Fe_2O_3$ 的吸附剂、加入捕收剂、抑制剂、分散剂，在浮选机内进行浮选，从而使 $Fe_2O_3$ 和钛石膏分离。双液浮选选除铁的步骤首先调节 pH 值、在搅拌下加入捕收剂、加入有机溶剂，然后搅拌、静置、分离而得到水相钛石膏和含有 $Fe_2O_3$ 有机相产品。目前，尚未有人研究适合用于钛石膏除铁的浮选药剂，且此工艺复杂、药剂用量大、成本高，浮选法处理微细颗粒物料，效果不佳，难以达到预期效果。

（5）液相还原-磁分离法

钛石膏液相还原-磁分离除铁，主要是在水溶液中利用化学还原剂还原 $Fe^{3+}$ 制备磁性 $Fe_3O_4$，然后利用磁分离方法提取磁性 $Fe_3O_4$，从而达到去除钛石膏中杂质铁的目的。液相还原利用的还原剂主要有水合联氨、多元醇和碱性金属硼氢化物等。如水合联氨，将钛石膏溶于适当溶剂（水、乙二胺、乙醇等），加入碱性物质，然后放入高压釜密闭恒温反应。多元醇的还原势能受到反应温度、金属离子浓度、氢氧根离子浓度的影响，反应温度越高、金属离子浓度越大、氢氧根离子浓度越小，多元醇还原势能就越大。碱性硼氢化物（如硼氢化钠与硼氢化钾）湿法还原受到反应物浓度、硼与金属比值、反应温度、pH 值、混合方式等多因素的影响。钛石膏中 $Fe^{3+}$ 经还原剂还原生成 $Fe_3O_4$ 或 Fe，最后通过磁分离来提纯钛石膏。液相还原需要加入还原剂或稳定剂才可以制备出利用价值较大的 $Fe_3O_4$，钛石膏杂质铁去除的处理费远高于回收利用所产生的价值，不利于工业化。

**2. 钛石膏干法除铁**

（1）还原-磁分离法

还原-磁分离除铁法，主要有碳热法还原和气相法还原。碳热法还原是利用无机碳作为还原剂，将活性炭和钛石膏混合在适宜的温度、时间下煅烧，钛石膏中的三价铁经还原生成磁性四氧化三铁，气相还原是利用气体（CO，$H_2$）作为还原剂，通过控制气体浓度、反应温度、反应时间来制取磁性 $Fe_3O_4$，然后通过磁分离达到除铁的目的。该工艺对磁场强度有要求，除铁效果不是很理想，但干法除铁省掉脱水和干燥的过程、工艺流程短、生成成本低、减少灰粉流失、环境污染小，是钛石膏除铁的发展方向。

（2）氯化法

钛石膏中加入氯化钠，在 900℃ 下高温煅烧，钛石膏中 $Fe_2O_3$ 被氯化成气态 $FeCl_3$，从而达到钛石膏除铁的目的。此工艺成本高，易产生环境污染。

# 第三章　石膏脱水及水化硬化机理

## 第一节　石膏脱水温度和脱水相的特点

### 一、石膏脱水相形成过程及石膏脱水转变温度

生产石膏胶凝材料的原料是以二水石膏或硬石膏为主要成分的，包括天然石膏、硬石膏和脱硫石膏、磷石膏、柠檬酸、氟石膏等工业副产石膏。硬石膏作为胶凝材料的原料时，需在物理活化或者化学激发下才能使用。通常所说石膏胶凝材料一般以二水石膏为原料，在一定条件下进行热处理后制得。

二水石膏在自然界中十分稳定，是天然石膏和大部分工业副产石膏的主要成分。它既是产生脱水相的原材料，也是脱水相再水化的产物。图 3-1 为二水石膏晶体结构。二水石膏晶体属单斜晶系，由图 3-1 可见，$Ca^{2+}$ 离子与 6 个 $SO_4^{2-}$ 四面体和 2 个水分子相连接，构成双层结构层，$H_2O$ 分子分布于双层结构层之间。由于双层结构是通过水分子微弱的氢键连接，二水石膏在晶面上具有完全的解理，并且加热时水分子易沿 $c$ 轴方向从晶格中脱出。

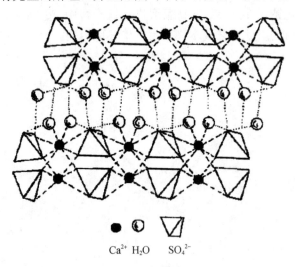

$\bullet$ $\circledcirc$ $\triangledown$
$Ca^{2+}$ $H_2O$ $SO_4^{2-}$

图 3-1　二水石膏晶体结构图

石膏的脱水温度与环境压力、湿度、石膏本身的性能以及加热速率等因素相关，因此脱离条件说石膏的脱水温度是没有意义的。二水石膏受热脱水过程中，经历着 $CaSO_4 \cdot 2H_2O \longrightarrow$ $CaSO_4 \cdot \frac{1}{2}H_2O \longrightarrow$ Ⅲ$CaSO_4 \rightarrow$ Ⅱ$CaSO_4 \rightarrow$ Ⅰ$CaSO_4$ 的变化。根据不同条件，可得到性能和结构不同的半水石膏和无水石膏的五个相、七个变体，分别是二水石膏（$CaSO_4 \cdot 2H_2O$，DH）、半水石膏（包括 α-$CaSO_4 \cdot \frac{1}{2}H_2O$ 和 β-$CaSO_4 \cdot \frac{1}{2}H_2O$，α-HH 和 β-HH）、Ⅲ型无水

石膏（α-CaSO₄Ⅲ和β-CaSO₄Ⅲ，α-AⅢ和β-AⅢ）、Ⅱ型无水石膏（CaSO₄Ⅱ，AⅡ）和Ⅰ型无水石膏（CaSO₄Ⅰ，AⅠ）（图3-2）。

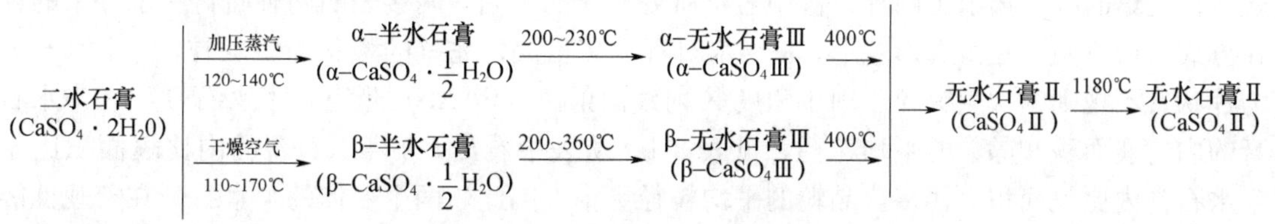

$$
\begin{array}{c}
\text{二水石膏} \\ (CaSO_4 \cdot 2H_2O)
\end{array}
\begin{array}{c}
\xrightarrow[120\sim140℃]{\text{加压蒸汽}} \\
\xrightarrow[110\sim170℃]{\text{干燥空气}}
\end{array}
\begin{array}{c}
\begin{array}{c}\text{α-半水石膏} \\ (\alpha\text{-}CaSO_4 \cdot \frac{1}{2}H_2O)\end{array} \xrightarrow{200\sim230℃} \begin{array}{c}\text{α-无水石膏Ⅲ} \\ (\alpha\text{-}CaSO_4Ⅲ)\end{array} \xrightarrow{400℃} \\
\begin{array}{c}\text{β-半水石膏} \\ (\beta\text{-}CaSO_4 \cdot \frac{1}{2}H_2O)\end{array} \xrightarrow{200\sim360℃} \begin{array}{c}\text{β-无水石膏Ⅲ} \\ (\beta\text{-}CaSO_4Ⅲ)\end{array} \xrightarrow{400℃}
\end{array}
\begin{array}{c}\text{无水石膏Ⅱ} \\ (CaSO_4Ⅱ)\end{array} \xrightarrow{1180℃} \begin{array}{c}\text{无水石膏Ⅱ} \\ (CaSO_4Ⅱ)\end{array}
$$

图3-2　二水石膏脱水过程

二水石膏在被加热过程，随着温度的升高进行着脱水和晶形转变五个物理化学反应，并形成诸多矿物成分：

① $CaSO_4 \cdot 2H_2O \xrightarrow{160℃} CaSO_4 \cdot \frac{1}{2}H_2O + 1\frac{1}{2}H_2O$

② $CaSO_4 \cdot \frac{1}{2}H_2O \xrightarrow{200℃} CaSO_4（Ⅲ）+ \frac{1}{2}H_2O$

③ $CaSO_4（Ⅲ）\xrightarrow{>350℃} CaSO_4（Ⅱ）$

④ $CaSO_4 \cdot 2H_2O \xrightarrow{\text{高温急烧}} CaSO_4（Ⅲ'）+ 2H_2O$

⑤ $CaSO_4（Ⅱ）\xrightarrow{>1180℃} CaSO_4（Ⅰ）$

二水石膏的脱水过程如图3-2所示，二水石膏在干燥空气中加热脱水形成β-半水石膏，温度继续升高形成β-无水石膏Ⅲ；在加压蒸汽条件下脱水形成α-半水石膏，继续加热形成α-无水石膏Ⅲ。Ⅲ型无水石膏高于400℃时转化成Ⅱ型无水石膏，继续加热至1180℃转化成Ⅰ型无水石膏。

## 二、石膏脱水相及其特点

二水石膏脱水形成半水石膏，图3-3所示的是半水石膏的晶体结构图。半水石膏晶体结构是蜂窝形长链通道结构，水分子部分填充在这个通道内。由于$Ca^{2+}$和$SO_4^{2-}$之间位置交错，从而空出直径约为0.4nm的水分子通道。水分子通道能够允许外来水分子直接进入半水石膏晶体内部发生水化转变。因此，水分子通道的存在使得半水石膏在较短的时间内就能完全水化。

二水石膏在不同条件下可制得α-半水石膏和β-半水石膏，它们都是石膏胶凝材料的主要成分，但是微观和宏观性能有较大差异。

X-射线衍射分析及红外光谱分析并没有发现这两种形态的石膏的差异。Bushuev与Borisov认为α-半水石膏晶型为单斜晶体，β-半水石膏晶型为三方晶体。而Kuzel与Hauner认为这两种石膏晶型没有差异，只是在尺寸及晶体排列上有不同。

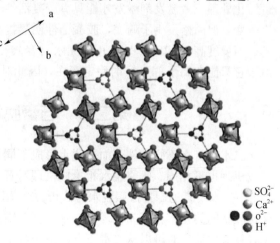

○ $SO_4^{2-}$
○ $Ca^{2+}$
● $O^{2-}$
● $H^+$

图3-3　半水石膏晶体结构图

通过对它们的 $^1H$ 核磁共振谱分析发现，相较于 α-半水石膏，β-半水石膏对应的波谱中，在 0kHz 处出现的强峰，表明存在多余两个氢核构成的孤立基团。α-半水石膏和 β-半水石膏核磁共振光谱的差异揭示了两种石膏中氢核所处环境的不同，间接表明两种石膏中水分子的存在方式有所不同。在微观形貌上，α-半水石膏为多粗大、完整的板状原生颗粒，β-半水石膏为片状、不规则的次生颗粒。用小角度 X 射线散射法（SAXS）测定 α-半水石膏和 β-半水石膏的内比表面积和晶粒的平均粒径，见表 3-1。从表中看出，β-半水石膏的内比表面积比 α-半水石膏内比表面积大很多，晶粒的平均粒径更小。因此，两个变体的半水石膏在宏观性能上差别较大。例如，标准稠度用水量，α-半水石膏为 0.4 左右，而 β-半水石膏为 0.65～0.85；试块的绝干抗压强度，α-半水石膏的强度可超过 50MPa，而 β-半水石膏的强度为 10～20MPa。

表 3-1　α-半水石膏和 β-半水石膏的内比表面积和平均粒径比较

| 类别 | 内比表面积（m²/kg） | 晶粒平均粒径（nm） |
| --- | --- | --- |
| α-半水石膏 | 19300 | 94.0 |
| β-半水石膏 | 47000 | 38.8 |

Ⅲ型无水石膏的结构与半水石膏相似，都有直径 0.4nm 的水分子通道，只是Ⅲ型无水石膏的结构通道内没有水分子。

Ⅲ型无水石膏分为 α 型和 β 型两个变体。它在水中的溶解度较大，在 3℃时溶解度为 11.5g/L，在 50℃的溶解度为 4.8g/L，因此又被称为可溶性硬石膏。一般认为Ⅲ型无水石膏的晶格中仍残留微量的水。经测试 α-无水石膏Ⅲ晶格中残留水分为 0.02%～0.05%，β-无水石膏Ⅲ晶格中残留水分为 0.6%～0.9%。这些水分类似沸石结合水，含量随温度和湿度而变化，逸出时不引起晶格破坏。Ⅲ型无水石膏很容易吸收空气中的水分形成半水石膏。

Ⅱ型无水石膏在 400～1180℃范围内是稳定相。它的晶体大小、密度和晶体连生程度与煅烧温度相关。煅烧温度不同，形成的水化能力不同的Ⅱ型无水石膏。低于 500℃形成的Ⅱ型无水石膏能与水缓慢反应；500～700℃形成的Ⅱ型无水石膏必须在激发剂作用下才能有水化反应；700～1180℃下形成了Ⅱ型无水石膏与 CaO 混合物，CaO 分子嵌入无水石膏晶格，使晶格发生畸变，激发了Ⅱ型无水石膏的水化活性。天然硬石膏属于Ⅱ型无水石膏，必须经过活化处理或者激发剂激发才能具有胶凝活性。天然硬石膏经 500℃煅烧后，晶体结构未发生改变，但晶格发生了畸变，胶凝活性明显提高。

当温度高于 1180℃时，Ⅱ型无水石膏转变为Ⅰ型无水石膏，这种转变过程是可逆的。由于它只能在高于 1180℃时稳定存在，因此对于它的研究较少。

## 第二节　石膏脱水相的形成机理

二水石膏在不同条件下加热脱水形成不同的脱水相，每种脱水相的脱水转变过程不同，形成机理也不相同。研究脱水相形成机理对石膏胶凝材料的生产工艺具有指导意义。

α-半水石膏的制备按照脱水方式可分为蒸压法和水热法。对于 α-半水石膏形成机理，目前比较认同的是溶解析晶机理。二水石膏在饱和水蒸气或者水溶液中热处理时，首先发生脱水，在条件适宜时可以从二水石膏晶格中脱出 1 个半水分子，形成细小的晶胚，在液态水的环境中，晶胚溶解在液相中，当液相的半水石膏浓度达到饱和时，半水石膏晶体形成、生长、析出。水溶液中存在的离子对晶体形貌产生影响。在纯水中 α-半水石膏沿 c 轴方向生长速度最快，晶体呈现针状；在硫酸盐介质中晶体宽度方向生长被加速而 c 轴生长被延缓，晶体粗化明显；有机酸介质使晶体 c 轴方向生长速度减缓，起到晶轴压缩的作用，晶体多呈现长径比较小的短柱状。

关于二水石膏脱水转变为 β-半水石膏的过程，一般认为遵循一次形成机理。一次形成机理认为，二水石膏直接脱水形成 β-半水石膏，即 $CaSO_4 \cdot 2H_2O \longrightarrow \beta\text{-}CaSO_4 \cdot \frac{1}{2}H_2O$。脱水过程分为三个阶段：第一阶段为二水石膏内部空位迁移阶段，加热超过 100℃时，结合力弱的水层空位向晶体内缺陷位置迁移，空位迁移到表面后消失，形成水分子的出露点，水分子从出露点脱出，并产生收缩裂纹；第二阶段为稳定晶核形成阶段，水分子出露点形成后，在周围形成一些半水石膏晶胚，它们在晶体缺陷处优先长大，形成稳定的晶核；第三阶段为晶核生长扩散阶段，形成稳定的晶核后二水石膏不断分解，$Ca^{2+}$ 离子和 $SO_4^{2-}$ 离子不断迁移到晶核的位置上，晶核迅速向四周生长扩散，直至完全转变成半水石膏。

在实际生产应用中，在 130～170℃的温度下直接煅烧得到的 β-半水石膏，没有在 190～200℃煅烧、陈化得到的 β-半水石膏质量好。研究发现，虽然两者的结构变化不大，但由于水分的吸附和毛细管压力的作用在后者内部对颗粒的粘连和裂纹的愈合起到良好的作用，因此煅烧陈化形成的半水石膏比表面积下降、标稠用水量降低、强度明显提高。

通过研究水蒸气压对低温下Ⅲ型无水石膏向Ⅱ型无水石膏转变的影响发现，在低温（100℃左右）和饱和水蒸气条件下，二水石膏或者Ⅲ型无水石膏向Ⅱ型无水石膏转变的形成机理的研究，认为二水石膏或者Ⅲ型无水石膏向Ⅱ型无水石膏的转变过程，符合溶解析晶机理。

# 第三节　熟石膏的相组成与分析

## 一、熟石膏的相组成

相组成，即物相组成，指具有特定物理化学性质的物相的组成。在熟石膏中指独立存在于混合料中的矿物组成，包括 $CaSO_4 \cdot 2H_2O$（DH）、$CaSO_4 \cdot \frac{1}{2}H_2O$（HH）、Ⅲ型 $CaSO_4$（AⅢ）和Ⅱ型 $CaSO_4$（AⅡ）。一般煅烧温度低于Ⅰ型 $CaSO_4$（AⅠ）形成温度，熟石膏中不存在Ⅰ型 $CaSO_4$。在实际生产中，由于生产设备的不同，煅烧工艺不同，生产出的熟石膏的相组成不同。即使用同一生产设备，当投料量变化，或原料来源、工艺的调整时，熟石膏的相组成也可能出现不同。

在工业生产中，很难获得只有单一相 HH 的熟料，可能是几个相的组合，比如：①HH＋AⅢ（正烧）；②HH＋AⅢ＋DH（欠烧）；③HH＋AⅢ＋AⅡ（过烧）；④HH＋AⅢ＋DH＋AⅡ（局部欠烧＋局部过烧）。在这些组合中各相含量的比例关系将极大地影响熟石膏的性能。不合理的相组成使熟石膏性能劣化，不能满足石膏制品的生产要求。例如 AⅢ太多，则熟石膏的性能极不稳定，必须经陈化处理才能用来生产制品；若 DH 太多，或者凝结时间过快而无法成型，或者不能凝固而成为废品；若 AⅡ太多，则熟石膏强度降低，必须添加激发剂才能进行应用。所以在生产过程，特别是煅烧设备试运行阶段中，需要随时进行相组成分析，根据所获得的数值，调整工艺参数，以便得到性能优异的熟石膏。

## 二、相分析原理及相组成的计算公式

相分析的基本原理是在一定酒精浓度下，Ⅲ型 $CaSO_4$（AⅢ）水化为 $CaSO_4 \cdot \frac{1}{2}H_2O$（HH），而 HH 不能水化为 $CaSO_4 \cdot 2H_2O$（DH），从而定量地把两者分开。AⅢ既可以同液态水化合，也可以和气态水化合，还可同任何浓度的酒精中的水分化合；而 HH 只能同液态水化合，不能同任意浓度酒精中的水分化合。这涉及酒精溶液中的液态水和普通液态水的区别，低浓度酒精和高浓度酒精中的水的性质的区别。定性地分析高浓度酒精溶液不会引起 HH 水化，低浓度酒精溶液将使 HH 水化。通过对下面酒精溶液缔合理论的分析和实验验证，可以得知准确的浓度分界线。

### 1. 酒精溶液的缔合性质与相分析关系

酒精水溶液的缔合理论极其复杂，无法清楚解释。在相分析实验中出现的现象又确实涉及酒精溶液的缔合性质，AⅢ和 HH 在酒精溶液中表现各异的水化行为，和酒精—水的缔合性质密切相关，因此不得不对试验中的现象做简单的、粗浅的，或是假设性的分析，并通过实验找出引起 HH 水化的最高酒精浓度。

我们日常喝的普通水，不是单个分子存在着，而是靠氢键连接成大大小小的分子团，这种连接叫作缔合，缔合形式当然很复杂，假设简化的形式如下：$H_2O$、$(H_2O)_2$、$(H_2O)_3$……$(H_2O)_n$，$n＝1、2、3$……。$n$ 大小和温度有关，温度升高，$n$ 减小、温度降低，$n$ 变大。

在纯酒精中，酒精分子也是靠氢键缔合成大小各异的分子团，同样的缔合形式为 $C_2H_5OH$、$(C_2H_5OH)_2$、$(C_2H_5OH)_3$……$(C_2H_5OH)_n$，$n＝1、2、3$……。

当酒精和水混合时，混合液不是 $(H_2O)_n$ 和 $(C_2H_5OH)_n$ 的机械混合物，或者说不是各自处于游离状态，互不相干。若是那样，HH 可以在各种浓度的酒精溶液中水化，就无法和 AⅢ分开。因此可推测，当酒精和水相混合后，形成酒精和水互为溶剂的溶剂化合物，或者说是酒精和水的缔合物，其最简单的缔合形式为 $H_2O—C_2H_5OH$，即一个分子水和一个分子酒精通过氢键缔合成异体分子团。根据浓度的变化，可能还有 $H_2O—C_2H_5OH—H_2O$、$C_2H_5OH—H_2O—C_2H_5OH$ 等分子团。分子团中的水分子是否具有自由水的性质，决定于缔合链的大小。

当熟石膏和酒精溶液混合后，其中 DH 和 AⅡ不参加反应，AⅢ无条件地参与反应，HH 有选择地参与反应。AⅢ可以切断 $H_2O$ 和 $C_2H_5OH$ 之间的氢键，夺取水分子并与其化合形成 $CaSO_4 \cdot \frac{1}{2}H_2O$，而 HH 没有切断氢键的能力，HH 只能找到溶液中处于游离状态的水分子化合，或虽处于缔合状态但具有游离水性质的水分子化合。那么在什么酒精浓度下出现这样的水分子？用下面的试验来证明。

用化学纯二水石膏，制备成纯 HH，用不同浓度的酒精来浸泡，熟石膏与酒精的质量比为 1:20，并密闭在容器中，这样做的目的是检验 HH 是在某一个固定酒精浓度中能否水化。浸泡 24 小时后，取出过滤，用无水酒精洗涤，烘干，然后做 X 射线衍射测试，以 X 射线衍射图谱上是否出现 DH 的特征峰中最强峰 7.56A 为依据，若出现 7.56A，表示试样中有 DH。其结果如下：

（1）用体积比为 76.1% 的酒精溶液浸泡，没有出现 DH，这种浓度的酒精，其中 $H_2O$

和 $C_2H_5OH$ 的摩尔比例为 $1:1$，即一个分子 $H_2O$ 和一个分子 $C_2H_5OH$ 缔合，缔合形式为 $H_2O—C_2H_5OH$，绝对没有各自的游离分子，如果有游离水分子，必将出现 DH。

（2）当用 $61.4\%$ 浓度的酒精溶液浸泡，也没有出现 DH，这种情况下，水和酒精的摩尔比为 $2:1$，即两个分子 $H_2O$ 和一个分子 $C_2H_5OH$ 缔合，缔合形成 $H_2O—C_2H_5OH—H_2O$，也没有各自的游离分子。

（3）当浓度低于 $61.4\%$ 时，溶液中除了 $H_2O—C_2H_5OH—H_2O$ 缔合分子团外，多余水分子可以有两种状态存在（图 3-4）。

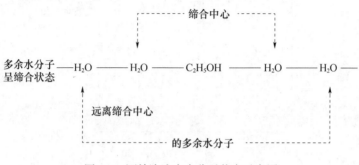

图 3-4　酒精溶液中水分子状态示意图

试验发现，用 $59\%$ 浓度的酒精浸泡 HH 样品，经 X 射线衍射测试，发现了有少量 DH，因此浓度低于 $59\%$ 的酒精能引起 HH 水化。由上述试验可以得出如下结论：

（1）酒精溶液中，水和酒精形成 $H_2O—C_2H_5OH$ 或 $H_2O—C_2H_5OH—H_2O$ 缔合状态中的水分子不会使 HH 水化，只有游离状态的水会使 HH 水化，处于缔合状态而远离缔合中心的水也会使 HH 水化，因此可以认为那些远离缔合中心的水都具有游离水的性质，都会引起 HH 水化。

（2）$59\%$ 浓度时使 HH 水化和不水化的分界线，或叫水化点，或者说是使 HH 水化的最高酒精浓度。那些低于水化点的酒精浓度都将引起 HH 水化，高于水化点的各种酒精浓度都不会使 HH 水化。

是不是浓度大于 $59\%$ 的酒精溶液都可用作相分析？事实并非如此。因为前面讲的试验是在封闭的容器中进行的，整个试验过程酒精浓度保持不变。而在相分析过程中，酒精浓度连续不断地发生变化，加入样品中的初始酒精浓度和烘干过程各个阶段酒精的浓度完全不一样，这就涉及我们下面要讨论的酒精溶液在加热蒸发过程浓度变化的规律，以及在变化过程中会不会引起 HH 水化的问题。

**2. 酒精溶液的蒸馏理论与相分析关系**

图 3-5 为酒精溶液的蒸馏相图，横坐标表示酒精浓度，纵坐标表示温度、液相线，表示酒精浓度和沸点的关系，横坐标左边起始点为 $100\%$ 的水，沸点为 $100℃$，当水中加入酒精，使溶液中的酒精浓度逐渐提高，相应地其沸点沿液相线降低，直至 $D_2$ 点（低共沸点），其酒精浓度为 $96.4\%$，再增加酒精含量，沸点反而升高了。

气相线表示液相酒精和由它蒸发出来的气相酒精浓度的关系。当将浓度为 $A_1$ 的酒精加热到 $A_2$ 沸点时，由它蒸发出来的气相浓度为 $A_3$，显然 $A_3$ 中的酒精含量比初始溶液 $A_1$ 中的高，于是在蒸发过程液相的酒精浓度不断降低，当浓度从 $A_1$ 降至 $B_1$ 时，沸点从 $A_2$ 升至 $B_2$，相应地气相浓度由 $A_3$ 降到 $B_3$，但蒸发过程中气相的酒精浓度始终高于相应的液相浓度，所以最终以水的形式蒸发完毕。

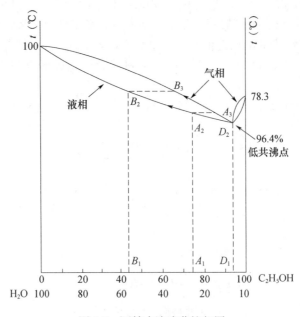

图 3-5　酒精水溶液蒸馏相图

$D_1$ 为低共沸点的酒精浓度为 $96.4\%$，将 $D_1$ 点浓度的酒精加热到 $D_2$ 沸腾时，蒸发出来的气相酒精含量和液相的一样。因此在蒸发过程是按固定比例蒸发完毕。将 $D_1$ 点右边的各种浓度的酒精加热时，蒸发出来的气相酒精含量比相应的液相低，于是最后以酒精形式蒸发完毕。

因此，从理论上讲，若相分析采用浓度低于 $96.4\%$ 的酒精，在样品烘干过程，浓度逐步降低必将通过水化点，引起 HH 的水化。用浓度 $96.4\%$ 或 $96.4\%$ 以上的酒精，绝无可能引起 HH 水化。

在实际操作中，若采用 $96.4\%$ 以上浓度的酒精，考虑到水含量低，不足以使Ⅲ型无水石膏充分水化。因此可以采用 $90\%\sim95\%$ 浓度的酒精，既可满足Ⅲ型无水石膏的充分水化，也可不至于引起半水石膏水化。表 3-2 所示是不同酒精浓度时同一样品相分析的结果。浓度较低的酒精溶液可以使半水石膏水化，导致相分析结果中Ⅲ型无水石膏值偏高，半水石膏值偏低。

表 3-2　不同酒精浓度时相分析的结果比较

| 相组成（%）<br>酒精浓度（%） | AⅢ | HH | DH |
|---|---|---|---|
| 80 | 59.23 | 19.76 | 13.18 |
| 90 | 41.99 | 46.45 | 0 |
| 95 | 40.76 | 46.90 | 0.19 |

**3. 原理及计算公式**

（1）吸附水及Ⅲ型无水石膏（AⅢ）的测定

准确称取约 5g 试样，设为 $W_1$，在试样中加入 $95\%$ 酒精溶液约 5mL，静置 10min，然后放入 40℃的烘箱中干燥至恒重，取出放入干燥器中冷却 15min，称得质量为 $W_2$。在这种酒精浓度下，只能使 AⅢ 水化成 HH，而 HH 不会水化成 DH，其他成分也不发生变化，从下列方程可知，样品处理前后所发生变化的只有 AⅢ，$W_2-W_1$ 是为 AⅢ 转变成 $HH_{(AⅢ)}$ 的水化增量。

$$\boxed{AⅢ+HH_0+DH+AⅡ} \xrightarrow[40℃，烘干]{95\%酒精，10min} \boxed{HH_{(AⅢ)}+HH_0+DH+AⅡ}$$
$$\qquad\qquad W_1 \qquad\qquad\qquad\qquad\qquad\qquad\qquad\qquad W_2$$

① $W_1 > W_2$

这种情况表示样品已经陈化多时，样品中已经没有 AⅢ，却有了吸附水。吸附水含量 $a=\dfrac{W_1-W_2}{W_2}\times100\%$，此时，AⅢ=0。

② $W_1 < W_2$

此时吸附水含量 $a=0$，AⅢ 的吸水率 $b=\dfrac{W_2-W_1}{W_1}\times100\%$

根据方程：$CaSO_4（Ⅲ）+\dfrac{1}{2}H_2O \rightarrow CaSO_4\cdot\dfrac{1}{2}H_2O$

$\qquad\qquad\qquad 136 \qquad\qquad 9$

则 $136:9=$ AⅢ（%）$:b$，AⅢ（%）$=\dfrac{136}{9}\cdot b=15.11b$

（2）半水石膏（HH）的测定

称量 1 份样品约 2g，设为 $W_3$，加 2mL 水，静置 2h 后在 40℃烘干至恒重，取出在干燥器中冷却 15min，称取质量为 $W_4$。在此过程发生变化的是 AⅢ 变成 $DH_{(AⅢ)}$ 和 HH 变成 $DH_{(HH)}$，但 $W_4-W_3$ 并非 AⅢ 和 HH 的总吸水量，只能说是 $W_3$ 水化后的吸水量。因为 $W_3$ 中可能包含少量吸附水，是不是应该烘去吸附水以干燥基准做相分析？在检测前并不知道熟石膏样品中有没有吸附水。当样品中含有较多 AⅢ 时，则样品在烘干过程越烘质量越大，使样品的相组成发生变化，反而对检测结果带来影响。所以相分析时熟石膏样品都是采取直接称量，不必预先烘干，但可通过数学运算把吸附水的影响去掉。

$$\boxed{AⅢ+HH+DH_0+AⅡ} \xrightarrow[40℃，烘干]{水，2h} \boxed{DH_{(AⅢ)}+DH_{(HH)}+DH_0+AⅡ}$$
$$\qquad\qquad W_3 \qquad\qquad\qquad\qquad\qquad\qquad\qquad\qquad W_4$$

假设 $c$ 为 $W_3$ 水化后的吸附水率

$$c=\frac{W_4-W_3}{W_3}\times100\%$$

$A$ 为 $W_3$ 中吸附水的绝对质量；

$c'$ 为 AⅢ 和 HH 转变成 $DH_{(AⅢ)}$ 和 $DH_{(HH)}$ 的总吸水率。

则 $c'=\dfrac{W_4-(W_3-A)}{W_3}\times100\%=\dfrac{W_4-W_3}{W_3}\times100\%+\dfrac{A}{W_3}\times100\%=c+a$

已知 AⅢ→$HH_{(AⅢ)}$ 的吸水率为 $b$，则 AⅢ→$DH_{(AⅢ)}$ 的吸水率为 $4b$，

所以 HH→$DH_{(HH)}$ 的吸水率为 $c'-4b=c+a-4b$

根据方程 $CaSO_4\cdot\dfrac{1}{2}H_2O+1\dfrac{1}{2}H_2O \rightarrow CaSO_4\cdot2H_2O$，计算 HH 的含量为：$145:27=$ HH%$:(c+a-4b)$

$$HH（\%）=\frac{145}{27}（c+a-4b）=5.37（c+a-4b）$$

因为吸附水与 AⅢ 不能共存，即 $a$ 和 $b$ 不能同时存在；

当 $a=0$ 则 $HH（\%）=5.37（c-4b）$

当 $a>0$，则 $b=0HH（\%）=5.37（c+a）$

（3）二水石膏（DH）

称量 1 份样品约 5g，设为 $W_5$，在 230℃烘 2h 后，取出在干燥器中冷却 30min，称取质量为 $W_6$。若样品中不含有吸附水（$W_1<W_2$），此过程发生的变化是 DH 和 HH 变成 AⅢ；若样品中含有吸附水（$W_1>W_2$），在此过程中发生的变化除了 DH 和 HH 变成 AⅢ，还有吸附水蒸发。因此，在样品 230℃处理前后的质量损失 $W_5-W_6$，不一定仅仅是由 DH 和 HH 失去结晶水产生的。

$$\boxed{AⅢ+HH+DH_0+AⅡ} \xrightarrow{230℃，2h} \boxed{AⅢ_{（HH）}+AⅢ_{（DH）}+AⅢ_0+AⅡ}$$

$$W_5 \qquad\qquad\qquad\qquad\qquad W_6$$

假设 $d$ 为 $W_5$ 样品经 230℃处理后的质量损失率，则 $d=\dfrac{W_5-W_6}{W_5}\times100\%$。

$a$ 为 $W_5$ 中吸附水的含量，$d'$ 为 DH 和 HH 变成 AⅢ 的质量损失率。

根据方程 $CaSO_4\cdot\frac{1}{2}H_2O\longrightarrow CaSO_4$ 和 $CaSO_4\cdot2\frac{1}{2}H_2O\longrightarrow CaSO_4$，则 DH（\%）$=$ 4.78（$d-a-HH\times0.062$）。当 $W_1<W_2$ 时，样品中不含吸附水，即 $a=0$，则 DH（\%）$=$ 4.78（$d-HH\times0.062$）。

当相分析出 AⅢ、HH 和 DH 的含量与石膏生料的品位相差较大时，可考虑熟石膏样品中含有 AⅡ。可用延长样品与水反应的时间或用硫酸钾（$K_2SO_4$）激发 AⅡ 加速水化反应测试出总吸水率，用总吸水率减去 AⅢ、HH 吸水率就是 AⅡ 吸水率，进而可以推算出 AⅡ 含量。

# 第四节　石膏脱水相水化硬化机理

## 一、石膏水化理论的概述

关于半水石膏水化机理最早由 Lavoisier 在 1768 年提出。随后，许多研究学者对水化机理中的水化热、水化速度、水化动力学等进行了较深入的研究。有研究者指出半水石膏的结晶度和结晶粒度影响其溶解度，进而影响半水石膏的水化，也有研究者认为水化产物二水石膏晶体生长过程受到过饱和度、温度以及外来离子等因素的影响，并发现半水石膏水化动力学方程中用一个经验速率常数或两个有固定比例的参数进行描述都是有瑕疵的。此后研究者又对水化动力学参数进行了修订，提出了半水石膏在不同时间段的水化过程对应着不同的速率方程。半水石膏水化反应机理说法很多，但归纳起来，有两种理论：一个是晶体理论，或称为溶解析晶理论；另一个是胶体理论，也叫局部化学反应理论。

溶解析晶理论是法国学者 Le Chatelier 在 1887 年首先提出的，他认为，半水石膏首先溶解形成不稳定的过饱和溶液；半水石膏的饱和溶解度远大于二水石膏的平衡溶解度，溶解

出的 $Ca^{2+}$ 离子与 $SO_4{}^{2-}$ 离子容易达到二水石膏的过饱和度，所以在半水石膏溶解液中二水石膏的晶核会自发地形成和长大；由于二水石膏的析出，破坏了原有半水石膏的溶解平衡，半水石膏颗粒将进一步溶解，以补偿因二水石膏析晶而在液相中减少的硫酸钙含量，如此不断进行，直至半水石膏颗粒完全水化为止。

半水石膏水化生成的二水石膏是含有两个结晶水的硫酸钙（$CaSO_4 \cdot 2H_2O$），由 $Ca^{2+}$ 和 $SO_4{}^{2-}$ 组成的离子结合层与水分子层交替形成的层状结构，$Ca^{2+}$ 连接 $SO_4{}^{2-}$ 四面体构成双层的结构层，而 $H_2O$ 分子分布于双层结构层之间。$Ca^{2+}$ 的配位数为 8，除与属于相邻的四个 $SO_4{}^{2-}$ 中的 6 个 O 相连接外，还与 2 个 $H_2O$ 分子连接。在离子结合层内部是由正、负离子的相互作用而产生的结合力，在水分子层内部，则是由偶极子与偶极子的相互作用而产生的结合力；水分子层与离子结合层之间，则由离子和偶极子的相互作用而产生的结合力。半水石膏六方晶体在 c 轴方向平行排列，（1010）面显示了强开放性，因此半水石膏晶体在 c 轴方向发达，表现出易呈针状的结晶性质。

石膏晶体的形成是遵循晶核与结晶生长定律的。一旦溶液达到过饱和，就可观察到最先生成的二水石膏沉淀物"以非常细小的晶体和剩余的水形成局部的团聚物的形态"出现。随着晶体的进一步生长，这些"成团物"的取向性也相应增大，形成了长直的二水石膏晶体。二水石膏的生长环境不同，可以生成针状、棒状、板状、片状等不同形态。一般认为针状二水石膏晶体能产生有效搭接，对石膏的抗折强度非常重要；而短柱状的二水石膏晶体能产生较大的抗压强度，但对抗折强度的作用很小。而板状、片状、层状晶体结构相对松散，对力学强度不利。

胶体理论，又称局部化学反应理论。1909 年由 Michaelis 首先提出。根据这个理论，熟石膏的水化过程是通过一个胶体的中间阶段，即半水石膏拌水后，水直接进入半水石膏的固相内进行反应，形成一种凝胶，随后由这种凝胶生成针状结晶体——二水石膏。Fischer 用胶体理论，将整个过程划分为四个阶段：①半水石膏表面上水的吸附；②凝胶形成阶段；③凝胶体膨胀阶段；④结晶阶段。Triollier 等人，将这个过程分为三个阶段：①半水石膏表面上水的吸附；②半水石膏基底上吸附水的溶解；③新相的形成。以上是胶体理论支持者的主要论点。但至今还没有直接的证据证明存在着胶体阶段。牟国栋等通过水化产物的形貌分析及 XRD 分析，给出了无胶凝机理存在的试验依据。其认为水化形成的二水石膏既包含自形程度很高的晶体，也有自形程度很低甚至无定形状的二水石膏。SEM 图像中所看到的无定形物质及在 XRD 曲线的背底值增大就是这种无定形状的二水石膏的特征。这和大多数前人有关这方面的研究结果是相同的。

到目前为止，这两种理论还在争论中，但多数学者认为半水石膏的水化是以溶解析晶机理进行的。半水石膏结晶水含量为 6.2%，而二水石膏为 21%。因此通过测定水化产物的结晶水含量变化可以定量描述半水石膏水化过程。又由于半水石膏的水化过程是一个放热过程，所以测定热量变化也可以表征石膏的水化过程。

H. B. Fischer 和 O. Henning 采用电导率研究了石膏的水化，并划分了五个阶段：

（1）初始阶段：石膏溶解，形成对于半水石膏饱和而对于二水石膏过饱和的溶液；

（2）诱导阶段：初始的水化产物形成和稳定，以稳定的水化产物形成晶核，此阶段决定初凝时间的长短；

（3）加速阶段：晶核长大，新的表面与水分子接触，二水石膏晶体形成；

（4）减速阶段：可形成的水化产物减少，从而带来水化速度的降低；

（5）结束阶段：水化速率达到 0，电导率达到常数值。

在溶解析晶理论中，成核是速率控制步骤。影响半水石膏水化时水化物二水石膏晶体成核和生长的重要因素之一是液相的过饱和度。半水石膏的过饱和度可以用半水石膏的最大溶解度 $C_{max}$ 与二水石膏的平衡溶解度 $C_\infty$ 之比，即 $C_{max}/C_\infty$ 表示。

彭家惠等通过连续测试不同时间建筑石膏的水化温度值，发现建筑石膏水化放热分为三个阶段。第一阶段石膏与水接触释放出溶解热，水化温度升高，但在一定时间内水化温度增长缓慢；第二阶段为加速期，水化温度迅速升高；第三阶段水化速率减慢，温度达到峰值。将温升曲线与半水石膏水化初、终凝时间进行了比较，试验发现水化温度的加速阶段对应于石膏初凝到终凝时期，温度峰值出现在终凝时间之后。夏强等人在研究硼砂对脱硫建筑石膏水化的影响试验中也得到了相同的石膏水化放热曲线及结论。

半水石膏水化过程中，石膏浆体中的自由水因水化和蒸发逐渐减少，浆体逐渐变稠并失去可塑性，这一过程称为凝结。此后浆体继续变稠，二水石膏逐渐凝聚成为晶体，并逐渐长大、共生和交错生长，形成结晶结构网。在这个过程中，浆体逐渐变硬，强度不断增长，形成具有一定强度的硬化体，直到完全干燥强度才停止增长，这一过程称为硬化。

当然，无论是溶解析晶理论还是胶体理论，研究对象都是半水石膏，很少涉及石膏其他脱水相。

## 二、石膏脱水相水化方程及水化硬化过程

研究水化硬化机理，离不开三个基本的水化方程式：

① $CaSO_4 \cdot \frac{1}{2}H_2O + 1\frac{1}{2}H_2O \longrightarrow CaSO_4 \cdot 2H_2O + Q_1$

② $CaSO_4(\text{Ⅲ}) + \frac{1}{2}H_2O \longrightarrow CaSO_4 \cdot \frac{1}{2}H_2O + Q_1 \xrightarrow{1\frac{1}{2}H_2O} CaSO_4 \cdot 2H_2O + Q_2$

③ $CaSO_4(\text{Ⅱ}) + 2H_2O \longrightarrow CaSO_4 \cdot 2H_2O + Q_3$

（一）半水石膏水化过程

半水石膏水化是研究建筑石膏水化的基础。研究者通过各种测试方法对于半水石膏的水化过程进行研究。

Ludwig 通过测定水化过程中电导率和水化温升的方法，对 α-半水石膏和 β-半水石膏的水化过程进行研究。半水石膏加水后溶解并形成饱和溶液，出现一个诱导期，饱和度在整个诱导期保持不变，并形成晶核。晶核达到临界尺寸就很快发生结晶，生成二水石膏。图 3-6 所示是 α-半水石膏和 β-半水石膏电导率和水化温升曲线。可以看出半水石膏遇水很快溶解，电导率在短时间内达到最大，其值几乎是二水石膏饱和溶液电导率的两倍。这表明此时溶液浓度对于二水石膏来说是高度过饱和的。但在一段时间内，电导率基本保持不变，说明二水石膏还未迅速结晶，这个阶段被称为水化诱导期。随后电导率突然降低，温度迅速升高，可认为晶核一旦到临界值，二水石膏很快结晶析出。当结晶接近完成，电导率保持一个较低的稳定值，温升也停止。因此，无论是 α-半水石膏还是 β-半水石膏在水化时，首先溶解形成二水石膏过饱和溶液，随后进入晶核生长的水化诱导期，当晶核大小达到临界值后，晶体迅速析出，直到水化过程完成。

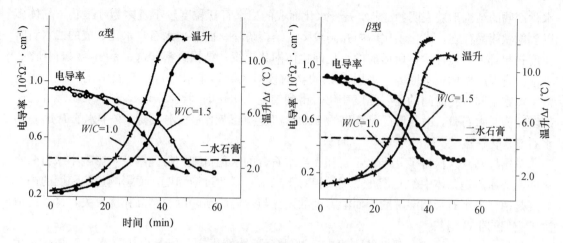

图 3-6　半水石膏水化过程电导率和温升的变化图

Lewry 和 Williamson 用不同的试验技术研究半水石膏水化过程，按照水化热曲线将 β-半水石膏和 α-半水石膏的水化过程可以分为水化诱导期、水化加速期、水化减缓期。相较于 β-半水石膏，α-半水石膏水化的诱导期更短（择优取向更强的晶体可能更易吸水溶解），但由于比表面积大，成核点更多，β-半水石膏的水化更快。图 3-7 为半水石膏水化速率和水化放热量曲线。由图可知，β-半水石膏和 α-半水石膏的水化放热速率及水化放热量均不相同，其水化的差异可能不仅仅取决于材料的热稳定性，也与两种石膏粒径分布杂质种类及含量有关。

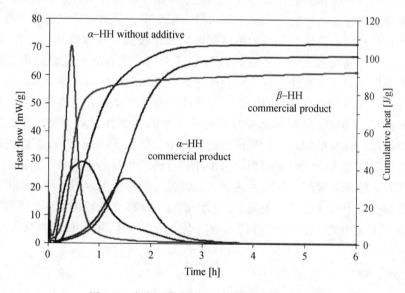

图 3-7　半水石膏水化速率和水化放热量曲线

喻德高等用 XRD 及 SEM，分析了 α-半水石膏与 β-半水石膏以及对应的水化后的二水石膏的晶体结构与形貌，表明了标准稠度用水量及水化产物力学强度差异的原因。α-半水石膏和 β-半水石膏晶体的形貌、结构分析表明，它们的晶体结构基本相同，但 α-半水石膏晶体呈粗大短柱状，结晶良好，晶粒分布窄，而 β-半水石膏晶体细小，结晶较差，晶粒大小分布较宽。这就解释了 β-半水石膏标稠需水量比 α-半水石膏较大的原因。α-半水石膏、β-半水石膏水化产物的结构形貌表明：β-半水石膏水化而成的二水石膏粒度较小且多为纤维状，晶体多以放射状簇晶存在，水化硬化体中孔洞较多，结构疏松。而 α-半水石膏水化而成的二水石膏粒度较粗且多呈短柱状，所形成的水化硬化体网状交织，结构致密。这正是 β-半水石膏比 α-半水石膏强度低的根本原因。采用 X 射线衍射仪对比分析半水石膏主峰及水化产物二水石膏主峰在不同水化时间的衍射强度变化，得到结论，水化时间约 35min，β-半水石膏中已全部转化为二水石膏，α-半水石膏水化约 120min 后全部转化为二水石膏，β-半水石膏比 α-半水石膏水化速度快。

牟国栋则深入探讨了 α-半水石膏和 β-半水石膏的水化机理，得到结论：影响半水石膏水化的主要原因是浆体中的 $Ca^{2+}$、$SO_4^{2-}$ 相对于二水石膏的过饱和度，而影响过饱和度的内在原因是两种半水石膏的溶解度，而溶解度的差异与它们的结晶度和结晶粒度有关，这最终取决于它们的生产工艺。

虽然 β-半水石膏在宏观性能上没有 α-半水石膏性能优良，但是由于 β-半水石膏易于生产，设备简单，还具有许多其他优良性能，是一种在建筑工程上应用广泛的建筑材料。因煅烧温度的不同，β-半水石膏在温度较高的条件下易形成 β-Ⅲ无水石膏。陈雯浩等通过对水化放热和电导度等的测定，研究了 β-石膏三种脱水相：β-半水石膏、β-Ⅲ无水石膏、Ⅱ型无水石膏的水化动力学特征。水化动力学特征表明：半水石膏进入溶液后，几分钟内产生了二水石膏的过饱和溶液，1h 左右即完成水化过程，β-Ⅲ无水石膏的初始水化速度更快，几乎在接触水后立即就发生形成半水石膏的水化反应，然后进一步形成二水石膏，使整个水化过程要比半水石膏长，Ⅱ型无水石膏的活性很低，水化反应非常缓慢。

为探究天然建筑石膏和脱硫建筑石膏的水化差异性，刘云霄等展开了研究。他们测定了脱硫建筑石膏与天然建筑石膏的标准稠度需水量、保水率、凝结时间和强度。通过试验发现相对于天然建筑石膏，脱硫建筑石膏的标准稠度用水量较高，保水性不好，凝结硬化迅速，强度略低。他们利用勃氏透气法、氮吸附法测定了天然建筑石膏和脱硫建筑石膏的比表面积，扫描电子显微镜对比天然建筑石膏与脱硫建筑石膏的微观结构，进一步探究出此差异产生的原因。可知，天然建筑石膏颗粒细小，为单独存在的半水石膏晶体颗粒，而脱硫建筑石膏是体积较大的块体颗粒，颗粒内部存在成形的半水石膏晶体，晶粒尺寸较天然建筑石膏小，为细长型结晶，颗粒级配较差。脱硫建筑石膏中大量 $0.15 \sim 0.20 \mu m$ 裂隙的存在，导致脱硫建筑石膏中存在较大的内比表面积，与水拌和后狭缝孔隙迅速吸水，消耗了一定量的拌和水，加上其较差的颗粒级配，导致脱硫建筑石膏虽然颗粒粗大，但其标准稠度用水量反而较高。进入狭缝孔隙中的水分，与脱硫建筑石膏颗粒中未形成良好结晶形态或者说晶体颗粒极其细小的半水石膏接触后，半水石膏迅速水化，导致脱硫建筑石膏水化及凝结硬化速度快。

（二）无水石膏

Ⅲ型无水石膏水化时，由于其晶体结构内含有空的水分子通道，因此在极短时间内空通道被水分子充满，Ⅲ型无水石膏不需要经过溶解而直接水化形成半水石膏，然后与水反应形成二水石膏。也有学者认为，二水石膏、无水石膏、半水石膏之间的溶解度差是水化的驱动力。图 3-8 所示的是硫酸钙溶解度曲线。半水石膏的溶解度（20℃时为 8g/L），约为二水石膏（20℃时为 2g/L）的 4 倍，而Ⅲ型无水石膏比半水石膏的溶解度还大，因此当溶于水后，首先形成比二水石膏的溶解度大得多的半水石膏的过饱和溶液，即水化形成半水石膏。

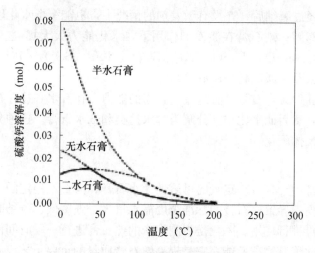

图 3-8　硫酸钙溶解度曲线

　　Ⅲ型无水石膏水化活性很高，可与空气中的水分反应形成半水石膏。Sebastian 等人将 180℃煅烧的石膏样品用 7μm 聚酰亚胺薄膜密封后放置在相对湿度 47％和 6％的环境中，不同时间后分析相组成，如图 3-9 所示。研究发现，虽然用聚酰亚胺薄膜对样品进行密封，但是随着放置时间延长样品中Ⅲ型无水石膏含量不断减少，半水石膏量不断增加；在相对湿度 47％和 6％的环境中放置时，11h 后半水石膏含量都达到了 31％。因此，对熟石膏取样进行相组成分析时，必须存放在干燥条件下，并且应尽快进行测试。

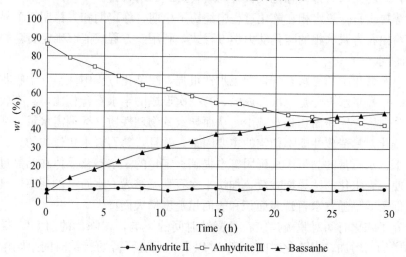

图 3-9　180℃煅烧石膏放置 30hⅢ型无水石膏相转变过程

　　通过硬石膏的凝结时间、水化率、水化温升、液相离子浓度以及过饱和度、硬化体晶体形貌，对硬石膏水化硬化过程进行研究。试验表明：天然硬石膏具备水化胶凝能力，但凝结硬化非常缓慢，初终凝时间长达 19.5h 和 24.3h，其水化进程缓慢，水化率低，8h 水化率不到 1％，3d 水化率为 10.7％，28d 水化率仅为 32.8％。白冷等分析了水化机理并给出加快硬石膏水化过程的方法。天然硬石膏的水化硬化过程可划分为硬石膏溶解、二水石膏晶核形成与溶解、二水石膏晶体生长三个过程，二水石膏晶体生长是其控制过程，引入二水石膏晶种，则使二水石膏析晶过饱和度提高、二水石膏晶体生长速率加快。

Ⅱ型无水石膏经过磨细后，在没有激发剂的情况下，也能缓慢水化硬化，在干燥条件下28d的水化率约为20%。硬石膏在激发剂作用下，水化能力大大提高。激发剂根据性能分为：硫酸盐激发剂 [$Na_2SO_4$、$K_2SO_4$、$Al_2(SO_4)_3$、$KAl(SO_4)_2 \cdot 12H_2O$ 等] 和碱性激发剂（石灰、煅烧白云石、碱性高炉矿渣等）。

研究者认为，Ⅱ型无水石膏具有组成络合物的能力，在有水和盐存在时，在表面生成不稳定的复杂水化物，然后此水化物又分解为含水盐类和二水石膏。这种分解反应生成的二水石膏不断结晶，使浆体硬化。

（三）陈化效应

刚炒制的熟石膏由于含有一定量的可溶性无水石膏和少量不稳定的二水石膏，物相组成不稳定，吸附活性高，导致熟石膏的标准稠度需水量大、强度低、凝结时间不稳定，因此常需经过陈化处理后再进行使用。陈化是将刚生产的熟石膏进行一段时间储存或湿热处理，使其比表面积下降以改善其物理性能。它是提高熟石膏质量的重要工艺措施之一。

在陈化过程中，熟石膏内可能发生四种类型的相变：第一，所含有的Ⅲ型无水石膏吸收水分转变成半水石膏。这是由于Ⅲ型无水石膏晶体结构不稳定性，使其具有很强的吸水性，不仅能吸收潮湿空气中的水分，而且还能吸取残存二水石膏晶体中的水分。第二，熟石膏中残存的二水石膏转变成半水石膏。除了熟石膏的剩余热量可以使二水石膏脱水形成半水石膏外，Ⅲ型无水石膏的强吸水性也可能导致二水石膏失去结晶水转变成半水石膏。第三，当熟石膏中含有较多附着水时（大于1.5%），半水石膏转变成二水石膏。第四，熟石膏中含有的少量活性较高的无水石膏在陈化较长时间后转变成二水石膏。

余红发等提出石膏脱水相在陈化过程中经历不稳期、稳定期和失稳期三个显著不同的时期，并首次给出石膏脱水相的陈化动力学方程式，利用该方程式能够确定石膏脱水相进入陈化稳定期的时间。

杜勇指出石膏相中的无水石膏Ⅲ型吸水性很强，在陈化过程中从空气中吸收水分而转化为半水石膏。这种半水石膏是二次形成的，与一次形成的半水石膏相比，具有较少的表面裂隙和较低的分散度，比表面积相对减少，从而导致其物理性质（标稠需水量、强度、凝结时间等）发生变化，是造成性能不稳定的主要因素。并且，熟石膏水化过快的另一重要原因就是含有未脱水二水石膏的晶核。戎延团等也提到一定量的二水石膏晶体在结晶过程中可以起晶胚作用，使石膏水化的诱导期减短，加快半水石膏凝结为二水石膏的速率，具有一定的促凝效果，其促凝效果随二水石膏表面积和表面粗糙度增大而增大。

张翔研究了陈化时间对脱硫建筑石膏凝结时间的影响，在陈化的前5d，凝结时间随着陈化时间的增加而增加，当陈化时间达到6d以上，脱硫石膏的凝结时间急剧增加，石膏浆体开始出现无法凝结的现象。

岳文海、李逢仁将陈化过程分为陈化有效期和陈化失效期。陈化有效期是指能有效改善熟石膏物理性能的储存时期，此期间Ⅲ型无水石膏和二水石膏都向半水石膏转变；陈化失效期是指降低熟石膏物理性能的储存期，此时半水石膏吸水向二水石膏转变。陈化有效期内，标准稠度需水量下降、凝结时间趋于正常、强度提高；而在陈化失效期，标准稠度需水量上升，凝结时间缩短，不利于生产。

在陈化有效期，根据煅烧工艺的特点和熟石膏的相组成选择陈化方式。煅烧温度高时，熟石膏中Ⅲ型无水石膏含量较高，可考虑喷洒水雾或通入潮湿空气的方式加速其向半水石膏转化；煅烧温度较低时，熟石膏中二水石膏含量较高，可采取密闭保温的方法，利用余热使二水石膏转变成半水石膏。在实际生产中，常采用自然陈化法或机械陈化法进行陈化。自然陈化法利用自然条件来陈化。湿度较大时，Ⅲ型无水石膏转变快，温度高时更易于二水石膏脱水。此时料层堆积不能太厚，否则陈化不均匀，冷空气和余热交换不充分；机械陈化法的陈化时间短、效率高，但需要增加相应的机械设备，为了提高陈化效果，还可以采取强制陈化法，即在煅烧后的熟石膏中喷洒适量的水雾并充分搅拌，加速陈化。

（四）杂质对水化的影响

原矿中含有许多杂质，这些杂质的种类和相对含量会对石膏性能产生很大影响。经分析发现，石膏中杂质的类型很多，主要有碳酸盐类（石灰石、白云石等）、硫酸盐类（硬石膏等）和黏土矿物类（高岭石、蒙脱石、伊利石等），还含有少量的石英、长石、云母、黄铁矿、有机质，以及含 $K^+$、$Na^+$、$Cl^-$ 等离子的易溶盐类。碳酸盐类杂质在石膏的煅烧温度范围内都是惰性物质，本身密实度大。黏土矿物类杂质遇水容易软化和变形。硫酸盐类杂质因水化速度缓慢，含量高时，降低早期强度，但对后期强度有益。许多杂质的存在增大了拌和需水量，使强度降低。

工业副产石膏中残留的杂质 $Na^+$、$K^+$、$Mg^{2+}$、$Fe^{3+}$、$Al^{3+}$、$F^-$、$Cl^-$ 以及碳酸钙、亚硫酸钙等会对石膏水化结晶过程和水化产物的结构产生影响。

王宏霞采用电导率仪、等温微量热仪及 SEM 等测试手段研究了可溶性杂质 $Na^+$、$Mg^{2+}$、$Cl^-$ 对脱硫石膏水化性能的影响。结果表明较高含量的 $Na^+$ 和 $Cl^-$ 共同作用缩短了脱硫石膏水化放热的加速期，加快了半水石膏的溶解速率，导致其凝结时间大幅缩短，抗压强度降低。0.24%～0.67% 含量的 $Mg^{2+}$ 对烟气脱硫石膏的凝结时间无明显影响，1.1% 含量的 $Mg^{2+}$ 延长烟气脱硫石膏的凝结时间。

陈曲仙重点研究了 $F^-$、$Al^{3+}$ 对二水硫酸钙结晶过程及产物形貌的影响。采用光电浊度仪测得不同杂质浓度和过饱和条件下的结晶诱导时间，结合经典结晶理论确定二水硫酸钙结晶成核速率以及晶体表面能，探明 $F^-$、$Al^{3+}$ 的作用。对二水硫酸钙的结晶的影响，发现 $F^-$、$Al^{3+}$ 的存在会缩短二水硫酸钙结晶的诱导时间，先期生成的氟化钙和铝氧化物沉淀的诱导结晶效应，$F^-$、$Al^{3+}$ 会导致二水硫酸钙由均相成核向非均相成核方式转变，生成的二水硫酸钙晶体表面能增大。二水硫酸钙晶体成长得更为充分、完全，从典型的针状向条状、双锥状转变。

徐宏建研究了脱硫石膏中金属离子对石膏结晶的影响，结果表明添加相同摩尔浓度下，杂质离子对石膏结晶有抑制作用，且抑制能力 $Al^{3+}>Fe^{3+}>Mg^{2+}$。这是由于在原先单一的液相（含有过饱和的二水硫酸钙浆液）中添加金属杂质离子，将产生新的固‑液界面，新的固‑液界面的形成及增大使晶体与溶液界面的吉布斯自由能上升，结晶表面能上升，从而增大了晶体成核总能量，导致热力学意义上的非自发成核过程，从而抑制二水硫酸钙结晶。

# 第四章 建筑石膏的改性

## 第一节 对石膏耐水性能的改性

### 一、石膏的耐水性能

石膏作为气硬性胶凝材料，具有生产能耗低、凝结硬化时间短、可呼吸等优点，但较差的耐水性影响了石膏制品的使用范围。

建筑石膏的固化是一个溶解结晶的过程。当建筑石膏遇水后，其固化过程会经历三个阶段，即半水石膏的溶解、二水物凝胶的生成和凝胶的结晶。固体结构的变化也可分为晶体连生形成晶架和晶架生长两个过程，从而形成二水石膏晶体相互搭接的网络结构。这种硬化体结构的性能主要与新生成的 $CaSO_4 \cdot 2H_2O$ 晶体之间搭接点的数量、稳定性的高低和相互作用力大小有关，同时会受到硬化体的孔隙率大小及其内部孔结构分布的影响。

在 20℃时，半水石膏的溶解度约为 0.7g/（100gH$_2$O），而同样温度条件下，石膏的溶解度约为 0.2g/（100gH$_2$O）。在室温条件下增湿，石膏可能的最大绝对过饱和度约为 0.5g/（100gH$_2$O）。当石膏受潮时，其晶体间搭接点的稳定性较差，在水分的作用下极易发生溶解并重新形成晶体。而受潮后新形成的晶体搭接点，其晶格易变形从而降低强度，即表现为耐水性差。因此，石膏制品的耐水性很大程度上取决于硬化体内部石膏晶体搭接点的数量及其稳定性。

同时，建筑石膏的水化在理论上只需要 18.7% 的水，而在实际石膏建材制品的生产中，用水量一般为 50%～80%。掺入过量的水仅仅是满足生产工艺的要求，很大一部分水并未参与石膏胶凝材料的水化反应，待多余的水分蒸发后，最终在石膏硬化体内部形成大量的孔隙。石膏硬化体内部的孔隙率越高，水分通过孔隙进入内部结构的概率越大。

水分子中的氢原子和氧原子之间存在着极性共价键，由于氢原子和氧原子的电荷中心不同，其中的氢离子所带有的正电荷质子会吸引邻近水分子中带负电荷的电子，从而形成氢键，这是形成有序结构的水的原因。在石膏硬化体中，其不饱和电荷造成的表面能与其内部孔的表面积有关，石膏硬化体中大量的微细孔具有巨大的表面积，从而拥有巨大的表面能。当水进入孔隙时，这些孔的表面能可以克服水的表面张力从而使水分子形成有序结构，而这种定向结构需要更大的空间，因此导致石膏硬化体膨胀破坏。

从以上分析可以看出，石膏建材制品的耐水性能取决于材料本身的物化性能及硬化体内部多项结构因素，具体影响方式如下：①二水石膏的溶解度较大。当石膏制品受潮时，其晶体间有效搭接点数量减少、结合力变弱，从而强度降低；②石膏硬化体内部存在大量的微孔和微裂缝，制品吸湿后，水膜在裂缝中形成"楔子效应"和定向结构，迫使石膏硬化体破坏；③石膏水化硬化后未参与反应的水蒸发在硬化体中形成大量孔隙，遇水后形成渗水通道。

根据以上石膏耐水性差的原因分析，可得到如下提高石膏的耐水性的方法：①降低硫酸钙在水中的溶解度；②提高石膏制品的密实度；③制品外表面涂刷保护层和浸渍能防止水分渗透到石膏制品内部的物质。

目前，主要采用化学外加剂和无机材料来提高石膏的耐水性，以期降低石膏的溶解度（即提高软化系数）、石膏对水的吸附性（即降低吸水率）及水对石膏的侵蚀性（即与水隔绝）。

我国不仅是石膏资源的大国，而且拥有各种类型的工业副产石膏。我国的建筑石膏根据其来源可分为天然建筑石膏和工业副产建筑石膏，而工业副产建筑石膏又可分为脱硫建筑石膏、磷建筑石膏、柠檬酸建筑石膏等。

水对石膏的耐水性能有显著的影响，石膏硬化体中的孔隙就是其发挥作用的重要途径。为分析石膏硬化体孔隙率对石膏耐水性能的影响，四川省建材工业科学研究院以磷建筑石膏和 $40\%\sim70\%$ 的用水量制备了具有不同密度的石膏硬化体，其力学性能和耐水性能数据见表 4-1，其中耐水性能用绝干硬化体水中浸泡 24h 后的吸水率和软化系数来表征。

表 4-1　不同密实度的磷石膏硬化体的物理性能

| 用水量 (%) | 2h 力学性能 (MPa) | | 绝干性能 | | | 24h 耐水性能 | |
|---|---|---|---|---|---|---|---|
| | 抗折 | 抗压 | 密度 (g/cm³) | 抗折 (MPa) | 抗压 (MPa) | 吸水率 (%) | 软化系数 |
| 40 | 5.2 | 13.4 | 1.50 | 7.8 | 33.3 | 17.41 | 0.46 |
| 45 | 4.6 | 10.4 | 1.40 | 8.4 | 23.7 | 20.82 | 0.51 |
| 50 | 3.8 | 9.8 | 1.32 | 7.2 | 20.6 | 25.47 | 0.45 |
| 55 | 3.6 | 7.8 | 1.29 | 15.4 | 15.4 | 28.82 | 0.56 |
| 60 | 3.2 | 6.3 | 1.24 | 5.8 | 16.5 | 32.43 | 0.43 |
| 65 | 3.0 | 5.9 | 1.11 | 6.1 | 13.9 | 36.72 | 0.44 |
| 70 | 2.5 | 5.1 | 1.09 | 5.3 | 12.0 | 40.38 | 0.45 |

在表 4-1 中可见，磷石膏硬化体的力学性能和 24h 吸水率均与其密度存在紧密的关系，力学性能随密度的降低而减小、24h 吸水率随密度的降低而增大。石膏硬化体密度的增大，不仅使石膏硬化体中石膏晶体间的搭接点数目增加，而且减小了石膏硬化体中的孔隙率、减少了外界水进入石膏硬化体后所能占据的空间，从而降低了石膏硬化体的吸水率并提高了其力学性能。

用水量从 70% 下降到 40%，石膏硬化体的密度增加了约 37%，但石膏硬化体的 24h 软化系数变化不大，在 0.43 到 0.56 之间波动，说明石膏硬化体密度的增加对其软化系数提高的贡献是有限的。从早前石膏耐水性能的研究中发现，影响石膏硬化体强度的临界含水率约为 5%，即当石膏硬化体的含水率大于 5% 后，石膏硬化体强度的降低趋势是相近的；当石膏硬化体的含水率保持在 0.5% 以下时，其软化系数能保持在 0.6 以上。石膏的这个特性被称为"腐化"。因此，石膏硬化体本身密度的提高仅能降低其吸水率而无法明显提高其软化系数。

石膏硬化体的软化系数也与建筑石膏的类型有关，天然建筑石膏和脱硫建筑石膏制备的石膏硬化体的软化系数一般为 0.2～0.4、磷建筑石膏制备的石膏硬化体的软化系数一般为 0.4～0.5、柠檬酸建筑石膏制备的石膏硬化体的软化系数可大于 0.6。不同类型的建筑石膏制备的石膏硬化体的软化系数的差异应与其含有的杂质类型、pH 值等有关。刘开平等研究了固定水膏比时磷酸对天然建筑石膏性能的影响，发现磷酸掺量在大于 0.15% 时，石膏硬化体的 24h 吸水率约为 5%，其 24h 软化系数在 0.8 附近，但绝对抗压强度降低了约 50%；而未掺磷酸的对比样，其 2h 吸水率和软化系数分别在 23% 和 0.5 附近，说明酸性物质的掺入可以改善石膏的溶解度和降低石膏硬化体的孔隙率。

采用《石膏化学分析方法》（GB 5484—2012）中规定的方法对磷石膏、脱硫石膏、柠檬酸石膏的 pH 值进行了测试，其 pH 值分别为 5~7、7~8 和 4~5，因此不同类型的工业副产建筑石膏呈现出不同的耐水性能。因此，对于石膏耐水性能改善，不仅应考虑降低石膏的溶解度和改善石膏硬化体的微孔结构，还应注意石膏的来源情况、工艺途径、杂质成分和含量、pH 值等。

目前，主要采用有机材料、无机材料及其复合材料来改善石膏产品的耐水性能，采取的措施也分为外涂和内掺两种方式。

## 二、化学外加剂的改性

用来改善石膏耐水性能的化学外加剂的种类比较多，有石蜡、脂肪酸、松香、沥青、有机硅等。最早，人们主要采用石油化学产品来提高石膏制品的耐水性和强度。苏联曾用过合成脂肪酸的各种蒸馏物作为石膏制品的化学外加剂，包括从 $C_7$~$C_9$ 蒸馏物到蒸馏残余物、酸性石蜡油、合成脂肪酸分馏物糊状与固体状混合物等，得到了良好的指标。随着我国石油工业的发展，聚酯、聚醋酸乙烯酯、环氧树脂、有机硅、沥青和石蜡等逐步用于改善石膏硬化体耐水性能的研究，并取得了可喜的成果。

化学外加剂对石膏制品的防水作用机理可以通过界面化学润湿理论来解释，石膏凝结硬化后，其内部多余的自由水挥发并留下大量的微孔。石膏制品在受到水侵蚀时，这些微孔在毛细作用下则变成水的通道。根据 Laplace 公式（公式 4-1）：

$$\Delta P = \frac{-2\,\gamma_{LG} \times \cos\theta}{r} \tag{4-1}$$

式中　$\Delta P$——外部压力；

　　　$\gamma_{LG}$——液体表面张力；

　　　$\theta$——接触角；

　　　$r$——毛细孔半径。

当 $\theta < 90°$ 时，$\Delta P < 0$，水分不需要外加压力即可通过毛细孔自动渗入多孔固体材料内部；当 $\theta > 90°$ 时，$\Delta P > 0$，水分只有在一定的外加压力作用下才能通过毛细孔渗入多孔固体材料内部。

（一）石蜡乳液

石蜡是一种高度憎水的材料，但需要通过乳化剂改性制备成石蜡乳液才能作为石膏制品的防水剂，此时石蜡乳液以细小的悬浮球形颗粒分散在水中，形成水包油的乳液体系。当石蜡乳液与石膏浆体混合后，随着多余水分的蒸发，石蜡乳液在石膏硬化体内部凝聚并形成一层防水膜，从而将石膏颗粒包覆。朱大勇等人以 4% 的丙烯酸酯石蜡乳液对磷建筑石膏进行耐水改性，石膏硬化体的 2h 和 24h 吸水率分别为 14.1% 和 16.0%，较未进行耐水改性的石膏硬化体分别下降 31.2% 和 24.2%。王志等人采用石蜡、PVA、减水剂和硼砂对建筑石膏进行耐水改性，石膏硬化体的 2h 和 24h 吸水率分别为 8.87%~25.21% 和 11.32%~26.44%。曹杨等人采用石膏乳液和表面改性的玻纤对建筑石膏进行耐水改性，并在 70℃ 条件烘干，其改性石膏硬化体的 2h 和 24h 吸水率分别为 7.32% 和 8.10%。经过高温处理的石膏硬化体具有更低的吸水率，是因为温度在石蜡熔点以上时，石蜡颗粒熔化并附着于石膏硬化体内部的孔隙表面，从而将孔隙表面的性质由亲水性转变为憎水性，使水在石膏硬化体表面的接触角 $\theta > 90°$。

石蜡乳液作为石膏制品的防水剂，具有性能稳定、成膜均匀、无毒、生产工艺简单、成本低等优点，但也存在耐候性差、延长建筑石膏凝结时间、降低石膏硬化体力学性能、温度敏感性大、后期吸水率低等问题。

在石蜡乳液的基础上，河南建筑材料研究设计院和石油工业部施工技术研究所分别开展了石蜡-松香复合乳液和石蜡-沥青复合乳液对石膏耐水改性的研究。兼顾乳液的乳化效果和石膏制品的防水效果，石蜡-松香复合乳液的熔点应越低越好、粘结力越大越好、黏度越低越好，石蜡为 40% 和松香为 60% 制备的石蜡-松香复合乳液，在掺量为 1%～6% 时，石膏制品的 2h 和 24h 吸水率分别小于 2% 和 5%。刘润章等人采用 PVA、0.1% 三乙醇胺、草酸等复合石蜡-松香乳液对石膏制品的耐水性进行改性，制得了 2h 和 24h 吸水率分别为 2.5% 和 3.0% 的石膏制品，其抗折强度为 4.92MPa。河南建筑材料研究设计院和 Veeramasuneni S 等人的研究均表明石蜡-沥青乳液的掺入可以降低石膏制品的吸水率，但对强度有负面影响。以石蜡-沥青乳液和聚乙烯醇复配改性，可得到吸水率小于 2% 的石膏制品。

（二）硬脂酸乳液

硬脂酸-聚乙烯醇乳液主要以硬脂酸和聚乙烯醇主要原料，在乳化剂作用下制备。如取 2g 聚乙烯醇加入 200mL 水中浸泡过夜，次日对其水浴加热至 95℃ 并在恒温条件下不断搅拌，待聚乙烯醇完全溶解后，再将 10 g 硬脂酸加入溶液，继续加热、搅拌，待硬脂酸完全融化后停止加热，并在搅拌状态下滴加适量乳化剂，冷却至常温即得到硬脂酸-聚乙烯醇乳液。

经乳化改性的硬脂酸与聚乙烯醇等配制的复合防水剂同样能大幅度降低石膏制品的吸水率，隋肃、张国辉等在石膏中加入硬脂酸-聚乙烯醇乳液的同时再加入萘系减水剂和明矾石膨胀剂得到的样品，比加入相同添加量的硬脂酸乳液和硬脂酸-聚乙烯醇乳液得到试样的防水性能显著，浸水 2h 吸水率仅为 0.83%，浸水 24h 吸水率为 3.10%，加入乳液后石膏试样的干强度有所下降，但浸水后其抗压、抗折强度保留率很高。潘红等人在脱硫建筑石膏中添加 3% 的硬脂酸-聚乙烯醇乳液制备的石膏硬化体，其 2h 和 24h 吸水率分别为 3.12% 和 5.89%、软化系数大于 0.83。毋博等人在磷建筑石膏中掺入 5% 的硬脂酸-聚乙烯醇乳液，得到的石膏硬化体的吸水率约为 17%、软化系数 0.79，但由于硬脂酸-聚乙烯醇乳液的掺入，石膏硬化体的绝干抗压强度下降了约 30%。

硬脂酸-聚乙烯醇乳液的掺入可以将石膏硬化体内部孔洞和孔隙表面亲水性改为憎水性，从而改善石膏硬化体的防水性能，但是乳液对石膏晶体的包裹也会使晶体间的搭接点数量减少，造成力学性能的下降。

单独在建筑石膏中掺入聚乙烯醇也可以提高石膏硬化体的耐水性能，在耿飞的研究中，在天然建筑石膏中掺入 6% 的聚乙烯醇后，石膏硬化体的 48h 吸水率从 28.8% 下降到 2.61%。但掺入 6% 的聚乙烯醇对石膏建材生产企业而言，其性价比过低。

（三）松香乳液

松香乳液的防水机理与石蜡乳液的防水机理类似，通过憎水物质在石膏晶体表面形成一层憎水层来提高石膏制品的防水性能。虽然松香乳液同样具有较好的防水效果，但由于松香为黄色，其掺入石膏制品后会造成石膏硬化体逐渐变黄，影响制品美观。

（四）有机硅防水剂

有机硅防水剂具有较好的渗透结晶性，其分子和石膏晶体表面都存在羟基，其脱水交联后可以形成一层憎水膜。由于有机硅防水剂可以浸润石膏内部的孔隙端口，并在一定范围内改变其表面能，从而改变了与水的接触角，使水分子凝聚成水滴，达到阻止水渗入的目的。有机硅防水剂主要以甲基硅醇钠、乳化硅油、硅酮树脂为主。Wang 等以硅氧烷乳液、C 类粉煤灰、氧化镁等来制作石膏防水剂，在一定的复配条件下能使石膏制品的吸水率小于5％。曹青和王东等分别对有机硅 BS94 在石膏制品和不同类型的半水石膏的防水作用进行了研究，试验显示 BS94 可以有效提高石膏制品的软化系数，但超过一定掺量后对强度有影响；在 α-高强石膏、β-建筑石膏和脱硫石膏中掺量为 0.15％时，其吸水率分别为 6.35％、2.31％和 2.77％，但在磷建筑石膏中其掺量达 0.6％时，石膏制品的吸水率仅为 5.86％。

笔者采用 BS94 对不同用水量制备的磷石膏制品的防水性进行了研究，图 4-1 为分别掺入 0.6％和 0.8％的 BS94 制备的磷石膏制品的 24h 吸水率，图 4-2 为分别掺入 0.6％和0.8％的 BS94 制备的磷石膏制品在浸水 24h 后的软化系数。

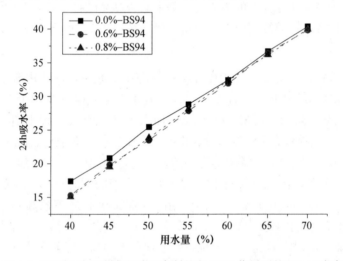

图 4-1　不同用水量制备的磷石膏制品在 BS94 作用下的 24h 吸水率

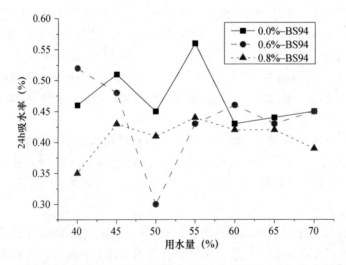

图 4-2　不同用水量制备的磷石膏制品在 BS94 作用下浸水 24h 后的软化系数

图 4-1 表明 BS94 对磷石膏硬化体的防水作用与磷石膏硬化体的用水量有关，当用水量为 $40\%\sim55\%$ 时，BS94 的掺入会降低磷石膏硬化体的 24h 吸水率，但效果也不太明显，24h 吸水率为 $15\%\sim27\%$。而磷石膏硬化体浸泡 24h 后的软化系数，也未随 BS94 的掺入而提高。

BS94 对磷石膏防水效果的不一致是由于研究采用的磷石膏来源不同。BS94 未能明显地改善磷石膏硬化体的防水性能，主要与磷石膏中的杂质成分和含量有关，它们影响了有机硅防水剂在石膏硬化体中憎水层的形成。磷石膏中含有的杂质类型和比例受磷矿、磷化工工艺等的影响而波动，四川省建材工业科学研究院根据四川省 4 种磷石膏（PG1～PG4）的杂质情况分别配制了不同的改性剂，并在磷建筑石膏掺量不低于 95% 的前提下对磷石膏的防水性能进行了研究。在用水量和防水剂 WB 分别为 60% 和 0.3% 时测试分析了改性剂 M 对磷石膏硬化体防水性能的改性效果。图 4-3 改性剂 M 掺入前后，不同来源的磷石膏硬化体的 2h 吸水率。

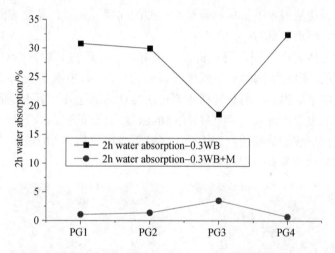

图 4-3　掺加 0.3% 防水剂 WB 时，改性剂 M 对磷石膏硬化体 2h 吸水率的影响

在图 4-3 中可以发现，未掺入改性剂 M 时，磷石膏硬化体的 2h 吸水率为 $18.48\%\sim32.36\%$；掺入改性剂 M 后，磷石膏硬化体的 2h 吸水率下降到 $0.66\%\sim3.48\%$。

以掺有改性剂 M 和防水剂 WB 的磷建筑石膏 PG1～PG4，分别制备了含有 $\phi58mm$ 空心圆柱的 $100mm\times100mm\times100mm$ 硬化体，如图 4-4 所示。磷建筑石膏 PG1～PG4 制备硬化体的绝干抗压强度分别为 5.7MPa、5.9MPa、5.0MPa 和 4.2MPa，24h 软化系数为 $0.6\sim0.7$，满足《建筑用轻质隔墙条板》（GB/T 23451—2009）中抗压强度不低于 3.5MPa 的要求。因此，防水改性后的磷石膏胶凝材料可用于生产各种外观尺寸的石膏制品，制备的石膏墙板和与轻钢复合的石膏体系可满足装配式建筑的需求。

除内掺有机防水剂外，还可采用外涂和浸

图 4-4　磷石膏硬化体外观

渍的方法来提高石膏制品的防水性。外涂防水主要是将有机硅醇钠、沥青、丙烯酸聚合物等憎水性物质涂刷或浸渍在石膏制品表面，干燥后在石膏硬化体表面形成一层具有包覆作用的致密憎水薄膜，从而阻隔石膏与外界水的接触，进而提高其耐水性能。如 Colak 分析了甲基丙烯酸酯和苯乙烯复合乳液、双酚 A 型环氧树脂与亚烷基二胺固化剂复合乳液对石膏制品耐水性能的影响，发现用甲基丙烯酸酯和苯乙烯复合乳液对石膏硬化体浸渍后，石膏硬化体的抗折强度随乳液用量的增加而显著提高，但抗压强度几乎没有变化。而双酚 A 型环氧树脂与亚烷基二胺固化剂复合乳液对石膏硬化体力学性能几乎没有影响。但在浸水 7d 后，甲基丙烯酸酯和苯乙烯复合乳液处理后的石膏硬化体的力学性能损失近 70%，而双酚 A 型环氧树脂与亚烷基二胺固化剂复合乳液处理后的石膏硬化体的力学性能没有损失。用草酸或草酸盐水溶液涂刷或浸渍石膏制品也能在石膏硬化体表面形成难溶的草酸钙，从而改善石膏制品的防水性能。

外涂或浸渍防水剂的方法操作简单易行，但这种方法处理的石膏制品在施工时可能会因出现表面破损，而无法从根本上解决石膏耐水性差的问题。同时，外涂或浸渍防水剂易受到空气和阳光的影响，因而要具有一定的耐候性。

在脱硫石膏硬化体表面涂刷一层有机硅防水剂，干燥后将其放入紫外线老化箱中照射240h，如图 4-5 所示。耐候性试验后，脱硫石膏硬化体的 2h 吸水率从 2.3% 升高到近 8%。脱硫石膏硬化体吸水率的提高除有机硅防水剂可能存在的老化外，更主要的是耐候性试验箱中脱硫石膏硬化体的表面温度高达 70℃，较高的温度造成部分二水石膏结晶水脱附，并在脱硫石膏硬化体表面形成部分细裂纹。因此，脱硫石膏硬化体 8% 的吸水率表明有机硅防水剂在经过耐候性试验后仍具有一定的防水性能。

图 4-5　脱硫石膏硬化体外涂有机硅防水剂后进行耐候性试验

### 三、无机材料的改性

除化学外加剂外，无机材料也可以改善石膏硬化体的耐水性能，其主要机理是：①无机材料的掺入可以减少石膏浆料的用水量，并填充于石膏硬化体内部的孔隙中，从而降低石膏硬化体的孔隙率，达到提高石膏硬化体密实度的目的；②在石膏硬化体中生成难溶于水的晶体，改善石膏硬化体的溶解性能，并提高石膏硬化体的强度。常用的无机材料有生石灰、水泥、粉煤灰、高炉水淬矿渣等。

生石灰对石膏防水性能的改性机理是因为石灰会与空气中的二氧化碳反应生成碳酸钙，

并覆盖在石膏颗粒表面，而碳酸钙的溶解度为 0.0132g/L，约为石膏溶解度的 1/200，因此在碳酸钙的保护下提高了石膏制品的防水性和抗动水溶蚀性。就提高石膏的强度而言，生石灰的掺量为 10% 最佳；就提高石膏的抗动水溶蚀性而言，生石灰的掺量为 25% 最佳。虽然生石灰的掺入有利改善石膏的防水性能，但作为碱性材料，其可以延长建筑石膏的凝结时，同时由于其不是大宗的工业化产品，CaO 的含量存在波动，因此在实际应用时存在一定的困难。

用水泥对石膏防水性能改性，主要是利用水泥中的 CaO、$Al_2O_3$ 和石膏生成钙矾石，并协同水泥水化生成的水化硅酸钙，达到提高石膏强度和水硬性的目的。用粉煤灰、高炉矿渣复合部分碱性原材料（如石灰、水泥等）与石膏配制而成的石膏复合胶凝材料，主要利用石灰及水泥水化生产的 $Ca(OH)_2$ 对粉煤灰、高炉矿渣起碱激发作用和石膏对粉煤灰的硫酸盐激发作用，生产钙矾石和水化硅酸钙等水硬性物质填充于石膏硬化体中，从而降低石膏硬化体的孔隙率并提高了其耐水性。

（一）水泥单一改性

水泥作为石膏的掺合料，其合理掺量一直存在争议，有的认为水泥掺量不宜大于 10%，有的认为其掺量可以为 20%～30%。同时，在掺量 10% 以内，水泥对石膏耐水性、强度等的效果也存在争议。掺入水泥带来的负面影响，主要是石膏胶凝材料中含有大量的 $SO_4^{2-}$，钙矾石的生成会造成复合石膏硬化体的膨胀破坏，而这种担心主要源于水泥或混凝土会受到延迟钙矾石的影响而破坏。水泥中的延迟钙矾石是由硫铝酸钙与石膏先反应生成高硫型水化硫铝酸钙（AFt），当石膏消耗完毕后，AFt 会与硫铝酸钙、氢氧化钙等继续反应生成低硫型水化硫铝酸钙（AFm）。当外界环境中的硫酸盐浸入水泥制品后，AFm 与硫酸盐反应再次生成 AFt，从而对水泥制品造成膨胀破坏。但在石膏与水泥复合的胶凝体系中，由于石膏占有大量的比例，在液相环境中不会缺失 ［$SO_3$］，因此 AFt 不会因为 ［$SO_3$］ 的减少而转变成 AFm，即生成的钙矾石在体系中是稳定存在的，从而不会生成延迟钙矾石所需的AFm。因此，石膏与水泥的复合胶凝材料从理论上说不会因为受到延迟钙矾石的影响而破坏，而应考虑 Aft 的生成时刻与石膏硬化体内部结构的关系。

在北京市建筑材料科学研究院关于石膏水泥混合胶凝材料养护制度及水化动力学的研究中，研究者发现建筑石膏的凝结硬化受到水泥类型的影响，硫铝酸盐水泥、硅酸盐水泥和矿渣水硅酸盐水泥对建筑石膏有促凝作用，白水泥对凝结时间影响不大，而掺入高铝水泥后凝结时间有延长趋势。但在笔者的研究中发现，水泥与石膏配制的复合胶凝材料，其凝结时间同时受到建筑石膏类型的影响，如普通硅酸盐水泥对脱硫建筑石膏的凝结时间影响不大，但对磷建筑石膏而言则会大幅延长其凝结时间。

图 4-6 和图 4-7 分别为硅酸盐水泥和矿渣水泥与石膏复合后，浆料的标稠用水量和复合硬化体的吸水率随水泥掺量而变化的趋势。从图中可见，水泥和石膏复合硬化体的吸水率均随水泥掺量的增加而降低，且与复合浆料的标稠用水量的变化趋势是一致的，因此，水泥和石膏复合硬化体的吸水率降低主要是由于水泥的掺入降低了硬化体的孔隙率。

图 4-8 和图 4-9 分别为硅酸盐水泥和矿渣水泥与石膏复合后，浆料的标稠用水量和复合硬化体的软化系数随水泥掺量而变化的趋势。从图中可见，水泥和石膏复合硬化体的软化系数随水泥掺量的增加而增大，且与复合浆料的标稠用水量的变化趋势是相反的，因此，水泥的掺入带来的复合硬化体密度的增大，不仅降低了复合硬化体的吸水率，而且提高了复合硬化体的软化系数。这与净石膏硬化体密度增大仅降低石膏硬化体吸水率的效果不同。

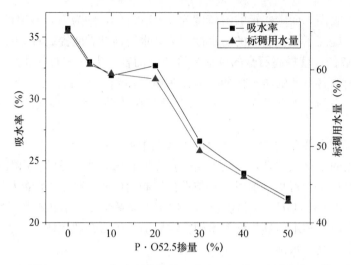

图 4-6　石膏与 P·O52.5 复合硬化体的吸水率和标稠用水量与水泥掺量的关系

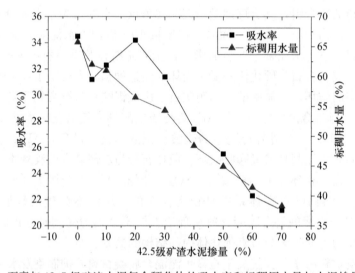

图 4-7　石膏与 42.5 级矿渣水泥复合硬化体的吸水率和标稠用水量与水泥掺量的关系

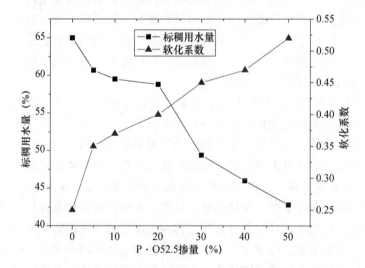

图 4-8　石膏与 P·O52.5 复合硬化体的软化系数和标稠用水量与水泥掺量的关系

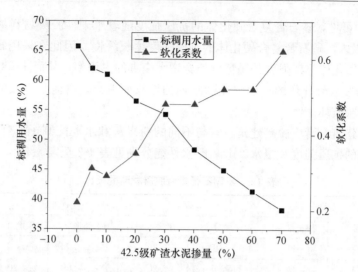

图 4-9  石膏与 42.5 级矿渣水泥复合硬化体的软化系数和标稠用水量与水泥掺量的关系

（二）复合改性

除了单独采用水泥对石膏的耐水性进行改性，更多的研究是通过水泥和矿物掺合料的复掺来改善石膏制品的防水性能、力学性能、软化系数等，以求拓宽石膏的应用领域。

国内外众多学者对建筑石膏复合水硬性胶凝材料制备石膏复合材料进行了大量的研究，冯启彪等通过一系列正交试验发现，对石膏制品软化系数的影响按以下顺序降低：石膏＞防水剂＞养护制度＞水泥＞粉煤灰。姜洪义、张志国、闫亚楠等分别就建筑石膏复合高炉矿渣、粉煤灰等进行了研究，发现石膏复合胶凝材料的吸水率大幅下降，但软化系数与水硬性胶凝材料的掺量有关。

由于水泥和石膏具有不同的水化硬化机理，反应时石膏晶体的自身生长可能会受到影响。因此，水硬性胶凝材料在配制不当时可能会使石膏制品自身的强度和软化系数降低。如磷建筑石膏中掺入碱性的水硬性胶凝材料后，不仅凝结硬化时间延长，而且石膏硬化体的力学性能发展缓慢。以磷建筑石膏掺量为 $60\%\sim90\%$，其余原料由 P·O 42.5R 和粉煤灰按 1：1 配制组成制备成磷石膏复合硬化体，并在不同龄期测试了其抗压强度，具体数据如图 4-10 所示。

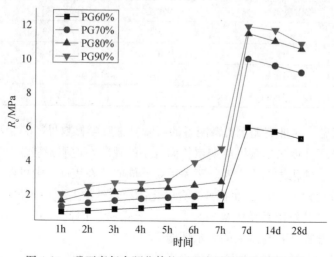

图 4-10  磷石膏复合硬化体抗压强度随龄期发展的变化

在图 4-10 中可见，磷石膏复合硬化体的抗压强度随着水硬性胶凝材料掺量的增加而减小。同时在 7h 以内，磷石膏复合硬化体的抗压强度增长缓慢。因此在采用石膏复合工艺制备石膏制品时，硬化体早期强度的缓慢增长会增大模具的占用率，从而降低生产效率。而在 7d 以后，磷石膏复合硬化体的抗压强度随龄期的增长而减小，可能是生成的钙矾石对石膏硬化体产生了膨胀破坏。

分别以天然建筑石膏、脱硫建筑石膏与不同的粉煤灰和水泥配制了石膏复合胶凝材料，其配比、各龄期的抗压强度和浸水 24h 后耐水性能分别见表 4-2 至表 4-4。

**表 4-2　不同石膏复合胶凝材料的配比**

| 石膏 | | | 粉煤灰 | | 水泥 | | 用水量 |
| --- | --- | --- | --- | --- | --- | --- | --- |
| 类型 | 编号 | 掺量（%） | 编号 | 掺量（%） | 类型 | 掺量（%） | （%） |
| 天然石膏 | NG | 60 | FA-I | 20 | P·O42.5R | 20 | 44 |
| | FG I | 60 | FA-II | 20 | P·O42.5R | 20 | 48 |
| 脱硫石膏 | FG II | 60 | FA-I | 20 | P·O42.5R | 20 | 49 |
| | FG I-III | 60 | FA-I | 20 | P·O42.5R | 20 | 49 |

注：FG I-III 表示由 FG I 在 250℃煅烧制备的 III 型无水石膏。

**表 4-3　不同石膏复合胶凝材料不同龄期的抗压强度**

| 编号 | 抗压强度（MPa） | | | |
| --- | --- | --- | --- | --- |
| | 2h | 7d | 14d | 28d |
| NG | 7.41 | 12.89 | 10.50 | 10.53 |
| FG I | 5.57 | 11.51 | 14.83 | 16.32 |
| FG II | 5.79 | 13.92 | 16.87 | 18.05 |
| FG I-III | 6.29 | 16.32 | 15.72 | 15.36 |

**表 4-4　不同石膏复合胶凝材料的耐水性**

| 编号 | 耐水性能 | | | |
| --- | --- | --- | --- | --- |
| | 未外涂 BS94 | | 外涂 BS94 | |
| | 24h 吸水率（%） | 软化系数 | 24h 吸水率（%） | 软化系数 |
| NG | 23.91 | 0.71 | 2.69 | 0.81 |
| FG I | 19.95 | 0.63 | 2.16 | 0.98 |
| FG II | 19.51 | 0.60 | 2.21 | 0.81 |
| FG I-III | 19.11 | 0.78 | 3.97 | 0.86 |

在表 4-3 中可见，除 III 型无水石膏制备的石膏复合胶凝材料外，其余配比配制的石膏复合硬化体的后期抗压强度未出现随龄期增长而减小的现象，说明硫酸盐对粉煤灰、火山灰性能的激发对石膏复合硬化体的力学性能至关重要。同时，在表 4-4 中可以注意到，石膏复合硬化体的软化系数均大于 0.60，而石膏复合硬化体经过外涂 BS94 处理后，不仅其 24h 吸水率大幅度减小，而且其软化系数大幅增加，均大于 0.80。因此，采用复合水硬性胶凝材料和外涂防水剂可大幅提高石膏制品的耐水性能。

将成型两小时后石膏复合浆料立即放入干缩箱（20℃±1℃、55%±5%RH）中进行干缩试验，石膏复合硬化体的质量损失率、长度收缩率分别与干缩时间的关系分别如图 4-11 和图 4-12 所示。

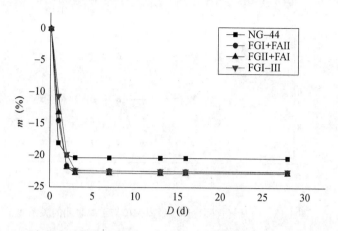

图 4-11　石膏复合硬化体成型 2h 即入干缩后箱质量损失率与干缩时间的关系

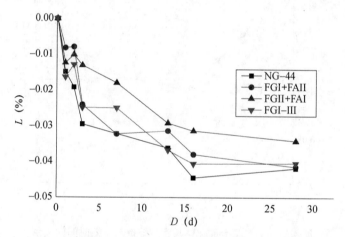

图 4-12　石膏复合硬化体成型 2h 即入干缩箱后长度收缩率与干缩时间的关系

天然石膏复合石膏胶凝材料配方 NG 和脱硫石膏复合石膏胶凝胶凝材料配方 FG Ⅰ、FG Ⅱ、FG I-Ⅲ的干缩数据如图 4-11 和图 4-12 所示。该四个配方的干缩试验是将成型 2h 脱模后的石膏复合硬化体放入温度为 20℃±1℃、湿度为 55％±5％的标准干缩箱中。

从图 4-11 中可见，石膏复合硬化体在干缩养护至 2d 时均达到稳定，质量损失率为 22％ 附近，此刻的质量损失主要是石膏复合硬化体中的自由水的蒸发。从图 4-12 中可见，石膏复合硬化体在干缩至 15d 附近时干缩率基本达到稳定，收缩率为 0.03％～0.045％，15d 后石膏复合硬化体的干缩率变化不大。

图 4-13 和图 4-14 为自然养护 28d 的石膏复合硬化体在涂刷 BS94 后再浸水 1d 之后放入干缩箱（20℃±1℃、55％±5％RH）中进行干缩试验，石膏复合硬化体的质量损失率、长度收缩率分别与干缩时间的关系。

从图 4-13 中可见，石膏复合硬化体在干缩箱中经过 1～3d 均能达到恒重。从图 4-14 石膏复合硬化体的长度干缩率中可见，石膏复合硬化体的干缩率为 0.015％～0.035％，且在 3d 后基本达到稳定。

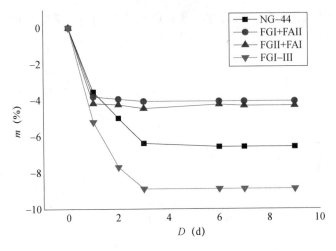

图 4-13 石膏复合硬化体质量损失率与干缩时间的关系

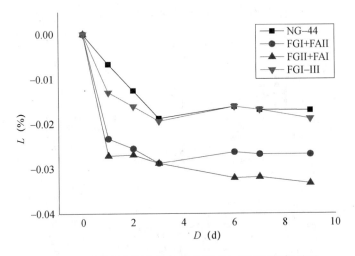

图 4-14 石膏复合硬化体长度收缩率与干缩时间的关系

同样，以普通硅酸盐水泥 P·O42.5R 和粉煤灰 FA-Ⅲ 制备了的磷石膏复合胶凝材料，在其自然养护 28d 后进行耐久性测试，主要包括复合胶凝材料的耐水性能、冻融循环和收缩。粉煤灰 FA-Ⅲ 的主要成分及物理性能见表 4-5。

表 4-5　粉煤灰 FA-Ⅲ 的主要成分及物理性能

| | CaO（%） | $Al_2O_3$（%） | $Fe_2O_3$（%） | 比表面积（$cm^2/g$） |
|---|---|---|---|---|
| FA-Ⅲ | 5.49 | 22.61 | 10.57 | 4370.6 |

石膏复合硬化体的软化系数按照《石膏砌块》（JC/T 698—2010）中的规定的方法进行测试，在水中浸泡 24h 后测试其吸水量、湿强度。粉煤灰 FA-Ⅲ 制备的磷石膏复合胶凝材料防水性能见表 4-6。

表 4-6　磷石膏复合胶凝材料防水性能

| $\Delta m$（%） | $R_f$（MPa） | $R_c$（MPa） | 软化系数 |
|---|---|---|---|
| 17.07 | 4.27 | 15.19 | 0.68 |

从表4-6中可见磷石膏复合硬化体的吸水量较大，达到17.07%，远高于吸水率不大于5%的要求。而其软化系数虽然满足《石膏砌块》（JC/T 698—2010）中0.6的要求，但仍低于《墙体材料应用统一技术规范》（GB 50574—2010）中0.85的要求。只有满足软化系数大于0.85的材料才能用于外墙或潮湿环境，为了扩大磷石膏复合胶凝材料的使用范围，需对改善其防水性能的方法进行研究。表4-7为有机硅BS94对磷石膏耐水性能的影响。

**表4-7　BS94对磷石膏复合硬化体耐水性能的影响**

| $\Delta m$（%） | $R_f$（MPa） | $R_c$（MPa） | 软化系数 |
| --- | --- | --- | --- |
| 1.15 | 5.90 | 19.86 | 0.89 |

BS94采用外涂的方式涂于试件表面，从表4-7中可见，BS94可以大幅提高磷石膏复合硬化体的耐水性能，其吸水量下降了90%以上，软化系数达到0.89，提高了近31%。

将经过防水处理和未处理过的磷石膏复合硬化体于40℃±2℃下烘干至恒重后，放于水中浸泡1d，然后将其放入−20℃±2℃的冷冻箱冷冻5h，冷冻结束后取出并放入20℃±2℃的水中融化3h。经25次冻融循环后，将试件再置于40℃±2℃下烘干至恒重，并测试试件的质量变化和强度。表4-8为磷石膏复合硬化体经25次冻融循环后的性能。

**表4-8　磷石膏复合硬化体25次冻融循环后的性能**

| | $\Delta m$（%） | 强度系数 |
| --- | --- | --- |
| 未经防水处理 | −1.04 | 1.06 |
| 防水处理 | +3.21 | 1.25 |

表4-8表明，磷石膏复合硬化体经25次冻融循环后，均能达到质量损失小于5%、强度损失小于10%的要求。表4-8中的强度系数均大于1.0表明，经冻融循环后磷石膏复合硬化体的抗压强度是增长的，且经过防水处理的试件具有更大的增长率。这可能是由于潮湿环境促使磷石膏复合硬化体中粉煤灰的水化引起的强度增长，其具体原因还有待于进一步的微观试验进行验证。

成型尺寸为25mm×25mm×280mm的磷石膏复合硬化体，并于30min后脱模并测试其初始长度。图4-15为磷石膏复合硬化体在实验室条件下湿干循环时干燥时间与收缩率的关系图。

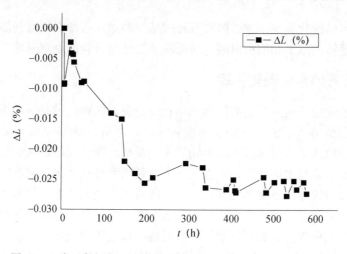

图4-15　磷石膏复合硬化体湿干循环时干燥时间与收缩率的关系

从图 4-15 中可见，磷石膏复合硬化体随着水分的蒸发开始收缩，但在成型后 2h 至十几小时内其前期收缩有 70％多恢复，可能是由于生成 AFt 膨胀引起的，2d 后其收缩率再次达到成型 2h 后的值，约 0.0091％。在磷石膏复合硬化体成型 10d 以后，收缩率出现反复，主要是由于每天早晚湿度变化引起的，此时的收缩基本为 0.025％～0.027％。

图 4-16 为磷石膏复合硬化体在养护期后浸水 3d 放入标准干缩养护箱条件下干燥时间与收缩率的关系图。

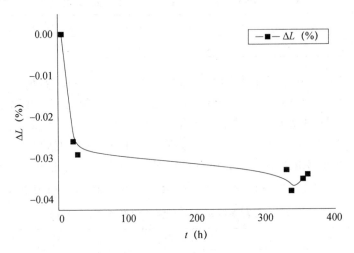

图 4-16　试件在标准干燥试验时干燥时间与收缩率的关系

将自然养护 28d 的磷石膏复合硬化体在水中浸泡 3d 后，放入湿度为 50±5％RH、温度为 20±2℃的养护箱中进行干缩试验。从图 4-16 中可见，磷石膏复合硬化体在 1d 内的干燥收缩率最大，为 0.0291％，达到其尺寸稳定后干缩率的约 85％。磷石膏复合硬化体的干缩率最终在 0.035％附近。

因此，不论是在自然养护条件下还是在干缩环境下，磷石膏复合硬化体的收缩率小于 0.4mm/m，其尺寸稳定性较好。

## 第二节　对建筑石膏凝结时间的调控

建筑石膏的凝结硬化非常迅速，但在石膏产品（如抹灰石膏、石膏制品等）的生产应用时，需要保证有足够的施工和成型时间，因此需要对建筑石膏的凝结时间进行调控。

### 一、建筑石膏的水化硬化机理

建筑石膏的水化硬化机理主要有结晶理论和胶凝理论两种。结晶理论认为二水石膏的形成首先需要半水石膏溶入溶液，并处于过饱和状态，之后从溶液中结晶生成二水石膏。因此，结晶理论认为提高半水石膏溶解度的物质为促凝剂，降低其溶解度的物质为缓凝剂。而胶凝理论认为半水石膏与水接触后，水进入半水石膏的毛细孔并保持物理吸附状态，从而形成胶凝结构，之后凝胶体的膨胀再使水进入分子间或离子间的孔隙，使水从物理吸附状态转变为化学吸附状态，最终产生水化作用形成二水石膏。除结晶理论和胶凝理论外，还有基于各机理的局部化学反应理论，其区别是二水石膏的生成是否通过液相过渡。

在胶凝理论中，Hansen 基于固体—液体的典型反应提出了不同粒径的半水石膏的水化硬化机理。当半水石膏颗粒较小时，$H^+$ 和 $OH^-$ 直接进入颗粒中心使半水石膏立即转变成二水石膏；当半水石膏颗粒较大时，半水石膏外层会形成一层水膜，该薄膜可以阻止 $H^+$ 和 $OH^-$ 进入颗粒中心，从而形成诱导期。当薄膜达到临界厚度而破裂时，会形成 G·A 过渡相和 G·A 雏晶，之后 G·A 过渡相会快速溶解形成饱和溶液，而 G·A 雏晶则转变成结晶完好的二水石膏晶体。

　　笔者在蛋白类缓凝剂掺量为 0.04% 时，对磷建筑石膏触水 3min、5min、10min、15min、20min、25min 后的粒度分布进行了研究。在不同的水化龄期时，以无水乙醇对石膏净浆进行终止水化，然后采用动态颗粒图像仪测试分析石膏晶体在水化过程中的颗粒变化。石膏晶体在不同水化龄期时的粒度分布如图 4-17 所示。

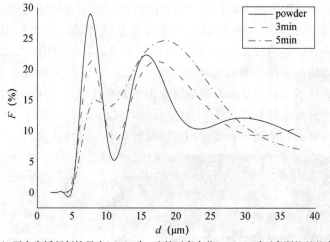

(a) 蛋白类缓凝剂掺量为0.04%时，建筑石膏水化0~5min时石膏颗粒的粒度分布

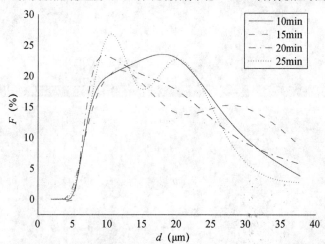

(b) 蛋白类缓凝剂掺量为0.04%时，建筑石膏水化10~25min时石膏颗粒的粒度分布

图 4-17　蛋白类缓凝剂掺量为 0.04% 时，石膏晶体在不同水化龄期时的粒度分布

　　在图 4-17 (a) 中，磷建筑石膏的粒度主要集中在 $7.5\mu m$ 和 $15\mu m$ 附近。水化时间为 0~5min 时，粒度较小的建筑石膏以溶解为主，其所占比例从 27.88% 下降到 12.71%；而粒度较大的建筑石膏的粒径随水化时间的延长而增大，其粒度从约 $15\mu m$ 增大到 $20\mu m$ 左右，且粒度为 $20\mu m$ 左右的石膏颗粒的比例从 14.07% 增加到 24.33%。

　　水化时间为 10~15min 时，粒度较大的石膏颗粒发生团聚。在图 4-17 (b) 中，可以发现粒度较小的建筑石膏颗粒的比例相对稳定，而粒度约 $20\mu m$ 的建筑石膏颗粒的存在比例从 $23.16\%$ 下降到 $14.23\%$，但粒度在 $27\mu m$ 以上的建筑石膏颗粒的占有比例增加，说明随着建筑石膏颗粒的生长，不同粒径的建筑石膏颗粒会团聚在一起形成更大的石膏颗粒。

水化时间在 15min 以上时，粒径在 $10\mu m$ 附近的石膏颗粒的比例从约 $20\%$ 增加到 $26.64\%$。由于较大粒径石膏颗粒的团聚，晶体生长的空间逐步减少，$Ca^{2+}$ 和 $SO_4^{2-}$ 的饱和溶液只能沉淀结晶成较小的石膏颗粒填充于石膏颗粒团聚体之间的空隙中。以上研究与 Hansen 提出的不同粒度的建筑石膏具有不同的水化机理类似。

刘川北等人采用环境扫描电镜（ESEM）对半水石膏的早期水化过程及微观结构进行了研究，如图 4-18 所示。在半水石膏接触水后约 2 min，小颗粒的半水石膏很容易形成絮凝结构，并将水包裹在内部从而形成大颗粒半水石膏的桥梁。随水化时间的延长，半水石膏颗粒不断溶解。至水化约 5min 时，一些针状的二水石膏晶体开始在大颗粒半水石膏的表面沉淀。二水合物晶体随着时间的增长，在 8min 内形成更强的絮凝作用。随水化时间的进一步延长，二水石膏晶体快速生长，水化约 8min 时在大颗粒半水石膏周围形成了较好的网络结构。由于水化过程消耗了大量的水，石膏浆料逐步失去流动性并呈现出初凝的状态。至水化约 12min 时，几乎所有的小颗粒半水石膏均被溶解，此时一个致密的二水石膏晶体网络在大颗粒半水石膏周围形成。至此，石膏浆料已终凝并具有了结构强度。

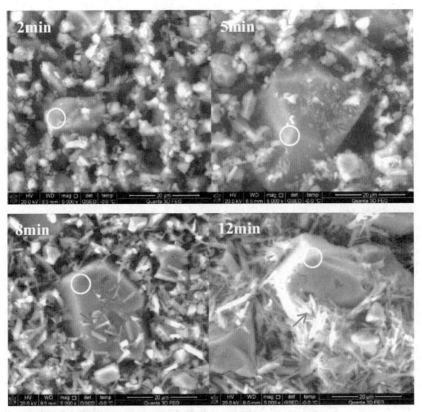

图 4-18　不同水化时间时半水石膏的 ESEM 图

（图中白圈处为未水化的半水石膏，箭头处为生成的二水石膏）

环境扫描电镜的研究结果验证了建筑石膏水化过程粒度分布的变化，即颗粒粒径不同的半水石膏其水化过程是不一致的。

## 二、化学外加剂的改性

对建筑石膏凝结时间调控的化学外加剂主要起缓凝作用，其主要成分为蛋白质。蛋白质类缓凝剂具有掺量小、缓凝效果好、晶体形貌影响小、强度损失小的优点，因此已得到广泛应用。目前国内常见的蛋白质类缓凝剂有上海市建筑科学研究院的 SC、苏州市兴邦化学建材有限公司的 SG 系列、意大利 Sicit 集团的 P 系列、西卡集团的 200P、湖北博斐逊生物新材料有限公司的 TAA 系列、河北申辉石膏缓凝剂有限公司的佳曼等。

常见的蛋白质类缓凝剂的红外图谱如图 4-19 所示，从图中可见蛋白质类缓凝剂的主要官能团为酰胺基团和羧基基团，因此蛋白质类缓凝剂的作用机理主要是通过官能团与半水石膏溶解出的钙离子反应，从而减少溶液中的钙离子浓度，延缓二水石膏的生成。

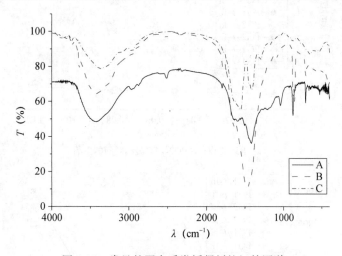

图 4-19　常见的蛋白质类缓凝剂的红外图谱

采用岛津—傅里叶变换红外光谱仪 IRAffinity-1 对蛋白质类缓凝剂（RJ-1、RC-1、RJ-2、RC-2）进行了红外测试，分析结果如图 4-20 所示。从图 4-20 中可见，RJ-1、RC-1、RJ-2、RC-2 的分子结构十分相似，以酰胺和羧基为主要官能团，主要区别为酰胺的峰位不同，且酰胺Ⅰ、Ⅱ带的峰位有重叠。

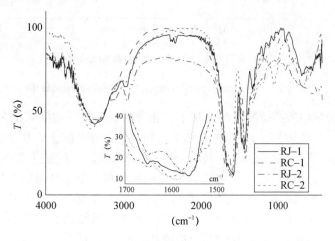

图 4-20　蛋白类缓凝剂的红外图谱

工业副产石膏中的杂质会影响蛋白质类缓凝剂的缓凝效果。图 4-21 为蛋白质类缓凝剂 RJ-1、RC-1 在不同掺量时对磷建筑石膏和脱硫建筑石膏凝结时间的影响。

在图 4-21 中可以发现，磷建筑石膏和脱硫建筑石膏的凝结时间均随蛋白质类缓凝剂掺量的增加而延长。但在相同掺量时，RJ-1 在脱硫建筑石膏中具有更明显的缓凝效果，而在磷建筑石膏中，RC-1 的缓凝效果更明显，这种区别与建筑石膏中的杂质有关。

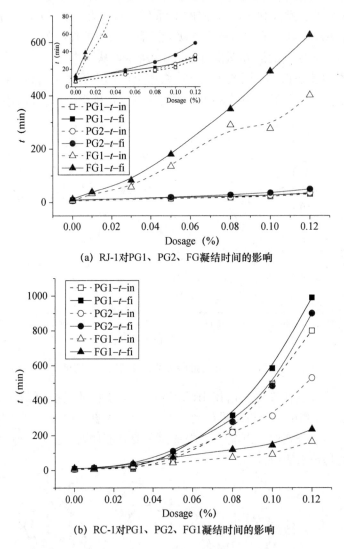

(a) RJ-1对PG1、PG2、FG凝结时间的影响

(b) RC-1对PG1、PG2、FG1凝结时间的影响

图 4-21　RJ-1 和 RC-1 对工业副产石膏凝结时间的影响

图 4-22 为 4 种蛋白质类缓凝剂的酰胺 I、II 带的红外波谱的多峰拟合。在图 4-22 中可以发现，RJ-1、RJ-2 和 RC-2 的多峰拟合结果是相似的，在酰胺 I、II 带各有一个峰位，其中分别位于 1645 cm$^{-1}$、1645 cm$^{-1}$、1652 cm$^{-1}$ 处的峰位属于酰胺 I 带的 C＝O 伸缩振动，分别位于 1565 cm$^{-1}$、1559 cm$^{-1}$、1577 cm$^{-1}$ 处的峰位属于酰胺 II 带的 N—H 弯曲振动。因此，RJ-1、RJ-2 和 RC-2-3 种蛋白质类缓凝剂中的酰胺为仲酰胺。而在 RC-1 的红外波谱中，除峰位位于 1667 cm$^{-1}$ 的酰胺 I 带的 C＝O 伸缩振动外，其酰胺 II 带的 N—H 弯曲振动带拥有 3 个峰位，位于 1584cm$^{-1}$ 处的峰位属于伯酰胺，而位于 1535 cm$^{-1}$ 和 1508 cm$^{-1}$ 处的峰位属于仲酰胺。因此，蛋白类缓凝剂 RC-1 同时拥有伯酰胺和仲酰胺。

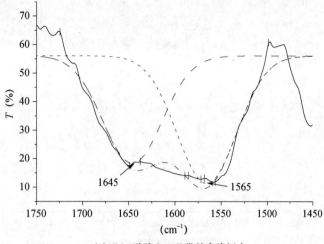

(a) RJ-1酰胺Ⅰ、Ⅱ带的多峰拟合

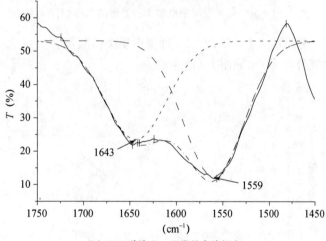

(b) RJ-2酰胺Ⅰ、Ⅱ带的多峰拟合

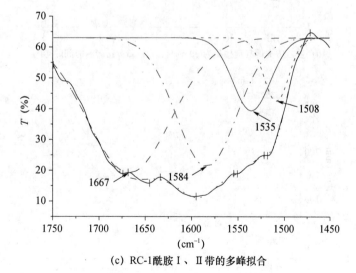

(c) RC-1酰胺Ⅰ、Ⅱ带的多峰拟合

图 4-22　蛋白质类缓凝剂酰胺Ⅰ、Ⅱ带的多峰拟合

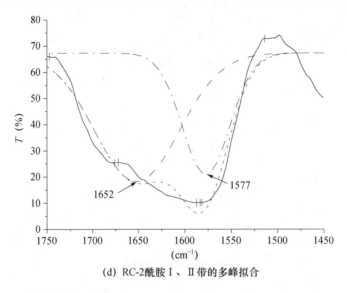

(d) RC-2酰胺Ⅰ、Ⅱ带的多峰拟合

图 4-22　蛋白质类缓凝剂酰胺Ⅰ、Ⅱ带的多峰拟合（续）

图 4-23 为 RJ-1、RC-1、RJ-2 和 RC-2-4 种蛋白质类缓凝剂在掺量为 0.05％时对磷建筑石膏 PG3 和脱硫建筑石膏 FG2 凝结时间的影响。

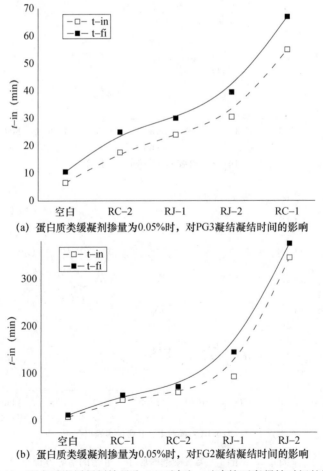

(a) 蛋白质类缓凝剂掺量为0.05%时，对PG3凝结凝结时间的影响

(b) 蛋白质类缓凝剂掺量为0.05%时，对FG2凝结凝结时间的影响

图 4-23　蛋白质类缓凝剂掺量为 0.05％时，对建筑石膏凝结时间的影响

从图 4-23 中可以发现，4 种蛋白质类缓凝剂对不同类型建筑石膏的缓凝效果不同的。比较 4 种蛋白质类缓凝剂对建筑石膏凝结时间的影响可以发现，具有仲酰胺的 RJ-1、RJ-2 和 RC-2 对脱硫建筑石膏凝结时间的延长量是大于它们对磷建筑石膏凝结时间的延长量的，但具有伯酰胺的 RC-1 的缓凝效果相反。说明蛋白质类缓凝剂的酰胺键的类型对于建筑石膏的类型具有选择性。

脱硫建筑石膏和磷建筑石膏的最主要区别在于是否含有磷酸盐，以磷酸二氢钙（SSP）调整脱硫建筑石膏 FG3 中的磷酸盐含量，分析 SSP 对蛋白质类缓凝剂酰胺键的影响。图 4-24 为脱硫建筑石膏 FG3 在 SSP 掺量分别为 $0.5\%$ 和 $1.0\%$ 时，分别掺入 $0.05\%$ 的 4 种蛋白质类缓凝剂后建筑石膏的凝结时间。

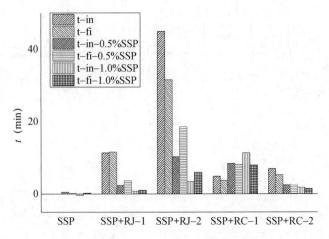

图 4-24　蛋白质类缓凝剂掺量为 $0.05\%$ 时，SSP 掺量对 FG3 凝结时间的影响

在图 4-24 中可见，掺入 SSP 后，4 种蛋白质类缓凝剂对脱硫建筑石膏 FG3 凝结时间的影响出现了不同的变化。掺有 RJ-1、RJ-2 和 RC-2 的脱硫建筑石膏 FG3 的凝结时间随 SSP 掺量的增加而缩短，而掺有 RC-1 的脱硫建筑石膏 FG3 的凝结时间随 SSP 掺量的增加而延长。结合图 4-21 中 RC-1 对不同类型建筑石膏呈现出不同的适应性，说明磷建筑石膏中所含有的 $H_2PO_4^-$ 是引起蛋白质类缓凝剂呈现不同适应性的原因。

SSP 在水解时会生成溶解度更低的 $CaHPO_4 \cdot 2H_2O$（DCP），分别将 0.18g 4 种蛋白质类缓凝剂和 0.18g SSP 溶于 10mL 蒸馏水中，待其静置 1h 后，将的沉淀物滤出并干燥，然后对其进行红外分析，其红外图谱如图 4-25 所示。从图 4-25 中可见，DCP 和掺有蛋白质类缓凝剂的 DCP 的红外波谱，除 $1300cm^{-1} \sim 1400cm^{-1}$ 段存在差异外，其余波谱段基本相同。在 DCP 的红外波谱中，位于 $1392cm^{-1}$ 和 $1354cm^{-1}$ 的两个峰位属于 $HPO_4^{2-}$ 的吸收峰。在掺入 4 种蛋白质类缓凝剂后，这两个峰位出现了不同的变化。掺入 RJ-1、RJ-2 和 RC-2 后，属于 $HPO_4^{2-}$ 的两个吸收峰均消失了，但 RC-1 的掺入未改变 DCP 的红外波谱，也未使属于 $HPO_4^{2-}$ 的两个吸收峰消失。有研究表明酰胺基会与磷酸钙中的碱土金属离子发生配位作用，因此，说明 RJ-1、RJ-2 和 RC-2 中的酰胺基与钙离子生成的配位化合物会与 $HPO_4^{2-}$ 发生作用，从而抑制了 $HPO_4^{2-}$ 的振动。由于 RJ-1、RJ-2 和 RC-2 仅含有仲酰胺，而 RC-1 的仲酰胺的峰强小于伯酰胺的峰强（图 4-22），表明仲酰胺的酰胺 II 带可能更容易受到 $HPO_4^{2-}$ 的影响，从而影响到配位化合物进一步与建筑石膏中的钙离子生成螯合物。因此，蛋白类缓凝剂的酰胺基团主要为伯酰胺时，其更适应于磷建筑石膏；蛋白质类缓凝剂的酰胺基团主要为仲酰胺时，其更适应于脱硫建筑石膏。

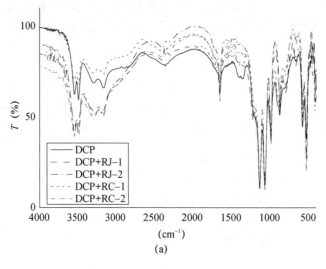

(a)

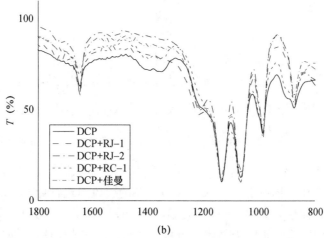

(b)

图 4-25 蛋白质类缓凝剂对 DCP 红外波谱的影响

除合成的蛋白质类缓凝剂外，含有蛋白质类的天然物质也可用作建筑石膏的缓凝剂。黄语嫣等人以含有 59.2％碳水化合物、26.7％蛋白质、1.1％脂肪族化合物、18％有机酸的红茶粉末作为建筑石膏的缓凝剂进行了研究，当掺入 0.5％的红茶粉末时，建筑石膏的初终凝时间分别延长了 3.5 倍和 14 倍；当掺入 2.5％的红茶粉末时，建筑石膏的初终凝时间分别延长了 55 倍和 158 倍。红茶对建筑石膏的缓凝的机理是多种基团共同作用的结果，如碳水化合物通过羟基吸附在半水石膏颗粒表面、蛋白质和有机酸与钙离子反应降低了溶液中的钙离子浓度等。红茶作为建筑石膏的功能性外加剂，其研究和应用将会促进石膏行业的绿色可持续发展。

### 三、无机材料的改性

常用的酸及其盐都可作为建筑石膏凝结时间的调凝剂使用，其作用原理是改变建筑石膏的溶解度和溶解速度。

（一）促凝剂

建筑石膏的无机促凝剂主要以硫酸盐和钠盐为主，其促凝作用顺序如下：

**1. 硫酸盐**

① 一价金属盐

$$(NH_4)_2SO_4 > KNO_3 > KCl > K_2SO_4 > Li_2SO_4 > NH_4Cl > AgNO_3$$

② 二价金属盐

$$CdSO_4 > CuSO_4 > ZnSO_4 > MnSO_4 > NiSO_4 > FeSO_4 > MgSO_4 > Ca(NO_3)_2$$

③ 三价金属盐

$$Al_2(SO_4)_3 > Cr_2(SO_4)_3 > Fe_2(SO_4)_3$$

**2. 钠盐**

$$NaCl > NaNO_3 > NaBr > NaClO_3 > Na_2S_2O_3 > Na_2SO_4$$

除了无机盐外，不同比表面积的建筑石膏也可以作为建筑石膏的调凝剂。对磷建筑石膏进行球磨，等到了不同比表面积的建筑石膏，具体数据见表 4-9。球磨后的磷建筑石膏对未球磨的磷建筑石膏凝结时间的影响如图 4-26 所示，各浆体的用水量固定为 65%。

**表 4-9 磷建筑石膏在不同球磨时间的比表面积**

| 类型 | 编号 | 比表面积（m²/kg） |
| --- | --- | --- |
| 磷建筑石膏 | M0 | 279.34 |
| | M1 | 477.13 |
| 球磨磷建筑石膏 | M2 | 648.43 |
| | M3 | 752.98 |
| | M4 | 889.54 |

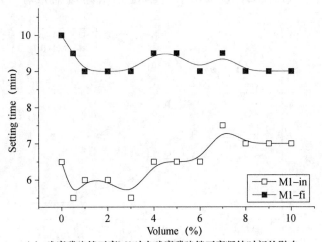

(a) 球磨磷建筑石膏M1对未球磨磷建筑石膏凝结时间的影响

图 4-26 球磨磷建筑石膏对未球磨磷建筑石膏凝结时间的影响

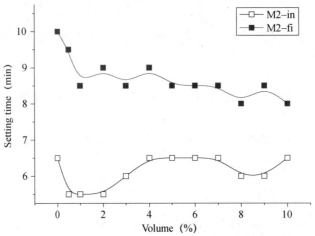

（b）球磨磷建筑石膏M2对未球磨磷建筑石膏凝结时间的影响

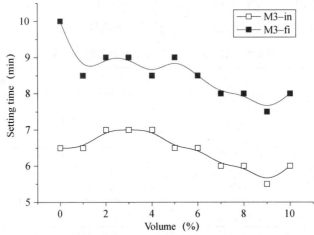

（c）球磨磷建筑石膏M3对未球磨磷建筑石膏凝结时间的影响

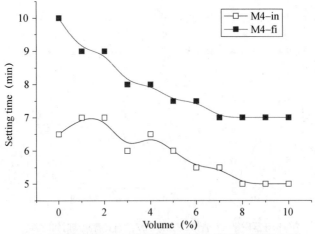

（d）球磨磷建筑石膏M4对未球磨磷建筑石膏凝结时间的影响

图4-26　球磨磷建筑石膏对未球磨磷建筑石膏凝结时间的影响（续）

在图 4-26 中可见，不同比表面积的磷建筑石膏对未球磨磷建筑石膏的凝结时间的影响是不一致的。随磷建筑石膏比表面积的增大，其对未球磨磷建筑石膏初凝时间和终凝时间的影响规律是不同的。

随球磨磷建筑石膏比表面积的增大和掺量的增加，未球磨磷建筑石膏的初凝时间缩短，且初凝时间缩短量随球磨磷建筑石膏比表面积的增大而增加。但未球磨磷建筑石膏的终凝时间随球磨磷建筑石膏比表面积的变化而呈现不同的规律，当球磨磷建筑石膏的比表面积小于 $500\text{m}^2/\text{kg}$ 时，未球磨磷建筑石膏的终凝时间随球磨磷建筑石膏掺量的增加而延长；当球磨磷建筑石膏的比表面积大于 $500\text{m}^2/\text{kg}$ 时，未球磨磷建筑石膏的终凝时间随球磨磷建筑石膏掺量的增加而缩短，这是因为比表面积更大的磷建筑石膏拥有更多小颗粒半水石膏，在水化初期这种小颗粒的半水石膏快速溶解于溶液中，形成过饱和溶液，促进了二水石膏的生成。同时可以发现，球磨后的磷建筑石膏也缩短了未球磨磷建筑石膏的初、终凝间隔时间。

（二）缓凝剂

建筑石膏的缓凝剂主要有碱性的磷酸盐、有机酸等。图 4-27 为酒石酸、多聚磷酸钠、磷酸氢二钠、柠檬酸、柠檬酸钠、水泥对磷建筑石膏凝结时间的影响。

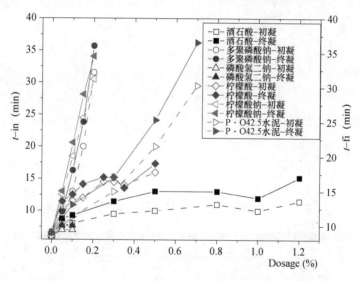

图 4-27　无机盐缓凝剂对磷建筑石膏凝结时间的影响

在无机盐缓凝剂中，多聚磷酸钠和柠檬酸钠在低掺量情况下可以延长磷建筑石膏的凝结时间。多聚磷酸钠掺量为 0.20％时，磷建筑石膏的初终凝时间分别增大 5.25 倍和 4.00 倍；柠檬酸钠掺量为 0.20％时，磷建筑石膏的初终凝时间分别增大 5.08 倍和 3.83 倍。多聚磷酸钠和柠檬酸钠较好的缓凝效果主要与其分别含有的磷酸根和羧基有关，多聚磷酸钠水解磷酸根离子会与建筑石膏溶解出来的钙离子反应，生成的难溶磷酸钙会覆盖在建筑石膏表面，从而抑制了建筑石膏的进一步溶解和阻碍了二水石膏的生长。柠檬酸钠中羧基会与二水石膏表面的钙离子发生络合反应，生成柠檬酸钙络合物，降低了二水石膏晶核的表明活性、增加了成核势垒，从而达到缓凝的效果。同时，柠檬酸钙络合物在碱性环境下具有较大的稳定常数，而柠檬酸钠属于强碱弱酸盐，因此具有较好的缓凝效果。

多聚磷酸钠、柠檬酸、柠檬酸钠在掺量为 0.08％时和 P・O42.5R 掺量为 1.0％时，对磷建筑石膏水化过程的影响如图 4-28 所示。

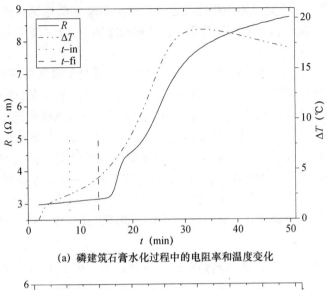

(a) 磷建筑石膏水化过程中的电阻率和温度变化

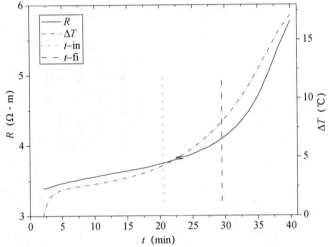

(b) 多聚磷酸钠掺量为0.08%时，磷建筑石膏水化过程中的电阻率和温度变化

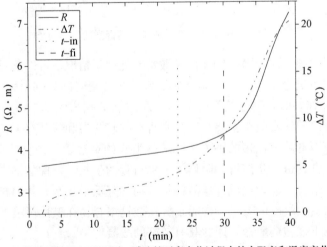

(c) 柠檬酸掺量为0.08%时，磷建筑石膏水化过程中的电阻率和温度变化

图 4-28　无机盐缓凝剂对磷建筑石膏水化过程的影响

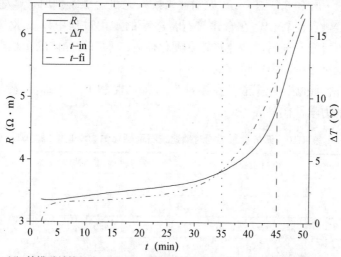

（d）柠檬酸钠掺量为0.08%时，磷建筑石膏水化过程中的电阻率和温度变化

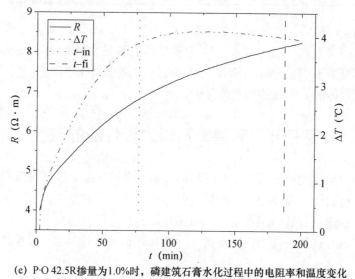

（e）P·O 42.5R掺量为1.0%时，磷建筑石膏水化过程中的电阻率和温度变化

图4-28　无机盐缓凝剂对磷建筑石膏水化过程的影响（续）

　　从图4-28可见，掺入无机盐缓凝剂后，磷建筑石膏净浆初始的电阻率从3.0Ω·m增加到3.3～3.9Ω·m。说明无机盐掺入后立即溶解，且溶解出来的离子与钙离子生成的难溶沉淀物、络合物等覆盖在建筑石膏的表面，阻止了建筑石膏的进一步溶解，从而溶液中的总离子数目减少、电阻率增大。P·O42.5R的掺入改变了磷建筑石膏净浆凝结硬化过程中电阻率的增长方式，从短时间内的快速增长转变成长时间的慢速增长，这可能与其较高的pH值有关。

　　采用维卡仪测定的磷建筑石膏净浆的凝结时间与其水化过程中电阻率的变化并不一致。且在未掺入无机盐缓凝剂前，维卡仪测定的凝结时间位于磷建筑石膏净浆的电阻率大幅增长之前；但在掺入无机盐缓凝剂后，维卡仪测定的凝结时间与磷建筑石膏净浆的电阻率大幅增长趋于一致。同时，从磷建筑石膏的凝结硬化过程中可以发现，在未掺入缓凝剂前，其电阻率增加约5.5Ω·m；在掺入多聚磷酸钠、柠檬酸和柠檬酸钠后，其电阻率分别增加了约

$3.2\,\Omega\cdot m$、$4.2\,\Omega\cdot m$ 和 $3.5\,\Omega\cdot m$。说明在未掺入无机盐缓凝剂时，磷建筑石膏硬化体内二水石膏晶体的接触点位较少，在磷建筑石膏净浆的硬化过程中以二水石膏的生长搭接为主；而在掺入无机盐缓凝剂后，磷建筑石膏硬化体内二水石膏晶体的接触点位较多，在磷建筑石膏净浆的硬化过程中以形成更多的二水石膏晶核为主。

多聚磷酸钠、柠檬酸、柠檬酸钠在掺量为 $0.08\%$ 时和 $P\cdot O42.5R$ 掺量为 $1.0\%$ 时，磷建筑石膏硬化体的力学性能见表 4-10。

表 4-10　无机盐缓凝剂对磷建筑石膏硬化体力学性能的影响

| 缓凝剂类型 | 2h 抗折强度（MPa） | 2h 抗压强度（MPa） | 绝干抗压强度（MPa） |
| --- | --- | --- | --- |
| — | 3.0 | 5.0 | 12.5 |
| 多聚磷酸钠 | 2.7 | 5.3 | 12.6 |
| 柠檬酸 | 2.8 | 4.9 | 12.0 |
| 柠檬酸钠 | 2.7 | 5.1 | 11.6 |
| $P\cdot O42.5R$ | 1.4 | 2.3 | 7.8 |

多聚磷酸钠、柠檬酸、柠檬酸钠的掺量为 $0.08\%$ 时，虽然改变了建筑石膏净浆中二水石膏晶体生长、搭接方式，但比较表 4-10 中磷建筑石膏硬化体的力学性能，可以发现有限的掺入无机盐缓凝剂不会使建筑石膏硬化体的力学性能发生较大的变化。但在引入强碱盐后，建筑石膏硬化体的力学性能会显著降低。

## 第三节　对建筑石膏力学性能的改性

建筑石膏的力学性能与其密实度有密切的关系，在表 4-1 中可见建筑石膏的绝干力学性能随其密实度的提高而大幅增加，因此最简便和最经济的方式是通过物理和化学（添加减水剂）的方式来减少建筑石膏的用水量，从而达到提高其力学性能的目的。除减少建筑石膏的用水量外，还可以在建筑石膏中添加有机改性剂和纤维来改善其力学性能。

### 一、化学外加剂的改性

改善建筑石膏力学性能的有机改性剂有聚乙烯醇（PVA）、聚乙烯醇缩甲醛（PVF）、甲基纤维素（MC）等。

#### （一）PVA

PVA 是一种无色无毒、无腐蚀性、可生物降解的水溶性高分子聚合物。PVA 分子中含有大量的—OH 和—H 键，它们相互之间可以通过氢键交联，形成大分子网状结构，加热时溶剂挥发，PVA 分子紧密接触，依靠分子间的吸附作用，可以形成具有一定机械性能的膜。

李玉书等研究了 PVA 对建筑石膏力学性能的影响，发现 PVA 掺量为 $6\%$ 时，石膏硬化体的抗折强度和湿抗压强度均可提高 3 倍左右。在李艳超的研究中同样发现 PVA 掺量为 $6\%$ 时，石膏硬化体的力学性能达到最大，之后随 PVA 掺量的增加而降低。同时，王静等研究 PVA、PVF、MC 为添加剂时对石膏模型性能的影响，发现 PVA 和 MC 掺量在 $0.3\%$ 时，石膏硬化体的抗折强度达到最大。

有机改性剂对石膏硬化体力学性能改性的原因是：有机改性剂的掺入减缓了半水石膏的

水化，使二水石膏具有充足的生产发育时间，形成交错的针状晶体，从而改善了石膏硬化体的显微结构。同时，有机改性剂的掺入填充了石膏晶体间的孔隙，使石膏硬化体形成一个较为致密的结构，最终达到改善力学性能的目的。

（二）减水剂

建筑石膏的理论水化需水量仅为 18.6%，而应用中为保证石膏浆料具有优良的工作性能，其实际用水量一般为 60%～80%，石膏硬化体中的大量水分最后通过干燥过程脱出，同时在石膏硬化体中留下了大量孔洞，从而显著地降低了石膏硬化体的力学性能。为保证石膏浆料的工作性，在建筑石膏浆料中掺入减水剂是一个有效减少浆体用水量的方法。目前，在建筑石膏中应用的减水剂主要有聚羧酸类、三聚氰胺类、萘系等减水剂。减水剂在建筑石膏浆体中的作用机理与其在水泥中的作用机制类似，其分散性主要取决于ξ电位静电斥力和吸附层空间位阻，将团聚的石膏颗粒分散释放出团聚体中包裹的水，从而减少整个体系的用水量。

减水剂在减少石膏浆体用水量的同时，还具有一定的缓凝作用。在黄洪财的研究中发现，固定水膏比时，木质素类减水剂的缓凝效果最好，聚羧酸类减水剂效果次之，萘系减水剂基本不改变凝结时间。但石膏硬化体的性能均随减水剂掺量的增加而降低，主要是减水剂的掺入改变了石膏晶体的形貌、减少了石膏晶体的长径比，从而使石膏晶体间相互搭接点的数量减少。在固定石膏浆料的工作性时，减水剂的掺入降低了石膏浆料的用水量，从而提高了石膏硬化体的密实度，此时石膏硬化体的力学性能均可得到提高，如在马金波的研究中，分别掺入聚羧酸、FDN、木质素、葡聚糖凝胶保持石膏浆料具有相近的工作性，石膏硬化体的力学性能提高了 2.7%～36%。

## 二、无机材料的改性

（一）纤维

在建筑石膏中添加纤维主要目的是提高的石膏硬化体的抗折强度，目前常用的纤维有玻璃纤维和聚丙烯纤维（PP 纤维）。玻璃纤维是一种性能优异的无机非金属材料，种类繁多，优点是绝缘性好、耐热性强、抗腐蚀性好，机械强度高，但缺点是性脆，耐磨性较差。PP 纤维是一种纤维，聚丙烯短纤维能很好地提高砂浆/混凝土的抗裂性、抗渗性、抗冲磨性、抗冻能力、抗爆能力及改善混凝土的和易性。

有研究认为玻璃纤维表面存在有浸润剂，导致玻璃纤维与石膏材料的界面结合不好，适宜改性后应用。在柳华实等的研究中，掺入以热酸处理后的玻璃纤维，石膏硬化体的力学性能较掺入未处理的玻璃纤维提高了 20%。同时，在曹杨等的研究中，也发现改性后的玻璃纤维对石膏硬化体力学性能的提高更明显。

同样，PP 纤维对石膏硬化体力学性能的影响更重要的是其与石膏材料的界面结合情况。表 4-11 为不同性能的纤维对磷建筑石膏硬化体力学性能的影响。

**表 4-11　PP 纤维对磷建筑石膏硬化体力学性能的影响**

| PP 纤维 | | 不同掺量时的力学性能（MPa） | | | | | | | |
|---|---|---|---|---|---|---|---|---|---|
| 长度（mm） | 抗拉强度（MPa） | 0% | | 0.05% | | 0.10% | | 0.15% | |
| | | $R_f$ | $R_c$ | $R_f$ | $R_c$ | $R_f$ | $R_c$ | $R_f$ | $R_c$ |
| 9mm | 600 | 3.7 | 16.6 | 4.0 | 16.3 | 3.8 | 14.5 | 3.6 | 15.4 |
| | 480 | | | 3.6 | 15.8 | 4.5 | 15.3 | 4.8 | 15.9 |

| PP 纤维 | | 不同掺量时的力学性能（MPa） | | | | | | | | |
|---|---|---|---|---|---|---|---|---|---|---|
| 长度<br>（mm） | 抗拉强度<br>（MPa） | 0% | | 0.05% | | 0.10% | | 0.15% | | |
| | | $R_f$ | $R_c$ | $R_f$ | $R_c$ | $R_f$ | $R_c$ | $R_f$ | $R_c$ | |
| 12mm | 350 | 3.7 | 16.6 | 4.1 | 15.9 | 3.8 | 15.9 | 4.3 | 15.5 | |
| | 550 | | | 3.8 | 15.0 | 3.8 | 14.5 | 4.1 | 14.4 | |

在表 4-11 中可见，PP 纤维的掺入可以提高磷建筑石膏的抗折强度，但同时会降低其抗压强度。而抗拉强度和长度更长的 PP 纤维对磷建筑石膏硬化体力学性能的提升并不是最好的，因此，采用 PP 纤维改性建筑石膏硬化体的力学性能应更多地考虑纤维与石膏材料界面的结合性能。

（二）养护制度

在水泥、粉煤灰等无机材料对石膏的改性中，适当地增加石膏硬化体养护的温度和湿度可以提高石膏硬化体的力学性能，这是因为湿热养护优于自然养护，有利于钙矾石的生成，从而达到密实石膏硬化体的目的。

以 80% 脱硫建筑石膏和 20% 的普通硅酸盐水泥，在 52% 的用水条件下制备了脱硫石膏硬化体，对比了自然养护 28d 和 70℃ 环境下湿热养护 24h 后绝干硬化体的性能，具体数据见表 4-12。

**表 4-12 不同养护方式对脱硫石膏水泥复合硬化体力学性能的影响**

| 养护方式 | 抗折强度（MPa） | 抗压强度（MPa） |
|---|---|---|
| 自然养护 | 4.8 | 18.1 |
| 70℃湿热养护 | 10.0 | 26.5 |

从表 4-12 中可见，相同的石膏复合浆料的配比，在提高养护的温度和湿度后，石膏复合硬化体的抗折强度和抗压强度分别比自然养护时的石膏复合硬化体提高了 108% 和 46%。

# 第五章　生产建筑石膏项目工艺与设备的选择

## 第一节　新建生产建筑石膏项目选择应考虑的问题

### 一、根据建筑石膏下游产品选择煅烧方式

要将石膏煅烧成建筑石膏，只要该套设备在温度、流量、石膏煅烧过程的停留时间是可调的，无论采用哪一种形式的煅烧设备，只要工艺设计合理，物料的受热均匀而充足，都可以生产出合格的建筑石膏，但要使所有煅烧工艺及设备所生产的建筑石膏，都能适应各种石膏制品的要求就不易办到。

建筑石膏生产设备要根据市场及下游产品对建筑石膏性能及产量的需求，以及建筑石膏的生产规模和煅烧工艺选择。工业副产石膏年生产能力在 10 万吨以下且游离水含量不大的情况下可采取一步法煅烧；10 万吨以上的生产规模，笔者意见应采用二步法煅烧工艺，特别是采用游离水含量大于 12％的工业副产石膏原料，要根据不同下游产品选择不同的煅烧方式。例如下游产品是墙体类（石膏条板、石膏砌块、石膏模盒等）石膏制品，可采用高温快速干燥和快速煅烧工艺来生产建筑石膏；类似生产石膏装饰制品（如纸面石膏板、石膏刨花板、纤维石膏板等），应采用快速干燥＋慢速煅烧工艺来生产脱硫建筑石膏；如果是石膏粉体建材（如抹灰石膏、石膏腻子、粘结石膏）类产品则必须采用低温干燥＋慢速煅烧工艺生产建筑石膏。

### 二、要了解不同石膏的煅烧特征

工业副产石膏与天然石膏的脱水过程有明显差别，工业副产石膏脱水时前半部分是游离水的干燥，后半部分为结晶水的煅烧，在同一煅烧温度下前半部分物料干燥温度上升速率较慢，排潮量大，后半部分物料温度在前半部分干燥阶段的基础上，上升速率较快，而天然石膏无论产量多大，都可在一个煅烧设备内完成，排潮量不如工业副产石膏大。天然石膏因临界水含量小，所以排潮量大，且发生在石膏脱水过程中的第一个沸腾阶段。

### 三、生产工艺的选择

有了合格的石膏原材料品质和相应的石膏煅烧设备，还要考虑生产建筑石膏过程中各工序的工艺正确布置及合理选择，如对改性磨、冷却装置、物料输送等设备在生产中的先后位置、设备的适应性能、陈化均化工艺要求，都要根据所需建筑石膏的性能要求和石膏产品的特点结合煅烧设备的方式进行逐一修正，以便达到所需建筑石膏的质量要求，比如改性磨在石膏煅烧系统中的布置一般有两种方式：一是布置在煅烧炉的出口，经物料粉磨后进入陈化仓；二是布置在陈化仓后，物料经粉磨后进入成品库。现在还有一种是装在成品仓后，物料经粉磨后在短时间内投入产品生产线，进入水化、硬化反应阶段。这种工艺对建筑石膏水

化、硬化效果比前面的方式要好，制品的强度较高。目前国内现采用的前两种方式各有特点，其主要考虑两点：一是考虑经济性，因刚从煅烧炉出来的建筑石膏流动性大、石膏颗粒在较高温度时易磨性好，磨机耗电量小；二是考虑适用性，经陈化仓陈化后的建筑石膏，性能得到改善，此时在进行粉磨改性的同时，还可起到进一步均化的作用，达到改善建筑石膏性能的目的，在此基础上也可根据用户要求的特点指标进行调整粉磨时间，达到不同产品使用细度的要求，以及通过粉磨工序加入各类无机矿物材料进行建筑石膏功能的改性，按不同要求的产品进入不同产品的成品仓，以满足不同用户要求。

## 四、选择生产建筑石膏工艺及装备必须掌握和确定的几个问题

### （一）设备选型要环保

我们必须了解当地的环保排放政策及排放标准，对烟尘排放采用什么手段可达标是设备选型的同时必须提出并要求落实的，是通过旋风除尘＋电除尘，还是袋式除尘或电除尘＋袋式除尘等。在除尘的选择上还要根据当时气候温度（夏季、冬季的最高与最低温度）、湿度条件来分析。

### （二）节能减排不可少

比如在热能选择方面，首先考虑电厂过热蒸汽能不能给用和能不能够用、价格是多少？如可以连接电厂蒸汽，在设备投资和环保上较好。但蒸汽压力一定要在 13kPa 以上、温度大于 220℃才能满足建筑石膏的煅烧要求。再就要看每吨蒸汽的价格，在满足蒸汽压力和温度要求的情况下，一般每吨建筑石膏消耗的蒸汽为 0.56～0.6t。要与导热油炉和燃煤、燃气、燃油热风炉的成本进行比较，来选定设备热源方式。

### （三）降低成本看长效

在煅烧过程中要充分利用余热，将热能尽最大可能回收利用，降低能耗成本，同时遵循节能减排的原则（采用外热加内管间接加热式回转窑）。考虑生产成本，分析一次性投资费用与日常生产能耗及其他消耗费用，如维修、管理及原料与成品的运输费用、每吨成本的对比。

### （四）质量稳定最重要

建筑石膏的质量要求关键是稳定性。从原料品质、游离水含量、生产物料流量、热源温度的平稳，陈化、改性、冷却工艺的实施方法、设备运转的连续稳定性，每一步都关系着建筑石膏的质量好坏。有的单位煅烧设备产量过大，陈化仓、成品仓又少又小，且没有袋装仓库，原以为生产出来就能马上运走，结果造成三天开七天停的状况。这一停一开从产品成本到产品的质量都受到很大的影响，直接关系到企业命运。

## 五、重视生产建筑石膏时干燥系统的节能

多年来，人们对建筑石膏生产过程中的节能技术研究一直在进行之中，通过理论研究、试验和生产，积累了许多节能方面的经验。目前建筑石膏生产系统通过有以下几方面进行节能：

### （一）脱水系统的优化

以煅烧脱水系统为例，通过空气将热量传递给物料，水分蒸发后水蒸气迁移到空气中并被带离煅烧设备。在这个过程中，产生的蒸汽通过物料表面的气膜以对流方式向空气中扩

散，与此同时，在热空气与物料温差的作用下，热量还要向物料内部传送。另一方面，由于物料表面水分的不断汽化，物料内部和表面产生了湿度差，从内向外湿度依次降低。在湿度差的作用下，内部水分将以液态或气态形式向外表扩散。干燥速率和干燥热效率取决于物料内部或外部传热、传质能力的强弱。如果物料外部对流传热、传质速率小于内部，即干燥过程由内部因素控制，此时提高热效率的方法就是强化外部的对流传热、传质过程，使之适应内部传热传质速率，可以通过降低尾气排出温度，以提高热效率。相反，如果脱水过程由外部条件控制，则应强化内部的传热、传质过程，从而有效地提高总体热效率。事实上，改变外部条件比较容易做到，而改变物料内部条件相对困难。

（二）尾气部分的循环

利用尾气部分循环，是节能煅烧脱水的另一个有效措施。方法是把尾气排出气体中的一部分热量回收，重新与冷空气混合，送入加热器，加热到同样温度后再送入脱水装置中作为干燥脱水介质。回收的尾气中也带回了一些水分，使进入干燥器介质总的湿度增加，干燥过程推动力降低了，干燥速率减慢。因此，若要保持相同的蒸发能力，就必须在干燥过程中强化物料外部对流传热、传质作用，或者增大干燥室的尺寸。前者可能要消耗部分能量，后者也要增加系统投资。所以在采取这种方法时，要进行经济核算，否则会得不偿失。

（三）回收尾气中的余热

由于尾气带走了大部分热量，造成能量的大量流失，如果能回收其中部分余热，就可以有效地提高干燥热效率。目前，比较成熟的尾气余热回收设备有热管、热泵、液体耦合热回收器等。

（四）操作条件的控制

**1. 控制进出口气体温度**

对流干燥进出口热风温度与水分蒸发量有密切关系，在相同干燥容积、相同出口温度下，空气进口温度高则蒸发强度也高，水分蒸发量也越大。提高热风进口温度，降低尾气出口温度，是提高设备热效率的重要措施。例如，热风进口温度为200℃，尾气排出温度为80℃时，热效率为63.2%左右，当尾气温度为140℃时，热效率仅为31.6%左右，热效率降低了约50%。

**2. 进料含水率**

在相同生产能力条件下，降低物料的含水率，可减少干燥过程中水分蒸发量，因而减少能耗。

# 第二节　煅烧石膏工艺技术和工厂设计都要注意的问题

## 一、煅烧石膏工艺技术和工厂设计要特别关注"三个平衡"问题

（一）热量平衡

煅烧石膏是一个吸热的化学反应，首先要"热量平衡"。湿法生产的工业副产石膏含有附着水和结晶水分，去除表面水分称作"烘干"；在干燥器中进行去除一个半结晶水的过程，称作"煅烧"，在煅烧炉中实现。计算烘干和煅烧所用的热量，即热量平衡，它是选择热力设备、风机、管路、阀门、容器、除尘器等设备的基础。

理论上，1t 纯净的二水石膏完全转为半水石膏的质量为 145/172＝0.843（t），脱去的水为 0.157t。生产 1t 建筑石膏，需要二水石膏的质量为 172/145＝1.186（t）。

在实际生产中，石膏中含有杂质，可挥发质、吸附水，同时二水石膏属于热的不良导体，脱水会有不同的相组成，因此，设计计算一般采用如下公式：

1t 品位 $G$ 的原料石膏（吸附水设定为 0）制得的建筑石膏＝（1－0.157$G$）t。

二水石膏脱水制备建筑石膏过程中耗热量，理论上热耗包括化学反应热、结晶水蒸发热、去除吸附水所需热量、颗粒物料升温需要的热量，100% 纯度的二水石膏完全变为半水石膏热耗为 140kcal/kg（$5.86×10^5$ kJ/t 石膏），折合为建筑石膏的热耗为 166kcal/kg 半水（16.6 万千卡/吨半水）。

一般设计计算时，取二水石膏的比热为 0.26，二水石膏的分解热为 22.7kcal/kg，130℃水的蒸发热 519kcal/kg。

流化煅烧机的热损失主要是蒸发的水汽带走的热量、设备表面散失的热量和物料温度带走的热量。

正常热平衡计算时，流化煅烧机的耗热指标为 18 万 kcal/t 半水（16.6×1.1）计算换热面积，供热能力按照 20 万 kcal/t 半水考虑（18×1.1），确保煅烧系统的热平衡。

热量平衡中应注意提高热能利用率。

（二）质量平衡

由二水石膏到半水石膏的转变过程，也是质量平衡的过程。计算每个过程的石膏质量变化，是合理选择输送机械、容器、计量装置的依据。石膏的物理化学性质，是正确选择输送机械等设备必须考虑的因素。

（三）能量平衡

各种机械都要消耗动能，计算各种动能消耗，是选择电源、热源、水源等能源的依据，也是布置电气线路、供热管道、各种液体管道的依据。

根据以上三个平衡的结果，对石膏生产线要做优化设计。在此基础上，做好工艺设计和设备选型。

## 二、石膏煅烧生产线的设计除考虑"三个平衡"外还应注意的问题

石膏生产线设计是系统工程，在"三个平衡"的基础上开展各种设计，还有"统筹"考虑的问题，比如在质量平衡时，各种储仓、储罐、容器的设计要统筹，输送机械也要优化设计，减少重复和避免增加不必要的环节。

（1）在热量平衡时，要考虑热能的梯级利用和回热利用，减少传热温差，提高热能的利用率。

在系统中做到热能的充分利用，只有在本系统的热能不能满足传热推动进行时，才考虑增加在能量平衡时，尽量减少"大马拉小车"现象，减少气体、液体输送工程中的各种损失，都是节能必须考虑的。

（2）物料平衡计算是建筑石膏工艺设计的重要计算数据。

物料平衡一般品位的吨原料石膏经煅烧后制得建筑石膏的质量为依据。

各种过程的控制，各种参数的测量和计量，也都要统筹考虑，做到既能满足需要，又减少不必要的浪费。

# 第三节　对生产建筑石膏工艺及设备的选择

## 一、选择煅烧方式和煅烧设备的原则

选择煅烧方式和煅烧设备的总原则是"达标达产、质量稳定、能耗低、环保好"，具体原则可以概括为以下六点：

（1）要了解和确定建筑石膏的下游产品是以什么为主，主要用于生产纸面石膏板、石膏条板、砌块类产品、石膏粉体建材还是石膏装饰制品或者只是以销售熟石膏为重点。不同的石膏产品所需要建筑石膏的性能有所不同，例如凝结时间：有的产品初凝时间在 3min 左右就可使用，有的产品初凝时间在 6min 左右较为适合，也有的产品需要初凝时间大于 10min 或更长的时间才能满足使用要求。根据不同石膏产品对强度、流动性、黏度、细度、收缩率、表面硬度、触变性、溶解性等性能要求的不同，可选择不同的设备和不同生产工艺来达到产品所需性能要求。根据市场及下游产品对建筑石膏性能及产量的需求，决定建筑石膏的生产规模和煅烧工艺。下游产品是墙体类石膏制品，可采用快速煅烧工艺和快速干燥、慢速煅烧工艺来生产建筑石膏，类似纸面石膏板生产产品，应采用快速干燥＋慢速煅烧工艺或慢速干燥＋慢速煅烧工艺来生产脱硫建筑石膏，如果是粉刷石膏类产品必须采用慢速干燥＋慢速煅烧工艺生产脱硫建筑石膏。

（2）选择设备要注意能源的消耗。不同工艺、不同设备，不同的供热方式，对能源的要求不同，消耗成本也不同，能源消耗是生产建筑石膏的重要成本之一，石膏建材产品毕竟是一种低利润价值的产品，运行成本不能过高，否则石膏建材企业很难发展。

（3）对生产设备的投资要从性价比、产能结构方面多做了解和考核。投资不宜选择智能化过高，投资太大，与产品的产能、质量所产生利润空间不符的生产设备。

（4）要选择能生产出满足石膏制品要求，质量稳定、性能良好的设备和工艺技术，决不能选择各工艺参数不易控制或操作不稳定的生产设备。

（5）无论哪一类煅烧设备都必须生产工艺合理，操作简单，对各流量和温度的控制手段灵活，参数准确明了，受控部位齐全完善，燃料燃烧充分，热能利用率高，收尘性能良好，各工序连接部位封闭严密，无粉尘飞扬现象（最好在负压中运行）。

（6）有了好的煅烧设备还必须具备完善、正确、可靠的化学、物理力学性能的测试设备和手段。其中最重要的是相分析测试技术及设备，通过相分析结果可判断煅烧温度是否合理，凝结时间及强度是否合适，并借此掌握产品性能及工艺参数的调整范围，最终确保产品质量和生产的稳定性。

## 二、不同煅烧建筑石膏工艺的特点

使用工业副产石膏生产建筑石膏，需要进行烘干和煅烧，去掉表面附着水分和一个半分子的结晶水。但由于干燥煅烧设备不同，影响建筑石膏中半水石膏含量的因素也不同。如果不对这些因素加以分析和控制，产品中就可能夹杂过量的二水石膏或无水石膏。运用"优选法"对影响欠烧和过烧的因素进行筛选、调整和优化，可以大大提高半水石膏的含量，提高建筑石膏的稳定性。

（一）低温慢速煅烧

建筑石膏低温慢速煅烧指煅烧时物料温度小于180℃，物料在炉内停留几十分钟或1小时以上的煅烧方式。如采用连续炒锅、沸腾炉等煅烧方式使二水石膏受热逐步脱水而成半水石膏，根据二水石膏纯度，选定最佳脱水温度，自控系统将炉内温度、水蒸气分压、物料停留时间等调整到最佳稳定状态，使煅烧产品质量均匀而稳定。其煅烧产品中绝大部分为半水、极少量的Ⅲ型无水石膏、二水石膏及Ⅱ型无水石膏，结晶水含量一般为 $4.5\% \sim 5.8\%$，品位低的原料个别为 $4.0\%$ 以上。煅烧的建筑石膏粉贮存在粉料库中待用，广泛用于石膏粉体建材。

（二）快速煅烧

建筑石膏快速煅烧指煅烧物料温度远大于180℃，物料在炉内停留十几秒到几分钟的煅烧方式。快速煅烧已在国外应用多年，产品广泛用于石膏条板、石膏砌块等产品。

这种煅烧方式是二水石膏遇热后急速脱水，很快生成半水或Ⅲ型无水，由于料温较高致使Ⅲ型无水的比例较大，还会有Ⅱ型无水的产生，而Ⅲ型无水石膏是不稳定相，在湿空气中很容易吸潮而成半水相。因此在这种煅烧方式中加有冷却装置。对于快速煅烧，炉内的气氛很重要，当炉内热气体的含湿量很小时，煅烧的成品物相中Ⅲ型无水相对较多，产品处于"过火"状态，经过冷却陈化后，相组成由所改变，半水相增加。另一方面是含湿"废弃"的合理循环利用，使炉内水蒸气分压加大，有利于相组成的转变和稳定。因此，快速煅烧方式除应调整最佳脱水温度外，还应根据燃料的种类，计算出燃烧气体的含湿量，判断炉内水蒸气分压的大小，若很小，则应采取外加湿的方法以提高炉内的气氛湿度。

快速煅烧最突出的特点是生产效率高、生产中通过良好的冷却和陈化环节使产品质量能得到保证。

建筑石膏在采用高温热气直接煅烧时、煅烧温度达到650℃时还原作用开始显示出来，温度达到900℃时，还原作用将全部结束，石膏在高温下首先形成的是亚硫酸钙，当温度继续升高时，不稳定的亚硫酸钙继续分解成游离氧化钙，一般用直接煅烧形式煅烧石膏时，在游离氧化钙形成的同时，也生成一定数量的硫化钙，石膏中硫化钙的含量超过 $0.7\%$ 时，就会引起建筑石膏在硬化时体积变化不均，这主要是由于硫化钙与水作用之后使石膏产生内应力的缘故，建筑石膏中硫化钙的含量最好在 $0.07\%$ 以下。

当采用高温煅烧建筑石膏时，必须加快煅烧炉内热空气的流动速度，否则会使产品中形过多的硫化钙，导致建筑石膏性能的恶化；因此在选择煅烧工艺最好采用间接煅烧的方法来生产建筑石膏。

由碳酸盐分解产生的氧化钙和氧化镁，一般是以疏松的无定形状态存在于产品中，它与空气中的水分有着强烈的作用。随着逆反应的碳化作用，和产品中游离氧化钙的消失，建筑石膏性能自然而然会降低。

（三）中速煅烧

建筑石膏中速煅烧这是物料在窑内停留时间在几分钟、十几分钟，物料温度为140～165℃。这种方式的煅烧速度介于慢速与快速两者之间。典型的煅烧设备是回转窑。采用中速煅烧和良好的陈化措施，产品质量会有保证。

煅烧工业副产石膏时，除在设计窑时考虑一定的干燥带外，还应根据物料的颗粒级配选择合适的粉磨设备，以改进煅烧前后颗粒级配的比例，使产品品质更加有优势。

### 三、建筑石膏不同煅烧形式的特点

由于炒锅以高温烟气为热源，烟气与物料进行间接换热，因此煅烧石膏时物料温度比较容易控制，当控制物料温度为 145～165℃时，生产工艺控制稳定，适合生产纸面石膏板。但炒锅的有效换热面积、搅拌转速和搅拌翅的搅拌方式以及进料的粒度和结构等对炒锅的传热效率影响很大，而且必须保证石膏粉料在达到一次沸腾时保持流态化，否则炒锅内部会出现脱水速度不均一的情况，从而影响建筑石膏物理化学性能的稳定性。

粉磨煅烧一体化的彼得斯磨，由于烟气与物料在其中直接接触，换热强度较高，煅烧出的建筑石膏中可溶性无水石膏相含量很高，占到 1/2～2/3，同时较难控制内部脱水速度的均一性，从而影响建筑石膏相组成的稳定性，进而影响生产工艺的稳定控制。可溶性无水石膏具有强的吸水性，彼得斯磨煅烧出的建筑石膏经过合理的陈化后，可溶性无水石膏将转化为半水石膏，而且彼得斯磨设备简单、紧凑，占地面积小，能耗较低，但用于脱硫石膏煅烧需对彼得斯磨设备进行改进。

采用蒸汽回转窑煅烧石膏，煅烧产品具有活性好、强度高的特点。由于用蒸汽作为热介质，温度较低，反应速度慢，料温极易控制，煅烧出的建筑石膏中极少含有可溶性无水石膏，大部分为半水石膏，其力学性能、相组成等物理化学性能稳定，从而使制品的生产工艺控制稳定，适合生产纸面石膏板。如果把蒸汽余热再利用于脱硫石膏的预烘干，可进一步降低煅烧能耗。与脱硫石膏烘干、煅烧两步法相比，蒸汽回转窑煅烧能耗较低，初、终凝时间与炒锅煅烧基本相似。

快速气流煅烧与彼得斯磨煅烧类似，都属于快速煅烧，其煅烧质量基本相同，只是快速气流煅烧更适合于脱硫石膏，其优点是煅烧能耗低、设备全部国产化，与彼得斯磨设备相比投资更省，也容易维护和控制，适合在国内推广。

同样，沸腾炉煅烧也属采用低温间接换热煅烧，石膏不易过烧，煅烧出的建筑石膏中不再含有难溶性无水石膏，大部分为半水石膏。但有时受料流的稳定性、二水石膏的纯度、物料存留时间等因素的影响，制备出的建筑石膏中易存有可溶性无水石膏。如果煅烧温度偏高、建筑石膏中可溶性无水石膏（AⅢ）含量会偏高，表现出初凝时间短的特点，所以需要进行陈化并均化后再使用。

尽管煅烧设备有多种，但影响煅烧产品品质主要因素是"换热方式"——直热换热和间接换热。采用前者所获得的建筑石膏是多相组成的混合物，若用来制备纸面石膏板，应进行冷却、陈化，使其相组成达到一定稳定性后再使用。对后者，一般生产出的建筑石膏均化后冷却到一定温度（60℃）以下使用较好。

总体来说，无论采用哪种煅烧设备，只要工艺制度合理，生产控制严谨，都可生产出合格的建筑石膏。

### 四、工业副产石膏煅烧系统工艺

（一）系统的构成

整个系统由原料预均化系统、进料系统、供热燃料制备及预处理系统、干燥系统、石膏煅烧系统、计量系统、输送系统、温控系统、除尘系统、粉磨系统、陈化系统、冷却系统、均化系统、仓储系统、包装系统构成。

部分系统工艺控制方法、目的及要点如下：

**1. 原料预均化系统**

采用预均化装置，将不同含水率的石膏混合均匀，原料预均化的目的是有效控制石膏外表水分、结晶水分的波动，将其波动范围控制在 5% 以内。

**2. 进料系统**

工业副产石膏原料颗粒细、外表水分大、黏度高，进料系统采用电子皮带秤、变频调速皮带机上料，工艺控制的目的是保证进料的连续性、均匀性、可计量性及根据煅烧温度的变化对进料速率的及时精确调控性。

**3. 供热燃料制备及预处理系统**

通过燃料预均化手段将燃料的发热值、含水率的波动控制在一定范围，保证热风供热系统工作的稳定性。

**4. 干燥系统**

选型前需考虑的问题如下：

（1）物料的含水形态。这是选择干燥器首先需了解的问题。

（2）物料的物理特性。它包括密度、堆密度、粒径分布、黏附性等。

（3）物料的热敏性。它决定了物料在干燥过程中的上限温度。

（4）物料与水的结合状态。它决定了干燥的难易和物料在干燥器内停留的时间。

（5）物料的湿度及波动范围。

（6）对产品的一些特殊要求。如产品的价值，产品的污染情况等。

（7）生产工艺流程的要求。

（8）环境的湿度变化。环境的湿度变化对排风温度较低的热风型干燥器影响最大。如干燥的冬季和潮湿的夏季，生产能力可相差 30%。

干燥设备的选用还需要注意：一方面要借鉴目前生产上采用的干燥设备；另一方面可利用干燥设备的最新发展，选择合适的新设备，达到选择的干燥器在技术可行，经济上合理，产品质量优良的目的。

**5. 计量系统**

中间仓计量系统是石膏质量体系的重要组成部分，恒定的初凝时间是客户最关心的指标，也决定了后期产品的制成率和产品质量的稳定性及工人的可操作性，很多建筑石膏生产线没有中间仓计量控制体系，造成产品初凝时间波动太大。5 万～10 万吨/年中间仓高度可升高，由中间仓→计量螺旋→石膏煅烧组成。10 万～50 万吨/年中间仓高度降低，由中间仓→计量螺旋→提升机→石膏煅烧组成。降低厂房高度节约投资，系统易维修和操作。

**6. 粉磨系统**

粉磨系统的关键问题是粉磨工艺参数的确定。粉磨方式、粉磨时间、加工后产品的级配比等工艺参数需根据石膏原料、组分、杂质成分、pH 值等指标的不同，进行大量的前期实验，得到最佳的产品质量后予以确定。

**7. 冷却、均化系统**

石膏煅烧系统需设冷却、均化装置，其冷却、均化熟石膏有两个目的：

（1）将煅烧后建筑石膏的最终出厂温度控制在 70℃ 以下。这既可以减少建筑石膏继续相变的可能，又有利于增强熟石膏的稳定性，主要用于过烧状态下的熟石膏，使它在储库存放时不再脱水转变。

（2）使它在后期处理包装、使用等方面的过程中，具有可操作性。这点是不可忽略的，因此需要进行冷却、均化。熟石膏的冷却可用间接冷却的多管回转冷却器，或用立式直冷式的冷却装置。回转冷却器占地和投资较大，效果也要好一些。冷却器把熟石膏从160℃冷却到60℃以下，使熟石膏中的Ⅲ型无水石膏转化为半水石膏。表5-1列举无冷却器和有冷却器制成的石膏性能对比供参考：

表 5-1　无冷却装置与有冷却装置制成的石膏性能对比

| 指标 | 标稠（%） | 初凝（min） | 终凝（min） | 2h抗折（MPa） | 结晶水含量（%） |
| --- | --- | --- | --- | --- | --- |
| 无冷却装置石膏 | 75 | 4 | 6 | 2.7 | 2.1 |
| 有冷却装置石膏 | 64 | 8 | 12 | 3.6 | 5.2 |

冷却系统主要起冷却＋均化作用，产品在煅烧时出口温度一般为145～150℃，特别是常年高温地区，成品通过自然降温达到包装要求的温度60℃以下，需要72h以上；成品高温进入成品仓前带入大量热量，在仓内继续转化产生小部分蒸汽和仓外温差过大冷凝交换，仓内石膏在仓壁处凝结成块。通过冷却、均化系统，成品由145～150℃下降至80℃以下，冷却设备由自控完成冷却、均化任务，冷却时间为50～60min，对1h内的产品质量指标分段进行均化。

（二）煅烧系统的节能

多年来，人们对石膏煅烧过程中的节能技术研究一直在进行之中，人们通过理论研究、实验和工业化生产都积累了许多节能的经验。虽然目前可利用的节能方法有许多种，但从大的方面划分只有两类：一是优化系统设计；二是优化操作条件。具体见本章第一节内容。

# 第四节　建筑石膏的生产过程控制

建筑石膏粉的生产是整个石膏产制品的基础，只有控制好建筑石膏粉的生产过程，生产出质量稳定可靠、性能优良的建筑石膏粉，才能够保证后续石膏产品的质量，一般来说，生产过程控制主要包括两个方面：一是产品的性能指标的控制，按照产品标准、市场需求、客户要求等生产合格的产品；二是产品性能指标的稳定性，产品性能指标的稳定性是后续用户连续稳定工业化生产的关键。因此，建筑石膏粉生产过程中，产品质量的绝不是某个单一因素决定的，而是受一系列因素的综合影响。采用先进的生产工艺、技术和设备不仅要得到高性能的产品，更要得到性能指标稳定的产品。必须对建筑石膏粉生产过程中影响产品质量的因素进行解析，从影响产品质量的每一个因素着手控制，才能得到高性能的稳定产品。以下就建筑石膏粉生产过程的质量因素及控制要求进行分析和阐述。

## 一、石膏原材料的控制

（一）杂质的控制

要保证建筑石膏及其制品的质量必须严格控制入厂原材料的质量。由于不同成因类型的矿石，其矿物组成也不相同，其中许多杂质矿物对石膏的某些用途是极其有害的。因此，不同用途的石膏对其中所含伴生元素有不同的要求。如医用及食用石膏对砷、硫等元素含量需严格控制；陶瓷模型用石膏对氧化铁有严格限定；纸面石膏板用石膏对钾、钠、氯等元素有限制。但是，除专门的检测和研究单位，一般企业不具备对伴生元素的检测能力。因此，企业不妨针对自身需要对长供单位的矿石原料进行送检，检测本行业的受限元素含量。例如纸面石膏板生产企业可对石膏原料中的钾、钠、氯、黏土等进行检测，掌握某地矿石中的有害杂质含量，并辅以必要的试验，选择合格的供货单位，在这种情况下，只要原材料供方相对稳定，企业就不必频繁检测原料中的杂质含量，而原料的使用要求也能得到基本满足。

（二）石膏纯度的控制

石膏纯度是指石膏中二水硫酸钙的含量。生产中应对每批石膏都进行纯度分析，以便制粉系统在原料波动较大时及时调整工艺控制参数，保证产品质量。常用的纯度分析的方法有结晶水法和 $SO_3$ 法。结晶水法是一种快速测定石膏纯度的方法，适于生产控制。但这种方法是在石膏原料中不含有除二水硫酸钙以外的在 240℃可失去结晶水或产生质量损失的物质的前提下进行的。因此，必要时应辅以 $SO_3$ 法测定，采用两种测定结果的小者作为石膏的纯度。同时有多家供应石膏的企业时，不论是否进行原料预均化，不同产地的石膏应尽量分类堆放，这有利于生产过程中按石膏的不同质地进行更精密的控制，以保证或提高建筑石膏的质量。

（三）其他因素的控制

因石膏具有不同用途，必要时还应进行其他因素的控制，特别是化学石膏，必须控制石膏的 pH 值，因为 pH 值偏低或偏高都将严重影响建筑石膏的水化、凝结和强度。

## 二、石膏脱水过程的控制

石膏脱水控制是石膏生产中最重要的控制，半水石膏结晶水的含量直接反映了脱水程度（即物料脱水温度和脱水时间的变化）。石膏脱水温度和脱水时间是两个重要的工艺参数，因石膏煅烧设备、石膏原料结晶水含量的不同而不同。正确的脱水温度和时间一般必须经过试验来确定。煅烧设备的测温探头一定要接触物料，出料温度波动范围不能超过±2℃，如出料温度波动较大（超过±2℃），就会导致产品质量出现大的波动，性能出现较大差异，从而影响整个产品质量的稳定性。

石膏脱水过程控制的参数包括入料量、温度、煅烧时间等，而参数的确定与煅烧工艺有关。我国的建筑石膏生产厂家所采用的煅烧设备多为回转窑（包括外烧式和直火式）、炒锅（包括间歇式和连续式）、沸腾炉等。在目前一些企业采用的沸腾炉煅烧工艺中，生产中沸腾炉的自动控制原理实质上就是以调节进料量为手段，将料层温度控制在一个设定的范围内。而料层温度是一个最重要的工艺参数，它决定着石膏煅烧质量的好坏。一定设计能力的沸腾炉，在介质温度一定的条件下，如果进料量过大，料层温度过低，石膏就欠烧；进料过小，料层温度过高，就有可能过烧。因此，对某种品质的石膏原料而言，必须总结选定出一个合适的出料温度，并在生产中严格控制，稳定投料量使成品温度波动控制在±2℃以内。为排除人为因素的干扰，温控仪器可以实现集中微机控制，生产过程中的温度变化可及时、直观、准确地记录下来，并要及时调整。

为了做到石膏脱水过程的精密控制，除了必须严格地控制物料的煅烧温度、出料温度及煅烧时间外，还必须严格控制物料进煅烧设备的进料量或进料的连续稳定性（波动范围不能超过±100kg/h），并尽可能地缩短进料时间和出料时间。煅烧过程中的每一个步骤都可能影响产品质量。为了保证产品的质量及质量的稳定性，必须严格、精确地控制该过程中的每一个工艺参数。

无论采用何种工艺，建筑石膏的仓储温度都不宜过高。出料温度过高时，热石膏相变的可能性就大。也可以通过陈化的形式，形成一定的条件，促进二水石膏、可溶性无水石膏向半水石膏的转化。

### 三、产品陈化与均化的控制

石膏生产企业一般只注意石膏产品的陈化处理，而很少注意石膏产品的均化处理。均化处理在产品的质量稳定方面起着举足轻重的地位。许多石膏企业产品质量不稳定，忽高忽低，都是均化不足引起的。尤其在采用间歇式煅烧设备时，表现最为明显。控制办法为多窑搭配，均衡入库，机械倒库。新建石膏企业在工艺设计时要考虑到均化问题，设立均化库。老企业进行技改，设立均化库或仓，也可解决问题。

### 四、建筑石膏生产中各环节控制点的控制方法

建筑石膏生产过程质量控制是一项系统工程，从主要原料管理到产品出厂为止，均应进行严格的控制。局部主要环节，应采取精密控制，生产中主要有以下环节或工艺参数需要实行控制。

（1）生产原料的控制（控制石膏矿石中 $CaSO_4 \cdot 2H_2O$ 的含量）。

（2）石膏煅烧过程的工艺参数控制（温度，入料量，煅烧时间，进、出料时间等）。

（3）熟料的陈化、粉磨及均化的控制。

控制方法如下：

（1）原料精选，控制原料中 $CaSO_4 \cdot 2H_2O$ 含量。

（2）半水石膏粉结晶水快速测定。

（3）相分析快速测定。

（4）标稠、凝结时间、强度与各工艺参数的曲线关系测定。

（5）产品的常规物理性能检测。

以上均是石膏粉生产过程中与产品质量有密切关系的重要控制环节或控制方法。从整体上说，整个控制分为三大部分，即原材料控制，石膏脱水过程控制和产品陈化、均化控制。

## 第五节　脱硫建筑石膏生产中的一些问题

### 一、天然建筑石膏与脱硫建筑石膏两种石膏粉及其水化物的差异

#### （一）组成

天然半水石膏粉体多由疏松、细小、不规则的片状或粒状晶体组成，且晶体大小不一。

脱硫建筑石膏颗粒外观规整，外形为短柱状，且晶体大小比较均匀。天然建筑石膏与脱硫建筑石膏水化物晶体形貌多为针状或纤维状，晶体之间纵横交错地交织在一起。其中脱硫半水石膏的晶体较天然半水石膏结晶结构紧密，天然石膏结晶网络较为疏松，孔隙较多。所以，一般脱硫石膏的强度高于天然石膏。

#### （二）吸附水、结晶水及半水石膏含量

对结晶水及半水石膏含量进行测定，两种建筑石膏的吸附水含量相近，在正常情况下脱硫建筑石膏中半水石膏的含量比天然建筑石膏中的高，这可能是脱硫建筑石膏强度高的原因之一。

### （三）堆积密度和比表面积

建筑石膏的堆积密度是指散料在自由堆积状态下单位体积内的质量。该体积既含有颗粒内部的孔隙，又含有颗粒之间空隙的体积，石膏粉体的粒径越小，则比表面积越大，比表面积越大，则颗粒的表面活力越大。比表面积对粉料的湿润、溶解、凝聚的性质都有直接的影响。

脱硫建筑石膏的堆积密度比天然建筑石膏高，这可能是由于脱硫石膏杂质与石膏之间的易磨性相差较大，天然石膏经过粉磨后的粗颗粒多为杂质，而脱硫石膏的粗颗粒多为石膏，细颗粒为杂质，其特征与天然石膏正好相反；此外，两者的煅烧工艺也不尽相同，烟气脱硫石膏的脱水温度为 120～160℃，脱硫石膏脱水时先脱游离水，其物料温升速率较慢，排湿量大；后脱结晶水，其物料温升速率较快，排湿量小，炒制最佳温度为 160～180℃，经过陈化后的脱硫建筑石膏颗粒圆度系数高、比表面积大。

### （四）脱硫石膏粒径分布特征

脱硫石膏细度集中为 40～60 目，颗粒分布集中，主要以单独的棱柱状结晶颗粒存在，通过激光粒度分析可以发现脱硫石膏的颗粒级配较天然石膏差。脱硫石膏与天然石膏有着相近的性质，在抗折、抗压等性能上，脱硫石膏大大优于天然石膏；但是脱硫石膏相比于天然石膏，存在含水率较大、颗粒级配差等缺陷。一般说来，天然石膏经过粉磨之后，二水石膏相因为表面磨碎而粘结在一起，而脱硫石膏的结晶析出是在溶液中完成的，所以各个晶体是单独存在的，结晶完整均一，所以造成脱硫石膏颗粒分布过窄，级配较差，这对脱硫石膏煅烧成脱硫建筑石膏的强度影响大，导致煅烧后的脱硫熟石膏颗粒分布仍然比较集中，比表面积比天然石膏小，在水化硬化过程中流变性能差，易离析分层，导致制品的密度不均匀，故而一般应在脱硫石膏煅烧后加改性磨，改善比表面积以及提高其他性能。我国脱硫石膏制品的主要问题是尺寸稳定性不佳，目前普遍认为石膏收缩开裂主要是由于脱硫建筑石膏颗粒级配较差引起的。

### （五）脱硫石膏与天然石膏在粉磨方面的不同点

脱硫石膏中以碳酸钙为主要杂质，一部分碳酸钙以石灰石颗粒形态单独存在，这是由于反应过程中部分颗粒未参与反应；另一部分碳酸钙颗粒则存在于石膏颗粒中，这与天然石膏中杂质主要以单独形态存在明显不同。

与天然石膏不同点还有，脱硫石膏煅烧前无须粉磨。但通过对其物相及颗粒级配特点分析后可知，煅烧后增加粉磨工艺，可以优化脱硫石膏的颗粒级配情况，进而改进其性能，粉磨工艺优化了脱硫石膏的颗粒级配情况，适当提高了其比表面积，提高了其抗折强度和抗压强度。但理论上，当颗粒过小时建筑石膏用水量将增加，强度反而降低。因而必须适当控制粉磨工艺与细度。

未粉磨的脱硫石膏粉与天然石膏的溶解过程不同。用天然石膏制备石膏净浆时，当石膏粉倒入水中时，石膏马上均匀地、逐步地被水浸润，并有微小的气泡产生，静置后，石膏粉完全被浸润，膏浆上面没有游离水层，易搅拌。用未粉磨的脱硫石膏粉制备石膏浆时，石膏粉倒入水中一下子就沉到水底，没出现逐步被浸润现象，静置后，通过搅拌，膏、水才能混合，而且搅拌有受阻的感觉。

未粉磨脱硫石膏泌水明显。将配制好的石膏浆倒在一块玻璃板上，制成石膏圆饼，在未硬化前，石膏圆饼上面有一层水膜，硬化后才可消失，天然石膏没有此种现象。

脱硫石膏细度细（可达 180～250 目），而大多天然石膏产品的应用细度也为 120～160 目，因此煅烧后的产品不能形成有利的颗粒级配，会对后续应用效果产生很大的影响。

脱硫石膏粉磨前后的颗粒分布及物理性能、煅烧后的脱硫石膏粉其晶体形态类似二水脱硫石膏，只是颗粒尺寸变小，颗粒分布特征却没有改变，级配依然不好，颗粒比表面积较天然熟石膏粉要小得多。因此导致脱硫石膏加水后的流变性能不好，颗粒离析、分层现象严重，制品密度偏大。

脱硫石膏经过粉磨后，其料浆的工作性和流变性能有明显改善。当脱硫石膏磨得很细时，标准稠度用水量明显增加，凝结时间大大缩短，因此选择合适的粉磨时间非常重要。

（六）脱硫石膏的煅烧特征

脱硫石膏与天然石膏在脱水过程有着明显不同，通过煅烧升温曲线可知，烟气脱硫石膏的脱水温度在 120℃左右。脱硫石膏脱水时前半部分为脱游离水，后半部分主要为脱结晶水，脱水过程的前半部分物料温度上升速率较慢，排潮量大，后半部分物料温度上升速率较快，排潮量小。炒制熟石膏的最佳煅烧温度为 160～180℃，通过陈化后，在这个温度范围内所得建筑石膏强度最高。

## 二、影响脱硫石膏制备建筑石膏的因素

（一）脱硫石膏原料纯度对脱硫建筑石膏性能的影响

脱硫石膏原料纯度，即二水硫酸钙含量，是烟气脱硫石膏品质的主要指标。燃煤电厂湿法烟气脱硫装置设计时确定的脱硫石膏二水硫酸钙含量均＞90%，欧洲石膏协会技术协议《烟气脱硫石膏指标和分析方法》规定二水硫酸钙含量＞95%。脱硫石膏二水硫酸钙含量高低主要取决于烟气脱硫原料石灰石的品质及脱硫工艺的运行状况。总体而言，脱硫石膏是一种纯度较高的化学石膏。

脱硫石膏原料纯度对煅烧制备的脱硫建筑石膏强度影响很大。通过对不同来源脱硫石膏原料进行二水石膏相分析，测得其纯度，并与其煅烧制备的建筑石膏强度做对比，随着脱硫石膏原料纯度的提高，脱硫建筑石膏的抗压、抗折强度也相应提高。湿法烟气脱硫石膏的纯度普遍较高，煅烧后获得的脱硫建筑石膏强度性能普遍优于天然建筑石膏，大部分可以达到《建筑石膏》（GB/T 9776—2008）标准中强度等级 3.0 的要求。

（二）煅烧温度对脱硫建筑石膏性能的影响

脱硫石膏在 140℃温度煅烧下脱水不够彻底，煅烧温度还偏低。分别在 160℃和 180℃温度下煅烧的脱硫石膏已经完全脱水，但是与 170℃下煅烧的脱硫石膏相比，160℃处理的石膏结晶颗粒比较细小，180℃处理的石膏水化后出现较多的空洞，在 170℃煅烧处理的熟石膏结晶粗大、完整，表现出优异的性能。

从不同温度下煅烧处理后脱硫石膏的水化结晶状态可以看出，脱硫石膏水化产物多为不规则晶体，通过三相分析发现，半水石膏含量相差不大。但随着煅烧温度的升高，脱硫石膏水化浆体孔洞减少、致密程度有所增加。这是因为随着煅烧温度的提高，煅烧后的半水石膏颗粒粒度降低，颗粒变得细小，比表面积增大，与水接触区域多，在半水石膏水化过程中起到晶种的效果，致使水化后二水石膏过饱和溶液的饱和度下降，加快半水石膏的水化反应及凝结速度。

在 190℃下煅烧处理的脱硫石膏，由于水膏比变大，在石膏块干燥过程中出现大量气

孔，降低了石膏的强度，但由于石膏中存在很多由Ⅲ型无水石膏转化后的半水石膏，对颗粒的粘结和裂纹的愈合起到良好的作用，因此总体强度变化并不很大。半水石膏的标准稠度随着煅烧温度的提高而增大。通常情况下，标准稠度越小，水化后石膏的强度也就越高，强度随煅烧温度的升高而变大，在180℃的时候达到最大，煅烧温度继续升高，强度会稍有降低，但是变化不大。这是因为在较低温度煅烧的试样标准稠度较低，颗粒粒径变化不大，水化后颗粒之间没有较好的级配，因此强度比较低；随着煅烧温度升高，标准稠度明显提高，这是由于较大的脱硫石膏颗粒表面出现剥落，增大了比表面积及水浆比，在石膏水化硬化过程中，不同温度下煅烧的脱硫石膏在抗折强度方面变化不大，但是在抗压强度有明显的变化趋势。仅就凝结时间和标准稠度用水量来说，脱硫石膏在170℃煅烧效果最好，但正如前面所分析的那样，低于140℃时，脱硫石膏的脱水处理不够彻底，内部存在较多的二水石膏。对于温度在170℃煅烧的石膏，无论从颗粒的晶体形貌还是凝结时间、强度上都比较理想。

由于低温慢速煅烧时间的延长、导致煅烧出的脱硫建筑石膏的凝结时间变长，其2h强度比快凝的脱硫建筑石膏强度低，但是这并不意味着其性能劣于高温快速煅烧所形成凝结时间短的脱硫建筑石膏。凝结时间长的脱硫建筑石膏的绝干强度高于快凝的建筑石膏，其更适合用于粉体石膏砂浆。因此，选择合适的煅烧温度可使脱硫建筑石膏的凝结时间增长，绝干强度增加。

在最佳煅烧温度范围内，煅烧时间的长短决定了脱硫建筑石膏粉中无水相与二水相的含量。煅烧时间过短会导致其中的二水相含量偏高，煅烧时间过长会导致其中的无水相含量偏高，这就需要一定的陈化时间。因此根据不同用途的脱硫建筑石膏的性能要求来进行其相组成设计，有利于煅烧设备及煅烧工艺的改进。

脱硫建筑石膏中残余二水石膏含量高、凝结时间短，其2h抗压强度及抗折强度较二水石膏含量低的脱硫建筑石膏高，但是并不意味着其性能更优，其绝干强度低于二水石膏含量低的脱硫建筑石膏。

脱硫建筑石膏粉中Ⅲ型无水石膏含量较高，且二水石膏含量也较高时，陈化虽然能减少无水石膏的含量，但因为二水石膏含量高，陈化并不能对其性能得到明显的改善，特别是凝结时间。

（三）在生产工艺中磨机的影响

经过煅烧后的脱硫石膏在热力分解作用下比脱硫石膏原料时变得更细，但是粒度分布的均匀度并没有改变，级配的不合理照样存在。为了改善建筑石膏的颗粒级配及和易性，必须进行粉磨的改性。

通过增加粉磨工序和装置，脱硫石膏的粒径分布、比表面积都可得到改善，可达到天然石膏的效果、磨机在脱硫石膏煅烧工艺中的布置一般有两种方式：一是布置在煅烧炉的出口，经粉磨后进入陈化仓；二是布置在陈化仓后，经粉磨后进入成品库。这两种粉磨方式各有其特点，主要考虑两点：其一是考虑经济性。因为磨机的电动机功率较大，耗电量大，电费有高低谷之分，如果生产能力配套合理，利用低谷时段加工，则可以大大降低成本；其二是考虑适用性。经过陈化仓的陈化，石膏的温度接近常温，性能得到改善，在此基础上根据用户要求进行粉磨，得到符合用户要求指标的熟石膏，也可以通过加入各类有机或无机材料进行改性，以满足不同用户的要求。

但是脱硫建筑石膏并非粉料越细越好，因为在一定范围内制品的强度随细度的提高而提高，但是超过一定值后，强度反而会下降或出现开裂现象。这是因为颗粒越细越容易溶解，其饱和度也大，过饱和度增长超过一定程度后，石膏硬化体就会产生较大的结晶应力，破坏硬化体的结构，在不利条件下，可能会出现产品开裂现象。

脱硫石膏中二水石膏晶体粗大、均匀，其生长较天然二水石膏晶体规整，多呈板状。脱硫石膏的这种颗粒特征使建筑石膏流动性很差。即使采用减水剂，其流动性改善也很有限。石膏经粉磨处理后，晶体规则的外形和均匀的尺度遭到破坏，颗粒形貌呈柱状、板状、糖粒状等多样化。因此，从建筑石膏的工作性和水化硬化角度看，改性粉磨是改善脱硫建筑石膏颗粒形貌与级配的有效途径。

脱硫建筑石膏在性能上有如下表现：料浆易出现泌水现象、流变性能差、触变性明显。因此，以脱硫建石膏为原料生产石膏制品时，必须对熟料进行粉磨。

脱硫建筑石膏水化时与水的接触面积会有很大变化，因此其比表面积的变化可能带来水化性能的改变。脱硫建筑石膏的比表面积随着粉磨时间的增加而增大：在一定时间范围内，粉磨时间对标准稠度和凝结时间的影响并不明显，但当比表面积过大时，标准稠度明显增加，而凝结时间大大降低。可见，粉磨时间过长不利于制品的生产。

粉磨不仅使脱硫建筑石膏颗粒变小，而且使颗粒表面出现许多裂缝，即粉磨使颗粒形成了新表面和额外的晶格缺陷。因此，粉磨不但增加了脱硫建筑石膏的比表面积，而且增加了颗粒的活性。比表面积增加使颗粒表面吸收更多的空气水分，尤其是晶格缺陷的位置。颗粒吸收水分的速度非常快，粉磨过程不仅能改善脱硫建筑石膏颗粒级配，而且起到"陈化"作用，有利于改善其水化性能。由于粉磨时间影响脱硫建筑石膏的水化性能，因此，对于不同石膏制品、不同生产工艺一定要选择合理的粉磨时间。

（四）笔者对粉磨时间影响脱硫建筑石膏质量的试验

**1. 试验原料**

采用榆次双旺新型建材有限公司生产的脱硫建筑石膏，具体性能见表 5-2。

表 5-2　脱硫建筑石膏的性能

| 0.2mm 筛余（%） | 结晶水（%） | 标准稠度需水量（%） | 初凝 | 终凝 | 绝干抗压强度（MPa） | 绝干抗折强度（MPa） |
|---|---|---|---|---|---|---|
| 1.2 | 6.3 | 63.33 | 4′20″ | 9′50″ | 14.7 | 3.8 |

**2. 试验方法**

脱硫建筑石膏的凝结时间、标准稠度、强度参照《建筑石膏》（GB 9776—2008）进行测试；采用 DKZ-5000 型电动抗折机测试石膏试块抗折强度，WHY-300 型微机控制压力试验机测试其抗压强度；三联试模尺寸为：40mm×40mm×160mm；比表面积参照《水泥比表面测定方法 勃氏法》（GB/T 8074—2008）进行测试，采用 SZB-3 自动比表面积测定仪；用英国马尔文 MS2000 型激光粒度分析仪测定粉磨不同时间的脱硫建筑石膏的粒径分布，分散介质为无水乙醇。

脱硫建筑石膏绝干强度的养护条件为：试件成型后在室温下 2h 后脱模，再放入 48℃±2℃的恒温鼓风干燥箱中 72h 烘至恒重。

**3. 试验设备与方法**

粉磨设备采用的是 3M2-30 型振动磨，粉磨介质为刚玉球（$\phi$8mm～$\phi$15mm）。

### 4. 结果与分析

（1）粉磨对脱硫建筑石膏粒径分布的影响

从图 5-1 中可以看出，脱硫建筑石膏粉磨前粒径分布范围较窄，平均粒径为 $42.894\mu m$，且粒径小于 $10\mu m$ 的颗粒较少；当粉磨 6min 后，平均粒径变为 $25.078\mu m$，且粒径小于 $10\mu m$ 的颗粒小幅增加，粒径分布范围变大；进一步粉磨至 20min 后，平均粒径变为 $10.914\mu m$，且粒径小于 $10\mu m$ 的颗粒大幅增加，各个尺寸分布的粒径所占体积比更为均匀。因此，通过粉磨使得脱硫建筑石膏的粒径分布由较窄变为较宽现象，改善了粉体的流动性。

粉磨 6min 时，图 5-1（b）中右边出现了一个小凸峰。分析可能是由于颗粒的团聚现象所造成的。究其原因，可能是由于分子间力、静电作用所引起的粘连与团聚。粉磨不但增加了石膏的比表面积，而且增加了颗粒的活性。

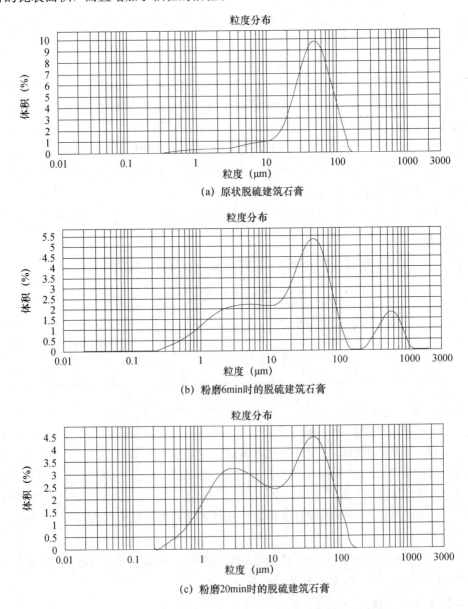

(a) 原状脱硫建筑石膏

(b) 粉磨6min时的脱硫建筑石膏

(c) 粉磨20min时的脱硫建筑石膏

图 5-1　粉磨时间对脱硫建筑石膏粒径分布的影响（续）

（2）粉磨对脱硫建筑石膏标准稠度、凝结时间以及比表面积的影响（表 5-3）

**表 5-3 粉磨时间对脱硫建筑石膏标准稠度、凝结时间以及比表面积的影响**

| 编号 | 粉磨时间（min） | 标准稠度（mL） | 初凝时间 | 终凝时间 | 比表面积（m²/kg） |
|---|---|---|---|---|---|
| 1 | 0 | 63.33 | 4′20″ | 9′50″ | 182.95 |
| 2 | 3 | 63.33 | 3′15″ | 8′25″ | 656.15 |
| 3 | 6 | 64 | 3′05″ | 8′15″ | 766.95 |
| 4 | 9 | 65 | 2′45″ | 8′00″ | 854.00 |
| 5 | 12 | 65.67 | 2′35″ | 7′30″ | 915.05 |
| 6 | 15 | 66.67 | 2′25″ | 6′40″ | 1388.05 |
| 7 | 20 | 69 | 2′50″ | 7′20″ | 1403.40 |
| 8 | 25 | 75.3 | 3′00″ | 7′00″ | 1769.50 |

从表 5-3 中发现：随着粉磨时间的延长，标准稠度用水量开始增长比较缓慢，后来急剧增加，总体呈现出不断上升的趋势。比表面积在一定程度上反映出脱硫建筑石膏水化时比表面积与水的接触面积变化，即粉磨时间越长，石膏颗粒越细，比表面积越大，与水的接触面积也越大，要达到一定流动度时的需水量就越多。

从表 5-3 中看出：凝结时间随着粉磨时间的延长不断缩短，但达到一定细度时变化缓慢，影响不大。没经过粉磨时的建筑石膏比表面积为 182.95m²/kg，初终凝时间分别为 4′20″和 9′50″。经过 15min 的粉磨，建筑石膏的比表面积达到 1388.05m²/kg，其凝结时间最短，达到 2′25″和 6′40″，而后小幅变化。因此，判断粉磨脱硫建筑石膏的细度并不是越细越好。

从图 5-2 中可以看出：脱硫建筑石膏的比表面积随着粉磨时间的增加而增加；其说明随着粉磨时间的不断延长，建筑石膏的颗粒越来越细。经过图形拟合表明：随着粉磨时间的延长，比表面积趋向于一个稳定值，直至变化不大，脱硫建筑石膏细度不再变细。在粉体制备过程中，有粉碎—团聚的现象存在，即所谓的逆粉磨现象。此时，进一步延长粉磨时间会产生促使小颗粒重聚的现象产生。

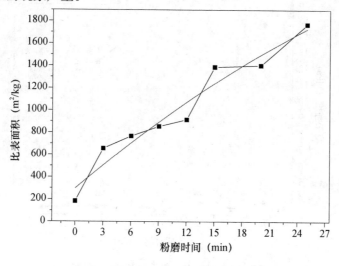

图 5-2 粉磨对脱硫建筑石膏比表面积的影响

（3）粉磨对脱硫建筑石膏强度的影响

从图 5-3 中可以看出：在粉磨之前，脱硫建筑石膏的 2h 抗压、抗折强度分别为 6.8MPa 和 3.05MPa；当粉磨时间增加至 6min 时，建筑石膏的抗压、抗折强度分别为 7.2MPa 和 3.35MPa，强度有所上升。对脱硫建筑石膏继续粉磨，强度随之大幅下降，粉磨时间为 15min 时，强度达到最低，分别降到 4.6MPa 和 2.75MPa。随着粉磨时间的延长，脱硫建筑石膏强度小幅变化，但变化不大。

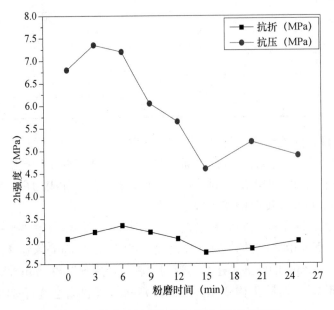

图 5-3　粉磨时间对建筑石膏 2h 强度的影响

图 5-4 中脱硫建筑石膏的绝干强度变化规律与 2h 强度变化规律大致相同，在粉磨 6min 时，抗压、抗折强度达到最大，分别为 17.25MPa 和 4.35MPa。而后强度下降。

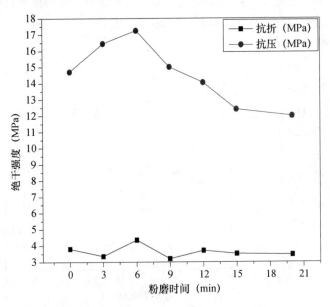

图 5-4　粉磨时间对建筑石膏绝干强度的影响

因此，我们总结出脱硫建筑石膏的细度应是产品质量的重要指标之一。在一定细度范围内，制品的强度随细度的提高而提高；超过一定值后，强度反而会降低。这是因为细度对石膏的水化有一定的影响。颗粒度小，脱硫建筑石膏表面与水接触面积大、溶解速率较快，有利于石膏晶体成核，硬化体的强度得以提高。但建筑石膏细度过小，颗粒在液体中团聚程度明显增加而难于分散，拌和用水量也会显著增大，石膏硬化体会产生较大的结晶应力，导致石膏硬化体缺陷的增加，引起结构强度的下降。因此，生产实践中脱硫建筑石膏的细度应适中。

（4）笔者试验的结论

① 粉磨使得脱硫建筑石膏的粒径分布范围变宽，改善了颗粒级配；

② 随着粉磨时间的不断延长，比表面积不断增大；脱硫建筑石膏标准稠度用水量逐渐增大；凝结时间逐渐缩短；

③ 当脱硫建筑石膏粉磨 6min 时，即比表面积为 766.95m²/kg，其 2h 强度、绝干强度较大，效果较为理想。

## 三、残留二水石膏与可溶性Ⅲ型无水石膏在脱硫建筑石膏中的性能影响

石膏煅烧设备对脱硫建筑石膏性能影响很大。制备不同用途的脱硫建筑石膏产品，应选用适宜的煅烧设备和工艺。比如用于制备各种石膏板、砌块等石膏建材制品，宜采用快速煅烧设备，即煅烧物料温度＞180℃，物料在炉内停留时间不超过 30min 的煅烧方式。这种煅烧方式是二水石膏遇热后急速脱水，很快生成半水或Ⅲ型无水石膏。由于物料温度较高，Ⅲ型无水石膏的比例较大，而Ⅲ型无水石膏是不稳定相。同时，物料在快速煅烧设备中停留的时间较短，容易产生受热不均的情况，这将使部分二水石膏不能脱水成半水石膏，从而得到的建筑石膏中二水石膏和无水石膏（AⅢ）的比例较高，建筑石膏的凝结时间较短，因此适用于生产石膏制品，提高生产模具的周转率或生产线上制品的产量。如果是生产抹灰石膏、粘结石膏、石膏腻子、嵌缝石膏、石膏自流平砂浆等粉体石膏建材，宜选用慢速煅烧设备。用慢速煅烧设备生产的石膏凝结硬化较慢，有利于减少外加剂的掺量，降低生产成本。慢速煅烧指煅烧时物料温度＞180℃，物料在炉内停留 30min 或 1h 以上的煅烧方式，通过调整炉内温度、物料停留时间等，使煅烧产品质量均一稳定。其煅烧产品中绝大部分为半水、极少量的过烧无水石膏Ⅲ和欠烧二水石膏。由不同煅烧设备及工艺生产的脱硫建筑石膏性能除自身品质的影响因素外，煅烧时间、煅烧温度以及脱硫建筑石膏的陈化效应等，都将影响脱硫建筑石膏的制备。所以应结合湿法烟气脱硫石膏本身的原材料、脱硫工艺特点，以及煅烧后的用途，选择煅烧设备、工艺，并通过对各影响因素的分析，优化生产工艺，方能使物尽其用。

（一）残留二水石膏含量对脱硫建筑石膏性能的影响

脱硫石膏煅烧后残余的二水石膏在脱硫建筑石膏的水化过程中起到晶核的作用，会促进水化、缩短凝结时间，若煅烧产物中存在较多的二水石膏，容易产生快凝等现象。初凝和终凝时间随着残余二水石膏含量的增加均减少；从而使其标准稠度用水量上升，凝结时间变短，大幅降低石膏强度，进一步分析残余二水石膏含量对脱硫建筑石膏性能的影响情况，通过掺加缓凝剂，考察脱硫建筑石膏凝结时间的减缓情况来判断两者间的关系，掺加缓凝剂后，当残余二水石膏含量＜4.00％时，脱硫建筑石膏的凝结时间显著延长 3～20 倍；而当残余二水石膏含量较高时，同等缓凝剂掺量对延长石膏的凝结时间效果并不理想，这将对脱硫

建筑石膏的应用产生不利。当二水相含量由 2% 增加至 8% 时，初凝时间和终凝时间都明显减少，脱硫建筑石膏的 2h 抗压强度及抗折强度也明显降低。

（二）经过煅烧的脱硫建筑石膏对脱硫建筑石膏性能的影响

经过煅烧的脱硫建筑石膏，由于含有一定量的性质不稳定的无水石膏和少量的二水石膏，使得物相组成不稳定、分散度大、吸附活性高，导致粉体标准稠度用水量增加、强度降低、凝结时间不稳定，此时脱硫建筑石膏需要陈化，以改善其物理性能。陈化对脱硫建筑石膏凝结时间及强度都有较好的改善作用。

## 四、氯离子对脱硫石膏性能的影响

不同烟气脱硫石膏由于其活化能的不同，其两步脱水反应的吸热峰峰形有所不同，活化能高的石膏两步脱水反应的吸热峰较为明显；而活化能低的石膏两步脱水反应的吸热峰发生重叠。

烟气脱硫石膏两步脱水反应均遵循阿弗拉米-埃罗费夫（Avrami-Erofeev）方程。脱水反应吸热峰峰形的差异与烟气脱硫石膏所含的杂质相关。镁离子和氯离子均能降低烟气脱硫石膏活化能。

（1）随着氯离子含量增大，石膏含水率呈增加的趋势，但当氯离子含量达到 6000 mg/kg 时，石膏的含水率基本不再上升，趋于稳定。说明氯离子在石膏中所能存在的量是有一定限值的。

在石膏浆液脱水过程中，由于过饱和，石膏晶粒逐渐由小变大，而氯离子体积较大，会影响石膏晶粒的长大，对晶体发育产生不利影响，使其结晶度降低，晶粒表面不平整，比表面积增大，导致晶粒表面吸附水增多，造成石膏含水率的增加；体积相对较大的氯离子的存在，会堵塞自由水在石膏晶粒之间的排水通道，同样会导致石膏脱水困难。

（2）氯离子对脱硫石膏水化产物强度及耐水性能的影响。随着氯离子含量的增加，水化产物的干基抗压强度变化不明显，但整体呈现出逐渐下降的趋势。同时，水化产物的湿基抗压强度远小于其干基强度，即其软化系数较小。反映水化产物耐水性能的吸水率和软化系数也具有随着氯离子含量的增加而分别增加和降低的趋势，说明同样条件下，石膏水化产物中氯离子含量越高，石膏水化产物耐水性能越差。

（3）氯离子含量的高低会在很大程度上影响石膏晶体的生长，氯离子低的产品中石膏晶粒发育完整，呈柱状交错，簇状生长，且晶粒间搭接点较多，分布比较致密，这种结构的石膏晶格间气孔较少，连通孔的数量也下降，能够有效阻滞水分子在石膏晶体间的迁移（水分子通过毛细管道和石膏晶粒间隙进入石膏内部，晶粒间的搭接点会溶解于水中，同时，由于毛细管作用，水分子会吸附在各毛细管壁上，将各个石膏晶粒微团分隔开，最终破坏石膏产品晶体结构，使石膏制品的性能下降），宏观表现为强度高、吸水率较低和软化系数较高。

（4）氯离子含量高的产品晶体结晶不规则，结晶度较差，晶粒发育不完整，呈小片状聚集。这说明，氯离子的存在会影响石膏水化产物中晶体的形成，使其结晶不充分，晶体表面不平整。直接宏观表现是强度降低及耐水性能下降

（5）氯离子对纸面石膏板纸板粘结性能的影响。随着氯离子含量的增加，无论是在自然养护还是在标准养护条件下，石膏板的纸板粘结性能均出现较大幅度下降。氯离子在石膏板中的迁移主要存在两种形式，即扩散和对流（对流作用是指氯离子随水分迁移而发生的定向移动，在此过程中氯离子相对水分的位置基本不变；而扩散是指离子从浓度高的地方向浓度

低的地方迁移）。但是，由于水分的蒸发，对流作用在整个热处理过程中占优，导致氯离子不断向石膏板表面迁移、聚集，最终导致氯离子在石膏板表面局部严重超标，氯离子与钙离子结合以氯化钙的形式存在，氯化钙极易吸水受潮。同时，若氯化钙含量过多，在干湿循环条件下甚至出现析晶现象，这些情况直接导致纸面石膏板出现易受潮，纸板粘结不牢等情况。

随着脱硫石膏中氯离子含量的增加，石膏脱水变得困难，但当氯离子含量达到一定值后，石膏的脱水效果在一定范围内基本趋于稳定。

（6）氯离子会对石膏水化产物的耐水性能产生不利影响，氯离子含量越高，石膏水化产物的吸水率越大，软化系数越小。同时，石膏水化产物的强度会随氯离子含量的增加而降低。

### 五、其他物质对脱硫石膏制品的影响

（1）有机硅防水剂对脱硫石膏制品的影响。掺加有机硅防水剂可以提高纸面石膏板的耐水性能，无论是在自然养护还是在标准养护条件下，随着防水剂掺量的增加，其纸板粘结性能均呈现出先提高后降低的趋势；在防水剂掺量为0.15％左右时，纸面石膏板纸板的粘结性能最佳。这是因为在石膏水化过程中，防水剂在石膏晶体之间形成以甲基硅醇钠为主要成分的憎水性物质，能够填充在石膏晶粒间和孔隙中，降低气孔率，尤其是减少连通孔的数量，均化孔结构，增加水化产物的密实度；有效降低氯离子在石膏板热处理过程中向界面迁移的速率，降低了界面处氯离子含量，改善了纸面石膏板纸板之间的粘结性能。同时，有机硅防水剂中的憎水性物质覆盖在石膏晶粒表面，使石膏晶粒与水的亲和力降低，提高了石膏的耐水性能。因此，在标准养护条件下，掺加有机硅防水剂后纸面石膏板纸板的粘结性能提高。但当防水剂掺加量过多时，在石膏晶粒表面形成的防水膜会降低晶粒之间以及石膏晶粒与护面纸之间的粘结强度，还可能降低改性淀粉的活性，使纸面石膏板纸板粘结性能下降。

（2）无机掺合料对高含量氯离子脱硫石膏纸面石膏板性能的影响。掺加不同无机掺合料（水泥、粉煤灰、矿渣）之后，脱硫石膏对氯离子的固化效果均有不同程度的提高。在加热或者不加热条件下测试时，对氯离子含量的影响程度依次均为矿渣＞水泥＞粉煤灰。掺合料的最优配方水泥掺量为12g（2％）、粉煤灰掺量为2.4g（4％）、矿渣掺量为3.6g（6％）。此时，加热条件下氯离子含量为642.75mg/kg；不加热条件下氯离子含量为177.31mg/kg。

水泥水化产物以及矿渣、粉煤灰的火山灰效应。此外，矿渣和粉煤灰比表面积较大，能够为石膏水化提供充足的空间，其微集料效应还可以降低孔隙率，改善孔结构，提高石膏晶粒之间的连接强度。矿渣之所以具有比粉煤灰更好的固化氯离子的能力，是因为矿渣能够提高水化产物中水化铝酸钙的含量，而且矿渣的二次水化活性较高，能生成更多的C—S—H凝胶，其对氯离子的化学结合和物理吸附作用均优于粉煤灰。

水泥的水化产物水化硫铝酸钙对氯离子有很好的固化作用。水化铝酸钙可以与氯离子反应，生成长板状的弗里德尔（Friedel）盐（单氯型水化氯铝酸钙或三氯型水化氯铝酸钙），对氯离子起到化学固化作用，氯离子被固化形成的氯铝酸盐，水化氯铝酸钙的热稳定性不好，在加热条件下晶体会发生一定程度的破坏，此时会有部分氯离子进入溶液中成为自由离子，物理吸附的氯离子在该条件下也会有部分进入水中成为自由离子，宏观表现为，加热条件下与不加热条件下相比，氯离子含量增加。

因为无机掺合料是水硬性胶凝材料，本身对水分具有很好的适应性，同时可以改善整个

石膏产物的内部结构，使水分对石膏基体的侵入变得困难，耐水性能增强。

（3）水灰比对高含量氯离子脱硫石膏纸面石膏板性能的影响。水灰比对氯离子的扩散有较大影响，石膏板各层中氯离子含量随时间变化的趋势基本相同；但随着水灰比的增大，石膏板表层的氯离子含量明显增加。虽然由于石膏板中心部分氯离子含量较少，变化趋势并不明显，但随着水灰比的增大，石膏板中心部分氯离子含量逐渐降低。

这是由于随着水灰比的增大，石膏水化产物的气孔率增大，连通的毛细孔增多，使水分更容易穿过水化产物到达界面，氯离子在石膏中的迁移能力随之增强。同时，因为石膏水化需要的水分是一定的，水灰比的增大意味着在对纸面石膏板进行热处理过程中，将有更多的水分由石膏板内部迁移出去，这会在一定程度上提高氯离子向石膏板表面定向迁移的能力。

在整个热处理过程中，氯离子在石膏板中的迁移主要存在两种形式，即扩散（从高浓度到低浓度进行的迁移）和对流（随水分而进行的迁移）。由于在热处理过程中水分的蒸发占主导作用，因此对流作用全程占优，氯离子不断向石膏板表面迁移、聚集，最终导致氯离子浓度在石膏板表面局部严重超标，纸面石膏板出现易受潮、纸板粘结不牢等情况。

不同水灰比时，在自然养护和标准养护条件下纸面石膏板纸板的粘结性能无论是在自然养护还是在标准养护条件下，石膏板的纸板粘结性能均随着水灰比的增大而呈下降的趋势。

### 六、适用于制备粉体石膏建材的脱硫建筑石膏

经过煅烧的脱硫建筑石膏，其内部所含少量过烧的无水石膏（Ⅲ型）在陈化过程中将有利于粉料的进一步均化。但当脱硫建筑石膏粉中无水石膏（Ⅲ型）含量较高时，脱硫建筑石膏的活性增大、亲水性增强，导致粉料用水量增加，硬化体强度的降低；同时高含量的无水石膏AⅢ型，脱硫建筑石膏的凝结时间缩短，这将增加缓凝剂的用量，并且影响粉刷石膏的配合比和稳定性；因为脱硫建筑石膏中无水石膏（Ⅲ型）是不稳定相，极易吸收空气中的水分转化为半水石膏，所以当脱硫建筑石膏粉中无水石膏·（Ⅲ型）含量较高时，脱硫建筑石膏的性能随着时间的变化而变化。故应尽可能避免过烧出大量的无水石膏（Ⅲ型），且应对脱硫建筑石膏进行适当的陈化、均化处理。

### 七、脱硫建筑石膏的生产工艺

高温煅烧：

原料预均化→计量→打散→干燥→筛分→计量→脱水→陈化→冷却→均化→改性粉磨→成品

低温煅烧：

原料预均化→计量→打散→干燥→筛分→计量→脱水→改性粉磨→冷却→均化→成品

## 第六节　磷建筑石膏的生产和使用问题

### 一、磷石膏颗粒级配、杂质分布对其性能影响

#### （一）磷石膏颗粒级配

磷石膏颗粒级配大体上呈正态分布，粒径主要集中在 $50\sim200\mu m$ 范围内，其平均粒径为 $82.31\mu m$。磷石膏的形貌与天然石膏存在明显差异，磷石膏中二水石膏晶体粗大、均匀，

其生长较为规整，多呈板状。磷石膏的这种颗粒特性使其胶结材流动性很差，水膏比大幅增加，致使硬化体物理力学性能变坏。

（二）pH 值

不同级配磷石膏的 pH 值是不同的，颗粒越大，pH 值越小，说明其酸性越强，也说明磷石膏的颗粒越大，其含有的杂质中可溶性磷、氟等有害杂质越多。

（三）磷

有机物等杂质并不是均匀分布在磷石膏中，不同粒径磷石膏中杂质含量存在明显差异。其中可溶磷、有机物含量随着磷石膏颗粒度增加而逐渐增加，总磷的变化随磷石膏粒度的变化而呈波动状态。共晶磷含量随着磷石膏颗粒度减小而增加。

（四）其他杂质

磷石膏中尚含有碱金属盐、硅、铁、铝、镁等杂质。其中碱金属盐主要以碳酸盐、硫酸盐、磷酸盐、氟化物等可溶盐形式存在，碱金属盐带来的主要危害是：当磷石膏制品受潮时，碱金属离子沿硬化体孔隙迁移至表面，水分蒸发后在表面析晶，使制品表面产生起霜和粉化现象。

（1）可溶磷、氟、共晶磷和有机物是磷石膏中主要有害杂质。可溶磷、氟、有机物主要分布于二水石膏晶体表面，其含量随磷石膏粒度增加而增加。共晶磷含量则随磷石膏粒度增加而减少。

（2）磷石膏胶结材水化时，可溶磷转化为 $Ca_3(PO_4)_2$ 沉淀，覆盖在半水石膏晶体表面，使其缓凝。它降低了二水石膏析晶的过饱和度，使二水石膏晶体粗化，使硬化体强度大幅降低。共晶磷保留在建筑石膏的半水石膏晶格中，水化时从晶格中溶出，对水化硬化的影响与可溶磷相似。

（3）可溶氟使磷石膏促凝，其含量低于 0.3% 时，对胶结材强度影响较小。含量超过 0.3% 时，使强度显著降低。

（4）有机物使磷石膏胶结材需水量增加，凝结硬化减慢，削弱二水石膏晶体间的结合，使硬化体结构疏松，强度降低。

（5）碱组分使磷石膏制品表面起霜和粉化。

## 二、杂质对磷建筑石膏性能的影响

磷石膏胶结料的标准稠度随颗粒粒径的减小而增大，凝结时间则随颗粒粒径的减小而变短，抗压强度则表现出与标准稠度一样的规律。这说明影响磷石膏胶结料需水量和抗压强度的主要因素是磷石膏的颗粒粒径，而影响磷石膏胶结料凝结时间的主要因素是磷石膏中可溶性杂质，特别是可溶磷的含量。

（1）建筑石膏硬化体为自形程度很高的长柱状二水石膏晶体，且有无定形的胶凝物质。磷石膏胶结材硬化体则为块状，较为分散，晶体结构的不紧密性对抗压强度较为不利。磷石膏中杂质对其所制备的半水石膏宏观性能的影响则表现为可溶性 $P_2O_5$ 会影响石膏制品的外观形态，延缓凝结时间。可溶性氟则在石膏制品中缓慢地与石膏发生反应，释放一定的酸性钠、钾的离子，会造成制品表面晶化。有机物则对半水石膏硬化时生成二水硫酸钙的反应产生阻碍，延缓半水石膏的凝结时间，且对石膏制品的颜色也有一定影响作用。因此，由磷石膏制备半水石膏时，必须在对磷石膏进行预处理以获得性能稳定且杂质含量符合建材行业要求的二水石膏后，才能进行煅烧制备半水石膏。从目前的研究结果来看，磷石膏在通过不同方式的预处理后制备的建筑石膏物理力学性能可以达到相应的标准要求。

① 游离磷酸。尽管经过过滤器洗涤，但是磷石膏中残留的游离磷酸，是二水石膏酸性的主要来源。由于酸能引起二次反应，所以在熟石膏的大多数应用中，都不允许有酸性杂质存在。例如，在二水石膏混入水泥熟料，干扰水泥的凝结，或在用熟石膏生产预制构件时，构件表面的可溶物质会产生迁移，使构件在干燥时产生粉化。

② 不溶物。少量不受侵蚀的磷酸盐矿物可作为一种惰性填料，这种填料不是必须要清除的。与此相反，同样结晶的磷酸二钙，对磷石膏在水泥工业中的应用是一个不利的条件。

一般情况下，氟以不溶物的形式存在。若侵蚀介质里含有碱性物质和活性二氧化硅，氟就与它们形成络合物。此时，氟的溶解度随温度变化。这种络合物对二水石膏缓慢地产生作用，释放出一定的酸性。

不溶氟化物杂质可产生较大的变化：在介质中氟的某几种形态是惰性的，反之若它以结晶络合物存在或者在不存在于二水石膏中时，"不溶"氟就有极大的活性。实际上，这种络合物在热状态下是不稳定的，只是二水石膏活化处理成熟石膏之后，在熟石膏与水拌和时，它就转变成水解产物。这种水解物释放出可溶物质，而且有时释放出酸性物质。

③ 酸性。已知有两种酸性：

a. 磷石膏的"直接"酸性。主要是未洗涤净的磷酸残存在磷石膏中，它可在氟硅酸盐缓慢分解时放出酸性。

b. "潜在"的酸性。这种酸性来自氟化物的分解，只有在拌和熟石膏时才能显示出这种酸性。熟石膏或二水石膏当然不希望很明显的酸性，所以，必须通过洗涤最大限度地清除直接酸性。甚至在某些情况下，要破坏磷石膏中的氟化络合物，以便清除潜在的酸性来源。

④ 二氧化硅。以石英形态存在的二氧化硅，在二水石膏或熟石膏中都是无害的，因为它只是一种惰性填料。然而，在加工处理石膏时，石英不利于粉磨。

⑤ 有机物质。有机物质来自磷矿与湿法磷酸生产过程中的有机外加剂，主要分布在磷石膏晶体的表面，是磷石膏结晶的障碍物。在磷石膏中有机质的含量随着磷石膏粒径的增加而增加。有机质对磷石膏的影响主要是使其标准稠度需水量增大，有轻微的缓凝效果，使硬化体孔隙率提高，也降低了磷石膏强度；同时减弱了晶体间的结合，使磷石膏结构变得疏松，降低胶结材料的强度。

石膏中的有机物质是难以鉴别的有两个不利的方面：

a. 从其表面性质讲，在熟石膏拌和时，它成为二水石膏结晶的障碍物，因此妨碍了石膏的凝结；

b. 从其颜色上说，它在熟石膏的应用中影响了熟石膏制品的外观。

在有机杂质的浓度很大时，必须将有机物质清除。

⑥ 碱性物质。以可溶盐形式存在于熟石膏中的碱性物质，在熟石膏的应用过程中，会使石膏制品表面"泛霜"，所以要尽量把它清除干净。

（2）共晶磷对石膏性能的影响及其作用机理

共晶磷明显降低了建筑石膏的水化率，因而具有明显的缓凝作用，同时使建筑石膏的标准稠度需水量增加，抗压和抗折强度均有大幅度降低。

共晶磷在二水石膏转变为半水石膏的煅烧过程中并没有发生变化，仍存在于石膏晶格中，但含共晶磷的石膏在水化后的硬化体中共晶磷的特征吸收峰消失了；含共晶磷的石膏在水化过程中浆体的 pH 值降低，浆体中可溶磷增加，但很快又减少，从而得出共晶磷对石膏性能的作用机理是：共晶磷在二水石膏煅烧成建筑石膏的过程中并没有发生变化，但在水化过程中从晶格中释放出来转变为可溶磷溶解在浆体中，导致了硬化体强度降低，共晶磷在水化过程中使二水石膏的析晶过饱和度明显降低，晶体粗化，晶体形状由原来的针状转变为棒状。二水石膏晶体粗化使其晶体间搭接点减少，结构疏松，从而导致硬化体强度的降低。

（3）磷石膏成分复杂，含有磷酸、氟化物及镁、铝、铁，硅等杂质，原状磷石膏晶体形状不规则，多呈板状，也含有很多细小晶体，大小分布不均。

不经任何处理的磷石膏制备的建筑石膏凝结时间长，强度低。经石灰中和预处理的磷石膏中可溶磷消失，固化形成沉淀磷，可以制备出强度较高的磷建筑石膏。

（4）可溶磷中磷酸对磷建筑石膏性能的不利影响最大，在纯二水硫酸钙中磷酸含量为 1.0% 时，强度明显下降，凝结时间延长，可溶氟含量为 0.5% 时对建筑石膏的抗压强度几乎没有影响，但缩短了凝结时间，但含量增至 >1.0% 时，抗压强度显著下降，促凝作用更明显。

磷石膏中的磷酸，氟化物等杂质的存在影响晶体的生长发育，导致晶体粒径减小，对半水石膏的强度及凝结时间有负面影响，并且，可采用石灰预处理的方式将其中和，去除杂质的影响，在石灰掺加量为 1.7%~1.9% 时，预处理后中性或弱碱性的环境时，最利于磷建筑石膏的强度提升。

### 三、不同形态的磷对磷建筑石膏的影响不一样

（1）可溶性磷来自残留在磷石膏中的游离磷酸，它对磷石膏的使用性能影响最大。其影响主要表现在使磷石膏呈酸性，造成对石膏预制件模型或设备的腐蚀，显著延长建筑石膏的凝结时间，使其强度产生大幅度降低。难溶性磷来源为少许未反应的磷矿，在磷石膏中作为惰性物质，对石膏的性能影响不大。

（2）氟的影响。在湿法磷酸生产过程中有 20%~40% 的氟进入磷石膏，其主要以可溶性氟与难溶性氟两种形式存在。可溶性氟对磷石膏性能影响较大；难溶性氟有一定的惰性，对磷石膏性能没有大的影响。可溶性氟对磷石膏有促凝作用；但当可溶性氟质量分数超过 0.3% 时，能使磷石膏的强度显著降。

其他杂质的影响磷石膏中还有碱金属盐与放射性元素等其他杂质。碱金属盐对磷石膏应用的影响是：当磷石膏制品受潮后，磷石膏中的碱金属离子将会沿着硬化体孔隙迁移至磷石膏表面，待磷石膏制品干燥后，碱金属离子将在其表面析晶，致使磷石膏制品表面产生粉化和泛霜。磷石膏中以络合物或氧化物形式存在的一些杂质，一般是惰性杂质，对磷石膏性能影响不大。放射性元素来自磷矿，各地区磷石膏放射性元素含量差异较大，当含量超出国家标准时不宜利用。

### 四、磷建筑石膏生产工艺

**1. 磷石膏（未水洗）高温**

中和→预均化→计量→干燥→粗磨→计量→脱水→陈化→均化→二次粉磨→冷却→成品

**2. 磷石膏（未水洗）低温**

中和→预均化→计量→干燥→粗磨→计量→脱水→二次粉磨→冷却→均化→成品

磷石膏（经水洗杂质含量很低时）生产工艺与脱硫石膏相同。

# 第七节　柠檬酸建筑石膏的生产和使用问题

（1）由于柠檬酸石膏 pH 值为酸性，在炒制前需加入氧化钙中和，这样煅烧后的气泡很少，不会因此而影响硬化体的结构。

柠檬酸石膏颗粒很细，主要集中为 $45\sim160\mu m$，堆积密度小，如果按天然石膏或脱硫石膏的煅烧温度 160℃处理的话，标稠高，强度低，势必要进行级配的调整。煅烧粉磨后，石膏粉中部分粉将进一步变细，活性增强，水化速度变快，凝结时间缩短。因此在其他条件相同的情况下，粉磨之后的强度总比不粉磨的强度要高。石膏中的杂质主要为柠檬酸，柠檬酸盐和菌丝体，在石膏的硬化过程中会延长石膏的硬化时间，从而影响其强度。另外，柠檬酸及其盐和菌丝体的存在会使石膏晶体粗化，搭接点明显减少，强度会进一步降低。而当煅烧温度高于 280℃时，柠檬酸及其盐和菌丝体会热分解。其抗折强度在 160～320℃的范围内逐渐变大。

（2）柠檬酸石膏的煅烧温度不同于一般的天然石膏和脱硫石膏，应为 160～320℃，同时要增加粉磨工艺，这样强度完全可以达到建筑石膏的要求。

在相同的煅烧温度下，粉磨后的柠檬酸建筑石膏的强度明显比不粉磨的高，建筑石膏在相同的粉磨条件下，在 160～320℃的煅烧温度时，稠度越来越小，硬化速度越来越快，抗折强度越来越高。

# 第六章　建筑石膏煅烧生产线主要设备

## 第一节　粉磨设备

在建筑石膏生产中，破碎后的原料不仅要按一定的配比进行使用，而且必须将其粉磨到一定的细度，才能混合均匀，成为合格生料，并使煅烧过程中的物理化学反应得以顺利进行；建筑石膏产品只有粉磨到一定的细度，才能在建筑施工使用中发挥应有的强度和作用。每生产 1t 建筑石膏，需要粉磨各种物料 3t 左右，粉磨电耗占生产总电耗的 60%～70%，为了达到优质、高产、环保、节能和降低建筑石膏生产成本的目的，必须重视、熟悉和研究粉磨工艺过程及粉磨设备的性能和特点。

### 一、球磨机

（一）工作原理及类型

**1. 工作原理**

球磨机于 1876 年问世，1891 年能够连续生产的球磨机投入工业使用。尽管它历史久远，能量利用率仅有 3% 左右，但目前仍是我国水泥工业应用比例最高的重要粉磨设备。球磨机的筒体由钢板卷制而成，两端装有带空心轴的轴承座，一端进料一端出料，可以连续生产。水平安装的筒体内装有不同形状的衬板和不同规格的研磨体，研磨体以钢球为最多，传动装置带动筒体旋转时，研磨体将物料磨成细粉，因此得名球磨机。如果研磨体中有钢棒，则称其为棒磨机。在建材行业，不论这类粉磨设备研磨体的种类如何，都习惯将"球磨机"作为它们的统称。

球磨机转动时，筒体内的研磨体由于惯性离心力和摩擦力的作用，贴附在筒壁衬板上与筒体一起转动。研磨体被带到一定高度后，由于重力抛落下来，冲击磨内物料而使其粉碎。在研磨体随筒体运动的过程中，有时也会产生滑动现象，研磨体的滑动对磨内物料产生一定程度的研磨作用。为了效地利用研磨体的动能，并保证粉磨产品的细度，一般用带算缝或中心孔的隔仓板将筒体分为两个或几个仓。物料由磨头连续加入，与磨内物料形成一定的料位差，在水平转动的筒体内会自动地由磨头流向磨尾。为了加快和控制物料在磨内的流速，在有的隔仓板上和磨尾端面衬板上增加一些扬料板，磨机头仓一般装钢球或钢棒，主要对入磨物料起进一步的破碎作用；尾仓装小钢球或钢段，主要对物料起研磨作用，使出磨物料达到合格细度。磨机的转速对磨内研磨体的运动状态和粉碎作用有着直接的影响。为达到理想的效果，在同一个磨机转速的情况下，一般在筒体的各仓内安装不同带球能力的衬板来进行调节。

**2. 类型**

球磨机的分类方法很多，现部分介绍如下。

（1）按生产方法分：干法球磨机（磨内不加水）和湿法球磨机（磨内加水）；

（2）按传动方式分：边缘传动磨机（小型）和中心传动磨机（大型）；

（3）按卸料方式分：中卸式磨机和尾卸式磨机；

（4）按筒体长径比分：$L/D \leqslant 3$ 为普通磨机或称短磨机；$L/D \geqslant 4$ 为管磨机或称长磨机；

（5）按筒体仓位数目分：单仓磨、双仓磨和多仓磨；

（6）按工艺用途分：生料磨、水泥磨、煤磨、烘干磨、试验磨、高细磨、超细磨、开流磨（开路磨）、圈流磨（闭路磨）等。

**3. 规格与特点**

（1）规格表示方法

球磨机的规格以磨机筒体直径（m）乘以长度（m）表示，举例如下。

① $\phi2.2m \times 7m$ 球磨机，含义是：普通球磨机，筒体直径为 2.2m，筒体长度为 7m；

② $\phi5.6m \times 11m + 4.4m$ 中卸烘干球磨机，含义是：带烘干仓、中部卸料的球磨机，磨机筒体直径为 5.6m，烘干仓长度为 4.4m，粉磨仓总长度为 11m。

（2）球磨机特点

球磨机的优点是适应各种工艺条件下的连续生产，目前世界上最大的球磨机生产能力可达到 360～1050t/h，能满足建材工业现代大型化的要求，物料粉碎比可达到 300 以上，产品细度便于控制与调节，维护简单方便，安全运转率高，可以实现无尘操作。

它存在的不足是电耗高、噪声大、能量利用率低、金属消耗量多；磨机转速慢，需配置大型减速机，一次性资大。

（二）机械构造与工作性能

球磨机的构造如图 6-1 所示，主要组成部分有进、出料装置、筒体（含隔仓板、衬板、研磨体、磨门等）、主轴承、传动装置（含润滑、冷却系统）等。各部分简介如下。

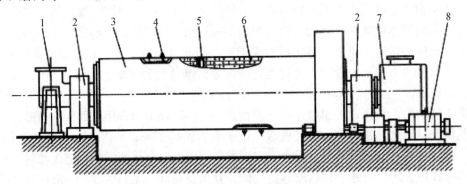

图 6-1 球磨机的构造

1—进料装置；2—主轴承；3—筒体；4—磨门；5—隔仓板；6—衬板；7—出料装置；8—传动装置

**1. 筒体**

圆柱形的筒体是球磨机的主要工作部件，它除了要承受隔仓板、衬板、研磨体及磨内物料的荷载之外，还要抵御研磨体在回转中以冲击为主的交变应力。因此，要求筒体必须具备一定的强度和刚度，制造筒体的材质也应具有较高的强度和较好的冲击韧性。目前，国内大型球磨机已经采用 16Mn 钢作为筒体制造材料，该材料不仅强度高、韧性好，而且具有良好的切削性能、焊接性能以及较高的耐磨性和耐疲劳性。

筒体的任一断面必须是圆形，纵向中心线要直。筒体两头的端盖要保持与筒体的同心度，端面应与筒体中心线垂直，安装时，磨机主轴承中心线与筒体中心线要重合且保持水平，否则，磨机在运转中筒体会发生跳动及轴承振动，影响车间生产安全。筒体上开设磨门，是为了满足检查、检修和清仓补球的需要。磨门的四角应是圆弧状，双仓磨和多仓磨的磨门应交错排列，以免应力集中产生裂纹，引起筒体损坏。磨门的大小应适合安装、检修磨内衬板、隔仓板的尺寸要求。

磨机正常运转和长期停止时，筒体的长度是不一样的。这是由于筒体温度变化所引起的热胀冷缩所致。磨机的卸料端靠近传动装置，为了保证齿轮的正常啮合，不允许出现任何长度的轴向窜动。因此，在磨机结构中已经考虑将筒体的热变形转移到进料端的轴承上。一种方法是用进料端中空轴轴颈的轴肩于轴承之间预留一定间隙，作为筒体热变形的移动空间；另一种方法是在轴承座与底板之间水平安装数根钢棍，筒体热胀冷缩时，进料端主轴承底座可以在钢棍上小范围地移动。

**2. 衬板**

衬板的作用是保护筒体不受研磨体和物料的磨损与冲击，延长筒体使用寿命；同时，衬板表面形状各异，可以改变研磨体在磨内的运动状态，从而实现工艺要求的各种功能及粉碎作用。按现代粉磨理论，衬板可分为三种类型：提升衬板、平滑衬板和分级衬板。

(1) 提升衬板。这类衬板对研磨体具有较强的提升能力，在正常转速的情况下，可以使磨内研磨体达到抛落状态，对物体产生冲击破碎力，一般用于磨机的粗磨仓，与大型研磨体配合。这类衬板按传统称谓叫作阶梯衬板、凸棱衬板、压条衬板、大波形衬板等。由于阶梯衬板不仅提升能力强，而且磨损均匀，使用周期长，因此目前它是提升衬板中首选应用的一种。

(2) 平滑衬板。这类衬板对研磨体的提升能力差，在正常转速的情况下，使研磨体处于倾斜状态，对物体进行磨剥粉碎，产生研磨作用，一般用于细磨仓，与小型研磨体配合，或用于筒体的端面保护。常见表面形状为平形、平花纹形或小波浪形。

(3) 分级衬板。这类衬板是一种功能型衬板，它可以使研磨体沿筒体轴线方向产生"大球靠近进料端、小球退向出料端"的规则排列。众所周知，物料在磨内的粉碎过程，是一个颗粒沿轴线方向粒径逐渐减小的过程。从能量利用的合理性来讲，希望大颗粒用大球来粉碎，小颗粒用小球粉磨。因此，分级衬板正是为适应这个要求而研制的。从 18 世纪开始，有人用圆柱形和圆锥形组合成球磨机的筒体，使磨内钢球按物流方向实现由大到小的正向排列分级。这一原理被应用到衬板的研制上，从 1923 年开始，各种分级衬板相继问世。

分级衬板的工作原理主要有三种：锥面分级原理、螺旋分级原理和能量分级原理。

① 利用锥面分级原理制成的分级衬板有锥面分级衬板、鼓包分级衬板、双曲面衬板、阶梯与锥面复合分级衬板、三角锥台分级衬板和角螺旋衬板（一部分）等。锥面分级衬板在磨内构成断续的圆锥面，当筒体正常转动时，衬板的锥面对钢球产生离心力作用、反冲作用、倾斜作用和移动作用，导致大球趋向进料端，使小球推向卸料端。应用结果表明，球形研磨体容易分级；球径差别过小不易分级；短磨机（$L/D \leqslant 3$）以及锥度和长度过小的锥形衬板分级效果不明显；在衬板表面附加凸台或凹槽影响分级效果且增加能耗。

② 利用衬板排列形成螺旋产生分级的螺旋分级衬板有螺旋沟槽分级衬板、倾斜凸棱和倾斜压条分级衬板、角螺旋衬板（一部分）等。螺旋分级衬板将衬板表面的凹槽和凸台扭转一定角度而形成螺旋线后，可以使钢球产生分级。角螺旋衬板是利用衬板在横断面上形成圆角四边形，沿物流方向旋转一定角度后排列形成螺旋线，它是螺旋分级原理和锥面分级原理

的相加。应用结果表明，螺旋分级衬板在一定条件下产生了较好效果，但存在某些局限性。由于断面形状特殊，使钢球按不同角度抛出，但抛落高度不如提升衬板，平均高度降低，使研磨体下落的冲击力减弱，因而对粗磨仓不利；如果是细磨仓，处于倾斜状态的钢球太少，研磨作用不足，影响出磨物料中的细粉含量。因此，该分级衬板只适合于进料粒度较小、出料细度要求不高的粉磨工艺过程。

③ 利用衬板传递能量递减而使研磨体分级的能量分级衬板，是根据研磨体的动能来自磨机转速和衬板的摩擦力等因素而研制的。在其他条件不变的情况下，按研磨体分级的要求，从进料端到出料端，衬板表面的摩擦系数由大到小递减排列，筒体回转时，研磨体得到的能量也会产生递减，其抛落高度和粉碎作用力各不相同，导致不同规格的研磨体产生不同的轴向位移，大球向能量传递大的区域移动，小球则向能量传递小的区域移动，由此而产生合理的分级。能量分级衬板最简便的制作方法是利用不同高度和摩擦系数的压条制造。

还有根据衬板工作表面经常被磨出有规律的沟槽而研制的环沟衬板，适当增大钢球与衬板的接触面积，提高摩擦力，使钢球在衬板上整体排列有序，达到正常分级效果。

从粉磨工艺角度应该引起注意的是：研磨体在磨内分级良好，并不等于球磨机就一定会节能高产。实践证明，研磨体分级作用一定要服从磨内最佳粉碎作用合理匹配的要求，这样才能取得优质、节能、高产的效果。

**3. 隔仓板**

按粉磨工艺的要求，将磨机的筒体分为几个不同仓位的构件称为隔仓板。隔仓板有以下四个方面的作用。

(1) 分隔不同规格的研磨体。在粉磨过程中，要求研磨体按物流方向由大到小排列，大球以冲击粉碎作用为主，而小球以研磨作用为主。隔仓板可以粗略地将它们分开，防止研磨体窜仓，影响粉磨效果。

(2) 筛分物料的作用。由于研磨体由大到小的排列，磨内物料也应该是按流动方向粒度逐渐减小。筒体分仓后，大颗粒如果进入细磨仓，在有限的时间内将无法磨成细粉，出磨物料会出现"跑粗"现象。隔仓板的箅缝可以筛分物料，防止大颗粒跑到细磨仓。尤其是开流管磨机，隔仓板的筛分作用十分重要，现代高细高产管磨机就充分利用了这一点。

(3) 控制物料流速的作用。磨机筒体分仓后，物料在各仓内必须达到预先设定的细度，否则，就会发生仓位匹配失调，影响磨机产质量。在磨机转速、物料性质等工艺条件不变的情况下，磨内研磨体装填完毕后，物料在各仓的停留时间就是决定物料粉磨细度的主要因素。隔仓板是否带扬料板以及板上的箅缝大小等，直接关系到磨内物料流动速度的快慢，也就是物料在各仓停留的时间靠隔仓板能够得到控制。

(4) 调控磨内通风量的作用。磨内通风可以及时排出水蒸气、热量和超细粉，对提高磨机产量、质量至关重要。隔仓板上的箅缝和中心孔的总量，代表着通风截面面积总和的大小，是影响磨内风速的主要因素。现代粉磨理念要求球磨机尽可能地加大磨内通风量，这对磨机高产十分有利，尤其是对开流管磨机更为重要，近年来这一点的应用已经收到实效。

隔仓板分为单层隔仓板和双层隔仓板两种。

单层隔仓板一般由扇形箅板组成，大端用螺栓固定在磨机筒体上，小端则用中心圆板与其他箅板连成一个整体。扇形箅板的数量由磨机直径大小确定。单层隔仓板的另一种形式是弓形隔仓板，这种隔仓板由数块弓形箅板组成，每块箅板都固定在磨机筒体上。使用单层隔仓板时物料流速较慢，应注意前仓的料面应高于后仓。

双层隔仓板由箅板和盲板组成，中间设有扬料装量，属于强制排料设施，物料流速较快，不受隔仓板前后料面的高低限制，即使是前仓的料位低，也能够顺利地让物料通过，对于调整研磨体填充率和级配都十分有利，常用于分隔大磨机的第一仓和第二仓。双层隔仓板的通风阻力较大，影响磨机产质量的提高，因此，现在球磨机，尤其是开流管磨机，都在逐步扩大其中心孔的面积，以改善磨内通风，增产节能。

**4. 进、出料装置**

磨机进、出料装置是磨机整体中的一个组成部分，物料、水（湿法磨）和气流通过进料装置进入磨内，粉磨后的物料通过出料装置排出磨外。根据生产工艺要求，磨机的进、出料装置有许多不同的种类，以下仅介绍近年来使用在干法磨机的几种类型。

（1）进料装置

进料装置分为溜管进料、勺轮进料、螺旋进料等，但目前干法磨机主要应用螺旋进料装置。它由固定在机座上不动的进料漏斗和安装在中空轴内并随之一起回转的进料螺旋以及密封装置组成。密封装置一般由石墨密封圈和压紧弹簧构成，若在密封圈内有积料可定期打开放料门排出，进料螺旋由进料套筒和螺旋叶片组成，螺旋叶片固定在进料套筒的内壁上，中心部位是磨机的通风孔，螺旋叶片的倾角近年来有所降低，这不仅有利于进料速度的加快，而且增大了通风孔的横截面面积，有利于磨机通风阻力的减少和通风量的增加。在进料螺旋与中空轴之间预留了一定的间隙，以形成空气隔热层，降低中空轴的温升。进料装置的工作过程：磨头加料装置将物料由进料漏斗喂入，物料经漏斗溜管溜入进料螺旋，回转的螺旋叶片迅速地将物料推进磨机筒体。

（2）出料装置

出料装置根据磨机结构不同而不同，常见有三种：边缘传动磨机出料装置、中心传动磨机出料装置和中卸式磨机出料装置。

① 边缘传动磨机出料装置。边缘传动磨机的出料装置是由卸料箅板、端盖扬料板、出料螺旋、锥形溜管、磨尾回转筛、磨尾卸料罩等几部分组成。粉磨后的细粉通过卸料箅板后，由端面扬料板回转提起，从中心部位喂入出料螺旋，回转的螺旋叶片将出磨物料推向锥形溜管，喂入磨尾回转筛，经回转筛分级检查后，合格的细粉落入磨尾卸料罩从底部进入输送设备和下一工序，不合格的粗料或铁件（碎研磨体）从磨尾卸料罩的排渣口排出，落入专用的磨机排渣小车里。回转筛的筛缝宽度一般为 3～5mm，闭路粉磨取高值，开路粉磨取低值。开路磨的回转筛应换成钢丝筛网或双层筛。

② 中心传动磨机出料装置。中心传动磨机的出料装置，与边缘传动磨机出料装置基本相似，只是在主轴承部位的出料螺旋改为出料锥管，在磨尾卸料罩部位出磨物料不是直接卸在回转筛上，而是通过中空轴内锥体和卸料罩部位的中空轴上一些椭圆形出料孔卸到回转筛上。回转筛与中空轴一起回转，出磨物料经检查筛分后从磨尾卸料罩分别排出。

③ 中卸式磨机出料装置。中卸式磨机出料装置在磨机筒体中部，结构比较简单。在出料部位的筒体上设有若干椭圆形出料孔，两边的仓位装有带箅缝的隔仓板，粉磨后的物料分别从两边仓位隔仓板的箅缝，进入中部带出料孔的筒体排出磨外，流到卸料罩，再从卸料罩下部的漏斗进入提升机和下一工序。

部分国产球磨机的技术参数见表 6-1。

表 6-1　部分国产球磨机的技术参数

| 磨机规格 (m) | 工艺流程 | 入料粒度 (mm) | 产品细度 (R0.08)（%） | | 生产能力 (t/h) | | 电动机功率 (kW) | 研磨体装载量（t） | 设备质量 (t) |
|---|---|---|---|---|---|---|---|---|---|
| | | | 生料 | 水泥 | 生料 | 水泥 | | | |
| Φ2.2×7 | 闭路 | ≤25 | 8～12 | 3～6 | 22 | 16 | 380 | 380 | 50 |
| Φ2.4×8 | 闭路 | ≤25 | 8～12 | 3～6 | 28 | 20 | 570 | 41.5 | 67.6 |
| Φ2.4×13 | 开路 | ≤25 | 8～12 | 3～6 | — | 26 | 800 | 68 | 118 |
| Φ2.6×8 | 闭路 | ≤25 | 8～12 | 3～6 | 33 | 24 | 630 | 47 | 111 |
| Φ2.6×13 | 开路 | ≤25 | 8～12 | 3～6 | — | 30 | 1000 | 78 | 146 |
| Φ3×9 | 闭路 | ≤25 | 8～12 | 3～6 | 45 | 33 | 1000 | 80 | 152 |
| Φ3×11 | 闭路 | ≤25 | 8～12 | 3～6 | 55 | 45 | 1250 | 100 | 168 |
| Φ3.5×11 | 闭路 | ≤25 | 8～12 | 3～6 | 75 | 60 | 2000 | 135 | 212 |
| Φ3.8×13 | 闭路 | ≤25 | 8～12 | 3～6 | 90 | 75 | 2500 | 174 | 230 |
| Φ4.2×13 | 闭路 | ≤15 | 8～12 | 3～6 | — | 160 | 3550 | 190 | 255 |
| Φ4.6×14 | 闭路 | ≤25 | 8～12 | 3～6 | 220 | 185 | 4200 | 210 | 310 |

## 二、针式磨粉机

### （一）立式针式磨粉机

**1. 工作原理**

立式针式磨粉机主要的工作原理：在主电动机带动下，动盘高速旋转，粉体颗粒从左右两侧进入高速回转动盘中心，在强大的离心力作用下，快速向四周分散，在工作腔内受到高速回转的动针和固定不动的定针反复多次地强烈撞击，使颗粒在冲撞过程中受到较小剪切力而不被过分撕碎，大部分呈颗粒状存在。

冲击磨动盘固定在铅垂布置的主轴下端，主电动机垂直安装并通过强力窄 V 皮带带动主轴高速旋转，回转体和主电动机支撑在支撑架上，采用稀油强制润滑上、下主轴承，配有专用电控箱，设置了多种完善的过载保护装置。

**2. 用途与特点**

立式针式磨粉机是一种高效的现代细磨设备，广泛应用于玉米、薯类、豆类等淀粉加工，也适用于熟石膏的改性。该设备除具有结构紧凑、运行可靠、工艺路线短、操作简便、生产能力大、占地面积小、密封性能好等优点外，还有如下几个优点：

（1）产品质量好。颗粒在高速旋转的冲击磨内与动针和定针的冲撞过程中受剪切力较小，主要是碰撞粉碎，不易形成过研磨。大大提高了产品质量。

（2）破碎效率率高。由于独特地利用离心力冲击原理破碎颗粒，比其他破碎设备效率高5%以上。

（3）改进了轴承的润滑方式。由于冲击磨的主轴垂直安装和有很高的转速，承载的上、下主轴承对润滑有较高的要求。设计对上、下主轴承采用稀油压力强制循环分别润滑代替空气油雾润滑，获得良好的润滑效果。

LZM 系列针型冲击磨具有结构紧凑、运行可靠、工艺路线短、磨碎效果好、处理能力大，密封性能好，安装操作方便等一系列优点，具有显著的经济效益。

在选择冲击磨设备时，必须考虑破碎要求达到的破碎程度。对不同物料要求的破碎应选择不同的破碎工艺和设备。破碎程度要求越高，成本也越高，而且生产成本是以几何级数递增的。

**3. 主要结构及其作用**

机壳：机壳是物料进入冲击磨内腔的通道，同时它连接着定盘。

定盘：针磨的定盘上安放着定针和换针螺母，其中定针在设备运行的过程中用来与物料进行撞击。换针螺母的作用是在对动针进行调换时可不用拆卸其他部件方便地进行调换。

动盘：动盘是立式针式磨粉机的重要工作部分，物料进入磨粉机内腔后主要通过动盘的高速旋转产生的强大的离心力使物料在动针和定针以及齿盘之间受到强烈的撞击，从而达到使物料破碎的效果。

齿盘：在设备运行的过程中物料会在高速的离心力的作用下与齿盘相撞，更有利于物料的破碎。同时齿盘还连接着定盘和出料斗。

出料斗：出料斗是物料破碎后顺利排出磨粉机设备进入下一道工序的通道。

高速轴：高速轴是立式针式磨粉机设备中传递转矩使动盘能够高速旋转的枢纽。电动机通过窄 V 型皮带的传动将转矩传递到高速轴上，再经过高速轴将转矩传递到动盘上使动盘获得动力。

机架：机架是用来支撑整个冲击磨核心部件和传动装置的载体。

预紧螺杆：由于 LZM 型立式针式冲击磨是采用皮带传动，因此皮带安装在两皮带轮之后来对皮带进行预紧。

（二）卧式针式磨粉机

**1. 工作原理**

其主要的工作原理：粉料经过喂料器均匀地由中心喂入，在强大的离心力作用下向四周分散。在受高速运动着的针反复撞击同时，物料间产生相互撞击力，使大颗粒粉碎成小颗粒。

**2. 设计考虑因素**

在设计采用冲击磨设备时，主要从以下几个方面进行考虑：

（1）可靠性：要求选用的破碎工艺及设备有稳定的加工质量，能达到所要求的破碎程度。

（2）对破碎对象的影响：要求在破碎过程中对待破碎物料造成的损伤尽可能小，并且不能产生新的二次污染。

（3）利于自然环境的保护：要求破碎工艺及设备能够防止或尽可能减少噪声、废气等对自然环境造成的破坏。

（4）效率：要求对破碎工艺及设备具有效率高、节约劳动力的特点。

（5）良好的作业环境：要求所用的破碎工艺及设备能保持良好的作业环境，使工人的健康和安全得到保证。

（6）经济性：要求采用既能达到细磨要求，成本又低的加工工艺设备。

综上所述，根据立式针磨与卧式针磨的对比可以看出立式针磨的机构更合理，操作更方便，处理能力更高，更适合实际生产。

### 三、雷蒙磨

（一）雷蒙磨工作原理

雷蒙磨整套工作过程（粉磨物料过程）：大块状物料经颚式破碎机破碎到所需要粒度后，由提升机将物料送至储料斗，再经振动给料机均匀定量连续地送入主机磨室内进行研磨，粉磨后的粉料被风机气流带走。经分析机进行分级，符合细度的粉料随气流经管道进入大旋风收集器内，进行分离收集，再经粉管排出即为成品粉料。气流再由大旋风收集器上端回风管吸入鼓风机。本机整个气流系统是密闭循环的，并且是在正负压状态下循环流动的。

在磨室内因被磨物料有一定的水份，研磨时产生热量导致磨室内气体蒸发改变了气流量，以及整机各管道连接不严密使外界气体被吸入，使循环气流风量增加，为此通过调整风机与主机间的余风管来达到气流的平衡，并将多余的气体导入小旋风收集器，把余气带入的细粉料收集下来，最后由小旋风收集器上段排气管排入大气，或导入收尘器内使排空气体净化。

雷蒙磨主机工作过程是通过传动装置带动中心轴转动，轴的上端连接着梅花架，架上装有磨辊装置并形成摆动支点，其不仅围绕中心回转，磨辊围绕着磨环公转的同时，磨辊本身因摩擦作用而自转。梅花架下端装有铲刀系统，其位置处于磨辊下端，铲刀与磨辊同转过程中把物料铲抛喂入磨辊环之间，形成整料层，该料层受磨辊旋转产生向外的离心力（即挤压力）将物料碾碎，由此而达到制粉的目的。

分析机通过调速电机并经二级减速带动转盘上的 60 片叶片旋转，形成对粉料的分级作用。叶片转速的快慢按成品粉料度大小进行调节。如果要获得较细粒度粉料，就必须提高叶片转速，使叶片与粉料接触增加，使不合要求的粉料被叶片抛向外壁与气流脱离，粗粉料因自重的作用落入磨室进行重磨，合格的成品粉料被叶片随气流吸入大旋风收集器，气流与粉料被分离后，粉料被收集。

雷蒙磨的大旋风收集器对磨粉机的性能起到很重要的作用，当带粉料气流进入收集器时是高速旋转状态，待气流与粉料分离后，气流随圆锥体壁收缩向中心移动至锥底时（气流自然长度）形成一个旋转向上的气流圆柱，这时粉料被分离下落收集。由于向上旋转核心呈负压状态，所以对收集器下端密封要求很高，必须对外界空气严格隔开，否则被收集下的粉料会重新被核心气流带走，这将直接影响整机的产量，因此收集器下端装有锁粉器，其作用是将外界正压气体与收集器负压气体隔开，这是一个相当重要的部件，如不装锁粉器或锁粉器的舌板吻合密封不严就会造成不出粉或少出粉，严重影响整机产量。

雷蒙磨风选过程：物料研磨后，风机将风吹入主机壳，吹起粉末，经置于研磨室上方的分析器进行分选，细度过粗的物料又落入研磨室重磨，细度合乎规格的随风流进入旋风收集器，收集后经过粉管排出，即为成品。风量由大旋风收集器上端的回风管回入风机，风路是循环的，并且在负压状态下流动，循环风路的风量增加部分经风机于主机中间的废气管道排出，进入小旋风收集器，进行净化处理。

雷蒙磨结构示意与工作原理如图 6-2 和图 6-3 所示。

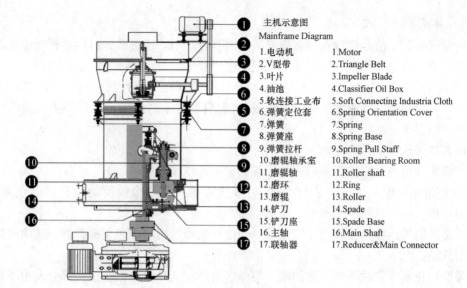

| 主机示意图 Mainframe Diagram | |
| --- | --- |
| 1.电动机 | 1.Motor |
| 2.V型带 | 2.Triangle Belt |
| 3.叶片 | 3.Impeller Blade |
| 4.油池 | 4.Classifier Oil Box |
| 5.软连接工业布 | 5.Soft Connecting Industria Cloth |
| 6.弹簧定位套 | 6.Spriing Orientation Cover |
| 7.弹簧 | 7.Spring |
| 8.弹簧座 | 8.Spring Base |
| 9.弹簧拉杆 | 9.Spring Pull Staff |
| 10.磨辊轴承室 | 10.Roller Bearing Room |
| 11.磨辊轴 | 11.Roller shaft |
| 12.磨环 | 12.Ring |
| 13.磨辊 | 13.Roller |
| 14.铲刀 | 14.Spade |
| 15.铲刀座 | 15.Spade Base |
| 16.主轴 | 16.Main Shaft |
| 17.联轴器 | 17.Reducer&Main Connector |

图 6-2　雷蒙磨结构示意

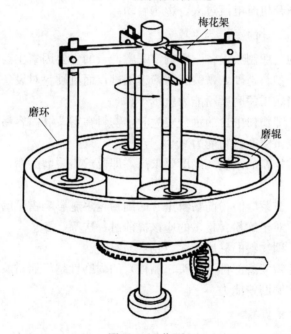

图 6-3　工作原理

（二）雷蒙磨结构特征

（1）雷蒙磨采用立体结构，占地面积小，成套性强，从块料到成品粉料独立自成一个生产体系。

（2）成品粉料细度均匀，通筛率 99%，这是其他磨粉设备难以具备的。

（3）磨机传动装置采用密闭齿轮箱和带轮，传动平稳，运行可靠。

（4）雷蒙磨的重要部件均采用优质钢材，耐磨件均采用高性能耐磨材料，整机耐磨性能高，运行可靠。

（5）电气系统采用集中控制，磨粉车间基本可实现无人作业，并且维修方便。

111

（三）雷蒙磨操作流程

（1）雷蒙磨开动前，应检查所有检修门关闭是否严密，检查破碎机的颚板间隙是否符合进料粒度尺寸，调整分析机转速应达近似成品粒度要求，最后按以下顺序开机：

① 开动斗式提升机；②开动颚式破碎机；③待料仓存有物料后，启动分析机；④启动鼓风机（空负荷启动，待正常运行后再加载）；⑤启动雷蒙磨主机，在启动主机瞬间随即启动电磁振动给料机。

此时雷蒙磨粉磨工作即开始。

（2）雷蒙磨停机时应按下列顺序关闭各机：

① 关闭给料机停止给料；②约 1min 后停止主机；③吹净残留的粉料后停止鼓风机；④关闭分析机。

注：提升机输运物料至料仓一定量后，先停止破碎机而后再停止提升机，此项应根据储料量随时变动。

雷蒙磨在正常工作时不准随意加油，要确保生产安全，粉碎机在任何部分发生不正常噪声，或负荷突然增大应立即停机检查，排除故障，以免发生重大事故。再继续开机时必须将磨机内余料取出，否则开机时电流过大，影响启动。

（四）影响雷蒙磨产量的主要因素

雷蒙磨机是常用的工业制粉设备，影响雷蒙磨产量的主要因素主要如下：

（1）物料的硬度。物料越硬，雷蒙磨磨粉越困难，而且硬料对设备的磨损越严重，雷蒙磨磨粉的速度越慢，当然雷蒙磨磨粉能力就越小。

（2）物料的湿度，即物料中含的水分较大时，物料在雷蒙磨内容易黏附，也容易在下料输送过程中堵塞，造成雷蒙磨磨粉能力减小。

（3）雷蒙磨磨粉后物料的细度，细度要求高，即要求雷蒙磨磨粉出的物料越细，则雷蒙磨磨粉能力越小。

（4）物料的组成，雷蒙磨磨粉前物料里含的细粉越多越影响雷蒙磨磨粉，因为这些细粉容易黏附并影响输送。对于细粉含量多的应该提前过一次筛。

（5）物料的黏度。即物料的黏度越大，越容易黏附。

（6）雷蒙磨粉机的雷蒙磨部件（锤头、颚板）的耐磨性越好而雷蒙磨磨粉能力越大，如果不耐磨，将影响雷蒙磨磨粉能力。

（五）磨粉机的维护保养

（1）磨粉机使用过程中，应有固定人员负责看管，操作人员必须具备一定的技术水平，磨粉机安装前的操作有关人员必须进行技术培训，使之了解磨粉机的原理性能，熟悉操作规程。

（2）为使磨粉机正常工作，应制定"维修保养安全操作制度"方能保证磨粉机长期安全运行。同时要有必要的检修工具以及润滑脂和配件。

（3）磨粉机使用一段时期后，应进行检修，同时对磨辊、模环、铲刀等易损件进行修理更换，磨辊装置在使用前后对连接螺栓、螺母等均应进行仔细检查，是否有松动现象，润滑油脂是否加足。

（4）磨辊装置使用时间超过 500h 重新更换磨辊时，对辊套内的各滚动轴承必须进行清洗，对损坏件应更换，加油工具可用手动加油泵或黄油枪。

## 四、立磨

### (一) 工作原理与类型

立磨的机械术语名称（学名）为辊式磨。与水平放置工作的球磨机相比，由于这种磨机采用站立式工作方式，建材行业习惯称其为立式磨，又称碾磨机。该设备 1790 年在英国应用于工业生产，1928 年德国正式将立式磨应用于水泥工业的煤粉制备。我国于 1978 年引进德国的立式磨，1984 年开始进行立式磨机技术及装备的国产化研究，并制成了首台样机投入工业运行。立式磨是根据料床粉碎原理，通过磨辊与磨盘的相对运动将物料粉碎，并靠热风将磨细的物料烘干、带起，由分级装置在内分级，粗粉落入磨盘重新被粉碎，成品利用气流送出磨外由袋收尘器收集。

料床粉碎除粉碎能之外，还要附加料床压缩能和物料移动能。料床是否稳定对料床粉碎非常重要。球磨机料床四周不受限，不稳定；立式磨部分受限，侧面自由，比较稳定。因此立式磨能量利用率高于球磨机。立式磨集细碎、烘干、粉磨、选粉、输送于一体，具有粉磨效率高、电耗低（比球磨机节电 20%～30%）、烘干能力大、产品细度调节方便、工艺流程简单、占地面积小、噪声低（比球磨机低 20dB）、金属消耗少、检修方便等优点。

原始的立式磨属于辊转式，即磨盘固定不动，磨辊在磨盘上转动，靠磨辊的自重来碾压物料，被称为轮碾机；还有一种是用立轴悬挂磨辊，立轴旋转，带动磨辊在碗状磨盘上碾磨物料，被称为悬辊磨；后来发展到"磨盘主动、磨辊从动"，磨辊靠磨盘的旋转带动来碾压物料，同时磨辊还增加了弹簧加压方式。目前用于建材工业的立式磨基本上都改为盘转式，磨辊压力改为液压油缸加压方式，生产能力提高，设备实现了大型化，目前单机台时产量在 300t/h 以上的粉磨系统，使用立式磨最为经济。因此，立式磨在大型建材企业已经十分普遍，中、小型建材企业也逐渐开始应用。

常见国外立式磨一般以制造公司命名。如，雷蒙 RP（美国），莱歇磨 LM（德国）、非凡磨 MPS（德国）、伯力休斯磨 RM（德国）、史密斯 Atox（丹麦）等，富乐（美国）、宇部（日本）也生产 LM 磨。其主要区别是辊盘形状不同。

国产立式磨制造厂有沈重集团（原沈阳重型机器厂）（MPS），还有天津水泥工业设计研究院（TRM）、合肥水泥研究设计院（HRM），主要引进德国非凡公司 MPS、伯力休斯公司 RM 的技术。磨机规格一般以磨盘直径表示。TRM 立式磨规格单位是 dm，HRM 立式磨规格是 mm。如 TRM32 代表含义是：天津水泥工业设计研究院研制的立式磨，磨盘直径为 3.2m；HRM2200 代号含义是：合肥水泥研究院研制的立式磨，磨盘直径为 2.2m。

### (二) 工作性能

如图 6-4 所示，立式磨由机壳与机座、磨辊与磨盘、加压装置、分级装置、传动装置和润滑系统六大部分组成。

20 世纪 70 年代后期，国外几家主要生产立式磨的公司纷纷用粉磨生料的立式磨进行水泥粉磨的试验，到 20 世纪 80 年代初取得了工业试验成功。国外第一台水泥立式磨（MPS型）1980 年使用于德国，虽然使用效果不如生料磨理想，但已经逐步走向发展和成熟阶段。2000 年 7 月，我国第一条应用于水泥粉磨的立式磨终粉磨系统在安徽朱家桥水泥公司建成投产，采用德国制造的莱歇磨 LM46，年产矿渣水泥 70 万吨。

部分国产立式磨（生料）的技术参数见表 6-2。

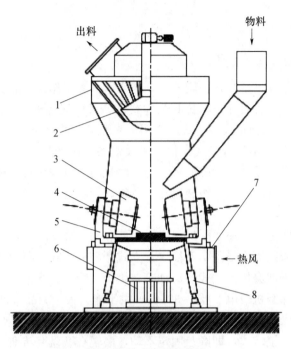

图 6-4 立式磨机的构造

1—机壳；2—分级装置；3—磨辊；4—磨盘；5—加压装置；6—转动装置；7—环形风道；8—液压油缸

表 6-2 部分国产立式磨（生料）的技术参数

| 型号规格 | 磨盘直径（mm） | 入料粒度（mm） | 产品粒度（$R0.08$）（%） | 生产能力（t/h） | 主电动机功率（kW） | 设备质量（t） |
|---|---|---|---|---|---|---|
| HRM1300 | 1300 | ≤40 | 8～12 | 20～28 | 200 | 40 |
| HRM1500 | 1500 | ≤50 | 8～12 | 28～35 | 250 | 52 |
| HRM1700 | 1700 | ≤50 | 8～12 | 40～48 | 380 | 70 |
| HRM1900 | 1900 | ≤50 | 8～12 | 50～60 | 450 | 80 |
| HRM2200 | 2200 | ≤60 | 8～12 | 70～90 | 630 | 150 |
| TRM14 | 1400 | ≤40 | 8～12 | 14～22 | 155 | 40 |
| TRM15 | 1500 | ≤50 | 8～12 | 17～26 | 220 | 53 |
| TRM17 | 1700 | ≤50 | 8～12 | 23～35 | 250 | 64 |
| TRM20 | 2000 | ≤60 | 8～12 | 36～55 | 400 | 75 |
| TRM23 | 2300 | ≤60 | 8～12 | 36～55 | 560 | 162 |
| TRM25 | 2500 | ≤60 | 8～12 | 36～55 | 710 | 230 |
| TRM32 | 3200 | ≤70 | 8～12 | 50～75 | 1600 | 450 |
| MPS2250 | 2250 | ≤80 | 8～12 | 65～95 | 500 | 115 |
| MPS2450 | 2450 | ≤60 | 8～12 | 150～220 | 610 | 142 |
| MPS2650 | 2650 | ≤60 | 8～12 | 52.5 | 690 | 157 |
| MPS3150 | 3150 | ≤80 | 8～12 | 75 | 1075 | 266 |
|  | 3450 | ≤100 | 8～12 | 90 | 1300 | 315 |

续表

| 型号规格 | 磨盘直径<br>(mm) | 入料粒度<br>(mm) | 产品粒度<br>($R0.08$)（%） | 生产能力<br>(t/h) | 主电动机功率<br>(kW) | 设备质量<br>(t) |
|---|---|---|---|---|---|---|
| MPS3450 | 2450 | ≤120 | 8～12 | 150 | 870 | 163 |
| MPS2650 | 2650 | ≤130 | 8～12 | 180 | 970 | 203 |
| MPS3450 | 3450 | ≤70 | 2～6 | 32（水泥） | 1800 | 416 |
| MPS3450 | 3450 | ≤80 | 2～6 | 46（水泥） | 1800 | 416 |
| MPS3450 | 3450 | ≤100 | 2～6 | 91（水泥） | 1800 | 416 |

# 第二节　原料（生料）均化技术及设施

目前在国内的建筑石膏的工艺流程中，针对石膏品位的波动，或者针对杂质的波动，在进入石膏煅烧炉之前采用原料预均化或者原料均化的生产线非常少，仅有三四条生产线针对石膏矿石的品位波动采取了预均化装置。虽然目前大量地采用工业副产石膏，例如烟气脱硫石膏，在单一电厂供货时的石膏品位波动是比较小的，完全能满足建筑石膏稳定生产的要求；但在多个厂供应原料的情况下，品位的波动也是值得注意的；再例如磷石膏，没有完全水洗而排放的磷石膏里的杂质含量差距通常非常大，达十几倍甚至几十倍，用这样的磷石膏煅烧出来的建筑石膏的凝结时间和强度的变化都非常大，经常达不到国家标准要求的质量，给后续的生产或客户带来极大的困难，有的还造成很大的损失。因此，为了逐步地提高我国建筑石膏生产的工艺技术水平，编者在此引入水泥工业的均化和预均化的概念和原理，供读者学习参考。

## 一、生料均化概述和均化设备

（一）生料均化的重要作用

在水泥工业生料制备过程的"均化链"中，生料均化是最重要的链环。高长明曾对此做了归纳，见表6-3。在生料制备四个主要链环中，生料均化年平均均化周期较短，均化效果良好，又是生料入窑前的最后一个均化环节，其地位十分重要。半个多世纪以来，国内外学者一直重视均化率的不断改进和优化。特别是悬浮预热和预分解技术诞生以来，在同湿法生产模式竞争中，"均化链"的不断完善，支撑着新型干法生产的发展和大型化，保证生产"均衡稳定"进行。其功不可没。因此，在新型干法水泥生产的生料制备过程"均化链"中，生料均化占有最重要的地位。

表6-3　生料制备系统各环节功能和工作量

| 生料制备系统<br>内各环节 | 平均均化<br>周期[①]（h） | 碳酸钙标准偏差 | | 均化效果<br>$S_1/S_2$ | 均化完成工作<br>量比例（%） |
|---|---|---|---|---|---|
| | | 进料 $S_1$（%） | 出料 $S_2$（%） | | |
| 矿山 | 8～168 | — | ±2～±10 | — | ＜10 |
| 预均化堆场 | 2～8 | ±10 | ±1～±2 | 7～10 | 35～40 |
| 生料磨 | 1～10 | ±1～±2 | ±1～±2 | 1～2 | 0～15 |
| 均化库 | 0.5～4 | ±1～±2 | ±0.01～±0.2 | 7～15 | ～40 |

①为各环节的生料累计平均达到允许的目标值时所需的运转时间。

（二）生料均化库的发展

20世纪50年代以前，水泥工业均化生料的方法主要依靠机械倒库，不仅动力消耗大，而且均化效果不好。在矿山供应高品位矿石质量比较好的条件下，为了使入窑的生料碳酸钙成分波动在±0.5％内的合格率达到60％以上，每1t生料要多消耗3.6MJ至7.2MJ的电力。由于生料浆易于搅匀，湿法窑能生产质量较好的水泥，当时很多国家积极地发展湿法生产。

20世纪50年代初期，随着悬浮预热器的出现，国外建立在生料粉流态化技术基础之上的间歇式空气搅拌库开始迅速发展；20世纪60年代，双层库（一般上层是搅拌库，下层是储存库）出现；20世纪70年代德国缪勒（Möller）、伊堡（IBAU）、克拉德斯·彼得斯（Claudius Peters）等公司研究开发了多种连续式均化库，随后伊堡、伯力休斯、史密斯公司又研发了多料流式均化库。

我国水泥工业在20世纪50年代以前，干法厂生料均化大多采用多库搭配方式，均化效果很差；20世纪70年代邯郸等厂采用了间歇式空气搅拌库；20世纪80年代淮海厂曾采用双层库；连续式均化库由天津水泥工业设计研究院前身——邯郸设计所于20世纪70年代末期研发成功，20世纪80年代首先在江西厂2000t/d新型干法生产线上应用；同时，在20世纪80年代初期投产的冀东、宁国等厂引进了连续式及多料流式均化库。自20世纪90年代以来，为了同大型预分解窑生产线配套，天津、南京等设计部门均研发了各具特点的多料流式均化库用于2000～5000t/d生产线。

（三）生料均化原理

生料均化原理主要是采用空气搅拌及重力作用下产生的"漏斗效应"（或称鼠穴效应），使生料粉向下降落时切割尽量多层料面予以混合。同时，在不同流化空气的作用下，使沿库内平行料面发生大小不同的流化膨胀作用，有的区域卸料，有的区域流化，从而使库内料面产生径向倾斜，进行径向混合均化。

水泥工业所用的生料均化库，都是利用三种均化作用原理进行匹配设计的。例如，间歇式均化库，采用空气搅拌原理，使生料粉按规定要求进行沸腾、翻滚达到搅拌混合均匀的目的。这种搅拌库虽然均化效果高，但其耗电量大和多库间歇作业是其缺点。目前，应用普遍的多料流式均化库的研发，主要在保证满意均化效果的同时，力求节约电能消耗。因此，无论哪种形式的多料流式均化库都是尽量发挥重力均化的作用，利用多料流使库内生料产生众多漏斗流，同时产生径向倾斜料面运动，提高均化效果。此外，在力求弱化空气搅拌以节约电力消耗的同时，许多多料流式均化库也设置容积大小不等的卸料小仓，使生料库内已经过漏斗流及径向混合流均化的生料再卸入库内或库下的小仓内，进入小仓内的物料再进行空气搅拌，而后卸出运走。

不同类型的均化库均化效果高低、电力消耗大小等，关键取决于三种均化作用匹配和利用技术水平的高低。不同的匹配方式，要求均化库有不同的结构、设备、控制装置和软件，这也是不同类型均化库的区别所在。

同时，要强调的就是操作、管理和维修的问题。高新技术的应用对用户也提出了相应的现代化管理要求，再好的装备不按其规定要求维护，也不能发挥其应有的作用和效果。过去，一些生产线均化库使用效果不够理想，不能长期保持较高的均化效果，固然同某种均化库设计、设备水平不高有关，但是管理、操作不当，长期失修等也是一个普遍存在的问题，对此也引起高度重视。

（四）间歇式均化库

间歇式均化库是水泥工业最早利用的均化库，这种均化库由于动力消耗大等原因已逐步被淘汰，但其基本原理及利用高压空气充分搅拌生料的作用已被许多新型连续式均化库移植、改进和吸纳。间歇式均化库的特点如下：

（1）库容一般较小，个数较多，库内生料依靠高压气流均化和翻滚搅拌。由于搅拌是一库一库间歇进行，故也称间歇式空气搅拌均化库。

（2）由于间歇搅拌，一般设有两个以上的搅拌库和一个大容积的储存库。一个在入料到一定数量后开始搅拌，完成搅拌作业后即输送到储存库。这时，出磨生料改入另一个搅拌库，如此循环作业。一般每库搅拌时间约需1个小时，搅拌气压200～250kPa，每吨生料需压缩空气10～20m³，电耗2.9～3.2MJ，均化效果可达10～15。

（3）库底设有各种形式的充气装置，透气部件可选陶瓷多孔板或涤纶、尼龙等化纤织物。

图6-5所示为采用陶瓷多孔板作为透气材料的充气装置单元。各种充气区可装设成扇状、条状或同心圆环体，一般设有4～8个充气区，可分别独立供气，如图6-6所示。充气方式可分为定时、轮流、巡回供气多种。一般向1/4区供搅拌空气，同时向其他各区供空气总量20％的活化空气。

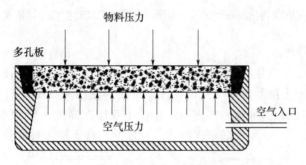

图6-5　充气装置示意图

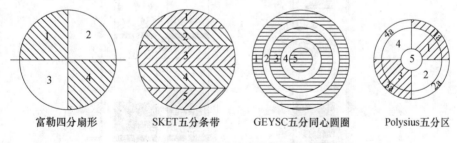

富勒四分扇形　　　SKET五分条带　　　GEYSC五分同心圆圈　　　Polysius五分区

图6-6　空气搅拌均化库库底各种分区方式

（4）采用四等分扇形充气装置在对角线充气时，库内生料运动状况如图6-7所示。要力求搅拌空气在较低的风压、风量状态下运行，做到既满足搅拌要求又防止"吹空"，以免浪费空气和降低搅拌效果。

（5）对充气装置设备及透气材料质量、安装质量都要有高标准要求，要防止漏气"短路"和防止透气材料堵塞。

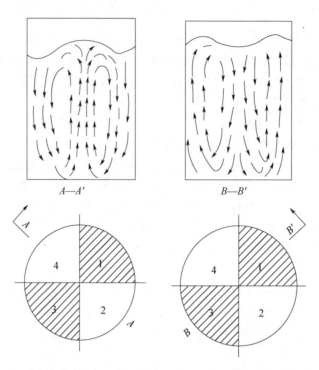

图 6-7　间歇式均化库底部四等分扇形对角轮流充气时生料运动情况示意图

（五）双层式均化库

双层式均化库实质上也是间歇式空气搅拌库，它是为了缩短搅拌后的生料出料时间、简化流程而研发的。一般上层是多个空气搅拌库，下层为储存库（图 6-8）。双层库在 20 世纪 60 年代研发后，70 年代在国外应用较多。但是由于双层库高度一般为 60～70m，土建造价高，上下操作不方便，在 80 年代随着连续式均化库的出现而逐步被取代。

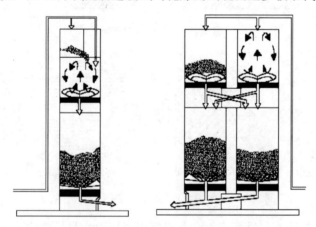

图 6-8　伯力休斯公司双层式均化库

（六）连续式均化库

连续式均化库是克拉德斯·彼得斯（Claudius Peters）公司研发，为混合室库后改进为均化室库，分别如图 6-9 及图 6-10 所示。其特点如下：

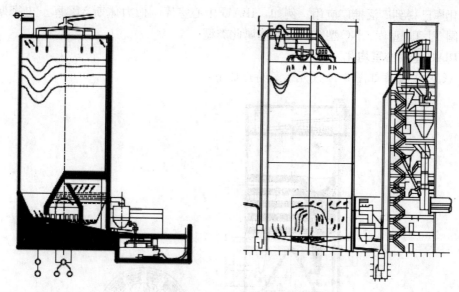

图 6-9　Claudius Peters 公司的混合室均化库　　图 6-10　Claudius Peters 公司的均化室均化库

（1）兼备储存与均化功能。均化原料采用库内"平铺直取"与混合室或均化室内空气搅拌相结合。

（2）库顶中心设有生料分配器，来料被分成 8 份，通过 8 个放射状空气斜槽输送入库，使入库生料在库内基本呈水平分散分布，一层层铺布生料。库容可达生料磨 3 天生产量，因此每小时来料在库内仅可铺成很薄料层；而在往库内入料的同时，库下同时卸料。

（3）库底部设置的混合室或均化室，其环形区呈圆锥形斜面，向库中心倾斜（斜度一般为 13% 左右）。环形区内分为 8 个小区布置充气装置，并由空气分配阀轮流充气，使生料膨松活化，向中央的混合室或均化室流动。这样，当每个活化生料区向下卸料时，都产生"漏斗效应"（或称鼠穴效应），使下流的生料能够切割库内已平铺的所有料层，依靠重力进行均化；而当生料进入混合室或均化室后则由空气进行搅拌均化。一般重力均化效果可达 2.8～3.5，气力均化效果可达 3.0～3.5。这样，整个均化效果可为 8～15。

（4）混合室库及均化室库的区别主要在于库下部设置的空气搅拌室的形状与容积大小，如图 6-9 及图 6-10 所示。混合室为尖顶，容积较小；均化室为圆柱形、容积较大。因此，均化室库均化效果好于混合室库，前者均化效果为 10～15，后者均化效果为 8～10。均化电耗，均化室库为 1.8～2.2MJ/t，混合室库为 0.54～1.08MJ/t。

（5）混合室库及均化室内结构较复杂，充气装置及空气搅拌室维修困难，生料卸空率低，电耗较大是其缺点。目前，已逐渐被多料流式均化库所代替。

（七）多料流式均化库

多料流式均化库是目前使用比较广泛的库型。其原理是侧重于库内的重力混合作用，而基本不用或减小气力均化作用，以简化设备和节省电力。在混合室或均化室库内，仅设有一个轮流充气区，向搅拌仓内混合进料，而多料流式均化库则有多处平行的料流，漏斗料柱以不同流量卸料，在产生纵向重力混合作用的同时，还进行了径向的混合，因此一般单库也能使均化效果达到 7。同时，也有许多类型多料流库在库底增加了一个小型搅拌仓（一般100m³左右），使经过库内重力切割料层均化后的物料，在进入小仓后再经搅拌后卸料，以增加均化效果。一般 60kPa 压力的空气即可满足搅拌要求，故动力消耗不大。目前，多料流式均化库已得到广泛推广应用。例如，IBAU 中心室库、伯力休斯 MF 库、史密斯 CF 库以及中国 TJ-TP 型库、NC 型多料流库均属此类型。

**1. IBAU 型中心室均化**

IBAU 中心室库如图 6-11 所示。其特点如下：

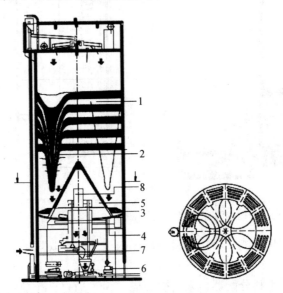

图 6-11 IBAU 中心室库

1—料层；2—漏斗形卸料；3—充气区；4—阀门；5—流量控制阀门；6—回转空气压缩机；7—集料斗；8—收尘器

（1）库底中心设置一个大型圆锥，通过它可将库内荷载传递到库壁，结构比较合理。

（2）库壁与圆锥之间形成环形区，并将其分为 6～8 个充气区，由 6～8 个流量控制阀门控制卸料量，生料经斜槽进入库底中心的搅拌仓。

（3）生料入库装置类似混合室均化库，由分料器和辐射形空气斜槽将生料基本平行地铺入库内。

（4）生料在库内既有重力混合又有径向混合，中心室也有少量空气搅拌，故均化效果较好，一般单库可达 7，双库并联可达 10；电力消耗也较小，一般为 0.36～0.72MJ/t。同时，库内物料卸空率较高。

**2. CF 型控制流式均化库**

F. L. Smith 公司控制流库（Controlled Flow silo 简称 CF 库）如图 6-12 所示。其特点如下：

（1）CF 库生料入库方式为单点进料，这同其他均化库是不同的。

（2）库底分为 7 个卸料区域，每区由 6 个三角形充气区组成，因而共有 6×7＝42（个）三角形充气区。每个三角充气区的充气箱都是独立的。

（3）每个卸料区中心有个出料孔，上边由减压锥覆盖。卸料孔下部与卸料阀及空气斜槽相连，将生料送到库底中央的小混合室。

（4）库下小混合室由负荷传感器支承，以此控制料位及卸料的开停。

（5）库底的 42 个三角形充气箱充气卸料都是由设定的计算机软件控制，使库内卸料形成的 42 个漏斗流，按不同流量卸料，以便使物料产生重力纵向均化的同时，产生径向混合均化。一般保持 3 个卸料区同时卸料，进入库下小型混合室后也有搅拌混合作用。

（6）由于依靠充气和重力卸料，物料在库内实现轴向及径向混合均化，各个卸料区可控

图 6-12　CF 均化库操作原理示意图

制不同流速，再加上小混合室的空气搅拌，因此，均化效果较高，一般可达 10～16，电耗 0.72～1.08MJ/t。生料卸空率也较高。

（7）库内结构比较复杂，充气管路多，自动化水平高，维修比较困难。

**3. MF 型多料流式均化库**

伯力休斯多料流式均化库（Polysius Muhinow silo，简称 MF 库）如图 6-13 所示。其特点如下：

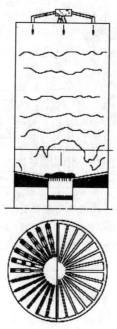

图 6-13　伯力休斯多料流式均化库示意图

（1）库顶设有生料分配器及输送斜槽，以进行库内水平铺料。库底为堆形，略向中心倾斜，库底设有一个容积较小的中心室，其上部与库底的连接处四周开有许多入料孔。

（2）中心室与均化库壁之间的库底分为10～16个充气区。每区装设2～3条装有充气箱的卸料通道。通道上沿径向铺有若干块盖板，形成4～5个卸料孔。卸料时，充气装置向两个相对区轮流充气，以使上方出现多个漏斗凹陷，漏斗沿直径排成一列，这样随着充气变换而使漏斗物料旋转，从而使物料在库内不但产生重力混合，同时产生径向混合，增加均化效果。

（3）库下中心室连续充气，再进行搅拌均化，因此均化效果较高。生料卸空率较高。

（4）MF库单库使用时，均化效果可达7以上，两库并联时可达10。由于主要依靠重力混合，中心室很小，故电耗较小，一般为0.43～0.58MJ/t。

（5）20世纪80年代以后，MF库又吸取IBAU库和CF库的优点，库底设置一个大型圆锥，每个卸料口上部也设置减压锥。这样可使土建结构更加合理，又可减轻卸料口的料压，改善物料流动状况（参见图6-11及图6-12有关结构）。中国DY7200t/d生产线即采用改进型MF库。

**4. TP型多料流式均化库**

TP型均化库是在总结中国引进的混合室、IBAU型均化库实践经验基础上研发的一种库型，如图6-14所示。其特点如下：

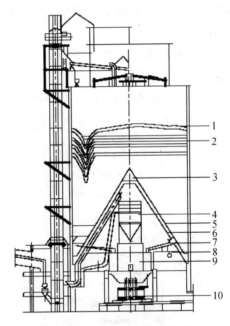

图6-14　TP型多料流均化库

1—物料层；2—漏斗；3—库底中心锥；4—收尘器；5—钢制减压锥；6—充气管道；
7—气动流量控制阀；8—电动流量控制阀；9—套筒式生料计量仓；10—固体流量计

（1）吸取德国IBAU及伯力休斯MF型切向流化库经验。库内底部设置大型圆锥结构，使土建结构更加合理，同时将原设在库内的混合搅拌室移到库外，减少库内充气面积。

（2）圆壁与圆锥体周围的环形空间分6个卸料大区，12个充气小区，每个充气小区向卸料口倾斜，斜面上装设充气箱，各区轮流充气。并在卸料区上部设置减压锥，降低卸料区压力。

（3）当某区充气时，上部形成漏斗流，同时切割多层料面，库内生料流同时有径向混合作用。

（4）由库中心的两个对称卸料口卸料。出库生料可经手动、气动、电动流量控制阀将生料输送到计量小仓。小仓集混料、称量、喂料于一体。这个带称重传感器的小仓，由内外筒组成。内筒壁开有孔洞，根据通管原理，进入计量仓外筒的生料与内筒生料会产生交换，并在内仓经搅拌后卸出。

（5）采用新研发的溢流式生料分配器，设在库顶向空气斜槽分配生料，入库进行水平铺料。溢流式分配器亦分为内筒和外筒，内筒壁开有多个圆形孔洞，在外筒底部较高处开有 6 个出料口，与输送斜槽相连，将生料输送入库。

（6）经生产实践标定，均化电耗为 0.9MJ/t（0.25kW·h/t），入窑生料标准偏差 < 0.25，均化效果 3～5，卸空率可达 98%～99%。

目前，正研制改进提高型 TP 库，以适应更高的均化要求。

**5. NC 型多料流式均化库**

NC 型多料流库是在吸收引进的 MF 型均化库基础上研发的一种库型，如图 6-15 所示。其特点如下：

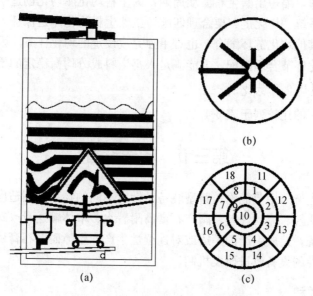

图 6-15　NC 均化库结构原理图
（a）剖面图；（b）库顶下料点分布图；（c）库内充气箱分布图

（1）库顶多点下料，平铺生料。根据各个半径卸料点数量多少，确定半径大小，以保证流量平衡；各个下料点的最远作用点与该下料点距离相同，保证生料层在平面上对称分布。

（2）库内设有锥形中心室，库底共分 18 个区，中心室内为 1～10 区，中心室与库壁的环形区为 11～18 区。生料从外环区进入中心室，再从中心室卸入库下称重小仓。NC 库充气制度与 MF 库不同，在向中心室进料时，外环区充气箱仅对 11～18 区中的一个区充气，会对更多料层起强烈的切割作用。

（3）物料进入中心仓后，在减压锥的减压作用下，中心区 1～8 区也轮流充气，并同外环区充气相对应，使进入中心区生料能够迅速膨胀、活化及混合均化。9～10 区一直充气，进行活化卸料。卸料主要通过一根溢流管进行，保证物料不会在中心仓短路。

（4）库内中心仓未设料位计，而是通过充气管道上的压力测量反映中心仓内料位状况。实践证明这种方法可靠、有效。

（5）生产实践测定，均化电耗 0.86MJ/t（0.24kW·h/t），入窑生料 CaO 标准偏差＜0.2%，均化效果≥8，生料卸空率也较高。

（八）生料均化库选型原则

（1）满足生产工艺要求。由于生料库是生料入窑前最后的均化链环，也是保证入窑生料均匀稳定的最后关口，因此均化库均化能力必须满足入窑生料 $CaCO_3$（或 CaO）及其他成分含量的标准偏差，达到规定要求。

（2）根据原料波动和预均化堆场能力，考虑均化库选型。如果矿山原料波动幅度大、频率低、周期长，通过开采、运输搭配，有可能缩短波动周期，减小波动幅度，再经预均化堆场预均化，则可减小入磨原料标准偏差，为磨机配料创造条件，有可能减少出磨生料波动，相对来说，生料均化库容易达到入窑生料成分要求。反之，生料均化库要承担更多的均化任务，选型要求则应提高。

（3）充分考虑出磨生料波动幅度与频率。力求通过原料预均化及磨机配料控制减少出磨生料波动幅度与频率，缩短出磨生料波动周期，为生料均化库均化创造条件。

（4）生料制备系统"均化链"要合理匹配，虽然生料均化库是保证入窑生料成分均化的重要环节，但没有其他均化链环配合，也难单独完成设定的均化任务。因此，生料均化库的选型必须与其他均化环节合理匹配，方能满足入窑生料成分均衡稳定的要求。

（九）各种类型均化库的比较

各种类型均化库的比较列于表6-4。

# 第三节  输送设备

现代石膏建材生产采用节能输送新型装备，针对不同的物料选用适应生产工艺特性的输送装备。石膏建材质轻、流动性差、副产石膏高附着水、单体输送量＜200t/h，如沿用水泥建材行业的输送系统，造成生产的不适或对连续性生产产生障碍，石膏建材行业需要形成专业针对石膏建材特性的设备改进研发机制。

## 一、皮带输送机

皮带输送机是以胶带、钢带、钢纤维带、塑料带和化纤带作为传送物料和牵引工件的输送机械。其特点是承载物料的输送带也是传递动力的牵引件，这与其他输送机械有显著的区别。承载带在托辊上运行，也可用气垫、磁垫代替托辊作为无阻力支撑承载带运行。它在连续式输送机械中是应用最广泛的一种，且以胶带为主。

（一）皮带输送机的分类和用途

皮带输送机按承载断面可分为平形、槽形、双槽形（压带式）、波纹挡边斗式、波纹挡边袋式、吊挂式圆管形、固定式和移动式圆管形等8大类。石膏建材行业常用的皮带输送机为 DTⅡ型固定带式机，波纹挡边皮带输送机，计量挡边皮带机，包装专用输包、清工、正包、高架装车皮带机。DTⅡ型固定带式机、波纹挡边皮带输送机一般用在天然石膏粉生产

表6-4　各种类型均化库中有代表性的库综合比较

| 均化库种类 | 同轴式均化库 | | 混合室均化库 | | | | 多料流式均化库 | | |
|---|---|---|---|---|---|---|---|---|---|
| 均化库名称 | 双层同轴式均化库 | 串联操作连续均化库 | Claudius Peters 混合室库 | Claudius Peters 均化室库 | IBAU 中心室库 | 伯力休斯 MF库 | 史密斯 CF库 | 天津 TP库 | 南京 NC库 |
| 均化用空气压力 (kPa) | 200~250 | 200~250 | 60~80 | 60~80 | 60~80 | 60~80 | 50~80 | 60~80 | 60~80 |
| 均化用空气气量 (m³/t生料) | 9~15 | 16~29 | 10~15 | 9~15 | 7~10 | 7~10 | 7~12 | 7~10 | 7~10 |
| 均化用电力 (MJ/t生料) | 1.44~2.34 | 2.52~4.32 | 0.54~1.08 | 1.80~2.16 | 0.36~0.72 | 0.54左右 | 0.72~1.08 | 0.90 | 0.86 |
| 均化效果H值 | 10~15 | 8~10 | 5~9 | 11~15 | 7~10 | 7~10 | 10~16 | 3~8 | ≥8 |
| 均化方式（主要作业） | 上库空气搅拌 | 全库空气搅拌 | 多点布料，漏斗效应，下部混合室空气搅拌 | 多点布料，漏斗效应，下部均化室空气搅拌 | 多点布料，库内有6个环形充气区，轮流卸料 | 多点布料，库内10~12个充气区，多漏斗向库中心室卸料 | 单点下料，库内有6×7=42（个）充气区，分7个卸料区，向下部混合室卸料 | 多点布料，有6个卸料大区，12个充气小区，多漏斗向中轴向流混合，卸入库下小仓 | 多点布料，中有18个区，心室为1~10区，室外环形区为11~18区。多漏斗轴向及径向混料卸向混合库下小仓 |
| 基建投资量（相对比较） | 很高 | 最高 | 低 | 低 | 较高 | 较低 | 较高 | 一般 | 一般 |
| 操作要求（相对比较） | 复杂 | 简单 | 很简单 | 很简单 | 很简单 | 很简单 | 简单 | 简单 | 简单 |
| 结构或均化库的特点（相对比较） | 库高60~70mm，土建费用很大、效力不高和操作都较复杂 | 土建费用很大，维护力大、电力消耗最大 | 建设费用低，管理方便，维护容易 | 建设费用低，管理方便，维护容易，电耗不低 | 土建结构较复杂，但电耗极低，操作很简单 | 管理方便、电耗也很低 | 均化效果很好，但整控制系统较复杂、基建费较高 | 土建结构合理、电耗较低 | 土建结构合理、电耗较低 |

的破碎系统、副产石膏的原料输送系统，计量挡边皮带机用在天然石膏粉磨机前的计量系统、副产石膏的原料计量系统。包装专用输包、清工、正包，高架装车皮带机是为旋转式包装及固定式包装专用而设计生产的专用设备。

皮带机密封性能较差，只能在石膏建材生产中进行块状原料、附着水粉状原料输送。

（二）皮带输送机的特点

皮带输送机自 1795 年被发明以来，经过两个世纪的发展已被建材、电力、冶金、煤炭、化工、矿山、港口等各行各业广泛采用。特别是第三次工业革命带来了新材料、新技术，使皮带输送机的发展步入一个新高度。皮带输送机具有以下特点：

（1）结构简单。皮带输送机的结构由传动滚筒、改向滚筒、托辊或无辊式部件、驱动装置、输送带等几大件组成，仅有 10 多种部件，能进行标准化生产，并可按需要进行组合装配，结构十分简单。

（2）输送物料范围广泛。皮带输送机的输送带具有抗磨、耐酸碱、耐油、阻燃等各种性能，并耐高、低温，可按需要进行制造，因而能输送各种散料、块料、化学品、生熟料和混凝土。

（3）输送量大。运量可从每小时几千克到几千吨，而且是连续不间断运送，这是火车、汽车运输望尘莫及的。

（4）运距长。单机长度可达十几千米一条，在国外已十分普及，中间无须任何转载点。德国单机 60 千米一条已经出现。越野的皮带输送机常使用中间摩擦驱动方式，使输送长度不受输送带强度的限制。

（5）对线路适应性强。现代的皮带输送机在越野敷设时，已从槽形发展到圆管形，它可在水平及垂直面上转弯，打破了槽形皮带输送机不能转弯的限制，因而能依山靠水，沿地形而走，可节省大量修隧道、桥梁的基建投资。装卸料十分方便，皮带输送机可根据工艺流程需要，可在任何点上进行装、卸料。圆管式带式输送机也是如此。还可以在回程段上装、卸料，进行反向运输。

（6）可靠性高。由于结构简单，运动部件自重小，只要输送带不被撕破，寿命可长达 10 年之久，而金属结构部件，只要防锈好，几十年也不坏。

（7）营运费低。皮带输送机的磨损件仅为托辊和滚筒，输送带寿命长，自动化程度高，使用人员很少，平均每千米不到 1 人，消耗的机油和电力也很少。

（8）基建投资省。火车、汽车输送的坡度都太小，因而延长米大，修建的路基长。而皮带输送机一般可在 20°以上，如用圆管式 90°都能上去，又能水平转弯，大大节省了基建投资。另外，通过合理设计也可大量节约基建投资。现国外皮带输送机每千米成本费为 100 万～300 万美元，国内为人民币 500 万元，其中输送带占整机成本的 30%～35%。随着化工工业的发展，输送带成本将进一步下降。

（9）能耗低，效率高。由于运动部件自重小，无效运量少，在所有连续式和非连续式运输中，皮带输送机耗能最低、效率最高。

（10）维修费少。皮带输送机运动部件仅是滚筒和托辊，输送带又十分耐磨。相比之下，火车、汽车磨损部件要多得多，且更换磨损件也较为频繁。

（三）DTⅡ型固定带式输送机

**1. 定义和分类**

DTⅡ型固定带式输送机是通用型系列产品，是以棉帆布、尼龙、聚酯帆布及钢绳芯输送带作拽引构件的连续输送设备，可广泛用于建材、煤炭、冶金、矿山港口、化工、轻工、石油及机械等行业，输送各种散状物料及成件物品。其具有运量大，爬坡能力高，运营费用低，使用维护方便等特点，便于实现运输系统的自动化控制。

按外形分，DTⅡ型固定带式输送机可分为平形和槽形带式输送机。我国现行标准有固定式和移动式两大类。越野型的带式输送机又分直线型和弯曲型两大类，槽形带式输送机如图6-16所示。其他形式如夹带式皮带输送机在石膏建材行业不适用。

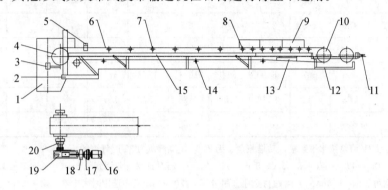

图 6-16  带式输送机整机结构

1—头部漏斗；2—机架；3—头部清扫器；4—传动滚筒；5—安全保护装置；6—输送带；7—承载托辊；
8—缓冲托辊；9—导料槽；10—改向滚筒；11—螺旋拉紧装置；12—尾架；13—空段清扫器；
14—回程托辊；15—中间架；16—电动机；17—液力耦合器；18—制动器；19—减速器；20—联轴器

**2. 输送机特性**

（1）输送物料的松散密度为 500～2500kg/m³，输送块度见表6-5。

表 6-5  输送块度

单位：mm

| 带宽 | 500 | 650 | 800 | 1000 | 1200 | 1400 |
|---|---|---|---|---|---|---|
| 最大块度 | 100 | 150 | 200 | 300 | 350 | 350 |

注：块度是指物料最大线性尺寸。

（2）工作环境温度：一般为−25～40℃，对于有特殊要求的工作场所，如高温、寒冷、防爆、耐酸碱、防水等条件，应采取相应的防护措施。

（3）DTⅡ型固定带式输送机均按部件系列进行设计。选用时可根据工艺路线，按不同地形及工况进行造型设计、计算、组装成套机。制造厂按总图或部件清单生产、供货。设计者对整机性能参数负责，制造厂对部件的性能和质量负责。

（4）输送机应尽量安装在通廊内。在露天场合下，驱动站应加防护罩。

（5）系列产品能满足水平、提升、下运等条件，也可采用凸弧段、凹弧段与直线段组合的输送形式。

**3. 主要参数（常用规格设计范围）**

（1）带宽：500mm、650mm、800mm、1000mm、1200mm、1400mm。

（2）带强：棉帆布带 56N/（mm·层）；尼龙、聚酯帆布带 100～300N/（mm·层）；钢绳芯带 st630～st2000N/mm。

（3）带速：0.8、10、1.25、1.6、2.0、2.5、3.15、4.0、5.0（m/s）。

（4）最大输送能力，见表6-6。

表 6-6　带速 V、带宽 B 与输送能力 IV 的匹配关系

| B (mm) | V (m/s) | | | | | | | | | | | |
|---|---|---|---|---|---|---|---|---|---|---|---|---|
| | 0.8 | 1.0 | 1.25 | 1.6 | 2.0 | 2.5 | 3.15 | 4 | 4.5 | 5.0 | 5.6 | 6.5 |
| | IV (m³/h) | | | | | | | | | | | |
| 500 | 69 | 87 | 108 | 139 | 174 | 217 | | | | | | |
| 650 | 127 | 159 | 198 | 252 | 318 | 397 | | | | | | |
| 800 | 198 | 248 | 310 | 396 | 495 | 620 | 781 | | | | | |
| 1000 | 324 | 405 | 507 | 649 | 811 | 1041 | 1278 | 1622 | | | | |
| 1200 | | 593 | 742 | 951 | 1188 | 1486 | 1872 | 2376 | | | | |
| 1400 | | 825 | 1032 | 1032 | 1652 | 2065 | 2602 | 2600 | | | | |

注：①输送能力 IV 值是按水平运输，动堆积角 $\varphi$ 为 20°，托辊槽角为 35°时计算的。

② 表中带速 4.0m/s 以上还有 4.5、5.0、5.6、6.5（m/s），石膏建材行业用到 0.8～4.0m/s 选用满足需求。

③ 现设备带宽可达到 3000mm；石膏建材企业选用带宽＜1200mm，实际选用时表中输送量×0.8＝实际石膏输送量。

### 4. 安装、调试与试运转

（1）安装

安装前应根据验收规则进行验收，并熟悉安装技术要求和输送机图纸要求。安装技术要求见《输送设备安装工程施工及验收规范》（GB 50270—2010）。

① 安装顺序：

画中心线→安装机架（头架→中间架→尾架）→安装下托辊及改向滚筒→将输送带放在下托辊上→安装上托辊→安装拉紧装置、传动滚筒和驱动装置→将输送带绕过头尾滚筒→输送带接头→张紧输送带→安装清扫器、带式逆止器、导料槽及罩壳等。

② 安装注意事项：

a. 全部滚筒、托辊、驱动装置安装后均应转动灵活。

b. 重型缓冲托辊安装时，应按图纸要求保证弹簧的预紧力。

c. 输送带接头时，应将张紧滚筒放在最前方位置，并尽量拉紧输送带。

d. 安装调心托辊时，应使挡轮位于胶带运行方向的辊子的后方。

e. 弹簧清扫器、空段清扫器、带式逆止器按照安装总图规定的位置进行焊接。弹簧清扫器与机架焊接时要保证压簧的工作行程有 20mm 以上，并使清扫下来的物料能落入漏斗。各种物料的易清扫性能不同，应视具体情况调整压簧的松紧来改变刮板对输送带的压力，达到既能清扫黏着物又不致引起阻力过大的程度。

f. 安装垂直拉紧装置时，可在上部两个改向滚筒间用钢板遮盖，以防止物料撒落在拉紧滚筒里损坏输送带。

g. 导料槽与输送带间压力应适当。

h. 安装驱动装置时，应注意电动机轴线和减速器高速轴线的同心。

i. 应保证尼龙柱销联轴器两半体平行，径向位移小于 0.1mm，在最大圆周上轴向间隙差小于 0.5mm（带制动轮的尼龙柱销联轴器要求同此）。

j. 安装液压电磁闸瓦制动器时，应调整闸瓦的间距，使其符合要求。

k. 安装粉末联轴器时，应注意调整叶轮与外壳、侧盖间的间隙，使其间隙差小于

1mm。将钢珠和红丹粉均匀地分成六等份，钢珠每份的质量误差不超过总质量的 1/1000，并用纸包成若干个纸袋均匀地从侧盖边上塞入叶轮的 6 格之中，最后拧紧固定的侧盖螺栓。此时用手拨动电动机轴减速器轴应不转动。

l. 安装滚柱逆止器时，应将其侧盖拆下取出滚柱及压簧，仔细调整星轮与外套之间的间隙，使其间隙差小于 0.15mm。调整好后拧紧逆止器外套的地脚螺栓，并暂时不把滚柱及压簧装入（见试运转）。

③ 输送带硫（塑）化接头法：

a. 硫化法：将橡胶带割削成阶梯形（每层帆布一阶梯），阶梯宽度 $b$ 一般为 150mm，如图 6-17 所示。

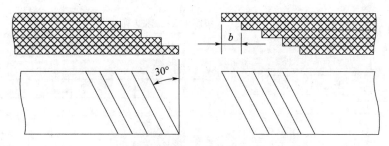

图 6-17　硫化法示意图

削割表面要平整，不得损坏帆布层，然后锉毛表面并涂生胶浆进行搭接，在上、下覆盖胶的对缝处贴生胶片，加热加压进行硫化，压力为 $5\sim10kg/cm^2$，温度为 140℃左右（若用蒸汽加热，气压为 $4\sim4.5\ kg/cm^2$）。升温应缓慢，并保持硫化平板各点温度均匀。保温时间从达到 140℃时算起，按下列计算：$t=16+(i-3)\times2$（min）。式中 $i$ 为帆布层数达到保温时间后，停止加热让其自然冷却到常温，卸压取出。

b. 塑化法：

对整芯塑料输送带：搭接长度带宽 500mm 时取 300mm，在带宽 650、800（mm）时取 500mm。塑化前将塑料袋一端的上覆盖面和另一端的下覆盖面削去，再在两端间垫放 1mm 厚的聚氯乙烯塑料片，加压、加热进行塑化，升温也应缓慢，在 30min 左右由室温升至 170℃左右，再次加压力，然后冷却至室温卸压取出。

对多层塑料输送带：可参照多层橡胶带的尺寸割削成阶梯形塑化。

应该注意：温度、压力、时间是硫化和塑化的三要素。它们随着胶料的配方，气温、通风等条件的变化而不同，并且三者之间相互影响。以上给出的数值仅供参考，使用单位在正式接头前一定要试验几次取得经验，修正参数后才能正式接头。

（2）试运转

① 新安装的输送机在正式投入使用前，应进行 2h 空载及 8h 负载试运转。试运转前，除一般检查输送机的安装是否符合安装技术要求外，还需检查：减速机和电动滚筒内应按规定加够润滑油、滚柱逆止器的星轮安装方向是否与逆止方向相符，清扫器、带式逆止器、卸料车清扫器诸部件的限位器安装情况。电气信号及控制装置的布置及接线正确性，点动电动机，观察滚筒转动方向是否正确，有滚柱逆止器者在上述各条合格后将压簧及滚柱装入，装上侧盖并拧紧螺栓。

② 试运转期间应进行下列工作：

检查输送机各运转部位应无明显噪声，各轴承无异常温升，各滚筒、托辊的转动及紧固情况，清扫器及清扫效果，卸料车带料正、反向运行的情况及停车后应无滑移，卸料车通过轨道接头时应无明显冲击，输送带不得与卸料车行走轮轴摩擦，调心托辊的灵活性及效果，输送带的松紧程度，各电器设备、按钮应灵敏可靠，测定带速、空载功率、满载功率。

（3）调整

① 调整输送带的跑偏：

a. 在头部输送带跑偏，调整头部传动滚筒，其方向如图 6-18 所示，调整好后将轴承座处的定位块焊死，此时驱动装置可以不再跟随移动。

b. 在尾部输送带跑偏，调整尾部改向滚筒或螺旋拉紧装置，其方向如图 6-19 所示，调整好后将轴承座处的定位块焊死（垂直拉紧尾架）。

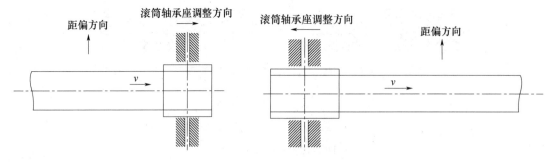

图 6-18　头部输送带跑偏　　　　　　　图 6-19　尾部输送带跑偏

c. 在中部输送带跑偏，调整上托辊（对上分支）及下托辊（对下分支）其调整方向如图 6-20 所示。

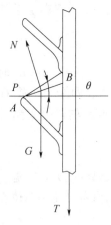

d. 在局部地区、局部时期的跑偏，用调心托辊可以自动调整解决。

e. 若上述方法仍不能消除跑偏，则应检查：

输送带接头是否平直，必要时应重接，机架是否倾斜，给料方向是否合适，导料槽两侧的橡胶板压力是否均匀。

f. 上述调整应在输送机空载和满载时反复进行，使输送带至托辊边缘有 $0.05B$（$B$ 为带宽）左右的余量为准。

② 调整输送带预拉力，使输送带在满载启动及运行时输送带与传动滚筒间不产生打滑，并且使输送带的托辊间的垂度小于托辊间距。

③ 调整粉末联轴器中钢珠及红丹粉的质量，使输送机满载启动时间在 5s 左右，并且使正常运转时叶轮与外壳之间没有滑差为

图 6-20　工作原理图

合适。钢珠若达到规定质量满载启动仍困难，应及时与设计选型单位及制造厂联系，不可任意增加钢珠质量。

④ 调整导料槽及各清扫器的橡胶板位置，使其与输送带间不产生过大的摩擦。

（四）波纹挡边皮带输送机

**1. 波纹挡边皮带输送机的优点和应用**

波纹挡边皮带输送机结构简单，运行可靠，维修方便等优点，并具有大倾角输送、结构紧凑、占地少等特点，因而是大倾角输送和垂直提升物料的理想设备。波状挡边皮带输送机

最早由联邦德国 Scholtz 公司于 20 世纪 60 年代初研制的，已有 50 多年的历史，它的技术专利已被英国 Dowtr 公司、日本 Bando 公司等购买并获准生产，现已形成遍布全球的挡边机系列制造销售网。

到目前为止，Scholtz 公司已为 90 多个国家设计制作 5 万多台挡边机，广泛用于煤炭、粮食、建材、建筑、冶金、电力、化工和轻工等行业。我国从 20 世纪 80 年代初开始研制挡边机，至今已生产 5000 多台，共有 80 多个生产厂。2012 年，挡边机逐渐向大提升高度（最高已达 203m）、大输送能力（最高已达 6000t/h）方向发展，在地下采矿与地下建筑工程、露天采矿、大型自卸船机等领域都有所采用。

**2. 波纹挡边皮带输送机工作原理**

波纹挡边皮带输送机又名裙边带式输送机、大倾角带式输送机，它是在平面输送带上硫化一格格的隔板并与两边能收缩的波纹状挡边连成一体，其断面有如斗形。当在转弯滚筒上转角时，挡边能伸开其波纹胶带边，而在直线运行时又还原状。波纹挡边机工作原理如同斗式提升机一样，设其中一个料斗，物料的自然堆积面为 $AB$，在 $AB$ 面内取一个质点 $P$，$P$ 点的受力情况如图 6-20 所示。波状挡边输送带在输送机中起拽引和承载作用。波状挡边、横隔板和基带形成了输送物料的"闸"形容器，从而实现大倾角输送。

波纹挡边皮带输送机结构如图 6-21 所示。

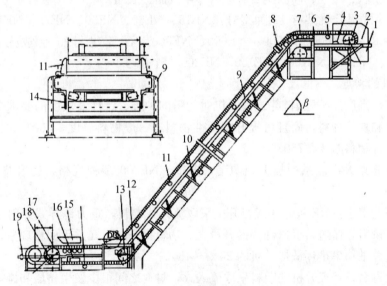

图 6-21　波纹挡边皮带输送机结构

1—卸料漏斗；2—头部护罩；3—传动滚筒；4—拍打清扫器；5—挡边带；6—凸弧段机架；7—压带轮；
8—挡辊；9—中间机架；10—中间架支腿；11—上托辊；12—凹弧段机架；13—改向滚筒；
14—下托辊；15—导料槽；16—空段清扫器；17—尾部滚筒；18—拉紧装置；19—尾架

受力平衡面与水平面夹角 $\theta$ 等于物料的内摩擦角，因此物料受力平衡面位置为一固定位置，在此位置上的物料面，通常称为极限物料面，在提升时极限物料面以上物料受 $\theta$ 影响下滑，而在此面以下的物料相对静止，故物料随波纹挡边带一齐上升。

**3. 石膏建材应用**

波纹挡边皮带输送机在石膏建材行业应用在工业副产石膏的给料系统，应用设备参数见表 6-7。

表 6-7　波纹挡边式皮带输送机参数

| 基带宽<br>(mm) | 挡边高<br>(mm) | | | 横板高<br>(mm) | | | 带速<br>(m/s) | 公称倾角<br>(°) |
|---|---|---|---|---|---|---|---|---|
| 500 | 80 | 100 | 120 | 75 | 90 | 110 | 0.8、1.0、<br>1.25、1.60<br>2.0、2.50 | 0～30、35～40、<br>45～50、55～60,<br>65～70、75～80<br>85～90 |
| 650 | 100 | 120 | 160 | 90 | 110 | 150 | | |
| 800 | 120 | 160 | 200 | 110 | 150 | 180 | | |
| 1000 | 160 | 200 | 240 | 300 | 180 | 220 | | |
| 1200 | 200 | 240 | 300 | 180 | 220 | 280 | | |

## 二、提升输送机

### (一) NE 板链斗式提升机

NE 板链斗式提升机是应用最广泛的一种垂直提升设备,它被用来提升种物料,如,石膏建材、矿石、煤、水泥熟料等。原用的 HL 环链式提升机因功耗大、提升量小、噪声大、密封性能差属于淘汰设备。其他类型的设备不适应石膏建材的生产。NE 板链斗式提升机适用于提升块状粉状、质轻、高温类石膏原料、半成品、成品。

NE 板链斗式提升机共有 12 种型号:NE15、NE30、NE50、NE75、NE100、NE150、NE200、NE300、NE400、NE500、NE600、NE800。石膏建材行业常用的有 NE15、NE30、NE50、NE75、NE100、NE150、NE200 七个型号。

**1. 提升机的特点**

(1) 提升范围广:NE 板链斗式提升机对物料的种类、特性及块度的要求少,不仅可提升粉状、粒状和块状物料,而且可提升磨琢性物料,一般物料温度≤350℃。特种 NE 板链斗式提升机特种物料温度≤750℃。

(2) 输送能力大:该系列提升机具有 NE15～NE800 多种规格,提升量范围为 15～800m³/h。

(3) 驱动功率小:NE 板链斗式提升机采取流入式喂料,重力诱导式卸料,且采用密集型布置的大容量料斗输送,链速低,提升量大。物料提升时,几乎无回料现象,因此驱动功率小,理论计算轴功率是环链提升机的 25%～45%。

(4) 使用寿命长:提升机的喂料采取流入式,材料之间很少发生挤压和碰撞现象,运行中保证物料在喂料提升和卸料中不会撒落,这就防止了颗粒磨损,输送链采用链式高强度耐磨损链条,延长了链条和料斗的使用寿命,在生产中长期的实践可表明此输送链的使用寿命超过 5 年。

(5) 提升高度高:该系列提升机链速低,运行平稳,且采用板链式高强度耐磨链条,因此可达较高的提升高度高达 55m 以上。

(6) 密封性好、环境污染少、运行可靠性好:先进的设计原理,保证了整机运行的可靠性,无故障时间超过 3 万 h,操作、维修方便,易损件少。

(7) 机械尺寸小结构精度高:与同等提升量的其他各种提升机相比,这种提升机的机械尺寸较小机壳经折边、焊接,刚性好、外观漂亮、使用成本低。

NE 板链斗式提升机技术规范见表 6-8。

表 6-8　NE 板链斗式提升机技术规范

| 型号 | 提升量（m³/h） | 料斗 | | | 物料最大块度 | | | | |
|---|---|---|---|---|---|---|---|---|---|
| | | 容积（m³） | 斗距（mm） | 斗速（m/min） | 10 | 25 | 50 | 75 | 100 |
| | | | | | 占百分比（%） | | | | |
| NE15 | 15 | 2.5 | 203.2. | 31 | 65 | 50 | 40 | 30 | 25 |
| NE30 | 32 | 7.8 | 304.8 | 31 | 90 | 75 | 58 | 47 | 40 |
| NE50 | 60 | 14.7 | 304.8 | 31 | 90 | 75 | 58 | 47 | 40 |
| NE75 | 75 | 26.2 | 304.8 | 31 | 90 | 75 | 58 | 47 | 40 |
| NE100 | 110 | 35 | 400 | 31 | 130 | 105 | 80 | 65 | 55 |
| NE150 | 170 | 5202 | 400 | 31 | 130 | 105 | 80 | 65 | 55 |
| NE200 | 210 | 84.6 | 500 | 30 | 170 | 135 | 100 | 85 | 70 |
| NE300 | 320 | 12705 | 500 | 30 | 170 | 135 | 100 | 85 | 70 |
| NE400 | 380 | 182.5 | 600 | 30 | 205 | 165 | 125 | 105 | 90 |
| NE500 | 470 | 260.9 | 700 | 30 | 1240 | 190 | 145 | 120 | 100 |
| NE600 | 600 | 300.2 | 700 | 30 | 240 | 190 | 145 | 120 | 100 |
| NE800 | 800 | 501.8 | 800 | 30 | 275 | 220 | 165 | 135 | 110 |

**2. NE 板链斗式提升机的结构**

NE 系列板链式提升机由运行部件、驱动装置、上部装置、中部机壳等组成。

（1）运行部件：由料斗和套筒滚子链条组成，NE15、NE30 采取单排链，NE50～NE800 采取多排链。

（2）驱动装置：采取 Y 系列电动机，通过减速器，驱动平台上装有检修架栏杆。驱动装置分左装和右装两种：

左装：面对喂料口，驱动装置动力在机壳左侧。

右装：面对喂料口，驱动装置动力在机壳右侧。

（3）上部装置：安装有轨道（多排链）逆止器、卸料口装有防回料橡胶板。

（4）中间机壳：部分中间机壳装有轨道（多排链）。

（5）下部装置：安装有张紧装置，NE15～NE50 采取弹簧张紧，NE100～NE800 采取坠重箱张紧。

NE 板链式提升机结构如图 6-22 所示。

**3. 提升机驱动装置及最大高度选择表**

提升机驱动装置及最大高度选择表见表 6-9～表 6-16：

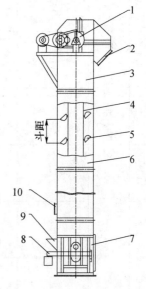

图 6-22　NE 板链式提升机结构

1—驱动装置；2—出料口；3—上部装置；

4—牵引件；5—料斗；6—中部机壳；

7—下部装置；8—张紧装置；

9—进料口；10—检视门

表6-9　NE15提升机驱动装置及最大高度选择表

| 输送量 (m³/h) | 功率 (kW) | 相应动力提升最大高度　物料堆积密度 (t/m³) | | | | | | | | 减速机类型 | |
| | | 0.6 | 0.8 | 1.0 | 1.2 | 1.4 | 1.6 | 1.8 | 2.0 | 硬齿面减速机及电动机 | 圆柱减速机及电动机 |
| 10 | 1.5 | 30.3 | 28.8 | 27.3 | 25.8 | 21.8 | 17.3 | 15.3 | 13.3 | ZSY160-45<br>Y90L-4-1.5 | ZQ350-50<br>Y90L-4-1.5 |
| | 2.2 | | | | | 24.3 | 23.3 | 22.3 | 21.3 | ZSY160-45<br>Y100L1-4-2.2 | ZQ350-50<br>Y100L1-4-2.2 |
| 16 | 1.5 | 30.8 | 24.8 | 17.3 | 14.3 | 11.8 | 8.3 | | | ZSY160-31.5<br>Y90L1-4-2.2 | ZQ350-31.5<br>Y90L-4-1.5 |
| | 2.2 | 28.8 | 28.8 | 27.3 | 23.3 | 18.3 | 15.8 | 13.8 | 12.3 | ZSY160-31.5<br>Y100L1-4-2.2 | ZQ350-31.5<br>Y100L1-4-2.2 |
| | 3 | | | | 25.8 | 24.3 | 23.3 | 19.2 | 17.3 | ZSY160-31.5<br>Y100L2-4-3 | ZQ3505-31.5<br>Y100L2-4-3 |
| | 4 | | | | | | 24.3 | 22.3 | 21.3 | ZSY160-31.5<br>Y112M-4-4 | ZQ350-31.5<br>Y112M-4-4 |

表6-10　NE30提升机驱动装置及最大高度选择表

| 输送量 (m³/h) | 功率 (kW) | 物料堆积密度 (t/m³) 相应动力提升最大高度 | | | | | | | | 减速机类型 | |
| --- | --- | --- | --- | --- | --- | --- | --- | --- | --- | --- | --- |
| | | 0.6 | 0.8 | 1.0 | 1.2 | 1.4 | 1.6 | 1.8 | 2.0 | 硬齿面减速机及电动机 | 圆柱减速机及电动机 |
| 18.5 | 1.5 | 28.1 | 18.6 | 14.6 | 11.6 | | | | | ZSY160-45 / Y90L-4-1.5 | ZQ350-50 / Y90L-4-1.5 |
| | 2.2 | 41.1 | 31.1 | 24.1 | 18.1 | 15.6 | 13.1 | | | ZSY160-45 / Y100L1-4-2.2 | ZQ350-50 / Y100L1-4-2.2 |
| | 3 | 47.6 | 43.1 | 34.1 | 28.1 | 23.6 | 18.6 | 16.6 | 14.6 | ZSY160-45 / Y100L2-4-3 | ZQ350-50 / Y100L2-4-3 |
| | 4 | | 44.1 | 41.1 | 38.1 | 32.1 | 28.1 | 24.6 | 22.1 | ZSY160-45 / Y112M-4-4 | ZQ400-50 / Y112M-4-4 |
| | 5.5 | | | | 38.6 | 36.1 | 34.1 | 32.1 | 30.6 | ZSY160-45 / Y132S-4-5.5 | ZQ500-50 / Y132S-4-5.5 |
| 31 | 3 | 33.6 | 24.6 | 17.6 | 14.6 | 12.1 | | | | ZSY160-31.5 / Y100L2-4-3 | ZQ350-31.5 / Y100L2-4-3 |
| | 4 | 45.6 | 33.6 | 28.6 | 21.6 | 17.1 | 14.6 | 12.6 | | ZSY160-31.5 / Y112M-4-4 | |
| | 5.5 | 47.1 | 43.6 | 37.6 | 30.6 | 26.1 | 22.6 | 18.1 | 16.1 | ZSY160-31.5 / Y132S-4-5.5 | ZQ400-31.5 / Y132S-4-5.5 |
| | 7.5 | | | 40.6 | 38.1 | 35.6 | 31.6 | 27.6 | 24.6 | ZSY160-31.5 / Y132M-4-7.5 | ZQ500-31.5 / Y132M-4-7.5 |
| | 11 | | | | | | 33.6 | 31.6 | 29.6 | ZSY180-31.5 / Y160M-4-11 | ZQ500-31.5 / Y160M-4-11 |

135

表6-11 NE50提升机驱动装置及最大高度选择表

| 输送量 (m³/h) | 功率 (kW) | 相应动力提升最大高度 物料堆积密度 (t/m³) | | | | | | | | 减速机类型 | |
| | | 0.6 | 0.8 | 1.0 | 1.2 | 1.4 | 1.6 | 1.8 | 2.0 | 硬齿面减速机及电动机 | 圆柱减速机及电动机 |
|---|---|---|---|---|---|---|---|---|---|---|---|
| 35 | 3 | 29.3 | 21.6 | 15.6 | 12.6 | | | | | ZSY160-45 Y100L2-4-3 | ZQ350-50 Y100L2-4-3 |
| | 4 | 40.6 | 29.6 | 23.6 | 17.6 | 14.6 | 13.6 | | | ZSY160-45 Y112M-4-4 | ZQ400-50 Y112M-4-4 |
| | 5.5 | 49.1 | 41.6 | 33.1 | 27.1 | 23.1 | 18.1 | 16.1 | 14.1 | ZSY160-45 Y132S-4-5.5 | ZQ500-50 Y132S-4-5.5 |
| | 7.5 | | 45.6 | 41.6 | 37.6 | 32.1 | 27.6 | 24.6 | 21.6 | ZSY180-45 Y132M-4-7.5 | ZQ500-50 Y132M-4-7.5 |
| | 11 | | | 38.6 | 38.6 | 36.6 | 34.1 | 32.1 | 30.1 | ZSY200-45 Y160M-4-11 | ZQ650-50 Y160M-4-11 |
| 60 | 5.5 | 32.1 | 23.6 | 17.1 | 13.6 | | | | | ZSY160-31.5 Y132S-4-5.5 | ZQ400-31.5 Y132S-4-5.5 |
| | 7.5 | 44.6 | 32.6 | 25.6 | 19.6 | 16.6 | 14.1 | 12.1 | | ZSY160-31.5 Y132M-4-7.5 | ZQ500-31.5 Y132M-4-7.5 |
| | 11 | 48.6 | 44.6 | 38.6 | 32.1 | 27.1 | 23.6 | 19.1 | 16.6 | ZSY180-31.5 Y160M-4-11 | ZQ500-31.5 Y160M-4-11 |
| | 15 | | | 44.1 | 38.1 | 35.6 | 33.1 | 28.6 | 25.6 | ZSY200-31.5 Y160L-4-15 | ZQ650-31.5 Y160L-4-15 |
| | 18.5 | | | | | 38.6 | 36.1 | 31.1 | 29.1 | ZSY200-31.5 Y180M-4-18.5 | ZQ650-31.5 Y180M-4-18.5 |

表6-12　NE100提升机驱动装置及最大高度选择表

| 输送量 (m³/h) | 功率 (kW) | 物料堆积密度 (t/m³) 相应动力提升最大高度 | | | | | | | | 减速机类型 | | | |
|---|---|---|---|---|---|---|---|---|---|---|---|---|---|
| | | 0.6 | 0.8 | 1.0 | 1.2 | 1.4 | 1.6 | 1.8 | 2.0 | 硬齿面减速机及电动机 | | 圆柱齿轮减速机及电动机 | |
| 75 | 7.5 | 35.1 | 25.6 | 18.6 | 15.1 | | | | | ZSY180-45 | Y132M-4-7.5 | ZQ500-50 | Y132M-4-7.5 |
| | 11 | 49.1 | 38.6 | 30.6 | 25.1 | 19.6 | 16.6 | | | ZSY200-45 | Y160M-4-11 | ZQ650-50 | Y160M-4-11 |
| | 15 | | 44.6 | 41.1 | 35.1 | 29.6 | 25.6 | 22.6 | | ZSY224-45 | Y160L-4-15 | ZQ650-50 | Y160L-4-15 |
| | 18.5 | | | 43.1 | 37.6 | 35.1 | 32.1 | 28.6 | 25.6 | ZSY250-45 | Y180M-4-18.5 | ZQ750-50 | Y180M-4-18.5 |
| | 22 | | | | 41.5 | 35.6 | 32.6 | 30.6 | 28.6 | ZSY250-45 | Y180L-4-22 | ZQ750-50 | Y180L-4-22 |
| 110 | 11 | 35.1 | 25.6 | 18.6 | 15.1 | | | | | ZSY180-31.5 | Y160M-4-11 | ZQ500-31.5 | Y160M-4-11 |
| | 15 | 48.6 | 35.6 | 28.1 | 23.1 | 18.1 | 15.6 | 13.6 | | ZSY200-31.5 | Y160L-4-15 | ZQ650-31.5 | Y160L-4-15 |
| | 18.5 | | 44.1 | 35.6 | 29.1 | 24.6 | 19.6 | 17.1 | 15.1 | ZSY200-31.5 | Y180M-4-18.5 | ZQ650-31.5 | Y180M-4-18.5 |
| | 22 | | | 40.6 | 35.1 | 29.6 | 25.6 | 22.6 | 18.6 | ZSY224-31.5 | Y180L-4-22 | ZQ650-31.5 | Y180L-4-22 |
| | 30 | | | | 37.1 | 37.1 | 32.1 | 30.1 | 28.1 | ZSY250-31.5 | Y200L-4-30 | ZQ750-31.5 | Y200L-4-30 |

表6-13 NE150提升机驱动装置及最大高度选择表

| 输送量 (m³/h) | 功率 (kW) | 相应动力提升最大高度 物料堆积密度 (t/m³) | | | | | | | | 减速机类型 | |
| | | 0.6 | 0.8 | 1.0 | 1.2 | 1.4 | 1.6 | 1.8 | 2.0 | 硬齿面减速机及电动机 | 圆柱齿轮减速机及电动机 |
|---|---|---|---|---|---|---|---|---|---|---|---|
| 112 | 11 | 34.6 | 25.1 | 18.1 | 14.6 | | | | | ZSY200-45 Y160M-4-11 | ZQ650-50 Y160M-4-11 |
| | 15 | 47.6 | 35.1 | 27.6 | 22.6 | 17.6 | 15.1 | | | ZSY224-45 Y160L-4-15 | ZQ650-50 Y160L-4-15 |
| | 18.5 | | 43.6 | 34.6 | 28.6 | 24.1 | 19.1 | 16.6 | 15.1 | ZSY250-45 Y180L-4-18.5 | ZQ750-50 Y180M-4-18.5 |
| | 22 | | 47.6 | 41.6 | 34.6 | 29.1 | 25.1 | 22.1 | 18.1 | ZSY250-45 Y180L-4-22 | ZQ750-50 Y180L-4-22 |
| | 30 | | | 43.1 | 39.6 | 36.6 | 33.6 | 31.1 | 27.6 | ZSY280-45 Y200L-4-30 | ZQ750-50 Y200L-4-30 |
| 165 | 15 | 31.6 | 23.6 | 16.6 | 13.6 | | | | | ZSY200-31.5 Y 160L-4-15 | ZQ650-31.5 Y160L-4-15 |
| | 18.5 | 39.6 | 29.1 | 22.6 | 17.1 | 14.6 | 12.6 | | | ZSY200-31.5 Y180M-4-18.5 | ZQ650-31.5 Y180M-4-18.5 |
| | 22 | 47.6 | 35.1 | 27.6 | 22.6 | 17.6 | 15.1 | 13.1 | | ZSY224-31.5 Y180L-4-22 | ZQ650-31.5 Y180L-4-22 |
| | 30 | | 46.6 | 38.6 | 31.6 | 26.6 | 23.1 | 18.6 | 16.6 | ZSY280-31.5 Y200L-1-30 | ZQ750-31.5 Y200L-4-30 |
| | 37 | | | 42.1 | 38.6 | 33.6 | 29.1 | 25.6 | 22.6 | ZSY280-31.5 Y225S-4-37 | |

表6-14　NE200提升机驱动装置及最大高度选择表

| 输送量 (m³/h) | 功率 (kW) | 相应动力提升最大高度 物料堆积密度 (t/m³) | | | | | | | | 减速机类型 | |
|---|---|---|---|---|---|---|---|---|---|---|---|
| | | 0.6 | 0.8 | 1.0 | 1.2 | 1.4 | 1.6 | 1.8 | 2.0 | 硬齿面减速机及电动机 | 圆柱齿轮减速机及电动机 |
| 170 | 18.5 | 34.6 | 25.1 | 18.1 | 14.6 | | | | | ZSY250-45 Y180M-4-18.5 | ZQ750-50 Y180M-4-18.5 |
| | 22 | 47.6 | 35.1 | 27.6 | 22.6 | 17.6 | 15.1 | | | ZSY250-45 Y180L-4-22 | ZQ750-50 Y180L-4-22 |
| | 30 | | 43.6 | 34.6 | 28.6 | 24.1 | 19.1 | 16.6 | 15.1 | ZSY280-45 Y200L-4-30 | ZQ750-50 Y200L-4-30 |
| | 37 | | 47.6 | 41.6 | 34.6 | 29.1 | 25.1 | 22.1 | 18.1 | ZSY315-45 Y225S-4-37 | |
| | 45 | | | 43.1 | 39.6 | 36.6 | 33.6 | 31.1 | 27.6 | ZSY315-45 Y225M-4-45 | |
| 220 | 22 | 31.6 | 23.6 | 16.6 | 13.6 | | | | | ZSY224-31.5 Y180L-4-22 | ZQ650-31.5 Y180L-4-22 |
| | 30 | 39.6 | 29.1 | 22.6 | 17.1 | 14.6 | 12.6 | | | ZSY250-31.5 Y200L-4-30 | ZQ750-31.5 Y200L-4-30 |
| | 37 | 47.6 | 35.1 | 27.6 | 22.6 | 17.6 | 15.1 | 13.1 | | ZSY280-31.5 Y225S-4-37 | |
| | 45 | | 46.6 | 38.6 | 31.6 | 26.6 | 23.1 | 18.6 | 16.6 | ZSY280-31.5 Y225M-4-45 | |
| | 55 | | | 42.1 | 38.6 | 33.6 | 29.1 | 25.6 | 22.6 | ZSY315-31.5 Y250M-4-45 | |

**表6-15 NE300提升机驱动装置及最大高度选择表**

| 输送量 (m³/h) | 功率 (kW) | 相应动力提升最大高度 / 物料堆积密度 (t/m³) | | | | | | | | 减速机类型 | |
|---|---|---|---|---|---|---|---|---|---|---|---|
| | | 0.6 | 0.8 | 1.0 | 1.2 | 1.4 | 1.6 | 1.8 | 2.0 | 硬齿面减速机及电动机 | 圆柱齿轮减速机及电动机 |
| 250 | 22 | 32.2 | 23.7 | 16.7 | 13.7 | | | | | ZSY250-45 Y180L-4-22 | ZQ750-50 Y180L-4-22 |
| | 30 | 44.2 | 32.7 | 25.7 | 19.2 | 16.2 | 14.2 | | | ZSY280-45 Y200-4-30 | ZQ750-50 Y200L-4-30 |
| | 37 | 54.7 | 38.7 | 32.2 | 26.7 | 22.7 | 17.7 | 15.7 | 13.7 | ZSY315-45 Y225S-4-37 | |
| | 45 | | 48.7 | 39.7 | 31.7 | 27.7 | 24.2 | 19.2 | 17.2 | ZSY315-45 Y225M-4-45 | |
| | 55 | | | 43.7 | 39.7 | 34.2 | 29.7 | 26.2 | 23.7 | ZSY355-45 Y250M-4-55 | |
| 320 | 30 | 34.2 | 25.2 | 18.2 | 14.7 | | | | | ZSY250-31.5 Y200L-4-30 | ZQ750-31.5 Y200L-4-30 |
| | 37 | 42.7 | 31.7 | 23.7 | 18.7 | 15.7 | 13.2 | | | ZSY280-31.5 Y225S-4-37 | |
| | 45 | 44.7 | 38.7 | 30.7 | 25.7 | 19.7 | 16.7 | 14.7 | | ZSY280-31.5 Y225M-4-45 | |
| | 55 | 54.2 | 47.7 | 35.2 | 31.2 | 26.2 | 22.7 | 18.2 | 16.2 | ZSY315-31.5 Y250M-4-55 | |
| | 75 | | 48.2 | 43.7 | 39.7 | 36.2 | 31.7 | 28.2 | 25.2 | ZSY280-31.5 Y280S-4-75 | |

表 6-16　NE400 提升机驱动装置及最大高度选择表

| 输送量 (m³/h) | 功率 (kW) | 物料堆积密度 (t/m³) 相应动力提升机最大高度 | | | | | | | | 减速机类型 | |
|---|---|---|---|---|---|---|---|---|---|---|---|
| | | 0.6 | 0.8 | 1.0 | 1.2 | 1.4 | 1.6 | 1.8 | 2.0 | 硬齿面减速机及电动机 | 圆柱齿轮减速机及电动机 |
| 310 | 30 | 32.2 | 23.7 | 18.6 | 15.1 | 12.7 | | | | ZSY280-45 Y200L-4-30 | ZQ750-50 Y200L-4-30 |
| | 37 | 44.8 | 33.1 | 26.1 | 21.4 | 18.0 | 15.5 | | | ZSY315-45 Y225S-4-37 | |
| | 45 | 54.7 | 41.3 | 32.6 | 26.8 | 22.7 | 19.6 | | | ZSY315-45 Y225M-4-45 | |
| | 75 | | 48.7 | 43.9 | 39.9 | 34.8 | 30.2 | 26.6 | 23.7 | ZSY355-45 Y280S-4-75 | |
| | 90 | | | | 41.7 | 36.6 | 33.7 | 31.3 | 29.1 | ZSY400-45 Y280M-4-90 | |
| 440 | 45 | 38.2 | 28.2 | 22.1 | 18.1 | | | | | ZSY280-45 Y225M-4-45 | |
| | 55 | 46.9 | 34.7 | 27.3 | 22.4 | 18.9 | 16.3 | | | ZSY315-31.5 Y250M-4-55 | |
| | 75 | 54.7 | 42.8 | 33.9 | 27.9 | 23.6 | 20.4 | 17.9 | | ZSY315-31.5 Y280S-4-75 | |
| | 90 | | 48.7 | 43.9 | 38.8 | 32.9 | 28.6 | 25.2 | 22.4 | ZSY355-31.5 Y280M-4-90 | |
| | 110 | | | | 39.7 | 36.6 | 33.7 | 30.6 | 27.3 | ZSY355-31.5 Y315S-4-110 | |

### 4. 提升机安装方法

NE 系列板链式提升机为垂直式，其基础承受着提升机的全部重力，故在安装前必须对基础进行检查。

NE 系列板链式提升机分若干部件出厂，由用户现场安装。通常按下列次序安装：

（1）在基础上安装地脚螺栓，再安装下部装置，将其在基础上的相对位置校准，使机壳的基准面（上法兰面）处于水平面内，然后将其暂时紧固在基础上。

（2）在下部装置上逐一安装中部机壳，带门中间机壳门的布置位置应方便检视。各机壳法兰之间用 $\phi6$ 石棉绳一分为二做密封件，以防灰尘外扬。

（3）中部机壳安装完毕校准后，安装上部装置。在一般情况下，应在上部和中部位置安装支撑装置，以防止机壳向侧面偏移，支撑装置应可靠地固定在附近建筑物上，并能允许提升机在垂直方向上自由伸缩。

① 保证机壳垂直和直线偏差在以下范围（表6-17）：

表 6-17　机壳垂直和直线偏差

| 整机高度（m） | 10 以下 | 10～20 | 20～30 | 30 以上 |
|---|---|---|---|---|
| 允许偏差（mm） | ±2 | ±3～5 | ±4～7 | ±5～9 |

② 主轴对水平面平行度 0.3/1000；

③ 上下链轮轴向偏差≤6mm。

（4）在上部装置上安装驱动装置。首先把平台用螺栓连接成整体，再把整体平台和支撑槽钢用螺栓连接或焊接在上部机壳上，再在整体平台上焊接维修架及分片栏杆。然后安装动力装置、传动装置和链轮罩，调整完毕后，再用螺栓固定。调整结束后为保险起见，应把平台与电动机底座之间焊牢。

（5）安装运行部件。首先把尾轴吊到最高位置，再安装链条和料斗，装上链条加上适量机油，注意保持张紧装置未被利用的行程不少于全行程的 50%，同时两根链条的拉紧程度力求一致，避免料斗歪斜。

（6）安装左、右头罩。设置电器过载保护装置，将输电线安装在提升机的电动机上。

（7）若上述要求已达到，则将所有螺栓重新拧紧，并清除提升机内部的所有零碎材料，以及向各润滑系统加注必要的润滑油，即可进行无负荷试车。

（8）提升机安装的基本要求。

本机的基础必须坚固，各相对位置应正确，下部装置支撑面应处于水平位置。连接各机壳的法兰必须齐整，不得有明显的错位，本机的中心线应力求在同一铅垂线上（图6-23），其垂直偏差 1/1000，总高的累积偏差不超过表6-18 的规定。

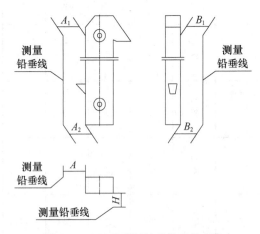

图 6-23　NE 系列板链式提升机安装

表 6-18 累积偏差要求

| 测量部位 | 公差值（mm） | | |
|---|---|---|---|
| | $H<10m$ | $H=10\sim20m$ | $H>20m$ |
| (A1-A2) | 4 | 5 | 7～8 |
| (B1-B2) | | | |

本机主轴和尾轴应相互平行，头轴对水平面的平行度为 0.3/1000。上下链轮的相对位置对准。单排牵引上下链轮的错位值不超过表 6-19 的规定（图 6-24），多排牵引链上下链轮的错位值不超过表 6-20 的规定（图 6-25），否则应沿轴向移动或尾轴给予消除。

表 6-19 多排牵引链上下链轮的错位值

| 测量部位 | 公差值（mm） | |
|---|---|---|
| | $H\leqslant20m$ | $H>20mm$ |
| (A1-A2) | 4 | 6 |
| (B1-B2) | 6 | 9 |

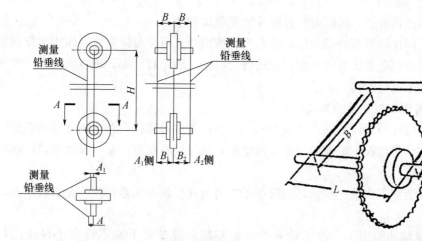

图 6-24 单排牵引上下链轮的错位        图 6-25 上下链轮的错位

驱动装置的链传动调整完毕后，驱动装置低速轴和提升机主轴的平行度为 1/300（$A-B$）mm，如图 6-25 所示；大小链轮的错位应符合表 6-20 的规定，如图 6-26 所示。

表 6-20 大小链轮的错位值

| 链传动中心距 | 允许偏差（mm） |
|---|---|
| 1m 以上 | $\pm1$ |
| 1m 以上 | $\pm c$（cm）/1000 |

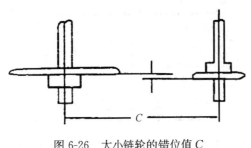

图 6-26　大小链轮的错位值 $C$

为了使设备在使用过程中拉紧装置具有足够的调整行程，在将牵引链条拉紧至适当程度后，拉紧装置向下尚未利用的行程不少于整个行程的 50%。连接后的两根链条长度误差应尽可能小，链条不应过分拉紧，以用人力转动链轮是否轻松圆滑，无其他显著的阻力增加为限。同时两根链条的拉紧程度力求一致，避免料斗歪斜。

若上述要求已经达到，则将所有螺栓重新拧紧，并清除提升机内部的所有零碎材料，以及向各润滑系统加注必要的润滑油，即可进行无负荷试车 2h。

**6. 提升机的无负荷试车注意事项**

（1）注意料斗、牵引链条及链轮的运行情况，运转部分不得与其他固定部分发生碰撞及卡住现象。链条运行应一致，料斗不允许歪斜。

（2）各轴承的油温是否正常（运转约 2h 后，温升不大于 60℃），润滑密封性能是否良好。

（3）减速器有无过激声响，有无渗油，联轴器是否安全可靠，电气控制是否正常，空载功率应不超过额定功率的 30%。

（4）仔细观察逆止装置，运转时是否可靠地相脱离和啮合。

（5）所有的紧固件是否有松动现象，停车后应特别注意料斗与链条之间固定螺栓的紧固情况。在无负荷试车结束并认为满意后，应进行为时 16h 的负载试车，即在原设计的提升量及提升物料的条件下进行运转。

**7. 提升机负荷试车应注意的事项**

（1）负荷试车应在原设计的输送量及所拟输送物料条件下进行，首先观察驱动装置的工作情况，电动机在负荷情况下电流是否超过额定值，电气控制是否正常以及减速器的噪声特征等。

（2）上、下部装配工作情况如何，两根链条的运行速度是否同步，料斗是否有歪斜，运行速度是否符合要求。

（3）在均匀喂料的情况下，注意物料的供给特征，提升机下部不得发生材料的积塞现象。

（4）观察输送物料在料斗内填充程度如何，是否有单面装载现象，测定输送量是否达到设计要求。

（5）应多次停止提升机的运行，以检查逆止装置的作用，它应保证提升机突然停车时运行部件没有显著的反向行程。消除负荷试车的所有缺陷后才能移交生产。

（二）NSE 型高速板链式提升机

NSE 型高速板链式提升机是高速、超高、大吨位新型垂直提升设备。它适用于提升粉状和小颗粒状物料，如石膏、水泥、煤粉、破碎后较细的矿石等。

NSE 系列板链式提升机共有 10 种基本型号：NSE100、NSE200、NSE300、NSE400、NSE500、NSE600、NSE700、NSE800、NSE1000、NSE1200，每种型号可根据输送物料的不同，选择不同的提升速度，最大提升速度为 70m/min，提升高度为 70m。

**1. NSE 型高速板链式提升机特点**

（1）输送能力大。该系列提升机是国内提升机中相近横截面尺寸输送量最大的提升机，提升量为 $100\sim1200$ m³/h。

（2）提升范围广。这类提升机对物料的种类、特性要求少，不仅能提升一般粉状、小颗粒状物料，而且可提升磨琢性较大的物料，要求物料温度≤200℃。

（3）驱动功率小。采用流入式喂料、诱导式卸料、大容量的料斗密集型布置，在物料提升时无回料和挖料现象，因此，无效功率少，比环链式提升机节省功率约30%。

（4）使用寿命长。提升机的喂料采取流入式，无须用斗挖料，材料之间很少发生挤压和碰撞现象，本机在设计时保证物料在喂料、提升的卸料时少有撒落，减少了机械磨损，采用板链式高强度耐磨输送链，大大延长了输送链和料斗的使用寿命。正常使用下，输送链使用寿命超过3年。

（5）提升高度高。该提升机运行平稳，并且采用板链式高强度耐磨输送链，因此可达到较高的提升高度，在额定输送量下，提升高度≤70m。

（6）密封性好，环境污染少。先进的设计原理和加工方法，保证了整机运行的可靠性，无故障时间超过2万h。操作、维护方便，易损件少，结构刚度好，精度高。机壳经压型焊接后，刚度好且外观漂亮综合成本低。由于节约能耗和维护少，使用成本低。

**2. NES 系列提升机的技术规范**

NES 系列提升机的技术规范见表 6-21。

表 6-21    NES 系列提升机的技术规范

| 型号 | 最大提升量（m³/h） | 料斗容积（m³/m） | 运行速度（m/min） | 物料最大块度（mm） | | | | |
|---|---|---|---|---|---|---|---|---|
| | | | | 10 | 25 | 50 | 75 | 100 |
| | | | | 占百分比（%） | | | | |
| NSE100 | 140 | 0.054 | 66 | 20 | 15 | 10 | 7 | 5 |
| NSE200 | 220 | 0.097 | 66 | 35 | 30 | 20 | 15 | 10 |
| NSE300 | 300 | 0.121 | 66 | 35 | 30 | 20 | 15 | 10 |
| NSE400 | 400 | 0.157 | 66 | 50 | 40 | 30 | 25 | 20 |
| NSE500 | 500 | 0.210 | 66 | 50 | 40 | 30 | 25 | 20 |
| NSE600 | 600 | 0.240 | 66 | 50 | 40 | 30 | 25 | 20 |
| NSE700 | 700 | 0.280 | 66 | 60 | 40 | 35 | 30 | |
| NSE800 | 800 | 0.320 | 66 | 65 | 60 | 40 | 35 | 30 |
| NSE1000 | 1000 | 0.391 | 66 | 65 | 60 | 40 | 35 | 30 |
| NSE1200 | 1200 | 0.47 | 66 | 65 | 60 | 40 | 35 | 30 |

**3. NSE 型高速板链式提升机结构**

NSE 板链式提升机由运行部件、驱动装置、上部装置、中部机壳、下部装置组成。

（1）运行部件：由料斗和套筒滚子链组成。

（2）驱动装置：由驱动平台、驱动组合、传动链组成及失速开关。驱动组合由主减速机、液力耦合器、主电动机、辅助减速电动机、离合器组成。驱动装置组合在驱动平台的安装位置分左装和右装两种。

① 左装：面对进料口，驱动装置组合和传动链在机壳的左侧。

②右装：面对进料口，驱动装置组合和传动链在机壳的右侧。

（3）上部装置：有上部机壳、上罩、上轴装配、逆止器等部件。

（4）中部机壳：分为与上部机壳连接的带支撑中间节、带检视门中间节、标准中间节（2.5m 高）及 1m、1.5m 的非标中间节，使提升机以 0.5m 为一挡来获取不同的高度。

（5）下部装置：包括下部机壳、进料口、尾轴装配、张紧装置（可选装料位开关）。

**4. NSE 系列提升机与 NE 系列提升机的比较**

以提升石膏，提升高度 36.45m，提升量 300m³/h 的提升机为例比较见表 6-22。

表 6-22　NSE 系列提升机与 NE 系列提升机的比较

| 序号 | 项目 | 结构比较 | | NSE 优点 |
|---|---|---|---|---|
| 01 | 型号 | NE300 | NSE300 | |
| 02 | 输送量（m³/h） | 320 | 320 | 同 |
| 03 | 输送物堆积密度比 | 1.0 | 1.0 | 同 |
| 04 | 提升高度（m） | 36.45 | 36.45 | 同 |
| 05 | 斗宽（mm） | 900 | 500 | 尺寸小 |
| 06 | 斗间距（mm） | 500 | 400 | 尺寸小 |
| 07 | 链速（m/min） | 31 | 65 | 高效 |
| 08 | 输送链 | 套筒滚子链 | 套筒滚子链 | 同 |
| 09 | 输送链节距（mm） | 250 | 100 | 适宜提速 |
| 10 | 驱动装置：减速机　电动机　液力耦合器 | ZSY315　75kW　YOX450 | ZLY315　75kW　YOX450 | 同 |
| 11 | 逆止器 | 棘轮式 | 异形块式更可靠 | |
| 12 | 设备维护用电动机功率（低速运转） | 无 | 4kW | 检查维护方便 |
| 13 | 中间机壳截面尺寸 | 1888×1580 | 1652×1094 | 尺寸小 |
| 14 | 中间机壳制作方法 | 压制 | 压制加补强 | 刚度好 |
| 15 | 驱动平台刚度 | 差 | 强 | 刚度好 |
| 16 | 输送链轮结构 | 整体 | 组合 | 检修方便 |
| 17 | 从动链轮结构 | 整体 | 组合 | 检修方便 |
| 18 | 检视门结构 | 螺栓式 | 扣式 | 检查维护方便 |
| 19 | 下部装置滑板密封 | 挡块式 | 压板弹簧式 | 漏灰无 |
| 20 | 下轴承座与密封板 | 直接连接 | 间接连接 | 减少下轴承损坏 |
| 21 | 下轴密封 | 油封 | 油浸盘根 | 检修方便 |
| 22 | 单机质量（kg） | 42160 | 35500 | 质量轻 |

（三）X-TGD 型钢丝胶带斗式提升机

X-TGD 型钢丝胶带斗式提升机是在消化、吸收国外新技术基础上开发的新一代产品，具有输送量大、体积小、能耗低、运行稳定可靠、维护量小、使用寿命长、可实现单机超高提升等特点。它适用于干散粉状物料或小粒状物料的垂直输送，广泛用于建材、冶金、化工、粮食、煤炭、电力等行业粉状物料的高负荷输送系统,特别适用于新型干法水泥回转窑生料输送、生料均化库、水泥入库输送和磨机闭路系统物料高负荷循环输送,并可完全替代同规格的进口设备。X-TGD 型钢丝胶带斗式提升机和日常所认识的 TD 皮带斗式提升机有很大区别。

**1. X-TGD 型钢丝胶带斗式提升机工作原理**

X-TGD 型钢丝胶带斗式提升机牵引件采用高强度钢丝绳芯橡胶带,克服了链条啮合时产生的动荷载,较链条更轻便、更平稳,能以更大的运动速度达到更高的生产率,在同样的生产条件下,胶带因其工作速度高和自重较小,可使物料线荷载和牵引构件的线荷载减少,从而减少整机的尺寸和自重。同时配有特殊设计的胶带接头和料斗固定件通过包胶的头轮和带有棒条设计的尾轮转变方向来进行输送,并可根据需要,在料斗间做不同形式的排列以确保物料连续提起和卸下,达到设计要求。

**2. X-TGD 型钢丝胶带斗式提升机技术规格和参数**

X-TGD 型钢丝胶带斗式提升机技术规格和参数见表 6-23。

表 6-23　X-TGD 型钢丝胶带斗式提升机技术规格和参数

| 斗宽(mm)<br>参数 | | 315 | 400 | 500 | 630 | 800 | 1000 | 1250 | 1400 |
|---|---|---|---|---|---|---|---|---|---|
| 料斗容积(L) | | 6.5 | 14.6 | 18 | 29 | 37 | 58 | 73 | 99 |
| 输送量<br>($m^3/h$) | $\phi=100mm$ | 117 | 225 | 280 | 450 | 570 | 950 | 1255 | 1547 |
| | $\phi=100mm$ | 88 | 168 | 210 | 338 | 428 | 712 | 941 | 1160 |
| 速度(m/s) | | 1.25 | 1.25 | 1.50 | 1.54 | 1.55 | 1.88 | 1.88 | 1.92 |
| 提升高度(m) | | >100 | >100 | >100 | >100 | >100 | >100 | >100 | >100 |

**3. X-TGD 型钢丝胶带斗式提升机的性能特点**

(1)单机提升高度可超过 100m,输送能力超过 1160$m^3/h$,物料温度可达 120℃。

(2)料斗排列紧密,连续提取,连续卸料。其备有标准安全设备、料位控制器、传送带摆动控制器和速度监视器,能实现连续操作。维护量与环链式相比少 80%,较板链式相比减少 60%,使用寿命长,无故障运行时间可超过 3.5 万 h。

(3)功耗低。与环链和 NE 相比节电 20% 左右,驱动滚筒配备传送带对中装置,并采用包胶设计,滚筒寿命长摩擦力大。

(4)采用垂直减速机和液力耦合器传动装置,结构紧凑,实现柔性传动,并配有检修时用的慢速传动装置,采用重力平衡张紧装置,实现自动张紧,传送胶带用纵向和横向钢丝绳增强,大大提高抗拉强度。

(5)配备专用控制柜,可单机操作,也可进入全厂 DCS 系统。

## 三、FU 型链式输送机

### (一)FU 型链式输送机的用途

FU 型链式输送机(以下简称 FU 型链运机)是一种用于水平(或倾斜≤15°)粉状、小粒状物输送的新型设备,具有设计合理、使用寿命长、运转可靠、节能高效、密封、安全且维修方便等优点,可广泛用于建材、化工、火电、粮食加工、矿山、冶金、港口等行业。它特别适应石膏建材的生产，从密封性、环保性能、节能、耐高温、耐用性能等方面选用链式输送机以适应新形势下的石膏建材生产。

（二）链式输送机的工作原理

散料具有内摩擦和侧压力的特性，它在机槽内受到输送链在其运动方向的拉力，使其内部压力增加，颗粒之间的内摩擦力增大，在水平输送时，这种内摩擦力保证了料层之间的稳定状态，形成了连续的整体流动，当料层之间的内摩擦力大于物料与槽壁之间的外摩擦力时，料斗是稳定的。

链式输送机的基本布置形式如图 6-27～图 6-32 所示。

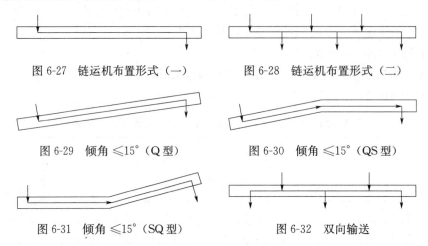

图 6-27　链运机布置形式（一）　　图 6-28　链运机布置形式（二）

图 6-29　倾角 ≤15°（Q 型）　　图 6-30　倾角 ≤15°（QS 型）

图 6-31　倾角 ≤15°（SQ 型）　　图 6-32　双向输送

（三）链式输送机的设备选用

正确合理的选型和正确合理的使用保养能充分体现出先进设备的性能。

（1）链速的选择：用户根据物料的状态，先选择适当的链速。一般磨琢性强的物料、温度高的物料、物料中粗大颗粒比例较多及料粒大的物料宜选慢速；磨琢性小的物料（如煤粉）可选择快速（表 6-24、表 6-25）。

表 6-24　输送不同磨琢性物料时所推荐的链速　　　　　　　　m/min

| 物料的磨琢性 | | 特大 | 大 | 中 | 小 |
|---|---|---|---|---|---|
| 链速 | 推荐 | 10 | 15 | 20 | 30 |
| | 最大 | 15 | 20 | 30 | 40 |

表 6-25　输送石膏、水泥生料、熟料和成品的链速

| 物料 | 生料细粉、成品 | 细粉或水泥成品 | 生料或熟料粗粉回磨 | |
|---|---|---|---|---|
| 料温（℃） | <60 | 60～160 | 60 | 60～140 |
| 最适链速（m/min） | 15～20 | 10～15 | 10～13 | 10～12 |
| 最大链速（m/min） | 25 | 17 | 15 | 14 |

（2）动力的选择

选定机型后，可根据输送量、输送长度等参数，查表 6-28～表 6-34 获取。本机型最大长度为 50m，组合长度 300m，驱动装置的装配形式有 X1、X2 及左右装等，X2 为背装式。

各机型技术参数见表 6-26。

表 6-26　各机型技术参数

| 机型 | 机槽宽度 (mm) | 理想粒度 (mm) | 10%最大粒度 (mm) | 输送链运行速度（m/min） | | | | | | | 最大角度 | 最大湿度 |
| --- | --- | --- | --- | --- | --- | --- | --- | --- | --- | --- | --- | --- |
| | | | | 11 | 13.5 | 17 | 18.6 | 21 | 23 | 28 | | |
| | | | | 输送量 max（m³/h） | | | | | | | | |
| FU150 | 150 | <4 | <8 | 10 | 12 | 15 | 16 | 18 | 20 | 25 | | ≤6%（以手捏成团，松手后仍能松散为度） |
| FU200 | 200 | <5 | <10 | 17 | 21 | 27 | 29 | 33 | 36 | 43 | | |
| FU270 | 270 | <7 | <14 | 31 | 38 | 48 | 53 | 60 | 65 | 80 | | |
| FU350 | 350 | <9 | <18 | 53 | 64 | 81 | 89 | 100 | 110 | 133 | ≤15° | |
| FU410 | 410 | <11 | <22 | 72 | 88 | 111 | 122 | 137 | 150 | 183 | | |
| FU500 | 500 | <13 | <26 | 107 | 131 | 166 | 182 | 204 | 225 | 273 | | |
| FU600 | 600 | <15 | <30 | 155 | 189 | 239 | 261 | 295 | 323 | 400 | | |

在同样输送量下，选择较大机型可使链速降低，从而延长使用寿命，但输送量过低，当实际输送量低于该机运送能力 30％时造成空转，从而增加磨损。

倾斜输送时输送能力的折扣系数 $\eta$ 见表 6-27。

表 6-27　倾斜输送时输送能力的折扣系数 $\eta$

| 倾角（°） | 0～2.5 | 2.5～5 | 5～7.5 | 7.5～10 | 10～12.5 | 12.5～15 |
| --- | --- | --- | --- | --- | --- | --- |
| $\eta$ | 1 | 0.95 | 0.9 | 0.85 | 0.8 | 0.7 |

（四）进出料口的选择及布置

（1）对于流动性差或湿度稍大的物料，一般宜采用上进料口。

（2）近尾轴的第一只进料口，距尾轴中心距宜大于（最小距离 $U_{min}$）。

（3）链运机可用多个进出料口，进出料口的布置应避开连接法兰。

驱动装置及最大输送长度选择见表 6-28～表 6-34。

（五）FU 型系列链式输送机的安装步骤

（1）用户应对链运机的总装图和说明书进行仔细阅读、消化。根据发货清单仔细清点所有零部件。

（2）把槽钢底座安放到位。槽钢底座应避免靠近各中间机壳之间的法兰，各底座间距离可在 3000mm 左右变化。

（3）基础可做成预留孔，也可按双点画线尺寸做成预埋件（材料为 Q235A）。在所有安装接口法兰处用螺栓连接起来，螺母暂不拧紧。把压板、槽钢底座、机壳连接起来，螺母暂不拧紧。

（4）用弦线紧靠机壳的左（右）侧板的上方，调整整个机壳的直线度，保证整个机壳左、右侧板与弦线在垂直平面的距离不超过 4mm。机壳法兰内口的连接应平整、密合，如有错位，只允许链条运行前方的法兰内口稍低，且错位值不得大于 1.5mm。一边调整，一边拧紧机壳法兰处和槽钢底座处的螺母。

（5）上下托轮调整时采用拉线对中的方法，中心偏差≤2mm。用一根弦线采取头轮和尾轮中线拉线的方法，测定并保证上轨道对机壳中心线的偏差不大于 2mm。

表6-28　FU150型链式输送机驱动装置及最大输送长度选择表

| 输送量 (m³/h) | 链速 (m/min) | 主轴转速 (r/min) | 功率 (kW) | 物料堆积密度 (t/m³) 相应动力可输送最长距离 (m) | | | | | | 减速机及电动机类型 | | |
|---|---|---|---|---|---|---|---|---|---|---|---|---|
| | | | | 0.5 | 0.8 | 1.0 | 1.2 | 1.5 | 1.8 | 摆线针轮减速机及电动机 | 硬齿面减速机及电动机 | 圆柱齿轮减速机及电动机 |
| 18 | 11 | 9 | 2.2 | 31 | 25.5 | 22.5 | 20.5 | 18 | 16 | XWD2.2-5-71 | ZSY160-71 Y100L1-4-2.2 | ZQ350-50 Y112M-6-2.2 |
| | | | 3 | 42.5 | 35 | 31 | 27.5 | 25 | 21.5 | XWD3-5-71 | ZSY160-71 Y100L2-4-3 | ZQ400-50 Y132S-6-3 |
| | | | 4 | 56.5 | 46 | 41 | 37 | 32.5 | 29 | XWD4-6-71 | ZSY160-71 Y112M-4-4 | ZQ400-50 Y132M1-6-4 |
| 28 | 17 | 14 | 3 | 27 | 22 | 19.5 | 17.5 | 15.5 | 13.5 | XWD3-5-47 | ZSY160-45 Y100L2-4-3 | ZQ400-50 Y100L2-4-3 |
| | | | 4 | 36 | 29 | 26 | 23.5 | 20.5 | 18 | XWD4-6-47 | ZSY160-45 Y112M-4-4 | ZQ400-50 Y112M-4-4 |
| | | | 5.5 | 50 | 40.5 | 36 | 32.5 | 28 | 25 | XWD5.5-6-47 | ZSY160-45 Y132S-4-5.5 | ZQ500-50 Y132M2-6-5.5 |
| | | | 7.5 | 67.5 | 55 | 49 | 41.5 | 38.5 | 34.5 | XWD7.5-7-47 | ZSY180-71 Y132M-4-7.5 | ZQ500-50 Y132M-4-7.5 |
| 38 | 22 | 18 | 3 | 34 | 28 | 24.5 | 22 | 19.5 | 17 | XWD3-6-35 | ZSY160-35.5 Y100L2-4-3 | ZQ350-31.5 Y100L1-4-3 |
| | | | 3 | 20 | 16.5 | 14.5 | 13 | 11 | 10 | XWD3-5-35 | ZSY160-35.5 Y100L2-4-3 | ZQ350-31.5 Y100L2-4-3 |
| | | | 4 | 26.5 | 21.5 | 19 | 17.5 | 15 | 13.5 | XWD4-5-35 | ZSY160-35.5 Y112M-4-4 | ZQ350-31.5 Y112M-4-4 |
| | | | 5.5 | 37 | 30 | 27 | 24 | 21 | 18.5 | XWD5.5-6-35 | ZSY160-35.5 Y132S-4-5.5 | ZQ400-31.5 Y132S-4-5.5 |
| | | | 7.5 | 50 | 41 | 36.5 | 32.5 | 28.5 | 25 | XWD7.5-6-35 | ZSY160-35.5 Y132M-4-7.5 | ZQ400-31.5 Y132M-4-7.5 |
| | | | 11 | 73.5 | 60 | 53.5 | 48 | 42 | 37 | XWD11-7-35 | ZSY180-35.5 Y160M-4-11 | ZQ500-31.5 Y160M-4-11 |

**表6-29　FU200型链式输送机驱动装置及最大输送长度选择表**

| 输送量 (m³/h) | 链速 (m/min) | 主轴转速 (r/min) | 功率 (kW) | 物料堆积密度 (t/m³)相应动力可输送最长距离 (m) | | | | | | 减速机及电动机类型 | | |
|---|---|---|---|---|---|---|---|---|---|---|---|---|
| | | | | 0.5 | 0.8 | 1.0 | 1.2 | 1.5 | 1.8 | 摆线针轮减速电动机 | 硬齿面减速机及电动机 | 圆柱齿轮减速机及电动机 |
| 10 | 11 | 12 | 2.2 | 50 | 41 | 36.5 | 32.5 | 28.5 | 25 | XWD2.2-5-71 | ZSY160-71 / Y100L1-4-2.2 | ZQ350-50 / Y112m-6-2.2 |
| | | | 3 | 68.5 | 56 | 49.5 | 44.5 | 39 | 34.5 | XWD3-5-71 | ZSY160-71 / Y100L2-4-3 | ZQ400-50 / Y132S-6-3 |
| | | | 2.2 | 32 | 26.5 | 23.5 | 21 | 18.5 | 16 | XWD2.2-5-47 | ZSY160-45 / Y100L1-4-2.2 | ZQ350-50 / Y100L1-4-2.2 |
| 16 | 17 | 18 | 2.2 | 32 | 26.5 | 23.5 | 21 | 18.5 | 16 | XWD2.2-5-47 | ZSY160-45 / Y100L1-4-2.2 | ZQ350-50 / 100L1-4-2.2 |
| | | | 3 | 44 | 36 | 32 | 29 | 25 | 22 | XWD3-5-47 | ZSY160-45 / Y100L2-4-3 | ZQ400-50 / Y100L2-4-3 |
| | | | 4 | 59 | 48 | 43 | 38.5 | 33.5 | 29.5 | XWD4-6-47 | ZSY160-45 / Y112M-4-4 | ZQ400-50 / Y112M-4-4 |
| | | | 5.5 | 81.5 | 66 | 59 | 53 | 46 | 41 | XWD5.7-7-47 | ZSY160-45 / Y132S-4-5.5 | ZQ500-50 / Y132S-4-5.5 |
| 20 | 22 | 24 | 3 | 34 | 28 | 24.5 | 22 | 19.5 | 17 | XWD3-6-35 | ZSY160-35.5 / Y100L2-4-3 | ZQ350-31.5 / Y100L1-4-3 |
| | | | 2.2 | 25 | 20.5 | 18 | 16 | 14 | 12.5 | XWD2.2-5-35 | ZSY160-35.5 / Y100L1-4-2.2 | ZQ350-31.5 / Y100L1-4-2.2 |
| | | | 3 | 34 | 28 | 24.5 | 22 | 19.5 | 17 | XWD3-6-35 | ZSY160-35.5 / Y100L2-4-3 | ZQ350-31.5 / Y100L1-4-3 |
| | | | 4 | 45.5 | 37 | 33 | 30 | 26 | 23 | XWD4-5-35 | ZSY160-35.5 / Y112M-4-4 | ZQ350-31.5 / Y112M-4-4 |
| | | | 5.5 | 63 | 51 | 45.5 | 41 | 35.5 | 31.5 | XWD5.5-6-35 | ZSY160-35.5 / Y132S-4-5.5 | ZQ400-31.5 / Y132S-4-5.5 |
| | | | 7.5 | 85.5 | 70 | 62 | 56 | 48.5 | 43 | XWD7.5-6-35 | ZSY160-35.5 / Y132M-4-7.5 | ZQ400-31.5 / Y132M-4-7.5 |

表6-30 FU270型链式输送机驱动装置及最大输送长度选择表

| 输送量 (m³/h) | 链速 (m/min) | 主轴转速 (r/min) | 功率 (kW) | 物料堆积密度 (t/m³) 相应动力可输送最长距离 (m) | | | | | | 摆线针轮减速机电动机 | 减速机及电动机类型 | |
|---|---|---|---|---|---|---|---|---|---|---|---|---|
| | | | | 0.5 | 0.8 | 1.0 | 1.2 | 1.5 | 1.8 | | 硬齿面减速机及电动机 | 圆柱齿轮减速机及电动机 |
| 33 | 11 | 6.5 | 4 | 34 | 29 | 25 | 22 | 18 | 16 | XWD4-6-71 | ZSY160-70 Y112M-4-4 | ZQ400-50 Y132M-6-4 |
| | | | 5.5 | 47 | 40 | 35 | 31 | 25 | 22 | XWD5.5-7-71 | ZSY180-70 Y132S-4-5.5 | ZQ500-50 Y132M2-6-5.5 |
| | | | 7.5 | 64 | 54 | 47 | 41 | 35 | 30 | XWD7.5-8-71 | ZSY180-71 Y132M-4-7.5 | ZQ500-50 Y160M-6-7.5 |
| | | | 11 | 90 | 75 | 65 | 56 | 45 | 40 | XWD11-9-71 | ZSY200-71 Y160M-4-11 | ZQ650-50 Y160L-6-11 |
| 40 | 13.5 | 8 | 5.5 | 37 | 31 | 27 | 24 | 20 | 17 | XWD5.5-7-59 | ZSY160-56 Y132S-4-5.5 | ZQ500-40 Y132M2-6-5.5 |
| | | | 7.5 | 51 | 43 | 37 | 32 | 27 | 24 | XWD7.5-8-59 | ZSY180-56 Y132M-4-7.5 | ZQ500-40 Y160M-6-7.5 |
| | | | 11 | 74 | 63 | 54 | 48 | 40 | 35 | XWD11-8-59 | ZSY200-56 Y160M-4-11 | ZQ650-40 Y160L-6-11 |
| | | | 15 | 90 | 75 | 65 | 56 | 45 | 40 | XWD15-9-59 | ZSY200-56 Y160L-4-15 | ZQ650-40 Y180L-6-15 |
| 50 | 17 | 10 | 5.5 | 30 | 25 | 22 | 19 | 16 | 14 | XWD5.5-6-47 | ZSY160-45 Y132S-4-5.5 | ZQ500-50 Y132S-4-5.5 |
| | | | 7.5 | 42 | 35 | 30 | 26 | 22 | 19 | XWD7.5-7-47 | ZSY180-45 Y132M-4.7.5 | ZQ500-50 Y132M-4-7.5 |
| | | | 11 | 61 | 51 | 41 | 39 | 33 | 29 | XWD11-8-47 | ZSY180-45 Y160M-4-11 | ZQ650-50 Y160M-4-11 |
| | | | 18.5 | 90 | 75 | 65 | 56 | 45 | 40 | XWD18.5-8-29 | ZSY224-45 Y180M-4-18.5 | ZQ650-50 Y180M-4-18.5 |

续表

| 输送量 (m³/h) | 链速 (m/min) | 主轴转速 (r/min) | 功率 (kW) | 物料堆积密度 (t/m³) 相应动力可输送最长距离 (m) | | | | | | 摆线针轮减速电动机 | 减速机及电动机类型 | |
|---|---|---|---|---|---|---|---|---|---|---|---|---|
| | | | | 0.5 | 0.8 | 1.0 | 1.2 | 1.5 | 1.8 | | 硬齿面减速机及电动机 | 圆柱齿轮减速机及电动机 |
| 68 | 22 | 13 | 7.5 | 30 | 26 | 22 | 19 | 16 | 14 | XWD7.6-6-35 | ZSY160-35.5 Y132M-4-7.5 | ZQ400-25 Y160M-6-7.5 |
| | | | 11 | 45 | 38 | 33 | 29 | 24 | 21 | XWD11-7-35 | ZSY180-35.5 Y160M-4-11 | ZQ500-25 Y160L-6-11 |
| | | | 15 | 62 | 52 | 45 | 39 | 33 | 29 | XWD15-8-35 | ZSY180-35.5 Y160L-4-15 | ZQ650-25 Y160L-6-15 |
| | | | 18.5 | 76 | 61 | 55 | 49 | 41 | 36 | XWD18.5-8-23 | ZSY200-35.5 Y180M-4-18.5 | ZQ650-25 Y200L1-6-22 |

表6-31 FU350型链式输送机驱动装置及最大输送长度选择表

| 输送量 (m³/h) | 链速 (m/min) | 主轴转速 (r/min) | 功率 (kW) | 物料堆积密度 (t/m³) 相应动力可输送最长距离 (m) | | | | | | 摆线针轮减速电动机 | 减速机及电动机类型 | |
|---|---|---|---|---|---|---|---|---|---|---|---|---|
| | | | | 0.5 | 0.8 | 1.0 | 1.2 | 1.5 | 1.8 | | 硬齿面减速机及电动机 | 圆柱齿轮减速机及电动机 |
| 64 | 14 | 6.3 | 5.5 | 29.5 | 22.5 | 19.5 | 17 | 14.5 | 12.5 | XWD5.5-7-71 | ZSY180-71 Y132S-4-5.5 | ZQ500-50 Y132M2-6-5.5 |
| | | | 7.5 | 40.5 | 31 | 27 | 23.5 | 20 | 17.5 | XWD7.5-8-71 | ZSY180-71 Y132M-4-7.5 | ZQ500-50 Y160M-6-7.5 |
| | | | 11 | 60 | 45.5 | 39.5 | 34.5 | 29.5 | 25.5 | XWD11-9-71 | ZSY200-71 Y160M-4-11 | ZQ650-50 Y160L-6-11 |
| | | | 15 | 81.5 | 62.5 | 54 | 47.5 | 40 | 35 | XWD15-9-71 | ZSY224-71 Y160L-4-15 | ZQ650-50 Y180L-6-15 |

续表

| 输送量 (m³/h) | 链速 (m/min) | 主轴转速 (r/min) | 功率 (kW) | 物料堆积密度 (t/m³) 相应动力可输送最长距离 (m) | | | | | | 减速机及电动机类型 | | |
|---|---|---|---|---|---|---|---|---|---|---|---|---|
| | | | | 0.5 | 0.8 | 1.0 | 1.2 | 1.5 | 1.8 | 摆线针轮减速机 电动机 | 硬齿面减速机 及电动机 | 圆柱齿轮减速机 及电动机 |
| 80 | 17 | 7.5 | 7.5 | 33 | 25 | 21.5 | 19 | 16 | 14 | XWD7.5-8-59 | ZSY180-56 Y132M-4-7.5 | ZQ500-40 Y160M-6-7.5 |
| | | | 11 | 48.5 | 37 | 32 | 28 | 23.5 | 20.5 | XWD11-8-59 | ZSY200-56 Y132M-4-7.5 | ZQ650-40 Y160L-6-11 |
| | | | 15 | 66 | 50.5 | 43.5 | 38 | 32.5 | 28 | XWD15-9-59 | ZSY200-56 Y160L-4-15 | ZQ650-40 Y180L-6-15 |
| | | | 18.5 | 81.5 | 62 | 53.5 | 47 | 40 | 31.5 | XWD18.5-9-43 | ZSY224-56 Y180M-4-18.5 | ZQ650-40 Y200L1-6-18.5 |
| 98 | 21 | 9.5 | 7.5 | 26.5 | 20.5 | 17.5 | 15.5 | 13 | 11.5 | XWD7.5-7-47 | ZSY180-45 Y132M-4-7.5 | ZQ500-50 Y132M-4-7.5 |
| | | | 11 | 39.4 | 30 | 26 | 22.5 | 19 | 16.5 | XWD11-8-47 | ZSY180-45 Y160M-4-11 | ZQ650-50 Y160M-4-11 |
| | | | 18.5 | 66 | 50.5 | 43.5 | 38.5 | 32.5 | 28 | XWD18.5-8-29 | ZSY224-45 Y160L-4-15 | ZQ650-50 Y160L-4-15 |
| | | | 22 | 79 | 60 | 52 | 44.5 | 38.5 | 33.5 | XWD22-9-29 | ZSY224-45 180M-4-18.5 | ZQ650-50 Y180M-4-18.5 |

表6-32 FU410型链式输送机驱动装置及最大输送长度选择表

| 输送量 (m³/h) | 链速 (m/min) | 主轴转速 (r/min) | 功率 (kW) | 物料堆积密度 (t/m³) 相应动力可输送最长距离 (m) | | | | | | 减速机及电动机类型 | | |
|---|---|---|---|---|---|---|---|---|---|---|---|---|
| | | | | 0.5 | 0.8 | 1.0 | 1.2 | 1.5 | 1.8 | 摆线针轮减速机及电动机 | 硬齿面减速机及电动机 | 圆柱齿轮减速机及电动机 |
| 90 | 14 | 6.3 | 5.5 | 23 | 17 | 14.5 | 12.5 | 10.5 | 9 | XWD5.5-7-71 | ZSY180-71 Y132S-4-5.5 | ZQ500-50 Y132M2-6-5.5 |
| | | | 7.5 | 31.5 | 23.5 | 20 | 17.5 | 14.5 | 12.5 | XWD7.5-8-71 | ZSY180-71 Y132M-4-7.5 | ZQ500-50 Y160M-6-7.5 |
| | | | 11 | 46 | 34.5 | 29.5 | 25.5 | 21.5 | 18.5 | XWD11-9-71 | ZSY200-71 Y160M-4-11 | ZQ650-50 Y160L-6-11 |
| | | | 15 | 63 | 47 | 40 | 35 | 29.4 | 25.5 | XWD15-9-71 | ZSY224-71 Y160L-4-15 | ZQ650-50 Y180L-6-15 |
| | | | 22 | 83 | 64 | 55.5 | 45 | 40 | 35 | XWD22-10-47 | ZSY280-71 Y180L-4-22 | ZQ750-50 Y200L2-6-22 |
| 110 | 17 | 7.5 | 7.5 | 26 | 19 | 16.5 | 14.5 | 12 | 10.5 | XWD7.5-8-59 | ZSY180-56 Y132M-4-7.5 | ZQ500-40 Y160M-6-7.5 |
| | | | 11 | 38 | 28.5 | 24 | 21 | 17.5 | 15 | XWD11-8-59 | ZSY200-56 Y160M-4-11 | ZQ650-40 Y160L-6-11 |
| | | | 15 | 52 | 38.5 | 33 | 29 | 24 | 21 | XWD15-9-59 | ZSY200-56 Y160L-4-15 | ZQ650-40 Y180L-6-15 |
| | | | 18.5 | 64 | 47.5 | 41 | 35.5 | 30 | 25.5 | XWD18.5-9-43 | ZSY224-56 Y180M-4-18.5 | ZQ650-40 Y220L1-6-18.5 |
| | | | 22 | 69 | 53 | 45.5 | 40 | 34.5 | 29.5 | XWD22-10-43 | ZSY250-56 Y180L-4-22 | ZQ650-40 Y180L-4-22 |

续表

| 输送量 (m³/h) | 链速 (m/min) | 主轴转速 (r/min) | 功率 (kW) | 物料堆积密度 (t/m³) 相应动力可输送最长距离 (m) | | | | | | 减速机及电动机类型 | | |
|---|---|---|---|---|---|---|---|---|---|---|---|---|
| | | | | 0.5 | 0.8 | 1.0 | 1.2 | 1.5 | 1.8 | 摆线针轮减速电动机 | 硬齿面减速机及电动机 | 圆柱齿轮减速机及电动机 |
| 135 | 21 | 9.5 | 7.5 | 21 | 15.5 | 13 | 11.5 | 9.5 | 8.5 | XWD7.5-7-47 | ZSY180-45 / Y132M-4-7.5 | ZQ500-50 / Y132M-4-7.5 |
| | | | 11 | 30.5 | 23 | 19.5 | 17 | 14.5 | 12.5 | XWD11-8-47 | ZSY180-45 / Y160M-4-11 | ZQ650-50 / Y160M-4-11 |
| | | | 18.5 | 52 | 38.5 | 33 | 29 | 24 | 21 | XWD18.5-8-29 | ZSY224-45 / Y180M-4-18.5 | ZQ650-50 / Y180M-4-18.5 |
| | | | 22 | 61.5 | 46 | 39.5 | 34.5 | 29 | 25 | XWD22-10-29 | ZSY224-45 / Y180L-4-22 | ZQ650-50 / Y180L-4-22 |
| | | | 30 | 83 | 58.5 | 50.5 | 44.5 | 37.5 | 32.5 | XWD30-10-29 | ZSY250-45 / Y200L-4-30 | ZQ750-50 / Y200L-4-30 |

表6-33 FU500型埋式输送机驱动装置及最大输送长度选择表

| 输送量 (m³/h) | 链速 (m/min) | 主轴转速 (r/min) | 功率 (kW) | 物料堆积密度 (t/m³) 相应动力可输送最长距离 (m) | | | | | | 减速机及电动机类型 | |
|---|---|---|---|---|---|---|---|---|---|---|---|
| | | | | 0.5 | 0.8 | 1.0 | 1.2 | 1.5 | 1.8 | 摆线针轮减速电动机 | 硬齿面减速机及电动机 |
| 127 | 13.0 | 4.3 | 15 | 43 | 32 | 27 | 24 | 20 | 17 | XWD15-9-90 | ZSY250-90 / Y160L-4-15 |
| | | | 18.5 | 53 | 39 | 34 | 29 | 25 | 21 | XWD18.5-9-59 | ZSY280-90 / Y180M-4-18.5 |
| | | | 22 | 63 | 47 | 40 | 35 | 29 | 25 | XWD22-10-59 | ZSY280-90 / Y180L-4-22 |

续表

| 输送量 (m³/h) | 链速 (m/min) | 主轴转速 (r/min) | 功率 (kW) | 物料堆积密度 (t/m³)　相应动力可输送最长距离 (m) | | | | | | 减速机及电动机类型 | | |
|---|---|---|---|---|---|---|---|---|---|---|---|---|
| | | | | 0.5 | 0.8 | 1.0 | 1.2 | 1.5 | 1.8 | 摆线针轮减速电动机 | 硬齿面减速机及电动机 | 圆柱齿轮减速机及电动机 |
| 160 | 16.5 | 5.5 | 15 | 31.5 | 26.5 | 22.5 | 17.5 | 16 | 13 | XWD15-9-71 | ZSY224-71 Y160L-4-15 | ZQ650-50 Y180L-6-15 |
| | | | 18.5 | 39 | 32.5 | 28 | 24.5 | 19 | 16 | XWD18.5-9-47 | ZSY250-71 Y180M-4-18.5 | ZQ650-50 Y200L1-6-18.5 |
| | | | 22 | 46.5 | 38.5 | 33.5 | 29 | 25.5 | 19 | XWD22-10-47 | ZSY280-71 Y180L-4-22 | ZQ750-50 Y200L2-6-22 |
| | | | 30 | 63 | 53 | 45.5 | 40 | 35 | 29 | XWD30-10-47 | ZSY315-71 Y200L-4-30 | |
| | | | 37 | 76 | 63 | 54.5 | 48 | 42 | 35 | XWD37-11-47 | ZSY315-71 Y225S-4-37 | |
| 203 | 20.9 | 7.0 | 18.5 | 33 | 27.5 | 23.5 | 18.5 | 16.5 | 13.5 | XWD18.5-9-43 | ZSY224-56 Y180M-4-18.5 | ZQ650-40 Y200L1 |
| | | | 22 | 39 | 33 | 28 | 25 | 19.5 | 16 | XWD22-10-43 | ZSY250-56 Y180L-4-22 | ZQ650-40 Y200L2 |
| | | | 30 | 53.5 | 45 | 38.5 | 33.5 | 30 | 24.5 | XWD30-10-43 | ZSY280-56 Y200L-4-30 | |
| | | | 37 | 66 | 55 | 47.5 | 41.5 | 37 | 30.5 | XWD37-11-43 | ZSY315-56 Y225S-4-37 | |
| | | | 45 | 77.5 | 65 | 56 | 49 | 43 | 35.5 | XWD45-11-43 | ZSY315-56 Y225M-4-45 | |

续表

| 输送量 (m³/h) | 链速 (m/min) | 主轴转速 (r/min) | 功率 (kW) | 物料堆积密度 (t/m³) 相应动力可输送最长距离 (m) | | | | | | 减速机及电动机类型 | | |
|---|---|---|---|---|---|---|---|---|---|---|---|---|
| | | | | 0.5 | 0.8 | 1.0 | 1.2 | 1.5 | 1.8 | 摆线针轮减速电动机 | 硬齿面减速机及电动机 | 圆柱齿轮减速机及电动机 |
| 253 | 26.0 | 8.7 | 18.5 | 25.5 | 19 | 16 | 14 | 12.5 | 10.5 | XWD18.5-8-29 | ZSY224-45 Y180M-4-18.5 | ZQ650-50 Y180M-4-18.5 |
| | | | 22 | 30.5 | 25.5 | 19 | 17 | 15 | 12 | XWD22-10-29 | ZSY224-45 Y180L-4-22 | ZQ650-50 Y180L-4-22 |
| | | | 30 | 41.5 | 34.5 | 30 | 26 | 23 | 17 | XWD30-10-29 | ZSY250-45 Y200L-4-30 | ZQ750-50 Y200L-4-30 |
| | | | 37 | 51 | 42.5 | 36.5 | 32 | 28 | 23.5 | XWD37-11-29 | ZSY280-45 Y225S-4-37 | |
| | | | 45 | 62 | 53 | 44.5 | 39 | 34 | 28.5 | XWD45-11-29 | ZSY280-45 Y225M-4-45 | |

表6-34 FU600型链式输送机驱动装置及最大输送长度选择表

| 输送量 (m³/h) | 链速 (m/min) | 主轴转速 (r/min) | 功率 (kW) | 物料堆积密度 (t/m³) 相应动力可输送最长距离 (m) | | | | | | 减速机及电动机类型 | | |
|---|---|---|---|---|---|---|---|---|---|---|---|---|
| | | | | 0.5 | 0.8 | 1.0 | 1.2 | 1.5 | 1.8 | 摆线针轮减速电动机 | 硬齿面减速机及电动机 | 圆柱齿轮减速机及电动机 |
| 183 | 13 | 4.3 | 18.5 | 41 | 31 | 27 | 24 | 20 | 18 | XWD18.5-9-59 | ZSY280-90 Y180M-4-18.5 | |
| | | | 22 | 48 | 37 | 32.5 | 29 | 24 | 21 | XWD22-10-59 | ZSY280-90 Y180L-4-22 | |
| | | | 30 | 65 | 50 | 44 | 39 | 32 | 28 | XWD30-10-59 | ZSY315-90 Y200L-4-30 | |

续表

| 输送量 (m³/h) | 链速 (m/min) | 主轴转速 (r/min) | 功率 (kW) | 物料堆积密度 (t/m³)　相应动力可输送最长距离 (m) | | | | | | 减速机及电动机类型 | | |
|---|---|---|---|---|---|---|---|---|---|---|---|---|
| | | | | 0.5 | 0.8 | 1.0 | 1.2 | 1.5 | 1.8 | 摆线针轮减速电动机 | 硬齿面减速机及电动机 | 圆柱齿轮减速机及电动机 |
| 230 | 16.5 | 5.5 | 18.5 | 34 | 25 | 21 | 18 | 15 | 13 | XWD18.5-9-47 | ZSY250-71 Y180M-4-18.5 | ZQ650-50 Y200L1-6-18.5 |
| | | | 22 | 41 | 30 | 26 | 22 | 19 | 16 | XWD22-10-47 | ZSY280-71 Y180L-4-22 | ZQ750-50 Y200L2-6-22 |
| | | | 30 | 55 | 41 | 35 | 30 | 25 | 22 | XWD30-10-47 | ZSY315-71 Y200L-4-30 | |
| | | | 37 | 68 | 51 | 43 | 37 | 31 | 27 | XWD37-11-47 | ZSY315-71 Y225S-4-37 | |
| | | | 45 | 80 | 62 | 53 | 46 | 38 | 33 | XWD45-11-47 | ZSY315-71 Y225M-4-45 | |
| 292 | 20.9 | 7.0 | 18.5 | 28 | 21 | 17 | 15 | 13 | 11 | XWD18.5-9-43 | ZSY224-56 Y180M-4-18.5 | ZQ650-40 Y200L1-6-18.5 |
| | | | 22 | 33 | 24 | 21 | 18 | 15 | 13 | XWD22-10-43 | ZSY250-56 Y180L-4-22 | ZQ650-40 Y200L2-6-22 |
| | | | 30 | 45 | 34 | 29 | 25 | 21 | 18 | XWD30-10-43 | ZSY280-56 Y200L-4-30 | |
| | | | 37 | 56 | 42 | 36 | 32 | 26 | 22 | XWD37-11-43 | ZSY315-56 Y225S-4-37 | |
| | | | 45 | 68 | 51 | 43 | 38 | 32 | 27 | XWD45-11-43 | ZSY315-56 Y225M-4-45 | |

续表

| 输送量 (m³/h) | 链速 (m/min) | 主轴转速 (r/min) | 功率 (kW) | 物料堆积密度 (t/m³) 相应动力可输送最长距离 (m) | | | | | | 减速机及电动机类型 | | |
|---|---|---|---|---|---|---|---|---|---|---|---|---|
| | | | | 0.5 | 0.8 | 1.0 | 1.2 | 1.5 | 1.8 | 摆线针轮减速电动机 | 硬齿面减速机及电动机 | 圆柱齿轮减速机及电动机 |
| 364 | 26 | 8.7 | 18.5 | 22 | 16 | 13 | 12 | 10 | | XWD18.5-8-29 | ZSY224-45 Y180M-4-18.5 | ZQ650-50 Y180M-4-18.5 |
| | | | 22 | 26 | 19 | 16 | 14 | 12 | 10 | XWD22-10-29 | ZSY224-45 Y180L-4-22 | ZQ650-50 Y180L-4-22 |
| | | | 30 | 35 | 26 | 22 | 19 | 16 | 14 | XWD30-10-29 | ZSY250-45 Y200L-4-30 | ZQ750-50 Y200L-30 |
| | | | 37 | 44 | 32 | 27 | 24 | 20 | 17 | XWD37-11-29 | ZSY280-45 Y225S-4-37 | |
| | | | 45 | 53 | 39 | 33 | 29 | 24 | 21 | XWD45-11-29 | ZSY280-45 Y225M-4-45 | |

（6）安装输送链时，对于机长较长或一次安装输送链有困难时，输送链应在应有部分机壳安装后，分段安装，"尾节"放在最后安装，要保证输送链在上、下轨道上滚动以及安全过渡到上、下轨道的两端。

（7）调节尾节的拉紧螺杆，保证输送链具有适度的松紧。输送链松边在首节的下坠量为 $1/10 \sim 1/20$。调节前，尾节链条张紧位置应在全行程的中间。调整好后保证尾轴中心线和机壳中心面垂直，以防输送链"爬链"。大于 $1/10$ 时需适当调整张紧装置，调整张紧装置不能达到输送要求时，应拆除适当数量输送链。

（8）把驱动装置按总图要求就位后，在安装转动链条前，先接通电源，检验一下电动机的输出转动方向是否正确（确定转动方向时应保证输送链条的紧边在下面）。电气部分应装过载装置。

（9）切断电源，调整驱动装置的位置，保证头轴的轴心线与驱动装置输出轴的轴心线的平行度不超过 $\pm \Delta C/(300L)$（mm），此处 $L$ 为驱动装置伸出端的有效长度（mm），$\Delta C$ 为在有效长度 $L$ 的两端，驱动装置输出轴与首节头轴的中心距之差（mm），保证大、小链轮的中心错位值不得超过 $\pm C/(1000mm)$，其中 $C$ 为大、小链轮的中心距。

（10）把传动链装在大、小链轮上，调整好链轮罩的位置后，把固定链轮罩用支撑钢板焊接或用螺栓连接在首节机壳上，把驱动装置的基础和首节基础连成一体，具体应采取的方法根据现场情况而定。清理机槽，槽内不得遗留任何杂物。接通电源，空载运转 10min，如未发现问题，切断电源，把压板和首节机壳点焊在槽钢底座上。各机壳的盖板、连接盖板安装在机壳上，它们的连接面处应垫石棉绳。

（六）FU链式输送机的试运转

试运转前应把驱动装置及其他部件中所需的润滑剂加足。

（1）链运机安装后必须进行 2h 的空载运转，空载运转应符合下列规定：

① 输送链运行方向应和规定方向一致，进入头轮时啮合正确，离开时不得出现卡链、跳链现象。

② 输送链运行平稳，不得跑偏，其链条与机壳两侧的间隙应均匀，内链条应避免出现偏距现象，不允许有卡、碰现象。空载运转时，在首节、尾节和各中间节的主要部位，应设有专人观察链条和驱动装置的运行情况，发现问题时应及时停车处理，为了便于观察，首节、尾节和各中间节的机盖可以打开，但空运结束后应立即合上机盖，并用螺栓紧固。

（2）链运机在 2h 空运转后，进行负载试运转。负载试运转应符合下列规定：

① 链运机不得反方向"开倒车"。

② 检查物料是否符合链运机的使用要求，若不符合则应采取措施解决，否则不可进行负载运转。

③ 先空载启动，待运转正常后再逐渐加料，使达到设计规定的料面高度，加料要求均匀连续，不得骤然加料，以防堵塞或过载。

④ 加料口应设格网，防止大块物料、杂物混入机槽。

⑤ 试验中要做好各种记录，其中包括空载、负载运转时的电压、电流、功率、输送链的线速度及输送量等，并检查是否与实际要求相吻合。

负载试运转达 8h 后，即可停止试运。停机前应先停止加料，待机槽内的剩余料卸空后，方可停机，一般不能在满载下停机。如因突发事故、紧急情况下满载停机，在确认故障排除后，方可启动。启动时，可采取先点动几次或适量排除机槽内的物料，再开机运转。

如为数台链运机串联联机运转，启动时，则应按物料的流送方向，顺序地先开动最后一台，然后逐台往前开动。停机顺序与启动顺序相反，也可采用电气连锁控制和过载保护等。

（七）FU链运机的操作规定

为了延长链运机的使用寿命，充分发挥应有的性能，应熟悉下列规定：

（1）链运机应指定专人进行操作和保养，他人不得擅自开机。

（2）开机前准备工作：

① 检查电线、开关及电器过载保护装置等是否完好。

② 检查各紧固件是否松动。

③ 检查各润滑点是否按规定加足润滑油。

④ 检查链条是否有卡住。

（3）链运机应空载启动，启动后再输入物料。

（4）链运机应待机内输送物料卸完后方可停机，以保证能空载启动。

（5）链运机加料应均匀，被输送的物料中不得混入大块的坚硬物件，以免卡住链条，造成链运机的损坏。

（6）使用时应经常检视链运机的各机件的工作状态。注意各紧固零件是否松动、掉落，若发现有此现象应立即停机纠正。

（7）链运机工作时不得取下任何一块机盖，以免发生事故和损坏电器。链运机不得输送腐蚀性物料、坚硬的或湿度大的物料、200℃以上的物料。

（8）链运机不得反方向"开倒车"。

## 四、空气输送斜槽

（一）概述

空气输送斜槽是用于倾斜向下输送干燥粉状物料（如，石膏干燥粉状料、水泥、生料、粉煤灰、面粉、滑石粉、其他非金属矿石粉等）的连续式气力输送设备。

输送物料时，物料由高端喂入上壳体，同时由鼓风机向下壳体吹入压缩空气，压缩空气通过密布孔隙的透气层分布在物料颗粒之间使物料被流态化。因槽体有向下的斜度，流态化了的物料在重力作用下便沿着槽体向前滑动达到输送目的（图6-33）。

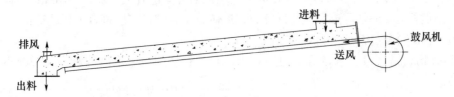

图6-33 空气输送斜槽原理

（二）空气输送斜槽的优、缺点

由于空气输送斜槽在输送物料的过程中没有运动的零件，所以与同功率的胶带输送机、螺旋输送机、刮板输送机相比，具有磨损少、易维护、耗电少、用材省、无噪声、密闭好、构造简单、操作安全可靠，同时易于改变料流方向，能多点进料和卸料等优点。因此，近年来它已被许多企业广为采用。

空气输送斜槽也有其缺点：对所输送的物料有局限性，安装布置有斜度要求。

XZ 系列空气输送斜槽（X—斜槽，Z—织物透气层），通常采用普通涤纶短纤维透气层，这种纺织品透气层具有获得容易、维护简单、使用效果好、寿命长、便于壳体制造等优点（表 6-35）。

表 6-35　透气层参数

| 产品名称 | 型号 | 材质 | 厚度 | 经向扯断强度 | 扯断伸长率 | 耐温 | 透气阻力 2M³/（㎡·min） |
|---|---|---|---|---|---|---|---|
| 普通短纤透气层 | A/6 | 涤纶 | 6mm | ≥10.5kN/（25mm） | ≤7% | ≤160℃ | 0.6～1.2kPa |

（三）XZ 系列空气输送斜槽的主要组成、参数

XZ 系列空气输送斜槽主要组成零部件有进料溜管、直槽体、槽架、窥视窗、出料溜管。根据输送线路及工艺要求，如需要改向、转弯、节气等，相应配置弯槽、三通、四通、截气阀等。

**1. 空气输送斜槽的输送能力**

斜槽输送能力可按下式计算：

$$Q = 0.98 \times 3600 S \times v \times \rho$$

式中　$Q$——输送能力，t/h；

　　　$S$——物料截面面积（料层厚度一般为 50～80mm），m²；

　　　$v$——物料的流动速度，m/s（斜度 4%，取 1.0m/s；5%；取 1.25 m/s；6%；1.5 m/s）；

　　　$\rho$——物料堆积密度：t/m³（充气石膏：0.60～0.80t/m³；充气水泥：0.75～1.05t/m³；充气水泥生料：0.7～1.0t/m³；充气煤粉：0.4～0.6t/m³；充气粉煤灰 0.7～1.0t/m³）。

**2. 空气输送斜槽的耗气量**

空气输送斜槽的耗气量可按下式计算：

$$V = 60B \times L \times a$$

式中　$V$——耗气量，m³/h；

　　　$B$——斜槽宽度，mm；

　　　$L$——斜槽长度，mm；

　　　$a$——单位面积耗气量，m³/（m²透气层·min）［通常取 1.5～3 m³/（m²透气层·min）］。

**3. 空气输送斜槽的空气压力**

空气输送斜槽所需风机的风压，应大于透气层的阻力与料层阻力之和。风压一般为 4000～6000Pa。规格大、输送距离长时取较高值，通常按 5000Pa。

（四）空气输送斜槽的技术性能

（1）输送物料状态：干燥粉状或粒径为 3～6mm 易充气的粉粒料，允许表面水分在 0.8% 左右，否则会引起淤滞不畅，甚至堵塞。

（2）输送量：斜槽的输送量受较多因素的影响，往往变化很大，根据理论计算，结合实际使用情况综合分析，我们对石膏行业推荐表 6-36 中相关数据供选用者参考。其他行业使用时可根据物料堆积密度及细度对比参考选用。值得注意的是，斜槽与其他输送机械不同，

输送量过低，往往不能顺利输送物料。相反，适当增大料层高度可提高物料气化均匀性，但应注意保持料层厚度为料道（上壳体）高度的 $1/4\sim1/3$，注意根据生产率选择合适的槽宽。料层过厚过薄都会对输送产生不良影响。

（3）输送斜度：斜槽的布置形式为沿着物料的输送方向倾斜向下布置，斜度一般为 $4\%\sim10\%$，应尽量采用较大的斜度，可提高输送效率。物料表面水分为 $0.6\%\sim0.8\%$ 时，建议选取 $10\%$ 的斜度。

（4）耗气量与气压：根据斜槽的斜度与物料的形状特性，耗气量为 $1.5\sim3\ m^3/$（$m^2$ 透气层·min），一般可按 $2\ m^3/$（$m^2$ 透气层·min）考虑。进风压力为 $4000\sim6000Pa$，大规格长斜槽取偏大值，一般可按 $5000Pa$ 考虑。

空气输送斜槽技术参数见表 6-36。

**表 6-36　空气输送斜槽技术参数**

| 规格 | 输送量（$m^3/h$）（以石膏粉计算） | | | | 空气压力（kPa） | 耗气量［$m^3/$（$m^2$ 透气层·min）］ |
|---|---|---|---|---|---|---|
| | 6% | 7% | 8% | 10% | | |
| 200 | 15 | 17 | 20 | 25 | | |
| 315 | 30 | 35 | 42 | 55 | | |
| 400 | 48 | 55 | 65 | 85 | | |
| 500 | 60 | 72 | 85 | 110 | 4～6 | 1.5～3 |
| 630 | 120 | 150 | 170 | 220 | | |
| 800 | 260 | 320 | 450 | 580 | | |
| 1000 | 320 | 420 | 550 | 580 | | |

（五）空气输送斜槽的选型

**1. 空气输送斜槽的部件组成（图 6-34）。**

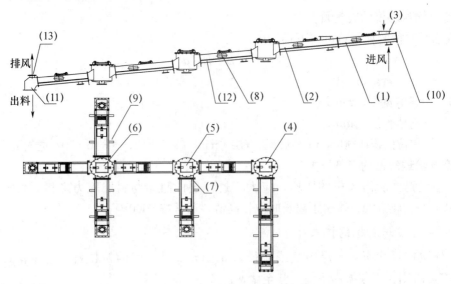

图 6-34　空气输送斜槽的部件组成

（1）标准槽：斜槽的主要构成部分，其长度为 3m。

（2）非标准槽：用于满足工艺布置尺寸中不足 3m 的部分，通常取 250mm 的倍数。

（3）进料溜管：为减少进料口下透气层局部磨损用的缓冲板，在安装现场可按安装总图绘出的入料管位置和入料溜板施工图中的尺寸钻孔固定。

（4）90°弯槽：输送线路中转90°用，分左向和右向两种。

（5）三通槽：输送线路中改向用，分左向和右向两种。

（6）四通槽：分一进三出、三进一出两种。

（7）截气阀：在斜槽的一分支部分停用时，可关闭相应截气阀以保证物料充气用风量或少开风机以减少耗费。

（8）窥视窗：作为观察物料流动情况。一般设在入料口后的 2～3m 处，于出料口中、弯槽、三通槽、四通槽的前面。现场安装时，可按总图的安装要求，焊在上壳体便于观察的一侧。

（9）槽架：一般每 4m 斜槽设一槽架，注意不要太靠近槽体接口法兰。

（10）端盖板：用于斜槽高端的密封堵板。

（11）出料溜管：用于出料端口卸料。

（12）透气层：用来承托输送物料，同时可使压缩空气均匀地透过它将物料"充气"，使物料流态化。其材质有多种，用户可按用途自定。

（13）斜槽排风口：排风量按所需风量的 1.5 倍考虑。正常工作时，其上槽体压力要求保持在零压左右。

风机的风量、全压、功率、转速等按计算结果确定。通常配用 9—19 型离心式风机。还需要根据物料物性、附着水含量、使用环境等因素综合选用计算。

**2. 主要部件外形与尺寸：**

（1）标准槽：外形尺寸如图 6-35 及表 6-37 所示。

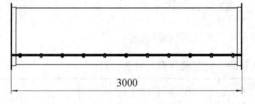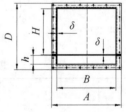

图 6-35　标准槽外形尺寸

**表 6-37　标准槽、90°弯槽外形尺寸**　　　　　　　　　　　　　　　　　mm

| 型号规格 | $B$ | $A$ | $C$ | $D$ | $H$ | $h$ | $\delta$ | 标准槽质量（kg） |
|---|---|---|---|---|---|---|---|---|
| XZ150 | 150 | 230 | 175 | 336 | 150 | 100 | 2 | 87.5 |
| XZ200 | 200 | 280 | 200 | 366 | 180 | 100 | 2 | 96.5 |
| XZ250 | 250 | 330 | 230 | 386 | 200 | 100 | 2 | 110 |
| XZ315 | 315 | 395 | 260 | 426 | 250 | 90 | 3 | 174.5 |
| XZ400 | 400 | 480 | 300 | 466 | 300 | 80 | 3 | 195 |
| XZ500 | 500 | 580 | 350 | 536 | 375 | 75 | 3 | 227 |
| XZ630 | 630 | 730 | 400 | 631 | 450 | 75 | 4 | 296 |
| XZ800 | 800 | 920 | 500 | 761 | 560 | 75 | 4 | 385 |

（2）90°弯槽：90°弯槽的外形尺寸如图 6-36 所示。

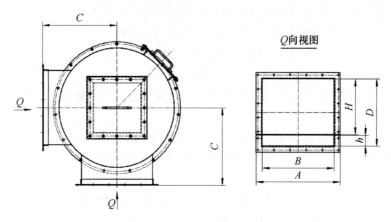

图 6-36　90°弯槽的外形尺寸

（3）截气阀：截气阀的连接法兰尺寸如图 6-37 及表 6-38 所示。

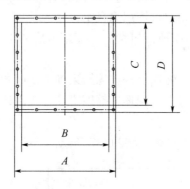

图 6-37　截气阀的连接法兰

**表 6-38　截气阀外形尺寸表**　　　　　　　　　　　　　　mm

| 型号规格 | A | B | C | D |
|---|---|---|---|---|
| XZ150 | 230 | 150 | 254 | 336 |
| XZ200 | 280 | 200 | 284 | 366 |
| XZ250 | 330 | 250 | 304 | 386 |
| XZ315 | 395 | 315 | 346 | 426 |
| XZ400 | 480 | 400 | 386 | 466 |
| XZ500 | 580 | 500 | 453 | 536 |
| XZ630 | 730 | 630 | 533 | 631 |
| XZ800 | 920 | 800 | 643 | 761 |

（4）三通四通槽：三通、四通槽的外形尺寸如图 6-38 及表 6-39 所示。

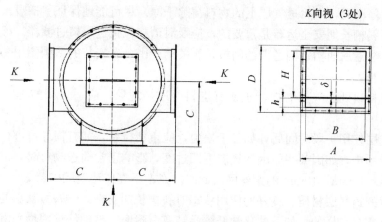

图 6-38　三通、四通槽的外形

**表 6-39　三通槽、四通槽外形尺寸表** mm

| 型号规格 | B | A | C | D | H | h | δ | 三通槽质量（kg） | 四通槽质量（kg） |
|---|---|---|---|---|---|---|---|---|---|
| XZ150 | 150 | 230 | 150 | 336 | 150 | 100 | 3 | 24 | 30 |
| XZ200 | 200 | 280 | 180 | 366 | 180 | 100 | 3 | 29 | 32 |
| XZ250 | 250 | 330 | 200 | 386 | 200 | 100 | 3 | 32 | 37 |
| XZ315 | 315 | 395 | 250 | 426 | 250 | 90 | 3.5 | 55 | 68 |
| XZ400 | 400 | 480 | 300 | 466 | 300 | 80 | 3.5 | 69 | 85 |
| XZ500 | 500 | 580 | 350 | 536 | 375 | 75 | 3.5 | 87 | 102 |
| XZ630 | 630 | 730 | 450 | 631 | 450 | 75 | 5 | 108 | 140 |
| XZ800 | 800 | 920 | 560 | 761 | 560 | 75 | 6 | 138 | 178 |

**3. 安装说明**

（1）按照斜槽安装总装图中的尺寸将槽架放在基础上垫好，再将斜槽的下壳体服帖地安放在槽架上，处理好法兰密封，拧紧连接螺栓，找正槽体中心线，将槽架与下入料口等非标准件，焊在有关斜槽的壳体上（焊接前的开孔应避免槽体变形），放置和拉紧透气层，安装上壳体和有关零部件，风机的安装同时进行。

（2）应严格保证斜度，以上、下槽体连接法兰为基准面，允差 1/1000（积累误差应沿加大斜度方向）。槽体横向不平度允差为宽度的 1/500。

（3）纺织品透气层应保存在干净干燥处，安装时，切勿粘油、水。下料时，透气层长度比斜度长 0.5m，宽度比壳体法兰宽 1.5cm，纵向拉紧后再安装上壳体。此时，横向也尽力拉紧，遇有弯槽和三通、四通槽时，为了保持透气性均匀，层间接头要交错开，对接缝拼严。安装时，先将接头处上壳体装好，然后拉紧各端部。

（4）斜槽零部件的安装，要求严密，不准漏风漏灰。设计考虑用简单易行的石棉绳密封。现场也可根据具体情况采用石棉绳加铅油、毛毯垫、橡胶条等方法。

（5）对检修门、三通槽、四通槽、窥视窗、截气阀等部件应进行检查、调整，使其操作时灵活。关闭时严密，其中截气阀的橡胶闸板与透气层接触的地方要反复整形，力求吻合。

**4. 操作注意事项**

（1）喂料力求均匀，及时清除透气层中沉积的杂质。开车时，先开风机，停车时先停止进料。长时间停车时，应将透气层上的物料清除干净。尽可能地保证斜槽吸入干燥清洁的空气，这对保证斜槽长期安全运转是重要的，应及时清扫风机进风口过滤器。

（2）经常注意三通槽、四通槽的闸板是否关闭严密，新安装的斜槽使用一段时间后应对其进行全面检查。

（3）如进料口处透气层磨损严重或有进料不通畅现象，应适当调整进料溜管的位置和大小。

（4）透气层使用一段时间后，如过于松弛，应重新拉紧，如有损坏可进行局部修补或更换。在斜槽使用中，如因某些原因透气层下凹过度，影响正常输送物料时，可在透气层下面托一层 $\phi 1mm \times 10mm \times 10mm$ 的钢丝网。此时注意上下壳体法兰的密封。

（5）合适的透气层材质、良好的使用状态对斜槽长期安全运转有极其重要的意义。可作为透气层的材质是多样的，如一些化学纤维品结实、耐磨，玻璃纤维织物光滑、耐温等各有特点，选择合适的材质是必要的。

（6）注意维护斜槽的排风收尘装置，便于气化物料的空气畅通地排出，否则，上槽压力增高，会使输送量急剧降低甚至整个斜槽堵塞。

（7）为了科学地操作和维护斜槽，除了经常地保持窥视窗的良好状态外，用户可以根据自己的具体情况在斜槽头、尾部的上、下壳体上设置 U 形压力计（超过 50m 斜槽中间也要加设），这样可以及时准确地掌握斜槽内的风压、料面的变化，可事先避免堵槽事故的发生。

（8）当有下述情况时，应注意加强对斜槽的管理：

① 输送松散、吸潮、结块夹渣的物料，纯熟料水泥、特种水泥等不易流动的物料。

② 输送出磨水泥，入选粉机前的物料等透气层容易磨损。

（9）当斜槽正常操作后，应逐渐摸索使用风机控气阀，以减少电耗及排风装置的负担。

## 五、气流输送系统

### （一）气流输送概况

气流输送（又称气力输送），即利用气流的能量，在密闭管道内沿气流方向输送颗粒状物料，是流态化技术的一种具体应用。气流输送装置的结构简单，操作方便，可做水平、垂直或倾斜方向的输送，在输送过程中还可同时进行物料的加热、冷却、输送和气流分级等物理操作或某些化学操作。与机械输送相比，此法能量消耗较大，颗粒易受破损，设备也易受磨蚀。含水率多、有黏附性或在高速运动时易产生静电的物料，不宜于进行气流输送。

气流输送具有防尘效果好，便于实现机械化、自动化、可减轻劳动强度、节省人力。在输送过程中，可以同时进行多种工艺操作，如混合、粉碎、分选、输送、冷却，防止物料受潮、污染或混入杂物等优点。因而在铸造、冶金、化工、建材、粮食加工等部门都得到应用。近年来，气流输送技术在以往低压气流输送和高压输送技术的基础上进一步开拓应用。例如，将粉料喷吹送入高温熔化的液态金属，利用港口吸卸谷物的吸粮机原理将气流输送技术用于高温熔渣的吸出清理，对以往难以输送物料的输送技术，磨损性大物料的输送技术以及塑料成形体中物件的输送技术等。

我国从 1985 年就在港口对气流输送技术进行研究实验并应用于卸船，其他各行业也开发了多种形式气流输送装备在生产上获得了应用。如建立了风送系统的面粉厂、气流输送烟丝，铸造车间型砂气流输送技术也逐渐发展起来。

除此之外，我国其他行业中气流输送的发展也很快，铸造车间中的型砂、新砂、旧砂、煤粉和黏土粉等造型材料均已实现了气流输送，特别是近年来新一代低风速高混合比气流输送装置的开发和成功应用使我国的气流输送技术水平有很大的提高。

石膏建材行业因石膏特性（半成品含有一定量的附着水、成品含有一定量的结晶水气体）造成采用气流输送时间长管道结块、管径堵塞等故障，如因厂地受限或需要长距离输入成品仓，建议采用一定措施（冷却等）后再进行正常输送。

（二）气流输送的优缺点

气流输送的输送机理和应用实践均表明它具有一系列的优点：输送效率较高，设备构造简单，维护管理方便，易于实现自动化以及有利于环境保护等。特别是用于工厂车间内部输送时，可以将输送过程和生产工艺过程相结合，这样有助于简化工艺过程和设备。为此，可大大地提高劳动生产率和降低成本。概括起来，气流输送有如下的优点：

（1）物料输送时间只需 1s 左右，被输送物料的温度不超过 50℃，故输送速度快，物料品质好，输送管道能灵活地布置，从而使工厂设备工艺配置合理。

（2）实现散料输送，效率高，降低包装和装卸运输费用。

（3）系统密闭，粉尘飞扬溢出少，环境卫生条件好。

（4）运动零部件少，维修保养方便，易于实现自动化。

（5）能够避免物料受潮、污损或混入其他杂物，可以保证输送物料的质量。

（6）在输送过程中可以实现多种工艺操作，如混合、粉碎、分级、干燥、冷却、除尘和其他化学反应。

（7）可以进行由数点集中送往一处或由一处分散送往数点的远距离操作。对于化学性能不稳定的物料，可以采用惰性气体输送。

然而，与其他输送形式相比，其缺点是动力消耗大，由于输送风速高，易产生管道磨损和被输送物料的破碎。当然，上述不足之处在低输送风速、高混合比输送情况下可得到显著地改善。此外，被输送物料的颗粒尺寸也受到一定的限制，一般当颗粒尺寸超过 30mm 或粘结性、吸湿性强的物料其输送均较困难。

正是因为存在以上优缺点，所以在石膏建材行业中正确地选择、确定其气流输送形式和管道布置等是十分重要的。

（三）气流输送的分类

根据颗粒在输送管道中的密集程度，气流输送分为以下几种：

（1）稀相输送。固体含量低于 $100kg/m^3$ 或固气比（固体输送量与相应气体用量的质量流率比）为 $0.1\sim25$ 的输送过程，操作气速较高（$18\sim30m/s$）。

（2）密相输送。固体含量高于 $100kg/m^3$ 或固气比大于 25 的输送过程，操作气速较低，用较高的气压压送。间歇充气罐式密相输送，是将颗粒分批加入压力罐，然后通气吹松，待罐内达一定压力后，打开放料阀，将颗粒物料吹入输送管中输送。脉冲式输送是将一股压缩空气通入下罐，将物料吹松，另一股频率为 $20\sim40min^{-1}$ 脉冲压缩空气流吹入输料管入口，在管道内形成交替排列的小段料柱和小段气柱，借空气压力推动前进。密相输送的输送能力大，可压送较长距离，物料破损和设备磨损较小，能耗也较低。

（四）气流输送系统的主要设备和部件

吸送气流输送系统一般由受料器（如喉管、吸嘴、发送器等）、输送管、风管、分离器（常用的有容积式和旋风式两种）、锁气器（常用的有翻板式和回转式两种，既可作为喂料器，又可作为卸料器）、除尘器和风机（如离心式风机、罗茨鼓风机、水环真空泵、空压机等）等设备和部件组成。受料器的作用是进入物料，形成合适的料气比，使物料启动、加速。分离器的作用是将物料与空气分离，并对物料进行分选。锁气器的作用是均匀供料或卸料，同时阻止空气漏入。风机的作用是为系统提供动力。真空吸送系统常用高压离心风机或水环真空泵，而压送系统则需用罗茨鼓风机或空压机。图 6-39 所示是石膏建材常用的气流输送系统。

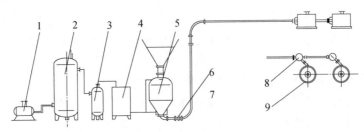

图 6-39　压送式气力输送装置

1—空压机；2—贮气罐；3—气水分离器；4—阀箱；5—发送罐；6—增压器；7—耐磨输送管；8—岔道；9—卸料器

（五）气流输送系统的类型及其特点

气流输送系统根据工作压力不同，可以分为吸送式和压送式两大类：吸送式根据系统的真空度，可分为低真空（真空度小于 9.8kPa）和高真空（真空度为 40～60kPa）两种；压送式根据系统作用压力，可分为高压［压力为（1～7）×$10^5$Pa］和低压（压力在 0.5×$10^5$Pa 以下）两种。此外还有在系统中既有吸送又有压送的混合系统、封闭循环系统（空气闭路循环，物料可全部回收）和脉冲负压气流输送系统。

**1. 吸送式气流输送装置**

吸送式气流输送装置用低于大气压力的空气作为输送介质，它是靠气源机械的吸气作用，在管系中形成一定的真空度，利用具有必要速度的运动空气，将物料从某地通过管道输送到一定距离目的地的一种悬浮式气流输送装置。吸送式气力输送装置采用罗茨风机或真空泵作为气源设备，取料装置部件多为吸嘴、诱导式接料器等，最常见的工艺布置系统如图 6-40 所示。气源设备装在系统的末端，当风机运转后，整个系统形成负压，空气由管道内外存在的压力差被吸入输料管。与此同时物料和一部分空气同时被吸嘴吸入，并被输送到分离器，在分离器中，物料与空气分离。被分离出来的物料由分离器底部的旋转式卸料器卸出，而未被分离出来的微细粉粒随气流进入除尘器中净化，净化后的空气经系统中配置的消声器排入大气。

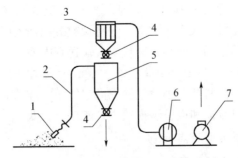

图 6-40　吸送式气力输送装置

1—吸嘴；2—输料管；3—除尘器；4—旋转式卸料器；5—分离器；6—过滤器；7—气源

**2. 压送式气流输送装置**

压送式气流输送装置有低压压送式气流输送装置、高压压送式气流输送装置、流态化压送式气流输送装置及脉冲栓流式气流输送装置等各种类型。不论是上述何种类型的装置，其气源设备均设在系统的进料端。由于气源设在系统的前端，物料便不能自由流畅地进入输料管，而必须采用密封的供料装置。为此，这种装置系统的供料部件较吸送式复杂。当被输送的物料被压送到输送目的地后，物料在分离器或贮仓中分离并通过卸料装置卸出，压送的空气则经除尘器净化后排入大气。图 6-41 为低压压送式气流输送装置的典型系统。

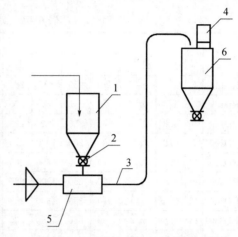

图 6-41　低压压送式气流输送装置
1—贮料仓；2—旋转卸料器；3—输料管；
4—除尘器；5—喷射给料器；6—分离器

**3. 混合式气流输送装置**

将吸送式气流输送装置与压力式气流输送装置相结合即形成混合式气流输送装置。例如，物料从吸嘴进入输料管吸送到分离器，经下部的卸料器卸出（它又起着压送部分的供料器作用）并送入压送输料管，从分离器出来的空气经风管进入风机，经压缩后进入输料管将物料压送到卸料地点。物料经卸料器排出，而空气则经除尘净化后经风管消声器排入大气。

混合式气流输送装置兼有吸送式和压送式装置的特点，可以从数处吸料压送到较远处，但它的结构较复杂，气源设备的工作条件较差，易造成风机叶片和壳体的磨损。

（六）石膏建材行业系统设备选择

**1. 旋转供料器**

旋转供料器又称旋转阀、星型下料器、锁气器，通常的旋转供料器结构（图 6-42）是带有数个叶片的转子在圆筒形的机壳内旋转，从上部料斗落入的物料，充塞在叶片间的空格内，随叶片的旋转到下部而卸出。机体侧面设有均压吸气口，可将叶轮回转带来的高压气体从此口吸走，减少气体顶料现象，有利于物料的顺利下落。对于压送式、吸送式气力输送系统，旋转供料器是主要的组成部件之一，它可以均匀而连续地向输料管内供料，而在系统的分离、收尘部分，又具备卸料器的功能。

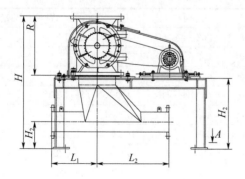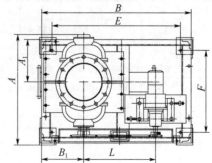

图 6-42　旋转供料器

旋转供料器型号尺寸见表 6-40。

表 6-40　旋转供料器型号尺寸表

| 形式 | 口径 | 容积（m³） | 电动机（kW） | 外形尺寸（mm） | | | | | | | | | | | | | 质量（kg） |
| --- | --- | --- | --- | --- | --- | --- | --- | --- | --- | --- | --- | --- | --- | --- | --- | --- | --- |
| | | | | A | $A_1$ | B | $B_1$ | E | F | H | $H_1$ | $H_2$ | R | L | $L_1$ | $L_2$ | |
| RD125 | 5 | 1.8 | 0.55 | 570 | 255 | 805 | 220 | 655 | 420 | 716 | 420 | 183 | 280 | 390 | 180 | 270 | 102 |
| RD125 | 5 | 2.8 | 0.55 | 570 | 245 | 805 | 220 | 655 | 420 | 736 | 420 | 183 | 300 | 390 | 180 | 270 | 118 |
| RD150 | 6 | 4.3 | 0.55 | 570 | 230 | 805 | 220 | 655 | 420 | 796 | 450 | 188 | 330 | 390 | 200 | 300 | 140 |
| RD200 | 8 | 6.6 | 0.75 | 680 | 285 | 1020 | 270 | 870 | 530 | 820 | 450 | 167 | 350 | 490 | 320 | 480 | 160 |
| RD250 | 10 | 12.6 | 0.75 | 730 | 300 | 1090 | 305 | 940 | 580 | 940 | 500 | 191 | 420 | 525 | 330 | 520 | 200 |
| RD300 | 12 | 22 | 1.5 | 820 | 350 | 1300 | 355 | 1150 | 670 | 1063 | 550 | 221 | 490 | 625 | 370 | 530 | 310 |
| RD300 | 12 | 31.5 | 1.5 | 910 | 350 | 1300 | 355 | 1150 | 760 | 1119 | 550 | 221 | 545 | 625 | 370 | 530 | 400 |
| RD350 | 14 | 42 | 2.2 | 960 | 380 | 1350 | 380 | 1200 | 810 | 1233 | 620 | 270 | 585 | 650 | 400 | 550 | 425 |
| RD400 | 16 | 60 | 2.2 | 1020 | 415 | 1410 | 410 | 1260 | 870 | 1323 | 650 | 278 | 645 | 680 | 480 | 720 | 520 |
| RD450 | 18 | 80 | 4.0 | 1140 | 440 | 1450 | 430 | 1250 | 940 | 1431 | 700 | 303 | 700 | 710 | 500 | 800 | 650 |
| RD500 | 20 | 120 | 5.5 | 1300 | 550 | 1800 | 500 | 1600 | 1100 | 1800 | 700 | 350 | 800 | 1050 | 500 | 850 | 1500 |
| RD600 | 24 | 150 | 5.5 | 1400 | 600 | 1900 | 550 | 1700 | 1200 | 1950 | 750 | 400 | 850 | 1150 | 500 | 850 | 1800 |

## 2. 旋转分料阀外形及尺寸（图 6-43、表 6-41）。

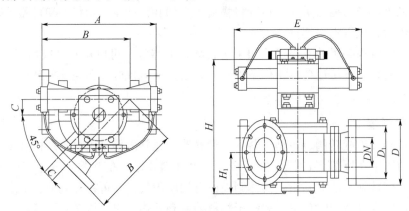

图 6-43　旋转分料阀外形

表 6-41　旋转分料阀外形尺寸表

| 型号 | DN | $D_1$ | D | A | B | C | E | H | $H_1$ | 功率（kW） | 质量（kg） |
| --- | --- | --- | --- | --- | --- | --- | --- | --- | --- | --- | --- |
| HX50 | 50 | 125 | 165 | 328 | 224.4 | 25 | 262 | 366 | 93 | 4～17.5 | 40 |
| HX65 | 65 | 145 | 185 | 350 | 227 | 30 | 262 | 410 | 114 | 4～17.5 | 45 |
| HX80 | 80 | 160 | 200 | 358 | 263.5 | 35 | 430 | 423 | 125 | 8～17.5 | 63 |
| HX100 | 100 | 180 | 220 | 400 | 296.6 | 40 | 430 | 445 | 130 | 8～17.5 | 75 |
| HX125 | 125 | 210 | 250 | 450 | 333.6 | 45 | 438 | 506 | 150 | 8～17.5 | 118 |
| HX150 | 150 | 240 | 285 | 510 | 375.7 | 50 | 438 | 564 | 165.7 | 8～22 | 133 |
| HX175 | 175 | 270 | 315 | 525 | 407.4 | 60 | 438 | 594 | 181 | 8～22 | 146 |
| HX200 | 200 | 295 | 340 | 565 | 439.4 | 65 | 618 | 693 | 197 | 8～22 | 215 |
| HX225 | 225 | 325 | 370 | 586 | 474.1 | 75 | 515 | 831 | 220 | 8～22 | 245 |
| HX250 | 250 | 350 | 395 | 625 | 517.7 | 85 | 515 | 885 | 251 | 12～22 | 265 |

### 3. 抽气室

对于石膏粉堆积密度小的粉料，有必要对应各种形式的旋转供料器设置特殊构造的抽气室。抽气室有 A、B 两种形式，如图 6-44 所示。

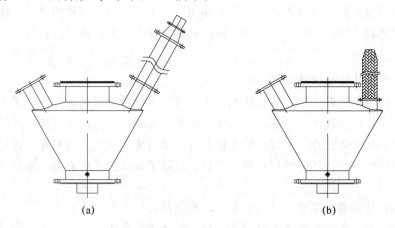

图 6-44　旋转供料器的抽气室
(a) 抽气室 A 型；(b) 抽气室 B 型

### 4. 离心式分离器

离心式分离器也称为旋风分离器，它是利用旋转的气固两相流所生产的离心力，将物料从气流中分离出来的一种设备。由于它具有结构简单、投资少、占地面积小、操作维修方便、分离效果高、压力损失较小等优点，一般和袋式除尘器配合使用。

### 5. 除尘器

在气流输送系统的物料分离器后常装设专门的除尘器来清除气流中的灰尘，以减少环境污染和保护气源机械，并可回收一些有经济价值的粉末。

除尘器的种类很多，选择除尘器一般应该考虑下列因素：

(1) 需净化气体的物理化学性质，气体中所带粉尘的物理性质。

(2) 对净化后气体的允许含尘浓度和粉尘处理的要求等。

(3) 安装地点的具体情况和供、排水与电源情况及安装和管理水平等。

一般选用新型袋式除尘器以达到国家新环保标准。

## 六、螺旋输送机

### （一）螺旋输送机的分类

螺旋输送机是一种利用电动机带动螺旋回转，推移物料以实现输送目的的机械，它能水平、倾斜或垂直输送，具有结构简单、横截面面积小、密封性好、操作方便、维修容易、便于封闭运输等优点。

(1) 在输送形式上分为有轴螺旋输送机和无轴螺旋输送机、计量螺旋输送机 3 种。

有轴螺旋输送机适用于无黏性的干粉物料和小颗粒物料（如石膏、水泥、粉煤灰、石灰等），而无轴螺旋输送机适合输送机有黏性的和易缠绕的物料。（如，工业副产石膏原料、污泥、生物质、垃圾等）。

(2) 在外形上分为 U 形螺旋输送机和管式螺旋输送机。

（二）螺旋输送机的工作原理

旋转的螺旋叶片将物料推移而进行螺旋输送机输送，使物料不与螺旋输送机叶片一起旋转的力是物料自身重力和螺旋输送机机壳对物料的摩擦阻力。螺旋输送机旋转轴上焊的螺旋叶片，叶片的面型根据输送物料的不同有实体面型、带式面型、叶片面型等。螺旋输送机的螺旋轴在物料运动方向的终端有止推轴承以给螺旋以轴向反力，在机长较长时，应加中间吊挂轴承。

（三）石膏建材螺旋输送机的选用

螺旋输送机结构比较简单、成本较低、工作可靠、维护管理简便、尺寸紧凑、断面尺寸小、占地面积小，能实现密封输送，有利于输送易飞扬的、炽热的及气味强烈的物料，也具有减小对环境的污染等优点。但螺旋输送机具有的单位能耗较大、物料在输送过程中易于研碎及磨损、螺旋叶片和料槽的磨损也较为严重、故障率较高的不可克服的缺点。其选用的原则如下：

（1）只能输送附着水率较高的工业副产石膏原料；

（2）作为一般设备的短距离辅助设备，在密封性能较高的工况条件下应用；

（3）干粉状计量时，计量螺旋输送机要选用改进型计量螺旋设备。

（四）常用螺旋输送机的性能

**1. LS 有轴螺旋输送机**

（1）LS 有轴螺旋输送机结构

LS 有轴螺旋输送机由螺旋机本体、进出料口及驱动装置 3 部分组成。螺旋机本体由头部轴承、尾部轴承、悬挂轴承、螺旋、机壳、盖板及底座等组成，驱动装置由电动机、减速器、联轴器及底座所组成（图 6-45 和图 6-46）。

图 6-45 螺旋输送机结构（一）

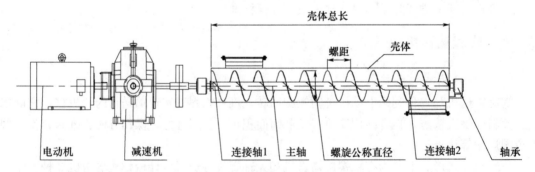

图 6-46 螺旋输送机结构（二）

（2）XLLS 有轴螺旋输送机选用参数

XLLS 有轴螺旋输送机选用参数见表 6-42，石膏建材行业在工艺需要时选用，在选用时应据工况加强各部件制造质量。

**表 6-42 XLLS 有轴螺旋输送机选用参数**

| 规格型号 | 100 | 160 | 200 | 250 | 315 | 400 | 500 | 630 | 800 | 1000 |
|---|---|---|---|---|---|---|---|---|---|---|
| 螺旋直径（mm） | 100 | 160 | 200 | 250 | 315 | 400 | 500 | 630 | 800 | 1000 |
| 螺距（mm） | 100 | 160 | 200 | 250 | 250 | 355 | 400 | 450 | 500 | 560 |
| 转速（r/min） | 140 | 112 | 100 | 90 | 80 | 71 | 63 | 50 | 40 | 32 |
| 输送量（m³/h） | 2.0 | 6.8 | 12 | 20 | 29 | 58 | 85 | 120 | 180 | 240 |
| 转速（r/min） | 112 | 90 | 80 | 71 | 63 | 56 | 50 | 40 | 32 | 25 |
| 输送量（m³/h） | 1.6 | 5.7 | 9 | 17 | 22 | 47 | 72 | 100 | 150 | 200 |
| 转速（r/min） | 90 | 71 | 63 | 56 | 50 | 45 | 40 | 32 | 25 | 20 |
| 输送量（m³/h） | 1.3 | 4.8 | 7 | 13.5 | 17 | 36 | 55 | 80 | 116 | 155 |

### 2. 无轴螺旋输送机

（1）无轴螺旋输送机的结构（图 6-47）

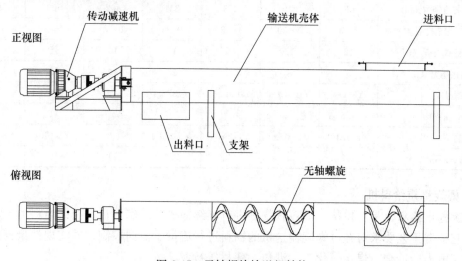

图 6-47 无轴螺旋输送机结构

无轴螺旋输送机主要由驱动装置、头部装配、机壳、无轴螺旋体、槽体衬板、进料口、出料口、机盖（需要时）、底座等组成。

① 驱动装置：采用摆线针轮轮减速机或轴装式硬齿面齿轮减速机，设计时应尽可能将驱动装置设在出料口端，使螺旋体在运转时处在受拉状态。

② 头部装配有推力轴承，可承受输送物料时产生的轴向力。

③ 机壳：机壳为 U 形或 O 形，上部加防雨型机盖，材质有不锈钢或碳钢或玻璃钢。

④ 无轴螺旋体：材质为不锈钢或碳钢。

⑤ 槽体衬板：材质为耐磨的塑料板或橡胶板或铸石板等。

⑥ 进、出料口：有方形和圆形两种，一般进、出料口形式由用户决定。

（2）无轴螺旋输送机的优缺点

① 环保性能好，采用全封闭和易清洗的螺旋表面可保证所送物料不受污染，不会泄漏输送物料；输送量大，输送量是相同直径有轴螺旋输送机的 1.5 倍。

② 转矩大、能耗低、排料口不堵塞、输送距离长，单机输送长度可为 60～70m；结构紧凑、节省空间、外形美观、操作简便、经济耐用。

（3）无轴螺旋输送机的常见问题

① 叶片过薄。由于无轴螺旋输送机缺乏中间轴，所有的受力点都在叶片上，因此叶片的厚度对该设备的实际使用有着非常重要的影响。螺旋叶片的厚度，直接影响无轴螺旋输送机的使用效果。

② 叶片轴距过小，螺旋管径选择不当。输送粉料或者片状物料的时候，往往由于叶片轴距过小，造成挤压力过大，直接损伤叶片。随着轴的转动，再厚的叶片也会产生一定量的损伤。

③ 管径较小。会造成压力过大，导致叶片损伤严重。

（4）无轴螺旋输送机常见规格（表 6-43）

**表 6-43　无轴螺旋输送机常见规格**

| 规　格 | | WLS150 | WLS200 | WLS250 | WLS300 | WLS400 | WLS500 | WLS600 |
|---|---|---|---|---|---|---|---|---|
| 螺旋体直径（mm） | | 150 | 184 | 237 | 284 | 365 | 470 | 570 |
| 外壳管直径（mm） | | 180 | 219 | 273 | 351 | 402 | 500 | 600 |
| 允许工作角度 $\alpha$（°） | | 0～3 | 0～30 | 0～30 | 0～3 | 0～3 | 0～3 | 0～30 |
| 最大输送长度（m） | | 12 | 12 | 15 | 15 | 15 | 15 | 15 |
| 最大输送能力（m³/h） | | 5 | 8 | 12 | 25 | 40 | 50 | 70 |
| 电动机 | 型号　$L \leqslant 7$ | Y90L-4 | Y100L1-4 | Y100L2-4 | Y132S-4 | Y160M-4 | | |
| | 功率（kW） | 1.5 | 2.2 | 3 | 5.5 | 7.5 | 11 | 15 |
| | 型号　$L > 7$ | Y100L1-4 | Y100L2-4 | Y112M-4 | Y132M-4 | Y160L-4 | | |
| | 功率（kW） | 2.2 | 3 | 4 | 7.5 | 11 | 15 | 18.5 |

**3. 螺旋称重给料机**

螺旋称重给料机是对粉状、散粒状物件进行连续输送、动态计量、控制给料的生产计量设备。它根据工艺要求对经过螺旋输送机的物料进行流量、流向控制，并实现计量管理，广泛应用于电力、冶金、煤炭、化工、港口、建材等行业。

（1）结构

螺旋称重给料机包括秤体、减速电动机、称重传感器、测速传感器、控制系统和变频调速系统（图 6-48）。

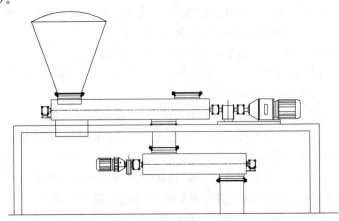

图 6-48　螺旋称重给料机

（2）计量原理

螺旋中连续通过的物料量中称重传感器转换成毫伏级电压信号，经放大及 A/D 转换成数字量 A 后送入微处理机，电测速电动机送来的速度信号 B 也送入微处理机，由微处理机对 A、B 这两个信号进行处理，最后通过显示器显示出通过螺旋秤的物料累计量和瞬时流量。控制采用数字 PID 控制算法，仪表以用户设定的瞬时流量（t/h）得到理论质量，螺旋秤实际测得的瞬时流量得到实际变量，理论质量与实际质量的差即为 PID 控制目标，最终使理论质量与实际质量的差值为零。此控制模式在称重控制范围内是十分准确的，当给料系统出现故障时，给料量超出配料秤的控制范围，这将造成给料机的误差，为了补偿这一误差，我们采用了周期补偿调节，即当前一测量周期出现误差时，后一测量周期能补偿前一测量周期的误差，使测量误差为零，配料秤加入这一补偿功能后使配料精度大大提高。

（3）系统特点

① 密封结构，减少粉尘外扬。

② 动态计量与螺旋输送物料相结合，变频调速运行稳定、可靠，电子自动计量标定系数，自动调零。

③ 动态零点非线性输出特性进行跟踪，数字式脉冲发生器，提供可靠准确性速度信号。

④ 控制器采用 FB-DMC-01A 智能控制器，重力称量与螺旋输送方式结合，实现动态连续计量。

⑤ 结构紧凑，运行稳定可靠，自动标定、自动测量系统零点，手动置入各种参数，仪表具有自诊断功能，可接入 DCS 系统。

（4）技术参数

静态计量误差：≤0.5%；

动态累计误差：≤±1.5%；

控制准确度：优于 2%；

仪表电源：单相 220V±10%，50Hz；

拖动电源：三相 380V±10%，50Hz；

使用环境：温度：-10～+40℃

湿度：5%～90%

输送能力：0.5～120t/h

螺旋输送机最大倾角：30°。

# 第四节　干燥设备

## 一、回转式多筒烘干机

### （一）基本概念

多筒烘干机是在单筒回转式烘干机基础上改进的高效节能产品，因物料的形态不同分为二筒和三筒烘干机。其中，回转式多筒烘干机改进原单筒烘干机内部结构，增加入机前湿料的预烘干和延长湿料在机内烘干时间，再加上密封、保温以及合理的配套措施，使烘干机生产能力与原单筒式烘干机相比，提高了 35%～40%，单位容积蒸发强度可达 120～180kg/m³，标准煤耗仅为 12～18kg/t。其技术先进、运行参数合理，操作简单可行。回转式多筒烘干机主要用于烘干一定湿度和粒度范围内颗粒物料，如石建材中的工业副产石膏，干粉砂浆所用的黄砂，建材水泥行业的所用高炉矿渣、黏土、铁粉、石灰石，铸造行业所用的各种规格的型砂，玻璃行业所用的硅砂等。化工行业所用不起化学变化，不怕高温和烟尘弄脏的小颗粒物料，根据不同行业对烘干物料中水分的要求，烘干后的物料中水分最低可达到1%以下。

进入多筒烘干机内的物料，根据不同行业、不同物料性质的要求，一般以不粘筒壁及扬料板为宜。进入多筒烘干机内筒的热交换气体的温度不宜高过700℃，如有特殊高温要求，烘干机内筒及扬料板可用耐热钢板制造。由于烘干工业副产石膏含内附着水分高、腐蚀性强、黏度大、质量轻等特性，选用耐热、耐腐蚀材料居多，内筒增加防粘连装置。

（二）结构及工作原理

回转式多筒烘干机工作原理如图 6-49 所示。

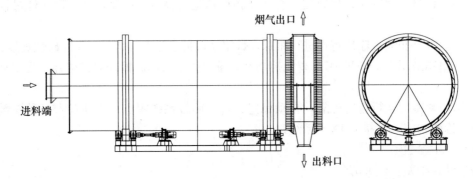

图 6-49 多筒烘干机外形示意图

多筒烘干机是由2或3个不同直径的同心圆彼此相嵌组合而成作为三筒烘干机的主体。主体通过两端的轮带，水平放置在两端的4个托轮上，筒体的两端设有密封装置，入料端设有高温烟气沸腾炉或燃油、燃气的热风炉，卸料端设有防尘罩及自动下料装置，防尘罩通过管道与除尘器相连。

原料由供料装置进入回转滚筒的内层，实现顺流烘干，物料在内层的抄板下不断抄起、散落并呈螺旋行进式实现热交换，物料移动至内层的另一端进入中层，进行逆流烘干，物料在中层不断地被反复扬进，呈进两步退一步的行进状态，物料在中层既充分吸收内层滚筒散发的热量，又吸收中层滚筒的热量，同时又延长了干燥时间，物料在此达到最佳干燥状态。物料行至中层另一端而落入外层，物料在外层滚筒内呈矩形多回路方式行进，达到干燥效果的物料在热风作用下快速行进排出滚筒，没有达到干燥效果的湿物料因自重而不能快速行进，物料在此矩形抄板内进行充分干燥，由此完成干燥目的。

（三）性能特点

（1）科学合理、高效节能。物料在内筒与热气流以辐射、对流、传导形式进行热交换，在外筒热交换以传导、对流形式并用。烘干机热效率高，节能效果显著，经检测热效率超过传统烘干机40%左右的水平。多筒烘干机进口温度＞180℃，相比较多筒烘干机更适用现代清洁能源的多样性，烘干工业副产石膏需要改为专有产品。各种烘干设备热效率比较见表6-44。

表 6-44　烘干设备热效率比较

| 干燥设备形式 | 热效率 |
|---|---|
| 气流干燥 | 65～68 |
| 单筒烘干机 | 45～50 |
| 空心桨叶干燥 | 58～65 |
| 二筒或三筒烘干机 | 78～82 |

（2）采用物料与热气流顺流烘干工艺，适用范围广。它能适应工业副产石膏原料、黏土、煤、矿渣、铁粉等各种原材料的烘干，也适用于冶金、化工等部门的各种散状物料的烘干，结构紧凑。整机水平布置，采用托轮支承，取消了大小齿轮传动，代之以托轮传动，使设备安装更方便、操作更简单、运行更可靠、运转率更高。

（3）多筒烘干机的外部表面积比单筒回转式烘干机减少 40% 以上，钟式气流烘干机节约能耗 25% 以上，外筒对内筒有保温隔热作用，外筒表面温度低，热损失少，在高效节能的同时，大大改善了劳动环境和劳动条件。多筒烘干机系统与钟式气流烘干系统能耗比较见表 6-45。

表 6-45　多筒烘干机系统与钟式气流烘干系统能耗比较

| 序号 | 项目 | 钟式气流烘干系统 | 多筒烘干机系统 |
|---|---|---|---|
| 01 | 总功率配备（kW） | 646 | 494 |
| 02 | 热源单位能耗（$10^4$ kcal/t） | 12.5 | 10 |
| 03 | 吨能源耗（元/吨） | 21.0334 | 16.2 |
| 04 | 年能耗折算（万元） | 525.86 | 404.9 |
| 05 | 主要设备 | 钟式气流烘干、四室静电除法＋旋风除尘、脱硫系统、前置供料系统、中压引风机 | 多筒烘干机、四室静电除法＋旋风除尘、脱硫系统、前置供料系统、低压引风机 |
| 06 | 节能（万元） | | 120.96 |

（4）多种扬料板设计，角形扬料板与万字扬料板的有机结合，使物料与热烟气交换更加充分，减少了烘干机筒体内"风洞"产生的机理。

（5）采用变频调速，调整筒体转速，根据入机水分、产量要求，采用适当的转速，确保满足下道工序的需求。自动温度监控系统，使操作更加便捷。

（6）比单筒烘干机减少占地 50% 左右，土建投资降低 50% 左右，电耗降低 60%。

（四）热源选择与工艺布置

国内使用的转筒烘干机与国外的形式基本相同，为了提高干燥性能，国内外新型设备研制动向也大体相似，即通过组合设置不同几何形状的抄板，发展具有联合装置的转筒烘干机。

按照被干燥物料的加热方式，目前的转筒烘干机可分为 3 种类型，即直接加热式烘干机、间接加热式烘干机、复合加热式烘干机。

### 1. 直接加热式转筒烘干机

烘干机内载热体直接与被干燥物料接触，主要靠对流传热，使用最广泛，分为常规直接加热式多筒烘干机、叶片式穿流转筒烘干机和通气管式转筒烘干机3种。工业副产石膏应用最多的是直接加热式多筒烘干机，适应燃煤热风、生物质热风、天然气热风、工业燃油热风、工业酒精热风等多种热风形式。工艺布置如图6-50和图6-51所示。

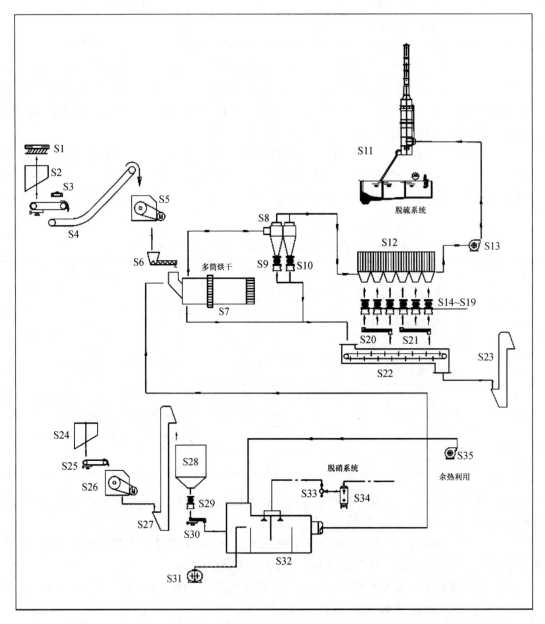

图 6-50　燃煤、生物质多筒烘干机工艺图

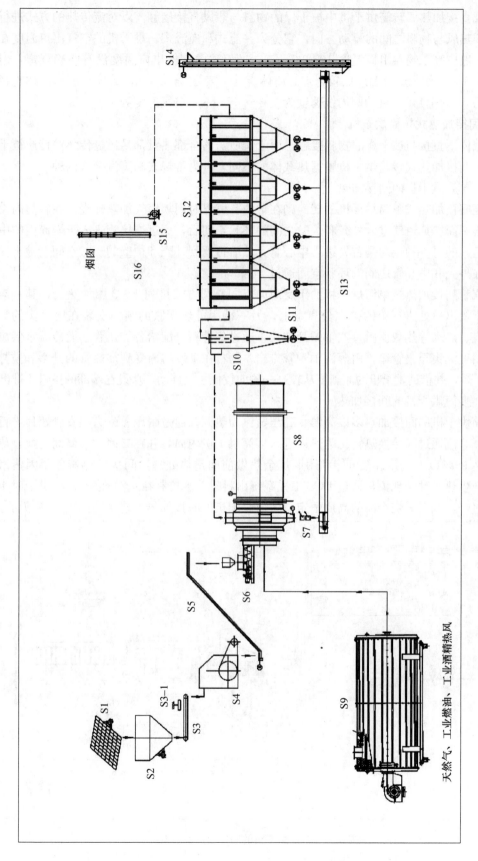

图6-51　天然气、工业燃油、工业酒精多筒烘干工艺图

常规直接加热式转筒烘干机中被干燥的物料与热风直接接触，以对流传热的方式进行干燥。按照热风与物料之间的流动方向，它分为并流式和逆流式。烘干机的空气出口温度在并流式中一般应高于物料出口温度 10～20℃，在逆流式中空气出口温度没有明确规定，但设计时采用 100℃作为出口温度比较合理。筒体直径一般为 2～3.8m，筒体长度与筒体直径之比一般为 3～5m。烘干机的圆周线速度为 0.3～0.5m/s，空气速度为 1.5～2.5m/s。

**2. 间接加热式转筒烘干机**

热载体不直接与被干燥的物料接触，而干燥所需的全部热量都是经过传热壁传给被干燥物料的，间接加热式转筒烘干机根据热载体的不同，分为常规式和蒸汽管式两种。

（1）单筒烘干机的间接加热

常规间接加热式单筒烘干机的转筒砌在炉内，燃煤时用烟道气加热外壳。在转筒内设置一个同心圆筒。烟道气进入外壳和炉壁之间的环状空间后，穿过连接管进入干燥筒内的中心管。烟道气的另一种走向是首先进入中心管，然后折返到外壳和炉壁的环状空间，被干燥的物料则在外壳和中心管之间的环状空间通过。

蒸汽管间接加热式单筒烘干机的干燥筒内以同心圆方式排列 1～3 圈加热管，其一端安装在烘干机出口处集管箱的排水分离室上；另一端用可热膨胀的结构安装在通气头的管板上。蒸汽、热水等热载体由蒸汽轴颈管加入，通过集管箱分配给各加热管，而冷凝水借烘干机的倾斜度汇集至集管箱，由蒸汽轴颈管排出。物料在干燥器内受到加热管的升举和搅拌作用而被干燥，并借助烘干机的倾斜度从较高一侧向较低一侧移动，从设在端部的排料斗排出。

（2）多筒烘干机的间接加热

多筒烘干机的间接加热多以高温、高压蒸汽为热源。通过耐压、耐高温直管翅片进行间接换热，蒸汽通过间接换热转化为热风进入多筒烘干机内筒，并在二筒、三筒间转换，热利用率可达 90%以上，并最大可能利用煅烧余热做前期预热处理，间接换热避免了因蒸汽温度过低产生热管粘结现象，通过 DCS 工控系统出料附着水控制在±2%范围，在烘干时半成品没有过烧，利于煅烧产品的高质恒定。多筒烘干机的间接加热工艺系统如图 6-52 所示。

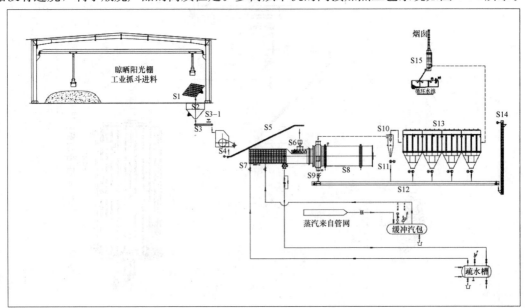

图 6-52　多筒烘干机的间接加热工艺系统

**3. 复合加热式转筒烘干机**

复合加热在热源利用时，一部分热量是由干燥介质经过传热壁传给被干燥物料；另一部分热量由载热体直接与物料接触而传递的，是热传导和对流传热两种形式的组合，热利用率较高。复合加热式转筒烘干机主要由转筒和中央内管组成，热风进入内筒，由物料出口端折入外筒后，由原料供给端排出，物料则沿着外壳壁和中央内筒的环状空间移动。干燥所需的热量，一部分由热空气经过内筒传热壁面，以热传导的方式传给物料；另一部分通过热风与物料在外壳壁与中央内筒的环状空间中逆流接触，以对流传热的方式传给物料。

（五）多筒烘干机技术性能及参数

多筒烘干机选用时应据热源的不同选用不同型号的烘干设备，附着水的含量决定选用二筒或三筒不同形式的多筒烘干机，附着水<15％选用三筒烘干机，附着水>15％选用二筒烘干机。

（1）二筒烘干机技术性能及参数（如选用电厂余热蒸汽产量按高温热风的 60％～70％计算）（表 6-46）

表 6-46　二筒烘干机技术性能及参数

| 项目 | | 二筒烘干机型号 | | | | | | | | | | | |
|---|---|---|---|---|---|---|---|---|---|---|---|---|---|
| | | 2THG-2260 | | 2THG-2675 | | 2THG-3090 | | 2THG-3212 | | 2THG-3614 | | 2THG-3814 | |
| 物料初水分 | ％ | 15～18 | 18～22 | 15～18 | 18～22 | 15～18 | 18～22 | 15～18 | 18～22 | 15～18 | 18～22 | 15～18 | 18～22 |
| 物料终水分 | ％ | 2 | | | | | | | | | | | |
| 热烟气温度 | ℃ | 650～700 | | | | | | | | | | | |
| 出气温度 | ℃ | 冬季<140，夏季<120 | | | | | | | | | | | |
| 入料温度 | ℃ | 20 | | | | | | | | | | | |
| 出料温度 | ℃ | 95～100 | | | | | | | | | | | |
| 外筒表面 | ℃ | 40～45 | | | | | | | | | | | |
| 环境温度 | ℃ | 20 | | | | | | | | | | | |
| 台时产量 | t/h | 10 | 8.5 | 14 | 12 | 25 | 22 | 38 | 34 | 46 | 42 | 65 | 60 |
| 筒体转速 | rpm | 7.6 | | 7.2 | | 6.13 | | 5.78 | | 5.19 | | 5.19 | |
| 耗标煤量（kg/h） | | 14～16 | | | | | | | | | | | |
| 功率 | kW | 16 | | 22 | | 30 | | 44 | | 74 | | 88 | |

（2）三筒烘干机技术性能及参数（如选用电厂余热蒸汽产量按高温热风的 65％～75％计算）（表 6-47）。

表 6-47　三筒烘干机技术性能及参数

| 项目 | | 三筒烘干机型号 | | | | | | | | | | | |
|---|---|---|---|---|---|---|---|---|---|---|---|---|---|
| | | 3THG-2260 | | 3THG-2675 | | 3THG-3090 | | 3THG-3212 | | 3THG-3612 | | 3THG-3812 | |
| 物料初水分 | ％ | 12 | 15 | 12 | 15 | 12 | 15 | 12 | 15 | 12 | 15 | 12 | 15 |
| 物料终水分 | ％ | 2 | | | | | | | | | | | |
| 热烟气温度 | ℃ | 650～700 | | | | | | | | | | | |
| 出气温度 | ℃ | 冬季<140，夏季<120 | | | | | | | | | | | |
| 入料温度 | ℃ | 20 | | | | | | | | | | | |

续表

| 项目 | | 三筒烘干机型号 | | | | | | | | | | |
|---|---|---|---|---|---|---|---|---|---|---|---|---|
| | | 3THG-2260 | | 3THG-2675 | | 3THG-3090 | | 3THG-3212 | | 3THG-3612 | | 3THG-3812 |
| 出料温度 | ℃ | 95～100 | | | | | | | | | | |
| 外筒表面 | ℃ | 40～45 | | | | | | | | | | |
| 环境温度 | ℃ | 20 | | | | | | | | | | |
| 台时产量 | t/h | 15 | 12 | 18 | 15 | 30 | 26 | 42 | 38 | 55 | 50 | 68 | 60 |
| 筒体转速 | rpm | 7.6 | | 7.2 | | 6.13 | | 5.78 | | 5.19 | | 5.19 |
| 耗标煤量（kg/h） | | 14～16 | | | | | | | | | | |
| 功率 | kW | 22 | | 30 | | 44 | | 60 | | 74 | | 88 |

（六）安装调试和试运行

**1. 安装程序及装配技术要求**

（1）对设备零部件进行清点，并清除包装所涂的保护涂料，及搬运过程中落上的灰尘和脏物，修整零件加工表面和螺纹在搬运过程中的损伤。

（2）按基础轮廓尺寸及预埋件位置做混凝土基础，基础为水平放置，其标高按基础图制作，也可根据用户实际情况自行确定。

（3）按机械工程施工及验收规范安装预埋件或地脚螺栓。

（4）托轮装置的安装及装配要求：

① 托轮装置的支承架与混凝土基础之间如楔入斜铁用来调整支承架的水平度；

② 托轮底座的十字中心线与设计位置的偏差不得大于 2mm，且两底座轴向中心线必须在同一轴线上，其偏差不得大于 1.5mm；

③ 托轮中心线，平行于两轮带中心线，其平行度不得大于 ±1mm/m。

（5）回转筒体组装后，其偏差不得大于下列规定值。

① 两轮带的端面跳动不得大于 1.2mm；

② 两轮带的径向跳动不得大于 1mm。

（6）密封装置的安装：密封装置离筒体端面的距离可以变动，用户可根据本厂的实际情况及所配高温烟气沸腾炉的具体结合部位来确定，密封鱼鳞板与筒体端面外圆接触应适当。

（7）安装防尘罩（出料罩）、除尘器、提升输送设备等。

（8）各环节调整合格后二次灌浆，安装设备的动力配置电源线和控制开关。

**2. 空负荷试运行、负荷试运行**

空负荷试运行不少于 24h，负荷试运行不少于 8h。

（1）空负荷试车需做的检查

① 各传动装置的零部件有无松动现象，有无冲击和不正常噪声；

② 电动机负荷是否超过额定功率的 20%，温度不得超过 40℃；

③ 筒体无单向串动，或激烈的往复运动；

④ 各润滑点的润滑和密封是否良好，轴承的温升一般不超过 40℃；

⑤ 轮带与托轮表面接触面积不得少于 75%；两端面的密封橡胶与筒体接触要均匀，不得有脱空现象。

（2）负荷试运行、生产

当空负荷试运行合格后，可以进行负荷试运行，负荷试运行先给正在运转中的筒体通以热气流逐步（先按温炉程序运行 36h 后，降温后再按＜100℃/h 升温）使之达到工作温度，然后逐步加入物料直至达到工作温度。在正常负荷下运转不少于 8h，重复检查上述各项要求，准确无误后，停机修复后方可正式投产。正式投产先按定产的 70％投料运行，12～24h 后按设定产量生产。

**3. 维护**

（1）轴承担负机器的全部负荷，所以润滑对轴承寿命有很大影响，它直接影响机器的使用寿命和运转率，因而要求注入的润滑油必须清洁，密封必须良好，机器的主要注油处：转动轴承、轧辊轴承、所有齿轮、活动轴承、滑动平面。

（2）新安装的轮箍容易发生松动，必须经常进行检查，注意机器各部位的工作是否正常。

（3）注意检查易磨损件的磨损程度，随时注意更换被磨损的零件。放活动装置的底架平面，应除去灰尘等物以免机器遇到不能破碎的物料时活动轴承不能在底架上移动，以致发生严重事故。

（4）轴承油温升高，应立即停车检查原因并加以消除。

**4. 操作和维修**

（1）开车前做好下列准备工作

① 检查高温烟气热风系统供煤、供气、供油系统是否正常工作；

② 检查各导管和调节阀门及附属设备是否正常运行；

③ 检查给料、卸料及输送设备有无障碍。

（2）开车顺序

① 点燃高温烟气系统，调节供热燃料、温度控制系统；

② 运行多筒烘干机电动机控制系统，开动给料机及输送设备；

③ 运行除尘器、脱硫脱硝等设备。

（3）停车顺序

① 停车前 30min，停止热风炉的供煤、供油和供气，停止喂料；

② 待多筒烘干机筒体内的物料全部卸完后，筒体冷却后，方可关闭多筒烘干机的传动电动机；

③ 停止输送烘干后物料设备，再停止除尘、脱硫脱硝系统设备。

④ 停车后每隔 15～20min 转动一次筒体，直至筒体冷却为止，以防筒体变形。如因事故停车，除马上停止供煤、供油或供气外，同时也应按上述方法转动筒体，筒内的物料也应排空，直至筒体冷却为止。

（4）操作过程中常见故障、产生的原因及修复方法

① 烘干后的物料中水分大于规定值，产生的原因是设备选型偏小、热风系统热量不足、燃料热值配备不达标、附机风时偏小等，所以应减少湿物料的喂入量。除适当提温外（机入口温度＜750℃），检查其他配套设备。

② 烘干后物料的终水分低于规定值，产生的原因是热量供应过多，或物料喂入量偏少，解决的办法是适当加大湿物料的喂入量，但物料在筒内的填充截面面积不得大于筒体截面面积的 20％，所以也可以减少热气流的供应量，即减少煤、油或气体的供应量。

③ 轮带相对筒体有摇头或偏摆，产生的原因是轮带相对筒体安装不正确、不同心，或

是不垂直。

④ 轴承温升过高，产生的原因是润滑油使用不当，润滑油加入润滑油腔体的30%～40%，或是有异物、轴承调整不正确，有卡阻现象。

（5）多筒烘干机润滑方案（表6-48）。

表6-48　多筒烘干机润滑方案

| 润滑部位 | 推荐采用的润滑油 | 润滑时间 | 备注 |
|---|---|---|---|
| 减速机齿轮 | 齿轮油 SYB1103-625 | 每个月补充一次<br>六个月更换一次 | 冬天 20♯<br>夏天 30♯ |
| 电动机轴承 | 钙钠润滑油 SYB1409-76 | | 5♯ |
| 托轮轴承 | 钙钠润滑油 SYB1409-76 | | 5♯ |

### 5. 辅助配套设备

多筒回转式烘干机配套辅助设备由原料系统、热源系统、环保系统、半成品输送系统构成，配套辅助设备见表6-49。

表6-49　多筒回转式烘干机配套辅助设备

| 辅助设备系统 | 设备名称 | 型号规格 | 备注 |
|---|---|---|---|
| 原料系统 | 原料仓 | 3t、5t、10t | Q235、304 |
| | 计量皮带 | BT500、BT800、BT1000、BT1200 | 耐腐蚀 |
| | 除铁器 | 永磁 | |
| | 打散机 | PC600×800、PC800×1000、<br>PC1000×1000、PC1000×1200 | Mn Cr |
| | 皮带输送机 | B500、B650、B800、B1000 | 防腐＋聚氨酯 |
| | 大倾角皮带机 | DJ500、DJ650、DJ800、DJ1000 | 防腐＋聚氨酯 |
| | 无轴螺旋 | WLS300、WLS400、WLS500、WLS600 | Q235＋304＋尼龙 |
| 热源系统 | 燃煤、生物质热风炉 | | 出口温度±5℃ |
| | 天然气热风炉 | (200～3000)×10^4 kcal | 出口温度±3℃ |
| | 蒸汽热风 | | 出口温度±3℃ |
| 环保系统 | 旋风除尘器 | XF1800、XF2000、XF2400 XF2800、XF3200 | 耐磨钢 防腐 |
| | 脉冲袋式除尘器 | PPW96-4～8 系列　PPW96-4～10 系列 | 保温＋防腐 |
| | 多室静电除尘 | 4×15、4×20、4×25、4×30、4×40 | |
| | 水膜除尘 | SF10、SF15、SF20、SF25、SF30、SF40、SF50 | |
| | 脱硫、脱硝系统 | 按 SO₂含量、风量选用 | 防腐＋玻璃钢 |
| | 炉渣自动清灰 | 冷却设备＋链式输送＋喷淋系统 | 耐磨、耐温设备 |
| | 烟气脱白系统 | GGH（降温＋升温）脱白、电磁脱白 | |
| 半成品输送系统 | 链式输送机 | FU150、FU200、FU270、<br>FU350、FU410、FU500 | 负压运行，防腐漆 |
| | 板链式提升机 | NE15、NE30、NE50、NE75、<br>NE100、NE150、NE200 | |
| | 叶轮给料机 | 200×200、300×300、400×400、500×500 | 气密性<0.7MPa |

## 二、气流干燥机

（一）气流干燥的发展和原理

**1. 气流干燥的发展**

20 世纪 30 年代，由于对煤和一些无机化工产品需求量的扩大，箱式干燥器已不能适应生产需求，工业上开始尝试将气流输送技术和固体流态化技术引入干燥生产工艺。

由于气流输送在工业上得到应用，而且设备比较简单，用热风既可以干燥物料，又可实现气流输送的目的，因此，气流干燥器较早地用于工业生产，使被干燥物料在流化状态下得到干燥。物料在介质中高度分散，具有很大的干燥面积，同时物料的湍动，大大提高了传热、传质强度，干燥速率有了很大的提高，成为目前干燥设备的主要分支。物料在热气流输送干燥时，与介质中的接触时间很短，又是并流操作，可用于高温介质。

第二次世界大战结束以后，粉碎与气流输送干燥联合装置的应用受到各方面的重视，气流干燥工艺水平得到进一步提高，20 世纪 50 年代，随着对气流干燥器中气固两相流动的机理认识的加深，各种形式的气流干燥技术发展较快，并逐渐应用于生产。

**2. 气流干燥的原理**

干燥过程原理主要涉及湿物料和干燥物质在热力干燥过程中所表现的热力学及物理学特性和其变化规律，湿物料内部以及与干燥介质间的热量和质量传递过程工艺、技术，干燥过程动力学等内容。湿物料的性质干燥操作就是去除湿物料中的部分或全部水分，不同的湿物料具有不同的物理、化学、力学、生物化学等性质。虽然所有参数都会对干燥过程产生影响，但最重要的因素是所含水分的类型。湿物料按它们在干燥过程中的除水特性可分为以下几种：

（1）胶体物料。这类物料在干燥过程中有明显的尺寸变化，但保留其弹性特征。

（2）毛细多孔物料。它们在干燥过程中会变脆，有轻微收缩，干燥后可碾成粉末，如沙子、木炭等物料。

（3）胶体毛细多孔物料。它们应同时具有上述两种物料的特性，即毛细孔壁是弹性的，增湿后会膨胀，如泥煤、木材等。

（4）工业副产石膏，这是近些年来借鉴气流干燥形成的独特分支，工业副产石膏具有附着水和结晶水二种水分，在干燥的同时既要干燥去除附着水，又要保障结晶水的完整性。同时工业副产石膏又有附着水分高、黏度大、质量轻、不同程度的腐蚀性等特性。

以工业副产石膏为例，湿物料在气流干燥时通常会先后经历以下 3 个主要阶段：

第一阶段：热量从干燥介质（空气或烟气）传递至物料表面使其表面水分蒸发，附着水分以近似不变的速率从物料表面汽化，而物料温度则维持在湿球温度左右，此过程的干燥速率主要取决于干燥介质的温度、湿度、流速、压力以及物料表面积等条件。

第二阶段：随着热质传递的进行，当物料表面不再有充足的附着水分供表面蒸发后，多余的热量会通过热传导传递至湿物料内部，使物料温度上升，并在其内部形成温度梯度，而水分则由内部向表面迁移，至物料表面后被不饱和的干燥介质带走，显然此时的干燥速率会低于恒速干燥阶段。此过程称内部条件控制过程，也称降速干燥过程。

第三阶段：进行二个阶段干燥后，90%以上的附着水蒸发，气流温度逐步下降，物料温度也不再缓慢减低，剩余的附着水也同时减少，待物料附着水减至<5%时已满足原料干燥

要求，继续干燥失去原料中的结晶水，造成下步煅烧的困难。

（二）气流干燥的条件和特点

气流干燥又称闪干燥，特别适宜于粉状物料的干燥设备，被干燥物料送入高温或中温气流介质，在干燥器的进口到成品收集器之间的输送过程中得到干燥，通常用旋风分离器或袋式除尘器，将成品从干燥介质中分离出来。

高温气流与湿物料接触，物料颗粒表面的水分立刻开始汽化，表面温度不断升高，如果进口物料能较好地分散于干燥介质，那么成品温度总是低于干燥器出口气温。

**1. 气流干燥的条件**

最简单的气流干燥器是一根直管，湿物料被送入热气流，而后直接送至旋风分离器或袋式除尘器，以收集干燥成品。这种干燥流程的基本条件如下：

（1）物料必须适宜于气流输送；

（2）物料必须易于在干燥介质中分散；

（3）如果物料粒径分布范围较宽时，为了达到成品平均含水率的规定指标，往往一部分大颗粒刚被干燥时，细颗粒却已过热干燥，必须通过机械结构以调整物料的停留时间。

**2. 气流干燥的优点**

气流干燥器是固体流态化原理在干燥技术中的应用，是在散粒状物料干燥应用较早的流态化技术。

气流干燥法是把呈泥状、粉粒状或块状的湿物料送入热气流，与之并流运动，热气流与物料运动中完成传热传质，从而得到粉粒状的干燥产品。气流干燥的优点如下：

（1）由于物料在气流中呈悬浮状态，气固二相的接触表面积大，因此传热系数较高。

（2）并流操作，可以采用 $200\sim700℃$ 的中、高温气体。

（3）气固二相的接触时间极短，多数物料仅为 $0.5\sim5s$，最长也不过 $5min$。适用于热敏性物料的干燥。

（4）设备结构简单、占地面积小、制造方便。

（5）适用性广，可用于各种粉粒状物料，粒径最大可达 $10mm$，进料含水率可为 $10\%\sim50\%$。

**3. 气流干燥器的缺点**

（1）对管壁黏附性很强的物料，以及需要干燥到平衡含水率的物料，不宜采用此种干燥方法。

（2）气流干燥器的附属设备较大，操作气流速度高，物料在气流的作用下，冲击管壁，以及物料之间的相互碰撞，物料和管子的磨损较大，对坚硬固体等干燥应采用特殊材料并对转弯结构进行特殊设计。

（3）对于在干燥过程中易产生微粉、又不易分离的物料，以及需要空气量极大的物料，不宜采用气流干燥。

（三）设备的应用和工艺流程

气流干燥器根据处理物料的不同也有不同的工艺流程，部分常用的流程布置如图 6-53 至图 6-56 所示。

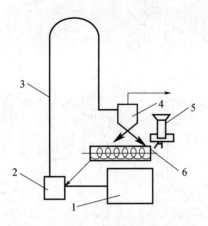

图 6-53 回料混料型气流干燥工艺流程

1—热源系统；2—风机；3—气流干燥器；4—旋风分离器；5—给料机；6—混合加料器

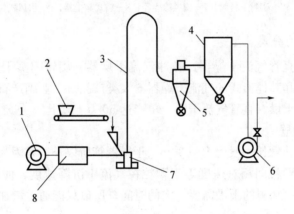

图 6-54 破碎打散型气流干燥器工艺流程

1—风机；2—给料机；3—气流干燥管；4—布袋除尘器；5—旋风分离器；
6—引风机；7—破碎打散机；8—燃烧器

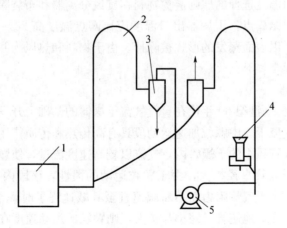

图 6-55 双气流半闭路循环干燥工艺流程图

1—热源系统；2—气流干燥管；3—旋风分离器；4—加料器；5—风机

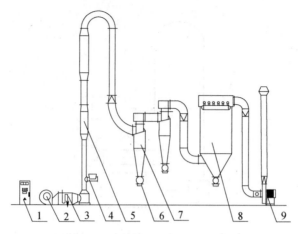

图 6-56　分散型气流干燥工艺流程图

1—控制器；2—鼓风机；3—燃烧器；4—给料机；5—脉冲干燥管；
6—密封下料阀；7—旋风除尘器；8—袋式除尘器；9—引风机

（四）气流干燥的分类、型号

气流干燥共分为直管气流干燥器、脉冲气流干燥器、旋转闪蒸干燥器、气流旋转干燥器、粉碎气流干燥器和其他形式的气流干燥器 6 大类产品。工业副产石膏的气流烘干应用广泛的是锤式打散气流干燥、直管气流干燥，单产达 50 万 t 以上。

**1. 直管气流干燥器**

直管气流干燥器其管长一般为 10～30m，干燥器管所以长，是因为湿物料必须在上升的气流中达到热气流与颗粒间相对速度等于颗粒在气流中沉降速度，使颗粒进入等速运动状态。气流速度很高，而物料的干燥需要一定的时间，所以只能通过增加管长的方法延长物料的停留时间。

热风入口温度决定被干燥物料的允许温度，应采用尽可能高的温度，以提高热利用效率，使装置规模变小。如热风温度在 400℃ 以上时，热效率 ＞70％，热风入口温度一般为 200～750℃，热风出口温度选择的原则避免物料在旋风分离器和布袋除尘器内出现结露现象并考虑工业副产石膏的结露点，干燥器出口温度应比露点温度高 20～30℃。产品温度在气流干燥器中，水分几乎以表面蒸发的形式被除掉。由于物料和热风为并流运动，因而物料温度不高，临界含水率通常＜3％。

**2. 脉冲气流干燥器**

脉冲气流干燥器是 20 世纪 60 年代在直管气流干燥器的基础上开发成功的，通过采用变径气流管，充分利用气流干燥中颗粒加速运动段具有高传热和传质作用以强化干燥过程。加入的物料颗粒首先进入管径小的干燥管内，气流以较高速度流过，使颗粒产生加速运动。当其加速运动终了时，干燥管直径扩大，由于颗粒运动的惯性，该段内颗粒速度大于气流速度。颗粒在运动过程中由于气流阻力而不断减速直至其减速终了时，干燥管径再突然缩小，颗粒被重新加速。重复交替地使管径缩小与扩大，则颗粒的运动速度在加速后又减速，无等速运动，气流与颗粒间始终存在较大的速度差，从而强化了传热、传质速率。同时，在扩大段气流速度大大下降，也就相应地增加了干燥时间，有利于干燥过程。脉冲气流干燥器用于工业副产石膏的烘干管长 15～35m，直径 1.2～2.4m，热风入口温度 180～750℃。温度越低热效率越低，应用电厂蒸汽做热源需要间接换热，总的热效率＜60%。脉冲气流干燥工艺如图 6-57 所示。高温热风脉冲气流干燥机主要型号见表 6-50。

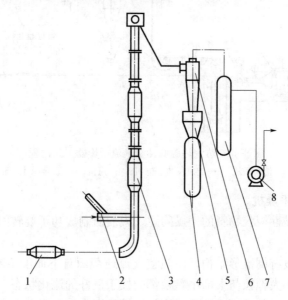

图 6-57　脉冲气流干燥工艺流程

1—热风系统；2—给料系统；3—脉冲干燥管；4—储仓；5—料斗；
6—旋风除尘器；7—布袋除尘器；8—风机

表 6-50　高温热风脉冲气流干燥机主要型号

| 型号 | 蒸发水分（kg/h） | 装机功率（kW） | 占地面积（m²） | 高度（m） |
|---|---|---|---|---|
| XLQG5wt | 1470 | 75 | 20 | 15 |
| XLQG10wt | 2900 | 132 | 32 | 20 |
| XLQG15wt | 4400 | 185 | 40 | 22 |
| XLQG20wt | 5800 | 220 | 64 | 25 |
| XLQG25wt | 7400 | 250 | 90 | 30 |
| XLQG30wt | 8800 | 315 | 140 | 35 |
| XLQG40 | 11600 | 400 | 220 | 42 |

### 3. 气流旋转干燥器

干燥室结构以圆筒形居多，但也有锥形结构，锥形干燥室可使物料颗粒旋转速度由小到大，能达到强化干燥目的。旋风气流干燥器由内筒和外筒组成。外筒呈上大下小的锥形，物料从上部切线进入干燥器后，随热风向下部进行旋转运动，在干燥室内物料被干燥。物料到达底部后受气流夹带，粉体从内筒向上运动，经出料口排出。旋风气流干燥器的优点是使物料及热空气在干燥器内形成转向，降低了设备的高度，延长了物料停留时间。旋风干燥器特别适用于湿扩散阻力小的物料，也可作为组合式干燥器的第一级使用，从而达到强化干燥过程、提高效率的目的。旋风气流干燥器工艺流程如图 6-58 所示。

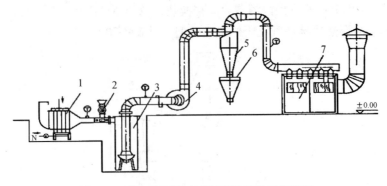

图 6-58　蒸汽热源脉冲型气流干燥器工艺流程

1—热交换器系统；2—给料系统；3—旋风气流干燥机；4—风机；5—旋风除尘；6—料斗；7—除尘器

#### 4. 旋转闪蒸气流干燥机

为解决工业中高黏性糊状物料的干燥问题，人们研制成功了旋转闪蒸干燥机。其主要有如下优点：

（1）干燥室底部设有倒锥形结构，使热空气流通截面自下而上不断扩大，底部气速高，上部气速低，从而下部大颗粒与上部小颗粒都能处于良好的流化状态。倒锥结构还缩短了搅拌轴悬臂的长度，增加运行的可靠性和稳定性。轴承设在机外避免在高温区长期工作。

（2）湿物料在被搅拌齿分散和粉碎的同时，又被甩向器壁，黏附在内壁上，如不及时刮下会影响产品质量，搅拌齿顶端设有刮板，能及时刮掉黏附在器壁上的物料以防过热。

（3）干燥室上部设有分级环，其作用主要是使颗粒较大，或没干燥的物料与合格产品分离，挡在干燥室内，能有效保证产品粒度和水分要求。

（4）连续化操作，加料盘、热风温度、产品粒度可以在一定范围内自动控制，保证干燥产品的各项指标。

（5）干燥系统为封闭式，而且在微负压下操作，粉尘不外泄，保护生产环境，安全卫生。

（6）设备结构紧凑，占地面积小。集干燥、粉碎、分级为一体，是流化技术、旋流技术、粉碎分级技术和对流传热技术的组合。其工艺系统见图 6-59。

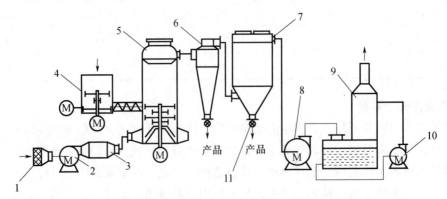

图 6-59　旋转闪蒸气流干燥器工艺流程

1、2、3—热源系统；4—给料系统；5—旋转闪蒸气流干燥机；6—旋风除尘器；
7—布袋除尘器；8—风机；9—水膜除尘系统；10—喷淋水泵

（五）设备热源选择

干燥操作离不开热源，干燥设备的技术经济指标不仅取决于本身的设计和操作，在很大程度上还与所选用的热源及其利用方式、热效率密切相关。在大力研究各种干燥设备的同时，还应当重视热源的合理选择与使用。在工业副产石膏的干燥工艺中，热源主要由各种燃料同空气的燃烧产生的热烟气、电、蒸汽。由于被干燥物料的性质和生产工艺不同，各种热源形式见表 6-51。

表 6-51　各种热源形式

| 热源形式 | 供热方式 | 备注 |
|---|---|---|
| 燃煤热风 | 直接热风交换或间接热风交换 | 需要脱硫、脱硝系统 |
| 天然气热风 | 直接热风交换 | 温控±2℃ |
| 工业油热风 | 直接热风交换 | 工业重油可采用间接热 |
| 电热风系统 | 直接热风或红外线 | 小型生产线，不经济 |
| 电厂过热蒸汽 | 间接热交换器 | 最低 160℃，不经济 |
| 燃煤、天然气、油导热油锅炉 | 间接热交换器 | 最高换热 280℃，不经济 |

（六）气流干燥机安全操作规程

**1. 开车程序**

所有传动设备经盘转灵活、正常，各岗位就绪，安全无误方可升温、启动开车。

（1）启动引风机，使控风阀开启在所需的刻度，保证气体流量。

（2）启动空气压缩机，控制调节多路压缩空气在设计压力工艺条件下作业。

（3）开启布袋脉冲控制器系统，并调节反吹频率，保证气体进口压力为 0.5～0.6MPa。

（4）将湿物料投入前必须先测定出附着水含量，湿物料投入给料系统后，再启动螺旋进料器。

（5）加热燃煤热风炉，使干燥机的空气进口温度逐渐上升，当干燥机的空气出口温度超过 160℃时，启动螺旋输料电动机，调节控制加料速度，保证出口温度在＜100℃时稳定，控制干燥机进口、出口温度在设计温度工艺条件下自动作业。

（6）观察系统中各设备运转是否正常。取样检测干粉料质量合格后制定最终工艺。

**2. 停车程序**

（1）停止供料系统。

（2）将干燥机中余料继续烘干，并带出机外，半小时以后停掉热风炉，之后停止引风机引风。

（3）停止空气压缩机，停止布袋除尘器、水膜除尘或脱硫、脱硝系统，再停止后输送筛分或粉磨系统。

（4）停止自动控制。

**3. 可能出现的异常情况及排除**

在干燥操作中主要控制干燥机中的空气流量、空气进口和出口温度、给料量。其中给料量作为从属变量进行调节。

（1）在气体进口温度一定，其他条件正常下，气体出口温度高时，缓慢提高给料系统进料量，使气体出口温度降至需要的温度。反之，气体出口温度低时，影响产品水分含量，便降低给料系统进料量，使气体出口温度升至需要的温度。

（2）系统压力不平衡时，检查系统是否有漏气或堵塞，及测压管是否有堵塞。

（3）除尘系统排出含尘量变大，检查脱硫脱硝系统或水膜除尘、布袋是否脱落或破损，及时维修。

（4）突然停电时，及时关热源系统以便及时降温，打开袋式除尘应急阀门防止布袋损坏，恢复供电后，干燥机内要进行清理后再生产。

（5）如蒸汽系统压力突然增大，而又无法消除时，要马上切断电源，操作人员迅速离开操作现场，以防泄爆时伤害人身。操作过程中如泄爆阀突然打开，必须在第一时间内疏散人员并首先关掉引风机再关掉进料器。

（七）辅助配套设备

气流干燥机配套辅助设备由原料系统、热源系统、环保系统、半成品输送系统构成，配套辅助设备见表 6-52。

表 6-52　气流干燥机配套辅助设备

| 辅助设备系统 | 设备名称 | 型号规格 | 备注 |
|---|---|---|---|
| 原料系统 | 原料仓 | 3 t、5t、10 t | Q235、304 |
| | 计量皮带 | BT500、BT800、BT1000、BT1200 | 耐腐蚀 |
| | 除铁器 | 永磁 | |
| | 打散机 | PC600×800、PC800×1000、PC1000×1000、PC1000×1200 | Mn、Cr |
| | 皮带输送机 | B500、B650、B800、B1000 | 防腐+聚氨酯 |
| | 大倾角皮带机 | DJ500、DJ650、DJ800、DJ1000 | 防腐+聚氨酯 |
| | 双螺旋给料机 | 2-LS300、2-LS400、2-S500、2-LS600 | Q235 |
| 热源系统 | 燃煤、生物质热风炉 | 200-3000×10⁴ kcal | 出口温度±5℃ |
| | 天然气热风炉 | | 出口温度±3℃ |
| | 工业油热风炉 | | 出口温度±5℃ |
| 环保设备 | 旋风除尘器 | XF1800、XF2000、XF2400、XF2800、XF3200 | 耐磨钢、防腐 |
| | 脉冲袋式除尘器 | PPW96-4~8 系列　PPW96-4~10 系列 | 保温+防腐 |
| | 多室静电除尘 | 4×15、4×20、4×25、4×30、4×40 | |
| | 水膜除尘 | SF10、SF15、SF20、SF25、SF30、SF40、SF50 | |
| | 脱硫、脱硝系统 | 按 SO₂ 含量、风量选用 | 防腐+玻璃钢 |
| | 炉渣自动清灰 | 冷却设备+链式输送+喷淋系统 | 耐磨、耐温设备 |
| | 烟气脱白系统 | GGH（降温+升温）脱白、电磁脱白 | |
| 半成品输送 | 链式输送机 | FU150、FU200、FU270、FU350、FU410、FU500 | 负压运行、防腐漆 |
| | 板链式提升机 | NE15、NE30、NE50、NE75、NE100、NE150、NE200 | |
| | 叶轮给料机 | 200×200、300×300、400×400、500×500 | 气密性<0.7MPa |

### 三、回转式干燥机

回转式干燥机是一种应用非常广泛的常规干燥设备，在建材、化工、煤炭、轻工及矿冶行业占有重要地位。近年来，回转式干燥机的发展非常迅速，出现了很多新的形式，但总体上主要向规模化、多样化（结构和热源）、节能环保等方向发展。

回转式干燥机也叫回转窑烘干机或转筒烘干机。该设备对物料的干燥过程及运行原理都是通过圆筒的旋转实现的，是一种将换热和输送功能集成为一体的高温换热设备。回转式干燥机运行时通过筒体的旋转，使喂入筒体内部的物料通过筒体内部设置的扬料板、导料板、换热管等多种形式的换热辅助设施与窑体内的热介质（热烟气）或热交换设施（换热管道、窑壁）等最大程度和最长时间的接触，采用传导、对流、辐射等形式进行成分的热交换，使物料升温加热，脱去所含的附着水达到烘干的目的。同时物料由进料端（高端）喂入筒体内部，通过筒体的安装斜度、筒体内部的导料板及筒体运行转数的调整逐渐向出料端（低端）运动，最后达到物料烘干和输送的目的；由于副产石膏的大量应用，回转式干燥机也在副产石膏预烘干领域得到了广泛的应用。

回转式干燥机主要由筒体、扬料板、导料板、换热构件（换热管道或夹套等）、进料装置、出料装置、传动系统、支承系统、密封系统等组成；其主体部分是筒体，一般采用不同厚度的钢板成型焊接成要求的直径和长度，并根据换热要求在内部加设扬料板及辅助换热装置（链条等）或换热管网。筒体直径一般为 1.0～4m，长度为 10～30m。具体根据物料特点、附着水含量、热介质类别及换热要求设置换热形式和换热面积。筒体按照一定的斜度安装，一般进料端高、出料端低，斜度为 2‰～5‰，物料在筒体斜度、扬料板及筒体的转动的综合作用下由高端向低端运动；筒体通过轮带支撑在成对的托轮上，为了限制筒体的纵向移动，在传动设备附近的一个轮带两侧设置一对挡轮，由轮带、托轮、挡轮组成了回转窑的支承系统，使筒体能够稳定运行；转筒烘干机传动装置一般由大齿圈、小齿轮、减速机、调速电动机组成，大齿圈固定在筒体中后端，由电动机及减速机驱动小齿轮从而带动大齿圈转动，使烘干机筒体旋转，筒体转数不高，一般为 1～4r/min；回转窑在运行时往往需要改变转数，传动装置一般采用调速电动机等实现转数调整；为防止回转式干燥机在工作时随机性漏风、漏料等问题，在窑头、窑尾与烟气室、喂料部分等的接触端需要增加密封装置，回转式干燥机常用的密封装置有迷宫式和接触式两大类，目前较为常用的主要为接触式密封，如石墨块压紧密封、鱼鳞片密封等；回转式干燥机的进料方式一般有两种——溜管自然下料和螺旋强制进料；出料方式也主要有两种——自然导料出料和采用强制螺旋出料。

回转式干燥机根据其换热形式又分为直接换热回转干燥机和间接换热回转干燥机两类，其结构形式、换热机理、适应范围及热效率等方面均有着很大的不同。其工作原理因不同的设备结构而较为复杂，但均具有如下原理及特点：

（1）回转式干燥机是一个按照一定斜度安装的倾斜回转圆筒，物料由高端加入，在烘干机内通过筒体的回转运动由高端向低端逐渐运动。

（2）回转式干燥机具有较好的热交换功能，物料进入回转式干燥机后，与进入筒体内部的热风或筒体换热设施等在筒体内部抄板等的作用下最大限度地与热介质或换热设施接触，通过辐射、对流和传导 3 种基本传热方式，将热量传给物料，达到逐渐升温脱水烘干的目的。

（3）根据回转式干燥机的结构及干燥物料的特点，石膏回转干燥机一般需要另行配置供热设备，传热介质通过供热设备加热后形成热风、导热油、蒸汽等对物料进行直接或间接换热；干燥机内可依次形成预热带、烘干带等；物料烘干时间及烘干要求可灵活调整；可适应的原料附着水含量范围大；烘干设备操作简单、易实现设备大型化和产能规模化。

（4）回转式干燥机内部一般为负压或微负压运行，不能正压运行。烘干效率受工艺形式、设备形式、换热结构、热源、物料特性、密封效果等多种因素的影响。

回转式干燥机的发展趋势主要向设备大型化、结构多样化、换热介质多样化、节能环保型发展。回转式干燥机的工作容积是由筒体直径和长度决定的，它是该类干燥机的主要技术指标之一。一般小型的回转干燥机的工作容积只有几十立方米，中型的有数百立方米，现在发展的大型回转干燥机工作容积可以超过 $1000m^3$，运行实践证明，回转干燥机的工作容积越大，它的运行费用就越低，产品质量和产量越易得到保证。国外应用的大型回转干燥机，直径为 5～6m，长度一般为 50m 左右，工作容积超过 $1000m^3$；国内目前制作的回转式烘干机，多以中小型为主，工作容积一般不超过 $200m^3$。

回转式干燥机从外观造型上有几十种之多，而考虑内部结构形式的不同，可以有近百种。回转式干燥机内部或外部结构形式的变化，都是根据干燥物料的特性、节能、提高热效率等方面考虑改进的；不同特性的原料干燥过程有着不同的技术要求，干燥机结构形式的变化就是为了最大限度地适应和满足烘干要求，发挥设备的最佳性能。回转式干燥机的结构变化主要以内部抄板的形式和不同的换热设施的改变形成了诸多的设备形式；因换热设施的改变而形成的主要的回转干燥机有直热式回转干燥机、复合加热回转干燥机、间接换热回转干燥机、蒸汽管式回转干燥机、烟气管式回转干燥机等。

（一）直接换热回转干燥机

**1. 设备的基本概念**

直接换热回转干燥机是回转式干燥机最常用的一种形式，也叫直热转筒烘干机，主要特点是通入回转筒内的热风与喂入回转筒的湿物料在转筒内直接接触进行换热，使湿物料中的水分汽化逸出，得到规定附着水含量的物料。干燥过程中热风由热源供给，在转筒内完成换热后与物料中脱出的水汽及物料粉尘经过净化系统（收尘设备）及排气设备（引风机）排出。湿物料由喂料设备从高端喂入转筒，通过扬料板扬起并与热风最大程度的直接接触进行换热，扬起的石膏在下落的过程中分散在热风中并充分接触，使物料快速升温并使附着水汽化脱出，物料不断在转筒内扬起并因转筒斜度及筒体转速向低端运动，达到烘干的效果。

直接换热回转干燥机的主体部分为按照一定斜度安装的旋转圆筒，圆筒内部设有交错排列、角度不同的各式抄板，在喂料端设有防止倒料的螺旋抄板；转筒外装有轮带和齿圈，由传动装置驱动转筒转动，转数一般为 2～6r/min，转筒的斜度与物料特性、转筒长度等有关，一般为 1％～5％；湿物料从高端通过强制喂料设施或喂料管自然喂入，随转筒的旋转，在重力作用下从高端向低端运动，并与热风接触换热逐渐被干燥后通过强制设施或自然排出；直接换热回转干燥机干燥过程一般为负压运行，进料端及出料端的衔接处均设置密封装置，以避免漏风影响运行效果。

直接换热回转干燥机一般以燃料燃烧后的热风或换热后的尾气作为换热介质。直接换热回转干燥机根据热介质与干燥物料的流动方向分为顺流式和逆流式两种。顺流式指物料在干燥机内的运动方向与热风的流动方向是一致的；逆流式则指两者的方向相反。由于物料和热风在干燥机内的运动方向不同，所以其尾气及出料温度差异较大，一般顺流式入料端物料温度与烟气温度差异大，热交换迅速，水分易蒸发，不易导致物料粘结，出料温度低，可以避免高温烟气对烘干物料的过度烘干，但收尘负荷较大。因此，顺流式一般较适合烟气温度较高、物料水分含量大、物料黏性高、热敏性高的物料烘干；逆流式一般出料温度较高、尾气温度较低、更利于热利用，但易导致入料端（冷端）温度低，物料粘结，收尘负荷小；逆流式较为适合烟气温度较低、热敏性低、物料不易粘结、含水率低的物料。

顺逆流转筒烘干机对应换热曲线如图 6-60 所示。

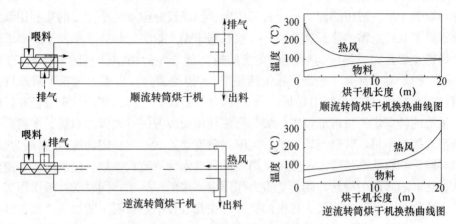

图 6-60　顺逆流转筒烘干机对应换热曲线

顺流、逆流转筒烘干机系统分别如图 6-61 和图 6-62 所示。

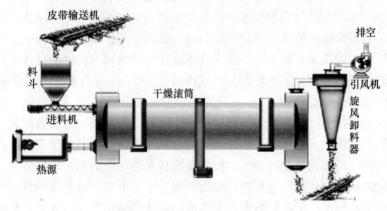

图 6-61　顺流转筒烘干机系统

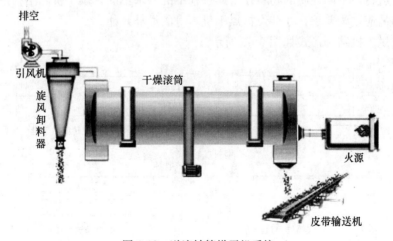

图 6-62　逆流转筒烘干机系统

直接换热回转干燥机因结构简单、生产效率高、操作方便、设备成本低等特点，广泛应用于干燥行业，尤其在建材行业，使用非常普遍；但随着近年来对环保要求的提高及燃煤的限制，直接换热回转干燥机的使用也受到一定的限制。

**2. 设备的结构及工作原理**

直热转筒烘干机一般由热源、干燥机和收尘、引风设施组成一个完整的热利用系统。热源主要提供烘干系统所需的热量和热风，一般根据干燥产量、物料含水率及干燥要求设计或选择，干燥机主要是完成热风与物料热交换的换热器，一般由主体（圆筒体）、进料部分（喂料机或溜管）、支承部分（轮带及托轮挡轮组）、传动部分（齿圈、齿轮、减速机及电动机）、出料部分（出料箱或强制出料机）、密封部分等组成。主体为按照一定直径和长度制作的圆筒，传统的转筒烘干机内部设置抄板、换热辅助设施等也有设置为双筒、多筒或其他组合式的新型转筒烘干机；转筒与地面呈一定倾斜角度布置（按照一定斜度），高端为喂料段，低端为出料段；物料从高端喂入，热风从高端同向进入为顺流式换热，热风从低端逆向进入为逆流式换热。随转筒的旋转，物料受重力作用由高端低端运动，同时受抄板作用带至较高处后撒下，使物料与气流达到最大程度的接触。在此过程中，物料不断地与气流、抄板、转筒等接触换热，以提高干燥速度并使物料向前运动，完成烘干的目的。热源产生的热风由收尘系统的风机引入烘干机内进行换热，并在换热后进入收尘系统净化后排出，因此在烘干机运行时，热源及收尘风机对烘干机的运行效果有着直接的影响。

直热转筒烘干机内一般都需要设置一些干燥构件，如扬料板（也叫抄板），扬料板的形式在某种程度上对干燥机的换热有着较大的影响。扬料板的作用主要有两个：一是将喂入的物料快速送向干燥机的换热装置；二是保证筒体旋转时对物料有较好的搅拌作用并将物料较均匀地分布在转筒内，从而保证湿物料与热气体的充分接触。为了控制物料的运动速度，也会设置挡料板或导料板等设施。

转筒烘干机内部构件（扬料板）形式对干燥机的性能影响较大，而内部装置的结构形式种类繁多，可达几十种之多。扬料板的作用是将物料送入内部特定的位置或搅拌物料。不同内部装置的目的是保证转筒转动时物料的搅拌和物料在转筒横截面上均匀分布，以及热风或换热部位与湿物料的充分接触。物料在这些扬料板上预先干燥，对黏性物料，能够改善物料在内部装置上的分布情况。但一般转筒烘干机内部或外部结构形式的改变，都应根据待干燥物料的特性来进行，不同性质的物料在干燥过程中的要求不同，烘干机的结构形式应该最大限度地满足和适应这些要求，才能发挥烘干机本身的最佳效能。

常见转筒烘干机结构形式如图 6-63 所示。

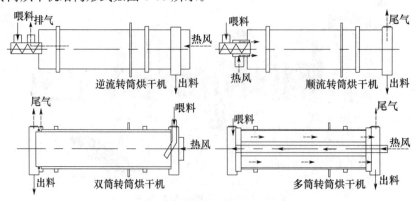

图 6-63　常见转筒烘干机结构形式

常见的扬料板结构形式如图 6-64 所示。

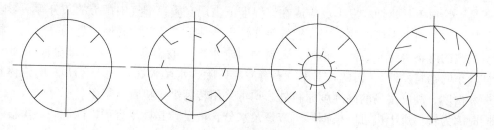

图 6-64　常见的扬料板结构形式

　　为了减少湿物料黏附在转筒壁上，有时将湿物料中掺入干物料粉末，保证物料不在黏滞区的含水率范围内，使之成为足够松散的混合物而不再黏附于转筒壁上，也可采用同样的方法进料；增加循环的干物料的倍数可以改善干燥机内的输送情况，但同时由于这种部分循环干物料（回料）的冷却又增加了热消耗量。干物料的混合应该特别注意，以不产生局部过热、结块及黏附等现象为限。

**3. 性能特点**

　　直热式转筒烘干机换热效率高，生产能力大，适用范围广，结构简单、操作方便，故障少，维护费用低，是一种应用极为广泛的烘干设备。

　　设备运行过程适应性强，可调整范围宽。对于含水率波动较大的物料、颗粒状物料、粉状物料、附着性较强的物料均可适用，并可通过热风温度、流量、转筒转数、喂料量等进行产量和质量调整，保证烘干效果。

　　转筒转数是调整物料烘干时间和效果的主要参数之一，通过传动装置对转数进行调整，从而控制物料在烘干机内的停留时间，达到控制产品终水分的目的。

　　直热式转筒烘干机采用的热介质为热风，热风温度是决定烘干产量及效果的主要因素。顺流式烘干因湿物料初始干燥速度快，更适合对黏附性较大的物料和终水分要求相对较宽松的物料，且产品温度较低（尾气温度一般高于物料温度 10~20℃），便于运输，但收尘负荷大；逆流式烘干更有利于热量利用，尾气温度较低（尾气温度可远低于出料温度），出料温度较高，尾气中粉尘浓度较低。

　　转筒内物料的填充率与转筒的内部装置和挡板设备的构造有关，一般可以达到转筒容积的 20%。填充率是决定干燥机生产能力的重要因素。

　　转筒干燥机不适宜在正压条件下运行，因为在这种情况下含有粉尘的空气会从密封的衔接部位车间，破坏环境并造成恶劣的操作环境。

**4. 热源选择**

　　转筒烘干机采用的热源较为单一，一般为热烟气，热烟气来源可以是煤通过热风炉充分燃烧后形成的热烟气，主要通过炉排、喷煤机、烟气沸腾炉等组成的燃烧室完成；天然气或者燃油、煤气等通过燃烧器燃烧后产生的热烟气；也可以是高温尾气或者煅烧设备利用后的具有较高温度的烟气，在目前能源紧张、环保要求逐步升级的形势下，尽可能充分利用热能，减少尾气排放及能源浪费。有条件的情况下，在原料水分含量较小时尽可能全部或部分采用煅烧系统产生的尾气作为烘干热源更利于节能及成本控制；但同时需要考虑收尘系统（尤其是袋式收尘器）因烘干后含有大量水汽的尾气的结露问题。

**5. 适应范围**

　　转筒烘干机一般对烘干物料的适应性较为宽泛，但在具体应用中因热烟气与物料直接接触、物料在换热过程中在烘干机内运动，因此必须考虑如下设备适应条件：

所烘干物料不与热烟气发生反应或在该温度下出现变质；烟气中携带的灰分等不影响物料的品质；物料与烘干机中的空气、氧气等在烘干条件下不会产生易燃、易爆等反应；物料为相对松散的湿物料而非浆体状物料；入料物料含水率一般不高于 25％（部分高于 25％但黏附性较小的物料除外）。因此，对副产石膏原料，除含水率较高（大于 25％）的浆体状物料和原料白度、纯度很高的高纯度原料外，均可采用转筒烘干机直接烘干。

同时因为转筒烘干机可以根据烘干产量及水分含量设计其换热容积，因此，该类设备可以适应各类产量规模及不同的烘干水分。

### 6. 热效率

蒸发强度是衡量设备烘干的一个指标，是指单位时间和容积的水分蒸发量，即单位时间内 $1m^3$ 加热容积可蒸发的水量。转筒干燥机的蒸发强度一般为 $10\sim50 \ kg/(m^3 \cdot h)$，随热风温度的提高而提高，同时随物料水分含量、物料特性而变化；也受转筒干燥机的系统密封程度的影响；热效率用于评价转筒干燥机的热利用率，是指水分蒸发所需要的热量与热源提供给干燥机的热量之比。热源提供给干燥机的热量主要包括水分蒸发所需的热量、物料升温所需的热量、漏入空气加热所需的热量、热损失等。转筒干燥机的热效率一般为 30％～70％，随入口热风温度的提高，热效率增大，并受进口风温、出口风温及密封情况的影响。一般进出口风温差越大，热效率越高，热利用越充分。进出口风温差又受设备内部结构、设备长度等的影响。

提高设备热效率的方法：传统的转筒干燥机一般采用顺流或逆流的方式进行烘干，气体流向单一；顺流布置时，因出料尾气温度高与物料温度，会影响设备的热效率；逆流布置虽有利于降低尾气温度，提高设备热效率，但必须要求设备具有较大的长度。目前，采用特殊的结构，延长热风的流程，如采用顺流和逆流并用的方式，解决流向单一，流程短的问题，可有效提高设备的烘干强度，提高设备的热效率。如目前采用的二筒、三筒或多筒烘干机等设备形式，同时，优化设备内部的抄板结构形式、改进抄板的分布形式、提高废气循环效率等都是有效提高转筒烘干机热效率的措施。

### 7. 运行注意事项

直热式转筒烘干机自预热开始，即行旋转烘干机，禁止筒体不转时加热，防止筒体弯曲。同时，停机时间较长，会导致筒体弯曲，启动前，须冷态转动筒体修复；设备带负荷运行时，逐渐提高热风温度，并根据排出物料的含水率，逐步增加喂料量，以保证烘干产量及效果；禁止急速升温，膨胀过快损伤设备；停机时，须待烘干机内物料出空且温度接近常温时方可停机，禁止高温停车和带料停车，防止筒体弯曲变形。

在热风温度恒定的情况下，可通过转速调整或喂料量调整保证产品的出料含水率。但较高的转数是提高烘干效率的参数之一，因此，尽可能采用较高的转数进行烘干，而通过调整喂料量和热风温度来调整产品质量。每一种型号的设备和对应的待烘干物料及烘干要求，均有最佳的设备运行转数，需要通过试产确定。

引风系统会对烘干机的烘干效果、水汽排出、温度控制产生直接影响，也是生产控制的主要参数之一。因为是直接接触，因此风系统（筒内负压）对物料运动也会产生较大影响。

（二）间接换热回转式干燥机

### 1. 基本概念

间接换热回转式干燥机俗称外热式转筒烘干机，因外形与回转窑相似，内部多以不同结构的换热管道为主，因此也叫管式烘干窑。热介质一般是通过转筒外壁或转筒内部设置的换热管道与物料进行换热。物料与热介质不直接接触，而是通过按照一定斜度布置在转筒壁或转筒内部的换热结构（管道等）与物料接触或将热量传递给物料进行烘干。烘干过程中，换热结构随转筒一起旋转，喂入转筒内的物料因转筒带动及重力作用不断从高端向低端运动，并与换热管道等不断地接触，热量由热介质通过管道壁传递给物料，实现预热、升温、脱水烘干的目的，因为热介质不与物料直接接触，适应的换热介质种类较多，如热风、导热油、蒸汽等均可。根据所采用的热介质不同，间接换热回转式干燥机主要有热风管式烘干窑、外烧式烘干窑、导热油管式烘干窑、蒸汽管烘干窑等设备类型。间接换热回转式干燥机因热介质在管道内，与物料不直接接触，热介质容易实现循环和多回程换热，因此，为保证较高的换热效率，间接换热回转式干燥机大多设置为两回程或多回程的循环换热，不再是简单的顺流或逆流设置。

间接换热回转式干燥机是非常重要的一种烘干设备，在化工领域应用非常普遍。因热介质与待烘干物料不直接接触，热介质在管道内通过管道壁散热，烘干过程更容易精确控制，因此对热敏性物料、高纯度物料、烘干要求较高的物料及与热介质容易产生反应的物料更为适用；同时，因采用管道外表面散热，因此更容易通过管道的设置增加有效换热面积，提高设备的热利用效率及产能。

因外烧回转窑（热风炉砌筑在转筒外，将转筒外壁包在炉膛内，加热转筒外壁）换热效率低，产量小，一般较少用于石膏的预烘干。本文主要介绍石膏烘干常用的热风管式烘干窑和蒸汽管式烘干窑，因以上两种设备都采用转筒内部的管道进行换热，均为管式烘干窑。

## 2. 工作原理

管式烘干窑，主要是在旋转的筒体内部设置一层或多层换热管道等，换热管道固定在转筒内并随筒体同步做回转式运动，热介质在管道内，通过管道外壁进行传导和辐射散热，物料与管道壁接触吸收热介质的热量进行烘干；烘干过程中，热介质与物料各走各的路径，不直接接触，不相互影响；物料从高端（进料端）喂入筒体，随筒体的旋转不断向低端（出料端）运动，在运动过程中不断与换热管网接触并进行热交换，完成升温脱水的过程；热介质以正压（蒸汽）或负压差（引风机或泵）进入换热管网并在换热后排出；筒体内部主要是物料及烘干产生的水汽和少量补入或漏入的空气。筒体内部的水汽可以从入料端排出也可从出料端排出，因筒体内仅有少量补入或漏入的空气形成的热风，设备运行时的收尘负荷小，仅需要考虑烘干水汽、补入空气及携带少量粉尘的影响。

管式转筒烘干机主要由筒体、筒体内部的换热管网、进料装置（喂料管或强制喂料机）、支承装置（轮带及托轮挡轮组）、传动装置（齿圈、小齿轮、减速机、电动机）、出料装置（出料箱及自然或强制出料机）、密封装置等。筒体直径与长度及管网换热面积是保证设备产量的最主要设备参数，同时管网的换热长度及循环设置是影响热利用效率的主要设备参数；在同样的设备参数下，不同的热介质条件会对设备产量形成直接影响；筒体一般以 $1\%\sim 5\%$ 的斜度布置，通过筒体转速实现对烘干物料的烘干时间的调整，筒体转速调整范围一般为 $0.5\sim 5r/min$，由可调转速的驱动电动机执行；转筒内部设置有管道支撑架，实现对管网的支撑并起到一定的调节物料运动速度的作用，管道支撑架一般设置为环形或扇环形错位布置；管网受热后会产生膨胀，由于管网与物料接触的动态变化，其膨胀也是动态的，必须消除管网膨胀对设备整体的损伤。

管式烘干窑在石膏行业最常见的主要有烟气管式烘干窑和蒸汽管式烘干窑两种。其中烟气管式烘干窑一般在窑体内布置一层或二层烟气管道，烟气通过燃烧室、窑体换热器管网、收尘器风机形成一个供热、换热、净化排出的运行系统，运行过程中燃烧室及管网均为负压运行，而物料换热的窑体内部为微负压运行（图6-65）；蒸汽管式烘干窑一般在窑体内布置多层管网，并根据蒸汽的参数及烘干要求设置合适的换热结构及面积（图6-66）。同样的换热面积在不同的蒸汽参数条件下，换热效率及产量差异较大，因此，选用蒸汽干燥机必须与蒸汽条件进行对应。

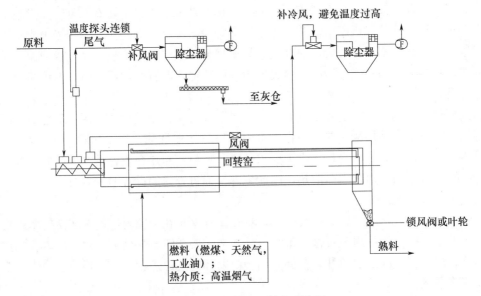

图 6-65  烟气管式回转窑系统图

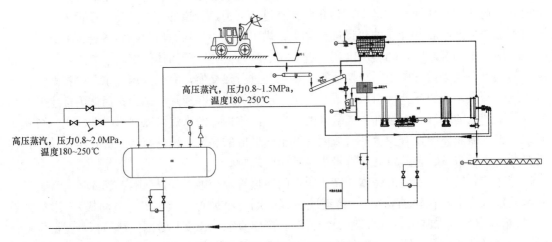

图 6-66  蒸汽烘干窑工艺流程图

### 3. 性能特点

（1）设备适应性好，对于含水率 20% 以内的湿物料或更高水分的非黏性物料，均可直接烘干；烘干产品可调性强，对烘干物料，通过调整烘干时间，调整出料要求。对烘干要求高的物料，可实现精确控制，避免物料与热风接触，保证热风与物料的反应或对物料的影响。

（2）单位容积处理量大，干燥机内部设置换热管网，在旋转搅拌过程中管道外表面与物料直接接触，体积传热系数大，传热面积大；体积传热系数可达 $250\sim550kJ/$ $(m^3 \cdot h \cdot \text{℃})$；换热面积可根据需要设计管网，尤其大容量烘干机或采用翅片管等换热管形式，可大幅度增加烘干机换热面积，提高设备产能。

（3）热效率高，干燥时热风与物料隔离，不需要使用多余的热空气，热损失小。因热介质流通采用管道结构的形式，易于实现热介质的循环换热，提高设备热效率。设备整体热效率可达 70% 以上（蒸汽烘干机可达 80%～90%），具有较高的经济性。

（4）可实现烘干的精确控制，易于控制烘干物料的温度，实现产品在较小的温度波动范围内加热。尤其是蒸汽烘干机更易于实现恒温加热，物料量、含水率变动时，所需的蒸汽自动调整（蒸汽系统为恒压运行）；因此，非常适宜对烘干要求高的物料或热敏性物料的干燥，一般产品的温度比蒸汽温度低 15～50℃。

（5）收尘负荷小，因热风与物料不接触，转筒内主要为水汽，排气量少，转筒内风速小，不易带走粉尘，易于达到收尘要求。

（6）可适用多种热介质，如热风、导热油、各种蒸汽。热介质因在管道内运行，易于实现循环利用；但因采用管网式换热结构，设备结构复杂，设备费用高，投资大。

**4. 热源选择**

管式烘干窑所采用的热源形式较多，可采用高温烟气，也可利用尾气，还可采用二次热源的导热油、高压蒸汽等作为干燥热源。采用热风作为热源时，可利用烟气尾气，也可采用燃烧系统（炉排、喷煤机、沸腾炉、燃烧器等）燃烧燃料后产生的烟气；采用燃料烟气时，尽可能使烟气多次循环换热的设备结构，增加热利用率；采用导热油作为热源时，需要增设导热油锅炉加热导热油，导热油携带热量进行换热。导热油可以循环利用，但也需要考虑导热油锅炉尾气的利用以降低能耗；采用蒸汽作为热源目前对脱硫石膏系统来讲是最为绿色的应用模式。脱硫石膏源于燃煤电厂，电厂大多具有可利用的蒸汽源，可以较好地结合，不需要另行增加燃料及尾气排放。蒸汽作为回转式干燥机烘干热源时，一般为了保证烘干效率，需要尽可能提高蒸汽品质（压力及温度），但也需注意不能采用过热程度过高的蒸汽；适度地提高蒸汽压力和温度，可以提高换热温差（蒸汽温度与烘干物料或转筒内部温度的差值），提高换热效率和窑体内气氛温度，有利于水汽排出、防止物料粘结等；同样的换热面积，蒸汽温度和压力的差异会导致产量出现较大的变动，蒸汽温度压力越低，同样产量所需设备的换热面积越大，设备运行过程的物料粘结相对越严重。

采用蒸汽作为热源的回转式干燥机在运行时，多以逆流形式布置，即蒸汽进入方向与物料进入方向相反，物料进入端为低温端，因物料的大量进入，烘干产生的水汽易于受进料漏入的冷空气及物料的影响二次结露冷凝，增加物料黏度导致粘结现象加剧，影响设备运行。因此，一般会在入料端增加空气加热器，使补入窑体内的携湿气体达到一定的温度（100℃左右），避免携湿气体与水汽的相互影响。

**5. 适用范围**

管式烘干窑的原料和热源适应范围较宽，能够满足各类不同烘干要求的干燥，在石膏行业的应用中，主要适应以下范围：

（1）附着水含水率在 20% 以内的石膏原料可直接进行烘干，并可将附着水烘干至 1% 甚至部分完成部分煅烧；但对含水率过高的石膏原料（大于 20%），因入窑后易糊管、成球、粘结，导致换热部位结壳影响传热效果，降低有效换热面积，降低产量或烘干效果，不建议直接使用。

（2）对酸性较强或离子腐蚀较强的原料，烘干窑材质需进行特殊处理，以避免影响设备寿命；尤其是选用前，应明确原料的氯离子含量、酸性腐蚀成分等。

（3）适应于要求较高的原料烘干，如部分高白度、高纯度、高细度的副产石膏原料，采用该烘干设备，避免热风中的杂质进入产品，较好地保证原料特性，利于温度控制，减少烘干对材料的影响。

（4）对 $200\sim800℃$ 的热风、过热或饱和蒸汽（温度 $180\sim300℃$，压力 $0.6\sim2.0MPa$）均可作为该类烘干设备的热源使用，可作为石膏二步法煅烧系统的烘干设备。

**6. 物料与气体的运动**

管式烘干窑待烘干物料因含有附着水，具有一定的黏度，易结块或粘结，影响下料输送，不能直接仓储。一般可采用铲车直接喂入缓冲料斗，料斗设置较大的下料口和角度，下部采用定量喂料皮带喂入输送皮带，由输送皮带喂入管式烘干窑的喂料系统；管式烘干窑一般采用强制螺旋喂料机进行喂料，喂料端在窑体的高端。窑体内靠近喂料端一般会设置一定角度的螺旋导向叶片，使物料顺畅地进入窑体。因窑体以一定斜度布置，物料在窑体内在管道及导向叶片、抄板的作用下被带起后再抛落，在重力及窑体斜度作用下，不断向低端运动，到达出料口，在出料设备或自然状态下出料后经输送设备送走；物料在窑体内运动过程中不断重复扬起、抛落、向前的过程，物料可以得以均匀地翻腾和与热管接触换热，随水分的脱出，物料流动性逐渐增强，运动速度加快。

管式烘干窑的气体的运动主要分为窑体内的其他运动和管道内的气体运动两个部分。窑体内的气体主要是物料受热脱出的水汽及窑体内补入或漏入的空气。管式烘干窑在运行过程中窑体内一般保持微负压，水汽的排出可以从喂料端也可以从出料端排出，但在水汽排出方向的选择上，应以有利于提高水汽温度，防止结露为原则，对不同结构形式、不同热源、不同工艺要求的设备，灵活对待；尤其是热风管式烘干窑，在热风对物料不产生影响的情况下，尽可能利用热风的尾气和窑内排出的尾气汇合后收尘，以提高整个尾气温度，防止结露；热风系统的运行一般是从热风炉配风后进入管式烘干窑的一次换热管道，至尾端后通过循环室进入二次换热管道，出管式烘干窑后进入收尘器净化后排出；热风一般由热风炉、管式烘干窑、收尘系统及引风机组成一个运行系统。

管式烘干窑在运行时，一般会配套部分辅助设备，共同组成一个完整的烘干系统。热风烘干窑配套的辅助设备一般由热风炉燃烧燃料提供热源，喂料设备，收尘系统组成。热风炉的运行与收尘系统密切相关，相互影响，也对烘干窑的运行状态、产量、质量等产生影响。

**7. 热效率**

管式烘干窑可以简单地理解为在直接换热回转筒干燥机的内部增加了换热管网，使热介质在管网内流动或循环，热量通过管网与物料接触或辐射换热。常采用的热源为热烟气和蒸汽，分别形成了热风管式烘干窑和蒸汽管式烘干窑。

热风管式烘干窑采用燃料燃烧的高温烟气或其他高温尾气作为热源，温度一般为 $200\sim1000℃$，烘干物料的水分一般在 $20\%$ 以内；热风在管道内是以引风系统形成的入口和出口之间的压差循环或流动。换热管网可以设置成多回程的循环管网，因此，热风管式烘干窑的热效率主要与管网的循环路径和长度有关，与热风温度、物料含水率、物料填充率、窑体转速、密封保温要求等有关。一般地，循环路径越长，排出尾气温度越低，热效率越高。为了提高设备的热效率，尽可能采用多回程的循环换热管道，提高热风温度，采用合适的喂料物料含水率（含水率过高，入窑后易于糊管，造成换热效率下降）、较高的物料填充率、较高的转速、较高要求的密封及保温要求。间接换热的烘干窑热效率一般为 65%～75%，一些新型的采用多回程（烟气多路循环）的烘干窑热效率较高，不考虑收尘结露等因素时，尾气排放温度可以降低到 100℃以下，热效率可达到 80%以上；但在实际应用中，考虑到工艺应用的顺畅性，烘干窑内物料水汽（携带一定的粉尘）排出时尽可能高于露点 30～50℃，以避免水汽在收尘器内结露，影响系统运行。因此，一般会提高尾气排出温度以提高窑内水汽温度，防止结露。

蒸汽管式烘干窑是一种利用过热或饱和蒸汽作为热源的低温烘干设备。窑体内部设置 3～5 层换热管网，蒸汽通过高压旋转接头接入蒸汽分配室，通过蒸汽分配室进入管网，管网与窑体内物料换热后形成的冷凝水因窑体斜度，回流至蒸汽分配室，通过特殊的导水设施导入汽轴的冷凝水排出通道，通过管道等排至冷凝水收集系统。采用的蒸汽一般为压力 0.6～2MPa，温度为 180～300℃；管网内蒸汽为正压运行，换热时蒸汽冷凝为水时释放大量的相变热。因此，影响该设备热效率的主要因素有蒸汽的压力及温度、换热管网的形式、物料的含水率、物料的填充率、窑体转速、密封及保温效果、冷凝水排出系统等；采用的蒸汽温度越高，越有利于换热，越有利于提高窑体内的气氛温度，热效率越高。但蒸汽的热量释放以相变热为主，因此，在提高蒸汽温度时，必须考虑蒸汽压力，过热度过高，不利于蒸汽释放热量；蒸汽烘干窑以管道与物料直接接触时最易传递热量，管网的形式以有利于与物料最大程度接触、最有利于冷凝水的排出布局。合适的物料含水率对烘干窑的运行和热效率非常重要，物料含水率越低，物料黏度越大，越易糊管，采用的蒸汽温度及压力应越高，以提高窑内水汽温度，避免糊管；保持合适的填充率（一般为 10%～20%）和转速，有利于提高设备的热效率。蒸汽换热后管道中会形成冷凝水，冷凝水及管道内结垢等会大幅度降低换热效果，降低设备热效率。

蒸汽管式烘干窑在运行时管网以恒压控制运行，即管网内的蒸汽与物料换热，释放热量变为冷凝水后，因体积收缩会导致管网压力降低，为保持恒压，系统蒸汽应以一定压力不断地补入换热管网，经换热相变后以水的形式经低端排水系统排出，蒸汽不断地补入维持换热管网的温度及压力。主要的热量损失为排出的冷凝水带走的热量，生产系统将该高温冷凝水进行二次利用，可进一步大幅度提高系统的热效率；因此，蒸汽烘干窑的热效率一般较高，单位容积蒸发强度是常规烘干窑的 3 倍左右，传热系数为 40～120W/（m²·℃），热效率高达 80%～90%。

**8. 设备运行的注意事项**

（1）管式烘干窑是一种高效的换热设备。为保证较高的换热效率，设备尽可能采用多回程的换热路径或复合式换热结构，尽可能采用热介质循环利用系统，减少热损失，提高热效率。

（2）管式烘干窑因热介质与物料不接触，换热更稳定，产品质量更高。但管式烘干窑仅是换热器，烘干系统运行由热源、烘干窑及喂料系统组成。喂料及热源的稳定是烘干窑稳定运行的基础。

（3）管式烘干窑的产量与热源关系密切。越优质的热源（热风的温度越高，热传递速度越快，越有利于换热；蒸汽饱和压力及温度越高，热相变温度点越高，蒸汽热量越易释放），设备的热效率越高，产量越大。运行过程中，喂入的物料量越大，达到同样产品要求需要的热量就越多，否则，生产热平衡就会破坏。

（4）管式烘干窑的运行过程中，转数对生产运行影响较大。较高的转速，可以提高设备的换热效率，但会缩短物料的煅烧时间（物料从进到出的时间），因此，对每一类窑型和生产要求，均有一个最佳的运行转速。

（5）管式烘干窑的密封是影响热效率的因素之一，也是系统运行效果的影响因素之一。管式烘干窑体内排出的尾气主要是物料脱出的水汽、水汽携带的粉尘、补入的空气。适度补入空气的以携带、排出窑体内的水汽，窑体内为负压运行，保持适度的负压和密封系统的有效性，可大幅度降低冷空气的漏入，密封系统较差时，为保证水汽排出，窑内负压必须加大，不利于生产运行，同时降低生产热效率、增加收尘系统的负荷。

（6）蒸汽管式烘干窑使用过程中必须注意蒸汽压力及温度的要求，低温低压蒸汽（0.6MPa 以下）也可用于副产石膏烘干，但因其温度较低，与物料温度差较小，不利于热量传递和热交换；且蒸汽本身温度低，不利于窑体内气氛温度，容易导致脱出的水汽与入窑的冷物料接触后二次冷凝，导致粘窑、粘管等现象。同一设备在不同的蒸汽温度及压力下，产能完全不同，设备运行状态也存在一定的差异。蒸汽管式烘干窑必须注意采用的旋转接头与窑体耗气量及压力的匹配性，保证冷凝水的快速排出；蒸汽烘干窑的安装斜度与转速的设置对烘干效果具有一定的影响，合适的转速可较好的提高蒸汽管式烘干窑的换热效率，并增加冷凝水排水效果。因此，对烘干副产石膏，其安装斜度不宜太大，一般以 2%～3% 为宜；为保证蒸汽烘干窑喂料端的温度和水汽正常排出，一般会向窑体内补入携冷空气，并对补入的空气进行预加热，以避免进入的空气温度过低导致水汽二次冷凝。

（7）管式烘干窑用于石膏原料烘干时，出料温度一般为 100～120℃，烘干窑内的气氛温度更低，容易造成脱出的水汽在进料端与喂入的常温物料（10～30℃）接触时，水汽冷凝使物料变黏，粘结在换热管道上，减弱管道的传热效果；因此，烘干运行中应保证窑体内的气氛温度，减少冷空气漏入，增加补入空气的加热装置，防止物料糊管。

## 四、桨叶式干燥机

### （一）概述

桨叶干燥机是一种以热传导为主的卧式搅拌型连续干燥设备。因搅拌叶片形似船桨，故称桨叶干燥机，国外也称槽型干燥机或搅拌干燥机。

桨叶干燥机按照空心桨叶轴的排列分为单轴、双轴、四轴 3 种类型，常用的为双轴式；按照加热介质不同，分为蒸汽型和导热油型，介质不同，选配不同的旋转接头；按照与物料接触的设备材质，分为合金钢型、不锈钢型、碳钢型等。

桨叶干燥机主要由带夹套的端面呈 W 形壳体、上盖、装有叶片的中空轴、两端的端盖、通有热介质的旋转接头、金属软管以及包括齿轮、链轮的传动机构、底座等部件组成，如图 6-67 所示。

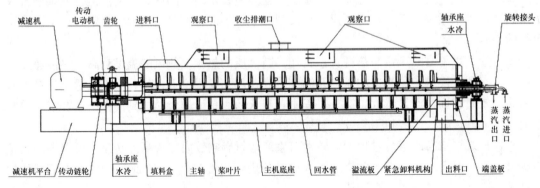

图 6-67　桨叶式干燥机结构示意图

干燥水分所需的热量由带有夹套的 W 形槽的内壁和中空叶片壁传导给物料。物料在干燥过程中，带有中空叶片的空心轴在给物料加热的同时又对物料进行搅拌，从而进行加热面的更新，具有较高的传热效率和传热面自清洁的功能，同时在进料口可以补充热风，提高脱水速率。

干燥产生的湿空气通过收尘排潮口进入脉冲带式除尘器，收集的粉尘进入生产系统，净化后的湿空气达标排放。设备外形如图 6-68 所示。

图 6-68　桨叶式干燥机外形（双轴）

（二）桨叶式干燥机的工作原理

湿物料从干燥机设在顶盖上的加料口加入干燥机，在转动的干燥输送轴的推动下不断翻滚前进，物料在运动过程中被外壳夹套和干燥输送轴内通入的加热介质加热，进行传热、传质完成干燥作业，进料口可以通入热风，干燥物料通过内置溢流板流到出料口。

设备的核心是两根空心轴和焊在轴上的空心搅拌桨叶。桨叶形状为楔形的空心半圆形，可以通入加热介质。除了起搅拌作用外，也是设备的传热体。桨叶的两主要传热侧面呈斜面，斜面上布置倒料板，因此当物料与斜面接触时，随着叶片的旋转，颗粒很快就从斜面滑开，使传热表面不断更新，强化了传热。在桨叶的三角形底部设有刮板，以将沉积于壳底的物料刮起，防止产生死角。

桨叶的排布和各部位尺寸均有一定要求，在进料预热区，传热桨叶侧重于物料的混合和推送，叶片角度大些；加速干燥区的桨叶叶片角度小些，便于加速传热；均化干燥排料区的桨叶是对称的，保证物料干燥均匀。

桨叶干燥机传热面有叶片、搅拌轴、壁面等几部分，而且叶片的传热面积占很大一部分，所以设备结构紧凑，单位容积传热面积大。另外，搅拌、混合使物料剧烈翻动，从而获得很高的传热系数；由于桨叶结构特殊，物料在干燥过程中交替收到挤压和松弛，强化了干燥。干燥室内物料的充满率很高，可以达到 $80\% \sim 90\%$，物料的停留时间通过调节加料速度、搅拌轴转速、物料充满度等参数调整，从几分钟到几小时内任意调节。

（三）性能特点

（1）设备结构紧凑，有效传热面积大，占地面积小；

（2）搅拌均匀、热效率高、干燥效果好；

（3）桨叶轴可相互啮合，具有自清理作用，可防止物料黏附；

（4）能耗低，操作费用小；

（5）全密封操作，粉尘夹带小、物料损耗少，除尘器负荷低；

（6）间接加热、不污染物料；

（7）桨叶轴转速低、不破坏产品形状及性质；

（8）设备操作弹性大，运行平稳可靠；

（四）热源选择

（1）桨叶干燥机是主要靠桨叶叶片、空心搅拌轴、壁面传热，选择热介质需要导热系数比较高的蒸汽和导热油。

（2）饱和蒸汽介质的压力一般为 $0.5 \sim 0.8$MPa。

（3）导热油温度一般不高于220℃。

（4）桨叶片、空心轴不宜选用热风介质，但可以配置外部热风系统。

（五）适应范围

桨叶干燥机主要用于烘干粉状或浆状细颗粒物料，包括磷石膏、脱硫石膏、钛石膏、盐石膏、柠檬石膏等工业副产石膏及粉煤灰、细沙等。其适宜的物料粒度小于10mm，物料初始水分小于30%。

（六）热效率

桨叶干燥机传热面有叶片、搅拌轴、壁面、内加热器等几部分，而且叶片的传热面积占很大一部分，理论上，在移动加热面与待干燥的颗粒床间的热传递现象主要受三个机制控制，即热传递主要由三部分组成：

（1）加热壁与颗粒间的热传递；

（2）填料床内的热传导；

（3）基体中由于颗粒运动引起的热对流。

加热壁与颗粒间的传热系数与颗粒的直径、干燥室内空气的温度、颗粒的堆积状况等密切相关。

桨叶的倾斜面和颗粒或粉末层的联合运动所产生的分散力，使附着于加热斜面上的物料易于自动清除，使桨叶保持着高效的传热功能。另外，由于两轴桨叶反向旋转，交替地分段压缩（在两轴桨叶斜面相距最近时）和膨胀（在两轴桨叶面相距离最远时）斜面上的物料，使传热面附近的物料被激烈搅动，提高了传热效果，传热系数较高，为 $85\sim350W/$（㎡·K）。

对于化学石膏，桨叶干燥机的蒸发强度一般为 $10\sim16kg/$（㎡·h）（水）。

（七）物料与气体运动

桨叶干燥机的物料从进料口进入，在旋转的梯形桨叶带动下，螺旋向逐步运行到出料端，物料在进料端到出料端过程中，经过预热段、加速干燥段、匀速干燥段后溢流排出。

干燥脱水主要靠空心桨叶轴、空心桨叶片、夹套和内加热器复合传热，不需要大量的热风，因此干燥脱水产生的水蒸气无须进入上盖收集后排入脉冲袋式除尘器，分离水蒸气中携带的少量粉尘，达到粉尘排放标准。

（八）辅助设备

（1）原料处理设备：原料中不得伴有大于 10mm 的硬颗粒，不得含有铁质、木质等杂物，一般计量后增加除铁器和振动筛。如有酸性物料，应添加中和设备。

（2）进料口锁风设备：桨叶干燥机为微负压运行的干燥设备，进料口一般选用自清洁的回转下料器或系统干燥热风进行锁风，减少外部冷空气进入。

（3）出料设备：一般选用螺旋输送机或 FU 输送机。

（4）蒸汽换热器及疏水器：选用蒸汽介质的，要选配适宜的疏水器，减少漏气造成的能耗浪费。

（5）除尘设备：干燥产生的水蒸气排放会带走少量石膏粉尘，要选用脉冲袋式除尘器，净化后达标排放。

（九）开机和运行注意事项

**1. 开机前检查事项**

（1）检查主机内部是否清理干净，并检查各工艺口是否密封。

（2）安装就位后调试前应检查轴承座内是否已注入润滑脂，否则应加注适量润滑脂，一般选用汽车保轮脂 360°或其他耐高温等适用润滑脂。

（3）安装旋转接头前，要认真阅读旋转接头的《使用说明书》，正确安装，以防止密封垫的损坏。

（4）加热或冷却入口需加装压力表或稳压装置蒸汽入口前必须安装安全阀，防止设备超压工作。

（5）对轴端部单端配置的旋转接头在安装时应注意，伸入其内腔的接管端部 200mm 内的表面应光滑无孔，无锈无渣无疤，能达到对加热（或冷却）介质的密封要求，且尺寸合适，同双端安装旋转接头一样，须经试压不漏后方可进行整机调试。

（6）对齿轮传动和链传动进行检查和调试，使其符合机械传动要求。

（7）对电动机和电器进行安全检查。点触电动机电源开关，电动机及传动件均应无卡阻现象，并确定主轴的转向正确（桨叶转动时应尖头向前）。

（8）启动电动机，使设备空载运转，运转应平稳，不得出现不正常的噪声，对于带调速装置的应在可调节范围内进行调速，以检查调速特性是否符合要求，空载运转不得少于 30min。

（9）逐渐加热或冷却，观察运转情况，使热源或冷源达到使用参数。带冷却保护装置的设备必须在通蒸汽前打开冷却水阀门。

（10）逐渐加入物料，观察和检查物料的干燥情况，并不断根据需要对加料量、热（冷）源量、出料量及转速进行调整，达到设计要求后即可投入正常运转。

**2. 运行注意事项**

为提高设备寿命，减少桨叶的腐蚀，需要严格控制烘干物料的 pH 值和氯离子的含量。目前的要求：pH 值 6～8；氯离子含量≤300ppm。

（1）投料前预热

建议的预热方案：设备检查无误后启动，在热介质压力 0.1MPa 下，加热双桨叶系统和夹套，预热时间不低于 15min；

在 0.2～0.3MPa 下，加热双桨叶系统和夹套，预热时间不低于 10min；

经过 1.5～2h 预热后，热源压力达到 0.4～0.5MPa，温度达到 130～150℃时，开始投料。

（2）停机

停止投料后 10min，热介质压力减至 0.3MPa，直到物料排放完毕。关闭进气阀，再运行 30min 后停机。

**3. 运转中的操作注意事项**

（1）注意观察电流是否在电动机额定值内，否则应立即找出原因并予以解决。

（2）对不同的物料，应注意控制进料速度，以确保运行平稳，尤其是不可强制大量加入物料。

（3）出料速度可利用出料调节机构进行调节。调试人员调好后，设备使用人员不得随意变动位置。

（4）注意轴承体的温度不可高于 70℃；可适时加注高质量润滑脂，对轴承体和轴封填料处配有冷却装置的应调节冷却水量。

（5）开轴承体上的视孔盖，观察各处密封是否有泄漏。

（6）齿轮啮合部位和链条应及时涂抹润滑脂，并注意防尘和加盖防尘罩。

（7）不允许超压或超负荷运行。

（8）设备使用一周后，将减速机内润滑油放尽，重新更换同型号新油。

（9）停机时要将机内物料清理干净。

（10）北方地区冬季停车时，需放净机内存水。

**4. 故障及排除方法**

故障及排除方法见表 6-53。

表 6-53　故障及排除方法

| 故障表现 | 原因 | 排除方法 |
|---|---|---|
| 电流超限，轴功率增大 | 物料黏性大或含水率高 | 加大返回干料的量 |
| | 加料量太多 | 减少加料量 |
| | 轴承损坏 | 拆换轴承 |
| | 填料压盖压得太紧 | 稍松一下填料压盖的螺母 |
| 轴承体温度太高，超过 70℃ | 轴承损坏 | 更换轴承 |
| | 无润滑脂或润滑脂失效 | 更换或加注新润滑脂 |
| | 冷却水断流或流量不够 | 疏通冷却水系统或加大冷却水流量 |

| 故障表现 | 原因 | 排除方法 |
|---|---|---|
| 物料干燥程度不够或干燥量偏少 | 物料在设备内停留时间短 | 利用出料调整机构关小出口开缝 |
| | 热源温度不够或流量不够 | 提高热源温度或加大热源流量 |
| | 湿气排出不畅 | 疏通排湿气管道或采取抽吸湿气措施 |
| | 物料在局部滚团滞留 | 适当抬高设备的进料端加大返回干料的量 |

# 第五节 环保设备

## 一、环保设备的分类

环保设备除各式除尘器外还包括脱硫脱硝系统。除尘器是从空气中将粉尘予以分离的设备，它的工作状况直接影响排往大气中的粉尘浓度，从而影响周围环境。由于生产的需要，实践中采用了多种多样的除尘器设备。根据所利用的除尘机理不同，除尘器可分为机械除尘器（机械力为动力）和电除尘器（电力为动力）两大类。机械力中有重力、惯性力、过滤、冲击力、粉尘与水滴的碰撞等；根据在除尘过程中是否采用液体进行除尘或清灰，又分为干式除尘器和湿式除尘器。

重力除尘器是使含尘气体中的粉尘借助重力作用自然沉降来达到净化气体的装置，它的特点是结构简单、阻力小，但体积大、除尘效率低、设备维修周期长。惯性除尘器是一种利用粉尘在运动中惯性力大于气体惯性力的作用，将粉尘从气体中分离出来的除尘设备，特点是结构简单、阻力较小，但除尘效率低。电除尘器利用含尘气体在通过高压电场电离时，尘粒荷电并受电场力的作用，沉积于电极上，从而使尘粒和气体分离的一种除尘设备，其特点是效率高、阻力低，适用于高温和除去细微粉尘等。湿式除尘器是使含尘气体与水或者其他液体相接触，利用水滴和尘粒的惯性膨胀及其他作用而把尘粒从气流中分离出来，特点是投资低、操作简单，占地面积小，能同时进行有害气体的净化、含尘气体的冷却和加湿等优点。袋式除尘器主要依靠编织的或毡织的滤布作为过滤材料达到分离含尘气体中粉尘的目的，特点是适应性比较强，不受粉尘比电阻的影响，也不存在水的污染问题，同时存在过滤速度低、压降大、占地面积大、换袋麻烦等缺点。

按除尘设备除尘机理与功能的不同，除尘器分为以下 8 种类型。

（1）重力与惯性除尘装置包括重力沉降室、挡板式除尘器。如石膏新型建材煅烧系统中一级除尘采用硫化挡板除尘技术。

（2）旋风除尘装置包括单筒旋风除尘器、多筒旋风除尘器。石膏建材生产线中较多地采用旋风除尘。

（3）湿式除尘装置包括喷淋式除尘器、冲击式除尘器、水膜除尘器、泡沫除尘器、斜栅式除尘器、文氏管除尘器。石膏生产线对环保要求较高的地区采用多级除尘技术，第三级除尘采用水膜除尘器或喷淋式除尘器。

（4）过滤层除尘器包括颗粒层除尘器、多孔材料除尘器、纸质过滤器、纤维填充过滤器。

（5）袋式除尘装置包括机械振动式除尘器、电振动式除尘器、分室反吹式除尘器、喷嘴反吹式除尘器、振动式除尘器、脉冲喷吹式除尘器，石膏建材生产线大量采用此类除尘。

（6）静电除尘装置包括板式静电除尘器、管式静电除尘器、湿式静电除尘器。静电除尘价格过高，达到现代环保要求采用新型的电袋复合技术，石膏建材生产线采用的比例不高。

（7）组合式除尘器包括为提高除尘效率，往往"在前级设粗颗粒除尘装置，后级设细颗粒除尘装置"的各类串联组合式除尘装置。

（8）随着大气污染控制法规的日趋严格，在烟气除尘装置中有时增加烟气脱硫功能，派生出烟气除尘脱硫、脱硝系统装置。特别是燃煤热风系统工艺生产中采用脱硫脱硝技术。

## 二、除尘器选型要点

影响除尘器选型的因素和条件很多，至少要考虑以下几个方面的问题：

**1. 考虑处理的气体流量**

处理气体流量的大小是确定除尘器类型和规格的决定性因素。对流量大的应选用大规格除尘器，如果将多台小规格的除尘器并联使用，不仅气流难以均匀分布，而且也不经济。对流量小的应尽可能选择容易使排放浓度达标而又经济的除尘器。

**2. 考虑含尘气体性质**

气体的含尘浓度较高时，在静电除尘器或袋式除尘器前应设置低阻力的初净化设备，去除粗大尘粒，以使设备更好地发挥作用。降低除尘器入口的含尘浓度，可以提高袋式除尘器过滤速度，可以防止电除尘器产生电晕闭塞。对湿式除尘器则可减少泥浆处理量，节省投资及减少运转和维修工作量。为减少喉管磨损及防止喷嘴堵塞，对文丘里、喷淋塔等湿式除尘器，希望含尘浓度在 $10g/m^3$ 以下，袋式除尘器的理想含尘浓度为 $0.2\sim10g/m^3$。

**3. 考虑气体温度和其他性质**

气体温度和其他性质也是选择除尘设备时必须考虑的因素。对于高温、高湿气体不宜采用袋式除尘器。如采用袋式除尘器注意选用耐腐、耐高温、并采用防腐钢材，如果烟气中同时含有 $SO_2$、$NO_x$ 等气态污染物，可以考虑采用湿式除尘器，也必须注意腐蚀问题。

在干式除尘器中，处理气体的温度应高于露点温度 $20\sim30℃$，袋式除尘器内的温度应小于滤料的允许使用温度。电除尘器内的气体温度应 $<200℃$，否则直接影响电除尘器的效率。

**4. 考虑粉尘性质**

粉尘的物理性质对除尘器性能具有较大的影响。黏性大的粉尘容易粘结在除尘器表面，不宜采用干法除尘。比电阻过大或过小的粉尘，不宜采用电除尘，纤维性或憎水性粉尘不宜采用湿法除尘。工业副产石膏生产中，主要考虑石膏粉尘密度小、腐蚀性、粘结性等特点。

**5. 考虑使用条件和费用**

选择除尘器还必须考虑设备的位置、可利用的空间、环境条件等因素。设备的一次投资以及操作和维修费用等经济因素也必须考虑，任何除尘系统的一次投资只是总费用的一部分，仅将一次投资作为选择系统的准则是不全面的，还需考虑其他费用，包括安装费、动力消耗、装置杂项开支以及维修费。

## 三、旋风除尘器技术

（一）原理

普通旋风除尘器是由进气管、筒体、锥体、排灰管和排气管等组成。旋风除尘器的结构如图 6-69 所示，当含尘气体由进气管进入旋风除尘器时，气流将由直线运动转变为圆周运动，旋转气流的绝大部分沿器壁呈螺旋形向下，朝锥体流动，通常称为外旋气流。含尘气体在旋转过程中产生离心力，将重度大于气体的尘粒甩向器壁。尘粒一旦与器壁接触，便失去惯性力而靠入口速度的动量和向下的重力沿壁面下落，进入排灰管。旋转下降的外旋气流在到达锥体时，因锥体形状的收缩而向除尘器中心靠拢。根据"旋转矩"不变原理，其切向速度不断增加。当气流到达锥体下端某一位置时，即以同样的旋转方向从旋风除尘器中部，由下反转而上，继续做螺旋运动，即内旋气流。最后净化气体经排气管排除旋风除尘器外，一部分未被捕集的尘粒也由此遗失。

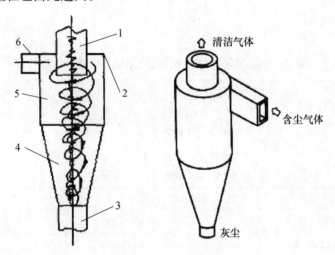

图 6-69　旋风除尘器
1—排气管；2—顶盖；3—排灰管；4—圆锥体；5—圆筒体；6—进气管

（二）性能特点

（1）结构简单，器身无运动部件，不需特殊的附属设备，占地面积小，制造、安装投资较少。

（2）操作、维护简便，压力损失中等，动力消耗不大，运转、维护费用较低，对于大于 $10\mu m$ 的粉尘有较高的分离效率。

（3）操作弹性大、性能稳定，不受含尘气体的浓度、温度限制。对于粉尘的物理性质无特殊要求，同时可根据生产工艺的不同要求，选用不同的材料制作，或内衬各种不同的耐磨、耐热材料，以提高使用寿命。

（4）采用干式旋风除尘器，可以补集干灰，便于综合利用。

（5）对于扑集微细粉尘（小于 $5\mu m$）的效率不高。

（6）由于除尘效率随着筒体直径增加而降低，因而单个除尘器的处理风量有一定的限制。

（7）处理风量大时，要采用多个旋风子并联，若设置不当会对除尘性能有严重影响。

（三）适应范围

旋风除尘器一般只适用于净化非纤维、非粘结性粉尘，以及温度在 400℃ 以下的非腐蚀性气体。用于处理腐蚀性气体时，除尘器应采用防腐钢板制作或内壁喷涂防腐材料，用于处理高温气体时，则需采取冷却措施，并应选择耐磨性能好的材料。旋风除尘器入口风速一般为 12～20m/s，当流量不稳定时，对除尘效率和压力损失影响较大。由于气温与体积流量有关，因此不宜用于气温波动很大的场合。同时，应采用气密性好的卸尘装置或其他防止底部漏气的措施。另外，旋风除尘器一般不宜串联使用。若并联使用时，应尽可能使每台除尘器的处理气量分布均匀，以免除尘器之间产生串流，降低总效率。

在工业副产石膏粉生产线的应用上，应控制入口的含尘气体的温度，不得低于空气的露点及酸性物质的露点，避免出现结露、腐蚀，造成旋风除尘器壳体内部粉尘结块、产生气流紊乱、材料腐蚀的现象，影响旋风除尘器的除尘效率。必要的时候需要在旋风除尘器的内部防腐、外部做保温处理。

（四）分类和除尘效率

**1. 分类**

旋风除尘器由于不断改进和适应各种应用场合出现了很多类型，因而可以根据不同的特点和要求来进行分类。

（1）按构造分类

按构造旋风除尘器可分为普通旋风除尘器、异形旋风除尘器、双旋风除尘器和组合式旋风除尘器，见表 6-54。

表 6-54　旋风除尘器按构造分类

| 分类 | 名称 | 规格（mm） | 风量（m³/h） | 阻力（Pa） | 备注 |
|---|---|---|---|---|---|
| 普通旋风除尘器 | DF 型旋风除尘器 | $\phi$175～585 | 1000～17500 | | |
| | XCF 型旋风除尘器 | $\phi$200～1300 | 150～9800 | 550～1670 | |
| | XP 型旋风除尘器 | $\phi$200～1000 | 370～14630 | 880～2160 | |
| | XM 型木工旋风除尘器 | $\phi$1200～3820 | 1900～27710 | 160～350 | |
| | XLG 型旋风除尘器 | $\phi$662～900 | 1600～6250 | 350～550 | |
| | FCXF 型长锥体旋风除尘器 | $\phi$1600～3000 | 16000～110000 | 750～1250 | 工业副产石膏一级 |
| 异形旋风除尘器 | SJD/G 型旋风除尘器 | $\phi$578～1100 | 3300～12000 | 640～700 | |
| | SND/G 型旋风除尘器 | $\phi$384～960 | 1850～11000 | 790 | |
| | SLP/A、B 型旋风除尘器 | $\phi$300～3000 | 750～104980 | | |
| | XLK 型扩散式旋风除尘器 | $\phi$100～700 | 94～9200 | 1000 | |
| | SG 型旋风除尘器 | $\phi$670～1296 | 2000～12000 | | |
| | XZY 型消烟除尘器 | 0.05～1.0t | 189～3750 | 150 | |
| | XNX 型旋风除尘器 | $\phi$400～1200 | 600～8380 | 550～1670 | |
| | HF 型除尘脱硫除尘器 | $\phi$1000～3600 | 12000～150000 | 800～1200 | 工业副产燃煤热风 |
| | XZS 型流旋除尘器 | $\phi$376～756 | 600～3000 | 280 | |
| 双旋风除尘器 | XSW 型卧式双级涡旋除尘器 | 2～20t | 600～60000 | 600～800 | |
| | CR 型双级涡旋除尘器 | 0.05～10t | 2200～30000 | 550～950 | |
| | XPX 型下排烟式旋风除尘器 | 1～5t | 3000～15000 | | |
| | FCXF 型双旋风除尘器 | 5～50t | 15000～180000 | 750～850 | 工业副产石膏一级 |

续表

| 分类 | 名称 | 规格（mm） | 风量（m³/h） | 阻力（Pa） | 备注 |
|---|---|---|---|---|---|
| 组合式旋风除尘器 | SLG 型多管除尘器 | 9～16t | 1910～9980 | 1000 | |
| | XZZ 型旋风除尘器 | φ350～1200 | 900～60000 | 430～870 | |
| | XLT/A 型旋风除尘器 | φ300～800 | 935～6775 | 1000 | |
| | XWD 型卧式多管除尘器 | 4～20t | 9100～68250 | 800～920 | |
| | XD 型多管除尘器 | 0.5～35t | 1500～105000 | 900～1000 | |
| | FOS 复合多管除尘器 | φ2100～4800 | 16000～170000 | 800～950 | |
| | XCZ 组合旋风除尘器 | φ1800～2400 | 22000～78000 | 800～950 | |
| | XCY 型组合旋风除尘器 | φ690～980 | 18000～90000 | 780～1000 | |
| | XGG 型多管除尘器 | (2400～3200)×2<br>(2200～2800)×3 | 6000～52500 | 700～1000 | |

（2）按清灰方式分类

旋风除尘器按清灰方式可分为干式和湿式两种在旋风除尘器中，粉尘被分离到除尘器筒体内壁上后直接依靠力而落于灰斗，称为干式清灰。通过喷淋水的方法使内壁上的粉尘落到灰斗中，则称为湿清灰，属于湿式清灰的旋风除尘有水膜除尘器和中心喷水旋风除尘器等。由于采用湿式清灰，消除了反弹、冲刷等二次扬尘，因而除尘效率可显著提高，但同时增加了尘泥外理工序。工业副产石膏生产线使用清洁热源对粉尘排放<10mg/m³时，水膜除尘系统作为第三级除尘系统应用。

现代工业副产石膏的生产规模向大规模大工业体系建设方向发展，旋风除尘系统需要按石膏特性改进设计，增加防腐、保温、振打、加热等系统的设计和生产，常用处理风量1000～200000/m³旋风和水膜除尘系统的串并联改进工艺。按清灰方式，旋风除尘器可分为XLXC1000 型、XLXC1500 型、XLXC2000 型、XLXC2200 型、XLXC2500 型、XLXC2800型、XLXC3000、XLXC3500、XLXC4000 型几种。

**2. 除尘效率**

除尘效率一般指额定负压的总效率和分级效率，但由于工业设备常常在不同负荷下运行，有些场合把 70%负荷下的除尘总效率和分级效率作为判别除尘性能的一项指标。从额定负荷下的总效率与 70%负荷下总效率对比中，可以看出除尘器负荷的适应性。

按除尘效率，除尘器可分为通用旋风除尘器和高效旋风除尘器两类。旋风除尘器的效率范围如表 6-55 所列。高效旋风除尘器一般制成小直径筒体，因而消耗钢材较多、造价也高，如内燃机进气用除尘器。大流量旋风除尘器，其筒体较大，单个除尘器所处理的风量较大，因而处理同样风量所消耗的钢材量较少，石膏新型建材旋风除尘器选用通用旋风除尘器。

表 6-55　旋风除尘器效率

| 粒径（μm） | 效率范围（%） | |
|---|---|---|
| | 通用旋风除尘器 | 高效旋风除尘器 |
| <5 | <10 | 50～80 |
| 5～20 | 60～80 | 80～95 |
| 15～40 | 80～95 | 95～99 |
| >40 | 95～99 | 95～99 |

（五）性能的主要影响因素

**1. 几何尺寸的影响**

在旋风除尘器的几何尺寸中，以旋风除尘器的直径、气体进口以及排气管形状与大小为主要的影响因素。

（1）旋风除尘器的直径越小，粉尘所受的离心力越大，旋风除尘器的除尘效率也就越高。但过小的筒体直径会造成较大直径颗粒有可能反弹至中心气流而被带走，使除尘效率降低。另外，因筒体太小对于黏性物料容易引起堵塞，一般筒体直径不宜小于 300mm，大型化以后已出现筒径大于 3500mm 的大型旋风除尘器。

（2）较高除尘效率的旋风除尘器都有合适的长度比例。它不但使进入筒体的尘粒停留时间增长，有利于分离，且能使尚未到达排气管的颗粒，有更多的机会从旋流核心中分离出来，减少二次夹带，以提高除尘效率。足够长的旋风除尘器，还可避免旋转气流对灰斗顶部的磨损，但是过长的旋风除尘器，会占据较大的空间，即从排气管下端至旋风除尘器自然旋转顶端的距离。可用式计算：

$$l = 2.3 d_e \left( \frac{D^2}{ab} \right)^{1/3} \tag{6-1}$$

式中　　$l$——旋风除尘器筒体长度，m；

　　　　$D$——旋风除尘器筒体直径，m；

　　　　$a$——除尘器入口深度，m；

　　　　$b$——除尘器入口宽度，m；

　　　　$d_e$——除尘器出口直径，m。

一般，常取旋风除尘器的圆筒高度 $H = (1.5 \sim 2.0) D$。旋风除尘器的圆锥体可以在较短的轴向距离内将外旋流转变为内旋流，因而节约了空间和材料。除尘器圆锥体的作用是将已分离出来的粉尘微粒集中于旋风除尘器中心，以便将其排入灰斗。当锥体高度一定，而锥体角度较大时，由于气流旋流半径很快变小，很容易造成核心气流与器壁撞击，沿锥壁旋转而下的尘粒被内旋流所带走，影响除尘效率。所以，半锥角 $\alpha$ 不宜过大，设计时常取 $\alpha$ 为 $13° \sim 15°$。

（3）旋风除尘器有两种主要的进口形式——轴向进口和切向进口。切向进口为最普通的一种进口形式，制造简单，用得比较多，这种形式进口的旋风除尘器外形尺寸紧凑。在切向进口中螺旋面进口为气流通过螺旋而进入，这种进口有利于气流向下做倾斜的螺旋运动同时也可以避免相邻两螺旋圈的气流互相干扰。

渐开线（蜗壳形）进口进入筒体的气流宽度逐渐变窄，可以减少气流对筒体内气流的撞击和干扰，使颗粒向壁移动的距离减小，而且加大了进口气体和排气管的距离，减少气流的短路机会，因而提高除尘效率。这种进口处理气量大，压力损失小，是比较理想的一种进口形式。

（4）常用的排气管有两种形式：一种是下端收缩式；另一种是直筒式。在设计分离较细粉尘的旋风除尘器时，可考虑设计为排气管下端收缩式。排气管直径越小，则旋风除尘器的效率越高，压力损失也越大；反之，除尘器效率越低，压力损失也越小。

灰斗是旋风除尘器设计中不可忽视的部分，因为在除尘器的锥度处气流处于湍流状态，而粉尘也由此排除容易出现二次夹带的机会，如果设计不当，造成灰斗漏气，就会使粉尘的二次夹带飞扬加剧，影响除尘效率。

**2. 气体参数的影响**

气体运行参数对性能的影响有以下几个方面：

（1）气体流量的影响

气体流量或者说除尘器入口气体流速对除尘器性能的压力损失、除尘效率都有很大的影响。从理论上来说，旋风除尘器的压力损失与气体流量的平方成正比，因而也和入口风速的平方成正比（与实际有一定偏差）。

入口流速增加，能增加尘粒在运动中的离心力，尘粒易于分离，除尘效率提高。除尘效率随入口流速平方根而变化，但是当入口速度超过临界值时，紊流的影响比分离作用影响增加得更快，以致除尘效率随入口风速增加的指数小于1，若流速进一步增加，除尘效率反而降低。因此，旋风除尘器入口的风速宜选 18～23m/s。

（2）气体含尘浓度的影响

气体的含尘浓度对旋风除尘器的除尘效率和压力损失都有影响。试验结果表明，压力损失随含尘负荷增加而减小，这是因为径向运动的大量尘粒拖拽了大量空气，粉尘从速度较高的气流向外运动到速度较低的气流中时，把能量传递给涡旋气流的外层，较少其需要的压力，从而降低压力降。

由于含尘浓度的提高，粉尘的凝集与团聚性能提高，因而除尘效率有明显提高，但是提高的速度比含尘浓度增加的速度要慢得多，因此，排出气体的含尘浓度总是随着入口处的粉尘浓度增加而增加。

（3）气体含湿量的影响

气体的含湿量对旋风除尘器工况有很大影响。例如，分速度很高而黏着性很小的粉尘（小于 $10\mu m$ 的颗粒含量为 $30\%\sim40\%$，含湿量为 $1\%$）气体在旋风除尘器中净化不好；若细颗粒量不变，含湿量增至 $5\%\sim10\%$ 时，那么颗粒在旋风除尘器内互相粘结成比较大的颗粒，这些颗粒被猛烈冲击在器壁上，气体净化将大有改善。

（4）气体的密度、黏度压力、温度的影响

气体的密度越大，除尘效率越高，但是，气体的密度和固体的密度相比几乎可以忽略。所以，其对除尘效率的影响较之固体密度来说，也可以忽略不计。通常温度越高，旋风除尘器压力损失越小，气体黏度的影响在考虑旋风除尘器压力损失时常忽略不计，临界粒径与黏度的平方根成正比。所以，除尘效率时随着气体黏度的增加而降低，由于温度升高，气体黏度增加，当进气口气速等条件保持不变时，除尘效率略有降低。

**3. 粉尘物理性质的影响**

（1）粒径

较大粒径的颗粒在旋风除尘器内会产生较大的离心力，有利于分离；所以大颗粒所占有的百分数越大，总除尘效率越高。

（2）粉尘密度

粉尘密度对除尘效率有着重要的影响。临界粒径 $d_{50}$ 和 $d_{100}$ 颗粒密度的平方根成反比，密度越大，$d_{50}$ 和 $d_{100}$ 越小，除尘效率也越高。但粉尘密度对压力损失影响很小，设计计算中可以忽略不计。

除上述影响旋风除尘器性能的主要因素外，除尘器内部粗糙度也会影响旋风除尘器的性能。浓缩在壁面附近的粉尘微粒，会因粗糙的表面引起旋流，使一些粉尘微粒被抛入上升的气流，进入排气管，降低了除尘效率。所以，在旋风除尘器的设计中应避免有没有打光的焊缝、粗糙的法兰连接点等。旋风除尘器性能与各影响因素的关系表 6-56 所列。

表 6-56　旋风除尘器性能与各影响因素的关系

| 变化因素 | | 性能趋向 | | 投资趋向 |
| --- | --- | --- | --- | --- |
| | | 流体阻力 | 除尘效率 | |
| 烟尘性质 | 烟尘密度增大 | 几乎不变 | 提高 | （磨损）增加 |
| | 烟尘密度减小 | 几乎不变 | 降低 | （磨损）减小 |
| | 烟气含尘浓度增加 | 几乎不变 | 略提高 | （磨损）增加 |
| | 烟气温度增高 | 减少 | 提高 | 增加 |
| 结构尺寸 | 圆筒体直径增大 | 降低 | 降低 | 增加 |
| | 圆筒体加长 | 稍降低 | 提高 | 增加 |
| | 圆锥体加长 | 降低 | 提高 | 增加 |
| | 入口面积增大 | 降低 | 降低 | |
| | 排气管直径增加 | 降低 | 降低 | |
| | 排气管插入长度增加 | 增大 | 提高 | 增加 |
| 运行状况 | 入口气流速度增大 | 增大 | 提高 | |
| | 灰斗气密性降低 | 稍增大 | 大大降低 | 减少 |
| | 内壁粗糙度增加 | 增大 | 降低 | |

（六）运行和维护

设备含尘气流在筒体内旋转完成除尘过程，所以其运行操作和维护管理较其他机械式除尘器重要得多。旋风除尘器的运行包括启动、运行、停车、维护。工作主要是常见故障的分析、预防和排除。

**1. 启动、运行**

（1）启动前的检查

① 检查各单个旋风除尘器是否安装完毕，具备启动条件，无问题后方可启动。

② 检查每个旋风子安装结合部的气密性，检查除尘器（组）与烟道结合部、除尘器与灰斗结合部、灰斗与排灰装置、输灰装置结合部的气密性，要确保没有足以影响旋风除尘器性能的漏灰、漏气现象。

③ 检查完毕后，关小挡板阀，以免通风机过负荷。启动通风机，无异常现象，逐渐开大挡板阀使除尘器（组）通过规定数量的含尘气体。

（2）运行注意事项

① 注意磨损部位的变化。旋风除尘器最容易被粉尘磨损的部位是与高速含尘气体相碰撞的外筒内壁。

② 注意检查气体湿度变化，气体湿度降低时（系统运行或停炉所致），容易造成粉尘的附着、堵塞和腐蚀现象。

③ 注意压差变化和排出烟色状况。因磨损和腐蚀而使旋风除尘器穿孔和导致粉尘排放，于是效率下降，排出烟色恶化，压差发生变化。

④ 注意检查旋风除尘器各连接部位的气密性，检查各单元旋风筒气体流量和集尘浓度的变化。

**2. 停车**

为了防止粉尘的附着或腐蚀，在系统停止运行之后应继续使旋风除尘器运行一段时间，直到设备内完全被空气置换以后方可停止除尘器的运行。为了保证旋风除尘器的正常运行和技术性能，在停运时必须进行下列的检查：

(1) 消除内筒、外筒和叶片上附着的粉尘，清除和灰斗内堆积的粉尘；

(2) 修补磨损和腐蚀引起的穿孔，并将修补处打磨光滑；

(3) 检查各结合部位的气密性，必要时更换密封件。

**3. 故障排除**

旋风除尘器常见故障、原因及其排除方法见表 6-57。

表 6-57　旋风除尘器故障排除

| 故障现象 | 原因分析 | 排除方法 |
|---|---|---|
| 壳体磨损 | 壳体连接处的内表面不光滑或不同心 | 处理连接处内表面，保持光滑和同心度 |
| | 不同金属的硬度差异 | 减少硬度差异 |
| 圆锥体下部和磨损、排尘不良 | 倒流入灰斗气体增至临界点 | 单筒器：防止气体漏入灰斗或料腿部<br>多筒器：应减少气体再循环 |
| | 排灰口堵塞或灰斗粉尘装得太满 | 疏通堵塞，防止灰斗中粉尘沉积到排尘口高度 |
| 气体入口磨损 | 原因同壳体磨损 | 对于切向收缩入口式除尘器，消除方法同壳体的预防措施<br>对于平直扩散入口式除尘器，可在易磨损部位设置与内表面平齐的且能更换的耐磨板 |
| 壁面积灰 | 壁面表面不光滑 | 处理内表面 |
| | 微细尘粒含量过多 | 定期将大气或压缩空气引进灰斗，使气体从灰斗倒流一段时间，清理壁面，保持切向速度 15m/s 以上 |
| | 气体中水气冷凝出现结露或结块 | 隔热保温或对器壁加热 |
| 排尘口堵塞 | 大块物料式杂物进入 | 及时检查、消除 |
| | 灰斗内粉尘堆积过多 | 采用人工或机械方法保持排尘口清洁 |
| 进气和排气通道堵塞 | 进气管内侧和排气管内外侧的积灰 | 检查压力变化，定时吹灰处理或利用清灰装置清除积灰 |
| 排气烟色超标、压差增大 | 含尘气体性状变化或温度降低 | 提高温度，改善气体性质 |
| | 停机时烟尘未置换彻底，造成筒体尘灰堆积 | 消除积灰 |
| 排气烟色恶化压差减小 | 内筒被粉尘磨损而穿孔，使气体发生旁路 | 修补穿孔 |
| | 上部管板与内筒密封件气密性恶化<br>外筒被粉尘磨损，或焊接不良使外筒磨损穿孔<br>多管除尘器的下部管板与外筒密封件气密性恶化 | 调整式更换密封件 |
| | 灰斗下端或法兰处气密性不良，有空气由该处漏入 | 调整或更换盘根 |
| | 卸灰阀密封不好，有漏风现象 | 检修或更换卸灰阀，使用气密性卸料机 |

## 四、袋式除尘器

袋式除尘技术通常是指利用滤袋进行过滤除尘的技术。滤袋的材质有天然纤维、化学合成纤维、玻璃纤维、金属纤维或其他材料。用这些材料织造成滤布，再把滤布缝制成各种形状的滤袋，如圆形、扁形、波纹形或菱形等。用滤袋进行过滤与分离粉尘颗粒时，可以让含尘气体从滤袋外部进入内部，把粉尘分离在滤袋外表面，也可以使含尘气体从滤袋内部流向外部，将粉尘分离在滤袋内表面，含尘气体通过滤袋分离与过滤完成除尘过程。

粉尘经滤袋被过滤分离所受到的力在各种除尘技术中是最复杂的，尽管有许多过滤分离的表达方程式，但不足以定量表示符合实际结果的除尘效率、过滤阻力等各种因果关系。所以说，袋式除尘技术是一种科学和实践经验完美结合的产物。

利用袋式除尘原理进行除尘的设备称为袋式除尘器，袋式除尘器是最早出现的除尘设备之一。100多年前人们就用简单的挂袋，上口进气下口排尘，定期人工拍打，完成除尘过程。1881年贝特工厂的机械振打清灰袋式除尘器取得德国专利权，20世纪40年代出现了逆气反吹清灰袋式除尘器，1950年气环逆喷清灰实现了袋式除尘器的连续操作，1957年美国粉碎机公司利奥尔发明了脉冲袋式除尘器，促进了袋式除尘器的进步。

袋式除尘器的突出优点是除尘效率高、运行稳定、适应性强，因此，应用中备受青睐。它的应用数量占各类除尘器总量的60%～70%。

（一）袋式除尘器结构形式

袋式除尘器的结构形式如图6-70所示。

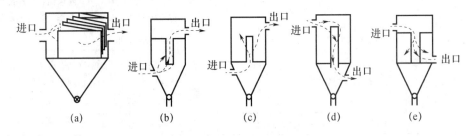

图6-70　袋式除尘器的结构形式

（a）外滤袋式除尘；（b）外滤下进风；（c）内滤下进风；（d）外滤上进风；（e）内滤上进风

袋式除尘器主要依据结构特点（如滤袋形状、过滤方向、进风口位置），以及清灰方式进行分类。

**1. 按滤袋形状分类**

袋式除尘器按滤袋形状可分为圆袋式除尘器和扁袋式除尘器两类。

（1）圆袋式除尘器。图6-70（b）、（c）、（d）、（e）所示均为圆袋式除尘器。滤袋形状为圆筒形，直径一般为120～300mm，最大不超过600mm，高度为2～5m。由于圆袋的支撑骨架及连接较简单，清灰容易，维护管理也比较方便，所以应用非常广泛。

（2）扁袋式除尘器。图6-70（a）所示是扁袋式除尘器。滤袋形状为扁袋形，厚度及滤袋间隙为25～50mm，高度为0.6～1.2m，深度为300～500mm。最大的优点是单位容积的过滤面积大，但由于清灰、检修、换袋较复杂，使其应用受到限制。

**2. 按过滤方向分类**

袋式除尘器按过滤方向可分为内滤式除尘器和外滤式除尘器两类。

（1）内滤式袋式除尘器。图 6-70（c）、（e）所示为内滤式袋式除尘器。含尘气流由滤袋内侧流向外侧，粉尘沉积在滤袋内表面上，优点是滤袋外部为清洁气体，便于检修和换袋，甚至不停机即可检修。一般机械振动、反吹风等清灰方式多采用内滤式。

（2）外滤式袋式除尘器。图 6-70（b）、（d）所示为外滤式袋式除尘器。含尘气流由滤袋外侧流向内侧，粉尘沉积在滤袋外表面上，其滤袋内要设支撑骨架，因此滤磨损较大，脉冲喷吹，回转反吹等清灰方式多采用外滤形式，扁袋式除尘器大部分采用外滤形式。

### 3. 按进气口位置分类

袋式除尘器按进气口位置可分为下进风袋式除尘器和上进风袋式除尘器两类。

（1）下进风袋式除尘器。图 6-70（b）、（c）所示为下进风袋式除尘器。含尘气体由除尘器下部进入，气流自下而上，大颗粒直接落入灰斗，减少了滤袋磨损，延长了清灰间隔时间，但由于气流方向与粉尘下落方向相反，容易带出部分微细粉尘，降低了清灰效果，增加了阻力。下进风袋式除尘器结构简单，成本低，应用较广。

（2）上进风袋式除尘器。图 6-70（d）、（e）所示为上进风袋式除尘器。含尘气体的人口设在除尘器上部，粉尘沉降与气流方向一致，有利于粉尘沉降，除尘效率有所提高，设备阻力也可降低 15%～30%。

### 4. 按过滤面积分类

袋式除尘器按过滤面积可分为以下几种：①超大型袋式除尘器，过滤面积＞5000m²；②大型袋式除尘器，1000m²＜过滤面积＜5000m²；③中型袋式除尘器，200m²＜过滤面积＜1000m²；④小型或机组型袋式除尘器，20m²＜过滤面积＜200m²；⑤微型或小机组型袋式除尘器，过滤面积＜20m²。石膏建材生产中烘干、煅烧、包装系统应用大型袋式除尘器和中型袋式除尘器，其他系统采用小型或机组型袋式除尘器。

### 5. 按除尘器内的压力和温度分类

（1）按压力分

袋式除尘器按除尘器内的压力分类，可分为负压式除尘器和正压式除尘器两类。流程如图 6-71 所示。

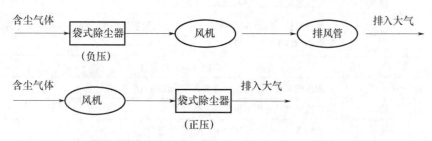

图 6-71　袋式除尘器（正压式、负压式）工艺流程

① 正压式除尘器风机设置在除尘器之前，除尘器在正压状态下工作。由于含尘气体先经过风机，对风机的磨损较严重，因此不适用于高浓度、粗颗粒、高硬度、强腐蚀性的粉尘；不适用于易凝结的高湿气体，因为高湿气体容易受外部大气影响而结露和粉尘粘结。正压式除尘器因风机在除尘器的前面，经过滤袋过滤净化后的清洁气体可以直接排入大气，可不必采用密封结构，从而使构造简单，造价也可比负压式低 20%～30%。

② 负压式除尘器风机置于除尘器之后，除尘器在负压状态下工作，由于含尘气体经净化后进入风机，因此对风机的磨损很小，这种方式采用较多。风机设在袋式除尘器的后面，

在除尘器内部形成负压，故必须采取密封结构。因为是密闭式结构，虽然造价比较高，但容易采取保温等措施，所以适用于处理高湿度的凝结性气体。负压式装置的外部工作空间不受排风粉尘的影响，容易保持清洁的工作环境。这一方式是风机直接向大气中排气，石膏建材的生产过程中选用的全部是负压式除尘。

（2）按使用温度分类

按袋式除尘器的使用温度，袋式除尘器可分为常温袋式除尘器和高温袋式除尘器，袋式除尘器的使用温度主要取决于滤袋的耐温情况。

① 常温袋式除尘器是指工作温度<140℃的除尘器，其特点是使用耐温低于140℃的涤纶丙纶、腈纶等材质的滤袋，除尘器的结构、连接件、涂装也相应给予温度考虑。

② 高温袋式除尘器是指工作温度>140℃的除尘器，其特点是使用温度较高，耐温随选用滤袋材质不同而不同，对于高温袋式除尘器除了选用高温滤袋外，除尘器壳体要考虑热膨胀伸长问题及框架与箱体的滑动连接问题，密封件的耐温问题以及除尘器涂装耐高温的涂料问题。为防止除尘器入口气体瞬间温度超过滤袋的耐温程度，在除尘器前的管道上装混入空气的冷风阀或烟气冷却器。

工业副产石膏的生产系统如使用燃煤、天然气、工业油等高温热源时选用高温袋式除尘器，并做冷风配置和高温防腐涂装。在使用蒸汽等中低温热源时选用常温袋式除尘器，需要保温、加热、防腐。

**6. 按清灰方式分类**

清灰方式是决定袋式除尘器性能的一个重要因素，它与除尘效率、压力损失、过滤风速及滤袋寿命均有关系。按照清灰方式，袋式除尘器可分为五大类：机械振动类、分室反吹类、喷嘴反吹类、振动反吹并用类及脉冲喷吹类。各类除尘器的特点见表6-58。

表6-58 各类除尘器的特点列表

| | | 自然落灰人工拍打 |
|---|---|---|
| 人工拍打 | 优点 | 设备结构简单，容易操作，便于管理 |
| | 缺点 | 过滤速度低，滤袋面积大，占地大 |
| | 说明 | 滤袋直径一般为300~600mm，通常采用正压操作，捕集对人体无害的粉尘，多用于中小型加工厂 |
| 机械振打 | | 凸轮（爪轮）振打 |
| | 优点 | 清灰效果较好，与反气流清灰联合使用效果更好 |
| | 缺点 | 不适于玻璃布等不抗折的滤袋 |
| | 说明 | 滤袋直径一般大于150mm，分室轮流振打 |
| | | 压缩空气振打 |
| | 优点 | 清灰效果好，维修量比机械振打小 |
| | 缺点 | 不适于玻璃布等不抗折的滤带，工作受气流限制 |
| | 说明 | 滤带直径一般为220mm，适用于大型除尘器 |
| | | 电磁振打 |
| | 优点 | 振幅小，可用玻璃布 |
| | 缺点 | 清灰效果差，噪声较大 |
| | 说明 | 适用于易脱落的粉尘和滤布 |

| | | |
|---|---|---|
| | 下进风大滤袋 | |
| 反向气流清灰 | 优点 | 烟气先在斗内沉降一部分烟尘，可减少滤布的负荷 |
| | 缺点 | 清灰时烟尘下落与气流逆向，又被带入滤袋，增加滤袋负荷 |
| | 说明 | 低能反吸（吸）清灰大型的为二状态清灰和三状态清灰，上部可设拉紧装置，调节滤带长度，袋长 8～12m |
| | 上进风大滤袋 | |
| | 优点 | 清灰时烟尘下落与气流同向，避免增加阻力 |
| | 缺点 | 上部进气箱积尘须清灰 |
| | 说明 | 低能反吸，双层花板，滤袋长度不能调，滤袋伸长要小 |
| | 反吸风带烟尘输送 | |
| | 优点 | 烟尘可以集中到一点，减少烟尘输送 |
| | 缺点 | 烟尘稀相运输动力消耗较大，占地面积大 |
| | 说明 | 长度不大，多用笼骨架或弹簧骨架高能反吸 |
| | 回转反吹 | |
| | 优点 | 用扁袋过滤，结构紧凑 |
| | 缺点 | 机构复杂，容易出现故障，需用专门反吹风机 |
| | 说明 | 用于中型袋式除尘器，不适用于特大型或小型设备，忌袋口漏风 |
| | 停风回转反吹 | |
| | 优点 | 离线清灰效果好 |
| | 缺点 | 机构复杂，需分室工作 |
| | 说明 | 用于大型除尘器，清灰力不均匀 |
| 脉冲喷吹 | 中心喷吹 | |
| | 优点 | 清灰能力强，过滤速度大，不需分室，可连续清灰 |
| | 缺点 | 要求脉冲阀经久耐用 |
| | 说明 | 适于处理高含尘烟气，滤袋直径为 120～160mm、长度为 2000～6000mm 或更大，需笼骨架 |
| | 环隙喷吹 | |
| | 优点 | 清灰能力强，过滤速度比中心喷吹更大，不需分室，可连续清灰 |
| | 缺点 | 安装要求更高，压缩空气消耗更大 |
| | 说明 | 适于处理高含尘烟气，滤袋直径为 120～160mm、长度为 2250～4000mm，需笼骨架 |
| | 低压喷吹 | |
| | 优点 | 滤袋长度可加大至 6000mm，占地减少，过滤面积加大 |
| | 缺点 | 消耗压缩空气量相对较大 |
| | 说明 | 滤袋直径为 120～160mm，可不用喷吹文氏管，安装要求严格 |
| | 整室喷吹 | |
| | 优点 | 减少脉冲阀个数，每室 1～2 个脉冲阀，换袋检修方便，容易 |
| | 缺点 | 清灰能力稍差 |
| | 说明 | 喷吹在滤袋室排气清洁室，滤袋长＜3000mm 为宜，且每室滤袋数量不能多 |

| 喷嘴反吹 | 气环移动清灰 | |
|---|---|---|
| | 优点 | 与其他清灰方式比，滤袋过滤面积处理能力最大 |
| | 缺点 | 滤袋和气环摩擦损坏滤袋，传动箱和软管存在耐温问题 |
| | 说明 | 适用于含尘大的烟气，烟气走向为内滤顺流式，袋直径一般为 200～450mm，不分室，应用很少 |

（二）工作原理

袋式除尘是采用过滤技术将空气中的固体颗粒物进行分离的过程。袋式除尘设备是采用过滤技术进行气固分离的设备，空气过滤技术目前主要有纤维过滤、膜过滤和颗粒过滤。三种过滤技术分离机理不同，但都能达到气固分离的目的。袋式除尘是纤维过滤，或膜过滤与颗粒过滤的组合。袋式除尘设备的除尘机理是粉尘通过纤维时产生筛滤、碰撞、钩住、扩散、重力和静电等效而被阻留，从而得以捕集。脉冲袋式除尘器一般采用圆形袋，按含尘气流运动方向分为侧进风、下进风两种形式。这种除尘器通常由上箱体（净气室）、中箱体、灰斗、框架以及脉冲喷吹装置等部分组成。其工作原理如图 6-72 所示。

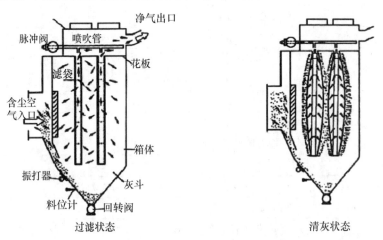

图 6-72 袋式除尘器工作原理图

工作时含尘气体从箱体下部进入灰斗后，由于气流断面面积突然扩大，流速降低，气流中一部分颗粒粗、密度大的尘粒在重力作用下，在灰斗内沉降下来。粒度细、密度小的尘粒进入过滤室后，通过滤袋表面的惯性碰撞、筛滤等综合效应，使粉尘沉积在滤袋表面上，净化后的气体进入净气室由排气管经风机排出。

袋式除尘器的阻力值随滤袋表面粉尘层厚度的增加而增加，当其阻力值达到某一规定值时，必须进行反吹清灰。此时脉冲控制仪控制脉冲阀的启闭，当脉冲阀开启时，气包内的压缩空气通过脉冲阀经喷吹管上的小孔，向文氏管喷射出一股高速、高压的引射气流，形成一股相当于引射气流体积若干倍的诱导气流，一同进入滤袋内，使滤袋内出现瞬间正压，急剧膨胀，使沉积在滤袋外侧的粉尘脱落，掉入灰斗，达到清灰目的。

滤袋室内的滤袋悬挂在花板上，通过花板将净气室与滤袋室隔开，根据过滤风量的要求，设有若干排直径为 110～180mm 的滤袋、袋长 2～4m 的滤袋。滤袋内有骨架，骨架有圆形、八角形等，防止负压运行时把滤袋损坏。安装在净气室内的喷吹管对准每条滤袋的上口，喷吹管上开有 $\phi 10\sim30mm$ 的喷吹小孔，以便压缩空气通过小孔吹向滤袋上口时，诱导周围空气进入滤袋内进行清灰。根据经验，每个喷吹管可以喷吹 $10\sim40m^2$ 的滤袋面积，$10\sim16$ 条滤袋，优良的诱导器可适当增加过滤面积和滤袋数量。

在一定范围内适当延长喷吹时间，可以增加喷入滤袋的压缩空气量及诱导空气量，获得较好的清灰效果。当喷吹压力为 $0.2\sim0.7MPa$ 时，喷吹时间取 $0.2\sim0.5s$ 为宜。喷吹周期的长短一般根据过滤风速、入口粉尘浓度、喷吹压力及除尘器运行阻力来确定。当喷吹压力一定时，若过滤风速大、入口粉尘浓度高，可缩短喷吹周期，以保持除尘器的阻力不致增加太大。从节省能耗、减少压缩空气用量和延长脉冲阀易损件的使用寿命出发，设备阻力允许的情况下喷吹周期可适当延长，表6-59列出了喷吹周期与过滤风速及入口粉尘质量浓度的相互关系。

**表 6-59　喷吹周期与过滤风速及入口粉尘质量浓度的关系**

| 入口粉尘质量浓度（g/m³） | 过滤风速（m/min） | 喷吹周期（min） |
|---|---|---|
| <5 | 1.5~2.5 | 20~10 |
| 5~10 | 1.2~2 | 15~5 |
| >10 | 1.2~1.8 | 8~3 |

由过滤除尘的机理可知，附灰层在实际除尘过程中起到非常重要的作用。附灰层包括稳定附灰层（粉尘初层）和不稳定附灰层（在一定情况下需清除掉的部分）。滤袋表面的一层剩余附灰层（粉尘初层），是经过长时间形成的。效果好的清灰方法，就是在整个滤袋表面上去掉新增附灰层即不稳定附灰层，而不伤及滤袋表面的剩余附灰层。滤袋表面的附灰层由大小不同的烟尘颗粒组成，具有各种结构性质和孔隙性质，在正常情况下，它影响布袋除尘设备的除尘效率和阻力，决定运转性能。滤布是形成粉尘层和支撑粉尘层的骨架。

**1. 过滤除尘过程中附灰层的影响**

（1）附灰层足够厚时可以实现很高的除尘效率。

（2）附灰层薄或多孔隙时，透气性好，除尘阻力和除尘效率低。

（3）附灰层密度大时清灰时表现的惯性大，受震后容易和布袋表面分离，加强清灰效果。

（4）附灰层黏性大时，不易清灰，阻力也高。

**2. 附灰层的生成过程**

附灰层的生成过程，大致可分为以下三个阶段：

（1）新滤布开始使用后的几分钟或几小时里，烟尘填塞滤布孔隙过程。

（2）滤布使用几个星期或更长一些时间后多次清灰直至建立稳定的剩余附灰层为止。

（3）每次从滤袋清下的灰量，约等于后一次清灰前积附在滤袋上的灰量，而且在清灰条件不变的情况下，阻力也相同。此时附灰层的结构基本稳定，形成稳定的附灰层（粉尘初层）。

**3. 石膏建材生产中除尘系统的组成**

石膏建材生产袋式除尘系统由尘源捕集及控制装置、管道、风量调节装置、温度调节装置、一级旋风除尘、二级脉冲袋式除尘设备、风机、三级湿式除尘等及部分组成。控制、过滤、清灰是袋式除尘设备的三大组成部分，前者是袋式除尘设备的控制核心，后两者是执行结构，是除尘设备的主要部分。这三个方面的技术互相促进、协同发展，推动着袋式除尘技术的不断进步。其工艺流程如图 6-73 所示。

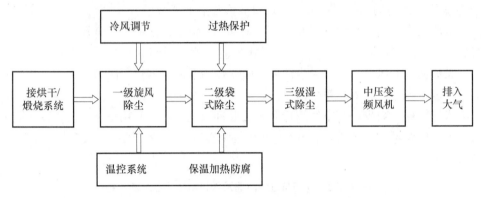

图 6-73　石膏建材生产袋式除尘系统工艺流程图

**4. 特点、适应范围及滤袋选用**

（1）特点

① 除尘效率高，一般在 99％以上，除尘器出口气体含尘浓度在数 10mg/m³ 之内，对亚微米粒径的细尘有较高的分级效率。

② 处理风量的范围广，用于工业生产的烟气除尘，减少大气污染物的排放。

③ 结构简单，维护操作方便。

④ 在保证同样高除尘效率的前提下，造价低于电除尘器。

⑤ 采用玻璃纤维、聚四氟乙烯、P84（聚酰亚胺纤维）等耐高温滤料时，可在 200℃ 以上的高温条件下运行。

⑥ 对粉尘的特性不敏感，不受粉尘及电阻的影响。

（2）适用范围

脉冲袋式除尘器广泛应用于水泥、石膏粉等生产线的破碎、粉磨、煅烧、烘干、包装、冷却等收尘系统，还应用于冶金、化工、机械和民用锅炉等废气的收尘。

在石膏建材生产线的应用上，特别是工业副产石膏粉生产线，由于处理的含尘气体具有一定的腐蚀性，而且空气湿度非常大，应严格控制含尘气体的入口与出口温度，不得低于空气、酸的结露温度，也不能超过除尘器所选滤料的额定耐用温度。为了保证除尘器内部不出现冷凝现象，除尘器外部应做保温处理。条件允许的情况下，除尘器应加装温度调节设备，以保证除尘器能够长期稳定地运行。

在处理工业副产石膏粉的粉尘时，钢材最好选用耐腐蚀强度高的钢材，还要在除尘器内部做防腐处理，滤袋的材质也应选用 PPS（聚苯硫醚纤维）或 P84，以确保除尘器的正常使用寿命。脉冲除尘器所配套的风机也需要做防腐处理或采用耐腐蚀性强的材料制造。

（3）滤袋选用

随着社会的发展，我国对于环境保护日益重视，滤料的发展也渐渐成熟，国产的滤料已经与进口的滤料质量差别非常小。当前常用的耐高温滤料纤维有玻璃纤维和合成纤维 PPS、P84、Nomex（芳纶）、PTFE（聚四氟乙烯纤维）等针刺毡，而且还可以根据烟气参数等使用条件选用复合滤料针刺成毡。

根据目前滤料的使用情况，当前袋式除尘设备主要使用的滤料有 Ryton（玻璃纤维＋

P84＋PPS）和 Procon（PPS）、P84、PTFE 等材料针刺毡，其性能如下：

① Ryton 和 Procon 是当前较好的耐酸碱腐蚀性滤料，同时 PPS 纤维也具有较好的耐水解能力，特别适合在高湿的烟气中使用，其连续使用温度为 160℃，最高使用温度为 190℃。

② Nomex 滤料耐温 204～240℃，机械强度高、耐磨、耐折性好，对弱酸及弱碱具有非常好的抵抗力，当前使用量较大。但在高温烟气中，如水分含量较大，且含较多酸碱废气及杂质，如硫氧化物、氮氧化物、盐酸、氢氧化钙等，这些酸碱废气及杂质将会加速布的水解。尤其当整个集尘室处于酸碱露点下，此水解破坏效应更为严重。P84 耐高温性能好，可达 200℃左右，瞬时耐温 260℃，同时其优良的耐酸性和良好的耐碱性使其得到广泛的应用。并且因纤维不规则的截面，其表面过滤效果佳，且清灰效果好。其缺点是水解稳定性差，容易水解老化。

③ PTFE 滤料最大的优点是其表面过滤性能和良好的清灰效果。其抗氧化、抗酸碱腐蚀能力也很强，最大的缺点是抗拉、耐磨、耐折性较差，并且价格较高。玻璃纤维滤料是传统的耐高温无机滤料，耐温可达 260℃，但是其耐折、耐磨性能较差，在高过滤风速下，滤料寿命会有大幅度降低，当前较少单独使用。

（4）分类型号

脉冲袋式除尘器分类型号只针对石膏建材生产线论述，脉冲袋式除尘器分单机和气箱脉冲除尘器两大类，单机脉冲除尘器使用的地方一般是仓顶、中间仓、天然石膏的粉磨、石膏建材的冷却、输送系统的负压系统、小型包装机的收尘，气箱脉冲除尘器的主要是应用在工业副产石膏的烘干、石膏建材的煅烧、大型自动包装和装车系统。

① 单机脉冲除尘器的分类型号

新环保体系对排放浓度的要求越来越严，单机脉冲除尘器设计在降低风速的同时，选用比较合理的滤袋材料和机体材料，需要防腐、保温、测温、自控技术的融入。现代脉冲袋式除尘的设计一定要据石膏原料的特性针对性的设计和制造，这样才能适应石膏建材生产线的工艺特性。单机脉冲除尘器分类型号见表 6-60。

表 6-60  单机脉冲除尘器分类型号表

| 型号<br>性能 | XLMC48 | XLMC64 | XLMC96 | XLMC112 | XLMC144 | XLMC180 |
|---|---|---|---|---|---|---|
| 过滤面积（m²） | 48 | 64 | 96 | 112 | 144 | 180 |
| 过滤风速（m/min） | 0.8～1.2 | | | | | |
| 处理风量（m³/h） | ＞2400 | ＞3200 | ＞4800 | ＞5600 | ＞7200 | ＞9000 |
| 耗气量（m³/min） | 0.04 | 0.06 | 0.1 | 0.12 | 0.15 | 0.19 |
| 入口浓度（g/m³） | ＜200 | | | | | |
| 出口浓度（mg/m³） | ＜30 | | | | | |
| 喷吹压力（MPa） | 0.5～0.7 | | | | | |
| 设备阻力（Pa） | ＜1000 | | | | | |
| 电动机功率（kW） | 3 | 4 | 5.5 | 7.5 | 11 | 15 |

② 气箱脉冲除尘器的分类型号

a. 概念。气箱脉冲袋式除尘器集分室反吹和脉冲喷吹等除尘器的特点，增强了使用适应性。气箱脉冲除尘器可作为石膏建材生产线中的破碎机、烘干机、煅烧设备、改性磨、冷却系统、石膏大型粉磨机、包装机的除尘设备，也可作为其他行业除尘设备。气箱脉冲袋式除尘器的主要特点是在滤袋上口没有文氏管，也没有喷吹管，既降低喷吹工作阻力，又便于逐室进行检测、换袋。电磁脉冲阀数量为每室1～2个，滤袋长度不超过3.0m。

b. 工作原理。气箱脉冲袋式除尘器本体分隔成若干个箱区，每箱有64条、96条、128条、144条滤袋，并在每箱侧边出口管道上有一个气缸带动的提升阀。当除尘器过滤含尘气体一定的时间后（或阻力达到预先设定值），清灰控制器就发出信号，第一个箱室的提升阀就开始关闭切断过滤气流，然后箱室的脉冲阀开启，以大于0.4MPa的压缩空气冲入净气室，清除滤袋上的粉尘，当这个动作完成后提升阀重新打开，使这个箱室重新进行过滤工作，并逐一按上述程序完成全部清灰动作。

气箱脉冲袋式除尘器是采用分箱室清灰的，清灰时逐箱隔离，轮流进行。各箱室的脉冲和清灰周期由清灰程序控制器按事先设定的程序自动连续进行，从而保证了压缩空气清灰的效果。整个箱体设计采用了进口和出口总管结构，灰斗可延伸到进口总管下，使含尘烟气直接进入已扩大的灰斗内达到预除尘的效果，所以气箱脉冲袋式除尘器不仅能处理一般浓度的含尘气体，且能处理高浓度含尘气体。气箱脉冲除尘器外观如图6-74所示。

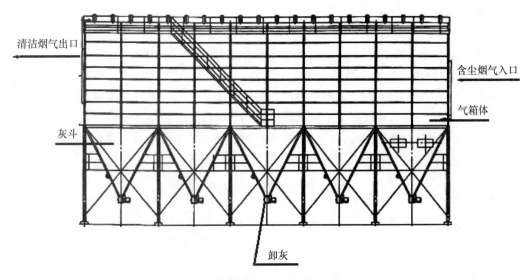

图6-74 气箱脉冲除尘器外观图

c. 石膏建材生产线选用气箱脉冲除尘器注意事项：选用除尘器主要技术参数为风量、气体温度、含尘浓度与湿度及粉尘特性。根据系统工艺设计的风量、气体温度、含尘浓度的最高数值，按略小于技术性能表中的数值为原则，其相对应的除尘器型号即所选的除尘器型号。滤料则根据入口浓度、气体温度、湿度和粉尘特性来确定。特别是工业副产石膏生产线需按副产石膏的特性选用机体材料、滤袋材料、保温形式、设备整体加热方式、粉尘入口浓度、粉尘出口浓度等多项指标进行二次优化设计。

d. 技术参数选用表

气箱脉冲除尘器技术参数见表6-61至表6-64。

表 6-61　气箱脉冲除尘器 64 系列技术参数表

| 技术参数 | | 型号 | XLPPW64-4 | XLPPW64-5 | XLPPW64-6 | XLPPW64-7 |
|---|---|---|---|---|---|---|
| 处理风量<br>（m³/h） | A | >100g/m³ | 13000 | 16000 | 20000 | 23000 |
| | B | <100g/m³ | 17400 | 21760 | 26000 | 31020 |
| 过滤风速（m/min） | | | 0.8～1.2 | | | |
| 总过滤面积（m²） | | | 256 | 320 | 384 | 448 |
| 净过滤面积（m²） | | | 192 | 256 | 320 | 384 |
| 除尘器室数（个） | | | 4 | 5 | 6 | 7 |
| 滤袋总数（条） | | | 256 | 320 | 384 | 448 |
| 除尘器阻力（Pa） | | | 1500～1700 | | | |
| 出口气体含尘浓度（mg/m³）> | | | 单独使用<50　　配合使用<30 | | | |
| 除尘器承受负压（Pa） | | | 4000～9000 | | | |
| 清灰压缩<br>空气 | 压力（MPa） | | 0.4～0.7 | | | |
| | 耗气量（m³/min）> | | 1.2 | 1.5 | 1.8 | 2.1 |
| 保温面积（m²） | | | 75 | 100 | 120 | 150 |
| 设备重量（kg） | | | 7900 | 10500 | 12500 | 14500 |

表 6-62　气箱脉冲除尘器 96 系列技术参数表

| 技术参数 | | 型号 | XLPPW96-4 | XLPPW96-5 | XLPPW96-6 | XLPPW96-7 | XLPPW96-8 |
|---|---|---|---|---|---|---|---|
| 处理风量<br>（m³/h） | A | >100g/m³ | 19200 | 24000 | 29000 | 34000 | 38500 |
| | B | <100g/m³ | 24900 | 31000 | 37500 | 44000 | 51000 |
| 过滤风速（m/min） | | | 0.8～1.2 | | | | |
| 总过滤面积（m²） | | | 384 | 480 | 576 | 672 | 768 |
| 净过滤面积（m²） | | | 308 | 384 | 460 | 538 | 615 |
| 除尘器室数（个） | | | 4 | 5 | 6 | 7 | 8 |
| 滤袋总数（条） | | | 384 | 480 | 576 | 672 | 768 |
| 除尘器阻力（Pa） | | | 1500～1700 | | | | |
| 出口气体含尘浓度（mg/m³） | | | 单独使用<50　　配合使用<30 | | | | |
| 除尘器承受负压（Pa） | | | 4000～9000 | | | | |
| 清灰压缩<br>空气 | 压力（MPa） | | 0.4～0.7 | | | | |
| | 耗气量（m³/min）> | | 1.5 | 1.8 | 2.2 | 2.6 | 2.9 |
| 保温面积（m²） | | | 112 | 150 | 180 | 210 | 300 |
| 设备重量（kg） | | | 12000 | 15000 | 18000 | 21000 | 24000 |

表 6-63　气箱脉冲除尘器 128 系列技术参数表（袋长＞2900mm）

| 技术参数 | | 型号 | XLPPW128-5 | XLPPW128-6 | XLPPW128-7 | XLPPW128-8 | XLPPW128-10 |
|---|---|---|---|---|---|---|---|
| 处理风量 （m³/h） | A | ＞100g/m³ | 35200 | 42000 | 49500 | 57000 | 72000 |
| | B | ＜100g/m³ | 42000 | 51000 | 59000 | 67000 | 84000 |
| 过滤风速（m/min） | | | 0.8～1.2 | | | | |
| 总过滤面积（m²） | | | 736 | 880 | 1030 | 1178 | 1472 |
| 净过滤面积（m²） | | | 588 | 706 | 824 | 840 | 1170 |
| 除尘器室数（个） | | | 5 | 6 | 7 | 8 | 9 |
| 滤袋总数（条） | | | 640 | 768 | 896 | 1024 | 1280 |
| 除尘器阻力（Pa） | | | 1600～1900 | | | | |
| 出口气体含尘浓度（mg/m³）＞ | | | 单独使用＜50　　配合使用＜30 | | | | |
| 除尘器承受负压（Pa） | | | 4000～10000 | | | | |
| 清灰压缩空气 | 压力（MPa） | | 0.4～0.7 | | | | |
| | 耗气量（m³/min）＞ | | 2.2 | 2.6 | 3.0 | 3.5 | 4.2 |
| 保温面积（m²） | | | 205 | 240 | 285 | 320 | 410 |
| 设备重量（kg） | | | 19000 | 22800 | 26500 | 30000 | 38000 |

表 6-64　沸腾炉专用气箱脉冲除尘器系列技术参数表（袋长＞2700mm）

| 技术参数 | 型号 | XLPPW156 | XLPPW252 | XLPPW352 | XLPPW480 | XLPPW580 | XLPPW648 | XLPPW780 |
|---|---|---|---|---|---|---|---|---|
| 生产线规模（t/a） | | 50000 | 100000 | 150000 | 200000 | 250000 | 300000 | 350000 |
| 处理风量（m³/h） | | 8000 | 15000 | 19000 | 26000 | 32000 | 36000 | 42000 |
| 过滤风速（m/min） | | 0.8～1.2 | | | | | | |
| 总过滤面积（m²） | | 165 | 265 | 370 | 504 | 610 | 680 | 820 |
| 滤袋总数（条） | | 156 | 252 | 352 | 480 | 580 | 648 | 780 |
| 除尘器阻力（Pa） | | 800～1000 | | | | | | |
| 出口气体含尘浓度（mg/m³） | | 单独使用＜50　　配合使用＜30 | | | | | | |
| 除尘器承受负压（Pa） | | 1000～5000 | | | | | | |
| 清灰压缩空气 | 压力（MPa） | 0.4～0.7 | | | | | | |
| | 耗气量（m³/min）＞ | 0.6 | 1.1 | 1.3 | 1.6 | 1.9 | 2.2 | 2.6 |
| 保温面积（m²） | | 62 | 70 | 85 | 95 | 110 | 128 | 150 |
| 设备重量（kg） | | 7500 | 12800 | 14500 | 16000 | 19000 | 22000 | 24000 |

　　石膏在煅烧时因进气温度较低，如放置在地面，进排气温度管线太长，造成低温冷凝现象，专为沸腾炉煅烧开发气箱式脉中除尘系统，生产运行费用较传统除尘节约 25%～35%。

（三）袋式除尘器的运行管理

**1. 初期运行调试**

袋式除尘器的初期运行，是指启动后2个月之内的运行。这2个月是袋式除尘器容易出故障的时期，只有在充分注意的情况下发现的问题及时排除，才能达到稳定运行的目的。

（1）处理风量

为了稳定滤袋压力损失，运行初期往往采用大幅度提高处理风量的办法，让气体顺利流过滤袋。此时如果风机的电动机过载，可用总阀门调节风阀或变频系统，因为这种情况快则几分钟，慢则好几天才能恢复正常。所以在开始时最好观察压力计，也可以从控制盘上电流表的读数推算出相应的风量。

（2）温度调节

用袋式除尘器处理常温气体一般不成问题，但处理高温、高湿气体时，初始运行，若不预热，滤袋容易冷凝，严重堵塞，甚至无法运行。准确预测袋式除尘器的露点是困难的，因此必须注意由于结露而造成的滤料堵塞和除尘器机壳内表面的腐蚀问题。

（3）压缩空气压力调整

气动阀控制的反吹风袋式除尘器和脉冲喷吹袋式除尘器，都以压缩空气为动力完成清灰过程。把压缩空气调整到设计压力和气量，才能保证除尘器正常启动和运转。

（4）除尘效率

滤袋上形成一层粉尘吸附层后，滤袋的除尘效率应当更好。由于初期处理量增加，袋式除尘器处于不稳定状态。因而测定除尘效率最好从运行7d以后进行。在稳定状态下，颗粒很细的低浓度粉尘其除尘效率一般在99.5％以上。袋式除尘器安装并使用1～2个月后滤袋会伸长。袋变松弛后，一方面容易和邻接的布袋相接触而磨破，另一方面在松弛部分，由于粉尘堆积和摩擦而使布袋产生孔洞。由于拉力消失，清灰效果变差而产生布袋网眼的堵塞。因此在设备安装1～2个月后进行检查，并对滤袋吊挂机构长度进行调整。虽然弹簧式的滤袋吊挂机构可以不必调整，但也应经常检查，运转1年后必须把不合适的弹簧换掉。

（5）附属设备

管道和吸尘罩是重要附属设备，在运转初期是很容易通过异常振动、吸气效果不好、操作不良等故障来判断。首先，运行时要注意排风机有无反转，并及时给风机上油，虽然目前大部分风机都带有自动启动装置而使事故减少，但是在没有自动启动的情况下，由于启动失败后致使电源的保险丝烧断，电动机单相运转，从而烧毁的事故在运转初期时有发生。此外，气体温度的急剧变化对风机也有不良的影响，应避免这种情况。因为温度的变化可能引起风机轴的变化，形成运行不平衡状态，引起振动。在停止运行时，如温度急剧下降，再启动的时候也有产生振动的危险，设备的启动对在正常运行中机器有着重要的作用，必须细心观察和慎重行事。

**2. 正常负荷运行调试**

袋式除尘器在正常负荷运行中，由于运行条件发生改变，或出现故障，都将影响设备的正常运行，所以要定期进行检查和适当调节，以延长滤袋的寿命，降低动力费用，用最低的运行费用维持最佳运行状态。

（1）利用测试仪表掌握运行状态

袋式除尘器的运转状态，可由测试仪表指示的系统压差、入口气体温度、主电动机的电压、电流等数值及其他变化而判断出来。通过这些数值可以了解以下所列各项情况：

① 滤袋的清灰过程是否发生堵塞，滤袋是否出现破损或发生脱落现象；

② 有没有粉尘堆积现象以及风量是否发生了变化；

③ 滤袋上有无产生结露；

④ 清灰机构是否发生故障，在清灰过程中有无粉尘泄漏情况；

⑤ 风机的运转是否正常，风量是否减少；

⑥ 管道是否发生堵塞和泄漏；

⑦ 阀门是否活动灵活有无故障；

⑧滤袋室及通道是否有泄漏。

（2）控制风量变化

风量增加可能引起滤速增大，导致滤袋泄漏破损、滤袋张力松弛等情况。如果风量减小，使管道风速变慢，粉尘在管道内沉积，从而又进一步使风量减小，将影响粉尘抽吸。因此，最好能预先估计风量的变化。引起系统风量变化的原因如下：

① 入口的含尘量增多，或者进入黏性较大的粉尘；

② 开、闭尘罩或分支管道的阀门不当；

③ 对某一个分室进行清灰，某一个室处于检修中；

④ 除尘器本体或管道系统有泄漏或堵塞的情况；

⑤ 风机出现故障。

（3）控制清灰的周期和时间

袋式除尘器的清灰是影响捕尘性能和运转状况的重要因素，清灰周期与清灰时间的确定依清灰方式不同而各异，最佳状况应该是有效清灰的时间最少，又能确定适当清灰周期，使平均阻力接近于水平线。这样，清灰周期尽可能长，清灰时间尽可能短，在最佳的阻力条件下运转。

**3. 停止运行后的维护**

当袋式除尘器长时间停止运行时，必须注意滤袋室内的结露和风机轴承的润滑。滤袋室内的结露是高温气体冷却引起的，因此要在系统冷却之前把含湿气体排出去，通入干燥的空气。在寒冷地区，由于周围环境温度低，也能引起这种现象。为了防止结露，在完全排出系统中的含湿气体后，最好把箱体密封，也可以不断地向滤袋室送进热空气。

袋式除尘器在长时间停止运行时，要注意风机的清扫、防锈等工作，特别要防止灰尘和雨水等进入电动机转子和风机、电动机的轴承部分。最好使风机每3个月启动、运转1次。有冰冻季节的地方，冷却水等的冻结可能引起意想不到的事故，所以，除尘系统停车时冷却水必须完全放掉。停车后，管道和灰斗内积尘要清扫掉，清灰机构与驱动部分要注意注油。如果是长期停车时，还应取下滤袋，放入仓库中妥善保管。

考虑到以上问题，在停止运转期间内最好能定期做动态维护，进行短时间的空车运转。

**4. 操作规程**

（1）除尘系统开机前的准备工作

① 除尘器开机之前要先对整个系统进行全面的检查，去除因施工、安装或检修时带入的固体杂物，检查有无漏风、密封不严密的地方，用磁铁类吸除焊渣等。

② 用清洁的压缩空气，置换除尘系统中含水或有机物的气体，要防止水蒸气和易燃易爆气体进入除尘系统。将气包内充气，使气缸通气并处于开启状态。

（2）除尘系统的开机顺序

① 启动压缩空气气源系统。

② 开启电控柜喷吹系统。

③ 启动除尘系统引风机。

④ 启动除尘设备的卸料器和输送机、提升机或同类输送系统。

⑤ 调节电控柜控制面板，根据原设定工艺、现行粉尘量的大小，确定清灰周期。

（3）除尘系统停机顺序

① 待除尘源关闭 5min 后，关闭引风机电源。

② 关闭清灰程序电源。

③ 关闭螺旋输送机和卸料器。

④ 关闭气源。

⑤ 关闭总电源。

（4）注意事项

① 除尘设备要设专人操作和检修。全面掌握除尘器的性能和构造，发现问题及时处理，确保除尘系统正常运转。

② 一般情况下，除尘系统应先于生产工艺设备开车运行，而在生产工艺设备停车 5 分钟之后再关闭除尘系统，以避免粉尘在除尘设备和管道中沉积，或因除尘系统滞后运行造成污染物的泄漏，为防止电动机过载，需在低风量（调节风门关闭）下启动引风机。

③ 经常检查清灰机构和各转动部位的工作情况，应定期注油或做必要的保养。

④ 若排出口含尘浓度增大，表明已有滤袋破漏，应及时更换滤袋。更换时，先停引风机，再打开除尘器上部的检修门。压缩空气系统的过滤器要定时排污，气包的排水阀要定期放水。

⑤ 电磁脉冲阀要由专业人员检修，并定期对电磁脉冲阀进行检查。

⑥ 袋式除尘器停机后，在无引风的情况下仍应开动喷吹清灰机构，连续喷吹一段时间，使附着在滤袋表面的粉尘尽可能抖落，以防止滤袋堵塞，又便于检查漏袋情况或停机封存。

（5）袋式除尘器常见故障及其排除措施（表 6-65）

**表 6-65 袋式除尘器常见故障及其排除措施**

| 故障现象 | 故障产生原因 | 排除措施 |
|---|---|---|
| 滤袋磨损 | 相邻滤袋间摩擦与箱体摩擦 | 调整滤袋张力及结构 |
| | 粉尘的磨蚀 | 修补已破损滤袋或更换 |
| 滤袋烧毁 | 热源超温 | 降温 |
| | 有明火进入除尘 | 检查防止明火进入 |
| | 粉尘发热 | 清理降温 |
| 滤袋脆化 | 工业副产石膏酸性强、氯离子超标、温度低腐蚀性酸冷凝 | 防腐处理 更换耐腐滤袋 |
| 滤袋堵塞 | 滤袋使用时间长 | 更换滤袋 |
| | 处理气体中有冷凝水 | 提高进入和排气温度 |
| | 有漏风现象 | 修理漏风 |
| | 风速过大 | 调整风速、风压 |
| | 清灰不良 | 检查清灰机构 |

| 故障现象 | 故障产生原因 | 排除措施 |
|---|---|---|
| 气缸动作不良 | 电磁阀动作不良漏气 | 查清原因并检查、堵漏 |
| | 活塞杆锈蚀 | 清锈或更换 |
| | 行程不足 | 调整行程 |
| | 压气管道破损 | 维修 |
| | 压气管道连接处开裂、脱离 | 维修 |
| | 压气的压力不足 | 增加压气的压力检查 |
| | 活塞杆断油 | 疏通管线 |
| | 密封不良 | 更换密封 |
| 电磁阀动作不良 | 电路发生故障 | 检查电路、排除故障 |
| | 因长期放置静摩擦增大 | 检查、处理 |
| | 阀破损弹簧折断 | 更换弹簧 |
| | 填料膨胀，使摩擦阻力增大 | 更换填料 |
| | 活塞环损坏 | 维修更换 |
| | 阀内进入异物 | 清除异物 |
| | 漏气密封异常 | 密封处理 |
| 阻力异常上升 | 反吹管道被粉尘堵塞 | 清理疏通 |
| | 换向阀密封不良 | 修复或更换 |
| | 气体温度过低而使清灰困难 | 控制气体温度 |
| | 清灰机构发生故障 | 检查并排除故障 |
| | 粉尘湿度大、发生堵塞或清灰不良 | 控制粉尘湿度 |
| | 清灰时间设定有误 | 设定时间 |
| | 振动机构动作不良 | 检查、调整 |
| | 气缸用压缩空气压力降低 | 检查、提高压缩空气压力 |
| | 气缸用电磁阀动作不良灰斗内积存大量积灰 | 检查、清扫积灰 |
| | 风量过大，设定工艺不合理 | 减少风量 |
| | 滤袋堵塞 | 清理堵塞修补漏洞 |
| | 换向阀门动作不良、漏风量大 | 调整换向阀门 |
| | 反吹阀门动作不良及漏风大 | 调整反吹阀门动作、减少漏风 |
| | 反吹风调节阀门发生故障 | 排除故障 |
| | 反吹风量调节阀门闭塞 | 调整、修复 |
| | 换向阀门与反吹阀门的设定时间不准确 | 调整计时时间 |
| 清灰不良 | 滤袋过紧、过松弛 | 调整张力 |
| | 粉尘有冷凝水 | 升温 |
| | 清灰中滤袋处于膨胀状态 | 排除故障，消除膨胀状态 |
| | 清灰机构发生故障 | 检查、调整并排除故障 |
| | 清灰阀门发生故障 | 排除 |
| | 清灰定时时间设定值有误或发生故障 | 整定时间设定值 |
| | 反吹风量不足 | 加大反吹风量 |

续表

| 故障现象 | 故障产生原因 | 排除措施 |
|---|---|---|
| 灰斗中粉尘<br>不能排出 | 灰斗下部粉尘发生拱塞 | 清除粉尘拱塞 |
| | 输送机出现故障 | 检查并排除故障 |
| | 回转阀动作不良 | 检查、修理 |
| | 粉尘凝结 | 清除凝结粉尘 |
| | 粉尘潮湿，在灰斗中不下落 | 清扫附着粉尘做防潮处理 |
| 设备阻力<br>过低 | 过滤风速低，阀门开启过小，或管道堵塞 | 调节阀门开启程度，疏通管道 |
| | 压力计的连接管路堵塞或脱落 | 检查压力计进出口及连接管路 |
| | 清灰周期过短，过量清灰 | 调整清灰程序，延长清灰周期 |
| | 滤袋破损或滤袋脱落 | 检查、更换破损滤袋 |

## 四、静电除尘器

电除尘器可分为两大类：静电除尘器和电袋复合除尘器。静电除尘是利用高压静电使气体电离及产生电晕放电，进而使粉尘荷电，并在电场力的作用下，使气体中的悬浮粒子分离出来的技术。电除尘技术是一个各种学科集成的技术，在我国环境保护事业中起到重要的作用，作为大气污染治理的主要设备之一，电除尘器广泛地应用于电力、建材、冶金、化工、轻工和电子等行业的烟气净化。石膏建材生产中应用静电除尘器并不多，电袋复合除尘器正处在研究和应用阶段，一种静电除尘器应用石膏建材的生产，很难满足现行环保的要求。近些年来，国内20万t以上的工业副产石膏的生产应用了较多的静电除尘器，静电除尘器和电袋复合除尘器的一次性投入较高，很难大范围推广应用。

（一）静电除尘器

**1. 基本原理**

静电除尘器的工作原理是烟气通过电除尘器主体结构前的烟道时，使其烟尘带正电荷，然后烟气进入设置多层阴极板的电除尘器通道，由于带正电荷烟尘与阴极电板的相互吸附作用，使烟气中的颗粒烟尘吸附在阴极上，定时打击阴极板，使具有一定厚度的烟尘在自重和振动的双重作用下跌落在电除尘器结构下方的灰斗中，从而达到清除烟气中烟尘的目的。

静电除尘器的种类和结构形式很多，但都基于相同的工作原理。图6-75是管极式静电除尘器的工作原理。接地的金属管叫收尘极（或集尘极），与置于圆管中心、靠重锤张紧的放电极（称电晕线）构成管极静电除尘器。工作时含尘气体从除尘器下部进入，向上通过一个足以使气体电离的静电场，产生大量的正负离子和电子并使粉尘荷电，荷电粉尘在电场力的作用下向收尘极运动并在收尘极上沉积，从而达到粉尘和气体分离的目的。当收尘极上的粉尘达到一定厚度时，通过清灰机构使灰尘落入灰斗排出。静电除尘的工作原理包括电晕放电、气体电离、粒子荷电、粒子的沉积、清灰等过程。

（2）在工业静电除尘器中，几乎都采用电晕。对于空气净化的静电过滤器考虑到阳电晕产生的臭氧较少而采用阳电晕，这是因为在相同的电压条件下，阴电晕比阳电晕产生的电流大，而且火花放电电压也比阳电晕放电要高。静电除尘器为了达到所要求的除尘效率，保持稳定的电晕放电过程是十分重要的。图6-76所示为一个静电除尘过程，这个过程发生在静电除尘器中。当一个高压电加到一对电极上时，就建立起一个电场。图6-76（a）和图6-

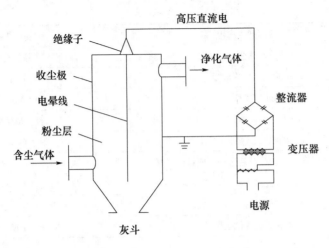

图 6-75　管极式静电除尘器工作原理

76（b）表明在一个管式和板式静电除尘中的电场线。带电微粒（如电子和离子），在一定条件下，沿着电场线运动。带负电荷的微粒向正电极的方向移动，而带正电荷的微粒向相反方向的负电极移动。在工业静电除尘器中，电晕电极是负极，收尘电极是正极。

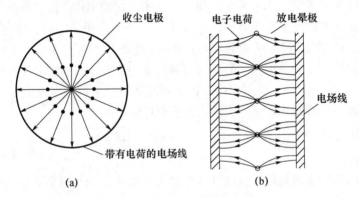

图 6-76　静电除尘过程示意图

（a）管式静电除尘中的电场线；（b）板式静电除尘中的电场线

**2. 基本结构形式**

静电除尘器一般由本体和供电电源组成，本体主要包括收尘极（阳极）系统、电晕极（阴极）系统、烟箱系统、壳体系统、储卸灰系统。常规电除尘器基本结构如图 6-77 所示。

**3. 分类**

（1）按清灰方式不同分类

静电除尘器按清灰方式不同分类，分干式静电除尘器、湿式静电除尘器、雾状粒子静电捕集器和半湿式静电除尘器等。

① 干式静电除尘器

在干燥状态下捕集烟气中的粉尘，沉积在除尘板上的粉尘借助机械振打清灰的除尘器称为干式电除尘器。这种除尘器振打时，容易使粉尘产生二次飞扬，所以，设计干式电收尘器时，应充分考虑粉尘二次飞扬问题。现大多数收尘器都采用干式。干式静电除尘器如图 6-78 所示。

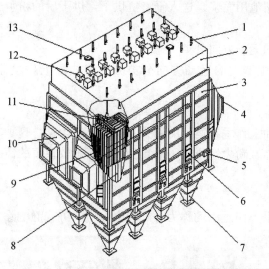

1—电磁锤振打器
2—保温箱
3—壳体
4—出口喇叭
5—阳极振打装置
6—双层人孔门
7—灰斗
8—阳极系统
9—气流均布装置
10—进口喇叭
11—阴极系统
12—高压进线
13—顶部检修孔

图 6-77　静电除尘器基本结构

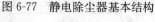

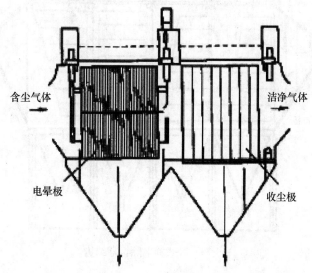

含尘气体　　洁净气体

电晕极　　　收尘极

图 6-78　干式静电除尘器

② 湿式静电除尘器

收尘极捕集的粉尘，采用水喷淋或用适当的方法在除尘极表面形成一层水膜，使沉积在除尘器上的粉尘和水一起流到除尘器的下部而排出，采用这种清灰方法的电除尘器称为湿式电除尘器。这种电除尘器不存在粉尘二次飞扬的问题，但是极板清灰排出水会造成二次污染。

③ 雾状粒子静电捕集器

雾状粒子静电捕集器捕集像硫酸雾、焦油雾那样的液滴，捕集后呈液态流下并除去，它也是属于湿式电除尘器的范畴。这种往往用作烟气脱白中的二级系统。

④ 半湿式静电除尘器

吸取干式和湿式静电收尘器的优点，出现了干湿混合式静电除尘器，也称半湿式静电除尘器，高温烟气先经干式除尘室，再经湿式除尘室后经烟囱排出。湿式除尘室的洗涤水可以循环使用，排出的泥浆，经浓缩池用泥浆泵送入干燥机烘干，烘干后的粉尘进入干式除尘室的灰斗排出。

（2）按气体在电除尘器内的运动方向分类

静电除尘器按气体在电除尘器内的运动方向分类分为立式静电除尘器和卧式静电除尘器。

① 立式静电除尘器

气体在静电除尘器内自下而上作垂直运动的称为立式静电除尘器。这种电除尘器适用于气体流量小，收尘效率要求不高及粉尘性质易于捕集和安装场地较狭窄的情况。此种静电除尘器现在基本淘汰。

② 卧式静电除尘器

气体在静电除尘器内沿水平方向运动的称为卧式静电除尘。卧式静电除尘器结构如图6-79 所示。

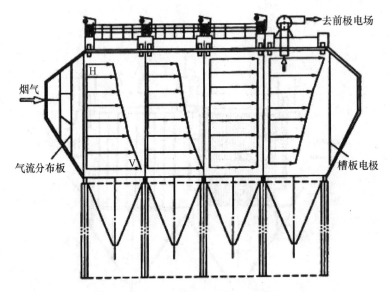

图 6-79　卧式静电除尘器结构

卧式静电除尘器与立式电除尘器相比有以下特点：

① 沿气流方向可分为若干个电场，这样可根据除尘器内的工作状态，各个电场可分别施加不同的电压以便充分提高电除尘器的除尘效率。

② 根据所要求达到的除尘效率，可任意增加电场长度，而立式静电除尘器的电场高度不宜太高，否则需要建造高的建筑物，而且设备安装也比较困难。

③ 在处理较大的烟气量时，卧式电除尘器比较容易地保证气流沿电场断面均匀分布。设备安装高度较立式电除尘器低，设备的操作维修比较简单。

④ 适用于负压操作，可延长排风机的使用寿命，各个电场可以分别捕集不同粒度的粉尘，这有利于有色稀有金属的捕集回收，也有利于水泥厂原料中钾含量较高时提取钾肥。

⑤ 占地面积比立式静电除尘器大，所以旧厂扩建或收尘系统改造时，用卧式静电除尘器受到场地的限制。

（3）按除尘的形式分类

静电除尘器按除尘的形式分为管式静电除尘器和板式静电除尘器。

① 管式静电除尘器

这种静电除尘器的除尘极由一根或一组呈圆形、六角形或方形的管子组成，管子直径一般为200～300mm，长度为3～5m。截面是圆形或星形的电晕线安装在管子中心，含尘气体自上而下从管内通过。

② 板式静电除尘器

这种静电除尘器的收尘板由若干块平板组成，为了减少粉尘的二次飞扬和增强极板的刚度，极板一般要轧制成各种不同的断面形状，电晕极安装在每排收尘极板构成的通道中间。

（4）按除尘板和电晕极的不同配置分类

静电除尘器按除尘板和电晕极的不同配置分类分为单区静电除尘器和双区静电除尘器。

① 单区静电除尘器

这种静电除尘器的收尘板和电晕极都安装在同一区域内，所以粉尘的荷电和捕集在同一区域内，所以粉尘的荷电和捕集在同一区域内完成，单区静电收尘器是被广泛采用的电除尘器装置。

② 双区静电除尘器

这种静电除尘器的除尘系统和电晕系统分别装在两个不同的区域内。前区内安装电晕极和阳极板，粉尘在此区域内进行荷电，这个区为电离区，后区内安装收尘极和阴极板，粉尘在此区域内被捕集，称此区为收尘区，由于电离区和收尘区分开，称此为双区除尘器。

（5）按振打方式分类

静电除尘器按振打方式分类，分为侧部振打静电除尘器和顶部振打静电除尘器。

① 侧部振打静电除尘器

这种除尘器的振打装置设置于除尘器的阴极或阳极的侧部，称为侧部振打静电除尘器。现用得较多的为挠臂锤振打，为防止粉尘的二次飞扬，在振打轴的360°上均匀布置各锤头，避免同时振打而引起的二次飞扬。其振打力的传递与粉尘下落方向成一定夹角。

② 顶部振打静电除尘器

这种静电除尘器的振打整置设置除尘器的阴极或阳极的顶部，称为顶部振打静电除尘器。早期引进美式电除尘器多为顶部锤式振打，由于其振打力不便调整，且普遍用于立式静电除尘，因此没有广泛应用，现应用较多的是顶部电磁振打，安装在除尘器顶部，振动的传递效果好，且运行安全可靠、检修维护方便。

**4. 技术特点**

（1）除尘效率高，如果设计合理，即使处理细微粉尘，也能达到很高的除尘效率。

（2）阻力损失小，气体通过电除尘器的压损一般不超过300Pa。

（3）处理烟气量大，现在的静电除尘器每小时处理$100～200m^3$的烟气是很平常的事情。

（4）能捕集腐蚀性很强的物质，如果采用其他类型的除尘装置捕集硫酸和沥青雾几乎是不可能的事情，而采用特殊结构的静电除尘器，就可以捕集腐蚀性很强的物质。

（5）运行费用低，由于静电除尘器运动部件少，在正常情况下维修工作量很小，可以长期安全的运行。

（6）对不同颗粒的烟尘有分类富集作用，由于烟尘的物理化学性质与除尘效率的关系极为密切，大颗粒而导电性较好的烟尘先被捕集，因此能使不同粒径的烟尘在不同的电场中分别富集起来。

（7）不易适应操作条件的变化，静电除尘器的性能优劣与操作条件的变化密切相关。尽管电压实现自动控制有助于提高其适应性，但是静电除尘器只有当操作条件比较稳定时，才能达到最佳的性能。

（8）应用范围受粉尘比电阻的限制，由于有些粉尘的比电阻过高或过低，采用静电除尘器捕集比较困难。

（9）对制造、安装和运行水平要求较高，钢材消耗量大，占地面积大。

**5. 供电要求**

（1）捕集尘粒所需的能量

静电除尘器是利用电力来进行收尘的，按理要消耗较大的电能，但是恰好相反，它从气流中分离尘粒所需的电能很小，所需的电能可以根据气流对尘粒的黏滞力和尘粒向着收尘极运动所经过的距离计算出来。根据斯托克斯定律，一个球形尘粒所受到的黏滞阻力为

$$F_c = 6\pi\mu a\omega \ (\text{N}) \tag{6-2}$$

式中　$\mu$——介质的黏度（Pa·s）；

　　　$a$——尘粒的半径（m）；

　　　$\omega$——荷电尘粒的驱进速度（m/s）。

令尘粒向着收尘电极运动所经过的距离 $S$，则所消耗的功为

$$W = F_c \cdot S \ (\text{J}) \tag{6-3}$$

现假设使一个粒径为 1m 的尘粒以 30cm/s 的速度运动 5cm 的距离到达收尘极，则根据公式（6-3）可以计算出 $W$ 的值。可见，这是一个很小的值。一般从气流中分离一定质量的尘粒所需的功与黏滞阻力成正比，而与尘粒粒径的立方和尘粒的密度成反比。从含尘浓度为 2.28g/m³、烟气量为 2830m³/min 的烟气中，分离 $1\mu$m 尘粒，约需功率 500W。由此可知，从气体中分离悬浮尘粒所需的功率即使在烟气量大、含尘浓度高的情况下也是很微小的。

静电除尘器所消耗的功率比以上初步的计算值大得多，因为用在使尘粒输送到电极上的功率只占总功率的一小部分。对于双区静电除尘而言，其所需的理论能耗可能与实际情况相近，因用在电晕上的功率很小。但是对于单区静电除尘而言，其电晕遍及整个收尘空间，电晕功率比分离尘粒所需的功率大好多倍。尽管如此，电除尘器所消耗包括电晕功率在内的总功率，与旋风除尘器和洗涤器之类的机械除尘器相比还是很小的。例如捕集燃煤锅炉的飞灰，使用压力损失为 750Pa，直径为 245mm 的旋风除尘器，除尘效率为 75%～80%，其功率消耗为 35kW/（47m³·s⁻¹），而在同样条件下采用电除尘器时，只需 3kW 左右，即相当于机械除尘能量消耗的 10% 以下。显然，电除尘器具有功率消耗省低特点。因此，在评价除尘设备的投资和性能时，必须考虑静电除尘器功率消耗低和机械除尘设备投资较少的特点进行综合比较，虽然静电除尘器消耗能量不多，但是供电质量和静电除尘器的性能密切相关。供电机组的容量必须与静电除尘器的能力相匹配。

（2）供电质量和除尘效率的关系

从多依奇（Deutsch）除尘效率公式：

$$\eta = 1 - \exp\left(-A\omega/Q\right) \tag{6-4}$$

式中，似乎不能明显地看出除尘效率与供电质量间的关系，但是从式（6-4）中，可以明显看出 $\omega$ 值与荷电电场强度和收尘电场强度的乘积 $E_a E_p$ 成正比，它是把电除尘器性能与电能联系起来的基本参数。要使电除尘器的效率最高，就要求 $\omega$ 值尽可能大，也就是 $E_a E_p$ 的值尽可能地大。由于 $E_a$ 与 $E_p$ 增大与电除尘的电流和电压有关，所以，$\omega$ 值对于电气操作条件的反应很敏感，对于有用的电晕功率输入的反应也很敏感。尽管电压和功率输入只有较小的

增加，也足以使电除尘器的效率有较大的提高。例如一台捕集飞灰电除尘器的效率，当电压仅增加 3kV 时，其除尘效率就从 92％提高到 97％以上。因此，不论从理论上，还是从实际现场经验上，都可以肯定电除尘的供电质量对电除尘器的性能有决定性的影响。

虽然可以用不同的方法确定除尘效率与电能之间的定量关系，但其中对工程应用最有效的是使 $\omega$ 和供给电除尘器的有效电晕功率相联系。根据怀特（White）的推导可以得到下列近似的公式

$$\omega = k_p \cdot P_d / A \ (\text{m/s}) \tag{6-5}$$

式中 $A$——收尘电极的表面积（$\text{m}^2$）；

$P_d$——总的电晕功率（W）；

$k_p$——视气体、粉尘和电除尘器设计而定的参数。

上式表明 $\omega$ 与单位收尘极表面积 $A$ 上的电晕功率成正比。将公式（6-4）和（6-5）合并，可以得到以下关系式：

$$\eta = 1 - \exp\ (-k_p \cdot P_d / Q) \tag{6-6}$$

式中 $Q$——烟气流量（$\text{m}^3/\text{s}$）；

$\eta$——电除尘器的除尘效率。

公式（6-6）提供了对电除尘器的基本设计和性能分析很有用的方法。从理论上可以推导出参数 $k_p$ 的数量级，但对工程应用来说，最好还是根据除尘效率的测定数据进行计算。这样就可以把气流分布不均匀等引起除尘效率下降的因素包括在内了，而这些因素在工业应用中是不可避免的。试验表明，$k_p$ 的数值在 0.006 左右，式（6-5）明确指出了除尘效率与供电质量的关系。显然，改善供电质量、提高电晕功率是提高除尘效率的重要措施之一。

（3）提高除尘效率的高压供电措施

① 采用负高压供电

大量实验表明：在相同的条件下，采用负高压供电比正高压供电具有起晕电压低、击穿电压高、电晕功率大、运行稳定等优点。因此，负高压供电在工业电除尘中得到了广泛应用。

② 选择合适的电压波形

如图 6-80 所示，国内外电除尘器高压供电设备较常采用的具有一定峰值和平均值的脉动负直流电压波形。

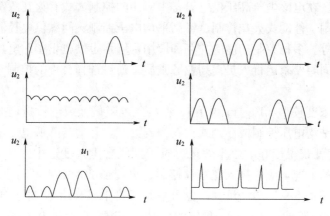

图 6-80 高压供电设备的波形

峰值电压有利于粉尘荷电，而平均电压有利于粉尘的捕集。因此，应根据粉尘的比电阻来选择合适的电压波形。对于低比阻（$10^4\Omega\cdot cm$ 以下）粉尘，因其易于荷电而不易捕集，故应选择峰值电压低而平均电压高的电压波形（如三相全波整流、经过滤波的单相全波整流等）。对于中比阻（$1\times10^4\sim5\times10^{10}\Omega\cdot cm$）粉尘，因这类粉尘既较容易荷电，又较容易捕集，故应选择峰值电压和平均电压均适中的电压波形（如单相全波整流、富能供电等）。对于高比电阻（$5\times10^{10}\Omega\cdot cm$ 以上）粉尘，因其不易于荷电而易于产生反电晕，故应选择峰值电压高而平均电压低的电压波形（如半波整流、间歇供电和脉冲供电等）。

目前，我国绝大多数电除尘器，都采用单相全波整流的供电方式。通常情况下，这种供电方式是适宜的。对于部分具有较高比电阻的粉尘，可通过调整变压器的抽头（使可控硅的导通角 $\phi=40\%\sim60\%$）、改变控制方式（如采用间歇供电）和增大火花频率（20 次/分以上）等方法，达到提高峰值电压和降低平均电压的目的，以利于粉尘的荷电和捕集。

③ 选择合适的匹配阻抗

当电除尘器的板线极距和运行工况确定后，提高电除尘器的上限电压（即火花放电电压）是困难的。但是，通过选择合适的匹配阻抗，达到改善供电系统的伏安特性和提高电晕电流的目的是可行的。

电除尘器高压供电设备的阻抗与容量紧密相关，正确选择供电设备的容量，也就正确选择了供电设备的阻抗。供电设备的额定输出电压应按异极间距的大小选取 $3.0\sim3.5kV/cm$，然后圆整向上靠等级。对于烟气含尘浓度高（$30g/Nm^3$ 以上）、粉尘比电阻低（$1\times10^{10}\Omega\cdot cm$ 以下）、同极间距宽（400mm 以上）和电晕线芒刺长（RS 线）的情况应靠近下限选择，反之应靠近上限选择。供电设备的额定输出电流应按单区收尘面积的大小为 $0.2\sim0.4mA/m^2$ 选取，然后圆整向上靠等级。对于高含尘浓度烟气、窄极距电极、高比电阻粉尘和短芒刺电晕线的情况应靠近下限选择，反之应靠近上限选择。

对于运行中的电除尘器高压供电设备，可通过调整变压器的初级抽头（一般设有 $3\sim6$ 个），使可控硅的导通角为 $60\%\sim90\%$。调整电抗器抽头（一般也设有 $3\sim6$ 个），使输出电流波形圆滑对称。做各种控制方式下的 V-I 特性曲线，从中选择最好的一种控制方式，也就达到了阻抗近似匹配之目的。

④ 选择合适的控制方式

由于集成电路和微机在电除尘器供电设备中的应用，使电除尘器的供电控制技术进入多功能控制的新阶段。在电除尘器高压供电设备中应用的控制方式有火花跟踪控制、火花强度控制、临界火花控制、浮动式火花控制、最高平均电压控制、间歇供电控制、富能供电控制和反电晕检测控制等。多种控制功能的并存和应用，增强了供电设备对电场烟尘条件变化的适应和跟踪能力，同时要求运行人员提高业务素质，通过选择合理的控制方式，达到提高除尘效率的目的。

对于烟气含尘浓度较小（$10g/m^3$ 以下）、粉尘比电阻偏低或运行稳定的工况，应选择临界火花控制、最高平均电压控制或浮动式火花控制方式，并适当降低电压上升率和火花频率（$0\sim5$ 次/min），就可获得较好的收尘效果。对于烟气含尘浓度适中（$10\sim30g/m^3$）、中比阻粉或运行较稳定的工况，应选择火花跟踪控制、火花强度控制或最高平均电压控制方式，并适当调整火花频率（$5\sim10$ 次/min），也可取得好的收尘效果。对于含尘浓度高（$30g/Nm^3$ 以上）、粉尘比电阻偏高或运行不稳定的工况，应选择富能供电控制、间歇供电控制或反电晕检测控制方式，并适当提高电压上升率和火花频率（$10\sim15$ 次/min），也可达到提高除尘效率的目的。

（4）提高除尘效率的低压控制措施

① 选择合理的振打制度

振打清灰是电除尘的主要过程之一。其清灰效果不仅与振打力有关，而且与振打周期紧密相关。停振时间过长，会使板、线积灰严重；振打过于频繁，会产生"二次扬尘"，两者均会影响除尘效果。

② 选择合理的卸灰控制方式

电除尘器的卸灰控制方式主要包括连续卸灰控制、周期卸灰控制和料位检测卸灰控制。对于连续卸灰，若无人工干涉，会出现灰斗排空、引起漏风、产生"二次扬尘"、造成资源浪费和使除尘效率降低。因此，应采取每班定时卸灰一次的办法，确保灰斗不排空也不大量积灰。

对于料位检测卸灰，若料位计工作正常，应采取较好的卸灰控制方式。但由于后级电场收集灰量少，灰位达到上料位需要的时间过长（0～30h），若遇灰斗加热保温不良，就会造成灰料结块蓬灰，料位计失灵。因此，对于料位检测卸灰控制，应对灰斗采取有效的加热保温措施，加强对料位计的维护。必要时对于后级电场灰斗应降低上料位检测高度，这样做既可以防止漏风，又减少了排灰不畅的故障，也就等于提高了除尘效率。

③ 选择合适的绝缘子加热控制方式

对静电除尘器的阴极支撑绝缘子和阴极振打瓷轴采取密封和加热保温措施，使该处的温度保持在烟气露点温度之上，是使电场运行电压能维持较高水平的重要手段。电除尘器的绝缘子加热控制方式有连续加热控制、恒温加热控制和区间加热控制。对于连续加热，若无人工干涉，会出现保温箱温度过高，引起绝缘设备机械强度降低，加速老化缩短使用寿命，还会造成能源浪费。对于恒温加热控制，当采用有触点控制时，断电器和加热器工作过于频繁，会影响使用寿命。故应适当降低其温度检测的灵敏度，并正确选择恒温值高于露点温度。区间加热属于一种较好的加热控制方式，加热区间的下限应略高于露点温度，上限高出下限20℃为宜。这样做既可以防止绝缘子结露，使电场绝缘水平提高，又降低了继电器和加热器的故障概率，提高了设备的使用寿命，也提高了除尘效率。

（5）提高除尘效率的智能控制和管理措施

采用由上位机（中央控制器）、下位机（高低压供电控制设备）和各种检测装置（烟气浊度仪、锅炉负荷传感器、温度传感器、压力传感器、一氧化碳分析仪）等组成的集散型智能控制系统，可实现对高低压供电控制设备的闭环控制、控制参数的在线设定、运行数据的在线显示、修改和打印等多种功能。这不仅提高了电除尘器运行的自动化管理水平，而且能在保证除尘效率的前提下，通过对高低压供电控制设备实施智能控制，达到大幅度节省电能的目的。采用电除尘器集散型智能控制系统，是现代化生产管理的需要，也是保障电除尘器长期安全、稳定高效运行的重要措施之一。

**6. 运行管理**

（1）静电除尘器生产运行中的安全注意事项

静电除尘器使用高压电源，在运行维护过程中，必须严格执行《电业安全工作规程》中的有关规定，应特别注意人身和设备的安全。

① 运行中禁止开启高压隔离开关柜，柜门均应关闭严密。

② 静电除尘器运行时，严禁打开各种门孔封盖，如需打开保温人孔门，应得到运行值班员的批准，应做好切实有效的安全措施。

③ 进入静电除尘内部工作，必须严格执行工作制度，并停用电场及所属设备，隔离电源，隔绝烟气通过，且除尘器温度降到 40℃ 以下，工作部位有可靠接地，并制定可靠的安全措施。如含有毒或爆炸气体情况时，不要马上进入电场，以防不测。

④ 进入静电除尘器前必须将高压隔离刀闸投到"接地"位置，用接地棒对高压硅整流变输出端电场放电部分进行放电，并可靠接地，以防残余静电对人体的伤害。

⑤ 即使电场全部停电后，事先没有可靠的接地，禁止接触所有的阴极线部分。

⑥ 进入静电除尘器内部前必须将灰斗内储灰排干净，并充分通风检查内部无有害气体后，方可开始工作。静电除尘器各部位接地装置不得随意拆除。

⑦ 静电除尘器内部的平台由于长期处于烟气之中，可能会发生腐蚀，进入时须注意平台的腐蚀情况，以免由于平台损坏而造成人身伤亡事故。

⑧ 在离开电除尘器前，应确认没有任何东西遗留在电除尘器内。运行场所应照明充足，走道畅通，各门孔应关闭严密。

⑨ 为确保除尘设备长期安全、高效运行，要求用户加强对灰斗卸、输灰系统的严格管理，配置灰斗高料位预警装置，在灰斗满灰和卸、输灰系统出现堵灰故障无法及时卸灰情况时必须立即采取临时应急放灰处理，避免粉尘进一步沉积加重除尘器的负荷，防止结构安全事故发生。

（2）静电除尘器安全操作规程

① 每次开车前必须查看静电除尘器各处，确认设备正常、电场内无人工作、各人孔门已经关好，然后方可开车。

② 电场通入高压电前应先开振打装置，电场停电以后振打装置仍需继续运行 0.5h 以后再停，以消除电极上的积灰。

③ 静电除尘器启用时，应先通入烟气预热一段时间，使电场温度逐步升高，当温度上长到 80℃ 以上时开始送电。

④ 废气中的 $CO_2$ 含量不得超过 2%，若超过时则电场立即停电或不送电。

⑤ 运行中，静电除尘器中部温度超过进口部温度时应立即停电，并开放副烟道闸门，关闭电器进风口闸门。

⑥ 运行中，应经常注意控制箱上的一次、二次电流不得超过额定范围，以保护变电整流装置。

⑦ 在开启人孔门、检修活动屋面板前，必须先行停电，并将电源接地放电，每周需清扫石英套管一次，在检修时应特别注意检查极间距的变化、振打装置的振打情况并及时排除故障。

⑧ 经常检查 $CO_2$ 测定仪是否正常，及时更换过滤装置，每周应进行一次校验。

（二）电袋复合除尘器

**1. 研发经历**

20 世纪 80 年代，我国燃煤电厂锅炉除尘从麻石水膜、多管旋风等初级低效方式向高效电除尘和袋式除尘过渡升级。在电除尘方面，通过对国外设备技术引进、消化吸收，并不断改进完善，逐步实现国产化并获得大量推广应用。在袋式除尘方面，由于当时对锅炉烟气复杂性和袋式除尘认识的局限性，国内成套经验少、袋配质量差、系统维护运行水平低，数例试用工程频发破袋与高阻问题，从而退出了燃煤锅炉烟气应用领域，时间长达 10 多年。此时，电除尘器成为我国燃煤电厂烟气除尘的唯一选择。然而，我国地域辽阔，煤炭种类多，煤质、飞灰特性差异大，燃煤电厂锅炉烟气的工况条件复杂多变，电除尘器在实际应用中逐渐暴露了受煤质参数影响较大，对工况变化适应能力差，尤其是对细颗粒物捕集效率不高等问题。随着人们环保意识的不断增强以及国家对环保事业的日益重视，大气污染物排放标准日趋严格，燃煤电厂烟尘达标排放成为亟待解决的难题，当时各行业使用的电除尘器有不少已达不到排放要求而必须升级、改造。进入 21 世纪，选用了引进德国鲁奇公司技术生产的袋式除尘器，袋式除尘器的整体性能和成套水平得到明显提升，但煤质及飞灰成分对设备运行阻力和滤袋使用寿命的影响问题依然存在，尤其是对烟气成分和运行温度给聚苯硫醚（PPS）滤袋带来的化学性破袋问题仍然认知不足。

20 世纪 90 年代中期开始，我国环保骨干企业系统总结了电除尘和袋式除尘的优点与不足，深入研究电除尘与袋除尘的复合机理和内在联系。自主研发电袋复合除尘器技术，首先在水泥行业应用取得突破，又在煤电厂机组获得成功应用，之后连续突破并迅速推广，成为燃煤电厂烟尘达标排放的重要技术手段。20 多年来，通过不断创新，持续开发，系统地解决了除尘器大型化的气流均布和滤袋长寿命等世界性难题。电袋复合除尘技术凭借低排放、低能耗、长期稳定运行等综合性能，为满足我国燃煤电厂复杂多变的工况条件以及严格的烟尘排放要求提供了先进的适用技术，开创了一条新的除尘技术路线，带动了一个全新的电袋复合除尘产业。石膏建材生产特别是工业副产石膏的生产，随生产规模不断扩大，从几万吨十几万吨的规模到现在向一次投产近百万吨的规模，国家环保标准的日益严苛，电袋除尘器必将得到应用和推广。

**2. 基本原理**

电袋复合除尘器是在一个箱体内紧凑地安装电场区和滤袋区，有机结合电除尘和袋式除尘两种机理的一种新型除尘器。基本工作原理是利用前级电场区收集大部分的粉尘和烟尘荷电，利用后级滤袋区过滤拦截剩余的粉尘，实现烟气的净化。基本结构如图 6-81 所示。电袋复合除尘器工作过程如下：高速含尘烟气从烟道经进口喇叭扩散、缓冲、整流，水平进入电场区。烟气中部分粗颗粒粉尘在扩散、缓冲过程中沉降落入灰斗，大部分粉尘（80％以上）在电场区的高压静电作用下在阳极板捕集，剩余部分粉尘随气流进入滤袋区被滤袋过滤净化后，烟气从袋口流出，经净气室、提升阀、出口烟箱、烟囱排放，从而完成净化过程。

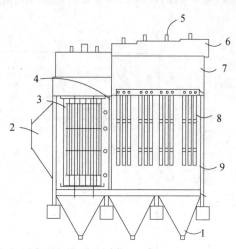

图 6-81　电袋复合除尘器

1—灰斗；2—进气口；3—阴极；4—阳极；5—提升阀；6—出气；7—净气室；8—滤袋；9—机壳

**3. 主要结构形式**

目前常用的电袋复合除尘器主要有分区复合式和嵌入式两种结构形式。

（1）分区复合式电袋除尘器

分区复合式是把电场区和滤袋区有机结合在同一箱体的结构形式，根据气流走向可前后分区（图 6-82）或上下分区（图 6-83）。

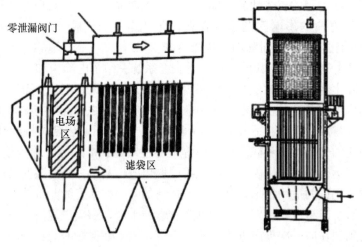

图 6-82　前后分区复合结构　　　图 6-83　上下分区复合结构

前后分区复合结构具有结构简单、设备成本低、维护检修方便、综合性能良好、易于大型化等优点，而得到广泛推广，最大规格已成功应用在燃煤电厂 1000MW 机组。为提高末端滤袋区粉尘的荷电量，电场区、滤袋区可多重布置，这样又形成了多重分区复合结构形式，但结构相当复杂，性价比并不高。上下分区复合结构具有结构紧凑、占地小等特点，适合用于场地小、布置受限的小型化工程。

嵌入式复合结构如图 6-84 所示。该结构形式将电场阴阳极与滤袋相间交错布置，大幅度缩短了电袋之间的距离以及荷电粉尘到达滤袋的时间，突显了荷电粉尘的过滤优势。嵌入式电袋复合除尘器占地面积较大，结构较为复杂，在产品技术经济性、大型化结构设计方面还有一定的工作要做。

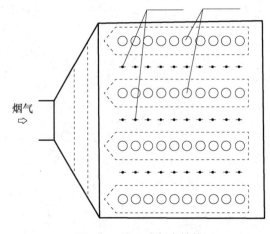

图 6-84　嵌入式复合结构

**4. 技术特点**

(1) 除尘性能不受烟灰特性等因素影响，长期稳定超低排放。电袋复合除尘器的除尘过程由电场区和滤袋区协同完成，出口排放浓度最终由滤袋区掌控，对粉尘成分、比电阻等特性不敏感。因此适应工况条件更为宽广，出口排放浓度值可控制在 $10mg/m^3$ 以下，甚至达到 $5mg/m^3$ 以下，并长期稳定运行。

(2) 捕集细颗粒物（PM2.5）效率高。电袋复合除尘器的电场区使微细颗粒尘发生电凝，滤袋表面粉尘形成链状尘饼结构，对 PM2.5 具有良好的捕集效果。PM2.5 的脱除效率可达 98.1％～99.89％。

(3) 电袋协同脱汞，提高气态汞脱除率。电袋协同脱汞技术是以改性活性炭等作为活性吸附剂脱除汞及其化合物的前沿技术。其主要工作原理是在电场区和滤袋区之间设置活性吸附剂吸附装置，活性吸附剂与浓度较低的粉尘在混合、过滤、沉积过程中吸附气态汞，效率高达 90％以上。为提高吸收剂利用率，滤袋区的粉尘和吸附剂混合物经灰斗循环系统多次利用，直至吸收剂达到饱和状态时被排出。

(4) 在相同工况和运行条件下，运行阻力明显低于纯袋式除尘器。由于电袋复合除尘器在电场区的除尘与荷电作用，进入滤袋区的粉尘量为总量的 20％，滤袋单位面积处理的粉尘负荷量减少，荷电粉尘粉饼结构疏松，透气性好，容易清灰。

(5) 降低滤袋破损率，延长滤袋使用寿命。在工程应用中探明，袋式除尘器滤袋破损主要有两种原因：第一是物理性破损，由粉尘的冲刷、滤袋之间相互摩擦、磕碰及其他外力所致，造成滤袋局部性异常破损；第二是化学性破损，由烟气中化学成分对滤袋产生的腐蚀、氧化、水解作用，造成滤袋区域性异常破损。电袋复合除尘器由于自身的优势，前袋为后袋起了缓冲保护作用，进入滤袋区的粉尘浓度较低、粗颗粒尘很少，并且清灰频率降低，从而有效减缓了滤料的物理性及化学性破损，延长了使用寿命。

(6) 运行稳定、能耗低。电袋复合除尘器由于其独特结构，充分利用前级 1～2 个电场高效去除约 80％的粉尘，大大降低进入袋区的粉尘浓度，且电场区高压能耗低。同时，前级电场作用使进入袋区的粉尘荷电，在滤袋表面形成疏松的粉饼层，剥离性好，通过设置合理的清灰制度，可大大降低平均运行阻力，且清灰能耗低。

(7) 操作便捷、维护方便。电袋复合除尘器与电除尘器相比，对入口粉尘特性的波动具有很好的适应性，且保持稳定的低排放，不必像电除尘那样，需频繁进行工作点的调整，所以操作维护相比电除尘更加便捷与方便。与袋式除尘器相比，电袋复合除尘器的平均运行阻力更低，滤袋破损率更小，从而减少了换袋及维修工作量。

## 五、湿式除尘器

湿式除尘器，也叫洗涤式除尘器，是一种利用水（或其他液体）与含尘气体相互接触，伴随有热、质的传递，经过洗涤使尘粒与气体分离的设备。用湿式除尘器去除大颗粒粉尘，在 19 世纪末钢铁工业中开始采用。湿法除尘与干式除尘相比，其优点是：设备投资少，构造比较简单；净化效率较高，能够除掉 $0.1\mu m$ 以上的尘粒；设备本身一般没有可动部件，如制造材料质量好，不易发生故障；在除尘过程中还有降温冷却、增加湿度和净化有害有毒气体等作用，非常适合于高温、高湿烟气及非纤维性粉尘的处理；可净化易燃及有害气体。石膏建材生产中主要用湿式水膜除尘器，主要以燃料不产生 $SO_2$ 无须脱硫的烟气，如需处理烟气及 $SO_2$ 使用脱硫系统装备。这个章节主要介绍水膜除尘器及脱硫系统。

（一）湿式除尘

**1. 湿式除尘式分类**

湿式除尘器，在设备结构设计上也采用碰撞、扩散力等作用原理，以便使尘粒在除尘器中随气流流道的突然缩小、扩大、变向及碰撞各种障碍物时，发生凝聚、附着、重力沉降、离心、分离等综合性的复杂过程，使尘粒与气体分离。

（1）按接触方式分类（表6-66）

表 6-66 湿式除尘按接触方式分类

| 分类 | 设备名称 | 主要特性 |
| --- | --- | --- |
| 储水式 | 水浴式除尘器<br>卧式水膜除尘器<br>自激式除尘器<br>湍球塔除尘器 | 使高速流动含尘气体冲入液体内，转折一定角度再冲出液面，激起水花、水雾，使含尘气体得到净化，压降为（1～5）×10³Pa，可清除几微米的颗粒或者在筛孔板上保持一定高度的液体层使气体从下而上穿过筛孔鼓泡进入液层内形成泡沫接触。它又有无溢流及有溢流两种形式。筛板可有多层 |
| 淋水式 | 喷淋式除尘器<br>水膜除尘器<br>漏板塔除尘器<br>旋流板塔除尘器 | 用雾化喷嘴将液体雾化成细小液滴，气体是连续相，与之逆流运动或同相流动，气液接触完成除尘过程。压力降低，水量消耗较大，可除去大于几个微米的颗粒。也可以将离心分离与湿法捕集结合，可捕集大于 $1\mu m$ 的颗粒，压降为750～1500Pa。喷淋式及水膜除水器在石膏建材行业应用较广泛 |
| 压水式 | 文氏管除尘器<br>喷射式除尘器<br>引射式除尘器 | 利用文氏管将气体速度升高到 $60～120m/s$，吸入液体，使之雾化成细小液滴，它与气体间相对速度很高。很适用于处理黏性粉体 |

（2）按构造分类

按除尘器构造不同，湿式除尘器有 7 种不同的结构类别，如图 6-85 所示。

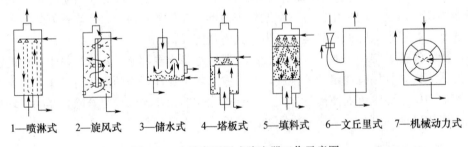

1—喷淋式　2—旋风式　3—储水式　4—塔板式　5—填料式　6—文丘里式　7—机械动力式

图 6-85　7 种类型湿式除尘器工作示意图

（3）按不同能耗分类

在应用中也有按除尘设备阻力高低、耗能多少把湿式除尘器分为低能耗和高能耗除尘器两大类，低能耗除尘器的压力损失为 0.25～2.0kPa，包括喷淋除尘器和旋风水膜除尘器等。一般运行条件下的耗水量（液气比）为 0.4～0.8L/m³，对大于 $10\mu m$ 的粉尘的净化效率可达 90%～95%。低能耗除尘器常用石膏建材生产、焚烧炉、化肥制造、石灰窑及铸造车间化铁炉的除尘上。高能耗除尘器，如文氏管除尘器，净化效率达 99.5% 以上，压力损失范围为 2.0～9.0kPa，常用于炼铁、炼钢及造纸烟气除尘上。

**2. 麻石水膜除尘器**

麻石水膜除尘器有两种形式，即普通麻石水膜除尘器和文丘里管麻石水膜除尘器。普通麻石水膜除尘器是一种圆筒形的离心式旋风除尘器；文丘里管麻石水膜除尘器是在普通的麻石水膜除尘器前增设文丘里管，当烟气通过文丘里管时，压力水喷入文丘里管喉部入口处，呈雾状充满整个喉部，烟气中的尘粒被吸附在水珠上，并凝聚成大颗粒水滴，随烟气进入除尘器筒体进行分离，水滴和尘粒在离心力作用下被甩到筒壁，随水膜流入筒底，再从排水口排出。石膏生产线应用水膜除尘器据工况、当地环保要求选用这两种水膜除尘器，特别适应于低硫煤流化床热风系统并对 $SO_2$ 排出量＜400mg/m³ 的工况条件，也适应于蒸汽热源、燃天然气热源并对粉尘排出量＜20mg/m³ 的工况条件。

（1）麻石水膜除尘器结构

麻石水膜除尘器对降低烟气中的含硫成分也有一定的效果，如果烟气中含有硫或其他有害气体，向麻石水膜除尘器添加碱性废水作为补充水，或加入适量碱性物质，则脱硫率可以有所提高。

麻石水膜除尘器的构造如图 6-86 所示，含尘气体沿切线方向以很高的速度进入筒体，并沿筒壁呈螺旋式上升，含尘气体中的尘粒在离心力的作用下被甩到筒壁，在自上而下筒内壁产生的水膜湿润捕获后随水膜下流，经锥形灰斗、水封锁气器排入排灰水沟。净化后的气体经风机排入大气。除尘器的筒体内壁形成均匀、稳定的水膜是保证除尘性能的必要条件。水膜的形成与筒体内烟气的旋转方向、旋转速度，烟气的上升速度有关。供水方式有喷嘴、内水槽溢流式、外水槽溢流式 3 种，应用较多的是外水槽溢流式供水。它是靠除尘器内外的压差溢流供水，只要保持溢水槽内水位恒定，溢流的水压就为一恒定值，这就可以形成稳定的水膜。为了保证在内壁的四周给水均匀，溢水槽给水装置采用环形给水总管，由环形给水总管接出若干根竖直管，向溢流槽给水。

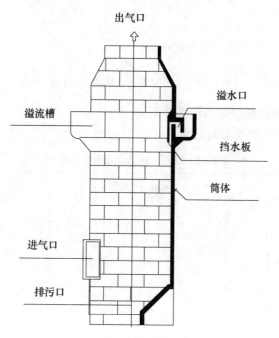

图 6-86　麻石水膜除尘器的构造

（2）文丘里管麻石水膜除尘器

烟气进入筒体之前通过文丘里管，在喉管入口处与喷入的压力水雾充分混合接触，烟气中的尘粒凝聚成大颗粒，并随烟气一起由筒体下部切向或蜗向引入筒体，呈螺旋式上升，灰粒在离心力的作用下，被筒体内壁自上而下流动的水膜吸附，与烟气分离随水膜送到底部灰斗，从排灰口排出，达到除尘目的。其外形如图6-87所示。该系列除尘器有如下特点：①文丘里喉管部两侧采用了多个反射屏装置，使水雾喷出均匀，促使水雾与含尘烟气充分混合，提高除尘效率；②环形集水系统结构位于筒体上部外围，管上有若干与筒体垂直或切向排列的喷嘴，喷出的水雾沿筒体内壁旋转下降，容易与筒体内烟气混合，提高除尘效率；③有独特的气水分离装置，使除尘器带水很少；④增加了冲灰管，使水封槽不易堵塞，保证设备的正常运转。

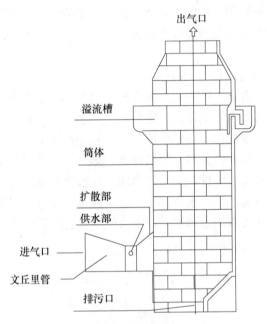

图 6-87 文丘里麻石水膜除尘器构造

### 3. 麻石水膜除尘器性能参数和设备选型表

（1）麻石水膜除尘器性能参数见表6-67。

表 6-67 麻石水膜除尘器性能参数表

| 性能 | 普通麻石水膜除尘器 | 文丘里管麻石水膜除尘器 |
|---|---|---|
| 进口烟气流速（m/s） | 18～22 | 9.5～13 |
| 文丘里管喉部流速（m/s） | 55～70 | 55～70 |
| 筒体内上升流速（m/s） | 3.5～4.5 | 3.5～4.5 |
| 除尘器效率（%） | ＞90 | ＞95 |
| 除尘器阻力（Pa） | 550～950 | 750～1200 |
| 除尘器内烟气温降（℃） | 50 | 60 |

（2）麻石水膜除尘器设备选用见表6-68。

表 6-68　麻石水膜除尘器设备选用表

| 项目 | 单位 | 性能参数 | | | | |
|---|---|---|---|---|---|---|
| 除尘器外径 | mm | 1800 | 2100 | 2800 | 32000 | 3600 |
| 处理烟气进量 | m³/h | 25000～35000 | 50000～60000 | 75000～9000 | 125000～135000 | 172500～201000 |
| 烟气进口速度 | m/s | 10～12 | | | | |
| 烟气上升速度 | m/s | 3.5～4.5 | | | | |
| 烟气出口速度 | m/s | 8～12 | | | | |
| 用水量 | t/h | 5.5～6 | 8～9 | 13～15 | 16～18 | 19～21 |
| 除尘器阻力 | Pa | 600～800 | | | | |
| 除尘效率 | % | 90～92 | | | | |
| 配套锅炉容量 | t/h | 10 | 15 | 20 | 35 | 65 |
| 配套副产石膏粉生产线（烘干＋煅烧） | Wt/a | 5 | 10 | 15 | 25 | 35 |
| 配套天然石膏粉生产线（烘干＋煅烧） | Wt/a | 12 | 25 | 35 | 50 | |

（3）文丘里管麻石水膜除尘器设备选用见表 6-69。

表 6-69　文丘里管麻石水膜除尘器设备选用表

| 项目 | 单位 | 设备型号 | | | | |
|---|---|---|---|---|---|---|
| 外径 | mm | 1750 | 2100 | 2800 | 3200 | 3600 |
| 处理烟气量 | m³/h | 25000～30000 | 50000～60000 | 75000～90000 | 12500～135000 | 172500～201000 |
| 烟气进口流速 | m/s | 18～22 | | | | |
| 喉部流速 | m/s | 50～70 | | | | |
| 筒体上升速度 | m/s | 3.5～4.5 | | | | |
| 烟气出口流速 | m/s | 8～12 | | | | |
| 用水量 | t/h | 9～10 | 13～15 | 19～21 | 24～28 | 31～35 |
| 阻力 | Pa | 800～1200 | | | | |
| 除尘效率 | % | 95～98 | | | | |
| 配用锅炉 | t/h | 10 | 20 | 35 | 45 | 65 |
| 配套副产石膏粉生产线（烘干＋煅烧） | Wt/a | 5 | 10 | 15 | 25 | 35 |
| 配套天然石膏粉生产线（烘干＋煅烧） | Wt/a | 12 | 25 | 35 | 50 | |

**4. 水膜除尘器运行管理**

（1）水膜除尘器除尘器的维护

① 对于设备的腐蚀，在设计时充分掌握排烟的性状，从而相应的选择材质，涂适宜的防腐料，在停运时要进行充分的检查，对腐蚀部位进行检修；

② 喉部的烟气速度很高，极易磨损，所以这一部分通常做成可以更换的，以便在磨损严重时更换备件；

③ 给水喷嘴的端部在烟气侧发生涡流，因而容易被粉尘所堵塞，必须加以检查清理。给水喷嘴堵塞和磨损是一切除尘装置、烟气冷却装置和烟气调湿装置的共同问题，是运行中经常发生的，所以一定要做成在运行中可以方便拆卸和更换的形式。

（2）水膜除尘器安全操作规程

① 开车前的准备工作

a. 对于皮带传动的除尘风机，应检查风机和电动机的稳定性，皮带轮的固定及皮带的张紧程度均应良好。

b. 检查通风机和电动机的周围有无遗落的螺钉及其他有碍运行物体，检查控制系统是否完好。

c. 热风或锅炉系统运行前，检查水除尘上水管道是否具备良好的供水条件，必须先向除尘器进水，水流满溢水口后方可使用，除尘器在使用中绝不可断水使用或水量不足。

d. 检查排污水封及排水管道是否具备排水畅通的条件。

② 开车程序

a. 排除通风机底部的积水。

b. 除尘器运行前必须认真检查循环池中 pH 值是否大于 8，这样可使脱硫效率达到最佳效果，pH 值低于 8 时，需往循环池内加入一定量的碱。

c. 启动循环系统时，检查水泵底阀是否渗漏，严禁水泵空运行，水泵正常运转后调节阀门达到最佳状态。

d. 检查循环耐酸是泵是否正常，防止除尘器缺水，筒内烟温增高，再进入冷水后易造成热胀冷缩，使防腐裂纹渗漏。

e. 开通风机运转 5min 后才许可开动生产设备。清灰工人最好在每次维修时（或定期）清除水室内的灰渣，这样使除尘器保持更长的寿命。

③ 停车程序

生产设备停车 15～20min 后才可停排尘风机，关闭给水阀门。锅炉暂停使用后应打开除尘器闸阀，把除尘器内的污水全部放掉，使用时再加水，这样防止烟尘沉积在除尘器底部。

④ 水膜除尘器常见故障分析和处理

水膜除尘器常见故障分析和处理见表 6-70。

**表 6-70　水膜除尘器常见故障分析和处理**

| 序号 | 故障类型 | 可能的原因 | 处理方法 |
| --- | --- | --- | --- |
| 1 | 压降过高 | 1. 和设计值相比气体速度过高；<br>2. 液气比过高；<br>3. 喉管速度过高；如果使用了节气闸，节气闸可能放在了关闭的位置；<br>4. 如果使用了填料塔，要对液速进行检查，了解塔溢流情况 | 1. 降风速；<br>2. 减洗涤水；<br>3. 打开调气阀；<br>4. 检查处理 |
| 2 | 固体物聚集 | 1. 排污不足；<br>2. 洗涤液不足；<br>3. 如果使用了填料塔，固体物比估计的要多 | 1. 补新水；<br>2. 补水；<br>3. 检查工艺流程 |

续表

| 序号 | 故障类型 | 可能的原因 | 处理方法 |
|---|---|---|---|
| 3 | 材料腐蚀 | 1. 氯化物、酸性物含量超标；<br>2. 不正确的结构材料 | 1. 加强防腐；<br>2. 改材料 |
| 4 | 磨损 | 内部需要抗磨、防腐性损衬垫 | 改材料 |
| 5 | 出口温度过高 | 1. 除尘器没有充满气体；<br>2. 检查系统设计是否具有达到饱和时所需要的液体量处理方式 | 1. 回顾过程饱和度计算<br>2. 补水 |
| 6 | 除尘器烟囱出现凝结水 | 1. 校验烟囱的流速；<br>2. 除雾器效率低下；<br>3. 除尘器中流速过高 | 1. 降速；<br>2. 更换除雾器；<br>3. 减少洗涤水 |
| 7 | 仪表故障 | 以工艺和仪表设计为基础，检查单个仪表和控制器 | 校验或更换 |

（二）脱硫除尘

脱硫除尘器本质是脱硫除尘一体化设备，它是利用湿式除尘器使用洗涤液的特点，往洗涤液中添加与硫化物反应的物质，实现既脱硫又除尘的效果。湿式脱硫除尘器适用于中小型锅炉及生产过程排烟不大的设备，对电站锅炉等大工程需专门设计脱硫和除尘的工艺和设备。相对于石膏建材，特别是近几年随工业副产石膏的大规模应用和多品种开发，特别针对燃煤热风炉或燃煤锅炉，必须新上专业的脱硫除尘，石膏产业的脱硫除尘系统没有形成独有的技术，需针对石膏材料特性、各地区煤质不同进行开发和利用。

**1. 除尘脱硫的化学基础**

烟气脱硫工艺的化学基础主要是利用 $SO_2$ 的以下特性。

（1）酸性：$SO_2$ 属于中等强度的酸性氧化物，可用碱性物质吸收，生成稳定的盐。

（2）与钙等碱土族元素生成难溶物质如用钙基化合物吸收，生成溶解度很低的 $CaSO_3 \cdot 1/2H_2O$ 和 $CaSO_4 \cdot 2H_2O$。$SO_2$ 在水中有中等的溶解度溶于水后生成 $H_2SO_3$，然后可与其他阳离子反应生成稳定的盐，或氧化成不易挥发的 $H_2SO_4$。

（3）还原性：在与强氧化剂接触或有催化剂及氧存在时，$SO_2$ 表现为还原性，自身被氧化成 $SO_3$。$SO_3$ 是更强的酸性气体，易用吸收剂吸收。氧化性 $SO_2$ 除具还原性外，还具有氧化性，当其与强还原剂（如 $H_2S$、$CH_4$、$CO$ 等）接触时 $SO_2$ 可被还原成元素硫。

**2. 脱硫除尘的方法**

（1）钙法

采用石灰和石灰石（$CaCO_3$）作为脱硫剂的脱硫工艺，简称为钙法。它有干式、湿式和半干式三种，可以根据生产规模、条件和副产品的需求情况等的不同选用不同的方法。石灰和石灰石是最早用作烟气脱硫的吸收剂之一，特别是抛弃法。石灰石抛弃法最初用于干法，即将石灰石直接喷射到锅炉的高温区，使它和烟气中的硫氧化物起反应后，捕集除去。因为干法的脱硫效率较低，大多采用湿式洗涤法，即采用石灰或石灰石料浆在洗涤塔内脱除 $SO_2$。石膏建材全部采用石灰或石灰石湿法脱硫，用碱做酸碱中和 pH 值，称为"双碱法"。基本工艺如图 6-88 所示。石膏建材生产线脱硫系统在此基础上需要改进工艺按石膏不同特性设定工艺流程。

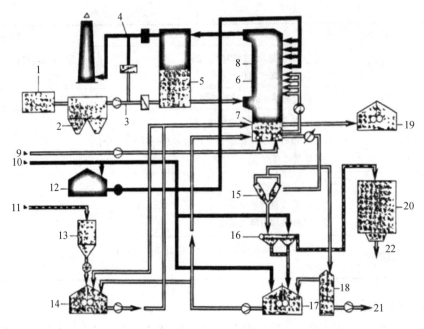

图 6-88　石灰石石膏烟气脱硫工艺图

1—锅炉或热风炉；2—除尘器；3—待净化烟气；4—净化烟气；5—气-气换热器；6—吸收塔；7—持液槽；
8—除雾器；9—氧化用空气；10、12—工艺过程用水；11—粉状石灰石；13—粉状石灰石贮仓；
14—石灰石中和剂贮箱；15—水利旋流分离器；16—皮带过滤机；17—中间贮箱；18—溢流贮箱；
19—维修用塔槽贮箱；20—石膏贮仓；21—溢流废水；22—石膏

（2）钠法

在烟气脱硫除尘历史上，钠碱化合物比其他类型的吸收物更受重视。因为它对 $SO_2$ 的亲和力强，亚硫酸钠、亚硫酸氢钠的化学机理能适应吸收与再生循环操作，钠盐溶解度大，有利吸收、化合和保持在溶液内的能力，从而可避免洗涤器内结垢和淤塞。

（3）氨法

氨的水溶液呈碱性，也是 $SO_2$ 的吸收剂。特别是硫酸工业的尾气处理，常采用氨法。这是一项成熟的技术，能达到很好的净化回收效果。

（4）镁法

所谓镁法，就是利用碱土金属元素镁的氧化物、氢氧化物作为 $SO_2$ 的吸收剂，净化处理烟气的工艺。这种工艺基本属于回收法，因而，其过程包含吸收和再生两个主要环节。

**3. 安全操作运行规程**

（1）安全操作制度

① 各岗位操作人员必须经过学习、培训，考试合格，取得安全作业证后，才能正式担任操作人员。

② 生产工作现场、交通要道不得堆放物品、修理器材和其他杂物。

③ 凡进入脱硫车间的人员，一律要穿工作服或合身的衣服。不得穿长大衣、裙子、高跟鞋、拖鞋、草鞋进入脱硫车间。不得打赤脚或赤膊上班。

④ 操作室内应保持良好的通风，如设备、管线发生漏气，应及时消除。在运转设备上进行检查、加油或清洁时，严禁戴手套作业，应特别注意安全，防止绞伤和棉纱绞入设备、电动机。

⑤ 在发生重大设备、操作、质量和人身事故时，除积极处理防止事故扩大蔓延外，还应向上级生产运行管理人员或有关部门汇报，到现场协助处理，必要时应保留现场，待主管部门检查同意后，才能改变。

⑥ 严格遵守电器设备的使用规程。电器设备着火时，应先切断电源，然后用避电灭火器灭火，严禁用水灭火。使用电器设备时，必须保持手脚干燥，防止触电。

⑦ 凡设备检修前，必须执行安全检修交接任务书，经批准后方可进行，并严格遵守安全检修制度。

⑧ 在易燃、易爆设备、管道上检修，不得使用铁器敲打。必须敲击时，只能用木、橡胶等工具。登高 3m 以上工作无平台时，应系安全带。交叉作业时，应戴安全帽，高空作业时，禁止向地面或地面向高空抛掷工具、物件。

⑨ 脱硫车间的压力容器，车间必须有专人或兼职人员管理，严格按照受压力容器管理规程办事。车间使用的危险药品、贵重材料必须专人按规定管理。

（2）设备维护保养制度

① 操作运行人员要经常维护保养设备，认真执行设备的"十字"作业法，即"清洁、紧固、调整、防腐"，保证设备正常运行，同时必须及时详细填写维护保养记录。

② 设备在运行中发生影响安全操作的故障时，应采取相应的检修措施，严禁设备带病运行。

③ 设备大修计划，首先应由运行人员根据设备运行时间和情况提出，由主管设备的领导和技术人员共同制定并明确检修保养的项目、方法、时间和责任者。

④ 设备保修人员必须认真执行检修计划，并根据设备的停运时间采取有效的保养措施。

⑤ 检修时间根据设备运行记录确定，不得随意缩短或延长时间，以保证设备正常运行。

（三）脱硝

脱硝技术分干法烟气脱硝、湿法烟气脱硝、烟气同时脱硫脱硝三大类，石膏新型建材生产规模较小，一般燃煤热风炉发热量为 $5\times10^6\sim5\times10^7$ kcal，属于中小型热风燃煤炉，一般采用干法烟气脱硝技术完全能满足生产技术脱硝要求。

干法烟气脱硝采用选择性非催化还原（SNCR）脱硝技术是在没有催化剂存在的条件下，利用还原剂将烟气中的含硝物质还原为无害的氮气和水的一种脱硝方法。该方法首先将含有氨基的还原剂喷入炉膛温度为 800～1000℃ 的区域。在高温下，还原剂迅速热分解成 $NH_3$ 并与烟气中的 $NO_x$ 进行还原反应生成 $N_2$ 和水。目前世界上燃煤电厂 SNCR 系统的总装机容量在 70% 以上。

SNCR 的脱硝效率可达 75%。但实际应用中，考虑到 $NH_3$ 的消耗和泄露等问题，设计效率为 40%～55%。根据报道，SNCR 与低 $NO_x$ 燃烧技术结合时，其效率可达 65%。

**1. 干法烟气脱硝原理**

干法烟气脱硝是以炉膛为反应器，将含有氨基的还原剂（工业中常用的是氨水或者尿素溶液）喷入炉膛 900～1100℃ 温度区间，还原剂迅速与烟气中的 $NO_x$ 发生反应，生成氮气和水，而烟气中的氧气极少与还原剂反应，从而达到对 $NO_x$ 选择性还原的效果。该过程可用以下化学反应方式表示：

$$4NH_3+4NO+O_2\longrightarrow 4N_2+6H_2O$$

$$2CO(NH_2)_2+4NO+O_2\longrightarrow 4N_2+2CO_2+6H_2O$$

方程中用 NO 表示 $NO_x$，其原因为烟气中 $NO_x$ 的 90%～95% 以 NO 的形式存在。反应过程可能发生副反应，副反应主要产物为 $N_2O$。$N_2O$ 是一种温室气体，同时它对臭氧层起到一定破坏作用。尿素干法烟气脱硝系统中，近 30% 的 $NO_x$ 被转换为 $N_2O$。

氨必须注入最适宜的温度区（930～1090℃）内，以保证上述两个反应为主要反应。当温度超出 930～1090℃的范围，氨容易直接被氧气氧化，导致被还原的 $NO_x$ 减少。另一方面，当温度低于此温度时，则氨反应不完全，过量的氨溢出而形成硫酸铵，易造成空气预热器堵塞，并有腐蚀危险。

**2. 石膏建材生产的干法烟气脱氮工艺**

图 6-89 所示为石膏建材生产系统热风炉干法烟气脱硝工艺流程示意。热风炉燃烧室上安装有还原剂喷嘴，还原剂通过喷嘴喷入烟气，并与烟气混合，反应后的烟气流出锅炉。整个系统由还原剂贮槽、还原剂喷入装置和控制仪表所构成。氨以气态形式喷入炉膛，而尿素以液态喷入，两者在设计和运行上均有差别。尿素相对氨而言，贮存更安全且能更好地在烟气中分散，对于大型锅炉，尿素烟气干法脱硝应用更普遍。

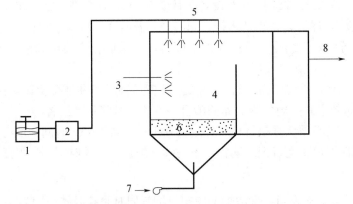

图 6-89　石膏建材生产热风炉烟气干法脱硝工艺图
1—尿素搅拌罐；2—尿素或氨水储备罐；3—给煤设备；4—热风炉；5—脱硝喷点；
6—燃烧流化层；7—氧气鼓风；8—热烟气出口

当氨与 $NO_x$ 反应不完全时，未反应完全的氨将从脱硝系统逸出。反应不完全的原因主要为两个方面：一是因为反应的温度低，影响了氨与 $NO_x$ 的反应；二是喷入的还原剂与烟气混合不均匀。

**3. 石膏建材生产以尿素做还原剂的干法烟气脱硝工艺主要设备**

采用尿素为还原剂的烟气干法脱硝系统工艺如图 6-90 所示。该工艺由还原剂制备贮运系统、还原剂计量系统、还原剂分配喷射系统组成。

（1）还原剂制备贮存系统

干法烟气脱硝系统采用固体尿素颗粒现场配制成的 40%（质量分数）尿素水溶液作为还原剂，经稀释后的尿素溶液喷入锅炉烟气中进行脱硝反应。喷入炉膛的尿素是溶液状的，作为溶剂的水有软化水等。尿素在水溶液中的溶解过程属于吸热过程，在溶解过程中需要吸收大量的热量，需要设计尿素溶解热源。尿素贮存系统、尿素溶液配制系统和尿素溶液贮存系统集中布置，共同组成尿素供应站。它的主要设备包括尿素存储输送计量系统、尿素溶解罐、尿素溶液贮罐、尿素溶液输送泵、离心输送泵。在尿素站内完成一定浓度的尿素溶液的配制、尿素溶液的贮存。

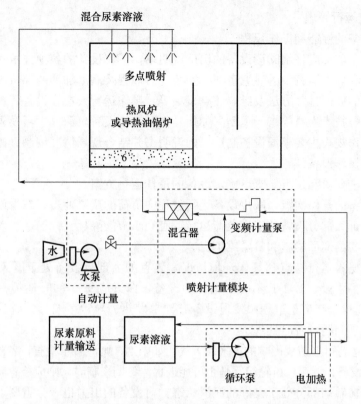

图 6-90 石膏建材生产以尿素做还原剂的干法烟气脱硝工艺

（2）尿素溶液循环系统

尿素溶液循环系统是指尿素溶液贮罐内贮存的尿素溶液经离心输送泵输送至脱硝系统，回流液自动返回尿素溶液贮罐的系统。

（3）稀释/计量模块

稀释/计量模块为脱硝系统提供定制的还原剂和调节压力。模块包括离心泵，用于计量的调节阀和电磁流量计，用于控制压力的控制阀和压力传送器等。模块采用 PLC 进行控制，控制信息上传到脱硝上位机。

（4）分配模块

分配模块由一个自由基座、空气压力调节器、还原剂流量表、手动喷射区隔断阀及仪表组成，用来控制每个喷枪的雾化、冷却空气、混合的化学剂和冷却水的流量。空气、混合的化学剂可以在此模块上进行调节，使得混合液达到最适宜的雾化效果，取得最佳的脱硝还原效果。

（5）炉前喷射系统

炉前喷射系统由多点喷射设备组成。喷射点均布在炉膛燃烧区上部和炉膛出口处，以适应锅炉负荷变化引起的炉膛烟气温度变化，使尿素溶液在最佳反应温度窗口喷入炉膛。每个喷射器插入炉膛的地方均设套管固定，当喷射器不运行时，可以方便地将喷射器退出避免高温受热。喷射系统是影响脱硝效率的关键设备。需要根据煤质、总发生热量、炉内燃烧区面积进行合量布置。

（6）热源系统

石膏建材生产的热源系统的供应量不大，可以灵活简化进行优化组合设计。尽可能地采用自动控制工艺及配备合理的装备，将热量自控传输给石膏建材生产线的 DCS 系统。

**4. 脱硝系统运行管理**

（1）熟悉设备的性能和操作规程

操作使用设备前，应仔细阅读设备的出厂说明书，了解设备的各项技术性能和使用技术要求、操作要领和操作运行中的注意事项，安全运行规程及润滑加油的部位，所加油脂的品种等，设备故障的原因排除方法及维修注意事项等。操作运行人员在设备管理技术人员、生产厂家的现场服务技术人员等指导下学习如何操作及维护设备，深入学习及领会设备的操作规程。设备的操作规程主要根据设备制造厂的说明书并结合现场情况编制。操作人员必须严格按照操作规程操作设备。

（2）根据工艺要求和运行要求，确定设备的最佳运行方案

尽量减少设备的开停次数，减少设备运行过程中负荷的反复冲击，减少设备的无效运转及低效运转，保证大部分设备处于满负荷运行，有利于节能降耗。

（3）做好设备的巡回检查和日常维护保养

根据装置的操作运行特点和气候环境情况，装置的大部分设备处于露天或半露天的位置。完善设备监控手段，对 24h 不间断运行的设备，白天应每 2～3h 巡检一次，夜间也至少安排 2～3 次巡检。在巡检过程中发现设备有异常发热、异常声响等，应及时采取措施处理，做到及早发现问题，及时处理。

对设备正常运行可能造成影响的灾害性天气，如雨期，则应着重检查设备的防雨措施，特别是电气系统及设备、油箱、齿轮箱等是否可能进水；冬期来临时，则应检查防冻措施等。

保持设备机械转动部分处于良好的润滑状态，对设备的出力也十分重要。一般设备在出厂之前就规定了其加油的部位、加油的种类、加油量，更换的时间间隔等，但因各电厂脱硝装置设备使用的工作条件并不完全相同，所处的气候条件也不尽相同，因此还需根据本单位的具体情况制定出设备的润滑油规则。

新装设备在磨合期内，会有较多的金属碎屑从齿轮，轴承及其他部位进入润滑油，特别是在减速箱、变速箱。在设备运转 200～500h 后，应将油箱中的脏油排出清洗后，加入干净的油。设备进入正常磨损后，按有关规则更换油脂。

（4）检修好设备，建立完善的设备档案

根据设备的使用情况和所处的工作环境，有些设备要明确大中小修的界限，分工落实。对主要设备必须有明确的检修周期，实行定期检修。每次检修都应做详细地记录。

设备的档案包括技术资料、运行记录、维修记录 3 个部分。技术资料包括设备使用说明书、所附的图纸资料、设备的出厂合格证明、设备的安装记录、修改记录和验收记录等；运行记录包括设备每日的运行时间、运行状况、累计运行时间；编修记录每次加油时间、加油部位、故障发生的时间及详细情况。

# 第六节　煅烧设备

## 一、间接式煅烧设备

（一）流化煅烧机

**1. 设备的基本概念**

石膏流化煅烧机（图 6-91）是生产建筑石膏的高效专用设备，因为石膏粉在煅烧机内脱

水状如沸腾，俗称"沸腾炉"。

图 6-91　流化煅烧机

石膏流化煅烧机为立式结构，中部为换热流化床层，上部为集汽罩，底部装有一个气体分布板的布风箱。

中部的换热主体内置有大量的换热管，用于加热二水石膏；下部的布风箱主要提供等压流化风克服料层床压和辅助流化石膏；上部的集气罩主要用于收集石膏脱水产生的水蒸气。流化煅烧机按照热源不同，一般分为导热油式煅烧机、蒸汽式煅烧机、热风式煅烧机；按照长高比可分为立式和卧式；按照换热床的分割板可分为两室、四室等多室。

**2. 设备的工作原理**

石膏流化煅烧机为上进料、上出料的连续煅烧上部，进出料口有一定的高差。在换热器的上界面以上装有连续进料的投料机，换热器被隔板分离防止物料短路，在床层内装有大量的加热管，管内的加热介质为高温烟气、蒸汽或导热油，热量通过管壁传递给管外的石膏粉床，使石膏粉脱水分解。在煅烧部分上部，装有一个集气罩，气体离开流化床时带出来的少量粉尘，由集气罩收集的部分后自动返回流化床，尾气由排风机抽出，经脉冲袋式除尘器分离后排入大气。正常工作时，从煅烧机底部鼓入空气，通过气体分布板进入流化床。鼓入的空气不需要很多，稍稍超过临界气速，使床层实现流态化即可。此时淹没在流化床中的加热管向物料传递大量的热量，使二水石膏粉达到脱水分解的温度，二水石膏就在流化床中脱去结晶水并使水变为水蒸气，这些水蒸气与炉底鼓入的空气混合在一起，通过床层向上运动。由于蒸汽量比鼓入的空气量多得多，所以整个鼓泡床的流态化主要是靠石膏脱水形成的蒸气来实现的。由于在流化床中粉料激烈的翻滚、混合，所以在整个流化床中各处的物料换热迅速、均匀。

连续投入的生石膏粉，一进入床层，几乎瞬间就与床层中大量热粉料混合均匀，在热粉料中迅速脱水分解。为了避免刚加入的生料未完成脱水过程就过早短路排出，设计时在炉子中加了一块隔板，将流化床分成大小两部分，两部分底部是连通的。生石膏粉先进入大的部分，在此脱掉大部分结晶水，然后通过下部的通道进入小的部分，在这里完成最终的脱水过程，最后由床层上部自动溢流出炉。

**3. 设备的性能特点**

（1）设备小巧，生产能力大

由于在煅烧机内高密度地安装很多加热管，因此尺寸不大的体积可以有非常大的传热面积。另外，煅烧机采用的热源为烟气、蒸汽或导热油，从传热方程式可看出，由于传热系数和传热面积较大，因而总传热量也很大。

（2）结构简单，不易损坏

由于物料实现了流态化，设备就不需要有转动的部件，整体结构简单得多。不但制造方便，投产后也几乎不需要维修保养。由于用的是中低温热源，只要换热管选材得当，相对于连续炒锅，设备在任何情况下都没有被烧坏的危险，设备使用寿命也特别长。

（3）设备紧凑，占地面积小

煅烧机是立式布置的设备，设备非常紧凑，占地面积水。

（4）能耗较低

煅烧机的热能消耗和电能消耗都较低。

热能方面：从热源传递给物料的热能，除了小部分用于加热炉底鼓入的冷空气以及少量的炉体散热损失外，几乎有效地用于物料的脱水分解。炉子本身的热效率在95％以上。国内流化煅烧机的热耗指标为 $7.7 \times 10^5 \, \text{kJ/t}$ 建筑石膏。

电能方面：煅烧机不需要转动，也没有搅拌机，物料主要是靠石膏脱水产生的水蒸气来实现流态化的，需要在炉底鼓入的空气也很有限，因此鼓风机的功率也很小。

（5）操作方便，容易实现自动控制

流化床有一个特点，就是同层中物料温度基本一致。因此操作中只要控制物料一个设定温度，就可以连续稳定地生产出合格产品。单一的控制参数，很容易实现自动控制。

（6）产品质量好，熟石膏相组成比较理想，物理性能稳定

由于采用低温热源，石膏不易过烧，只要控制出料温度合适，成品中基本不含二水石膏，无水石膏Ⅲ含量在10％以内，其余均为半水石膏。这样的相组成很理想，物理性能也很稳定。

（7）基建投资省，运行费用低

由于煅烧机设备小巧、结构简单、占地少，因此基建投资较同等生产规模的其他类型煅烧设备节省。投产后，由于能耗较低、维修工作量少、使用寿命长，运行费用也较省。

**4. 设备的热源选择**

流化煅烧机主要通过中部的换热器提供热量，热源可以选用蒸汽、导热油和热风。

（1）蒸汽热源，一般选用饱和蒸汽，压力不低于 1.0MPa，最理想的为 1.3～1.5MPa；也可以选择过热蒸汽，压力同上，但选择过热蒸汽时，应根据过热度适当加大换热器面积，补偿减温需要。当然，也可以把过热蒸汽降温变成饱和蒸汽后使用。

（2）导热油热源，一般由燃气或燃油等导热油锅炉提供，压力 0.3～0.5MPa，温度 190～220℃。

（3）热风热源，一般由天然气热风炉、工业油油热风炉、燃煤热风炉（需要净化处理）等产生，热风的温度为 400～600℃。如果选用燃煤热风炉，建议尽可能降低烟尘含量，防止烟尘堵塞换热管和微细粉尘造成换热效率的降低。

**5. 设备的适应范围**

流化煅烧机主要用于粉状二水石膏的脱水，包括粉磨后的天然石膏、烘干后的磷石膏、

脱硫石膏、钛石膏、盐石膏、柠檬石膏等工业副产石膏。

流化煅烧机适宜的物料粒度小于 5mm，物料初始水分小于 5%。

### 6. 设备的热效率

流化煅烧机传热，实际上属于床换热，换热器管内走热介质，管外走石膏粉，热介质通过辐射、传导方式把热量给石膏床，新进的石膏粉与床内的热石膏混合换热，具有较高的换热效率。除了底部布风箱进入的少量流化风外，大部分热量用于石膏的脱水，设备的热损经过保温可以有效降低，底部通入的流化风也可以把颗粒热量回收加热，因此，热介质的热量基本用于石膏的升温、分解，蒸发。流化煅烧机的热效率不低于 90%。

### 7. 物料与气体运动

流化煅烧机的物料从设备上部的进料口进入，迅速通过床换热达到脱水温度，逐步变为半水石膏。转变过程中密度是逐渐变大的，通过底部的连通通道进入下一个床，在流态化情况下，达到溢流口高度，粉料就会自动排出煅烧机。

脱水产生的蒸汽和底部的流化风，自动汇集到上部的集气罩，通过脉冲袋式除尘器净化后排空。

在煅烧过程中，水蒸气分压对于建筑石膏质量是有影响的，适宜的径高比影响半水石膏的质量。

### 8. 辅助设备

（1）原料处理设备：振动筛、旋转筛、改性打散机等。其目的去除原料中伴有大于5mm 的硬颗粒，确保煅烧质量。

（2）进料口计量设备：选配计量螺旋，根据出料温度调整给料量。

（3）出料换热仓：煅烧后石膏粉一般不低于 140℃，通过该换热仓把颗粒物料的热量加热流化风，节能的同时，冷却物料。

（4）供热系统的配置：蒸汽介质的蒸汽压力、流量控制；冷凝水疏水器要根据压力和流量配置。导热油介质要控制流量。热风要净化并控制流量和温度。

（5）除尘设备：煅烧脱水产生的水蒸气排放会带走少量石膏粉尘，选用脉冲袋式除尘器，净化后达标排放。

### 9. 生产运行注意事项

（1）开机前检查

① 检查罗茨风机的紧固件、滤清器、消声器、排空阀等有无运行障碍。点动查看电动机旋转方向是否正确。

② 检查熟粉输送设备的紧固件、润滑、旋转方向等。

③ 检查生粉输送设备的紧固件、润滑、旋转方向等。

④ 检查热源系统的阀门是否在工作位、仪表是显示正常。

⑤ 检查收尘系统的气源压力、风机、风阀、滤袋压差等是否达到运行要求。

（2）开机程序

① 流化煅烧机预热：打开热源进、出口阀门，关闭旁通，系统供热。

② 打开收尘器开关。

③ 启动罗茨风机。

④ 当煅烧机主室上部温度达到 160℃时，启动进料调速螺旋输送机，逐步加料。原则上保证主室下部温度保持为 140～150℃，如果温度超过 155℃，可适当加大给料量。（正常温

度控制值应根据化验结果适当调整）

⑤ 投料 30min 后开动煅烧机后的熟料输送设备。

（3）正常巡检

① 设备无异声、润滑正常、轴承等温升正常。

② 无跑、冒、漏点。

③ 各控制参数无异常、进出料流畅。

④ 收尘排汽正常。

（4）正常停机程序

① 关闭进料缓冲仓的闸阀，待生粉全部输送完毕（约 2min）后，停止进料螺旋输送机。

② 停止进料后 40min 关闭热源。

③ 熟粉溢流管不出料时，打开紧急放料阀（一定注意安全，防止喷料伤人）；直到放空为止再停罗茨风机。

④ 停止熟料输送系统。

⑤ 停止收尘系统。

（5）清理煅烧机

长时间停机时，将布风箱和煅烧机检查口打开，清理布风板上的堵塞物及导热管。清理完毕复位，以备下次开机。

（6）紧急停机处理

① 如果生产过程中短时停机，可先停止进料，打开热源的旁通管路，停止加热。但不可停罗茨风机和收尘系统，待故障处理完毕后，恢复供热达到温度再正常进料。注意观察出料情况，防止死床。

② 如果突然停电，先关掉所有设备电源，停电时间在 4h 之内，可尝试重新开机。但开机后料温不正常，产量明显下降时说明煅烧机内已死床，不能连续生产了，应按正常程序停机，清理后再按正常程序重新开机，粉料应经化验后确定是否进入熟料仓。

③ 停电在 8h 以上时，再次开机前必须先开启除尘系统，开启热源系统，开启熟粉输送系统后，再次启动罗茨风机，然后放空物料。

（二）回转窑

**1. 外加热回转窑**

（1）设备的基本概念

外加热回转煅烧窑一般简称为外烧回转窑，是一种以回转窑筒体为主换热面的间接换热的石膏煅烧设备。因此，一般是将回转窑筒体的大部分砌筑在热风炉里面，利用热源直接加热回转窑外壁，回转窑外壁受热后将热量传递给窑体内部物料进行换热煅烧的设备。煅烧过程物料与高温烟气不直接接触，物料通过喂料设施从高端喂入，通过窑体内部设置的导料板、扬料板等不断向低端运动。

外烧回转窑是一种传统的较小规模的石膏煅烧设备。常用的主要有两种：一种是间歇式回转窑，也叫间歇卧式炒锅；一种是连续式外烧回转窑。间歇式回转窑是我国石膏行业发展初期较为常用的煅烧设备之一，尤其是应用在模具石膏粉煅烧中，目前一些地方仍然在应用。装一定量的物料，经加热煅烧到一定温度后出料，再次加料煅烧，不断循环操作的方式。设备操作简单，设备投入成本低，生产能耗高，操作人为影响因素大。连续式外烧回转窑在早期有一定的应用，但因其质量稳定性差、产量低、能耗高，应用较少。它需要从进料端连续不断地加入物料，通过窑体转数、窑体内结构等控制物料煅烧时间（从进料到出料）和煅烧温度以达到完成物料煅烧的目的。

单一的外烧回转窑因设备热效率低，单机产能小，近年来在石膏行业已经逐渐淘汰。仍在使用的外烧回转窑，一般都是在原有的单一以筒体换热的形式，逐渐改进为在以筒体为主换热面的基础上，在窑体内部增加少量的辅助换热管道、换热板等设施，以提高换热效率和设备单产。

（2）设备的工作原理

外烧回转窑本身的结构为回转窑的结构方式，遵守回转窑工作的基本原理：设备本身既是输送设备又是换热设备。

间歇式外烧回转窑一般为水平布置，窑体绝大部分砌筑在热风炉内，支撑及传动系统设置在窑体两端；窑体两端设置进出料装置，一端进料，一端出料；进料以高速螺旋进料机完成，出料以出料机或窑体内置螺旋完成，窑体内设置螺旋板，窑体通过电动机正反转进行煅烧或出料的调整；为了增加换热面积，提高产量，目前大多间歇式回转窑在筒体内部增加部分换热管道，使炉膛烟气可以进入管道，利用管道搅动窑体内的石膏并加强换热效果。

连续式设备倾斜布置，高端为进料端、低端为出料端，物料在窑体内主要通过导料板、扬料板、斜度等从高端向低端运动；设备本身主要由窑体、支撑系统（托轮、轮带）、传动系统（齿圈或链轮、减速机、电动机）、出料系统、进料系统等组成；连续式设备的斜度一般为 2%～5%；窑体转速为 1～5r/min。

采用外烧式结构主要是利用供热系统（热风炉）将大部分窑体砌筑在炉膛或烟气室内，使窑体成为主要的换热面，利用炉膛内燃料燃烧的热量直接加热窑体，使窑体受热后将热量传递给窑内的物料；换热面积主要集中在窑体上，为了保证最大的换热面积，受热部位一般在窑体中间，两端的支撑部位为冷端，无法参与换热；因此在中间的有效换热段尽可能在窑体内部增加散热结构，如增加散热翼片、热管、抄板、挡料板、导料板等，尤其是连续式煅烧窑，必须保证物料在受热部分待的时间达到煅烧的要求；物料填充率是影响煅烧效率及产量的重要因素之一，填充率过大，物料达不到煅烧效果或出现不均匀现象；填充率过小，产量太低。间歇式煅烧窑物料填充率一般比较大，可达到接近 30%，连续式煅烧窑一般填充率为 10%～20%。如图 6-92 和图 6-93 所示。

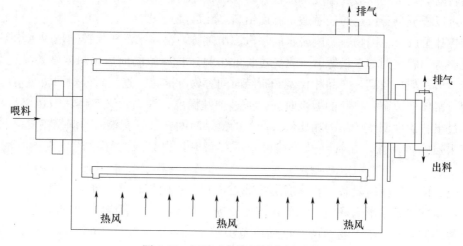

图 6-92　间歇式外烧回转窑原理图

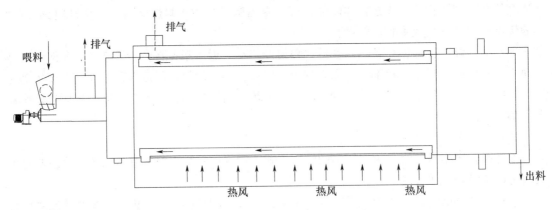

图 6-93　连续式外烧回转窑原理图

（3）设备的性能特点

外烧式回转窑虽然具体的结构形式较多，但均以窑体为主受热面，均将窑体的大部分砌筑在热风炉中。为了保证最大的受热面，需要最大的支撑间距提供受热位置，但受设备刚度结构及受热变形等因素的影响，支撑距离过大，中间部位易受热变形，窑体在热及重力作用下产生较大的挠度；支撑距离过小，无法提供较大的受热面积，因此设备规模无法过大，设备产量相对较小。间歇式设备单台产量一般在 3 万 t 以内，连续式设备一般在 5 万 t 以内；因外加热设备的主受热面为窑体，换热面积相对较小，为了保证最大的产量和热效率，一般均采用较高的炉膛温度来加速换热而达到较大的产量（高温快烧），如无热量的二次循环利用，排出的尾气温度一般为 250～300℃，热利用效率相对较低，能耗高，煅烧能耗（天然石膏）一般在 70～80kg 实物煤/吨产品。

外烧式回转窑因为煅烧过程烟气与物料不接触，烟气中携带的杂质不会进入产品，对于有白度及杂质要求的产品，产品质量不受烟气杂质的影响；煅烧过程中，窑体内只有石膏脱水产生的水汽、漏入的空气，收尘系统一般保证窑体内为微负压运行环境，收尘过程对窑体内物料运行几乎不产生影响，物料煅烧时间一致，因窑体旋转，物料受热煅烧产生沸腾并受窑体旋转及抄板等作用产生翻腾，受热均匀，产品质量一般较高。

物料的煅烧时间及煅烧温度可以较容易地调整，而且不受其他运行参数的影响。间歇式煅烧窑可以根据自身设定的任意煅烧温度出料，在煅烧过程中，物料料层厚，物料不断因窑体旋转搅拌翻腾，也因物料急剧脱水的水汽逸出翻腾，窑体水汽压易控制，脱水均匀。尤其是在能够将出料时间缩至最短时（避免过长的出料过长导致的前后出料温度差异过大），产品性能指标一般均较高，产品相比例和凝结时间容易标准化。连续式外烧回转窑，可以较容易地通过窑体转数调整物料的煅烧时间，通过炉膛温度、喂料量、窑体转数调整出料温度，可以通过出料温度调整产品的相比例及产品的凝结时间，且具有较大的调整幅度；同样，设备具有很强的可调性，在管理及监控设施不完备时，也会成为导致产品质量波动的主要因素。

外烧式回转窑同时具备回转窑煅烧的特点，有较强的物料适应能力，对于含水率为 0～20% 的物料均可直接喂入煅烧。因此，该类设备也具有烘干、煅烧的一体化功能。

外烧式回转窑对喂入物料的粒度适应范围较宽，可适应粒度 15mm 以下的粒度原料的直接煅烧，并可通过喂料粒度进行产品凝结时间的调整。对于粉状物料、混合物料、细颗粒物料等均可直接煅烧，且对较细的粉状物料，因煅烧过程窑体内为微负压，物料运动几乎不受影响，可以更好地保证煅烧质量；对于颗粒状物料，在煅烧规程中因脱水外表疏松后，受窑体、物料间的摩擦等作用后，颗粒逐渐变小熟料的易磨性增强，利于产品粉磨。也利于粉磨设备的选择（石膏生料易磨性差，一般多采用大型磨机如雷蒙磨、立磨、柱磨等；而煅烧后的石膏熟料结构疏松，易磨性好，除适应常用磨机外，还可适应粉碎机等电耗及成本较低的磨机）。

（4）设备的热源选择

外烧式回转窑的煅烧形式主要是将窑体砌筑在热风炉中进行煅烧。热源较为单一，主要是利用各种类型的热风炉燃烧不同的燃料如煤、油、气形成热风对窑体直接加热，同时热风进入窑体内的管道，利用管道与物料接触进行换热。常用的热风炉主要为燃煤热风炉，炉膛的燃料燃烧形式为炉排、沸腾炉、喷煤机、炉箅子等各种形式。因石膏煅烧所采用的燃煤系统一般较为简易，喂煤、控制及配风等系统无法精确控制，运行时温度波动较大，成为运行煅烧稳定运行的主要影响因素之一。外烧回转窑煅烧石膏时，炉膛内的热风温度一般为400～1000℃，炉膛的温度调节通过煤的加入量、炉膛鼓风量、引风系统的调节实现的。热风炉中煤燃烧的形式决定了煤的燃尽率，也会影响生产煤耗。目前采用较多的燃煤的热风炉形式主要为沸腾炉和喷煤系统，这两种燃煤系统相比较炉排及炉箅子，煤的燃尽率高，系统控制简单，燃烧稳定；热风炉中燃烧的稳定（热风温度的稳定）直接决定煅烧过程的稳定性，决定产品质量的稳定，热风温度的波动值一般控制在20℃以内为最佳；合适的热风温度，即可提高设备的产量、提高热效率，又有利于保证产品的煅烧质量。

对于以油或天然气为燃料的热风系统，因有着非常成熟稳定的燃烧器，且燃料（油或天然气）供给可以达到精确计量，热风系统决定了煅烧的热量供给非常稳定，因此，对产品质量的控制很稳定也易于精确控制。因此，采用天然气或油为燃料时，生产稳定性高，产品质量稳定，性能控制精确。

（5）设备的适应范围

外烧式回转窑具有间接换热设备的特性，物料与热风不接触，热风中携带的杂质不会进入产品；换热过程较为缓和，换热速度较慢，物料运动不直接受热风运动的影响，产品的煅烧过程调整单一，容易实现。因此，较为适合煅烧要求较高，产品对热风中所含杂质敏感，有白度要求的产品的煅烧。

外烧式回转窑对原料的适应范围较宽，对原料的附着水含水率、原料粒度的适应能力都较强。对于各类附着水含水率在25%以内的副产石膏，都可直接喂入外烧式回转窑进行煅烧，因为主换热部位为窑体，窑体温度较高，不易被湿物料粘结，窑体内结构简单，也可以设置振打设施去除窑体上粘结的石膏。对于原料粒度小于15mm的粉状、粒状或混合粒度的原料，均可直接喂入煅烧窑进行煅烧，在煅烧过程中，石膏颗粒之间、颗粒与窑体内的换热设施及抄板等不断摩擦，随颗粒脱水结构疏松，颗粒变小和变少，且颗粒包裹在粉料之间，窑体内微负压运行，因水汽压等的作用，容易均匀受热，15mm以下的颗粒煅烧对产品质量的影响一般较低；但同时，可以通过适度的颗粒粒度调整，调整煅烧过程中二水石膏的比例，以达到调整凝结时间的目的。因此，外烧式回转窑可以应用于各类石膏原料（如天然石膏、脱硫石膏、磷石膏、盐石膏等），可用于煅烧凝结时间较快的制品类石膏粉，也可用于煅烧凝结时间较长的砂浆、模具类石膏粉。

外烧式回转窑因设备结构及换热等问题，一般设备结构简单，换热面面积小，主要靠提高热风温度来提高设备产能；一般单台设备适用于年产 5 万吨以下的生产线。

外烧式回转窑可将预热烘干及煅烧功能集成一体，简化工艺流程及控制环节，减少散热及能耗成本。

（6）设备的热效率

外烧式回转窑换热路径短，不易实现烟气循环的多回程换热过程，设备内部物料填充率小，内部设置的辅助换热设施有限，不易增大换热面积，主要靠提高炉膛温度提高换热效率，热利用率相对较低；尾气温度较高，可达到 200℃ 以上，设备的热效率一般为40%～50%。

设备热效率的主要影响因素有窑体内辅助换热设施的结构形式、物料填充率、尾气（换热后的烟气）的循环利用程度、隔热保温要求等。

（7）生产运行注意事项

采用间歇外烧式回转窑作为石膏的煅烧设备，生产控制较为简单，但由于目前少量采用的间歇式回转窑每次装料量一般可达到 8t，装料及出料时间达到 25min，生产时应尽可能缩短装卸料时间，以确保物料的煅烧时间及温度的一致性，否则，达到设定的温度出料时，开始出的料与最后出的料会出现很大的差异，影响产品质量；应尽可能保证每一循环喂料量的一致性及达到统一温度所用时间的一致性；以保证产品稳定性。

采用连续外烧式回转窑作为石膏煅烧设备，首先必须保证喂料的均匀稳定性，最好设定定量计量喂料设备控制喂料，其次必须保证供热系统喂煤及燃烧的稳定性，也就是达到热与料匹配且稳定，就可以保证产品质量的稳定。生产过程中，以上两个因素的不匹配是造成生产波动的根本原因；因连续式外烧回转窑换热效率低，物料填充率低，为了保证产品质量，喂入的原料粒度不宜过大（小于 10mm），以利于产品质量控制和提高产量。

## 2. 内管加热式回转窑

（1）设备的基本概念

内管加热式回转窑是以回转窑为壳体，在回转窑内圆周方向设置一层到多层同心圆管道，加热介质利用压力差流过管道或在管道、供热设备间形成一个闭路或开路系统，通过管道壁将热量传递给物料进行煅烧，以内加热管为主换热体，物料从高端喂入，从低端出料；石膏在窑体内与管道及管道间设置的辅助设施接触换热，管道同时向窑体内辐射热量，以保证石膏加热煅烧后脱出结晶水形成的水汽不会结露或二次冷凝。内管式回转窑从外在形式仍然为回转窑的结构，由窑体、支撑系统、传递系统、密封系统、进出料系统组成。在长度方向上呈一定的斜度布置，斜度一般保持为 1%～5%；高端为喂料段，低端为出料端。运行过程中，窑体保持一定的转数，转数一般控制为 0～5r/min，转数的调整是后续操作的主要参数之一。与外烧或内烧回转窑不同的是，内管加热式回转窑的窑体不是换热面，窑体的物料一般与物料温度接近；窑体内部结构较为复杂，随采用不同的热介质，内部结构的设置有很大的不同，但换热机理均为管道外壁向管道外的物料传递或辐射热量进行换热。

内管加热式回转窑与管式烘干窑具有几乎一致的结构及换热原理，主要是所采用的工艺参数不同。因此内管加热式回转窑既可作为烘干设备，也可作为煅烧设备使用；并可将烘干及煅烧功能甚至冷却功能集成在一体，简化工艺及设备投资，节省能耗。

内管加热式回转窑根据采用的换热介质不同，主要有烟气管式煅烧窑、蒸汽管式煅烧窑和导热油管式煅烧窑 3 类。3 类设备各有特点，其适应范围、换热机理、设备结构、操作参数也有一定的差异。其中在石膏行业常用到的主要为烟气管式煅烧窑和蒸汽管式煅烧窑，导热油管式煅烧窑因仍然采用燃料对导热油加热后作为换热介质，与烟气管式煅烧窑相比，没有明显的优势，一般较少使用。

（2）烟气管式煅烧窑

① 设备的基本概念

烟气管式煅烧窑是一种应用较为广泛的、以回转窑筒体内设置的换热管道为主换热面进行间接换热的回转式煅烧设备。除具有外烧式回转窑的优点外，还具有管式煅烧设备的优点，是一种介于高温快速换热设备和低温换热设备之间的中温煅烧设备（图 6-94）。

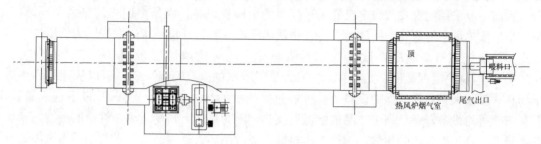

图 6-94　烟气管式煅烧窑外形图

石膏烟气管式煅烧窑系列设备经过不断完善，已经形成了针对不同煅烧要求和产品的煅烧系列设备，如旋管煅烧窑、多管煅烧窑、复合管式煅烧窑等，也形成了根据不同原料要求设计的烟气管式煅烧窑，如天然石膏管式煅烧窑、磷石膏管式煅烧窑、脱硫石膏管式煅烧窑等；设备换热也从简单的烟气循环变成复杂得多回程换热系统。

② 设备的工作原理

烟气管式煅烧窑是一种间接换热的煅烧设备，其主换热体为窑体内部的管道，换热面为管道表面，热量来自管道内的热风，热风将热量传递给管道表面，物料与管道表面接触进行热量传递和管道外壁向物料及窑体内辐射热量是烟气管式煅烧窑换热的主要形式（图 6-95）。因此，热风温度和窑内内部管道的形式、结构及与物料有效接触时该类煅烧窑的主要参数。

烟气管式煅烧窑以窑体为物料的运输和换热空间及换热管道的支撑体，在窑体内部设置一层

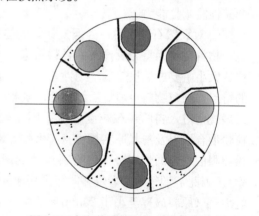

图 6-95　烟气管式煅烧窑工作原理示意图

或多层烟气换热管道，管道之间通过循环结构相连，实现烟气在管道的多回程和多路径循环，增加换热路程和面积，物料自窑体高端喂入（自然流入或强制喂入），通过窑体斜度设置及导料结构，随窑体旋转和管道搅动，不断向低端运动，在运动过程中不断与管网接触进行换热，同时管网不断向窑体及物料辐射热量，达到使物料预热、升温、煅烧的目的。燃料在燃烧室燃烧后形成的热风在经过初步换热后进入管道，燃烧室、管道、收尘器在收尘引风机的抽力下，形成一个开路（入口为燃烧室、出口为烟囱）的热风流动系统，负压自燃烧室的收尘器逐步增大，形成了烟气的管道循环换热。过程中烟气与窑体内的物料不接触，窑体内保持微负压运行（窑体收尘）。石膏原料在煅烧中受窑体转动、管道搅动脱水翻腾等作用均匀换热，煅烧时间（窑内停留时间）及温度控制较为容易，可实现 20～120min 及 140～180℃的稳定煅烧。

烟气管式煅烧窑旋转过程中，管道随窑体旋转，窑体内的物料主要堆积在窑体底部并不断翻腾，管道不断"穿过"物料层并裹挟部分物料随管道运动。因此，管道最大限度地与物料接触和较长时间地随管道运动，会较大地提高换热效率，窑体转速越高，管道"穿过"物料的频率越高，越能有效地提高换热。但较高的转速会导致物料运动速度过快，保证不了煅烧时间，因此，该类煅烧窑的每个不同的窑型都必须在煅烧时间及转速之间找出最佳值；同时料层厚度及物料填充率是保证产量及换热效率的另一个主要因素，合适的料层厚度可以较好地增大管道与物料的接触面，提高热传递效率。

目前一般采用的管式煅烧窑已经不是简单的单回程设备，而是多回程的热风循环结构，是一个集预热烘干与煅烧为一体的设备，预热烘干段一般为外烧结构，煅烧段为管道换热结构。一般烟气室（高温端）设置在物料喂料端，此时热风温度最高（一般可达 400～1000℃），但物料温度最低，尤其对于含有大量附着水的副产石膏原料，可以快速地预热烘干物料，吸收大量热量，保护设备外体。经过吸热后的热风温度降至 400℃ 以下进入管道，有利于管道的设备寿命且利于产品的中低温换热，随物料向出料端运动，管道的温度因换热逐渐降低，易于控制产品质量。烟气至出料端后通过循环管道再逆流至进料端后出窑体进入收尘器净化后排出，形成顺逆流组合的多回程循环换热。

③ 设备的性能特点

烟气管式煅烧窑在应用中，根据不同的原料要求和产品要求，形成了结构、工艺上不同的设备系列，可适应多种石膏原料的煅烧，也可适应多种工艺形式的布置。多种燃料或热风源均可作为其热源使用。烟气管式煅烧窑可用于生产各类性能要求的石膏产品，具有很强的产品性能调整能力。

a. 对天然石膏原料，因烟气管式煅烧窑为管道传热及物料间传热方式为主的中低温煅烧，物料自身因重力及设备的导料结构，不需要依赖窑内配风就能完成移动。因此，物料颗粒的大小主要影响换热的均匀性，对物料运行影响不大，而且由于烟气管式煅烧窑内部结构的特点，颗粒物料经煅烧后结构逐渐疏松，表层逐渐因摩擦剥离，颗粒会逐渐变小。烟气管式煅烧窑对入料的颗粒粒度适应范围比较宽，一般情况下，小于 20mm 的各类粒状原料、粒粉混合原料及粉状原料均可直接煅烧，对粒度很细的粉状原料也可适应，且能够实现对细粉原料的均匀煅烧（窑体内物料运动受煅烧时间和温度等要求的控制，基本无其他干扰因素）。因此，烟气管式煅烧窑既可适用于先磨后烧（原料细度细）的生产工艺，也可适应先烧后磨（原料破碎至小于 20mm）的生产工艺，对采用何种工艺，仅考虑产品的细度要求〔先烧后磨产品细度可适应多用户需求，减轻煅烧窑的收尘负荷（煅烧过程颗粒大，粉尘少，易收集）〕。

b. 对副产石膏原料，烟气管式煅烧窑可将高温端（热风入口）设置在喂料端，高水分原料入窑后，快速吸热、预热升温并脱去水分，喂料端窑内温度高，附着水脱去快，不易黏料而影响设备运行效果。同时，物料快速吸热后烟气温度降低，对设备烘干段及后续的换热管道具有较好的保护，能够延长设备寿命。因此，烟气管式煅烧窑一般对含 20% 以内附着水的物料均可直接入窑煅烧，部分含水 25% 的物料经过特殊的喂料设计也可适应。含水原料进入烟气管式煅烧窑后，在窑体内沿长度方向会自然形成预热烘干段、煅烧脱水段及冷却出料段。烟气管式煅烧窑是一种集物料预热烘干功能与脱水煅烧功能于一体的一步法煅烧设备；当然，对于采用二步法的工艺，烟气管式煅烧窑不论是作为预烘干设备还是煅烧设备，均可较好地适应。因此，烟气管式煅烧窑既可采用一步法工艺，也可采用二步法工艺。

c. 能够适应 300～800℃的各类热风作为热源进行煅烧，因此可适应各类燃料的燃烧炉形式。对不同的热源，采用不同的工艺及设备形式，有利于热量的最大利用和产品质量控制。

d. 因煅烧过程烟气与物料不接触，烟气杂质不会污染产品，影响白度，尤其适应高纯度、高白度的原料，适应高质量要求的产品煅烧，煅烧过程中可实现较宽的温度和煅烧时间调整，对产品相比例能做到有效控制。可以将出窑产品的结晶水稳定控制为 5.5%～5.8%，产品相比例控制在二水石膏比例小于 3%，A 相小于 5%；也可以根据产品要求调整二水石膏和 A 相的比例，已达到生产不同产品性能的要求。

e. 煅烧过程中能够较大幅度地实现产品凝结时间的调整。因烟气管式煅烧窑可以适应较宽粒度范围的物料煅烧，在煅烧过程，可以通过喂入物料粒度的调整及配比实现对凝结时间的调整，如采用颗粒物料的比例适度加大调整得到较快凝结时间的产品，较细的粒度得到较长的产品凝结时间；可通过不同的煅烧时间及温度的调节调整产品凝结时间，对凝结时间较快的产品，采用较高的烟气温度，较短的煅烧时间来实现；对凝结时间较长的产品，可以控制合适的煅烧温度，较长的煅烧时间来实现。

④ 设备的热源

烟气管式回转窑以热风（400～1000℃）为热源。热风一般由热风炉燃烧煤、气、油等燃料产生，燃煤热风是烟气管式煅烧窑较为常用的和成本最低的热源。热风温度越高，换热效率也越高。因热风温度较高，热膨胀量大，设计时必须考虑管道膨胀效应，避免因膨胀影响设备寿命。同样的设备，其产量首先取决于热风的流量和温度，即在换热面积相同的情况下，供给的热量越多，产量越大。因此在生产时，热源（热风炉）的配置及操作水平对产量具有最直接的影响；热风作为热源或热介质时，热风炉、煅烧窑管道、尾气收尘及引风机形成一个热风运行的开路系统。燃料在炉膛燃烧与配入的空气形成高温热烟气，高温热烟气在引风机抽力形成的管道压差下，从热风炉向引风机运动。在煅烧窑的管网循环并向物料及窑体内释放热量，热风热量的释放主要是热风的显热（高温热风和低温热风之间的热量差）。因煅烧窑管道为负压运行，热风风速较快，管道为开路系统，即在热风流经管道的过程中，无吸热条件使物料与管道换热时，热风就不会充分释放热量而形成高温尾气排出。因此，要保证煅烧窑的产量及热效率，必须注意窑体内部结构，使物料较为充分和尽可能长时间地与热管接触，热风在窑体内循环的距离尽可能长，使入口热风和出口尾气的温差达到最大，将尾气温度降低到 100℃左右（保证满足收尘器不结露要求）。热风作为热源时，风系统为负压运行，因此，注意与热风相关的部位的密封，减少冷风的漏入，加强尾气前端热风系统的保温也较为重要。

烟气管式煅烧窑结构示意图、实物图及系统图如图 6-96 至图 6-98 所示。

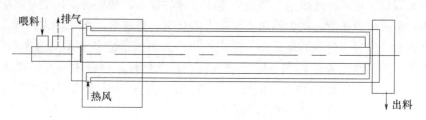

图 6-96　烟气管式煅烧窑结构示意图

图 6-97　烟气管式煅烧窑实物图

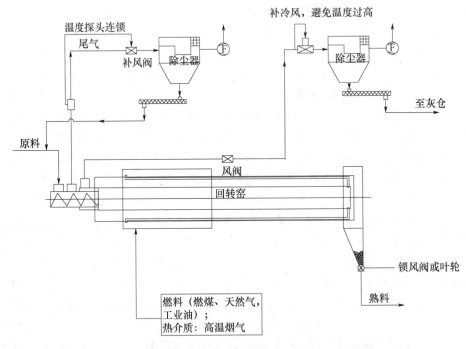

图 6-98　烟气管式煅烧窑系统图

⑤ 设备的适应范围

烟气管式煅烧窑是一种集烘干与煅烧功能于一体的设备，如果需要，也可将冷却系统集成在设备中，形成按照长度方向为预热烘干带、煅烧带、冷却带。烟气管式回转窑比其他类型的回转窑更适合作为石膏的煅烧设备，适应性更广。不仅适应各类不同温度条件的热源，而且适应各种不同特性石膏原料和不同要求石膏产品的煅烧。可以根据产品要求及产量规模、热源特点设计成不同结构和类型的煅烧设备，形成适应天然石膏、副产石膏的不同窑型，形成年产 1 万～30 万 t 的各类设备规格型号。

烟气管式煅烧窑适用于先磨后烧及先烧后磨，适用于一步法煅烧及二步法煅烧等各类工艺形式，既可作为独立的烘干设备或煅烧设备，也可作为烘干煅烧一体化设备，适用于入窑粒度小于20mm的粉状或混合粒度天然石膏原料的煅烧，也适用于附着水含量低于20%的各种副产石膏原料的煅烧。因煅烧过程出料温度及煅烧时间的可调性，既可用于高温快烧凝结时间较快的制品类石膏粉，也可低温慢烧凝结时间较长、相比率严格控制的砂浆及陶瓷模具石膏粉的煅烧，尤其适应对产品质量要求较高、相比例控制严格、对白度有要求的产品的煅烧。

目前已经形成的设备类型有天然石膏烟气管式煅烧窑、模具石膏烟气管式煅烧窑、脱硫石膏烟气管式煅烧窑、磷石膏闪烧管式复合煅烧窑、多管煅烧窑、烟气多回程复合管式煅烧窑等，以适应不同的原料、不同要求和规模的石膏产品的煅烧。

⑥ 设备的热效率

烟气管式煅烧窑因设备本身结构和燃料类别的差异，热效率差异较大；而热效率较高的烟气管式煅烧窑并不是简单的内管加热式回转窑的模式，而是将外烧式回转窑及内管加热式回转窑做了最大幅度的集成，形成了多回程、多层次煅烧的复合式煅烧窑，不是在间歇窑内部或外烧式回转窑内部加上几根辅助换热管就能成为管式煅烧窑，就能和真正的管式煅烧窑达到同样的换热效率；目前宁夏博得石膏研究院推广应用的烟气复合管式煅烧窑即此类窑型；该窑型可根据不同石膏原料的煅烧要求及特点，将加热管设置成不同角度和形状，并将管道与扬料板功能一体集成，以保证热管与物料有最大的接触面和最长的接触时间，大幅度地提高了设备的热效率。

烟气管式煅烧窑因窑内管网的设置（单回程还是多回程、管网形式）、附属换热设施（导料板、挡料板、扬料板）、填充率（料层厚度）、窑体长度、保温等因素的不同，设备热效率也有较大不同。管网越有利于换热、与物料接触、散热面越大，越有利于提高设备的热效率；增加附属设施如导料板、扬料板、挡料板等可以增加料层厚度，增加物料与管道接触的概率和时间，也可提高设备的热效率；填充率是影响热效率的主要因素之一，填充率较高时，料层厚度增加，管道与物料接触面增大，换热效率提高；窑体长度越长，热风在窑内运行的距离越长，释放的热量越多。减少散热面、增加保温措施，减少热损耗，是提高热效率的必要措施之一；提高热风温度，是提高设备热效率最有效的方式之一，热风温度越高，设备换热速度越快，产量越大；目前烟气管式煅烧窑由宁夏博得石膏研究院研究推广的较多，其设备结构经过不断完善改进，形成了多种不同类型的窑型，结构设计合理，热利用较为充分，与在常规窑型上增加几根热管的简单模仿的窑型有本质的不同，设备采用的烟气温度一般为850～950℃，尾气温度为120～150℃，设备热效率一般为75%～85%；管式煅烧窑热效率越高，设备内部的换热管网越长，结构越复杂，成本越高。因此，目前采用的烟气管式煅烧窑一般在热效率、制作成本、用户接受程度等方面进行平衡，而不是由单一的技术因素决定。

⑦ 生产运行注意事项

烟气管式煅烧窑基本的运行原理与操作方法与常规的外烧回转窑较为接近。运行时必须根据原料特点、产品要求、供热情况或热源特点，选择合适的操作参数。所有参数的控制遵循热量与喂料量平衡的基本原则，通过热风温度、热风流量、物料喂料量、窑体转速、出料温度监控、尾气温度监控的调控达到生产控制的目的。

其中热量供给主要与两个因素相关——入口热风温度和进入管道的热风流量。热量供给是由温度和流量两个参数决定的，仅仅提高温度，而流量不足，所供给的热量是很有限的；供给的热量是够多，才能喂入更多的物料，从而提高产能；如果仅仅加大料量而不相应地提高热量供给（喂煤量），则出料温度就会下降，产品中生料比率增加大，结晶水含量升高；如果供给热量过多，而没有调整喂料量，则出料温度上升，物料过烧。

窑体转速是烟气管式煅烧窑很重要的参数之一，管式煅烧窑的窑体转速不简单是物料停留时间的主要调节参数，更主要的是保证管道换热效率的重要参数之一。每类结构、直径、长度、斜度不同的窑型，其对应的最佳转速都不同（最佳转速是在保证合适停留时间的基础上让转速最大）。单从换热角度考虑，提高转速有利于提高换热系数，相当于增大了换热面积，但转速又是影响物料煅烧时间的最直接因素，转速越大，物料运动速度越快，在窑内煅烧的时间就越短。因此，不同的窑型必须首先调整出最佳转速。

出料温度是产品质量监控的主要参数，对同一种窑型和同一种原料，出料温度的确定首先源于对窑尾出料进行的相分析，根据产品要求的相分析数据范围确定该范围对应的结晶水含量范围，进一步由结晶水含量范围对应出出料温度范围。因为在生产中，相分析、结晶水含量的测定等试验分析数据均滞后于生产，而出料温度的测定可以连续实现监控，可以实时发现产品煅烧的大体情况，所以出料温度就成为生产中最直接的参考数据。在试生产中，找出不同产品要求的相组成所对应的出料温度范围，对生产控制将会更为直接简易，而相组成测定、结晶水测定可以作为校准出料温度的手段。

烟气管式煅烧窑的主体功能是一个换热器，其产量是由热源（热量供给）及系统的运行整体状况决定的，设计产能一般只是煅烧窑在设计的热风温度、热风供给量、窑体转数、原料含水率、引风系统、产品要求的情况下的产量。正常运行时，煅烧窑可在设计产能的30%～110%运行。越接近设计产能，对配套的条件配合要求越高（热量供给、操作、引风系统等）。一般地，煅烧设备在设计产能的70%～80%的产能是最好操作的，也是最容易操作的，同时也是最能达到最高产品质量和产品性能的。因此，在设备运行时必须注意，设备产能达到最大的时候，并不一定是生产产品性能最好的时候；生产产品性能最高的时候，一定不是设备达到最大设计产量的时候。

烟气管式煅烧窑运行中，产品的质量的稳定性主要决定于喂料量的稳定和热风炉运行的稳定。影响运行喂料量稳定的因素主要是堵料，不论是料仓还是副产石膏喂料斗，断料和间歇性下料会严重影响煅烧系统的运行稳定性。同时，天然石膏原料仓直径过大时必须考虑多点下料，消除粒度离析造成的颗粒物料集中下料的问题。副产石膏喂料必须消除堵料、棚料等情况对生产的影响。

烟气管式煅烧窑运行过程中，严禁频繁调整窑体转速，窑体转速的调整导致的煅烧效果滞后期很长，一般需要2h左右才可稳定，在此过程中，很难判定各参数对煅烧结果的影响。一般采用调整热烟气温度和流量的方式，及时地调整到所要求的出料温度。

（3）蒸汽管式煅烧窑

① 设备的基本概念

蒸汽管式煅烧窑是一种采用高压饱和或过热蒸汽为热介质，采用回转窑的外形结构及管网式换热结构的连续式低温煅烧设备。它具有管式煅烧窑及蒸汽换热设备的特点，是一种制作要求较高、用途广泛的高效煅烧设备（图6-99）。

蒸汽管式煅烧窑集中了回转窑、间接换热管式煅烧窑及蒸汽煅烧设备的特点。其外形及支承、传动系统仍然是典型的回转窑系统，其内部换热管网则具有比烟气管式煅烧窑更复杂和更高要求的换热管网系统，其蒸汽进出要求、蒸汽分配要求、承压焊接要求及换热机理则完全是蒸汽换热设备的要求。蒸汽管式煅烧窑以窑体为物料的输送和换热空间，窑体同时也

图 6-99 蒸汽管式煅烧窑

是蒸汽换热管道的支撑体,在窑体内部沿圆周方向设置多层蒸汽换热管道,管道之间通过蒸汽分配室相连,实现蒸汽在管道间的分配和换热后冷凝水的汇聚排出。蒸汽管式煅烧窑由窑体、强制喂料系统、换热管网、蒸汽分配室、汽轴、窑体辅助设施、支撑系统、传递系统、出料箱、密封系统、补气排气系统及旋转接头等组成。石膏蒸汽管式煅烧窑采用饱和或过热蒸汽为换热介质,通过回转窑内设置的管网与窑体内的石膏进行相变换热,将石膏原料煅烧为半水石膏。蒸汽管式煅烧窑遵循回转窑设备的运行原理,整个窑体在传动系统的带动下一起旋转,因换热管道固定在窑体内,运行时管道与窑体一起旋转,管道不受扭矩力,不易损坏。

根据副产石膏特性,结合长期研制、生产、调试石膏煅烧设备的经验,研发形成了专门用于副产石膏煅烧的蒸汽烘干和煅烧设备系列。由于采用蒸汽作为热源,蒸汽管式煅烧窑热量供给稳定,换热效率高,设备技术成熟,生产产品质量稳定,环保标准高,且具备生产工艺参数易于调整和控制、操作简单、设备故障率低、维修方便等优点。

② 设备的工作原理

蒸汽管式煅烧窑采用饱和或过热蒸汽为换热介质,窑体内部根据换热要求、物料特性、热介质特性,在窑体圆周方向设置1~4层蒸汽换热管网,管网与进气端的蒸汽分配室连接,供汽系统通过旋转接头与汽轴连接将蒸汽供至蒸汽分配室并送至管网系统,蒸汽换热释放热量后形成的冷凝水因窑体斜度的原因,顺管网汇入蒸汽分配室,随冷凝水导出设施排至冷凝水管道或冷凝水收集器。管网与自喂料端(高端)喂入的物料不断接触换热,管道表面通过接触需热体(石膏)使管内蒸汽温度降至相变临界点发生相变(蒸汽冷凝为水),释放出大量的热量,并通过管道壁传递给物料,使物料吸热达到烘干煅烧的热量需求,完成换热煅烧;窑体内保证一定的料层厚度,管道和窑体同步转动,管网不断地"穿过"或带动料层与物料充分接触换热,同时管道对物料不断的搅动,使料层翻腾形成均匀换热,这是蒸汽管式煅烧窑的最主要换热形式。同时管网旋转脱离物料层后,向窑体内部辐射热量或与窑体内气体进行热交换,对窑体内部进行加热。物料因窑体斜度及旋转向出料端运动,并受到挡料板、抄板等的作用,控制物料速度并增大与管道的接触概率,既保证适度地提高窑体转数以提高物料与管道的接触,又保证物料在窑体内有足够的煅烧时间;管道内的蒸汽相变产生的冷凝水在窑体的旋转中顺管道斜度流入汽室,由汽室的导水机构导入汽轴后通过疏水设备排至冷凝水收集器。

蒸汽管式煅烧窑是一种低温煅烧设备,采用蒸汽为热源,温度波动小,热介质温度低,换热过程长,是一种运行非常稳定的煅烧设备。在换热过程中物料受窑体旋转及管道搅拌等作用不断翻腾,换热较为均匀,热量传递较为温和。同时,因为煅烧过程可以通过窑体转数调整石膏在窑内的停留时间（煅烧时间），有效地控制石膏煅烧时间的一致性，可以较为容易地控制出料温度，也就是说，可以控制石膏在一定范围内的任意温度作为煅烧出料温度，从而调整产品的物相组成和性能指标。

③ 设备的性能特点

蒸汽管式煅烧窑作为一种间接换热连续式煅烧设备，具备间接换热煅烧设备所具有的特点。同时因为采用蒸汽热源，热源温度不会出现较大幅度的波动，供热稳定，煅烧过程更为稳定，产品质量更易控制。生产过程无烟气排放，更为绿色环保。总体而言，蒸汽管式煅烧窑具有如下特点：

a. 蒸汽管式煅烧窑采用蒸汽为热源，无硫、碳、氮等的氧化物排放，无燃料系统的处理过程，主要排出物为冷凝水，可进行二次利用，生产线更为环保。

b. 单位容积处理量大。换热设备为内部设置加热管片，因搅拌过程中与物料直接接触，换热管内蒸汽受热交换条件的影响，易发生蒸汽冷凝为水的相变过程，快速释放出相变热，相变热因换热管道与脱硫石膏的紧密接触，传递热量快，换热效率高；换热管网设置在回转窑窑体内，具有加大的空间和长度，利于设置较大换热面积的多次管网，达到较大的设备单位容积处理量；利于大规模生产设备的配置。

c. 热效率高。煅烧时不需使用过多的空气，故排气所带走的热损失可忽略不计。因换热管道设置于窑体内且不直接与窑体接触，管道中所有的热量均释放在窑体内为物料和窑内空气吸收，窑体表面的散热损失较小。整体热效率可达 80%～90%，具有较高的经济性。

d. 可以在一定温度下进行干燥煅烧，也可根据物料煅烧的要求进行调整，使物料在一定温度范围内（如 130～180℃）的任意温度下进行稳定煅烧。蒸汽温度比较稳定，容易控制煅烧温度，对热敏性物料的煅烧尤其适用；尤其有利于副产石膏的稳定煅烧和高性能产品的煅烧。相比于其他煅烧设备，蒸汽回转窑具有非常稳定的低温高效热源（温度低，但热量供给足），不会因为热源的温度波动形成产品质量波动，且管式煅烧窑系统的煅烧均匀性、石膏煅烧过程的运动不受其他因素影响（窑体内为微负压，无风力配置影响物料运动），可根据产品相比率的要求，将出料温度设定在需要的任何温度点，实现特定的温度要求的煅烧，这是其他煅烧设备很难达到的。

e. 物料在煅烧设备内的停留时间可以根据要求进行任意调整，通过对转数等的调整，得到最有利于每一种产品煅烧的物料停留时间，得到所需要的最佳相组成的产品。通常物料容积比为 10%～20%；物料停留时间可在 20～60min 内调整；从而煅烧不同性能要求和相比率组成的产品，如可设置二水石膏比率略高的快凝石膏产品（二水石膏 3%～5%，半水石膏 80%～90%，AⅢ小于 3%）；也可设置二水石膏比率最低，凝结时间较长的石膏产品（二水石膏 2%，半水石膏 80%～90%，AⅢ小于 3%）。蒸汽管式煅烧窑因自身的特点，具有很强的产品性能调整能力。

f. 排出尾气中粉尘携带量小。因为在煅烧系统内，热系统与物料系统分离运行，物料系统的环境为微负压，煅烧设备内风速很小，排气过程带走的粉尘量很少，对除尘设备或气固分离设备的要求低，投资省。

g. 蒸汽管式煅烧窑在运行过程中，管道固定于窑体上与窑体同步旋转，管道不受外力，不易损害，窑体内维护维修量小。

h. 蒸汽管式煅烧窑因采用旋转接头与供汽管道连接，蒸汽温度及压力高，为保证密封材料的寿命，整个窑体制作精度要求高，制作成本大，设备一般整体装配好出厂，运输费用高。

i. 蒸汽管式煅烧设备具有很强的原料含水率适应能力，一般对于附着水含量20％以内的物料，均可直接喂入进行烘干或煅烧。物料水分含量的多少，仅仅对设备的产量形成影响，对质量几乎不形成影响。而对于附着水含水率较高的物料，仅需要处理好喂料设备的适应性及窑体内的密封、保温及合适的窑内温度即可保证正常运行。蒸汽管式煅烧窑与其他管式煅烧窑一样，对原料粒度具有很强的适应性，原料含有小于15mm的颗粒，对煅烧及煅烧系统的设备不形成任何影响。

j. 蒸汽管式煅烧窑是一个将预热烘干、物料煅烧等功能集成为一体的设备，既可用于高含水原料的高效烘干，又可直接形成烘干及煅烧一体化集成，大大优化工艺的煅烧系统。作为一步法的将烘干及煅烧集成为一体化设备，它对产品质量的调控和保证，因蒸汽热源、管式换热及回转运行的特点，在各类煅烧设备中仍然很受青睐，优于烟气煅烧设备。

④ 设备的热源选择

蒸汽管式煅烧窑的热源主要为饱和蒸汽或过热蒸汽。其蒸汽温度一般必须高于石膏出料温度20℃。较低的蒸汽温度对设备运行及换热效率都有较大的影响，但过高的温度和压力对煅烧窑的制作成本影响较大，也不易得到；采用不同的蒸汽热源对生产运行、设备成本及产能影响很大。

蒸汽一般分为饱和蒸汽和过热蒸汽，饱和蒸汽是未经热处理的蒸汽，无色、无味、不能燃烧且无腐蚀性。饱和蒸汽的温度与压力之间一一对应，两者只有一个独立的变量。饱和蒸汽容易由气态变为液态，并释放出大量的热量，也就是说，饱和蒸汽在输送或保压过程中，如有热量释放，蒸汽中就会形成液态水。过热蒸汽是常见的动力能源，常用来带动汽轮机工作或用于蒸汽输送，过热蒸汽是由饱和蒸汽进一步加热升温形成的，其中不含液态水；过热蒸汽的温度与压力无对应关系，是两个独立参数，密度由这两个参数决定。过热蒸汽在输送过程中会因为热量释放逐渐降温，如过热度不高，降温后逐渐由过热状态变为饱和状态或过饱和状态；饱和蒸汽突然大幅度降压，也会变为过热蒸汽。

过热蒸汽更利于蒸汽输送，但不利于热量释放。过热蒸汽从气相到液相的过程中要释放显热达到饱和状态，才可以大量释放相变热后变为液态，如过热度过高，则非常不利于热量释放；而饱和蒸汽遇吸热条件即可转变为液态释放大量的相变热；蒸汽的相变热（潜热）要远高于显热；因此在煅烧过程中，以蒸汽为热源，主要是利用蒸汽的潜热，使蒸汽释放出相变热来保证煅烧所需的热量。但由于饱和蒸汽输送过程中因散热而容易导致热损严重，因此，煅烧所采用的蒸汽一般需要一定的过热度。

常用的饱和蒸汽温度、压力及对应热焓值见表6-71。

表 6-71　常用的饱和蒸汽温度、压力及对应热焓值

| 压力（MPa） | 温度（℃） | 焓（kJ/kg） | 压力（MPa） | 温度（℃） | 焓（kJ/kg） |
|---|---|---|---|---|---|
| 0.5 | 151.85 | 2748.5 | 1.1 | 184.06 | 2780.4 |
| 0.6 | 158.84 | 2756.4 | 1.2 | 187.96 | 2783.4 |
| 0.7 | 164.96 | 2762.9 | 1.3 | 191.6 | 2786.0 |
| 0.8 | 170.42 | 2768.4 | 1.4 | 195.04 | 2788.4 |
| 0.9 | 175.36 | 2773.0 | 1.5 | 198.28 | 2790.4 |
| 1.0 | 179.88 | 2777.0 | 1.8 | 207.1 | 2795.1 |

过热蒸汽的温度、压力及对应焓值见表 6-72。

表 6-72　过热蒸汽的温度压力及对应焓值

| 压力（MPa） | 温度（℃） | 焓（kJ/kg） | 压力（MPa） | 温度（℃） | 焓（kJ/kg） |
|---|---|---|---|---|---|
| 0.5 | 180 | 2812.1 | 1.0 | 180 | 2777.3 |
| 0.5 | 200 | 2855.5 | 1.0 | 200 | 2827.5 |
| 0.5 | 220 | 2898.0 | 1.0 | 220 | 2874.9 |
| 0.5 | 240 | 2939.9 | 1.0 | 240 | 2920.5 |
| 0.5 | 260 | 2981.5 | 1.0 | 260 | 2964.8 |
| 0.5 | 280 | 3022.9 | 1.0 | 280 | 3008.3 |

石膏煅烧过程中，出料温度一般要保证为 150～170℃，因此，所需要的蒸汽温度必须高于 170℃，一般应保持在 190℃以上。且从换热效率来讲，蒸汽温度越高，与物料或窑内空气温差越大，越有利于热量传递。但过高的饱和蒸汽对设备等的要求较高，过热度过高的蒸汽则不利于热量释放；而过低的蒸汽温度除不利于热量传递外，同时会使煅烧窑内的温度过低，不利于煅烧及水汽排出；因此，蒸汽煅烧窑一般采用压力为 1.0～2.0MPa、温度为 200～300℃的蒸汽作为热源。在进入煅烧窑时可采用温度压力调节装置，保证蒸汽温度的过热度为 15～30℃即可。

蒸汽作为煅烧窑热源，通过管网形成一个密闭的管路系统，生产过程为一个保压换热的体系，即不断地补充蒸汽，使管网内保持一定的压力和温度，管网与石膏接触传递热量或向窑体内辐射热量，使管道内的蒸汽降温相变为液态水，并通过排水设施及时地排出管网。因管网排出的水主要为蒸汽相变后形成的高温（临界）水，虽在排出过程中会进一步释放显热降温，但一般均高于物料温度（烘干物料一般为 100～110℃，煅烧物料为 150～170℃），因此，煅烧窑排出的水会进一步形成低压蒸汽和冷凝水的混合体，有条件的可二次利用低温预烘干物料。

蒸汽作为热源，温度非常稳定，而且属于低温热源，是几种热源中最有利于稳定生产和控制的热源，也是最绿色环保的热源（除去蒸汽产生过程的环保问题），因此，以蒸汽为热源的煅烧设备，产品质量一般非常稳定，性能优良，相比率较好。

⑤ 设备的适应范围

蒸汽管式煅烧窑是一种集成烘干与煅烧功能的一体化设备，更适合各类含水率在 20%以内的副产石膏。过多的水分会导致物料易粘结在管道和窑壁，且在入窑端易结球、结块，不利于设备运行。如水分过多，可采用前端预烘干将水分含量降至 20%以下，或采用将烘干物料回送至原料喂料端，掺入干物料减弱原料黏性的方式。

蒸汽管式煅烧窑可适应于副产石膏的烘干，也可用于一步法的煅烧，仅仅是工艺参数和部分窑体内结构的差异。用于一步法煅烧，所采用的蒸汽压力温度应尽可能高一些，以利于保证出料温度。

蒸汽管式煅烧窑因采用的热源波动小，热量释放快，低温煅烧，更适用于对产品性能要求很高的产品的煅烧（相比率控制较为严格），也更易煅烧得到凝结时间较长的产品。

蒸汽管式煅烧窑尤其适合于一个设备生产多种性能的产品，即设备的调整范围较宽，可以根据产品要求，设定不同的出料温度和煅烧时间，以达到不同的相比率和产品性能。

蒸汽管式煅烧窑非常适合细度较高的副产石膏原料的煅烧。部分副产石膏原料晶粒细小，细度较高。在部分煅烧设备（采用流化态煅烧或直接接触煅烧）中较难控制，但在蒸汽管式煅烧窑内物料不受"风"的影响，可以均匀翻腾煅烧，能够较好地控制煅烧状态和效果，形成较好的产品。

蒸汽煅烧窑适用于压力 0.8～2.0MPa，温度 200～300℃的过热蒸汽或饱和蒸汽为热源的副产石膏的烘干及煅烧。可根据换热需要设计各种规模的煅烧设备。过低的蒸汽压力和温度，易造成设备运行中的黏管、黏壁等现象，影响设备换热及运行；过高的压力及温度，造成设备成本过高。

二步法蒸汽煅烧系统工艺流程图如图 6-100 所示。

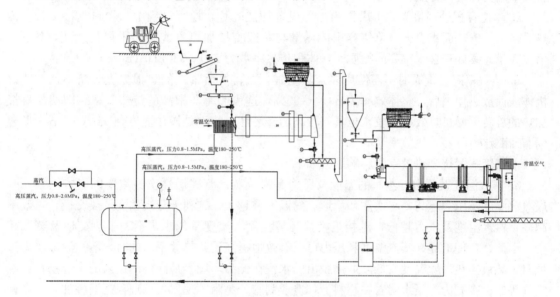

图 6-100　二步法蒸汽煅烧系统工艺流程图

一步法蒸汽煅烧系统工艺流程图如图 6-101 所示。

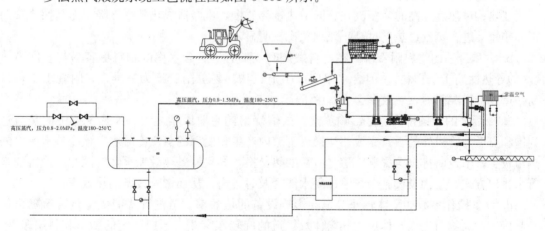

图 6-101　一步法蒸汽煅烧系统工艺流程图

蒸汽管式煅烧窑能够适应粒度较大的原料，原料粒度小于 15mm，均可直接喂入煅烧窑进行煅烧，对产品质量及设备运行效果基本无影响。

蒸汽管式煅烧窑可用于脱硫石膏、磷石膏、盐石膏、柠檬酸石膏及其他副产石膏的预热烘干和煅烧；可用于生产石膏制品的凝结时间较快 3～4min（刀划法）的产品煅烧，也可适用于生产砂浆及模具用凝结时间较长 6～9min（刀划法）石膏粉的煅烧；可适用于各类规模的生产线的煅烧（5 万～30 万吨）；但在应用中必须充分考虑原料中的影响因素，脱硫石膏中氯离子含量较高时，会对设备寿命形成很大的影响；磷石膏及柠檬酸石膏具有酸性，必须采用合适的设备材料，以保证设备寿命。

⑥ 设备的热效率

蒸汽管式煅烧窑具有常规间接加热转筒干燥机的所有优点，它的单位容积蒸发强度是常规直接加热式转筒干燥机的 3 倍；热效率可达到 80％～90％；主要因为蒸汽管式煅烧窑具有如下结构和运行特点：

a. 单位容积处理量大。干燥机为内部设置加热管片，搅拌过程中与物料直接接触，传热系数大，传热面积也大。单位容积传热量与一般直接加热方式旋转干燥机相比，约大 3 倍。大量连续处理含水率高的物质时，体积传热系数为 250～550kJ/（m³·h·℃）。

b. 热效率高。干燥时不需使用多余热空气，故排气所带走的热损失可忽略不计。考虑机体表面散热损失后，整体效率为 80％～90％，这表明有非常高的传热效率。即使与直接加热的旋转干燥机热效率比较，也具有较高的经济性。特别是操作温度在 150℃以下的场合（利于相变热释放），热效率最高。

蒸汽管式煅烧窑热效率的影响因素如下：

a. 蒸汽温度及压力，蒸汽的温度及压力是影响蒸汽管式煅烧窑最重要的影响因素；一般蒸汽温度及压力越高，与换热环境形成的温度差越大，越利于蒸汽相变及热交换，热效率越高；蒸汽温度及压力越低，越接近换热环境温度，温度差越小，不利于热交换及蒸汽相变。因此，合理地提高蒸汽温度和压力可以有效地提高设备热效率。同时，蒸汽温度压力过低时，导致换热环境温度变低，煅烧脱出的水汽在低温环境容易因窑内进入的常温物料或冷空气等二次冷凝为冷凝水附着在物料上，造成糊管、黏附等现象，该现象逐渐叠加，会大幅度降低管道的传热效果，降低设备的热效率。如采用过热蒸汽，过高的温度也不利于换热，一般高于饱和度 30℃的蒸汽较为合适，在换热管网中比较容易逐步降温达到饱和蒸汽，释放相变热；过热度过高时，蒸汽在管网中热量释放慢，也会造成热效率下降；尤其换热管网距离较短，进入蒸汽过热度过高，该现象比较明显。

b. 含量合适的物料附着水。在物料煅烧时，具有一定含水率的物料更容易与管网换热（水的导热性高于干物料）；但含水率应以不造成物料易黏附管道为基准，如附着水含量过高，造成管道黏附后，热效率会大幅度下降。

c. 冷凝水的顺畅排出也是影响蒸汽管式煅烧窑的主要因素之一。换热管道中的蒸汽达到饱和点后与管道外的石膏完成热交换，管道内产生相变后的蒸汽冷凝水，该冷凝水所含的热量较少，不及时排出会影响管道与石膏的热交换，导致设备热效率下降。因此，设备的冷凝水排出方式、结构及设施会影响冷凝水能否及时排出，从而影响设备的热效率。

d. 设备操作参数如窑体转速等也会影响设备的热效率。蒸汽管式煅烧窑是管道随窑体一起旋转，而物料进入窑体后，随窑体及管道的旋转在窑体内形成一定的扬角和料层厚度，管道随窑体旋转时不断地"穿过"料层并接触换热，因此，窑体转速越快，管道与料层接触频次越高，相当于增大了换热面积，但因窑体呈斜度布置，窑体转速越高，物料运动越快，煅烧时间越短。因此，不同的窑型及结构，均有与之对应的最佳转速，合适的转速可提高设备的热效率并保证对应产品的高质量。

e. 影响设备热效率的因素还有很多，如换热管道的形式、料层的厚度、物料的细度、设备的密封效果、设备的保温效果等，都会对设备的热效率产生一定的影响。

⑦ 生产运行注意事项

蒸汽管式煅烧窑一般主要由蒸汽源（过热蒸汽或者饱和蒸汽）、调温调压装置、供汽及排水管道、冷凝水收集装置、旋转接头、窑体、喂料装置、密封系统、出料装置、温度监测系统、蒸汽监测系统等组成。运行过程的主要控制参数为窑体转数、蒸汽供给压力温度及流量、补入冷空气的温度、喂料量、原料含水率、出料温度、出料结晶水、冷凝水排出情况等；蒸汽的压力温度及流量是衡量供给热量的参数，原料含水率及喂料量是热量需求的主要参数，两者之间在所要求的温度达到平衡，即形成了稳定的生产煅烧参数和合适的产品。蒸汽热源的压力及温度一般均比较稳定，波动值较小，容易形成稳定供热，在原料水分稳定的情况下，仅需要控制好喂料量即可；窑体转速是调试过程中调整物料最佳煅烧时间的主要手段，一般根据热量参数及原料参数，调整出物料达到要求的相比率所对应的结晶水含量和温度最终对应的煅烧时间和窑体的转速。窑体转速与换热及物料运动速度相关，最佳转速是在保证煅烧时间要求下的最大转速；在转速不变的情况下，单独降低喂料量或者提高蒸汽温度压力可提高出料温度、降低产品结晶水含量、增加 AⅢ 比率、减少二水石膏比率；在喂料和原料参数及供热参数不变的情况下，适度地降低转速，可达到以上同样的效果，如提高转速，则结果相反。

蒸汽的温度和压力参数对同一型号的设备的产能及应用效果影响较大，所采用的蒸汽压力及温度越高，设备换热效率越高，产能越大；所采用的蒸汽温度压力越低，相变温度点越接近物料温度，热传递越慢，换热效率越低，产能越小。且易使设备的冷端水汽二次冷凝，导致入窑物料黏度增高，形成黏管等现象，进一步降低设备的换热效果，同时排出的大量水汽温度过低，接近露点，不利于收尘系统运行；因此，采用低温低压蒸汽时，需加强设备密封效果和保温措施，尽可能提高设备内部的温度，尤其是对于含水率较高的原料和北方冬季运行时；可通过向喂料系统加入一定比例的干原料（该比例以刚好达到原料不黏管为限），降低原料粘结条件，改善设备运行效果；并采取收尘系统的保温及抗结露措施；以较低的蒸汽温度及压力为热源进行煅烧，一般出料温度较低，不易产生 AⅢ 石膏相，但极容易产生较高比率二水石膏相，导致产品凝结时间变快。

（三）炒锅

炒锅煅烧石膏方式，最早起源于美国，日本也早在明治四十三年（1910 年）就建立了用炒锅煅烧的工厂，我国在 20 世纪 70 年末已使用。最初的炒锅生产方式是用手工操作的，在敞开的圆形平底或圆形尖底的铁锅中，一锅一锅地炒制，其加料、搅拌、出料、热源等全部为人工操作，其条件恶劣，劳动强度大，产量低，产品质量差。随着石膏制品的发展，这种手工作坊式的生产方法已经不能满足需要，于是一种机械加料和搅拌的炒锅问世了。用机械代替人工操作，劳动条件得到了改善，产品质量也有所提高，这种炒锅在小型石膏粉厂中仍在延续使用。但这种方法仍是一锅一锅地间歇作业方式，生产效率较低。到 20 世纪 50 年代末，由英国石膏板公司（BPB）在间歇炒锅的基础上逐渐改变为连续式炒锅，其生产过程全部实现机械化和自动化，使产量、效率大大提高，从 20 世纪 70 年代至今，它已成为石膏煅烧的主要装备之一，为了提高连续炒锅的生产能力和降低能耗，英、德、日等国又发展了埋入式炒锅、锥形炒锅等技术，锥形炒锅是目前炒锅中最先进的设备。以下就按炒锅的技术发展进行叙述。

**1. 间歇炒锅**

（1）原理和特点

间歇炒锅的作业方式是批量生产，间接加热。锅体静止不动，由锅外壁、锅底及火管将热量传至锅内物料，靠锅内的机械搅拌作用和水蒸气上升过程使物料呈"沸腾"状态，达到二水石膏脱水转化目的。间歇炒锅煅烧石膏通常采用先粉碎后煅烧的工作方式，即进入炒锅的石膏为小于 0.2mm 的粉料。而少数小厂也采用先煅烧后粉碎的工作方式，也就是进入炒锅的料为 0～5mm 的细颗粒状物料，煅烧之后再进行粉磨。这两种煅烧方式的煅烧工艺制度和所得产品性能都有不同。但所得产品都称为建筑石膏（β-半水石膏为主），其工作过程大体相同。

间歇炒锅系统在初始使用时，"需要经过低温烘炉"阶段，以保护系统中的耐火材料砌体的结构强度。系统正常生产时，先在已预热的锅内加入少许物料，加热系统使之升温，同时进行搅拌，当温度升至 110～120℃时，将物料一次性投入，同时继续加温使物料温度保持为 110～120℃，由于物料要逐步吸热，所以此段时间要持续 1.5～2h，使二水石膏脱水转变成半水石膏。当锅内物料呈"沸腾"状态时料温也升高了，此时温度为 140～160℃，就可一次性排料。这样完成一个工作周期，一般一个周期在 2h 左右，主要取决于脱水过程的时间。这与二水石膏的纯度和锅体结构以及热工制度都有关系，而投料和排料时间取决于投料和出料的设备的优劣，一般投、排料时间较短，每次 3～5min。至于煅烧温度要经过每套装置在实际生产时根据产品性能而确定，图 6-102 是间歇炒锅煅烧时的一个典型周期曲线（所注温度仅是一组实例）。

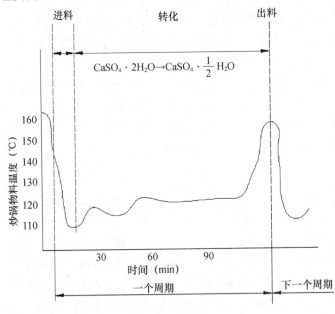

图 6-102　间歇炒锅煅烧曲线

曲线中的转化段基本呈水平，表示二水石膏逐渐脱水成半水石膏的过程。当料温突然升高，表明主要脱水过程结束。该点温度超过脱水温度 20～30℃。

（2）生产工艺过程

间歇炒锅煅烧系统是由供热（热源）、锅本体及砌体、锅内搅拌、进出料以及排湿系统组成，图 6-103 所示为间歇炒锅系统示意图。

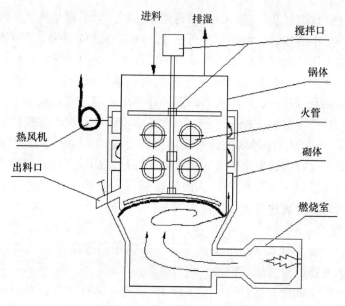

图 6-103　间歇炒锅系统示意图

① 供热系统：通常是由一个燃烧室及风道和热引风机组成。燃烧室的结构和砌筑取决于燃料种类。国内通常采用煤、煤气和天然气为燃料，可分手烧和机烧两种方式。国外使用的燃料为重油、天然气等。无论何种燃料，其燃烧室都设在炒锅下部外侧，所燃烧烟气由锅底沿锅外壁的火道及锅内火管螺旋上升由引风机引出。热风通过传导传热，将热传至物料中。一般间歇炒锅其耗热量为：

国内间歇炒锅，一般大于 $18.84 \times 10^5$ kJ/t 建筑石膏（450kcal/kg 建筑石膏）。

国外间歇炒锅，一般在 $14.65 \times 10^5$ kJ/t 建筑石膏以上（350kcal/kg 建筑石膏）。

② 锅本体：间歇炒锅锅体为圆筒形。锅的直径和深度比为 1∶（0.5～1.0）或 1∶（1.2～1.4）。国内产品有 $\phi1.0m$、$\phi2.0m$、$\phi3.0m$、$\phi3.3m$ 等；国外多数在 $\phi3.0m$ 以上。锅体分整体体型和分体型两种，即锅底和锅壁一体或分开，如图 6-104 所示。整体型底部是冲压成的一个整体，并与锅壁焊接。分体型是锅底和锅壁分成两件，底和壁都支撑在外角钢上，壁和底的接口用石棉绳和石棉密封，内角钢压紧锅底。内外角钢与锅壁、锅底做必要的焊接或连接。

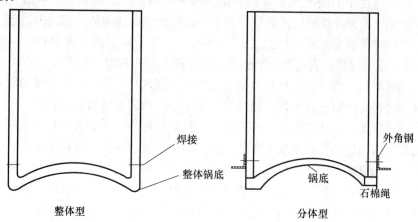

图 6-104　间歇炒锅锅本体

分体型安装较整体型复杂，且易漏气、易烧坏锅底。为了增加热交换面积，通常在锅内设置火管，对于产量小的炒锅，如年产 1 万～2 万吨熟石膏的炒锅，常采用容量 2～4m³ 的炒锅，且多数不加火管。而对产量大的炒锅就需增设 4～18 根火管，容积一般在 15m³ 以上。锅体位于铸铁立柱或耐火材料的砌体上，锅底部有热烟气混合室，锅壁周围用耐火材料砌筑，形成上升道和隔断以使热烟气按火管排列顺序导出，混合室及螺旋上升道的尺寸是根据热烟气风量和风速计算决定的。砌体可用定型和非定型耐火材料，外部用钢罩保护。

③ 锅内搅拌：无论大、小炒锅都设有锅内搅拌装置。在锅中心设置有立轴组成的立式搅拌装置。根据锅内火管层数设定叶浆式搅拌器，在最底部设有链式刮板搅拌器，这样无论锅底和锅内，物料都得到了均匀搅拌，从而使物料均匀受热。一般搅拌速度在 20r/min 以下，搅拌装置的动力，可直连也可以用皮带减速机。

④ 进出料装置

进料：对于直径很小（如 φ1.0m）的炒锅，最简单的方法是人工加料；但大多数采用机械加料，常用的有螺旋输送机、链板式喂料机等。

出料：在炒锅的下部设有排料口，大多以 45°设置，排料口上装有闸板，简单地用手动闸板，常用的是电动或气动闸板。

⑤ 排湿：在锅顶上部设置排气管，与收尘器连接。由于排出温度高于 100℃，同时排出的水蒸气有一定数量的石膏粉，故要选用耐温且不结露的收尘器，如旋风收尘器或电收尘器。

（3）间歇炒锅的技术性能

目前国内小型的间歇炒锅较多，例如直径 φ1.0m，产量为 400kg/锅左右，生产周期 2h 以上，以煤为燃料，进料、出料、煅烧均采用人工操作，劳动条件较差，但由于其投资低，收效快，乡镇企业还在使用。炒锅系列产品，有正式设计的炒锅系统在 1980 年之后才问世，到 20 世纪 90 年代也有各种规格的炒锅在国内各地使用，效果都比较好，各个炒锅的技术参数大同小异。

国内间歇炒锅所生产的熟石膏质量，一般都能符合建筑石膏粉的质量要求。但是，每个单位，每批料，每锅料之间的产品性能差距较大，产品达不到相对稳定的要求，这对大批量、连续化生产线来讲就不能满足需要了。

**2. 连续炒锅**

（1）原理和特点

连续炒锅是连续不间断地生产，只有最初有升温阶段，其物料煅烧曲线如图 6-105 所示。当连续炒锅开始搅拌投料生产时，先将空锅锅体预热，待锅体内部物料温度（此时锅内投入少量物料以埋住测量元件）达到 110～120℃时，开始向锅内徐徐喂料，以物料温度达到 120℃时控制喂料速度，直至锅内满料后，停止喂料而使料温升至 140～160℃达到物料完全沸腾，再继续喂料，当锅内物料料位达到溢流口的高度时，物料自锅底排料管开始往外溢排料。此时，进料与出料保持平衡，使料位恒定不变，达到连续出料的目的。

物料在锅内状态：连续炒锅内物料除受多层机械搅拌外，还受到物料脱水所产生的水蒸气以及热循环气体的搅动，而呈现流态化状态。由于锅及物料温度保持恒定，进入锅内的生料颗粒立即吸收热量而迅速脱水，变成熟石膏，物料没有固定的行程，而且在锅内停留时间不长。有人曾用不同染色的物料测定了物料在锅内停留的时间，试验证明，带色物料有很少一部分在几分钟内流出，大部分在 1.5h 左右流出，少部分在 1.5h 以后流出。根据统计分析，连续炒锅中物料在锅内停留时间平均为 1.5h。与间歇炒锅相比，连续炒锅具有化学反

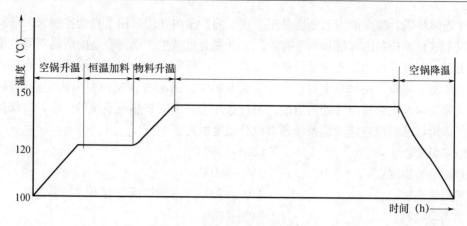

图 6-105　连续炒锅的煅烧曲线

应速度快、热效率高、产量大等特点，而且系统易于进行自动控制。

（2）生产工艺体系和结构

① 工艺流程及生产制度

连续炒锅煅烧石膏系统组成与间歇炒锅煅烧石膏系统组成基本相同。只有出料系统不同，在锅内加一根排料管，根据溢流原理，当物料高于排料口时物料就会自动溢流出去。图 6-106 所示是典型的系统图。各部分的说明可参见间歇炒锅部分。

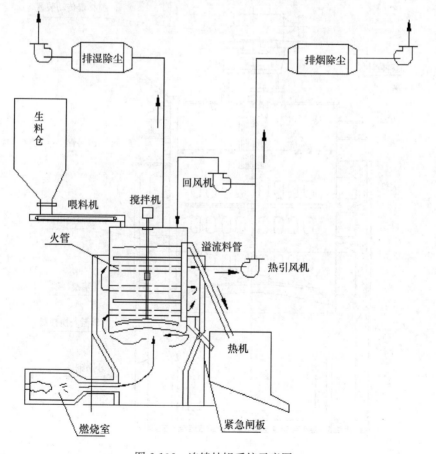

图 6-106　连续炒锅系统示意图

对于连续炒锅，稳定的工艺制度是至关重要的。国内外均采用了自动控制来保证其连续作业，只不过自动控制的程度和水平有差距。首先通过试生产确定合适的煅烧料温数值，这与炒锅类型、石膏矿产地、石膏品位都有关系，一旦确定好这个料温，则通过计算机或自动仪表自动控制下料量，用增减下料量来保持这个料温。另一方面又由料温确定进炒锅炉膛、锅底、火管，以及火管排出等处的温度，通过这几个温度调节热风系统的闸板，以保持各部分的热气体量，从而使连续炒锅系统各部位分温度恒定：

燃烧室温度：　　　　　　　　　　　950～1050℃

进炒锅炉膛温度：　　　　　　　　　550～800℃

炒锅锅底温度：　　　　　　　　　　450～470℃（不同炒锅设有上限报警温度）

炒锅锅内物料：　　　　　　　　　　140～160℃

炒锅出火管温度：（排烟）　　　　　300～350℃（＜400℃）

炒锅内排湿温度：　　　　　　　　　～150℃

各部分压力：

炒锅锅内负压：　　　　　　　　　　$(-1\sim-2)\times10^2\,Pa$

溢流卸料管物料料压力：　　　　　　$(0.2\sim0.4)\times9.80665\times10^4\,Pa$

溢流管阻塞时吹扫疏通压力：　　　　0.05～0.1MPa 压缩空气

② 锅体结构：如图 6-107 所示。

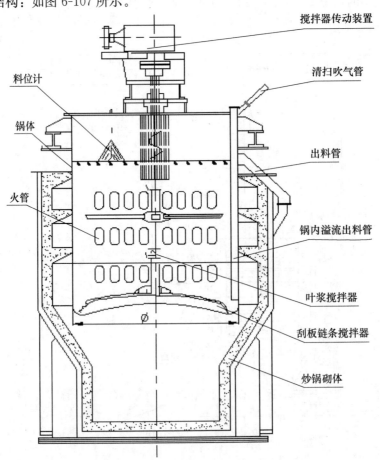

图 6-107　连续炒锅锅体简图

（3）煅烧质量和能耗

连续炒锅煅烧的熟石膏质量稳定，一组实际生产中任意选出的测定数据列于表6-73。

从表中所列数据可以得出：

① 组成稳定，波动范围小。半水石膏含量为85%～90%，残余二水石膏含量不高于3%，两种无水Ⅱ型含量在1.5%～5.5%范围波动。

② 石膏品位为76%～82%，其煅烧温度为145～170℃，但大部分为150～155℃。说明煅烧温度也是在较小范围内变化。

③ 熟石膏的结晶水含量在4.3%～5.2%范围内变化，初、终凝的波动范围也较小。

④ 存放一段时间后AⅢ很快水化成半水石膏，而二水石膏含量变化极小。

以上只是从10个数据中得出的结论。实际上，通过多年的生产实践，连续炒锅所生产的熟石膏无论是刚生产出来的，还是存放数月后，均能顺利制出纸面石膏板，没有发现因为煅烧质量影响纸面石膏板的生产，同时操作也极为稳定和方便。

能耗：从前述可知，石膏的理论耗热量为$5.02 \times 10^5 \sim 6.7 \times 10^5$ kJ/t 半水石膏（12万～16万 kcal/t 半水石膏）。引进的连续炒锅在投产初期耗热量在$8.8 \times 10^5 \sim 10.8 \times 10^5$ kJ/t 半水石膏（21万～26万 kcal/t 半水石膏）范围内。以后的生产过程中，煅烧能耗为$11.3 \times 10^5 \sim 12.6 \times 10^5$ kJ/t 半水石膏（27万～30万 kcal/t 半水石膏）。

综上所述，可以看出，用连续炒锅煅烧石膏，具有质量稳定、能耗小、热效率高、产量大的特点，而且易于操作，生产稳定，自动控制程度高，目前仍是国内外使用较多的煅烧石膏设备之一。

（4）部分连续炒锅技术性能见表6-74。

**3. 埋入式炒锅**

（1）基本原理

无论是间歇炒锅还是连续炒锅，都是通过锅底、火管、锅壁向物料间接传热的，这种间接传热的方式，无疑会受传热载体的限制而影响传热效果。如果在炒锅系统中以提高温度的方式来提高生产能力，那么一旦加热温度高于锅体材料的耐热极限，锅底就会遭到破坏，这点在国内外间歇炒锅作业中曾发生过。20世纪60～70年代，各国在提高炒锅生产能力方面做了许多改进，其中以英国BPB公司研究的一种直接传热方法最为有效，在工业生产中得到了应用。后来又形成了各种不同能量规格的埋入式燃烧器，现作为BPB的专有技术在国际上推广使用。

这种方法是在原有炒锅系统的基础上，不提高炒锅锅底温度的情况下，在锅内装入一个埋入式燃烧器，燃烧的热气体被直接喷向石膏粉料层，使热量和物料直接接触，进行热交换，这样就提高了热效率。埋入式燃烧器所供的热量是整个炒锅热量的一部分，量的大小可进行选择，它与原炒锅的燃烧器并用，共同完成炒锅煅烧任务。

（2）生产过程

图6-108示出了埋入式燃烧器的简图，从图中可以看出其生产过程。它由风机、喷嘴混合燃烧器及套管组成。套管将燃烧气体直接送到炒锅内的物料中，套管的热量被物料吸收并冷却，所以不至于使埋入的套管过热。由于炒锅内物料在脱水过程中所产生的蒸汽和机械搅拌使物料呈流化状态——"沸腾"状态，在沸腾层内的传热效率非常高，而埋入式燃烧器的作用又加速了这一过程，当埋入式燃烧器的燃烧气体从套管下部均匀分布，由出气孔经沸腾层向外喷出，含在气体中的热能就直接传给了物料，该气体的温度比锅内规定的物料温度高

表6-73 连续炒锅煅烧石膏的性能

| 序号 | 石膏品位(%) | 煅烧温度(℃) | 水膏比 | 结晶水(%) | 初凝 | 终凝 | 相组成 | | | | | 24h强度(kgf/cm²) | | 备注 |
|---|---|---|---|---|---|---|---|---|---|---|---|---|---|---|
| | | | | | | | 半水石膏 | 无水Ⅲ型 | 无水Ⅱ-S | 无水Ⅱ-U | 二水石膏 | 抗折 | 抗压 | |
| 1 | 74.6 | 170 | 0.64 | 4.81 | 5'10" | 13'30" | 69.06 | 1.66 | 0.53 | 1.60 | 2.50 | 20.6 | 54.6 | |
| 2 | 74.6 | 170 | 0.64 | 4.90 | 5'30" | 11'40" | 69.54 | 0 | 0.83 | 0.77 | 2.59 | 19.0 | 54.4 | 1号存放3个月 |
| 3 | 82.64 | 160 | 0.66 | 5.20 | 6'45" | 18'36" | 72.28 | 2.27 | 2.73 | 1.59 | 2.72 | 43.0 | 143.0 | |
| 4 | 77.87 | 155 | 0.64 | 4.50 | 6'14" | 15'20" | 69.81 | 1.81 | 1.47 | 4.05 | 1.94 | 49.5 | 148.0 | |
| 5 | 76.37 | 150 | 0.64 | 4.30 | 8'30" | 21'15" | 69.33 | 1.96 | 1.55 | 3.28 | 0 | 48.0 | 134.0 | |
| 6 | 80.4 | 150 | 0.64 | 4.72 | 7'05" | 15'17" | 70.02 | 2.72 | 2.23 | 1.75 | 1.19 | 53.0 | 146.0 | |
| 7 | 76.3 | 150 | 0.64 | 4.53 | 5'30" | 11'30" | 69.76 | 0.76 | 0.72 | 4.32 | 0.48 | 45.0 | 144.0 | |
| 8 | 77.19 | 150 | 0.63 | 4.61 | 5'00" | 12'30" | 71.11 | 0.30 | 0.23 | 1.12 | 1.32 | 46.2 | 129.2 | |
| 9 | 77.08 | 150 | 0.60 | 4.56 | 5'30" | 13'30" | 70.35 | 1.81 | 0.72 | 3.20 | 0.92 | 37.0 | 105.2 | |
| 10 | 77.81 | 145 | 0.64 | 5.0 | 4'09" | 10'11" | 70.99 | 0.45 | 2.02 | 1.13 | 2.46 | 53.0 | 160.0 | |

表6-74　部分连续炒锅技术性能表

| | 山东枣庄建材厂 (1991年) | 四川大为、湖北荆门、山西大原东山，太原西山 (1996~1998年) | 山西灵石同歇改连续 (1992年) | 北新建材 (引进英国技术) | 英国 BPB |
|---|---|---|---|---|---|
| 炒锅尺寸：直径 $\Phi$ (m) | 2.5 | 2.2 | 3.0 | 3.03 | |
| 高 $H$ (m) | 3.8 | 3.6 | | 4.36 | |
| $V$ (m³) | 8.0 | 6 | 15 | 21 | |
| 火管数量（个） | 18 | | | 三层共24根 | 三层18根 |
| 火管形状 | | | | 椭圆形 | 椭圆形 |
| 炒锅产量 (t/h) | 2.7~4.0 | 2.0~3.0 | | 12.5 | 9~12 |
| （万 t/a） | 2.0~3.0 | 1.0 | | ~10 | |
| 搅拌器转速 (r/min) | 16.7 | | | 16.5 | |
| 功率 (kW) | 30 | | | 45 | |
| 煤料种类，方式 | 煤 | 煤，手烧 | | 煤 | 油或气 |
| 热值 (kcal/kg) | 4800 | 5500~6000 | | | |
| 煤耗 (kg/t 熟石膏) | 94 | ~100 | | | |
| 能耗（kJ/t 熟石膏）（kcal/t 熟石膏） | $18.89×10^5$ $45.12×10^4$ | $23×10^5~25.1×10^5$ $(55~60)×10^4$ | | $12.89×10^5$ 设计值：30.8 | |
| 热效率 (%) | | | | 55~67 | 55~75 |
| 煅烧制料温度 (℃) | 175 | 150~155 | 140~150 | 150~160 | |
| 锅底温度 (℃) | 400 | | | 460~470 | |

续表

| 项目 | 山东枣庄建材厂（1991年） | 四川大为、湖北荆门、山西太原东山、太原西山（1996~1998年） | 山西灵石闷歇改连续（1992年） | 北新建材（引进英国技术） | 英国BPB |
|---|---|---|---|---|---|
| 出火管温度（℃） | ~350 | | | 300~350 | |
| 炉膛温度（℃） | 800 | | | 750~800 | |
| 燃烧室温度（℃） | ~1250 | 750~800 | | 950~1050 | |
| 产品质量：原品位（%） | >75 | >70 | | 76~82 | |
| 水/膏比（%） | 75 | | 63~66 | 61~66 | |
| 初凝时间（min） | 4.5（6） | 6~10 | 6~15 | 5~6 | |
| 终凝时间（min） | 11.0（20） | 10~25 | 13~30 | 12~21 | |
| 结晶水（%） | ~4.5 | <5.6 | | 4.3~5.2 | |
| 相组成半水石膏（%） | 78~82 | 78~82 | | 85~95（未计杂质） | |
| 无水ⅢAⅢ（%） | | <10 | | <3 | |
| 难溶无水ⅡAⅡ-s（%） | | 3.6~7 | | | |
| 不溶无水ⅡAⅡ-u（%） | | | | 1.5~5.5 | |
| 残余二水石膏（%） | | <3 | | <3 | |
| 干抗折强度（MPa） | 湿 2.2~6.2 | 1.5 | 2.7~3.2 | 2~5 | |
| 干抗压强度（MPa） | 6.9~17.0 | 2.3 | 5.3~6.9 | 5.5~14 | |

5～10℃，因此二水石膏很快就达到脱水温度而迅速脱水，加快了锅内物料的煅烧速度。在使用埋入式燃烧器时，由于增大了锅内的气体流量，因此应增强排湿除尘系统的能力，以达到相对平衡。另一点是要有料位监视系统，以保持物料料位在炒锅上部套管的水平面之上，以减少除尘设备的粉尘负荷和保持锅内物料平均停留时间不变而改善产品的均匀性。在使用埋入式燃烧器时要注意装上安全装置，使气体燃烧装置符合有关的气体标准控制规程。

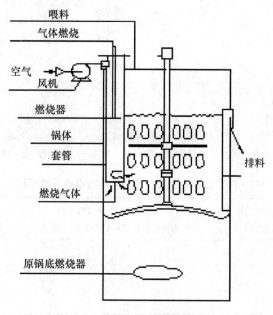

图 6-108　埋入式燃烧器的简图

（3）能耗及热效率

据英国资料，埋入式燃烧系统本身的热效率接近 90%，在使用天然气做燃料时，燃烧器一般仅以 10% 的过剩空气工作，有利于燃料充分利用。间歇炒锅、连续炒锅和埋入式燃烧器热效率值和产量比较见表 6-75。

表 6-75　间歇、连续和埋入式炒锅的产量与热效率比较（炒锅类型 4.3m×3.0m）

|  | 间歇式 | 连续式 | 连续式＋4* | 连＋8* | 连＋12* |
|---|---|---|---|---|---|
| 产量（t/h） | 9 | 11 | 11＋4＝15 | 11＋8＝19 | 11＋12＝23 |
| 热效率（%） | 55 | 65 | 70.1 | 73.5 | 90% |
| 编号 | 1 | 2 | 3 | 4 | 5 |

注：4、8、12 是埋入式燃烧器的能力，即 4t/h、8t/h、12t/h。

编号 1～5 的能耗与原料纯度的关系，如图 6-109 所示。

（4）产品质量

在连续炒锅内增设埋入式燃烧器后，熟石膏的质量均一性好，相组成与原连续炒锅只有不溶无水石膏 AⅡ量稍有增加，其余组成都差不多。表 6-76 列出典型分析实例，以做比较。

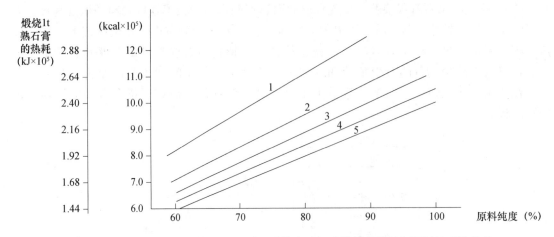

图 6-109　典型的 4.3m×3.0m 的间歇、连续和埋入式炒锅的热耗与原料纯度的关系

1—9t/h 间歇，热效率 55%；2—11t/h 连续，热效率 65%；3—"2"+4t/h 埋入式，热效率 70%；

4—"2"+8t/h 埋入式，热效率 73.5%；5—"2"+12t/h 埋入式，热效率 90%

表 6-76　各种煅烧法生产熟石膏的组成性能分析

| | 残余二水石膏（%） | 可溶性无水石膏 AⅢ（%） | 不溶性无水石膏 AⅡ（%） | 需水量（%） | 凝结时间（min） |
|---|---|---|---|---|---|
| 间歇炒锅 | 3 | 11 | 2 | 64 | 25 |
| 连续炒锅 | 5 | 7 | 2 | 66 | 18 |
| 带埋入式的连续炒锅 | 4 | 7 | 2～4 | 66 | 15 |

（5）其他优点

① 在现有炒锅装上埋入式燃烧器后，其产量可以提高近一倍。

② 现有连续炒锅改装成带埋入式燃烧器后，在提高生产能力的同时，还能降低电耗。

③ 改装现有炒锅，只需花相当少的费用。

④ 易于改变炒锅的瞬时产量。

⑤ 使用方便、灵活、无须预热，随时可启动燃烧。

**4. 锥形炒锅**

（1）基本原理

锥形炒锅在结构上和加热方式上都与上述间歇、连续式炒锅不大相同，锅体内没有搅拌装置，也没有火管，没有外部燃烧室和复杂的砖体体。锅体是由锥形锅底和圆形锅壁组成，锅体外用 100mm 厚的岩棉保温，不砌砖体。锅内设燃烧器（或通热气体），可用天然气、油、煤做燃料，燃烧的热气体直接喷向物料，使之迅速受热而脱水转变成半水石膏，这种炒锅一次加料量少，但升温快，反应速度快，产量大，从传热系统来看，可认为是埋入式燃烧器的发展，只是全部采用直接换热，提高了热效率，是传统炒锅进一步发展的产物。这种炒锅也是英国 BPB 公司首先研制并获得技术专利权的。

（2）类型及技术性能

① 气体加热锥形炒锅

气体加热锥形炒锅 1982 年建在英国 Robertshrvdge 厂并一直在运转，煅烧的建筑石膏用来生产纸面石膏板。其产品比传统炒锅煅烧的产品凝结时间稍短，在石膏板生产线上促凝剂的用量可减少一半左右，其他性能与老产品无异。该炒锅锥体部分最大直径 3m，炒锅高度 2.8m，筒体部分高 1.8m，筒形段和锥形段都是用 10mm 厚低碳钢制成，外用 100mm 厚岩棉保温。其他系统（如生石膏的进料、熟石膏的排料以及排湿除尘等）都与传统炒锅相同，不再重复。图 6-110 为示意简图。该炒锅的生产能力为 25t/h，当生石膏品位为 78% 时，其能耗大约为 $6.9\times10^5$ kJ/t 建筑石膏（16.50 万 kcal/t 建筑石膏），各部分的工艺参数都用自动仪表进行控制。

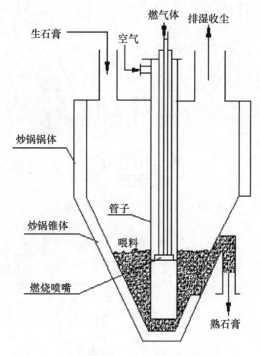

图 6-110　气体加热锥形炒锅示意图

② 烧油的锥形炒锅

烧油的锥形炒锅于 1989 年在英国 Kirky Thorea 工厂投产，至今仍在运转，同样用于纸面石膏板的生产，产品质量与使用天然气的炒锅基本相同。

炒锅结构与使用天然气的炒锅基本相同（图 6-111），但锥体最大直径由 3m 扩大为 3.6m，总高度 4.5m，筒形段高度 1.65m。加大直径的原因是将炒锅与扩大后的燃烧室相配合，以便在筒形段排风区内取得高速流动的气体。当生石膏品位 72% 时，其生产能力为 21t/h，能耗为 $6.5\times10^5$ kJ/t 建筑石膏（15.6 万 kcal/t 建筑石膏）。

③ 烧煤的锥形炒锅

烧煤的锥形炒锅在锅体结构上与前两种基本相同，只是燃烧部分不同（图 6-112）。其在外部设有一套燃煤装置，选用沸腾层煤炉，煤炉内设有一层砂粒，燃烧在砂层中进行，砂层受热气体作用而沸腾。砂层首先被预热到 650℃ 时，然后开始控制加煤量，以保持温度不变。运行中不可以超过这个温度值，一旦超过此温度，就会达到煤灰熔点，导致灰分熔融，阻碍沸腾的效果。由砂层产生的热气体通过保温管道进入锥形炒锅与石膏物料直接接触。这种炒锅直径 1.8m，总高 2.4m，锥形段高 0.9m，生产能力为 1.8t/h，能耗为 $7.9\times10^5$ kJ/t 建筑石膏（18.96 万 kcal/t 建筑石膏）。

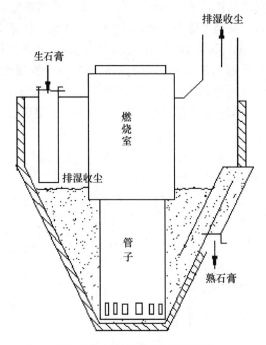

图 6-111　烧油锥形炒锅示意图

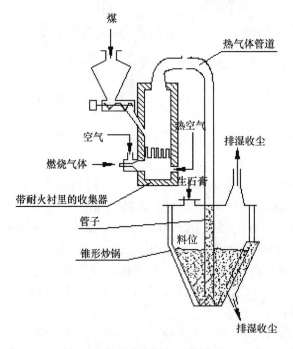

图 6-112　烧煤锥形炒锅示意图

（3）特点

① 结构简单，维修量少，造价低。如前所述，这种炒锅没有运动部件，没有耐火砌体，锅体上也没有横火道，故结构较简单。没有机械磨损，维修量少，燃气的燃烧器内部全是金属结构，没有难处理的部件，所以造价较低。

②可获得高产量。BPB已有5～40t/h的锥形炒锅，一次投料量较传统炒锅少，但煅烧时间短，相应产量就较大。同一产量的锥形炒锅可在50％～100％范围内任意产量下工作。例如一个40t/h的炒锅，可以在20～40t/h范围内任意调整产量。

③热效率高。如前所述，当石膏品位在72％时，烧油时的耗热量为$6.5 \times 10^5$kJ/t建筑石膏（15.6万kcal/t建筑石膏）；品位78％，烧气时热耗为$6.9 \times 10^5$kJ/t建筑石膏（16.56万kcal/t建筑石膏）；对95％品位的石膏，典型的热效率超过90％，当用重油时，热耗油18L，耗热量为$(7.0～7.4) \times 10^5$kJ/t建筑石膏（16.7～17.7万kcal/t建筑石膏）；重油低热值9281kcal/kg，高热值9843kcal/kg；当用天然气时其耗量为$19.0m^3$，耗热量为$(7.7～7.0) \times 10^5$kJ/t建筑石膏（18.5万～16.7万kcal/t建筑石膏）。

④操作简单。能迅速启动和关闭，这种炒锅从冷态启动在30min内就可出石膏粉，从最大产量条件下到关闭炒锅系统只是30min左右。

**（四）多室煅烧炉**

**1. 设备的基本概念**

**（1）石膏煅烧固体流态化（沸腾）原理**

石膏煅烧是物理变化过程，通过吸热由两个结晶水脱除75％变化为半水石膏。炉体内按工艺石膏特性布置热源热管，符合细度要求的原料进入炉内与热管接触吸热到一定温度时（140～175℃）结晶水快速分解，分解后的水分变化为蒸气向炉体上部运行，石膏原料渐变为合格的石膏粉，石膏粉按多U形运动，石膏粉的相对密度＜1，这时的物料层呈现沸腾状（如水开锅的状态），在其底部装有布风板，布风板是复合孔的合金钢板，在工作时一定压力和流量的气流从底部均匀地进入设备内进行物料混合。在设备的一侧装有连续进料的计量进料设备，在设备另一侧装有自动出料装置；在设备内装有一定量的加热复合管，管内的加热介质为热风、导热油、蒸汽等各种热源介质，热量通过管壁传递给管外处于流态化的石膏粉脱水分解，设备的上部装有与设备相连的一体多级除尘器或配备分体卧式多室静电除尘器，再经不同的脱硫系统或水膜除尘进行脱硫或超级排放。整个设备由于完全实现了固体流态化，设备中各区域的物料温度和成分几乎是一致的，连续投入生石膏粉，在沸腾炉内不断的流态化，生成质量一致的成品，连续在设备出料侧出料。原理如图6-113所示。

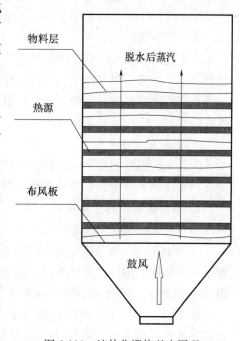

图6-113　流体化煅烧基本原理

**（2）多室煅烧炉原理**

多室煅烧炉是应用流体化技术低温、精细煅烧各类石膏粉的专利设备（ZL201710791967.3）。依据原有的沸腾炉二区煅烧而发明的多区精细煅烧装备，主要区别是低温多区分时、分室精细煅烧，现大部分沸腾炉设备用一个U形工艺煅烧，多室煅烧炉设备采用多个U形工艺精细煅烧。图6-114所示为物料流程区分原理图。

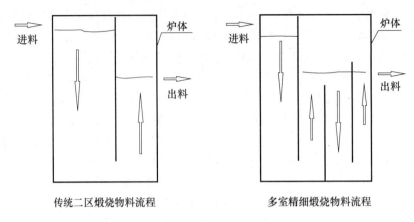

传统二区煅烧物料流程　　　　　多室精细煅烧物料流程

图 6-114　物料流程区分原理图

（3）工艺流程

① 物料流程

生石膏由生料中间仓经计量设备输送至入沸腾炉，炉内由于成流态化，冷的石膏粉瞬间和原有的热石膏粉混合，在一定工艺温度下进行物理脱水，成品不断地经出料管流出，进入冷却、改性、粉磨或提升机，至成品仓陈化。整个生产过程由计算机系统根据温度和前后生产量按指定的工艺进行自动、手动调节生产。

② 气体流程

一定压力和流量的空气经罗茨风机加压后送入设备底部，通过布风板均匀地吹入设备，这部分空气主要起引导作用，是流态化的原动力，设备内的石膏在一定温度下脱掉结晶水，结晶水直接变成蒸气并和鼓入的空气混合在一起，以鼓泡形式通过料层，再进入炉体上部的各种除尘器，净化后的合格尾气自动排入大气。

③ 加热介质流程

一定工艺温度的热源系统输送至设备内的热交换区，热量传给物料后热源温度降低，然后流回至热源系统重新加热后循环利用。

**2. 多室煅烧炉的性能特点、型号**

（1）多室煅烧炉的性能特点

① 多区精细煅烧在炉内流程时间长，区间温度分区脱水更加均匀；产品三相构成合理。通过生产数据得出：产品抗折强度提高 5%～10%，初凝时间可调性增加 30～50s。石膏粉出口温度浮动 ±2℃，初凝时间控制在 ±10s 以内。成品质量稳定如一。

② 专有设计、一炉多用：按石膏特性设置不同工艺流程的多室煅烧炉，根据工业副产石膏、天然石膏、不同地区的石膏原料的不同需要按需设计。按后产品原料的用途不同，设置可多变的工艺模块，调整不同的产品质量指标。

③ 低温多区精细煅烧：使用煤、天然气、油、生物质作燃料时，一般设定热风工艺温度 <650℃。现有的性能较高的材料很难满足热风炉提供 <650℃ 的热风的要求，一般高温材料在热风温度 >550℃ 时发生高温氧化，大大缩短了设备使用寿命。多室煅烧炉采用 450～550℃ 的热风工艺煅烧，煅烧时间由传统的 45～50min，增加到 55～75 min，更加符合现代石膏建材对产品质量的要求。

④ 采用 20G 钢、ND 耐酸钢、304 石锈钢等材料，外部保温板采用 100mm 厚硅酸铝＋

喷塑几何冷板处理，增加了保温、美观性。设备热效率＞95％。

⑤ 一体化新型除尘系统应用体系：为符合日益严格的环保要求，开发一体多级除尘应用技术，杜绝了水冷凝、酸冷凝现象。除尘总体节能 30％以上。由于应用低温热源，设备内部无任何传动部件，投产后无需维修和保养。

（2）多室煅烧炉型号

多室煅烧炉型号见表 6-77。

表 6-77　多室煅烧炉型号

| 设备型号 | XLDSL-5 (A、B) | XLDSL-10 (A、B) | XLDSL-15 (A、B) | XLDSL-20 (A、B) | XLDSL-25 (A、B) | XLDSL-30 (A、B) | XLDSL-35 (A、B) | XLDSL-50 (A、B) | XLDSL-70 (A、B) |
|---|---|---|---|---|---|---|---|---|---|
| 生产能力 (t/h) | ＜7 | ＜14 | ＜21 | ＜28 | ＜35 | ＜42 | ＜49 | ＜70 | ＜98 |
| 热源形式 | 燃煤、燃气、燃油、燃酒精热风炉，燃煤、燃气、燃油、燃酒精导热油锅炉，电厂＞0.8MPa、180℃蒸汽 | | | | | | | | |
| 初凝偏差 (±s) | ＜10 | | | | | | | | |
| 细度 (mm) | 0.425～0.075 | | | | | | | | |
| 废气中有害物质 (mg/m³) | ≤30 ≤20 ≤10 | | | | | | | | |
| 功率 (kW) | 22～30 | 30～37 | 45 | 55 | 75 | 90 | 110 | 150 | 220 |

A 型：天然石膏　　B 型：工业副产石膏

### 3. 设备的系统工艺、热源选择

2013 年前石膏建材以天然石膏建材为主，热源 90％以上选用煤、导热油锅炉或天然气导热油锅炉做热源。近几年来石膏建材的生产逐渐以工业副产石膏为主，所占比率超过70％。随着自动控制技术的升级，热源体系以煤、油、天然气、生物质热风、蒸汽为主要热源。这类热源系统热效率相对导热油类热源系统提高 15％～20％，故障率降低，安全性提高 30％以上。基本不再选用导热油锅炉做生产用热源。选用何种形式的热源系统主要考量当地的资源状况、环保部门政策，各种热源体系工况的稳定主要取决于系统的自动控制水平。不同的热源所应用的温度区间不一，蒸汽生产用温度 180～300℃，导热油生产用温度220～260℃，热风生产用温度 450～550℃，热焓值差别很大，但统属低温生产范围。

（1）热源选用

① 以煤、油、天然气、生物质热风为热源的工艺路线

一定温度的热风（500～580℃，燃煤、生物质出口温度±2℃），由热风管道进入多室煅烧炉热风系统。加热器由不同区间的加热管组成，热风进入第一区间加热区。按一定工艺路线再进入 2、3、4 区间加热区。热风的热量传给物料后到出口温度降低到＜240℃，经热风管道加到热风炉重新加热后循环使用。这种工艺是山东先罗专有技术，节能 16％以上。如图 6-115 所示。

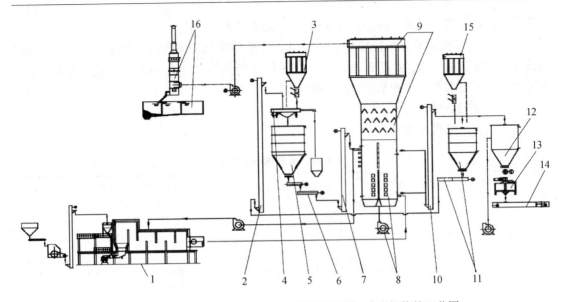

图 6-115　燃煤、生物质热风热源（导热油热源）多室煅烧炉工艺图

1—燃煤、生物质热源系统；2—提升机；3—除尘；4—筛分、粉磨；5—中间仓；6—计量系统；

7—提升机；8—多室煅烧炉；9—多级除尘；10—提升机；11—返料质控；12—冷却系统；

13—改性粉磨；14—链式输送；15—除尘；16—水膜或脱硫除尘系统

② 以煤、油、天然气、生物质导热油锅炉为热源的工艺路线

如图 6-116 所示，一定温度的煤、油、天然气、生物质导热油（220～260℃，压力＜0.6MPa）经输送泵供油管进入多室煅烧炉换热系统。加热器由数个区间或几十组热管组成。载热油的热量传给物料，温度降低到＜190℃，经回油管回到导热油锅炉重新加热后循环使用。导热油最长寿命为 5 年，使用导热油锅炉系统时需要按规程做好安全防护和防结焦措施。导热油出口温度应稳定在偏差±5℃。

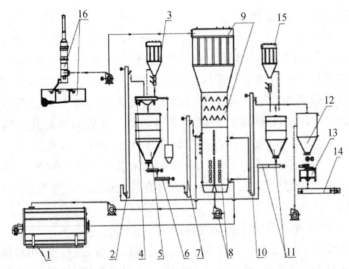

图 6-116　燃天然气、燃油热风热源（导热油）多室煅烧炉工艺

1—燃油、燃天然气热源系统；2—提升机；3—除尘；4—筛分、粉磨；5—中间他；6—计量系统；

7—提升机；8—多室煅烧炉；9—多级除尘；10—提升机；11—返料质控；12—冷却系统；

13—改性粉磨；14—链式输送；15—除尘；16—水膜或脱硫除尘系统

③ 以蒸汽为热源工艺路线

一定压力（压力0.8～3MPa，温度180～300℃）的饱和蒸汽由进气管进入多室煅烧炉换热系统。加热器由几十组并列的热管组成。蒸汽会自动充满加热管内的空间。水蒸气在加热管内通过管壁传递给物料。冷凝水则在压力的作用下自动从加热器下部流出，进入冷凝水罐，冷凝水罐应保持一定的液位，以防止加热器灌满冷凝水而停止工作或者冷凝水罐排。从冷凝水罐底部流出的一定压力的冷凝水，在进入膨槽时压力降低而二次沸腾，产生的二次蒸汽可以供给烘干或生活系统使用。降压后的冷凝水可直接回至电厂或储存后销售。

（2）设备系统工艺流程

整个系统由石膏煅烧专用多室煅烧炉系统、热源系统、计量系统、输送系统、温控系统、除尘系统、返料系统、粉磨改性系统构成。粉磨后的天然石膏或烘干后的工业副产石膏半成品经提升机提到中间仓后，再经筛分破碎（工业副产石膏用筛分破碎），经计量系统提至多室煅烧炉系统精细煅烧，含尘气体经一体化二级除尘输送到脱硫或水膜除尘系统，构成二级或三级环保大体系。煅烧后的不合格产品进入返料质控仓（在试生产或故障时应用）；合格产品再经冷却、粉磨改性（工业副产石膏）、提升进入陈化成品仓。

图6-117为蒸汽热源设备系统工艺流程。

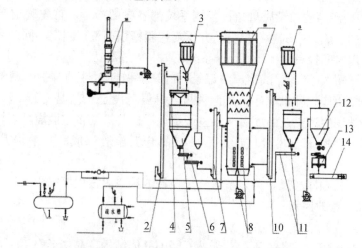

图6-117　蒸汽热源介质多室煅烧炉工艺图

1—蒸汽热源系统（所有类型石膏）；2—提升机；3—除尘；4—筛分、粉磨；5—中间仓；6—计量系统；
7—提升机；8—多室煅烧炉；9—多级除尘；10—提升机；11—返料质控；12—冷却系统；
13—改性粉磨；14—链式输送；15—除尘；16—水膜或脱硫除尘系统

**4. 设备安装与调试**

（1）设备安装

① 按给定的图纸安装多室煅烧炉系统。30万吨/年以上的设备需要在施工现场组装。标定中心线总偏差5mm，不直度及水平控制在0.1%以内。

② 固定好主机设备后，按先后顺序进行主机平台、一体化除尘，和中间仓系统、计量系统连接；再安装进出热源系统、返料质控、改性粉磨等相关联设备。

③ 蒸汽、导热油热源进出热源管道，安装中需按规程探伤，安装完成后按工艺设备耐压的2倍做一体化耐压实验，按设定正常运行工艺压力的0.5、1、1.5、2.0倍试压。压力实验分区间调试，最后热源系统、管道系统、多室煅烧炉系统联合试压；持压24h无泄压视为合格。

④ 设备测温系统、料位探测系统、设备自动控制接入控制箱、DCS 计算机控制系统，保温待达到生产正常工艺温度，再检验无误后施工。

（2）调试

① 各系统单机空运行：检验多室煅烧炉配套各单机设备密封性能、传运部件状态、振动、噪声、风速、电控运行、自动运行，直至达到规定工艺需求。按规程调试多室煅烧炉风机、除尘系统；并检查多室煅烧炉整体设备密封情况是否完好。

② 按规程调试不同的热源体系，热风热源系统温炉检验，视工况调整温炉时间，一般为 3~5d；蒸汽热源系统做蒸汽管道排空工作，时间为 24~36h；导热油锅炉热源温炉及排导热油水分时间一般为 3~8d。

③ 待系统本体热源调试无误后，进行系统温炉及调试，热风温炉温度从自然温度开始按每 2~3h 升温<20℃阶梯缓慢升温。当设备内温度>80℃时开风机、除尘系统循环；直至达到界定的生产工艺温度。

④ 在温炉、系统升温过程时同时准备石膏半成品。天然石膏通过粉磨处理，工业副产石膏进行烘干。多室煅烧炉热风热源达到并恒定至生产工艺温度（<550℃），导热油热源达到并恒定至生产工艺温度<260℃，蒸汽应用量达到正常生产使用时的 80% 时开始试生产。

⑤ 试生产中按产品的预设质量指标控制系统的各参数指标，首先确定产品质量指标的工艺点：按原有的小试、中试参数执行，并反复检验精细调整；固定不同产品的一整套工艺参数。试生产一般时间控制为 48~72h。系统在 72h 内逐渐达产。

⑥ 试生产后停机整修，对试生产中记录下的缺陷做针对性的维护、调整、检验。确认无误后生产线正常生产。开机顺序：热源风机（升温至设定工艺温度的 25% 时）→罗茨风机→除尘系统→达到生产工艺温度后→多室煅烧炉后提升机→多室煅烧炉前提升机→计量系统→脱硫或水膜除尘系统→出合格产品后→成品仓上输送→成品仓前提升机→冷却粉磨系统。

关机顺序与开机顺序相反，待多室煅烧炉设备内排空后按程序关机。

**5. 影响产品质量的因素**

（1）原料的纯度及杂质

由于石膏矿在形成时的条件不同，天然石膏的晶体结构及晶体形态不一，结晶水的数量与结合状态、杂质的种类和数量等均有差异，它们直接影响煅烧温度和脱水速度。一般三级及三级以上的原矿均可作为建筑石膏的原料，并按产品后续用途不同选用合理的原料组织生产。工业副产石膏的 $Cl^-$、$P_2O_5$、F、pH 值等影响质量指标，工业副产石膏原料质量的波动性相对较大，建议做原料预均化处理。

（2）烘干、粉磨工业副产石膏烘干后附着水的含量以及粉磨系统的级配，在不同程度上造成产品质量波动。工业副产石膏烘干后的附着水<3%，附着水波动范围控制在 5% 以内。天然石膏粉磨选用符合级配要求的设备生产，细度一般控制为 100~120 目。

（3）决定产品质量的关键是煅烧系统，而原料的质量指标决定了产品的最终质量，煅烧系统只能在一定范围内调节产品质量指标。煅烧设备的原始设计（煅烧温度、时间）决定产品三相组分；煅烧温度的稳定性是产品质量的最关键质控点，还与系统工况、控制技术、负压量、鼓风机参数有直接关系。产品出口温度波动范围控制在±2℃以内，产品质量可以恒定在一个定值，再通过冷却、粉磨、陈化等措施，石膏粉的凝结时间可以达到 10s 以内。

（4）陈化效应。煅烧出的产品，其物相组成不稳定，内含能量较高，分散度大，吸附活性强，从而出现熟石膏的标稠需水量大、强度低及凝结时间不稳定等现象。通过设置成品仓和仓内活化系统，合理的陈化周期（48～72h），可以改善以上所述产品缺陷。

（5）季节性。随季节温度的变化，主要影响产品的标稠、凝结时间、抗折强度等质量指标。可通过改变煅烧温度等指标来应对环境温度变化带来的影响。

## 二、直烧式煅烧设备

### （一）回转窑（直热式回转窑）

#### 1. 设备的基本概念

直热式回转窑俗称转筒烘干窑，它是物料从窑体高端进入，利用窑体的旋转、抄板及斜度逐步向低端运动，高温烟气逆流或顺流进入窑体，与抄板抄起的物料直接接触进行换热煅烧的设备方式，也是回转窑类较为简单的设备形式。窑体内部结构主要为挡料、导板和抄板，内部结构设置的目的是将物料抄起、撒下形成分散的料幕，与烟气有最大的接触，以提高设备的热效率。直热式回转窑可以根据烟气与物料的流向设计为顺流式和逆流式两类，可以用于物料烘干和煅烧，可以用于煅烧半水石膏，也可用于煅烧无水石膏，是无水石膏生产较为常用的煅烧设备。煅烧无水石膏一般采用逆流式结构并采用窑体内增加内衬的结构形式。

#### 2. 设备的工作原理

该设备的工作原理较为简单，与前面讲到的转筒烘干机原理一致，但作为煅烧设备，因工作温度或出料温度更高，对使用的热源温度要求更高。设备可以同时具有烘干和煅烧两种功能，物料由高端进入，因窑体旋转在抄板的作用下，将物料带至窑体圆周的较高位置抛撒下料，在窑体内形成料幕，与进入窑体内的烟气接触换热，完成物料的预热、烘干直至达到脱水温度，并快速脱去部分结晶水变为半水产物。物料不断地因窑体倾斜和旋转，向前运动；烟气温度和物料停留时间是影响物料是否能够完成半水相转变的关键因素，因为直接接触，换热充分（相当于物料颗粒在高温烟气的包裹中），换热速度快，效率高，烟气温度过高，容易让细颗粒物料很快脱水，但颗粒物料需要逐层完成，脱水所需时间差异较大；而物料在窑内的停留时间除了受烟气流向的影响外，很难差异性控制；尤其是在逆流煅烧时，细颗粒物料与烟气流向相反，恰恰会导致停留时间超过需要的煅烧时间，从而细粉过烧，产品易形成较多的AⅢ相；顺流煅烧时，气流容易带着细粉快速出料，气流离开回转窑后温度快速下降，容易形成较多的生石膏相；因此，在直接接触的回转窑中，原料粒度对产品质量的影响较大，这一点与外烧或间接换热的回转窑有着很大的区别。在直接接触煅烧的回转窑中，一般为了提高产量，提高换热效率，多采用温度较高的烟气高温快速煅烧的方式；物料颗粒在窑内的煅烧差异会更大。因为烟气温度高且直接接触，烟气温度的波动性对产品的相组成的影响更为直接和明显；因此，该类设备一般会具备快速煅烧，产品出料温度易波动，产品相组成波动性大，产品凝结时间快且波动范围宽，对后续陈化、均化要求高等特点。

#### 3. 设备的性能特点

直烧回转窑具有如下特点：

（1）设备结构简单，设备造价低；设备主要由窑体组成，窑体内主要分布导料、抄板、挡板，维修维护费用低。

（2）设备换热效率高，尤其是逆流式回转窑，随设备长度的增大，换热效率明显提高；逆流布置时，换热效率受到一定的影响，因半水石膏出料温度一般为 150～170℃，顺流的尾气温度会高于出料温度，如不考虑二次利用，会较大地影响热效率。

（3）设备对高温烟气的适应范围宽，可适应 200～1000℃甚至更高的烟气煅烧，对物料煅烧温度适应范围宽，可煅烧 800℃以上的无水石膏；煅烧较高温度的无水石膏时，需要在窑内壁增加内衬。

（4）产品多为高温快速煅烧，烟气、物料粒度均对产品相组成影响较大；物相控制相对较难，相组成复杂。产品一般凝结时间快，不适合用于模具石膏产品和配制砂浆的基料。

（5）烟气与产品接触，烟气中的杂质、颜色等，均会影响产品；不适合有白度要求的原料煅烧。

（6）设备对收尘要求高，尾气是水汽、烟气、石膏粉尘的混合物，粉尘浓度高，收尘负荷大。

**4. 设备的热源选择**

直接接触煅烧所适用的热源只有热风，可以是其他热设备的余热尾气，也可以是燃料燃烧后的高温烟气。燃料燃烧的高温烟气所适用的燃料可以是煤、天然气、油、生物质燃料、煤气等可燃物质；一般采用天然气、油、煤气等燃料时，可以将燃烧室与回转窑设为一体，也可以独立设置燃烧室。采用煤及生物质燃料时，一般均需要独立设置燃烧室，将燃烧后的高温烟气送入回转窑；为了保证换热效率及产品质量，送入窑内的烟气温度一般不低于400℃，不高于800℃；尤其逆流时，更需要控制好入窑的烟气温度（入窑端为高温端，也是出料端，物料至出料端时基本已经完成主要的煅烧过程）。

**5. 设备的适应范围**

因为回转窑结构简单，易操作，其适应范围较宽；

（1）对原料入窑粒度和水分含量的适应性较宽，一般对于天然石膏，破碎至 15mm 以下即可直接入窑煅烧；但粉磨细度较细时，易影响产品质量；对副产石膏，含水率小于25%的物料均可直接入窑煅烧。

（2）对于产品性能要求稳定性高以及对白度要求的尽可能不要采用该类设备；该煅烧设备的产品用于砌块、条板等要求较低的产品较为合适。

（3）适合于作为无水石膏产品的煅烧设备。

**6. 设备的热效率**

回转窑的热效率受设备形式影响较大，逆流式设备和顺流式设备的热效率存在较大的区别；逆流式设备烟气逐渐向低温端运行，一直保持较高的温度梯度，利于热交换，可以将尾气温度降到最低；而顺流式设备因物料煅烧的热量源于烟气，而两者同向流动，物料温度均会低于烟气温度，也就是说，基本上尾气温度不可能低于物料温度，石膏煅烧的出料温度一般为 150～170℃，排出的尾气温度会高于 170℃，如无合理的二次利用，很难达到较高的热效率；除此之外，热效率的主要影响因素为窑体内部结构，主要是抄板的形式和窑体的长度，因为煅烧过程为直接接触，接触得越充分，换热越充分，热效率越高。而接触的充分程度取决于窑体内部抄板的形式，同时抄板的结构、数量及形式也是增加窑体内部换热面积的主要因素；窑体的长度决定了换热空间的大小与换热过程的长短，窑体越长，提供的换热空间越充分，过程越长，热交换越充分，热利用率越高。

目前所采用的直热煅烧窑中，顺流式的热效率一般在 70%左右，如进行尾气二次利用的，一般可达到 80%；逆流式设备的热效率一般为 80%～85%；

**7. 设备的分类型号**

直热式回转窑从应用范围上，一般分为建筑石膏煅烧窑、无水石膏煅烧窑和混合煅烧窑（半水及无水产品可同时煅烧）。其中又因产能规模、原料类别、煅烧要求等分为不同的设备形式。从设备布置形式上，一般分为逆流式煅烧设备和顺流式煅烧设备两类，其中建筑石膏粉煅烧既可采用顺流式，也可采用逆流式；但无水石膏一般均采用逆流式煅烧；各自又因为燃烧室的设置分为窑内燃烧、窑外燃烧后热风送入等不同的应用形式。

**8. 生产运行注意事项**

直热式回转窑运行过程的注意事项如下：

（1）在条件许可时，尽可能增加窑体长度，窑内内部尽可能多地设置换热设施和采用最利于换热的抄板形式，以提高设备热效率。

（2）在没有尾气二次利用设置时，尽可能采用逆流式设备；采用逆流设备时，入口烟气温度尽可能低于 600℃ 或增加入口温度调节装置。

（3）所采用的原料粒度颗粒偏差不易过大，原料不易过细，较细的物料更适合采用顺流设备煅烧。

（4）收尘设备配置及引风机的配置对煅烧窑的产量影响较大，应注意粉尘浓度、流量、阻力、水汽含量影响等的计算。

（5）应尽可能控制热风炉系统的稳定性（出口烟气温度的波动范围）或采用较稳定的供热燃烧方式。煅烧的控制是保持热与料平衡的过程，供热的任何波动均会导致平衡的破坏和重新建立，这是产品质量波动的主要因素。

（6）尽可能考虑熟料陈化和陈化时间的合理设置，考虑成品均化，以保证产品质量的稳定性。

（二）锤式煅烧设备

锤式破碎机煅烧在处理天然石膏、脱硫石膏和磷石膏等石膏的煅烧时，具有投资小、系统简单、节能可靠等特点。作为一种通用干燥设备，随着温度控制范围的不同，既可以作为石膏的快速煅烧设备使用，也可以作为化学石膏的干燥装置使用。

图 6-118 为锤式破碎机煅烧系统的基本组成。

系统主要设备有锤式破碎机、粗粉分离器、锁风阀；在处理化学石膏时，由于石膏的细度很细，往往不需要采用粗粉分离器。

工作过程：石膏经过锁风阀进入，与热空气混合后进入锤式破碎机，锤式破碎机将石膏团块打碎或打散，在这个过程中石膏与高温烟气接触，干燥石膏里的水分，煅烧时将石膏的结晶水脱出。

（三）皮特磨（Peters Mill）煅烧设备

皮特磨煅烧系统可以耐受 600℃ 以上的高温，作为磨烧一体化设备，在煅烧天然石膏时具有节能、可靠性极高、设备占地面积小、设备投资低等优点，其煅烧的石膏粉适合纸面石膏板使用。

图 6-119 为皮特（PT）磨煅烧系统的基本组成。

PT 磨煅烧系统在一台设备中集中了磨与粗粉分离器，使得系统构成极其简单可靠，磨可以通入 600℃ 的高温气体，在 PT 磨中完成粉磨和石膏煅烧过程。

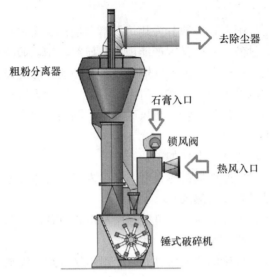

图 6-118　锤式破碎机煅烧系统

图 6-119　PT 磨煅烧系统

（四）横向破碎煅烧机

横向破碎煅烧机（图 6-120）是由 PT 磨改进后，专用于脱硫石膏、磷石膏等化学石膏的煅烧设备，其工作原理和系统与 PT 磨系统完全一致，所不同的是将 PT 磨的研磨球换成了横向打散破碎转盘。

以上三种设备都属于磨烧一体化设备，由于其煅烧时间非常短，因此煅烧出的熟石膏初凝时间比炒锅、沸腾炉、蒸汽回转窑等长时间煅烧设备煅烧出来的石膏粉的初凝时间要短，一般为 1～5min，非常适合纸面石膏板的生产。

图 6-120　横向破碎煅烧机

# 第七节　建筑石膏的陈化、均化方式及成品仓储装置

建筑石膏的陈化，是指煅烧产品中少量的二水石膏和可溶性无水石膏Ⅲ型在一定温度和湿度情况下，尽可能转化为半水石膏的工艺过程。陈化一般分为自然陈化和强制陈化。

建筑石膏的均化，是指将陈化后的建筑石膏混合均匀，尽可能减少质量波动的工艺工程。均化一般分为悬浮仓均化和倒仓均化。

建筑石膏的陈化和均化是稳定产品质量、防止后续产品出现质量问题的重要工艺环节。

## 一、建筑石膏的陈化方式及条件

建筑石膏的陈化需要温度和湿度两个必需的条件，湿度不合适，无法保证Ⅲ型无水石膏的还原；温度不合适，无法保证残余二水石膏的脱水，同时防止半水石膏还原为二水石膏。

（一）自然陈化对空气湿度的要求

自然陈化法是在输送和储存煅烧后半水石膏过程中通过输送设备或空气等自然条件完成对半水石膏中可溶性无水石膏Ⅲ型的转化，达到稳定建筑石膏质量的目的。

对于年产量小于 5 万吨的建筑石膏生产线，一般都是采用气流输送、螺旋加提升输送、空气斜槽输送等方式完成陈化并降温，包装后室内存放 3～7d，质量基本稳定。

自然陈化相当于把煅烧后半水石膏的输送、料仓、包装等工艺环节都包含在陈化的控制之内，周期长，包装库存成本高，控制精度不高，运行环境差。

对于大于 5 万吨的建筑石膏生产线，煅烧好的建筑石膏实际上多数情况下存放在筒仓内，在这种相对密闭的条件下，煅烧好的石膏很难得到充分陈化，反而因为封闭仓储存时间长造成出现粉团、结仓、品质恶化等现象。

自然陈化：吸附水含量低于 1.5% 时，是无水石膏 AⅢ 转化为半水石膏的安全期，若吸附水含量高于 1.5％，半水石膏吸收水而成二水石膏的概率很高。

（二）机械陈化法对温度和湿度的要求

建筑石膏机械陈化主要利用专用设备——石膏陈化机（或质量均化器）完成。这种设备有温度调整、湿度调整、水化时间调整等工艺手段，陈化效果有保证。陈化后最好直接冷却到 80℃以下进入成品仓。

机械陈化比较优化的陈化温度为 130～140℃，陈化需要的湿空气用煅烧后除尘器的尾气，陈化时间 30～60min。

（三）建筑石膏陈化的效果

表 6-78 列出了煅烧好的石膏在陈化前及经过陈化器强制陈化后的性能统计值。

表 6-78　煅烧好的石膏陈化前与陈化后的性能

| 性能 | 陈化前 | 陈化后 | 性能改善率（％） |
| --- | --- | --- | --- |
| BET 比表面积（m²/g） | 9～12 | 7 | 22～42 |
| 需水量（kg/kg） | 0.65～0.75 | 0.6 | 8～20 |
| 抗压强度（MPa） | 11 | 16 | 45 |
| 化合水（％） | 5.5～6.2 | 6.2 | 0～13 |
| 可溶无水石膏Ⅲ型量（％） | 5～10 | 1 | 80～90 |

表 6-78 的实验结果表明，煅烧好的石膏经过陈化器强制陈化后，石膏粉中的Ⅲ型无水石膏吸收水汽转变为半水石膏，Ⅲ型无水石膏的含量从 5％～10％降低至 1％左右；而且由于Ⅲ型无水石膏转化为半水石膏首先发生在无水石膏的裂隙内部，进而使石膏粉的 BET 比表面积降低 22％～42％，石膏的相组成及比表面积的改变最终导致经过陈化后的石膏需水量降低及强度的大幅提高。

## 二、建筑石膏的陈化设备

（一）国外建筑设备陈化设备及专利

德国石膏煅烧装备供应商 Claudius Peter 公司在几年前推出一种加速石膏陈化的装置，如图 6-121 所示。

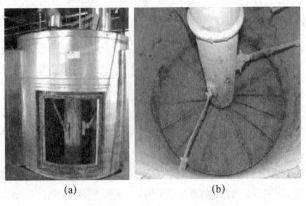

(a)　　　　　　　　　(b)

图 6-121　Claudius Peter 公司石膏陈化器

（a）陈化器外观　（b）陈化器内部结构

该陈化器的基本工艺是将刚烧好的石膏通过气流导入一个圆柱形陈化筒内，陈化器需要的湿度由煅烧石膏的相组成确定，带有一定湿度的热空气（155℃左右）由皮特磨的尾气提供到均化器，煅烧好的石膏粉在有一定湿度的热空气作用下形成悬浮状态，并可以与空气中的水汽充分反应，这种条件下过烧的Ⅲ无水石膏可以快速转化为半水石膏，而半水石膏变化不大，而欠烧的二水石膏也会在高温下转变为半水石膏，进而达到加速陈化的目的。

最早的建筑石膏强制陈化技术的专利是由美国人 Harry Esmond Broookby 于 1920 年 3 月 8 日提出申请，并于 1921 年 3 月 8 日获得授权的，他的思路是在煅烧石膏中引入 1％左右的易吸潮的氯化物，以加快煅烧石膏的吸潮与陈化；随后 1926 年 10 月 4 日美国人 Samuel G. Mcanally 申请一项加速石膏陈化的发明专利，并于 1929 年 5 月份取得授权，他的思路更简单有效，直接向刚煅烧好的石膏中引入 1.2％～1.5％的水或水蒸气，并同时搅拌煅烧石膏与水或水蒸气 5～6min，即可实现煅烧石膏的陈化；美国石膏公司的 Frank L. Marsh 等 1939 年 10 月 31 日也获得一项关于石膏加速陈化的专利，其原理也是用大量的温度略低于 42℃、湿度为 60％的湿空气处理刚煅烧好的石膏，使Ⅲ型无水石膏转化为半水石膏；因为在常温下加水或水蒸气强制陈化石膏时，除了Ⅲ无水石膏转化为半水石膏外，如果工艺条件不合适时，半水石膏也会转变为二水石膏，显然二水石膏含量较高也不利于抹灰石膏的性能，如凝结时间大幅缩短，需要更多的缓凝剂，而缓凝剂过多会让抹灰石膏的强度损失较大。基于此，1968 年美国石膏公司的 William A. Kinkade 等又申请一项关于石膏陈化的专利，他们先向刚煅烧好的石膏中加入不超过 3％的水，一方面使煅烧石膏降温，另一方面也使石膏得到了陈化，降温到 82～100℃后再加热升温到 100℃以上，这样就可以防止因引入水分过多而且温度低而产生较多的二水石膏。两年后 William A. Kinkade 又将他 1968 年的专利进行了小的修改，前面加水将煅烧石膏降温到水的沸点以下（82～100℃）并加快Ⅲ型无水石膏陈化的步骤不变，只是后面干燥时在另一个低气压的仓内完成，为了让石膏粉中的游离水快速蒸发掉，除了升温，还可以采用微波加速水的逸出；美国石膏公司的 Eugene E. O'Neill 在 1979 年申请了一项可用于煅烧石膏连续陈化的圆筒形装置，这个装置底部有一个大的搅拌桨叶，转速可以达到 100～500r/min，通过它可以将从圆筒上部进入的温度为 150～180℃煅烧石膏搅拌成流动态，石膏进口处上方有一个加水装置，即石膏边进入陈化筒边被搅拌成流态，并从另外一边的筒侧边略低于进料口高度的地方出料。法国 Larfage Platres 公司的 Jeorg Bold 于 2008 年及 2010 年也申请了一项石膏陈化的工艺与装置，他们的陈化装置类似一个分段回转窑，回转窑外部下方有加热火头，以保证回转窑内部温度不低于 100℃，煅烧好的石膏进入回转窑的第一段，计算好量的水及水蒸气均匀地加入到石膏，随转窑的自转，物料被窑壁的刮刀翻转并向窑的第二段运动，第二段只是加热脱去过多的自由水，最后从第二段进入料仓或冷却段。

（二）国内陈化设备及专利

在国外专利及应用基础上，国内研发了具有独立技术产权的陈化设备，其中泰安杰普石膏科技有限公司 2017 年取得专利授权的回转式石膏陈化机，专利号：ZL2017 20091353.6，石膏均化器，专利号：ZL2017 20091354.0D 等，都已经在生产线得到应用，并获得较好的陈化效果。

专利技术：回转式石膏陈化机介绍

如图 6-122 和图 6-123 所示，回转式陈化机主要由进料铰刀、机头罩、滚筒体、传动机构、机尾罩、架体、湿空气系统、温控系统、收尘系统等几部分组成。

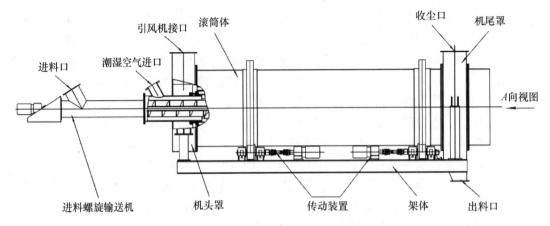

图 6-122　回转式石膏陈化机示意图

图 6-123　用于生产现场的回转式石膏陈化机

主要工作原理：煅烧后的建筑石膏，通过给料设备均匀喂入滚筒，同时达到设定温度的湿空气（来自煅烧系统除尘器），通过风机随建筑石膏在滚筒内在扬料板的作用下同向移动，完成相组分的转化。滚筒内设置内置的盘管，用于调节空间温度，防止半水石膏的还原，并完成物料的定向抛撒。

物料的停留时间可以通过滚筒的转速进行调节。

专利技术：石膏均化器介绍

如图 6-124 所示，该专利设备利用流态化原理，保证了煅烧后石膏与给定湿空气的陈化反应，控制、运行简单，维修费用低。

## 三、建筑石膏均化的原理及设备

建筑石膏的均化是指使产品的相组成均匀稳定，不再发生相变的工艺过程。建筑石膏由于不同的煅烧工艺和设备，通过陈化和冷却工艺后基本上达到均化的目的，但实际生产中，很多生产线都没有配置陈化机和冷却机。为保证均化效果，实际中规模化应用的主要是悬浮仓式和机械倒仓两种方式。

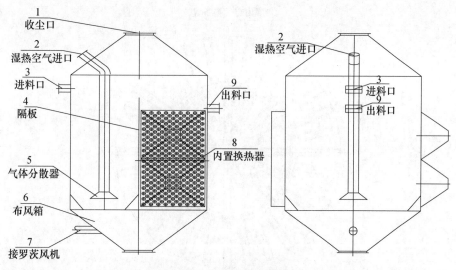

1 收尘口
2 湿热空气进口
3 进料口
4 隔板
5 气体分散器
6 布风箱
7 接罗茨风机
8 内置换热器
9 出料口

图 6-124　石膏均化器示意图

（一）悬浮仓式均化

悬浮仓式均化的基本原理：建筑石膏通过仓顶给料机构均匀分散在仓内，仓顶设置脉冲袋式除尘器和防爆安全阀。仓底设置均布的流化风罩，为仓内石膏粉提供等压流化风，保持仓内石膏粉呈悬浮态，完成石膏的均化和冷却。

流化风通过压缩空气或罗茨风机提供。

悬浮仓简图如图 6-125 和图 6-126 所示。

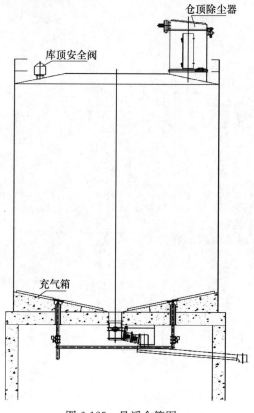

图 6-125　悬浮仓简图一

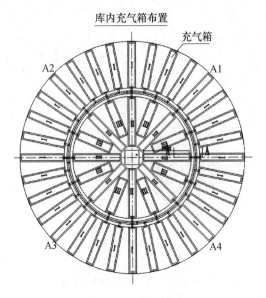

图 6-126 悬浮仓简图二

（二）机械倒仓式

机械倒仓式均化的原理：建筑石膏通过上一级输送设备输送到 2 个或 2 个以上的储料仓中，仓下设置可调速的给料机，同步分别给到下部的螺旋输送机进入提升机，提升机通过三通下料阀控制物料间断循环，直到物料质量稳定后，通过控制三通阀把物料输送到成品仓。仓顶设置脉冲袋式除尘器和防爆安全阀。流程简图如图 6-127 所示。

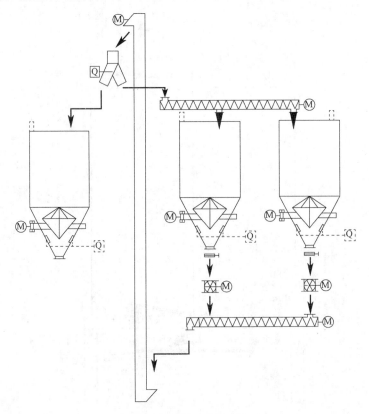

图 6-127 机械倒仓方式流程图

### 四、废品处理

建筑石膏生产过程中,有可能会出现质量不合格的物料,即废品。

废品,多是下列情况下产生:

(1) 开停机时控制不当产生的:如刚开始生产时,因物料水分、流量,热介质温度、流量等原因,投料初期的石膏粉过烧;停机时,控制不当,石膏粉欠烧;

(2) 设备故障时产生的:生产中设备发生故障,造成烘干机或煅烧机中石膏粉过烧或欠烧;

(3) 参数设置错误产生的:因化验不及时,下达了错误控制参数,导致石膏粉过烧或欠烧;

(4) 料仓内粉结块(粉团)等造成石膏粉质量不合格;

(5) 储存时间过长或运输过程中雨淋、受潮等造成石膏粉不合格。

对于这些废品,完全可以返回生产线,根据正常生产中的实际工况,按照比率添加进生粉中,不会影响建筑石膏的品质。

但要注意,结块的石膏粉一定要粉磨后再用。

### 五、成品仓

建筑石膏的成品仓是合格的建筑石膏储备料仓。一般料仓可以采用防渗的水泥料仓,也可以用现场焊接的钢板仓,还可以用咬口卷板仓。

成品仓的容量,主要参考生产线的台时产量和后续产品的应用量,还要结合建筑石膏的工艺设备特点决定。

对于包含陈化冷却工艺的生产线,成品仓内石膏粉不会出现相变的情况,容量可以适当做到 $3\sim7d$ 的生产量,节省库房空间和储存成本。

对于没有冷却工艺及设施的,成品仓的容量不要超过 2d 的储量,防止石膏粉在料仓内出现相变,造成产生粉团、品质恶化等。

# 第八节　冷却设备

建筑石膏是导热系数比较低的粉体,建筑石膏煅烧温度一般为 $140\sim180℃$,在这个温度下,建筑石膏聚合在一起很难散热,这时候进入料仓,会造成很多的质量事故:

(1) 仓内石膏粉产生无序相变,造成初凝时间加快、强度降低。

(2) 料仓内石膏粉储存时间超过 2d,产生结团。

(3) 石膏粉温度高,无法满足袋装要求。

(4) 石膏粉温度高,许多外加剂受温度影响效能降低。

所以,煅烧后建筑石膏的冷却是十分必要的。

### 一、输送冷却设备

石膏粉主要靠煅烧后石膏粉的输送设备降低温度,常用的设备有螺旋输送机、斗式提升机、空气斜槽、气流输送、冷却仓等。

这种冷却,在产量比较小时(台时产量 12t 以下)还是比较有效的,但由于环境的差异等,冷却效果不一,无法在线控制石膏粉的温度。

## 二、工业化冷却机

随着建筑石膏粉生产线规模的扩大，一般台时产量为 15～40t，大规模生产线必须增加冷却、陈化等工艺装备，这是保证产品质量的重要环节。目前，比较成熟的冷却机主要有回转冷却机、立式冷却机和卧式冷却机。

（一）卧式冷却机

卧式冷却机是一种带内翅片列管回转冷却机，如图 6-128 所示，由筒体及其转动装置、列管及进料绞龙组成，筒体与其转动装置连接，进料螺旋安装在筒体上，设有出风口的一端其上设有进料口，筒体另一端设有出料口、进风口及除尘器，列管贯穿筒体并安装在筒体前后端部的支撑板上。冷却风为干净的空气，自出料端进入列管，与管外石膏粉换热后从进料端排出。

图 6-128　卧式冷却机

物料由进料端通过进料螺旋输入，沿筒体旋转被扬料板带起抛撒，充分与列管内冷空气换热，到达出料端排出。物料与列管的间接冷却，避免了物料在冷却过程中混入杂质。由于列管的换热面积大，筒体转速可调，可以较好地冷却石膏粉。

（二）立式冷却机

立式冷却机也是一种高效的间接换热设备，换热列管不同于卧式排列，是横向布置的换热床，利用床换热原理的连续冷却设备，主要构造如图 6-129 和图 6-130 所示。

立式冷却机由下部冷却风布风箱、中部换热器主体、上部集气罩组成。中部的换热器分为主冷却床和副冷却床两部分，管内走冷空气、管外是石膏粉。冷却风也是两部分：一部分为下部的冷却风，为罗茨风机提供的压力风，直接进入粉床；另一部分是换热器内的洁净空气，通过变频风机调整风量。

物料是从上部的进料口进入到主冷却床，经过副冷却床，从上部出料口排出。进出料口有高差，溢流出料。

图 6-129 立式冷却机一

图 6-130 立式冷却机二

# 第九节　包装设备

## 一、包装设备总述

### （一）包装设备的组成和特点

国家标准《包装术语第 2 部分：机械》（GB/T 4122.2—2010）定义了包装机械，包装机械即完成全部或部分包装过程的机器。包装过程包括成型、充填、裹包、封装等主要包装工序，以及与其相关的前后工序，如清洗、干燥、堆码、杀菌、捆扎、集装、拆卸、贴标等前后包装工序，以及转送、选别、打印、计数等其他辅助工序。

### （二）包装机械的组成

产品流通的必要条件是包装，而包装机械是使产品包装实现机械化和自动化的根本保证。包装机械属于轻工自动机械范畴，因其包装的产品种类和应用场所繁多，其产品种类繁多和结构复杂，而且新型包装机械随社会需要不断涌现，很难将它们的组成分类。但通过对大量包装机械的工作原理和结构性能的分析，可找出其组成的共同点：即包装机械由包装材料的整理与供送系统、被包装物品的计量与供送系统、主传送系统、成品输出系统组成。

### （三）包装机械的分类

（1）按包装机械的自动化程度分类：分为全自动包装机和半自动包装机。全自动包装机自动供送包装材料和被包装物品，并能自动完成其他包装工序。半自动包装机由人工供送包装材料和被包装物品，但能自动完成其他包装工序。

（2）按包装产品的类型分类：分为专用包装机、多用包装机和通用包装机。

① 专用包装机。专用包装机是专用于包装某一种产品的机器。

② 多用包装机。多用包装机是通过调整或更换相关工作部件，可以包装两种或两种以上产品的设备。

③ 通用包装机。通用包装机是在指定范闱内适用于包装两种或两种以上不间类型产品的机器。

### （四）石膏建材的包装设备

石膏建材一直没有专用的包装设备，都是借用水泥包装类包装设备改造而成。包装石膏粉类（石膏粉、干混砂浆、腻子粉等）的包装设备共分三大类：

（1）小袋半自动包装机。又分为固定式和旋转式石膏粉包装设备。由于石膏粉的堆积密度低、流动性差、采用水泥袋等因素，很难做成全自动包装机生产线。

（2）吨袋包装机。吨袋包装机灌装速度快，节约包装费用，使用方便，越来越多的企业采用吨袋包装。

（3）散装设备。有条件的地区和企业可采用散装设备，是最节约的一种输送方式。

## 二、小袋包装机

### （一）固定式小袋包装机

**1. 固定式小袋包装机分类和选用**

固定式小袋包装机分为单嘴、双嘴、三嘴、四嘴共四个型号的包装机。单嘴包装机产量太低，三嘴、四嘴包装机由于石膏粉的堆积密度低、流动性差，不适用于包装石膏粉类产品。实际生产中主要选用双嘴 BGYW2Q 石膏粉包装机，广泛适用于石膏粉的灌装作业。BGYW2Q 石膏粉包装机属于固定式系列，产能 15～20t/h。

**2. BGYW2Q 石膏粉包装机特点**

（1）计量稳定可靠，产量稳定。袋质量规格：50kg；袋质量误差：±0.5kg。

（2）自动灌装、计量、清零。易维修、易维护，维修维护成本低。

（3）机身全部密封并配有除尘口，结构合理、经久耐用，真正实现环保型生产。

（二）旋转式小袋包装机

**1. 分类和参数（表 6-79）**

石膏建材包装选用六嘴和八嘴旋转式包装机，包装石膏粉的能力只有包装水泥能力的 50%～60%。

**表 6-79 旋转式小袋包装机分类和参数**

| 参数 | | 单位 | 型号 | | | |
|---|---|---|---|---|---|---|
| | | | BHYW6E | BHYW8E | BHYW10E | BHYW12E |
| 出料嘴数 | | 个 | 6 | 8 | 10 | 12 |
| 包装能力 | | 袋/小时 | 750～800 | 1000～1300 | 1400～1700 | 1900～2200 |
| 称量精度 | 95%质量误差 | kg | +0.4～−0.2 | | | |
| | 袋质量合格率 | % | ≥95 | | | |
| | 20 袋总质量 | kg | 1000～1004 | | | |
| 旋转筒外径 | | mm | 1560 | | 1750 | 2090 |
| 最大旋转直径 | | mm | 2200 | | 2400 | 2740 |
| 出料嘴距地面高 | | mm | 1350 | | | |
| 旋转筒速度 | | r/min | 0～6 | | | |
| 电源电压 | | V | 380±10% AC | | | |
| 出料机构动力头电动机 | 型号 | | YE2-112M-4 | | | |
| | 功率 kW | | 4×6=24 | 4×8=32 | 4×10=40 | 4×12=48 |
| | 转速 r/min | | 1440 | | | |
| 旋转筒驱动变频调速电动机 | 型号 | | YVPE90L-4 | | YVP100L1-4 | |
| | 功率 kW | | 1.5 | | 2.2 | |
| | 转速 r/min | | 125～1250 | | | |
| 气源压力 | | MPa | 0.4～0.6 | | | |
| 收尘风量 | | m³/h | ＞24000 | ＞30000 | ＞38000 | ＞42000 |
| 整机质量 | | t | 4.95 | 5.45 | 5.95 | 6.45 |

**2. 特点**

（1）中心入料

BHYW8 型回转式水泥包装机入料形式与进口及国内生产的回转式包装机不同，采用中心入料。整个包装系统各设备以包装机空心主轴为基准，同轴布置。中心入料，设备布局合理，土建设计简化。

（2）计量精准

采用气缸控制实现"二次灌装"，实现前段粗流快速灌装、后段细流精度灌装，从而大幅度地提高了计量的稳定性和精度。改进的吊挂机构、灌装机构，使得跑、冒、滴、漏现象大幅度减少。

（3）智能控制

不插袋不出灰，多点联动监控。从插袋、灌装、计量到掉包位检测、掉包等各个环节都有监控点并有 CPU 集中联动控制。V5 新一代 CPU 控制算法更智能：自动清零、滤波、二次灌装设定等。人性化的"手动急停按钮"。

**3. 主要配套辅机**

旋转式小袋包装机的主要配套辅机包括振动筛、中间仓、手动螺旋闸门、叶轮给料机、加长接包输送机、清包输送机、包装机回灰斗、接包、清包回灰斗、除尘系统、半自动装车系统等。

## 三、吨袋包装机

吨袋包装在石膏建材的包装中应用不多，市场产品质量不一，包装能力都为 10～12 袋/小时，选用定制吊袋包装机，包装产量可达 20 袋/小时。

（一）设备特征

（1）BLD-DB/K 吊式吨袋包装机是由高精度（0.02%）传感器及高分辨率控制仪表构成计量控制系统，精度高，稳定性能好。

（2）加料机构采用双螺旋喂料器，定量控制加料，包装速度快。

（3）包装范围宽，在 1000～1200kg 范围内可调，可适用于大包装袋的包装。

（4）参数设定，称量标定简单易懂，操作方便。

（5）配有多种通信接口，可与计算机联网进行各种数据处理。

（二）设备组成

（1）螺旋喂料器。

（2）夹袋装置。

（3）称量吊架。

（4）外架。

（5）气动挂袋装置。

（6）抽气装置。

（7）热合装置。

（8）独立控制柜。

（9）皮带输送机。

（三）工作原理和参数

**1. 工作原理**

将吨包装袋套在加料嘴上，将包装袋四角挂在气缸上，按下"允加"按钮，这时夹袋气缸开始工作并夹住袋口，气缸将包装袋四角撑开，压缩空气将内置塑料薄膜袋胀袋，控制器将包装袋质量自动去除，气缸推动翻板门打开，物料自重下落，待加料快到设定值时，翻板门关小进行小投喂料，到设定值时，加料停止。误差±5‰；这时夹袋袋气缸松开袋口，气缸将包装袋四角松开。

**2. 设备参数**

（1）加料范围：1000kg；

（2）包装速度：20 袋/小时；

（3）包装精度：±0.2％；

（4）气源：0.4～0.6MPa；

（5）电源：380V ±50Hz。

## 四、石膏粉散装机

石膏粉散装机是散装石膏粉的专用设备，它将成品库与石膏粉散装运输工具相连接，通过一系列控制装置联锁动作，实现散装石膏的自动化或半自动化发货，根据卸料方式的不同可分为库底散装机和库侧散装机。石膏散装机一般采用库侧散装设备。

（一）XLSZ-120 型库侧石膏粉散装机简介

（1）XLSZ-120 型库侧石膏粉散装机是安装在成品库侧面的，用于汽车散装的专用设备，它由库内充气箱、单向螺旋闸门、电动回转阀、连接斜槽、伸缩装车头、料位仪、罗茨风机或高压气源、卷扬驱动装置和收尘器、控制系统等组成。

（2）罗茨风机或高压气源供库内充气箱对库内石膏进行流态化充气，高压离心风机供连接斜槽的充气，以保证斜槽迅速卸料。

（二）XLSZ-120 型库侧石膏粉散装机技术参数

（1）装车能力：120t/h，装车头升降调节范围：0～1100mm，装车头升降速度：0.20m/s。

（2）微压料位计工作压力：7000Pa，斜槽风机风压：2800Pa。

（3）收尘器处理风量：1800～2200m³/h，排出气体含尘量≤30mg/m³。

（4）装机总功率：8.6kW。

## 五、石膏粉包装生产线

包装需要系统产品，组成不同的包装生产线组合，最大限度地利用自控、半自控技术，节能降耗。石膏包装生产线主要有以下四种形式：旋转式包装＋自动高台装车（图 6-131）、固定式小袋包装＋自动高台装车（图 6-132）、固定式小袋包装＋人工移工装车（图 6-133）、半自动吨包装＋快速行吊装车（图 6-134）。

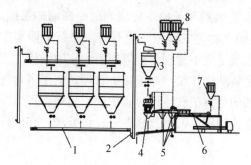

图 6-131　旋转式包装＋自动高台装车
1—成品输送；2—提升机；3—筛分仓；
4—旋转包装机；5—清包、正袋机；
6—半自动装车系统；7—装车除尘；8—系统除尘

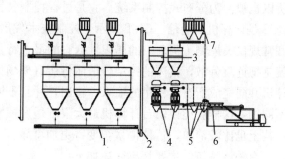

图 6-132　固定式小袋包装＋自动高台装车
1—成品输送；2—提升机；3—包装仓；
4—双嘴包装机；5—清包、正袋机；
6—半自动装车系统；7—系统除尘

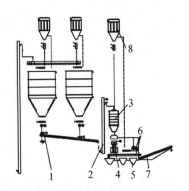

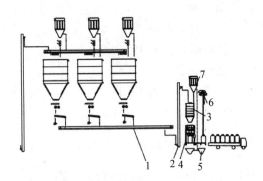

图 6-133　固定式小袋包装＋人工移工装车
1—成品输送；2—提升机；3—包装仓；
4—双嘴包装机；5—包装收尘；6—清包、正袋机；
7—移动式装车机；8—系统除尘

图 6-134　半自动吨包装＋快速行吊装车
1—成品输送；2—提升机；3—包装仓；
4—吨包机；5—包装收尘；
6—行吊装包机；7—系统除尘

# 第十节　自动控制形式

## 一、自动控制的发展

建筑石膏生产线的自动化控制，一定要满足生产工艺的基本要求，一般分为原料均化系统、原料（破碎）计量输送系统、烘干（粉磨）系统、煅烧系统、陈化均化系统、改性系统、成品输送包装系统、压缩空气系统、供热控制系统等功能区域。从早期的电动机控制，发展到区域连锁控制，再到可编程逻辑控制器（PLC）和集散控制系统（DCS）。随着工业规模的不断发展，自动化水平也在不断提高，现在已经在集散控制系统的基础上，加入现场总线技术，将现场设备全部换成总线设备，构成一个全数字化的通信网络，即现场总线控制系统（FCS），能达到智能化控制。但目前以集散控制系统为主要的生产线控制方案。

## 二、集散控制系统生产线控制方案

集散控制系统是计算机过程控制系统的一种，英文全称为 Distribute Control System，所以也被称为分布式控制系统。它是过程控制技术发展到今天的一种成熟的、高端的系统。DCS 是计算机、通信、CRT 显示、控制技术发展的产物，它解决了原有控制系统危险集中和常规仪表控制工程单一的局限性。它的最大特点就是集中管理、分散控制。它的设计思想就是把危险分散，具体的控制分散而将所有现场设备的操作统一起来集中管理。使用多台计算机共同完成所有过程量的输入、输出，并且不同的计算机在生产过程中表现出的作用也是不同的，这样就能使每台计算机最大限度地发挥它的功能，而且比较单一化地处理，在软件结构上也比较简单，这使得系统变得更加可靠。

有关该系统的主要特点简述如下：

（1）系统采用集中控制方式。现场控制的过程单元其物理位置分散，控制功能分散，系统功能分散，而将用于过程监视及其控制管理的功能集中在中控室，这样既有利于现场控制，又有利于集中控制管理。

（2）本系统有强大的可视化编程环境、完备的功能模块，可以满足生产监视、过程控制、操作画面、参数设置、数据记录、故障报警，以及各种趋势等多项功能要求，安全可靠。

（3）操作界面为现场实际动态界面。

### 三、自动控制设计注意事项

电气控制系统设计的基本任务是根据工艺控制要求设计、编制出电气工程所必需的图纸、资料等。电气控制系统设计的内容主要包含原理设计与工艺设计两个部分：

（一）原理设计内容

（1）拟订电气设计任务书。

（2）确定电力拖动方案，选择电动机。

（3）设计电气控制原理图，计算主要技术参数。

（4）选择电器元件，制定元器件明细表。

（5）编写设计说明书。

（二）工艺设计内容

（1）设计电气总布置图、总安装图与总接线图。

（2）设计各控制柜的布置图、安装图和接线图。

（3）设计各电气箱、操作台及非标准元件。

（4）列出各单元元件清单。

（5）编写使用维护说明书。

（三）生产线控制系统基本设计要求

（1）系统有就地控制和远程控制两种控制模式。

（2）就地控制设有专用的控制盒，并设计有远方和就地控制选择开关。

（3）远方控制由 DCS 实现，并能在操作员站上进行所有设备的启停或开关操作。

（4）所有工艺过程参数、重要报警信号接入 DCS 控制系统，并实现历史数据追忆和打印功能。

（5）所有设备实现手动启停控制、自动启停控制、顺序启停控制、保护及连锁控制、异常报警等功能。

（四）控制点分配原则

控制点就是常说的点号表，点号表是控制系统所要控制的变量表，这是自动控制系统编程前必须做的工作。统计点号表主要是根据工程上提供的用电设备表、阀门设备表和现场仪表清单，整理出整条石膏粉生产线一共有多少台电动机，各是什么类型的，有多少需要中控控制的阀门及有多少现场仪表的模拟量需要在操作员站上显示等。然后根据工程要求的 15% 的余量统计好数字量输入输出和模拟量输入输出的总量。

要能清楚每一个电动机设备有几个控制点。一般而言，不带有变频的设备有三个控制信号，分别是备妥信号、运行信号和驱动信号；而变频电动机在此基础上又多了频率给定、频率反馈、电流输出和故障报警四个信号。

阀门主要分为两种：一种是带伺服放大器的阀门，这种是可以调节开度的，只需要两个信号，阀门开度给定和反馈；另一种是不可调节开度的，它的信号一般和普通电动机相同，也是三个信号。现场仪表分为就地显示和中控显示两种，凡是对控制有指导作用的模拟量都需要在操作员站上进行显示。

（1）电气柜体制作安装注意事项。电气柜体制作及安装严格按照设计图纸完成。确保电气控制柜中的所有设备接地良好，使用短和粗的接地线连接到公共接地点或接地母排上。连接到变频器的任何控制设备（比如一台 PLC）要与其共地，同样也要使用短和粗的导线接地。最好采用扁平导体（如金属网），因其在高频时阻抗较低。

（2）确保电气控制柜中的接触器有灭弧功能，交流接触器采用 R-C 抑制器，直流接触器采用"飞轮"二极管，装入绕组。采用压敏电阻抑制器也是很有效的。

（3）电气控制柜应分别设置零线排组及保护地线排组（PE）。接地排组和 PE 导电排必须接到横梁上（铜排到铜排连接）。它们必须在电缆压盖处正对的附近位置。接地排组额外还要通过另外的电缆与保护电路（接地电排）连接。屏蔽总线用于确保各个电缆的屏蔽连接可靠，它通过一个横梁实现大面积的金属到金属的连接。

（4）不能将装有显示器的操作面板安装在靠近电缆和带有线圈的设备旁边，例如电源电缆、接触器、继电器、螺线管阀、变压器等，因为它们可以产生很强的磁场，影响仪器、仪表的测量精度。

（5）功率部件（变压器、驱动部件、负载功率电源等）与控制部件（继电器控制部分、可编程控制器）必须分开安装。但是并不适用于功率部件与控制部件设计为一体的产品。变频器和滤波器的金属外壳，都应该用低电阻与电柜连接，以减少高频瞬间电流的冲击。理想的情况是将模块安装到一个导电良好的黑色金属板上，并将金属板安装到一个大的金属台面上。

（6）根据控制柜内设备的防护等级，需要考虑控制柜防尘以及防潮功能，一般使用的设备主要为空调、风扇、热交换器、抗冷凝加热器。同时根据柜体的大小，合理地选择不同功率的设备。关于风扇的选择，主要考虑柜内正常工作温度、柜外最高环境温度，求得一个温差、风扇的换气速率，以估算柜内空气容量。已知三个数据（温差、换气速率、空气容量）后，求得柜内空气更换一次的时间，然后通过温差计算求得实际需要的换气速率，从而选择实际需要的风扇。

（7）变频器最好安装在控制柜内的中部，变频器要垂直安装，正上方和正下方要避免可能阻挡排风、进风的大器件；变频器上、下部边缘距离，电气控制柜顶部、底部距离，或者隔板和必须安装的大器件的最小间距，都应该大于 150mm；如果特殊用户在使用中需要取掉键盘，则变频器面板的键盘孔，一定要用胶带严格密封或者采用假面板替换，防止粉尘大量进入变频器内部。

### 四、自控系统的仪表选择

建筑石膏粉生产线的仪表和控制设备要考虑最大限度的可用性、可靠性、可控性和可维修性，所有部件在规定的条件下安全运行。所供的控制和监测设备有良好的性能以便于整个装置安全无故障运行和监视。特定环境的仪表要符合相关的防腐、防爆要求。工程的仪表控制系统及装置接地接至电气接地网上。

（一）就地仪表

（1）工艺系统中在巡检人员需监视的地方，设有就地指示仪表。

（2）系统中的调节阀装设开度位置传感器；用于二位控制（ON-OFF）的阀门开关方向

各装设必要的限位开关和力矩开关。

（3）就地设备、装置与 DCS 控制系统的接口信号为两线制或三线制传输，信号型式：模拟量为 4～20mA DC 或 Pt100 热电阻，或 K 分度的热电偶，开关量信号为无源接点，信号接地统一在 DCS 控制系统机柜侧接地。

（4）仪表和控制设备的设置位置和数量满足整个脱硫石膏煅烧工艺系统安全、稳定、经济运行的要求，并满足 DCS 控制系统对于整个工艺系统进行远方监视、运行调整、事故处理和经济核算的要求。

（5）就地控制箱及就地仪表接线箱采用户外型不锈钢结构，材质厚度不小于 1.5mm。

（6）所有变送器能对应零到满量程的测量范围，输出 4～20mA 信号。

（7）所有就地安装远传仪表和执行机构的电子部分其防护等级为 IP65，就地盘箱柜等，其防护等级为 IP56。

（8）所有与介质直接接触的就地设备有可靠的耐磨措施。

（9）称量信号接入 DCS 控制系统，并在操作员站画面上进行显示。

（10）所有就地设备应具有防火、防水、防爆功能，并满足国家标准相关要求。

（11）所有室外仪表取压测量管路或管道应加装保温和伴热装置。室外仪表应安装于控制箱、柜内。室外的控制箱、柜应装有加热或伴热装置。

（12）重要转机的定子线圈、轴承温度测点应引至 DCS 控制系统中并在操作员站显示画面。

（13）工艺过程的测量设备和控制设备的设计和安装应能满足对工艺过程和设备的自动控制、保护联锁、程序控制和显示的需求。

（二）温度测量

所有热电偶选用 A 级 K 分度铠装热电偶。热电偶安装时应加装耐磨不锈钢保护套管。对于烟气测量，测温元件应为防磨型；对于浆液测量，测温元件应为防腐耐磨型。

所有热电阻选用 A 级 Pt100 铠装热电阻。热电阻可用于电动机线圈、冷却水等测点。安装于管道、容器等处的热电阻应加装不锈钢保护套管。对于轴承等振动部件进行温度测量时应采用专用的耐振型热电阻。

所有热电阻及热电偶引出线应有防水、防爆式接线盒。

所有热电偶和热电阻温度计应根据管路来选择螺纹连接型或焊接型。蒸汽或导热油管路应加装管座。

测温元件安装的插入深度应符合相应的标准。

试验测点应预留出来。测温装置的布置应尽可能开孔倾斜向下，暂未使用的测点也应安装插座并有保护盖。

带刻度的双金属温度计只用于就地指示，精度不低于 $\pm 1.5\%$，表盘尺寸为 $\Phi150mm$，双金属温度计采用万向型。必要时应为无振动安装，使显示仪表远离振动场所。

（三）压力/差压测量

（1）工艺系统中用于监视与控制压力和差压等工艺参数，应采用压力/差压变送器测量。压力/差压测点位置应根据相应管路或容器的规范要求确定，并安装一次隔离阀、二次隔离阀、排污阀及管接头。

（2）就地安装的压力计也应提供仪表阀门。

（3）所有压力/差压测量装置应根据被测介质的参数提供以下部件：

① 一次隔离门，二次门与平衡阀；

② 用于清洁压力管道的排污阀。

（4）阀门应为焊接式或外螺纹连接，阀体采用不锈钢。

（5）所有变送器及压力开关应就近集中安装在测点附近的仪表保护箱内（对应为特殊介质的变送器除外）。

（6）所有压力/差压变送器的管接头应将英制螺纹（1/2NPT 或 1/4NPT）转为公制螺纹（M20×1.5），以便于维护与检修。

（7）应为所有烟气压力变送器和压力计的取样点提供干燥、纯净的吹扫空气。为用于烟气压力、风压测量的变送器、压力控制器等提供防堵取样装置，防堵取样装置采用不锈钢材质。

（8）如果仪表取样管路中是液体，压力变送器应考虑静压头对测量值的影响。

（9）压力/差压变送器采用进口智能式变送器。变送器应是二线制的，输出 4～20mA DC 信号。投标方应按照供货清单所列的供货商分别提出报价，由招标方选定并且书面确定（按照主合同规定的条款执行）。

（10）所有变送器能对应零到满量程的测量范围，并有过流保护措施。变送器在满量程时误差≤±0.1%，线性误差≤0.1%，所有就地安装的变送器（压力、液位或类似的）应有就地液晶指示（0～100%）。

（11）变送器防护等级不低于 IP65。

（12）差压型变送器应能过压保护来防止一侧的压力故障对其产生的损害。

（13）就地压力表应设置在容易观察的位置，或成组安装在就地表盘上。压力表应有防湿和防尘护罩。

① 刻度盘直径为 150mm。

② 接头为 M20×1.5mm 螺纹连接。

③ 就地压力表计的精度至少为满量程的±1.5%。

（四）料位测量

用于集中控制、监视用的料位信号，所采用的变送器应具有 4～20mA DC 信号输出。

料位测量取样位置和测量装置的安装位置应具有代表性，满足运行监视和调节、保护的要求，并不受料仓内灰尘等的影响。

对于有悬浮物介质，应使用超声波物位计或导波雷达物位计等测量仪，宜采用射频导纳料位计或音叉物位计等。

（五）执行机构

电动执行器应能满足其工作环境的温度、湿度等要求，其保护等级至少为 IEC 标准 IP55，包括电动机和接线盒。电动执行机构中电动机运行的频率范围为正常值±5%，电压范围为正常电压值＋10%～－10%。如果电压降到正常值的 85%，且转矩和轴向压力正常，执行机构的电动机也能启动。

执行器能通过手轮，对执行机构实行就地手动操作，并在执行机构上安装就地位置指示仪，在地面可清楚地观察到。

所有的执行机构（开环或闭环）应带有接线端子或插座与电力电缆和控制电缆相连。这些插头应按照 IEC309 或等同标准制造完好。

电动执行机构必须有数字热电偶过流保护。

所有执行机构的力矩、全行程时间、精度、回差等性能指标应能满足热态运行时工艺系统的要求和有关的电动执行机构规范要求。

闭环控制回路中的电动执行机构应采用单相 220V AC、50Hz 或三相 380V AC、50Hz 的工作电源，用于闭环控制的执行机构应为连续型，接受 4～20mA DC 的控制信号。

所有闭环控制回路的执行器应装有带 4～20mA DC 输出信号的电子位置传感器和 0～100％标度的就地位置指示器。

闭环控制执行机构的电动机额定持续工作负荷，至少比驱动阀门所要求的功率最大值高 20％。

开环控制回路的电动执行机构的电动机应完全密闭，额定工作电源为 380V AC、50Hz。开环控制回路的电动执行机构应使用间歇负荷电动机。执行机构的齿轮和驱动设备（阀门、挡板等）的设计安全系数为 1.5。

对全开和全闭之间要求保持中间位置的执行机构应装有一个位置指示变送器，把 0～100％的信号转换成 4～20mA DC 信号（二线制）送到 DCS，并在上位操作员站画面进行显示。

为满足显示与控制要求，应使用行程和限制转矩开关。每个执行机构应装有四个位置开关和两个转矩开关。上述开关的辅助接点应镀银。全开与全关终端位置信号应接入 DCS 控制系统。

对于需要保持中间位置的执行机构，应使用电磁式制动装置。

（六）自控系统的电缆选择及施工注意事项

电缆敷设要严格按照《电力工程电缆设计标准》（GB 50217—2018）要求施工。

用于建筑石膏粉的电缆，电缆选择一般应满足下列要求：

（1）控制电缆采用 ZR－KVVP22 铜网总屏蔽阻燃电缆，单芯线截面面积不小于 $1.5mm^2$。

（2）计算机电缆采用 ZR－DJYVPVP 型对屏加总屏铜网双屏蔽阻燃电缆，单芯线截面面积不小于 $0.75mm^2$。

（3）动力电缆采用 ZR-YJV22 0.6/1.0kV 聚乙烯绝缘聚氯乙烯护套电缆。

（4）为了有效地抑制电磁波的辐射和传导，变频器的电机电缆必须采用屏蔽电缆，屏蔽层的电导率必须至少为每相导线芯的电导率的 1/10。

（七）电缆敷设

建筑石膏粉电缆施工时，注意以下事项：

（1）动力电缆应与控制电缆分开走线，其最小距离为 500mm。

（2）同等级电压的电缆沿支架敷设时，水平净距不得小于 5cm。在电缆桥架或电缆槽盒无法到达的地方，距离超过 1m，应采用镀锌管将电缆引至设备处。所有外露的电缆应用防爆挠性管进行保护。

（3）如果控制电缆和电源电缆交叉，应尽可能使它们按 90°交叉。同时必须用合适的夹子将电动机电缆和控制电缆的屏蔽层固定到安装板上。

# 第七章 生产建筑石膏的质量控制及其影响因素

## 第一节 建筑石膏质量不稳定的因素及设备要求

影响产品质量波动的因素有机械设备、操作者、原材料、工艺方法和环境，如果这五大因素在工序中配合得当，得到监控，经常保持正常状态，工序质量就高，产品质量就稳定；反之就会出现不合格产品。

产品质量控制的参数包括煅烧制度、时间、温度、蒸汽压力、原料均化程度以及物料量。

煅烧石膏脱水设备应满足如下要求：

（1）物料同热源应有最大的接触面积，以加强热交换和均匀煅烧；

（2）有效容积与换热面积，不仅要满足产量要求，而且要保证物料有足够的停留时间，以完成必要的物化反应。

（3）物料受热必须均匀无死角、在脱水峰段有能够较好的沸腾。

（4）确保对脱水蒸气的顺利排放，并能灵活调整。

## 第二节 多相体的建筑石膏

（1）刚煅烧完的建筑石膏是个多相体系，既含有半水石膏，又有残留的或再生的二水石膏，还会有可溶型Ⅲ型无水石膏，有时还可能出现难溶型Ⅱ型无水石膏。这些相的组成比率，不仅取决于原料和煅烧条件，还与环境温湿度密切相关。

（2）多相体系中各相的水化与硬化的性能差别较大：半水石膏水化速度最快，30min内基本完成水化，早期强度高；Ⅲ型无水石膏水化活性最高，但整个水化过程要经过半水石膏阶段而延长了水化时间，造成硬化慢，早强低。Ⅱ型无水石膏的活性最低，水化速度很慢，影响硬化体的形成。残留二水石膏的存在，起着晶种的作用，可以加速半水石膏和Ⅲ型无水石膏的溶解和析晶的过程，可以使早强提高。但晶粒太多，也会使硬化体内的结晶网络接触点太多，使强度反而降低。

（3）各相在空气中的稳定程度各不相同。半水石膏和Ⅱ型无水石膏比较稳定。Ⅲ型无水石膏因结构疏松，在空气中极不稳定，能很快吸收空气中的水分转变为半水石膏。残留二水石膏在常温下稳定，但在干燥空气中，温度长时间超过60℃时，即可脱水转变为半水石膏。

建筑石膏质量不稳定的主要影响因素是Ⅲ型无水石膏和残留二水石膏。而解决建筑石膏质量不稳定的途径就是通过陈化加均化处理，促使Ⅲ型无水石膏和二水石膏转变为半水石膏，使石膏比表面积下降，初始水化速度减慢，凝结时间趋于正常，强度得到提高。

因此，建筑石膏生产企业都要把陈化及均化处理作为提高产品质量的重要措施。

## 第三节　建筑石膏生产过程的质量控制

建筑石膏的生产是整个石膏制品的基础，只有控制好建筑石膏的生产过程，生产出质量稳定可靠、性能优良的建筑石膏，才能够保证后续石膏产品的质量，从基础上推动建筑石膏产业的发展。

质量控制一般来说主要包括两个方面：

（1）产品的性能指标的控制，按照产品标准、市场需求、客户要求等生产合格的产品；

（2）产品性能指标的稳定性，产品性能指标的稳定性是后续用户连续稳定工业化生产的关键，在很多时候，产品性能指标的稳定性可能更为重要。因此，建筑石膏生产过程中，产品质量的绝不是某个单一因素决定的，而是受一系列因素的综合影响。采用先进的生产线、技术和设备不仅要得到高性能的产品，更要得到性能指标稳定的产品，就必须对石膏粉生产过程中影响产品质量的因素进行解析，从影响产品质量的每一个因素着手控制，才能得到高性能的稳定产品。以下就建筑石膏生产过程的质量因素及控制要求进行分析和阐述。

建筑石膏生产过程质量控制是一项系统工程，应从原材料管理入手，到产品出厂为止，均应进行严格的控制。局部主要环节，应采取精密控制，生产中主要有以下环节或工艺参数需要实行控制。

（1）原料精选，原料中 $CaSO_4 \cdot 2H_2O$ 含量的控制。

（2）石膏煅烧过程的工艺参数控制（温度、入料量、煅烧时间，进、出料时间等）。

（3）煅烧炉内水蒸气的排放和调整的控制。

（4）熟料的陈化、粉磨及均化的控制。

（5）半水石膏粉结晶水快速测定。

（6）相分析快速测定。

（7）标稠、凝结时间、强度与各工艺参数的曲线关系。

（8）产品的常规物理性能检测。

以上均是石膏粉生产过程中与产品质量有密切关系的重要控制环节，从整体上说质量控制重点为三大部分，即原材料控制、石膏脱水过程控制和产品均化粉磨的控制。

## 第四节　建筑石膏生产过程中质量控制的保证措施

### 一、原材料控制

首先对所用石膏原料的整体质量要有一个评价，做到心里有数。石膏原料在入库前一定要按各种石膏原料标准对主要成分进行检验、标准包括《烟气脱硫石膏》（JC/T 2074—2011）、《磷石膏》（GB/T 23456—2018）、《天然石膏》（GB/T 5483—2008）。

石膏原料的各种成分都是在不断变化的，每批原料进厂后还要进行结晶水含量的分析，及时掌握石膏质量波动情况。除了经常对所用石膏原料进行化学成分全分析外，生产控制中更简单易行的方法是采用结晶水分析法来控制石膏质量。这种方法分析成本低、快速，仪器设备仅需一台精度为万分之一的水分测定仪即可。为下道工序提供准确的数据，取样时一定要平均取样，使样品具有代表性。

在所有石膏原料在进厂检验完成后，都要进入均化系统，按批进行混合均化，以保证石膏原料在进入下道工序时石膏含量、游离水、杂质成分的均匀性。

## 二、石膏脱水过程控制

石膏脱水控制是石膏生产中最重要的控制，半水石膏结晶水的含量直接反映了脱水程度（即物料脱水温度和脱水时间的变化）。石膏脱水温度和脱水时间是两个重要的工艺参数，因石膏煅烧设备及石膏原料结晶水含量的不同而不同。正确的脱水温度和时间必须经过试验来确定。煅烧设备的测温探头一定要接触物料，出料温度波动范围不能超过 $\pm 2℃$，如出料温度波动较大（超过 $2℃$），就会导致产品质量出现波动，使同批次物料的性能出现较大差异，从而影响整个产品质量的稳定性。

为排除人为因素和经验主义，温控仪器可以实现集中微机控制，温度变化可及时、直观、准确地记录下来，并及时调整。

为了做到石膏脱水过程的精密控制，除了必须严格地控制物料的煅烧温度、出料温度及煅烧时间外，还必须严格控制物料进煅烧设备的进料量或进料的连续稳定性，必须严格地控制稳定的进料量（波动范围不能超过 $\pm 5\%$），煅烧过程中的每一个步骤都可能影响产品质量，为了保证产品的质量及质量的稳定性，必须严格、精确地控制该过程中的每一个工艺参数。

石膏的加热脱水过程实际上是一个由二水石膏转变成半水石膏的化学反应过程。在这个反应过程中，要脱掉结晶水的 $15.63\%$，一个半水石膏分子中只含有半个分子的结晶水（约 $5.21\%$）。从理论上讲要使二水石膏尽可能地生成半水石膏，也就是说，要使半水石膏中结晶水的含量最大限度地靠近 $5.21\%$，这样才能达到产品的最好质量。这就需要更准确、更精密地控制半水石膏中结晶水的含量。

但在实际生产建筑石膏的过程中二水石膏不可能是非常纯的，总会含有许多其他杂质，如，天然石膏中含有硅、铝、铁等，脱硫石膏中含有硅、镁、钠、氯离子、半水亚硫酸钙等，磷石膏中含有磷、氟等杂质，结晶水含量也不可能达到理论值，所以每批二水石膏都有它的一个实测值，根据此实测值再推导所生成的半水石膏结晶水含量的理论值，然后将实际测得的半水石膏结晶水含量与理论值进行比较：要求用这批石膏原料生产的半水石膏粉的结晶水含量尽可能地靠近此理论值，过高、过低都不好，靠得越近，产品质量越好。若高出此理论值，即表明煅烧后的熟石膏中仍有一定量的二水石膏。

二水石膏在半水石膏粉中是一种促凝剂，使凝结时间加快、标稠提高、强度下降。所以，控制熟石膏中结晶水的含量是非常重要的。

## 三、产品均化控制

石膏生产企业一般只注意石膏产品的陈化处理，而很少注意石膏产品的均化处理。均化处理在产品的质量稳定方面起着举足轻重的作用。许多石膏企业产品质量不稳定，忽高忽低，都是均化不足引起的。控制办法可为多仓搭配、均衡入库、机械倒库。尤其是新建石膏企业在工艺设计时要考虑到均化问题，设立均化库或仓也可解决问题。

# 第五节　原料对生产建筑石膏质量的影响

在建筑石膏的生产中，不论采用何种技术、何种工艺、何种设备，生产何种产品，原料都是产品质量的基础，是质量控制的首要环节。原料质量控制的好坏直接决定后续生产的稳定性、产品性能指标的高低、产品的效益与竞争力。它是影响性能指标高低最直接的因素，也是最难控制的因素。

随着近年来石膏产业的快速发展和副产石膏的大量产生，石膏制品的生产原料已不再是单一的天然石膏，而是天然石膏、工业副产石膏（脱硫石膏、磷石膏、盐石膏、氟石膏、钛石膏、柠檬酸石膏等）不同原料共存。不论哪种原料，对后续工业化生产的影响均体现在两个方面：石膏原料自身组分的影响和自身组分波动的影响。

## 一、自身组分的影响

自身组分的影响主要体现在其所含附着水的含量、杂质类别及含量、二水硫酸钙含量、颗粒大小。附着水含量的多少主要影响能耗并给生产带来诸多的不便；原料水分的波动主要会对生产的稳定性产生影响，原料所含的附着水的变动会影响煅烧设备已经建立的热平衡，从而影响生产参数的平衡并导致质量的波动；天然石膏一般附着水含量较低，影响不大；副产石膏因其处理过程不同，附着水含量差异较大，但一般在 $15\%$ 以内为可正常应用的原料。附着水分含量的进一步增高，能耗增大较多，而且对生产的输送、储存、喂料等均产生较多不便，需为此增加专业的处理措施；根据建筑石膏能耗限额标准，简单换算可知，附着水含量每增高 $1\%$，每吨建筑石膏产品生产标准煤耗增加 $1.34\mathrm{kg}$ 标煤；杂质类别及含量对后续产品性能产生主要影响。天然石膏一般杂质主要为矿物类杂质，如碳酸盐杂质、黏土类杂质、硬石膏杂质等，杂质进入产品主要作为惰性物质存在，主要影响是降低原料的纯度和影响产品颜色，降低产品需水量（因杂质的存在，可水化的成分比率降低），影响部分产品的用途等（对白度要求较高的装饰装修类制品对白度的要求，陶瓷模具石膏对二氧化硅和铁的限制等）。

脱硫石膏的主要杂质为碳酸盐、可溶性镁盐、氯离子、亚硫酸钙等，主要对后续石膏产品的应用产生影响，如可溶性镁盐易导致产制品泛碱，氯离子含量超标易导致产制品不易烘干、纸面板不粘纸等现象；磷石膏中的杂质较为复杂，一般含有可溶磷、共晶磷、可溶氟、有机物、氟化钙、磷酸钙、有机酸等；其中可溶磷、氟、共晶磷和有机物是磷石膏中的主要有害杂质，对后续产品的水化硬化性能（强度、凝结时间等）产生较大的影响，并因其显示的酸性对生产设备产生影响。

二水硫酸钙含量的多少是界定原料品质的决定性因素，也是影响产品性能的决定性因素；在对建筑石膏生产原料的评价中，一般石膏原料按照其所含二水硫酸钙的量划分为不同的等级，其中只有二水硫酸钙含量高于 $80\%$ 的石膏才会作为建筑石膏生产的原料；而不同的产品类别和用途，又对其二水硫酸钙含量有着不同的要求，如普通模具石膏粉，要求其二水硫酸钙含量高于 $85\%$，高档次模具石膏粉要求其二水硫酸钙含量高于 $95\%$；二水硫酸钙是原料真正的有效部分，是合理煅烧后产品产生强度的基础，有效成分不足，再好的技术和设备也无能为力。

对副产石膏，除考虑原料纯度等因素之外，还需要考虑原料的粒度大小，因副产石膏多是化学合成的，合成工艺不同、条件不同，虽得到的副产石膏纯度较高，但生产过程产生的二水石膏晶粒很小，比表面积很大；该类原料会给后续利用带来一定的难度，尤其是煅烧；颗粒过于细小，煅烧过程控制难度增大，极易快速脱水成无水相，也极易随气流移动，很难控制使其稳定转化为半水石膏相；同时因比表面积很大，即使转化为半水石膏相，水化时极大的需水量也会导致其强度降低。

## 二、原料自身成分波动的影响

不论是何种石膏原料，其自身成分的波动对产品的影响都很大，不进行预处理很难控制其后继产品的质量。规模化、自动化的生产是现代生产追求的目标，而规模化及自动化生产对生产的各环节的稳定性要求更高，任何一个环节的变动，都会带来整个生产系统的变动，都会给产品质量的控制带来麻烦；一个不稳定的原料，在自动的控制程序运行下，必然会将该不稳定的因素积累给下一个环节直至产品，形成产品质量的不稳定；一些原料的不稳定可通过前期监控而消除，也有一些原料的波动和不确定性很难进行预先监控；如对工业副产石膏的成分波动，尤其是微量有害成分的波动，监控难度很高，就会造成产品质量的较大波动和难以控制，所以必须重视石膏原料的预均化问题。目前，原料均化有着较为先进成熟的技术和设施（如水泥原料均化设施）。

原料组分波动对产品质量的影响更为明显，尤其是工业副产石膏，如磷石膏中可溶性磷含量的波动，可溶性化学成分的波动。磷酸盐类物质大多对石膏水化硬化过程有着很强的抑制（缓凝）作用，同时很多盐类都对石膏的凝结时间、强度有着较大的影响，而且极少的加入量就会产生较为明显的影响。因此该类成分的波动会导致石膏产品质量较大的波动，如脱硫石膏，在作为煅烧原料时，其中的氯离子、可溶性镁盐都会有较大影响；而在生产高强石膏（转晶）时，碳酸盐的变动对转晶过程会产生较大的影响，目前采用的转晶剂有很多为酸性转晶剂，很容易与碳酸盐反应改变其中的离子浓度，从而影响转晶效果；因此，原料组分的稳定性对生产高品质、高性能的石膏产品具有最为基础的保证。

# 第六节　煅烧设备对生产建筑石膏质量的影响

建筑石膏的生产是将二水石膏转化为半水石膏的过程，而建筑石膏粉的质量，在很大程度上取决于转化为半水石膏的比率和与其他石膏相的比率；而这个转化过程是在煅烧设备内完成的，是由煅烧设备决定的。因此煅烧设备对建筑石膏粉的质量具有最直接的影响；这个影响主要是两个方面：产品稳定性的影响和产品性能高低的影响。

## 一、煅烧设备对生产建筑石膏质量稳定性的影响

煅烧设备对产品稳定性的影响由设备类别、换热方式、设备结构、控制方式、工艺参数、供热方式、喂料方式等诸多因素决定；其中设备结构、换热方式、供热方式及喂料方式是较为常见的影响因素。

设备结构合理时，石膏原料在煅烧设备内趋向于均匀受热，原料在煅烧设备内的受热程度、受热时间趋于一致，脱水程度非常接近。结构处理更好的设备，甚至可以达到不同细度原料进入煅烧设备后，细粉状物料和颗粒状石膏都以自己刚好达到最佳煅烧的不同煅烧时间离开煅烧设备，从而达到半水相比率最高，影响产品质量的不稳定相 AⅢ 比率最低，影响凝

结时间的二水石膏比率最低。

## 二、煅烧设备对生产建筑石膏质量性能的影响

不同煅烧设备其换热结构、换热方式、物料在设备内的运动形式、控制方式、物料粒度、换热时间等因素均会对产品性能产生影响，而同一种煅烧设备中，其控制参数（物料运动状态、温度、物料粒度等）也会对产品性能产生影响。因此，煅烧设备对产品性能具有直接的影响。石膏产品的性能决定了其用途和价值，生产能够满足用户要求的高性能产品，是生产企业的目标。石膏产品最主要的性能指标因用户不同而有着很大的区别，一般凝结时间、强度是最基本的用户要求，白度、水膏比、吸水率、吸水速率、膨胀率等会因产品不同而要求不同；而影响凝结时间和强度的最直接因素就是煅烧系统。

一般煅烧得到的建筑石膏粉的强度性能指标为 $2.0\sim4.0$ MPa，强度高低除原料纯度及原料中杂质的影响外，最重要的影响因素就是煅烧控制。对同一种原料，煅烧对该原料能否产生最佳强度指标起着至关重要的影响，煅烧控制的关键是保证石膏原料在煅烧设备中均匀地由二水石膏转变为半水石膏，过程中尽可能地减少二水相和 AⅢ 相的存在。这需要煅烧设备的结构具有保证石膏均匀换热，换热结构及石膏运动的方式与石膏粒度具有较好的匹配性，供热方式及煅烧温度与石膏运动能够很好地匹配，才能够保证石膏在煅烧设备内均匀换热，完成煅烧转化为半水石膏相的目的。为了保证强度，一般可适度提高 AⅢ 相的比率，以达到尽可能少地保留二水相（AⅢ 相经陈化可转化为半水相，而二水相很难，因此 AⅢ 相是可以贡献强度的）。为了保证能煅烧出较高的强度，原料颗粒不易差异过大（以避免煅烧中相不易控制）。不同的煅烧设备对煅烧石膏的喂料粒度有其最佳的范围，超过该范围，不但得不到较高质量的产品，还有可能无法正常生产。对凝结时间的影响，煅烧产品的相中，半水相具有较长的凝结时间，而二水相及 AⅢ 会加快凝结，尤其是二水相，是石膏的强促凝剂；因此在煅烧过程中，会通过适度调整各相的组成及比率来达到合适的凝结时间。一般地，要求凝结时间长一些的产品，会尽可能调整煅烧参数，保证产品中半水相比率最高，减少二水相及 AⅢ 相的比率；对凝结时间要求快的产品，会增加二水相的比率；如增加 AⅢ 相的比率，由于 AⅢ 相不稳定，经过陈化会转化为半水相，产品凝结时间偏短；煅烧设备中石膏的运动靠补风运动，产品中二水相或 AⅢ 相比率较高，产品凝结时间偏短；喂入煅烧设备的石膏粒度差异过大，导致煅烧中易产生二水相或 AⅢ 相，产品凝结时间偏短。在生产中，要得到相对较长凝结时间的产品，煅烧设备最好采用间接换热的设备，采用低温慢火煅烧，适度地延长煅烧时间；保证煅烧设备中石膏能够均匀换热，石膏换热时较好地翻腾，且顺序进出；煅烧设备喂入的原料粒度保证在合适范围（适合设备的范围），避免差异过大；设备中能够具有适度的水汽压，石膏表面的适度水汽可避免过烧且能辅助换热。

# 第七节　生产辅助设施对生产建筑石膏质量的影响

在石膏粉的生产过程中，生产工艺及配置，对产品质量具有较大的影响。在对产品稳定性的影响中，工艺环节具有很重要的调节作用，如原料的稳定需要适度的仓储或均化来达到最佳效果，副产石膏则主要依赖原料端的控制；陈化仓的设置是解决产品质量波动、保证稳定产品的很有效的措施之一，经煅烧完成后的熟料，因煅烧过程的各类影响因素，总会存在一定程度的波动或产生过烧的相，如果直接作为产品或包装，会存在一定的质量波动和随时

间的延长而产生一定的性能指标变化，对生产者和用户均带来一些麻烦。因此，陈化措施就显得尤为重要，通过一定时间的仓储使仓内煅烧后的熟料相成分逐步稳定，相成分趋于均一（半水相），性能逐渐固定；通过多个储仓的配料，使熟料进入后续工序具有一定的均化效果，保证将偶然的突变因素淡化，使产品性能趋于均匀稳定；因此，在生产线中保证适度的仓储、均化、陈化过程，对产品质量的稳定具有极为明显的效果。

在生产线的辅助设施中，对产品性能影响较为重要的因素为原料粒度、陈化作用及粉磨细度。其中原料粒度在不同的煅烧工艺及设备中要求不同，如沸腾类或流化床类煅烧设备中，原料粒度一般要求较细（90～120目），过粗或过细均会影响煅烧效果（产品性能）及设备运行；过粗会导致物料在煅烧中不能沸腾，不能按照设定的要求及时间运动至出料口，或者运动至出料口的时间完不成煅烧过程，从而导致过烧或欠烧；过细的物料会过快地运动至出料口煅烧不完全，或按照设定要求至出料口形成过烧，影响产品性能。陈化过程是产品生产过程中的一个非常重要的工序，无论煅烧设备结构如何合理、控制多么得精确，在实际煅烧过程中，总会因为一些因素（物料运动的不完全规则、颗粒的差异、水汽风速的影响等）形成相的不均匀性，产生少量二水相和AⅢ相，从而影响质量；石膏煅烧完成后具有较高的余温（100～140℃），还处于脱水温度的边界，在储仓中需要一定的时间才可以降至100℃以下（12～24h），少量的二水石膏可以在熟料余温下脱出携带的极少量附着水，二水石膏转化脱出的结晶水，可以被AⅢ相吸收后促使其转化为半水石膏相，从而使整个产品的性能趋向于稳定转化；经过大量实验验证，石膏的性能稳定的最佳自然陈化时间为7d，如果在与空气接触的条件下，陈化稳定时间为3d；煅烧后随着时间的变化，半水石膏相比率增加，二水尤其是AⅢ相的比率降低，石膏粉凝结时间延长，标准稠度下降、强度稍许增高，都是陈化效果的具体体现。细度是石膏产品应用的一项指标，不同的产品，对细度要求不同。石膏粉性能与细度也有着较为密切的关系；一般地，建筑石膏粉在140目以内，随细度增加，白度增高，石膏粉强度逐步增高，凝结时间影响不大，稠度稍有增加，产品性能更为优良；140目以上，随细度进一步增加，白度适度增高，产品凝结时间逐渐缩短，稠度增高，强度稍有降低；因此，粉磨对产品性能有着一定的影响，合适的细度，会使石膏粉性能达到最佳；但考虑生产成本等因素，建筑石膏粉用于常规用途，细度一般保持在120目即可；作为模具石膏粉时，细度保持在140目，既可达到产品较好的性能，又适度地控制了生产的粉磨电耗。

对脱硫石膏产品，因其原料自身具有较高的细度，但由于其粒度分布较为集中，颗粒级配较差，在应用中会因不同的要求受到一定的影响。如用于制作石膏砌块、石膏板等产品时，可不粉磨直接应用，也可达到使用要求；但对于产品要求较高、凝结时间要求较长时，最好经过改性粉磨后应用，可以使产品颗粒级配更好，料浆性能得到改善。同时，粉磨的脱硫石膏产品与不粉磨的脱硫石膏产品性能比较，湿强度可以增高15%左右，产品表面更为细腻。

## 第八节　换热方式和供热方式对生产建筑石膏质量的影响

每类设备都设计了自身最适合的换热方式，不同的换热形式对换热过程有着不同的影响。目前较常见的换热形式有直接换热、间接换热两大类。直接换热是将燃料燃烧产生的热烟气通入煅烧设备，与石膏原料直接接触进行换热，为了达到较高的产量，该类设备一般采用较高温度的烟气与石膏快速接触换热，换热效率较高，换热速度较快。因换热过程为高温快速接触换热，过程控制较难，高温烟气的温度波动、石膏粒度及喂料量的波动、气流的波动均会对换热效果造成影响，换热过程的均匀性很难控制，产品中的半水石膏相比率相对较低，二水石膏相及AⅢ相极易产生。间接换热是将高温烟气或其他热介质（导热油、蒸汽）通过换热管道或设备外壁等间接的方式与石膏进行换热，热介质与石膏原料不接触，换热过程慢，热交换较为缓和，石膏是通过一个相对较长的过程逐步积蓄热量完成换热过程，换热过程温度曲线明显；换热过程中因热介质、喂料量等因素小幅度的波动需要经过一个过程才可影响到煅烧效果；因煅烧过程长，石膏在煅烧设备内换热时间长，在动态的换热过程中通过物料的不断翻腾更易均匀；煅烧过程中热介质不污染石膏产品，利于尾气循环利用；煅烧产品中一般半水石膏相比率较高，二水石膏相及AⅢ相的产生较易于控制，生产调节相对容易一些。

　　煅烧过程就是一个供热、喂料建立平衡的过程。在这个过程中需要控制的就是将设定的喂料量在需要的热量下，让其在煅烧设备中经过一定的时间后达到合适的温度。喂料量的设置只要通过合适的设备即可实现稳定均匀喂料，但稳定的供热对简单的燃煤系统是个相对困难的问题。因此，稳定的供热也就成为影响煅烧的一个主要参数，从而影响产品的煅烧质量。供热系统的稳定与所采用的燃料有着较为直接的关系，油、天然气流量极易控制稳定，燃烧器控制精密，易于控制，因此采用该类燃料的供热系统能够非常稳定地供热；蒸汽热源及导热油系统因温度波动小，且为低温换热，供热系统也非常稳定，易于控制；而目前企业多采用燃煤热风炉作为供热系统，其控制的难度要远高于其他燃料或热介质。燃煤热风炉供热的稳定性首先要保证喂煤的稳定，其次要控制燃烧的温度、供风的稳定及烟气流动的稳定，其中任何一个因素的波动，都会导致瞬间烟气温度急剧的变化，从而使与高温烟气换热的石膏相成分出现变动；因此，采用热风系统煅烧，要保证煅烧的稳定，应该尽可能保证热风供热系统的稳定供热，并尽可能减缓热风携带热量的波动对煅烧过程的直接影响。在生产中，不可能随热风温度或供热能力的变动而频繁调整喂料量与之适应，而应该设定合适的喂料量后调整供热与之平衡后固定供热参数。

## 第九节　喂料方式对生产建筑石膏质量的影响

　　煅烧过程是料量与热量建立平衡后的一个运行过程，因此喂料方式对煅烧稳定性的影响也是非常直接的。为什么很多人感觉间歇式煅烧设备控制非常容易？而大型连续式设备反而觉得较难控制呢？因为间歇式设备的各控制参数之间几乎没有直接联系，而是靠人的识别判断来执行的，一次喂几吨料，多一点少一点只是影响煅烧到设定温度的时间长一点或短一点，控制并不严谨和联动。如设定每次烧的时间必须一样，必须在同样的时间烧到同样的温度，该类设备的控制难度一下就增加了很多，就不是那么容易了。大型连续式设备恰恰就是需要这样控制，因此，对喂料的方式就应该有较高的要求，必须达到均匀稳定喂料，才能保证煅烧过程的稳定，才能保证产品质量。当然，从喂料方式上也可消除原料的部分波动导致的影响，如副产石膏，生产线很难采用料仓储料，必须采用铲车即时喂料，料场中原料的水分含量会因下雨、前段处理等因素而变动，就会导致同等喂料量对热量需求的变动，而湿物料下料的易堵及不稳定，也是导致系统不稳定最常见的因素。因此，设置一定储量的堆棚、适度的堆场倒料均化就会有较好的效果，设置均匀稳定的喂料系统对副产石膏尤为重要。天然石膏批量之间的原料波动，通过一定储量的原料仓可对原料进行适度的均化，稳定效果肯定会好于即烧即用的状态。

## 第十节　煅烧时间和煅烧温度对建筑石膏三相的影响

### 一、煅烧时间的长短对建筑石膏的影响

在最佳煅烧温度范围内，煅烧时间的长短决定了建筑石膏粉中无水相与二水相的含量。煅烧时间过短会导致其中的二水相含量偏高，煅烧时间过长会导致其中的无水相含量偏高，这就需要一定的陈化时间。因此根据不同用途对建筑石膏的性能要求来进行其相组成设计，有利于煅烧设备及煅烧工艺的改进。

石膏在低温环境中煅烧出的建筑石膏中有可能不再含有 AⅢ 无水石膏，大部分为半水石膏和少部分二水石膏。因为无水石膏极易吸收水分，因此有附着水就不会有无水石膏，所以附着水和 AⅢ 型无水石膏两者只能有一。当煅烧温度在 160℃ 时，半水石膏的含量比较多，此时的石膏相组成较为稳定，因此建筑石膏的性能比较好；在相同温度下比较不同煅烧时间发现，在 1.5h 时，二水石膏的含量较多。

煅烧出来的脱硫建筑石膏的二水相可控制在 2.00% 以内，此时缓凝剂可对脱硫建筑石膏的凝结时间进行大范围调整；当煅烧出少量无水相，但石膏仍处在可调范围内，不影响使用；当煅烧温度低二水相含量急剧增加，此时脱硫建筑石膏的凝结时间也随之缩短，缓凝剂的作用效果将大大降低。脱硫建筑石膏的强度普遍较高。

### 二、煅烧温度对生产建筑石膏的影响

当煅烧设备确定后，煅烧温度对脱硫建筑石膏的性能起主要作用，同时也决定了由脱硫建筑石膏制备的半水型抹灰石膏的质量。

（一）生产建筑石膏过程中脱水温度与建筑石膏强度有着密切的关系

在脱水过程中，石膏物料在温度低于 135℃ 温度下煅烧的熟石膏脱水不够彻底，因煅烧温度偏低；石膏料温为 145~155℃ 经慢速煅烧工艺煅烧后的熟石膏结晶颗粒较粗大，完整性能较好；石膏料温高于 165℃ 煅烧的熟石膏比表面积会增大，标稠用水量增加，水化反应加快，在石膏硬化干燥后会产生较多的气孔，降低了石膏制品的强度，但对建筑石膏的粘结性能有好的作用。煅烧温度与煅烧时间及陈化效应等方面，都将影响与改变建筑石膏的性能，要想保证建筑石膏的质量，就要结合石膏本身材料的特点，优化生产工艺及相关数据，才能生产出好的建筑石膏。

（二）当煅烧物料温度＞145℃后，所煅烧出来的脱硫建筑石膏的二水相可控制在 4.00% 以内

此时缓凝剂可对脱硫建筑石膏的凝结时间进行大范围调整；当煅烧物料温度达 155℃ 时，将煅烧出少量无水相，但石膏仍处在可调范围内，不影响使用；当煅烧温度低于 140℃ 后，二水相含量急剧增加，此时脱硫建筑石膏的凝结时间也随之缩短，缓凝剂的作用效果将大大降低。

（三）为了使煅烧出的脱硫建筑石膏适用于粉体石膏建材，应具有较好的相组成

宜采用低温慢烧设备，煅烧物料温度应控制在 160℃ 以下，且应根据不同物料适当调整

煅烧温度、煅烧时间等工艺参数。

（四）由于煅烧温度的升高导致二水相含量减少，使煅烧出的脱硫建筑石膏的凝结时间变长，其2h强度比快凝的脱硫建筑石膏强度低

但是这并不意味着其性能劣于二水石膏含量高、凝结时间短的脱硫建筑石膏。凝结时间长的脱硫建筑石膏的绝干强度高于快凝的石膏，更适合用于粉体石膏砂浆。因此，选择合适的煅烧温度可使脱硫建筑石膏的二水相减少，凝结时间增长，绝干强度增高。

### 三、煅烧温度和煅烧时间相互影响建筑石膏的性能

不同温度和时间下的煅烧产物，其各项性能存在较大差异。煅烧温度过低时，特别在被煅烧粉体的中间层，可能存在未烧透的二水石膏，影响建筑石膏的性能；煅烧温度过高时，建筑石膏脱水速度加快，在建筑石膏这种不良的热导体中，会造成石膏颗粒温度表里不一，表面层每个石膏分子可能在失去1.5个水分子后继续失水，而成为无水石膏，使得煅烧产物的力学强度降低，凝结时间缩短以及工艺性下降。

为了使煅烧出的脱硫建筑石膏适用于粉体石膏建材，应具有较好的相组成，宜采用低温慢烧设备，且应根据不同物料适当调整煅烧温度、煅烧时间等工艺参数。在低温慢速煅烧时生产建筑石膏不易过烧，煅烧出的建筑石膏中有可能不再含有AⅢ型无水石膏，大部分为半水石膏和少部分二水石膏。因为无水石膏极易吸收水分，因此有附着水就不会有无水石膏，所以附着水和AⅢ型无水石膏两者只能有一。当煅烧温度160℃在2h时，半水石膏的含量较多，此时的石膏相组成较为稳定。

## 第十一节　残留二水石膏对脱硫建筑石膏性能的影响

脱硫建筑石膏中欠烧的二水石膏在脱硫建筑石膏的水化过程中起到晶核的作用，可以促进水化，缩短凝结时间，使其标准稠度用水量上升，降低石膏强度。随着脱硫石膏中二水相含量的增高，凝结时间逐渐变短。当欠烧二水石膏含量≤2.00%时，若煅烧产物中存在较多的二水石膏，容易产生快凝等现象。初凝和终凝时间随着残余二水石膏含量的增加均减少。

当二水相含量由2%增高至8%时，初凝时间减少4min，终凝时间减少4min；当二水相含量过高时，脱硫建筑石膏的2h抗压强度及抗折强度较低。

在石膏内掺入合适的缓凝剂后，石膏的凝结时间将显著延长；而当脱硫建筑石膏内二水石膏含量较高时，同等的掺量对延长石膏的凝结时间效果并不理想。

## 第十二节　AⅢ相无水石膏对建筑石膏应用中的影响

通过测试建筑石膏粉水化热效应可知，陈化粉中AⅢ相含量少，减水增强效果明显；而新生产的建筑石膏热粉中存在大量的AⅢ相，活性高，水化速度快，减水剂还未分散，二水石膏晶核已经开始生长，导致减水剂失效。

半水石膏胶凝材料是一种新型的绿色环保材料。依据半水石膏生产和水化原理，通过差热分析、半水石膏水化热效应等实验，分析石膏制熟石膏粉中AⅢ相来源，测定对熟石膏粉性能的影响及作用机理，在石膏生产建材产业化研究过程中得出以下结论：

石膏煅烧制半水石膏粉理论和差热分析结果表明：石膏低温脱水分两步进行，生成半水

石膏和AⅢ相；石膏脱水出现两个吸热峰，且仅相差6℃，并存在重叠现象。相分析结果与差热分析结果说明熟石膏粉中存在不同相混合物。

半水石膏粉煅烧最佳工艺：焙烧温度在（170±5）℃内，焙烧时间2h，熟石膏新粉结晶水含量约3.0%，通过陈化，控制结晶水含量4.8%～5.2%，有利于提高熟石膏粉质量。

半水石膏水化热效应结果表明：新粉水化温升分两阶段，结果证实AⅢ相活性高，水化速度快，导致粉与水接触90s内，温度急骤升高；添加减水剂时，减水剂还未分散，石膏晶体已经生长，引起减水剂失效。

活性高、水化速度快的AⅢ相会降低熟石膏质量，其消除方法是通过陈化使得AⅢ相转变为半水石膏，控制指标是测试熟石膏粉结晶水含量。提高石膏砌块和石膏板强度，有利于生产石膏建材的推广应用。

## 第十三节　石膏脱水过程中水蒸气分压的影响

当温度高、水蒸气分压低时，石膏直接脱水生成可溶性无水石膏，随着水蒸气分压的增高，石膏先脱水生成可溶性无水石膏，然后可溶性无水石膏吸收水蒸气水化生成半水石膏，这个过程可表示为当温度低、水蒸气分压高时，石膏脱水生成半水石膏，半水石膏在此区域内是稳定的；当温度较低、水蒸气分压较高时石膏是稳定的，不发生脱水反应。可溶性无水石膏在高湿度的环境下的吸附行为会水化生成半水相。

若制备建筑石膏时煅烧设备内部的水蒸气分压很低，迅速地排除水汽，二水石膏可直接转变为Ⅲ型无水石膏，不经过半水石膏这一中间阶段，当然这一转变也与颗粒的大小有关。要制备纯净的Ⅲ型硬石膏是有困难的，因为Ⅲ型无水石膏很容易和空气中的水汽反应成为半水石膏。半水石膏可以从潮湿的空气中可逆地吸收2%的水分，而不会转化为二水化合物。半水石膏内的这种非化学计量水分在50℃下干燥就可以完全除去。

Ⅲ型无水石膏极易吸收水分，因此有附着水就不会有Ⅲ型无水石膏，所以附着水和Ⅲ型无水石膏两者只能有一。

## 第十四节　在生产建筑石膏时陈化与均化对其质量的影响

### 一、陈化与均化的不同

陈化是石膏经煅烧后通过不同工艺的处理，使其在三相的转化得到半水石膏含量的最大化，同时按产品要求，达到Ⅲ型无水石膏或二水石膏含量在要求的范围内，稳定三相迅速转化的过程。而均化是通过不同的混合工艺，使原料或产品得到稳定均一的质量指标。两者的主要工艺和目标是有区别的。但也有相同之处，就是陈化与均化处理都有使材料性能稳定的功效。

### 二、煅烧陈化效应

对于一般刚煅烧出的产品，其物相组成不稳定，内含能量较大，分散度大，吸附活性高，从而出现建筑石膏的标稠需水量大、强度低及凝结时间不稳定等现象。改善这种状况的办法是使新煅烧得到的熟石膏，在密闭的料仓中存放，利用物料的温度（107℃以上），可以使物料中残存的二水石膏吸热，进一步转变为半水石膏，同时其中的可溶性无水石膏（AⅢ相）也可以吸取物料周围的水分转变为半水石膏，这种相组分的转变，以及晶体的某些变化，就是建筑石膏陈化的实质。了解此过程对建筑石膏的强度及其他性能的影响，有利于发挥产品的有效作用。

在潮湿空气中，AⅢ相吸收水分而成半水石膏。熟粉中的残余热量也可使二水石膏继续脱水而成半水石膏。一般陈化条件是：建筑石膏粉的吸附水含量低于 1.5% 时，是 AⅢ 相转化为半水石膏的有效区；若吸附水含量高于 1.5%，半水石膏就会吸收水而成二水石膏。因此，陈化条件是很重要的。陈化的方法有自然法和机械法，以及加入添加剂的强化陈化法。一般煅烧产品要考虑陈化环节，特别是对高温快速煅烧方式，必须考虑物料的冷却及陈化的设置，使物料尽量趋于半水石膏，保证产品性能的稳定。

### 三、陈化时间对熟石膏粉性能的影响

合理的存放，可显著改进熟石膏粉的性能。但是如果控制不当，哪怕出现微量再生的二水石膏，都会使建筑石膏粉性能变次。长时间陈化，有利于 AⅢ 相转化。但是，如果时间过分长，就会增加二水石膏的含量，即出现再生二水石膏，对产品力学性能及流变性不利。所在在湿度变化较大的生产日期内，一定要根据产品的性能，找出合适的陈化措施，保证产品质量。

采用过烧方法能减少二水石膏的残余量。在建筑石膏粉中有适量的 AⅢ 相，可为合理陈化打下基础。在生产工艺基本确定的条件下，大气湿度对 AⅢ 相向半水石膏转化的影响最为显著；少量再生二水石膏的出现，都会严重影响建筑石膏的质量。因此，在生产建筑石膏的过程中除了要有合理的煅烧工艺外，还需要有效的陈化措施，才能使建筑石膏粉的质量更好。

用高温快速脱水的石膏包含有多种物相，性能很不稳定。陈化过程中，保温的温度在 β-半水相转变温度范围内。在这种条件下，物料中存在的未脱水的二水相，可继续脱水变成半水相；同时有一部分因过烧而形成的 Ⅲ 型无水相，可吸收物料中存在的水分转化成为半水相。两种效应都导致物料中 β-半水相的比率增大，物料的强度增加，且随均化时间的延长一直延续。当均化时间达到 30d 时，物料中各相组成比率导致强度达到最大值；均化时间超过 30d 后，物料中各相组成比率可能不利于强度性能的提高，甚至引起强度下降。

脱水石膏强度随陈化时间变化的原因，可能与相组成的变化有关。开始时，各种相的组成比率变化较大，二水相在粉磨后的余热下有向半水相转变的倾向，而 Ⅲ 型无水相吸收空气中的水分后可继续转变成半水相。在开始 10d 内，二水相相对多一些，致使标稠需水量较小、凝结时间较短。随着相成分的变化，强度和凝结时间均发生变化，引起石膏性能不稳。当陈化时间超过 10d 后，随着时间的增长，各组成相比率趋于恒定，材料性能也变得稳定。在陈化过程中，Ⅲ 型无水相转变成的半水相，比由二水直接脱水的半水相水化速度缓慢、凝结时间稍有增加，强度稍低。另外，因为陈化是在室温下进行的，相转变量不大，所以陈化的总效应是使凝结时间稍有增加，强度也略有上升。

由于其中的半水石膏水化快，所以基材熟石膏抹面可在短期内达到很高强度，而后，其中 Ⅱ 型无水石膏缓慢水化，使基材熟石膏完全结晶，加强晶格的内聚力，补偿干燥所造成的收缩，从而避免出现裂纹。再者，半水石膏和 Ⅱ 型无水石膏混合物的凝结时间能满足施工中的理想要求，因为 Ⅱ 型无水石膏遇水时仅表现惰性填料性质，延缓了熟石膏的凝结速度，延长了凝结时间，这不仅有利于拌和，与其他填料（石灰石）相比，这种惰性填料使抹面的外观更显得细腻和富有光泽，是其他填料所不具备的特点。还有做完抹面后，只要熟石膏灰

浆尚未干透，这种Ⅱ型无水石膏还能缓慢水化，进一步增强熟石膏抹面的力学性能。

当水膏比一定时，随着Ⅱ型无水石膏掺量的增加，凝结时间再延长，强度提高。Ⅱ型无水石膏掺量以 25％～30％为宜。

### 四、影响建筑石膏陈化效果的因素

（一）石膏的粒度对熟石膏陈化过程中相组成的变化速度关系比较大

高分散度的熟石膏相组成变化速度比低分散度的熟石膏快，Ⅲ型无水石膏转变为半水石膏的速度随颗粒的增大而减慢。在这三种石膏中，Ⅲ型无水石膏的吸水能力最强，在其微孔内，由于水蒸气分压低，存在少量的凝聚水，无水石膏将与水化合而成为半水石膏，导致无水石膏减少。石膏颗粒越细，比表面积越大，单位质量的石膏暴露于空气中的微孔越多，对空气中水的吸附能力越强，石膏水化越快，导致颗粒越细，石膏的相组成变化越快。

（二）在陈化前期，Ⅲ型无水石膏含量明显减少，半水石膏含量明显增加，而二水石膏的含量变化却不太明显

对此，主要原因在于Ⅲ型无水石膏对水的吸附能力强，它不仅可以从空气中吸取水分，甚至能够在 107℃以上环境中从再生或残存的二水石膏中吸取水分，使二水石膏脱水而成为半水石膏。

（三）熟石膏标准稠度用水量先随陈化期的延长而降低，然后又升高

从熟石膏的相组成相结合来看，当 AⅢ无水石膏全部或大部分转化为半水石膏时，标准稠度用水量达到最低值，此时强度达到最高值，陈化作用的效果才明显表现出来。此时物料本身形态变化进一步趋向稳定，石膏的微小晶体进一步由高能态向低能态转变，在陈化后期，二水石膏的含量迅速增加，标准稠度用水量又增大，石膏硬化体内的孔隙增多，强度开始下降。对此，石膏的陈化可分为陈化有效期和陈化失效期，在有效期内，可溶性的Ⅲ型无水石膏转化为半水石膏，在此过程可能会发生二水石膏含量减少的现象；在失效期内，Ⅲ型无水石膏已经基本转化为半水石膏，半水石膏吸水成为二水石膏。在这两个过程中间，半水石膏含量达到最高值，强度也达到最高值。陈化有效期的长短受诸多因素的影响，如粒度、湿度、温度、料层厚度等。

（四）粒度越小或陈化时间越长，石膏的凝结时间越短

特别是在磷熟石膏的陈化中，由于磷石膏中存在一定量的可溶性 $P_2O_5$ 和 $F^-$，对石膏具有一定程度的缓凝作用。石膏粒度越小，比表面积越大，越有利于溶解，凝结时间越短。在陈化前期，陈化时间越长，半水石膏含量越多；在陈化后期，二水石膏含量增加，这些因素增加了水化速度，所以凝结时间随陈化时间的增长而变短。

（五）刚生产的石膏粉的内比表面积较大，陈化一段时间后，其内比表面积就会减小

陈化一段时间后，石膏粉的标准稠度需水量就会变小。强度增高的规律与孔隙率减少的规律刚好相反。由此推论，强度变化也受孔隙率的影响。均化时间变化对强度的影响，也可能是均化效应影响孔隙率的间接效果。

（六）对膨胀率的影响

建筑石膏在水化凝结过程中，会产生一定程度的体积膨胀。细度对膨胀速率有较大影响：随着粒度变小，早期膨胀的速率增大，粒度变细，增加了溶液的过饱和度，加速了半水

石膏的溶解，使晶核的形成和生长加快，更快地形成结晶结构网，使膨胀的发展速度加快。同时，由于细度变细，硬化体的致密度显著增加，孔隙率下降，使总的膨胀值趋于减小。

# 第十五节 粉磨对建筑石膏的影响

## 一、煅烧粉磨效应

球磨是改善建筑石膏颗粒结构的有效手段。有的工业副产石膏颗粒分布高度集中，粒级为 0.8～0.02mm 的颗粒占绝大多数。其二水石膏晶体粗大、均匀，较天然二水石膏晶体规整，多呈板状，这种颗粒结构使副产石膏胶结材流动很差，强度低。通过对一些副产石膏的试验表明，球磨的效能表现如下：

（1）使副产石膏中二水石膏晶体规则的板状外形和均匀尺度遭到破坏，使其颗粒形状呈多样化；

（2）经过粉磨工艺处理的建筑石膏，副产石膏颗粒级配趋于合理；标稠需水量继续减小，凝结时间缩短，力学性能得到提高。

（3）随球磨时间增加，建筑石膏初凝时间增长，初终凝时间间隔加大。球磨时间过长，胶凝材料硬化体呈局部粉化状，力学性能有所降低；

（4）使建筑石膏胶凝材料流动性提高，对水的需求量降低，其标准稠度从 0.85 降至 0.66，从而使石膏胶凝材料孔隙率高、结构疏松的缺陷得以根本解决。但球磨不能消除副产石膏中杂质的有害作用，因此还需考虑是否添加少量改性激发类物质进一步提高其性能。试件的密实度增高，表现为体积密度增高，强度提高。

（5）比表面积增大，物料的反应活性增强，水化时与水的接触面积增大，缩短了水化时间，因此导致凝结时间缩短，且缩短程度与比表面积增大程度成正比。

## 二、石膏粉磨的作用及不同的破碎方式对石膏活性的影响

石膏粉磨主要是将石膏磨细，提高水化活性；同时它起着脱水的作用。石膏经长时间粉磨，可逐次转变为半水石膏、Ⅲ型无水石膏。所以粉磨的时间也不宜过长，应与颗粒细度和物相组成相匹配。

不同磨机所得的石膏活性相差较大。一般辊压式磨机所得的物料没有球磨机所得的物料水化活性高，因此水泥厂至今仍采用球磨机作为最终粉磨使用。根据磨机的破碎原理，物料有五种受力情况，即挤压、冲击、磨剥、劈裂和折断。从测试情况看，利于石膏活性发挥的破碎力中冲击、劈裂的效果最好，其次是折断和磨剥，最差的是挤压力。这是因为冲击、劈裂可顺着石膏的解理或裂纹进行破碎，这不仅增加石膏的表面积，同时造成大量的断键，增加物料表面的能量。而挤压力正好将活性高的表面压实，将断键消除，表面能降低。球磨机内物料所受的力主要是冲击的磨剥，而辊压式磨机以挤压力的磨剥为主，所以两者磨出的物料在性质上具有较大差别。以挤压力为主的磨机不适合做胶凝材料的粉磨用，最好选用以冲击和碰撞为主的磨机，如球磨、离心磨、气流磨等。

## 三、细度对生产天然建筑石膏的影响

抗折强度、抗压强度与细度有类似关系。细度从 80～100 目，强度几乎不变；由 100～

120 目，强度迅速下降；120～160 目，强度下降的速度变缓；160～180 目，强度又有所回升。

石膏制品孔隙率与细度的关系。80～120 目，孔隙率几乎呈线性下降；120～160 目，有所上升，尔后到 180 目，又有所下降。

经过粉磨后的天然建筑石膏、细度为 80 目和 100 目的粉末料粒度分布大致相同，水化时标稠需水量也基本不变。制品中大小粒子搭配适当，搭接点多。制品中晶粒分布均匀，晶粒尺寸起伏不大，且在此细度范围内，一般大颗粒的比率较大。大颗粒中，可能存在一定比率的二水石膏，对结晶过程有诱导加速作用，标稠需水量小。大颗粒会造成制品孔隙率较高，降低其强度。然而，此时由孔隙率引起的强度下降，并不能起主导作用，因而在此粒度范围内，总的效应导致了制品强度达最高值。

当细度为 100～120 目时，标稠需水量对细度的变化敏感，在生产中很不易控制。稍有不慎，水量过多，引起制品孔隙率过高，强度下降；水量过少，则凝结时间过短，一方面工艺操作困难，另一方面制品内可能出现裂纹，强度下降。因此，细度最好为 100～120 目，对提高制品强度和改善其工艺均有利。

细度为 100～120 目时，强度对粒度的变化也很敏感，标稠需水量的变化也非常迅速。此时，由于粒子变小，粒子表面较粗糙，松散密度较高，比表面积增加，导致吸水量增加。同时，细小颗粒在脱水过程中产生的过烧现象相应增加，有Ⅲ型无水相出现，吸水量也增加，制品强度急剧下降。

细度为 120～160 目时，细颗粒增多，脱水过程中过烧程度增加，Ⅱ型无水相比率增大，严重破坏了结晶的结构网络，降低了硬化体的致密度。水化过程中，初凝时间和终凝时间增长，因过烧而出现的少量Ⅱ型无水相，使标稠需水量随细度增加而变得缓慢。

细度为 160～180 目时，粉末变得更细，制品致密度显著增加，孔隙率下降，标稠需水量随细度增加而趋于饱和。此时，孔隙率对强度的影响起主导作用。由于孔隙率的下降，导致制品强度有所上升。

天然建筑石膏粉的细度大小对制品强度有类似的效应。细度在 100 目范围内，制品强度出现最大值。

天然建筑石膏粉水化时，细度对标稠需水量的影响近似呈指数关系。细度在 100 目时，对标稠需水量影响不大；细度为 100～120 目时，标稠需水量趋于饱和。

天然建筑石膏经过粉磨后均能通过 100 目的筛。因此细度为 80 目和 100 目的粉末粒度分布大致相同，水化时标稠需水量也基本不变。制品中大小粒子搭配适当，搭接点多。制品中晶粒分布均匀，晶粒尺寸起伏不大，且在此细度范围内，一般大颗粒的比率较大。大颗粒中，可能存在一定比率的二水石膏，对结晶过程有诱导加速作用，标稠需水量小。大颗粒会造成制品孔隙率较高，降低其强度。然而，此时由孔隙率引起的强度下降并不能起主导作用，因而在此粒度范围内，总的效应导致制品强度达最高值。

用天然建筑石膏生产制品，石膏粉的细度不宜过大，以 120 目的石膏粉为最佳。如非特殊需要，一般很不经济。

生产天然建筑石膏时、在粒度分布相似的情况下，先煅烧后粉磨与先粉磨后煅烧这两种工艺下制备的半水石膏的性能具有一定差异，而后者的性能相对较好。

### 四、石膏煅烧应注意的问题

(1) 石膏原料的预均化；

(2) 供热介质与供热温度；

(3) 不同石膏原料的游离水含量；

(4) 进料量的稳定性；

(5) 石膏原料粒径的均匀性；

(6) 煅烧炉的换热面积；

(7) 设备制造所用钢材型号与规格；

(8) 物料在脱水过程中受热的均匀性；

(9) 煅烧过程中水蒸气的排放与炉膛分压力；

(10) 余热的充分利用与节能；

(11) 煅烧后三相的组成范围。

# 第八章　建筑石膏的质量检验

## 第一节　建筑石膏的特性

建筑石膏的特性如下：

（1）凝结时间较快。主要是由于脱硫石膏的高温快烧工艺造成的。

（2）标准稠度用水量较大。随着粉磨时间的延长，脱硫石膏颗粒变细，试样标准稠度用水量增加，密度和比表面积增大，力学性能降低，但加水后的分层、离析现象消失。

（3）耐水性较差。可以通过加入生石灰、矿渣、水泥和硅钙渣复掺提高脱硫建筑石膏的耐水性。建筑石膏制品的内部由于孔隙率较高，其隔热性和吸声性能良好，但耐水性较差。制品的导热系数一般为 0.121～0.205W/（m·K）。在潮湿条件下吸湿性强，水分削弱了晶体粒子间的粘结力，故软化系数小，仅为 0.3～0.45，长期浸水还会因为二水石膏晶体溶解而引起制品破坏溃散。在制品中加入适量水泥、粉煤灰、磨细的粒化高炉矿渣以及各种有机防水材料，可提高制品的耐水性。

（4）强度差别较大。不同品种的石膏胶结料硬化后的强度差别甚大。α 型半水石膏硬化后的强度通常比 β 型半水石膏的强度要高 2～7 倍。这是因为两者水化时的理论结合量虽均为 18.61%，但由于 α 型半水石膏的晶粒粗大，比表面积小，所以成型需水量小，仅为 30%～40%。而 β 型半水石膏的晶粒细小，比表面积大，其实际需水量为 50%～70%。显然，β 型半水石膏水化后剩余的水量要比 α 型半水石膏多，这些多余的水蒸发后，在硬化体内留下的孔隙多，其强度就低。α 型半水石膏硬化后抗压强度为 10～40MPa。

通常建筑石膏在贮存 3 个月后强度降低 30% 左右，故在贮存及运输期间应防止受潮。

（5）建筑石膏制品具有良好的防火性能。建筑石膏硬化后的主要成分是 $CaSO_4 \cdot 2H_2O$，当其遇火时，$CaSO_4 \cdot 2H_2O$ 脱出结晶水，在制品表面形成水蒸气膜，有效地阻止火势的蔓延并赢得宝贵的疏散、灭火时间。制品厚度越大，其防火性能越好。

（6）建筑石膏硬化时体积略有膨胀。一般膨胀值为 0.05%～0.15%，这种微膨胀性可使硬化体表面光滑饱满，干燥时不开裂，且能使制品造型棱角十分清晰，有利于制作各种复杂图案花型的装饰石膏制品。

（7）装饰性好。制品表面细腻平整、颜色洁白、典雅美观。

（8）制品可锯、可钉、可刨，便于施工。

## 第二节　建筑石膏质量标准

建筑石膏的质量在国家标准《建筑石膏》（GB/T 9776—2008）中作出了相关规定。

该标准适用于天然石膏、烟气脱硫石膏和磷石膏制得的建筑石膏，其他工业副产建筑石膏可参照执行本标准。

## 一、原材料要求

生产天然建筑石膏用的石膏石应符合 JC/T 700 中三级及三级以上石膏石的要求。

工业副产石膏应进行必要的预处理后，才能作为制备建筑石膏的原材料。磷石膏和烟气脱硫石膏均应符合国家标准和行业标准的相关要求。

## 二、技术要求

### （一）组成

建筑石膏组成中 β-半水硫酸钙（β-$CaSO_4 \cdot 1/2\ H_2O$）的含量（质量分数）应不小于 60.0%。

### （二）物理力学性能

建筑石膏的物理力学性能应符合表 8-1 的要求。

表 8-1　物理力学性能

| 等级 | 细度（0.2 mm 方孔筛筛余）（%） | 凝结时间（min） | | 2h 强度（MPa） | |
|---|---|---|---|---|---|
| | | 初凝 | 终凝 | 抗折 | 抗压 |
| 3.0 | | | | ≥3.0 | ≥6.0 |
| 2.0 | ≤10 | ≥3 | ≤30 | ≥2.0 | ≥4.0 |
| 1.6 | | | | ≥1.6 | ≥3.0 |

### （三）放射性核素限量

工业副产建筑石膏的放射性核素限量应符合 GB 6566 的要求。

### （四）限制成分

工业副产建筑石膏中限制成分氧化钾（$K_2O$）、氧化钠（$Na_2O$）、氧化镁（MgO）、五氧化二磷（$P_2O_5$）和氟（F）的含量由供需双方商定。

## 三、试验方法要求

### （一）试验条件

试验条件应符合 GB/T 17669.1—1999 中 2.2 的规定。

### （二）试样

试样应在标准试验条件下密闭放置 24h，然后再行试验。

### 1. 组成的测定

称取试样 50g，在蒸馏水中浸泡 24h；然后在 40℃±4℃下烘至恒量（烘干时间相隔 1h 的两次称量之差不超过 0.05g 时，即为恒量），研碎试样，过 0.2mm 筛，再按 GB/T 5484—2012 第 10 章测定结晶水含量。以测得的结晶水含量乘以 4.0278，即得 β-半水硫酸钙含量。

**2. 细度的测定**

按 GB/T 17669.5—1999 的相应规定测定。称取约 200g 试样，在 40℃±4℃下烘至恒量（烘干时间相隔 1h 的两次称量之差不超过 0.2g 时，即为恒量），并在干燥器中冷却至室温。将筛孔尺寸为 0.2mm 的筛下安上接收盘，称取 50.0g 试样倒入其中。盖上筛盖，按 GB/T 17669.5—1999 中 5.2 规定的操作方法进行测定。当 1min 的过筛试样质量不超过 0.1g 时，则认为筛分完成。称量筛上物，作为筛余量。细度以筛余量与试样原始质量之比的百分数形式表示。精确至 0.1%。重复试验，至两次测定值之差不大于 1%，取二者的平均值为试验的结果。

**3. 凝结时间的测定**

按 GB/T 17669.4—1999 第 6 章首先测定试样的标准稠度用水量并记录，然后按第 7 章测定其凝结时间。

**4. 强度的测定**

按 GB/T 17669.3—1999 中 4.3 制备试件，按 4.4 存放试件，然后按第 5 章和第 6 章分别测定试样与水接触后 2h 试件的抗折强度和抗压强度，但抗压强度试件应为 6 块。试件的抗压强度用最大量程为 50kN 的抗压试验机测定。试件的受压面为 40mm×40mm，按式（8-1）计算每个试件的抗压强度 $R_c$。

$$R_c = P/1600 \qquad (8-1)$$

式中 $R_c$——抗压强度，单位为兆帕（MPa）；

$P$——破坏荷载，单位为牛顿（N）。

试验结果的确定按 GB/T 17671—1999 中 10.2 进行。

**5. 放射性核素限量的测定**

按 GB 6566 规定的方法测定。

**6. 限制成分含量的测定**

按 GB/T 5484—2012 第 20 章测定氧化钾（$K_2O$）、氧化钠（$Na_2O$）的含量，按第 18 章测定氧化镁（MgO）的含量，按第 23 章测定五氧化二磷（$P_2O_5$）的含量，按第 20 章测定氟（F）的含量。

## 四、检验要求

（一）出厂检验

产品出厂前应进行出厂检验，出厂检验项目包括细度、凝结时间和抗折强度。

（二）型式检验

遇有下列情况之一者，应对产品进行型式检验。

（1）原材料、工艺、设备有较大改变时；

（2）产品停产半年以上恢复生产时；

（3）正常生产满一年时；

（4）新产品投产或产品定型鉴定时；

（5）国家技术监督机构提出监督检查时。

型式检验项目包括二（一）（二）（三）中所有项目。

（三）批量和抽样

1. 批量：对于年产量小于 15 万 t 的生产厂，以不超过 60t 产品为一批；对于年产量等于或大于 15 万 t 的生产厂，以不超过 120t 产品为一批。产品不足一批时以一批计。

2. 抽样：产品袋装时，从一批产品中随机抽取 10 袋，每袋抽取约 2kg 试样，总共不少于 20kg；产品散装时，在产品卸料处或产品输送机具上每 3min 抽取约 2kg 试样，总共不少于 20kg。将抽取的试样搅拌均匀，一分为二，一份做试验，另一份密封保存三个月，以备复验用。

（四）判定

抽取做试验的试样按 GB/T 9776—2008 中 7.2 处理后分为三等份，以其中一份试样按 GB/T 9776—2008 中第 7 章进行试验。检验结果若均符合 GB/T 9776—2008 中第 6 章相应的技术要求时，则判为该批产品合格。若有一项以上指标不符合要求，即判该批产品不合格。若只有一项指标不合格，则可用其他两份试样对不合格指标进行重新检验。重新检验结果，若两份试样均合格，则判该批产品合格；如仍有一份试样不合格，则判该批产品不合格。

### 五、包装、标志、运输、贮存要求

（1）建筑石膏一般采用袋装或散装供应。袋装时，应用防潮包装袋包装。

（2）产品出厂应带有产品检验合格证。袋装时，包装袋上应清楚标明产品标记，以及生产厂名、厂址、商标、批量编号、净重、生产日期和防潮标志。

（3）建筑石膏在运输和贮存时，不得受潮和混入杂物。

（4）建筑石膏自生产之日起，在正常运输与贮存条件下，贮存期为三个月。

# 第三节　建筑石膏检验仪器和产品检验

## 一、试验条件

建筑石膏的试验条件要求在国家标准《建筑石膏 一般试验条件》（GB/T 17669.1—1999）中作了相关规定。

（一）标准试验

**1. 试验环境**

试验室温度 20℃±2℃，试验仪器、设备及材料（试样、水）的温度为室温；

空气相对湿度 65％±5％；

大气压：860～1060hPa

**2. 样品**

试验室样品应保存在密闭的容器中。

**3. 用水**

全部试验用水（搅拌、分析等）应用去离子水或蒸馏水。

**4. 仪器和设备**

拌和用的容器和制备试件用的模具应能防漏，因此应使用不与硫酸钙反应的防水材料

（如玻璃、铜、不锈钢、硬质钢等，不包括塑料）制成。

由于二水硫酸钙颗粒的存在能形成晶核，对建筑石膏性能有极大的影响，所以全部试验用容器、设备都应保持十分清洁，尤其应清除已凝结石膏。

（二）常规试验

**1. 试验环境**

试验室温度 20℃±5℃，试验仪器、设备及材料（试样、水）的温度为室温；空气相对湿度 65%±10%；

**2. 样品**

实验室样品应保存在密闭的容器中。

**3. 用水**

分析试验用水应为去离子水或蒸馏水，物理力学性能试验用水应为洁净的城市生活用水。

**4. 仪器和设备**

拌和用的容器和制备试件用的模具应能防漏，因此应使用不与硫酸钙反应的防水材料（如玻璃、铜、不锈钢、硬质钢等，不包括塑料）制成。

由于二水硫酸钙颗粒的存在能形成晶核，对建筑石膏性能有极大影响，所以全部试验用容器、设备都应保持十分清洁，尤其应清除已凝固石膏。

## 二、结晶水含量测定

建筑石膏的结晶水含量测定方法在国家标准《建筑石膏 结晶水含量的测定》（GB/T 17669.2—1999）中作了相关规定。

该标准适用于建筑石膏中结晶水含量的测定，硬石膏及其他石膏粉料中结晶水含量的测定亦可参照使用。

原理：在 230℃±5℃下将预先烘干的试样脱水至恒重。

**1. 仪器**

（1）容器：可用带盖称量瓶，也可用抗热震性好的坩埚。坩埚应配有盖子或配有封闭坩埚的容器。

（2）烘箱或高温炉，温度能控制在 230℃±5℃。

（3）干燥器：盛有硅胶。

（4）分析天平：分度值为 0.0001g。

**2. 试样制备**

从按《建筑石膏 一般试验条件》（GB/T 17669.1—1999）的 2.1.2 或 2.2.2 规定保存的试验室样品中称取 100g 石膏，试样必须充分混匀，细度须全部通过孔径为 0.2mm 的方孔筛，然后放在一个封闭的容器中，铺成最大厚度为 10mm 的均匀层，静置 18~24h，容器中的温度为 20℃±2℃，相对湿度为 65%±5%。

试样在 40℃±4℃的烘箱内加热 1h，取出，放入干燥器中冷至室温，称量。如此反复加热、冷却、称量，直至恒重，每次称重之前在干燥器中冷却至室温。冷却后立即测定结晶水的含量。

把剩余的试样保存在密封的瓶子中。

### 3. 操作程序

准确称取 2g 试样，放入已干燥至恒重的带有磨口塞的称量瓶中，在 230℃±5℃ 的烘箱或高温炉内加热 45min（加热过程中称量瓶应敞开盖），用坩埚钳将称量瓶取出，盖上磨口塞（但不应盖得太紧），放入干燥器中于室温下冷却 15min，将磨口塞紧密盖好，称量，再将称量瓶敞开盖放入烘箱内于同样的温度下加热 30min，取出，放入干燥器中于室温下冷却 15min。如此反复加热、冷却、称量，直至恒重。

再重复测定一次。

两次测定结果之差不应大于 0.15%。

### 4. 结果的计算

结晶水的百分含量按（8-2）计算：

$$W = \frac{m - m_1}{m} \times 100 \tag{8-2}$$

式中　$W$——结晶水，%；

　　　$m$——加热前试样质量，g；

　　　$m_1$——加热后试样质量，g。

### 5. 试验报告

试验报告应包括以下几项：

（1）所用方法的标准；

（2）试验结果及所用的表示方法；

（3）测定中记下的任一异常情况；

（4）未包括在本标准中或认为是可选择的其他操作方法。

## 三、建筑石膏力学性能的测定

建筑石膏的力学性能的测定方法在国家标准《建筑石膏 力学性能的测定》（GB/T 17669.3—1999）中作了相关规定。

该标准规定了建筑石膏抗折强度、抗压强度以及石膏硬度的测定方法，适用于不掺集料的建筑石膏。

（一）试验条件

试验条件应符合 GB/T 17669.1 的规定。

（二）试件

### 1. 试样的处理

按 GB/T 17669.1 要求处理粉料试样。

### 2. 试件制备的器具

（1）感量 1g 的电子秤。

（2）成型试模应符合 JC/T 726 的要求。

（3）搅拌容器应符合 GB/T 17669.1 的要求。

（4）拌和棒由三个不锈钢丝弯成的椭圆形套环所组成，钢丝直径 $\phi 1 \sim \phi 2$ mm，环长约 100mm。

### 3. 试件的制备

一次调和制备的建筑石膏量，应能填满制作三个试件的试模，并将损耗计算在内，所需料浆的体积为 950 mL，采用标准稠度用水量，用式（8-3）、式（8-4）计算出建筑石膏用量和加水量。

$$m_{\mathrm{g}} = \frac{950}{0.4 + (W/P)} \tag{8-3}$$

式中　$m_{\mathrm{g}}$——建筑石膏质量，g；

　　$W/P$——标准稠度用水量，应符合 GB/T 17669.4 的规定，%。

$$m_{\mathrm{w}} = m_{\mathrm{g}} \times (W/P) \tag{8-4}$$

式中　$m_{\mathrm{w}}$——加水量，g。

在试模内侧薄薄地涂上一层矿物油，并使连接缝封闭，以防料浆流失。

先把所需加水量的水倒入搅拌容器中，再把已称量的建筑石膏倒入其中，静置 1min，然后用拌和棒在 30s 内搅拌 30 圈。接着，以 3r/min 的速度搅拌，使料浆保持悬浮状态，然后用勺子搅拌至料浆开始稠化（即当料浆从勺子上慢慢落到浆体表面刚能形成一个圆锥为止）。

一边慢慢搅拌，一边把料浆舀入试模中。将试模的前端抬起约 10 mm，再使之落下，如此重复五次以排除气泡。

当从溢出的料浆判断已经初凝时，用刮平刀刮去溢浆，但不必反复刮抹表面。终凝后，在试件表面作上标记，并拆模。

### 4. 试件的存放

（1）遇水后 2h 就将作力学性能试验的试件，脱模后存放在试验室环境中。

（2）需要在其他水化龄期后作强度试验的试件，脱模后立即存放于封闭处。在整个水化期间，封闭处空气的温度为 20℃±2℃、相对湿度为 90%±5%。每一类建筑石膏试件都应规定试件龄期。

（3）到达规定龄期后，用于测定湿强度的试件应立即进行强度测定。用于测定干强度的试件先在 40℃±4℃ 的烘箱中干燥至恒重，然后迅速进行强度测定。

### 5. 试件的数量

每一类存放龄期的试件至少应保存三条，用于抗折强度的测定。做完抗折强度测定后得到的不同试件上的三块半截试件用作抗压强度测定，另外三块半截试件用于石膏硬度测定。

（三）抗折强度的测定

### 1. 试验仪器

电动抗折试验机应符合 JC/T 724 的要求。

### 2. 操作程序

试验用试件三条。

将试件置于抗折试验机的二根支撑辊上，试件的成型面应侧立。试件各棱边与各辊保持垂直，并使加荷辊与二根支撑辊保持等距。开动抗折试验机后逐渐增加荷载，最终使试件断裂。

记录试件的断裂荷载值或抗折强度值。

### 3. 结果的表示方法

抗折强度 $R_{\mathrm{f}}$，按式（8-5）计算：

$$R_f = \frac{6M}{b^3} = 0.00234P \qquad (8\text{-}5)$$

式中　$R_f$——抗折强度，MPa；

　　　$P$——断裂荷载，N；

　　　$M$——弯矩，N·mm；

　　　$b$——试件方形截面边长，$b=40$mm。

$R_f$ 值也可从 JC/T 724 所规定的抗折试验机的标尺中直接读取。

计算三个试件抗折强度平均值，精确至 0.05MPa。如果所测得的三个 $R_f$ 值与其平均值之差不大于平均值的 15%，则用该平均值作为抗折强度值，如果有一个值与平均值之差大于平均值的 15%，应将此值舍去，以其余二个值计算平均值；如果有一个以上的值与平均值之差大于平均值的 15%，则用三个新试件重做试验。

（四）抗压强度的测定

**1. 试验仪器**

（1）抗压夹具

抗压夹具应符合 JC/T 725 的要求。试验期间，上、下夹板应能无摩擦地相对滑动。

（2）压力试验机

示值相对误差不大于 1%。

**2. 操作程序**

对已做完抗折试验后的不同试件上的三块半截试件进行试验。

将试件成型面侧立，置于抗压夹具内，并使抗压夹具的中心处于上、下夹板的轴心上，保证上夹板球轴通过试件受压面中心。开动抗压试验机，使试件在开始加荷后 20s 至 40s 内破坏。

**3. 结果的表示方法**

抗压强度 $R_c$ 按式（8-6）计算：

$$R_c = \frac{P}{S} = \frac{P}{2500} \qquad (8\text{-}6)$$

式中　$R_c$——抗压强度，MPa，

　　　$P$——破坏荷载，N；

　　　$S$——试件受压面积，2500mm²。

计算三块试件抗压强度平均值，精确至 0.05MPa。如果所测得的三个 $R_c$。值与其平均值之差不大于平均值的 15%，则用该平均值作为试样抗压强度值；如果有一个值与平均值之差大于平均值的 15%，应将此值舍去，以其余二值计算平均值；如果有一个以上的值与平均值之差大于平均值的 15%，则用三块新试件重做试验。

（五）石膏硬度的测定

**1. 试验原理**

将钢球置于试件上，测量在固定荷载作用下球痕的深度，经计算得出试件的石膏硬度。

**2. 试验仪器**

石膏硬度计具有一直径为 10mm 的硬质钢球，当把钢球置于试件表面的一个固定点上，能将一固定荷载垂直加到该钢球上，使钢球压入被测试件，然后静停，保持荷载，最终卸载。荷载精度 2%，感量 0.001mm。

### 3. 操作程序

对已做完抗折试验后的不同试件上的三块半截试件进行试验。在试件成型的两个纵向面（即与模具接触的侧面）上测定石膏硬度。

将试件置于硬度计上，并使钢球加载方向与待测面垂直。每个试件的侧面布置三点，各点之间的距离为试件长度的四分之一，但最外点应至少距试件边缘 20mm。先施加 10N 荷载，然后在 2s 内把荷载加到 200N，静置 15s。移去荷载 15s 后，测量球痕深度。

### 4. 结果的表示方法

石膏硬度 $H$ 按式（8-7）计算：

$$H=\frac{F}{\pi Dt}=\frac{200}{\pi\times 10\times t}=\frac{6.37}{t} \tag{8-7}$$

式中　$H$——石膏硬度，$N/mm^2$；

　　　$t$——球痕的平均深度，mm；

　　　$F$——荷载，200N；

　　　$D$——钢球直径，10mm。

取所测的 18 个深度值的算术平均值 $t$ 作为球痕的平均深度，再按上式计算石膏硬度，精确至 $0.1N/mm^2$。球痕显现出明显孔洞的测定值不应计算在内。球痕深度小于 0.159mm 或大于 1.000mm 的单个测定值应予剔除，并且，球痕深度超出（$1-10\%$）$t$ 与（$1+10\%$）$t$ 范围的单个测定值也应予剔除。

（六）试验报告

试验报告应包括以下内容：

（1）测定方法的标准代号及标准名称；

（2）试件的龄期和干燥条件；

（3）测定结果及说明；

（4）测定期间出现的异常现象；

（5）未列入本标准的或作为选择性的操作。

## 四、建筑石膏净浆物理性能的测定

建筑石膏净浆物理性能的测定方法在国家标准《建筑石膏净浆物理性能的测定》（GB/T 17669.4—1999）中作了相关规定。

该标准规定了建筑石膏净浆的标准稠度用水量和凝结时间的测定方法。

（一）试验仪器与器具

### 1. 稠度仪

稠度仪由内径 $\phi 50mm\pm 0.1mm$，高 $100mm\pm 0.1mm$ 的不锈钢质筒体（图 8-1）、240mm×240mm 的玻璃板以及筒体提升机构所组成。筒体上升速度为 150mm/s，并能下降复位。

### 2. 凝结时间测定仪

凝结时间测定仪应符合 JC/T 727 的要求。

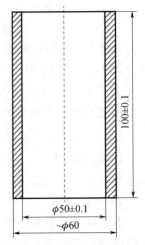

图 8-1　稠度仪的筒体

**3. 搅拌器**

（1）搅拌碗：用不锈钢制成，碗口内径 $\phi180mm$，碗深 60mm。

（2）拌和棒（图 8-2）：由三个不锈钢丝弯成的椭圆形套环所组成，钢丝直径 $\phi1\sim\phi2$ mm，环长约 100mm。

**4. 衡器具**

感量 1g 的天平或电子秤。

（二）试验条件

试验条件应符合 GB/T 17669.1 的规定。

（三）试样的处理

按 GB/T 17669.1 要求处理试样。

（四）标准稠度用水量的测定

将试样按下述步骤连续测定两次。

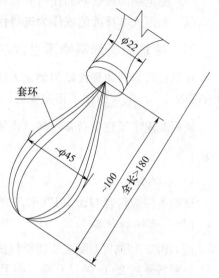

图 8-2　拌和棒

先将稠度仪的筒体内部及玻璃板擦净，并保持湿润，将筒体复位，垂直放置于玻璃板上。将估计的标准稠度用水量的水倒入搅拌碗中。称取试样 300g，在 5s 内倒入水中。用拌和棒搅拌 30s，得到均匀的石膏浆，然后边搅拌边迅速注入稠度仪筒体内。并用刮刀刮去溢浆，使浆面与筒体上端面齐平。从试样与水接触开始至 50s 时，开动仪器提升按钮。待筒体提去后，测定料浆扩展成的试饼两垂直方向上的直径，计算其算术平均值。

记录料浆扩展直径等于 180mm±5mm 时的加水量。该加入的水的质量与试样的质量之比，以百分数表示。

取两次测定结果的平均值作为该试样标准稠度用水量，精确至 1%。

（五）凝结时间的测定

将试样按下述步骤连续测定两次。

按标准稠度用水量称量水，并把水倒入搅拌碗。称取试样 200g，在 5s 内将试样倒入水中。用拌和棒搅拌 30s，得到均匀的料，倒入环模中，然后将玻璃底板抬高约 10mm，上下振动五次。用刮刀刮去溢浆，并使料浆与环模上端齐平，将装满料浆的环模连同玻璃底板放在仪器的钢针下，使针尖与料浆的表面相接触，且离开环模边缘大于 10mm。迅速放松杆上的固定螺钉，针即自由地插入料浆中。每隔 30s 重复一次，每次都应改变插点，并将针擦净、校直。

记录从试样与水接触开始，至钢针第一次碰不到玻璃底板所经历的时间，此即试样的初凝时间。记录从试样与水接触开始，至钢针第一次插入料浆的深度不大于 1mm 所经历的时间，此即试样的终凝时间。

取二次测定结果的平均值，作为该试样的初凝时间和终凝时间，精确至 1min。

（六）试验报告

试验报告应包括以下内容：

（1）测定方法的标准代号及标准名称；

（2）测定结果及说明；

（3）测定期间观察到的任何异常现象；

（4）未列入本标准的或作为选择性的操作。

## 五、建筑石膏粉料物理性能的测定

建筑石膏粉料物理性能的测定方法在国家标准《建筑石膏 粉料物理性能的测定》（GB/T 17669.5—1999）中作了相关规定。

该标准规定了建筑石膏粉料（主要成分为 $\beta\text{-}CaSO_4 \cdot \frac{1}{2}H_2O$）的细度和堆积密度的测定方法。

（一）试验条件

试验条件应符合 GB/T 17669.1 的规定。

（二）试样的制备

按 GB/T 17669.1 要求处理粉料试样。

将粉料通过 2mm 的试验筛。筛上物用木平勺压碎，不易压碎的块团和筛上杂质全部剔除，确定并称量剔除物，将结果写入试验报告中。

（三）细度的测定

采用手工过筛方法测定细度。

**1. 试验仪器**

（1）试验筛

试验筛由圆形筛帮和方孔筛网组成，筛帮直径 $\phi200mm$，试验筛其他技术指标应符合 GB/T 6003 的要求。网孔尺寸分别由 0.8mm、0.4mm、0.2mm 和 0.1mm 的四种规格组成一套试验筛，并在筛顶用筛盖封闭，在筛底用接收盘封闭。

（2）衡器具

感量 0.1g 的天平或电子秤。

（3）干燥器

干燥器应具有保持试样干燥的效能。

**2. 试验步骤**

按上述试样的制备的要求，从制备好的试样中取出约 210g，在 40℃±4℃ 下干燥至恒重（干燥时间间隔 1h 的二次称量之差不超过 0.2g 时，即恒重），并在干燥器中冷却至室温。

将试样按下述步骤连续测定两次。

在 0.8mm 试验筛下部安装上接收盘，称取试样 100.0g 后，倒入其中，盖上筛盖。一只手拿住筛子，略微倾斜地摆动筛子，使其撞击另一只手。撞击的速度为 125 次/min。每撞击一次都应将筛子摆动一下，以便使试样始终均匀地撒开。每摆动 25 次后，把试验筛旋转 90°，并对筛帮重重拍几下，继续进行筛分。当 1min 的过筛试样质量不超过 0.4g 时，则认为筛分完成。称量 0.8mm 试验筛的筛上物，作为筛余量。细度以筛余量与试样原始质量（100.0g）之比的百分数形式表示，精确至 0.1%。

按照上述步骤，用 0.4mm 试验筛筛分已通过 0.8mm 试验筛的试样，并应不时地对筛帮进行拍打，必要时在背面用毛刷轻刷筛网，以免筛网堵塞。当 1min 的过筛试样质量不超过 0.2g 时，则认为筛分完成．称量 0.4mm 试验筛的筛上物，作为筛余量。细度以筛余量与试样原始质量（100.0g）之比的百分数形式表示，精确至 0.1%。

将通过 0.4mm 试验筛的试样拌和均匀后，从中称取 50.0g 试样，按上述步骤用 0.2mm 试验筛进行筛分。当 1min 的过筛试样质量不超过 0.1g 时，认为筛分完成。称量 0.2 mm 试验筛的筛上物，作为筛余量。细度以筛余量与试样原始质量（100.0g）之比的百分数形式表示，精确至 0.1%。

按照上述步骤，用 0.1mm 试验筛筛分已通过 0.2mm 试验筛的试样。当 1min 的过筛试样质量不超过 0.1g 时，则认为筛分完成。称量 0.1mm 试验筛的筛上物，作为筛余量。细度以筛余量与试样原始质量（100.0g）之比的百分数形式表示，精确至 0.1%。

称量通过 0.1mm 试验筛的筛下物质量，作为筛下量，并用与试样原始质量（100.0g）之比的百分数形式表示．精确至 0.1%。

### 3. 结果的表示方法

采用每种试验筛（0.8mm、0.4mm、0.2mm、0.1mm）两次测定结果的算数平均值作为试样的各细度值。

对每种筛分析而言，两次测定值之差不应大于平均值的 5%，并且当筛余量小于 2g 时，两次测定值之差不应大于 0.1g。否则，应再次测定。

（四）堆积密度的测定

### 1. 试验仪器

（1）堆积密度测定仪

堆积密度测定仪（图 8-3）是由黄铜或不锈钢制成。其锥形容器支撑于三脚支架上，在其中安装有 2mm 方孔筛网。

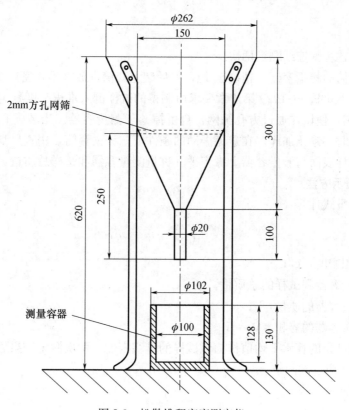

图 8-3 松散堆积密度测定仪

（2）测量容器

测量容器的容积为1L，并装配有延伸套筒（图8-4）

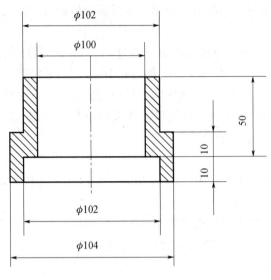

图8-4　延伸套筒

（3）衡器具

感量1g的天平或电子秤。

（4）平勺

（5）直尺

**2. 试验步骤**

将试样按下述步骤连续测定两次。

称量不带套筒的测量容器，精确至1g，然后装上套筒，放在堆积密度测定仪下方。

把按GB/T 17669.5—1999第4章要求所制得的试样倒入堆积密度测定仪中（每次倒入100g），转动平勺，使试样通过方孔筛网，自由掉落于测量容器。当装配有延伸套筒的测量容器被试样填满时，停止加样。在避免振动的条件下，移去套筒，用直尺刮平表面，以去除多余试样，使试样表面与测量容器上缘齐平。称量测量容器和试样总质量，精确至1g。

**3. 结果的表示方法**

堆积密度按下式计算：

$$\gamma = \frac{m_1 - m_0}{V} = m_1 - m_0 \tag{8-8}$$

式中　$\gamma$——堆积密度，g/L。

$m_1$——测量容器和试样的总质量，g；

$m_0$——测量容器的质量，g；

$V$——测量容器的容积，$V = 1$L。

取两次测定结果的算水平均值作为该试样的堆积密度。两次测定结果之差应不小于平均值的5%，否则，应再次测定。

（五）试验报告

试验报告应包括以下内容：

（1）测定方法的标准代号及标准名称；

（2）试样制备过程中，未通过 2mm 试验筛的剔除物说明；

（3）测定结果及说明；

（4）测定期间观察到的任何异常现象；

（5）未列入本标准的或作为选择性的操作。

## 第四节　建筑石膏的储存与运输

因为建筑石膏易水化潮解，所以建筑石膏一般采用袋装或散装供应。袋装时，应用防潮包装袋包装。

产品出厂应带有产品检验合格证。袋装时，包装袋上应清楚标明产品标记，以及生产厂名、厂址、商标、批量编号、净重、生产日期和防潮标志。

建筑石膏在运输和贮存时，不得受潮和混入杂物。

建筑石膏自生产之日起，在正常运输与贮存条件下，贮存期为三个月。

# 第九章　建筑石膏在使用中的影响因素

## 第一节　石膏及石膏制品的几个特性

### 一、二水石膏的脱水温度

许多书刊文章中在表述二水石膏的脱水温度时，常常将差热分析曲线上第一个脱水吸热峰的温度当作二水石膏的脱水温度，也有以二水石膏在煅烧石膏过程时出现第一个沸腾点的温度作为脱水温度。由于试验或生产条件的不同，许多文章所表述的脱水温度差别很大。就以差热分析为例，用同一种样品同一台仪器做试验，若提高加热速度，则脱水温度向高温方向位移；若降低加热速度，则脱水温度向低温方向位移。因此，这些温度都不是真正物理化学意义上的脱水温度，而是各自条件下所得的实验温度、工艺温度或生产温度，且往往是各不相同的。

如前所述，二水石膏在60℃就开始脱水，这个温度当然不是它的脱水温度，随着温度的提高发生连续脱水，脱水速度也随着加快，这种连续性的脱水现象在现象分类上属于模糊现象，是无法确定哪个温度是它的脱水温度，只能人为规定。

为了说明这个问题，先以水为例：水在任何温度下都能蒸发，不能说哪个温度是它的蒸发温度，如果使水在100℃下蒸发，就出现沸腾现象，于是100℃是水的沸腾温度，但是光看沸腾现象还不行，到了青藏高原，水的沸腾温度只有80~90℃，海拔越高，水的沸腾温度越低，在8个大气压的蒸压釜内，水的沸腾温度为173℃，所有那些小于一个大气压或大于一个大气压条件下所产生的水的沸腾温度都不是真正的物理化学意义上的沸腾温度，人为规定外界压力为1个大气压时使水产生沸腾现象的温度，或使水蒸气分压达到一个大气压时的温度（即100℃）为沸腾温度。类推之下，二水石膏的脱水温度应该是使二水石膏脱水放出的水蒸气分压达到一个大气压时的温度。为了获得二水石膏准确的脱水温度，必须进行以下试验：

在一个封闭的容器内，放入二水石膏，容器上接有压力表和温度计，用真空泵抽成真空后关上阀门，然后将容器缓缓加热，随着温度的升高，二水石膏慢慢分解放出水汽，压力表上的压力也随着提高，此时的温度和压力是互为函数的关系，可用 $t=f(p)$ 或 $p=f(t)$ 来表示，当 $p=1$ 个大气压时的 $t$ 即二水石膏的脱水温度，估计 $t$ 为 $105~107℃$。在这种封闭系统中，二水石膏的脱水反应是可逆的，而且形成的是 $\alpha$-半水石膏：

$$CaSO_4 \cdot 2H_2O \xrightleftharpoons{\triangle} \alpha-CaSO_4 \cdot \frac{1}{2}H_2O + 1\frac{1}{2}H_2O$$

如果将阀门打开，成为开放系统，无论温度 $t$ 如何变化，压力 $p$ 始终为1。因此在一个开放系统中，使二水石膏脱水的任何温度都是脱水温度或都不是，此时的脱水反应是不可逆的，形成的是 $\beta$-半水石膏：

$$CaSO_4 \cdot 2H_2O \xrightarrow{\Delta} \beta-CaSO_4 \cdot \frac{1}{2}H_2O+1\frac{1}{2}H_2O$$

总而言之，二水石膏的真正脱水温度是使二水石膏转变成 α-半水石膏的温度，而且只有一个。二水石膏转变成 β-半水石膏的各种温度是实验温度或工艺温度，而且有许多个。

## 二、建筑石膏的水化与硬化关系

### （一）半水石膏的凝结和硬化时间因素关系

石膏的凝结和硬化时间取决于原料的性能及其制备的条件、保存的时间和条件、加水量（水膏比）、凝结料和水的温度、搅拌条件以及采用何种外加剂等。

### （二）半水石膏浆体凝结和硬化的三个阶段

第一阶段，初始期。此阶段，半水石膏颗粒的表面被水润湿快速溶解并达到饱和浓度。这一阶段的水化放热很快，时间较短，一般仅为 1min 之内，这个过程进行得十分迅速，即初凝以前，此时浆体的塑性强度很低，且增长速度相当慢，对应于石膏浆体中形成的凝集结构，在此阶段，石膏浆体中的微粒彼此之间存在一个薄膜，粒子间就通过此薄膜以范德华分子引力相互作用，因此强度很低，不过这种结构具有触变复原的特性。

第二阶段，初凝后到终凝前。此阶段，强度迅速增长，并发展到最大值。这是水化逐渐减慢的阶段。半水石膏继续溶解、二水石膏晶体继续长大，但水化程度已经很高，半水石膏含量减小，水化速度减慢。此时液相离子浓度已经达到半水石膏的饱和浓度，即二水石膏的过饱和溶液，并开始生成二水石膏晶核，因此，此阶段为晶核控制阶段，一般持续在 56min 以内。当溶液中的二水石膏晶核迅速长大时诱导期结束。该阶段为结晶结构网的形成和发展，在这阶段，由于水化物晶核的大量生成、长大以及晶体之间相互接触和连生，使得在整个石膏浆体中形成一个结晶结构网，它具有较高的强度，但不再有触变复原的特性。水化放热速率迅速增大。随着水化的进行，浆体开始稠化凝结、强度增加。半水石膏的初凝、终凝都在此阶段。

第三阶段，终凝后的阶段。它分为两种情况，即如果已经形成的结构处于正常的干燥状态下，已形成的结晶接触点保持相对稳定，因此结晶结构网完整，所获得的强度相对稳定。若结构处于潮湿状态，则强度下降，其一般是由于结晶接触点不稳定引起的，通常，在结晶接触点的区段，晶格不可避免地发生歪曲和变形，因此它与规则晶体相比较，具有较高的溶解度，所以，在潮湿条件下，产生接触点的溶解和较大晶体的再结晶，伴随着这个过程的发展，石膏硬化浆体结构强度出现不可逆的降低。

在半水石膏水化的不同阶段，水化速度的控制因素是不同的。第一阶段初始期，水化速度主要由颗粒的表面能和比表面积控制，颗粒的表面能越高，比表面积越大，初始反应速度越快。第二阶段诱导期为晶核生成阶段，此时反应速度主要由液相的氧化硫浓度和钙浓度控制，提高液相离子浓度则可缩短诱导期，反之则要延长诱导期。第三和第四阶段为晶体生长阶段，是氧化硫和钙由半水石膏颗粒上溶解出来，并向二水石膏晶体表面扩散生长的过程，因此这一阶段的水化速度主要由半水石膏的溶解速度所控制。

## 三、建筑石膏水化过程的影响因素

建筑石膏在未经陈化前，因煅烧刚完成、性能还不稳定的这段过程，我们将其称为"熟石膏"。影响熟石膏水化过程的有多种因素，通过对以下因素的合理利用和控制，可获得所需要的建筑石膏性能。

（一）陈化效应因素

经过陈化的熟石膏，内部发生了相变，比表面积也发生了变化，应用时需水量较少，硬化后的强度高。

（二）熟石膏的颗粒度大小因素

熟石膏颗粒度（粒径）大小对水化也有一定的影响，如颗粒形状、颗粒度和比表面积的大小在某种程度上影响标准稠度用水量。颗粒度小，则熟石膏与水接触的面积大，形成饱和溶液也就快，但颗粒度太小会加大标准稠度用水量。另外，水化速度过快，生成的二水石膏晶体不均匀，会使硬化后的石膏制品强度降低。

高强石膏需水量比建筑石膏小。拌制石膏浆时，高强石膏浆体凝结速度稍慢于建筑石膏。这是由于建筑石膏晶体比表面积大于高强石膏，需水量大，即水膏比大，水化速度快，硬化后制品内部的孔隙率较高，强度较低。

（三）水化温度的因素

水化温度直接影响水化速度及硬化后的石膏制品强度。石膏硬化体的抗压强度与水化温度的关系有一个临界温度点，在此点以下，水化速度和强度随温度升高而增加；超过这一临界点，随水化温度变化而在水化速度和强度上出现降低。这一临界点温度一般为 $25 \sim 40$℃。

## 四、建筑石膏的膨胀特性与可溶性无水石膏的关系

建筑石膏的膨胀特性还取决于其内是否存在可溶性无水石膏。半水石膏硬化时，膨胀率为 $0.05\% \sim 0.15\%$；而可溶性无水石膏硬化时膨胀率 $0.7\% \sim 0.8\%$。高含量的可溶性无水石膏和在高温下煅烧的石膏，具有较大体积增长的特点。高强石膏的膨胀一般在 $0.2\%$ 以下。用掺加生石灰的方法可以控制体积膨胀（掺加 $1\%$ 生石灰，膨胀率可降至 $0.1\%$ 以下）。当进一步硬化和干燥时，会发生 $0.05\% \sim 0.1\%$ 的收缩。

## 五、石膏硬化结构对强度的影响

石膏硬化结构的强度，不仅与过饱和度有关，而且与过饱和度形成的速度有关，也就是与半水石膏胶结料的溶解度和溶解速度有关。溶解速度快，过饱和度形成得快，有利于初始结构的形成；溶解速度慢，过饱和度持续的时间长，则在初始结构形成之后，水化物仍继续增加，开始可使结构密实，但到一定界限值后，水化物的增加，将引起内应力的增大，最后导致最终强度的降低。因此，为了得到较高的结构强度，必须创造良好的水化条件，例如适宜的温度、物料的细度和水膏比等，以保证在结晶结构的形成和发展过程中，结晶体的数量和大小要增长适度，既不致产生破坏结构的内应力，又应有足够数量的结晶体使结构密实，接触面积增大。

## 六、石膏制品塑性变形的影响

硬化半水石膏（建筑石膏和高强石膏）及其制品有明显的塑性变形性能，特别是荷载作用下的塑性变形（一般称为蠕变）。此种制品处在干燥状态时，这个变形是相当小的，但当石膏含水量达到 $0.5\% \sim 1\%$ 时（特别达到 $5\%$ 以上时），就会极大地增加不可逆变形。尤其在弯曲荷载作用下，蠕变显得更严重，因此将石膏制品限制使用于非承重结构。

### 七、细磨二水石膏的影响

由于半水石膏的水化产物为二水石膏，因此掺入二水石膏后就相当于在半水石膏水化时引入与晶核生成结构相同的成核基体，加快了晶核的生成速度，加大了晶核的生成数量。在单位反应物中晶核数量的增加必然会降低生成物的晶体尺寸，因此在半水石膏中掺入二水石膏后使其水化产物的晶体结晶变得细小。细小晶体具有较大的膨胀能，掺入二水石膏时膨胀率加大、凝结时间加快。

### 八、过烧石膏的活性的影响

熟石膏中的半水石膏对过烧石膏的水化具有催化作用。一般来说，在水溶液里 7d 能产生水化反应的过烧石膏，称为活性过烧石膏。水化期超过 7d 的则为"惰性填料"，它对熟石膏的晶体结构没起到加强作用。

### 九、再生石膏的影响

（一）再生石膏中的不溶性无水石膏

在经过第二次煅烧再生的建筑石膏中，可以发现会使水浑浊的不溶性无水石膏。随着石膏再生次数的增加，不溶性无水石膏也会增多，并且在多次反复煅烧的产品中还出现了大量的残渣。一些再生次数较少的石膏的电导率曲线位于再生次数较多的曲线下面。这种现象的产生，可能是由于原石膏制品进行粉磨程度不同的缘故。因此，具有一定细度的再生石膏在同一温度下分解的过程中，不溶性无水石膏的形成速度就各不相同；研磨得较细的石膏，它不溶性无水石膏的水化就较快而深透，因此其电导率曲线就会迅速上升，几乎与非再生石膏的电导率曲线相重合。

（二）再生石膏的凝结热效应

关于再生石膏在凝结过程中的热效应，不可能得出固定的数据，因为在不同的情况下得到同一粉磨细度的石膏是不可能的。

多次再生的石膏由于在凝结过程中生成不溶性无水石膏，因此强度逐渐下降，结果变成一种松散产品。造成这种情况的原因可以解释如下：生成的不溶性硫酸钙变体聚集在石膏内部，犹如一种惰性杂质。它聚集在二水石膏晶体之间，并会阻止石膏结晶有规则地发展和连接，在废弃石膏中一般是含有 89% 的二水石膏和 3% 的无水石膏。在再生石膏中形成不溶性无水石膏，应视为使再生石膏强度降低的一个原因，如掌握不溶性无水石膏的性质和它的水化条件，就容易解决利用再生石膏的问题。

# 第二节　搅拌及水对建筑石膏性能的影响

## 一、搅拌对建筑石膏性能的影响

（一）搅拌方式的影响

石膏浆的搅拌方法大致可分手工搅拌、机械搅拌和真空搅拌三种。对熟石膏粉物理性能有影响的除搅拌方法、搅拌机的类型、转速外，还有搅拌翅的形状、大小、安装角度和桶的大小等。如果搅拌机、搅拌翅和桶等因素不变，则受搅拌方法和转速的影响。一般转速增加，则搅拌时间缩短，一般在混水量和搅拌时间一定的情况下，凝结时间以手工搅拌为最快，真空搅拌比机械搅拌和手工搅拌时间稍长。但搅拌时间过长，会产生如下情况：凝结时间短；强度提高，膨胀率大；吸水率低，吸水速度慢。

一般手工搅拌和机械搅拌对硬化体强度没多大影响，真空搅拌稍有提高。硬化体膨胀率手工搅拌时大，其次按机械搅拌、真空搅拌递减。

一般在混水量和搅拌时间一定的情况下，转速越高则硬化体强度越大，膨胀率也越高，吸水性则随着转速的提高而下降。一般为适应制品强度、膨胀率和吸水性的要求，转速可取250～300r/min。

（二）搅拌时间不变增加混水量的影响

（1）混水量增加，凝结时间明显变慢；

（2）混水量增加，强度降低；

（3）混水量增加，膨胀率变小；

（4）混水量增加，吸水率提高，吸水速度加快。

（三）混水量不变增加搅拌时间的影响

（1）随搅拌时间的增加，凝结时间明显加快；

（2）随搅拌时间的增加，强度增大；

（3）随搅拌时间的增加，膨胀率增大；

（4）随搅拌时间的增加，吸水率降低，吸水速度变慢。

（四）真空搅拌的影响

石膏浆的充分搅拌可以使石膏与水混合均匀，气孔分布均匀，有利于提高制品的强度。但延长搅拌时间会使石膏浆的凝固速度显著加快。石膏浆的搅拌工艺除了包括搅拌时间还包括搅拌机的转数、叶轮的形状、角度等，一般的搅拌机都有固定的转数（300～400r/min）和叶轮形状，所以只要控制好搅拌时间即可。一般来说，具有较多小结晶结构的制品比较大结晶的制品可以提供更好的表面硬度，采用高速搅拌或延长搅拌时间，可以把正在生成的结晶搅成更小的结晶，也可提高制品的表面硬度。

过去搅拌时间一般控制为1～2min，但现在可以采用凝结速度较慢的石膏粉或加入缓凝剂就可以把搅拌时间延长为3～5min，这样对提高制品质量十分有利。

在石膏浆搅拌的过程中进行抽真空处理，是石膏制品浇注中的又一项技术。真空搅拌可以抽出混入石膏浆内的气泡，使制品内部气孔分布均匀，从而提高制品的强度。

## 二、水对建筑石膏性能的影响

（一）建筑石膏的凝结时间与水温的关系

水温与凝结时间的关系如图9-1所示。

水化在不同温度时，半水石膏的溶解度不同，二水石膏的析晶速度也不同。石膏溶解度随温度的变化而变化，石膏过饱和度随温度的提高而降低。在水灰比适当而又不变的条件下，当温度较高时，石膏浆体系的过饱和度较小，则液相中形成的晶核少，晶体较粗大，晶粒接触点少，强度较低。

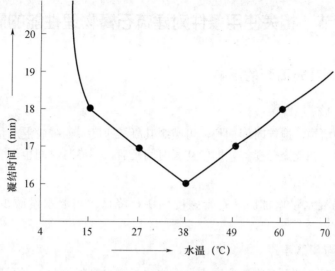

图 9-1　水温与凝结时间的关系

（二）水温、环境温度与质量的关系

**1. 水温和环境温度对建筑石膏物理性能的影响**

当水温、环境温度高，则搅拌时间短、凝结速度加快，而强度和膨胀率随着水温、环境温度的提高而减小。

由于环境温度温差的影响涉及水温和产品温度，在水温相同情况下，搅拌时间和凝结时间随环境温度的升高而缩短。

因环境温度的上升，水温和产品温度受到影响时，水的温度影响着建筑石膏的物理性能。

**2. 水温对凝结时间的影响**

石膏在 25℃时溶解度为最大，如水温达到 25℃以上时则凝结速度加快，以此为顶点；超过 40°则速度变慢，如水温达到 80℃时，石膏浆料便处于长期不能凝结硬化的状态，经冷却后便能急速硬化。

**3. 温度对浆体结构强度发展的影响**

硬化浆体的最大塑性强度随浆体硬化时的温度变化而变化，60℃时比 20℃时大；硬化浆体产生初始结构强度时，所需的水化物也随硬化时的温度而变，60℃时为 25％，20℃时仅为 10％左右；在温度为 60℃时，硬化浆体达到最大塑性强度的时间与水化过程结束的时间基本一致；而在温度为 20℃时，硬化浆体达到最大塑性强度的时间早于水化过程结束的时间。

水化温度直接影响水化速度及硬化后的石膏制品强度，石膏硬化体的抗压强度与水化温度的关系有一个临界温度点，在此点以下，水化速度和强度随温度升高而增加，当水温超过 40℃这一临界点，水化速度和强度出现降低。这一临界点温度一般在 25～40℃范围变化。

水温对石膏浆的凝结速度、强度及膨胀率都有影响，尤其对凝结速度的影响较大。这一因素过去未能引起足够的重视，在这方面的研究和应用都很少。据资料介绍，在其他条件不变的情况下，使用 20℃的水比使用 8℃水的石膏浆的初凝时间缩短 1 倍以上。如果条件允许建议控制石膏浆温度不超过 20℃为宜。

## 第三节　相关使用条件对建筑石膏物理性能的影响

### 一、混水量对建筑石膏的影响

（一）混水量与搅拌时间

随着混水量的增加，搅拌时间加长，可减缓其凝结速度；如减少混水量则相反。一般来说，增加混水量时，如能充分搅拌，即使初凝时间延后，其终凝时间也不变。

（二）混水量与石膏强度

一般来说，当混水量增加时，石膏强度则明显降低；当混水量减少时，石膏强度则增强。

（三）混水量与膨胀率

当混水量增加时，则石膏膨胀率变小；反之，当混水量减少时，则石膏膨胀率增大。

（四）水固比对石膏浆体结构发展的影响

建筑石膏在水固比大时，浆体硬化温度为 60℃时的石膏制品强度反而比硬化温度为 20℃时的低，这是因为水固比较大时，它不仅使硬化体结构内部的孔隙率提高，而且由于浆体充水空间大，在整个浆体内形成结晶结构网所需要的水化物数量也大大增加。因此，在石膏硬化体内部产生结晶应力的可能性减少或者不存在。但由于硬化温度为 60℃时的过饱和度低，形成的晶核数量较少，结晶接触点也较少，因而其结构强度较低。

（五）用水量对石膏强度影响

在半水石膏变成二水石膏的反应中，仅需占石膏质量 17.6% 的水，而建筑石膏拌和水一般为石膏质量的 50%～80%，未参加反应的过剩水分在干燥时蒸发，使石膏硬化体中形成许多空隙，用水量越大空隙越多，则石膏制品的干密度越小，机械强度也越低。

（六）用水量过多时石膏浆体会产生的现象

半水石膏的终凝就是浆体继续变稠失去可塑性，而这时石膏制品还没有显著的机械强度，当半水石膏用水过大超过标稠用水量时，石膏浆料下层首先变稠，浓缩失去可塑性而初凝，由于密度小的浆体上浮，最上层的含水量大，长时间的处于可塑状态，所制得产品机械强度很小。当调整水膏比使之下降到原标稠用水量的 40% 时，可使建筑石膏制品的强度提高 1 倍以上。

### 二、水的磁化处理对石膏结构的影响

二水石膏在水溶液中的晶化速度决定子原半水石膏的溶解度。把水预先在磁场中进行处理是提高半水石膏在水中溶解度的一个主要方法。因为磁化水不仅是半水石膏发生溶解和再度水化的介质，而且会结合到由溶液所形成的二水石膏晶格中。

利用磁化水拌和石膏时，要使石膏的溶解度达到最大值；需要相应地延长搅拌时间。同时石膏的溶解也随之增大，导电系数的变化就是溶液中离子浓度的变化。那么导电系数达到最大值时，溶液中离子的数量增多，即半水石膏的溶解度增大。

用磁化水拌和的石膏，其结构特点较为明显，晶格比较大，方向一致，晶体较长。这种

特征与优质天然二水石膏相似。

石膏用磁化水拌和后能形成较完善的结构，其物理力学性能和使用性能均有所改善。

### 三、浇注成型和加压成型的加水量对强度影响

（一）建筑石膏在能拌和的最小加水量为 0.35（与石膏质量比）时不能成为浆状，而是湿粉状态

因此加水量在 0.4（与石膏质量比）以下时不能浇注成型，而是塑性成型。浇注成型加水量对强度影响非常大，比如建筑石膏浆体用 70％加水量时，抗压强度为 1.70MPa，随水膏比变小到 30％加水量时，抗压强度提高近 1 倍左右，仅降低用水量，抗压强度可达 3.0MPa。如使用同样的加水量、在加压成型时强度会进一步提高，当加水量为 30％，抗压强度可达 4.0MPa 以上。抗压强度之所以提高，是因为加压排除了料浆中气泡，多余水被挤掉，其实质是降低了水膏比，制品体积变得密实，从而得到了高强度的硬化体。

（二）为了减少水膏比，还可以在建筑石膏中掺加生石灰粉制作硬化体

在建筑石膏中加入 2.5％～4.5％的生石灰粉，并用 15％浓度的乙醇水溶液，按液固比为 0.5 混合，约 10min 后以 5t/（30min）压制成型，1h 后脱模其硬化体强度会有很大的提高，可与高强石膏硬化体相似（注意：在浇注成型制品中加入生石灰后强度会降低）。

同上加压成型时掺加 2.5％～7.5％生石灰硬化体，可以获得很高的强度，对掺加 7.5％生石灰加压成型硬化体的膨胀率，在加压成型脱模一天后，体积膨胀为 0.35％～0.4％，此后则再不膨胀。

加压成型的石膏硬化体密度随生石灰掺量提高而变小，不同石灰掺量的硬化体密度变化，随养护时间的延长其变化趋势是相同的，脱模后 4 天密度降低，然后逐渐增大，脱模一天密度急剧降低与制品的膨胀相对应。此后密度降低是由于加压成型后游离乙醇溶液在养护过程中蒸发所致。随着乙醇的蒸发，未水化石膏吸水后再水化，而使密度增加，密度变化与掺加生石灰磨细粉的水化不会使试件破坏。掺有生石灰磨细粉加压成型硬化体是安定的，强度不降低；且可提高石膏的耐水性。

（三）加压成型制作的高强度石膏硬化体，一般情况下由结晶大的二水石膏烧制的建筑石膏标稠小，强度高

因而假如不拘泥于标稠，即使用品位低的石膏，降低水膏比，也可获得高强度的石膏硬化体。

使用低于标稠的加水量搅拌石膏，加压成型，制作出水膏比低的硬化体。用这种方法也可得到高强度的石膏制品。

## 第四节　建筑石膏硬化体的结构分类及其对强度的影响

### 一、性质为二水石膏晶体的特性以及接触点的特性和数量所决定

半水石膏硬化浆体强度取决于：

（1）晶体的大小和形态；

（2）晶体之间的接触点强度；

（3）组成晶体的杂质；

（4）硬化体中孔隙的数量。

## 二、含水状态对石膏硬化体强度的影响

在影响石膏强度的诸多因素中，含水状态是重要的因素之一。因此，在研究石膏的强度问题时，应该在某种统一的严格的含水状态下进行。否则，含水不同引起的强度波动往往大于所研究的因素本身对强度的影响，例如，同样标准养护的试件，完全不浇水、不受高湿度环境的影响的平衡含水率仅约 0.4%，而浇水或受环境的影响的含水率可 >30%；而室内养护试件，含水率很小，但空气温湿度稍有变化，含水率也会有小的变化。这些含湿的变化，都会引起强度极大的波动。因此，在测定石膏强度时，一定要在一个严格统一的含湿状态下进行。

## 三、湿度与石膏硬化体强度的关系

### （一）干燥的石膏试件

当吸收的水分为 0.5%～1% 时，其强度会降至干燥状态时试件强度的 60%～70%。当完全饱水时，试件强度为干燥至恒重状态时的 35%～40%（相当于软化系数为 0.35～0.40），如采用干硬性混合物时，则软化系数可提高到 0.5。

### （二）吸湿度对石膏强度的影响

建筑石膏是气硬性胶材，不能在水中硬化、遇到动态水时会溶解至失去强度，因此纯石膏制品只能在干燥条件下使用。

用石膏以标准稠度成型恒重后作吸水试验，在水中浸湿 15s 后已基本上达到饱和，自浸水 10s 至 8h 强度几乎同样下降了 50%～60%，这在石膏制品中也具有实际意义。

### （三）建筑石膏随着用水量的增加，凝结时间增长，同时初凝与终凝之间的间隔时间也随之增长。

因为用水量增加，延长了形成饱和溶液的时间，相应延长了每升水中半水石膏含量达到 8.5g 的时间，所以凝结时间增长。严格来说，过多量的水在这时成为一种缓凝剂，大大降低了石膏胶凝材料的强度，因而水是最不受欢迎的石膏缓凝剂。

# 第五节  孔隙率对石膏制品硬化体性能的影响

## 一、石膏制品的力学性能

石膏制品的力学性能一方面取决于材料的混合组成，尤其是水与半水石膏的比值；另一方面也取决于石膏制品所采用的生产技术。通常因生产时用了不同的水膏比，而使石膏硬化体具有不同数量和孔径大小的孔隙率，这都会影响石膏建筑制品的力学性能。

如果在建筑石膏与水混合物中掺有某种合适的增强材料（如纤维类产品），而石膏基体与纤维相互间有足够的粘结力时（此种硬化产物的性能还要受所用增强材料的种类与掺量的影响），仍然在很大程度上取决于石膏基体的孔隙率。

密实的即"无气孔"的石膏建筑构件的孔隙率是由加工时所用的水/胶凝材料的比值所

确定的。这与干密度有关，而干密度通常是由制品要求的应用性能参数规定的。石膏制品的孔隙率（或密度）是最关键的数值。石膏性能首先由孔隙率的大小所左右，而孔隙大小的分布仅起次要的作用。

长期以来，人们通过提高建筑材料的孔隙率，在石膏浆料中掺入引气剂以改善石膏制品的某些力学性能（脆性断裂、抗拉与抗折强度），在其中加入纤维、刨花之类的增强材料。对于通过降低石膏基体的孔隙率，可使复合材料的硬度、抗压强度和抗弯强度等按指数增加。如果不考虑孔隙的影响，只有使用高强石膏，才能制得硬度与强度较高的石膏制品。然而，在使用建筑石膏胶凝材料的量与使用高强石膏时相同（约 0.35），并通过加压密实使之没有气孔存在，两者就可达到相同的孔隙率和同样的高强度。

由长期的生产实践得知，主要困难出现在工艺技术。传统的工艺是用浇注法对石膏制品进行加工，即在石膏胶凝材料中添加足量的水，使之具有良好的流动性。虽然按水化需水量算法高强石膏与建筑石膏的需水量应相同（约 18%），但对于工作性（可流动性）而言，两者的需水量有很大差异（高强石膏的标稠需水量一般为 0.35%～0.45%，而建筑石膏的标稠需水量为 0.6%～0.9%）。为此，若要想用价格较低的建筑石膏经济地制作高强度石膏制品、就需要考虑使用降低用水量、减少孔隙率的方法进行加工、

为避开"流动性"，工业化生产用半干法来制造石膏制品。该法的主要原理在于材料的分布与成型不再采用浇注法，而是使用散射法。用该法可使得通常使用建筑石膏时的平均水/胶凝材料值由 0.7 降低至 0.4，同时可显著降低石膏制品烘干时所需消耗的能量。

## 二、石膏硬化体缺陷与强度的关系

建筑石膏水化后，在形成二水石膏结晶的过程中，晶粒排列往往具有"短程有序"，导致在小范围内晶粒按一定方向生长，形成一个个小的结晶块。块与块之间可能因结晶后期溶液内石膏的浓度较低，不易形成致密的接触，当各单个石膏晶粒之间水分蒸发后，可能形成微孔洞。另外，可能因石膏硬化体中存在内应力而引起开裂。微裂纹的存在是断裂的始发点。

不同孔径形成的孔隙率对抗折强度的影响，一般情况是大孔径对断裂强度起着主导作用。气孔大，形成局部应力集中严重和晶粒搭接点剧减，易于开裂，不过，大气孔数量少，小气孔数量多，小气孔对孔隙率的贡献也不应忽视，如果中、小气孔分布不均，同样易形成局部缺陷，产生开裂点，影响断裂强度。

孔隙率对抗压强度的影响程度不及对抗折强度那样大，这可能是因为两种受力状态不同，引起断裂的机理不同。由于气孔多呈球形，气孔内壁晶粒的接触都比相邻的基体要紧密，好像形成一个薄的壳体，有可能承受较大的压力，因而削弱了孔隙率对抗压强度的影响。不过，当孔隙率超过一定值后，制品内总的接触点数量将急剧减少，抗压强度会迅速下降。

## 三、影响石膏硬化体缺陷的因素

在建筑石膏硬化体中，孔隙率出现与需水量有关，需水量又与二水石膏转变成建筑石膏的脱水温度有关：水化时给予拌和水与半水石膏的需水量（标稠条件）不合，水化后，硬化体内过剩水挥发，导致制品中孔隙形成。因此，孔隙率是与脱水温度和稠度有关的。至于微裂纹也与需水量有关，同时与二水石膏的结晶过程的晶粒生长速度有关：所以选择适当的脱

水温度和用水量，是控制石膏硬化体内缺陷，提高石膏强度的主要途径之一。

石膏硬化体中缺陷主要由微裂纹和气孔所组成，它们是引起断裂的裂纹源，是降低石膏硬化体强度的主要因素。

提高石膏件强度途径之一，是控制内部缺陷在较低的水平上，同时要保持缺陷在体内分布均匀。前者可选择适当的脱水温度与拌和水量，后者则需选用合理的制件工艺。

### 四、影响石膏硬化体强度的主要因素

石膏硬化体的强度主要受其密度及气孔率和气孔尺寸的影响，因此可以说标准稠度需水量是影响石膏硬化体的主要因素。在密度相同的情况下，石膏硬化体的强度受其湿度的影响，湿度＞5％时，其强度随干燥程度而提高；湿度在＜5％时，强度随干燥程度的提高而显著提高。

## 第六节　建筑石膏的干燥和其他应用特性

### 一、建筑石膏制品的干燥

#### （一）二水石膏的热稳定性

二水石膏的热稳定性，就是讨论二水石膏开始脱水的最低温度，这个问题涉及实验室中对少量试样的烘干和生产过程制品的干燥温度。

二水石膏在较低的温度下能够脱去结晶水，20 世纪 90 年代之前，我国多采用苏联的方法，是在 60℃下烘干石膏样品，而现在是采用国标中规定的温度（即 40℃±2℃）。在这个温度下烘干样品是很慢的。有人认为二水石膏在 45℃就要开始脱去结晶水。从理论上讲这种现象也许是存在的。在实用条件下这种脱水现象是否可忽略不计，可在实验室条件下用万分之一的天平进行试验，就是将已接近干燥的试件在 45℃下烘 6h，看是能否感觉得出来，如果能感觉出来，说明应在 45℃以下烘干试件，若没有感觉到质量损失，说明可以提高到 45℃或 50℃的烘干温度下进行。笔者总结多年经验，在实验室 50℃下烘干石膏制品不会产生脱水现象，在这个温度下烘干样品，一个相分析时间可大大缩短。若在 40℃±2℃下操作，则一个星期也难以完成。

#### （二）石膏制品的干燥

石膏制品的干燥过程是排除机械水的过程，干燥过程最重要的是要控制好温度，干燥温度一般不应超过 50℃，超过此范围会造成二水石膏脱水，使石膏制品粉化。在生产中一般采用自然晾晒的方法进行干燥，在冬天气温较低或制品急需使用的情况下也可以采用强制干燥的方法，将石膏制品加热到 60℃，待半干后（含水率为 15％～20％），再移至 50℃以下的环境中进行干燥。这样做是因为在含水较多的情况下，所吸收的热量大都被蒸发的水气带走，石膏制品本身的温度并不高，这样就保证了不会造成二水石膏脱水。

#### （三）石膏制品的凝结硬化

从工艺角度来看，凝结硬化并干燥的石膏制品的强度直接正比于它的密度，也就是说强度仅仅与孔隙率有关，或者说取决于水膏比以及孔隙尺寸和孔隙结构。在密度不变的情况下，强度也受含水量和外加剂的影响。含水量大于 5％的湿石膏制品，其强度约为绝干状态

的一半。石膏制品由于干燥而增加强度的现象是在含水量少于 5％ 以下时开始出现，强度才达到其实用值。

石膏制品持续地处于潮湿环境中，由于石膏具有很高的水溶性，使晶体和结构发生变化（重结晶），因此强度降低。潮湿的石膏制品在机械外力作用下的变形（塑性流动）也与结构的变化有关。某些外加剂能改变二水石膏晶体的习性，导致结构的变化，即使在干燥状态和处于同一密度之下，也可以引起石膏制品强度的增加或降低。

所有石膏建筑材料适用于室内非承重的干燥部位。石膏建筑构件是在工厂里预先烘干的，因而是在干燥状态下进行安装的。石膏灰泥施工后利用自然通风，几天就可以干燥了。建筑材料干燥以后（即含湿量小于 1％ 左右），可以直接用涂料、墙纸、瓷砖或其他饰面材料进行装修。

（四）干燥收缩率

建筑石膏与水泥的性能截然不同。因为水泥的干燥收缩率与其水化膨胀率基本处于同一数值范围。硬化的和干燥的建筑石膏在润湿时的膨胀率很小，约为万分之二。

## 二、建筑石膏制品其他应用特性

（一）石膏制品的导热性和"呼吸功能"

石膏建筑制品的某些重要的应用特性是凝结硬化的石膏，由于其密度相对较小，气孔体积较大，因此其导热性较差，同时对水蒸气具有很快的吸附和解吸能力，这就使得制品具有很好的"呼吸功能"。正是这个原因，房间的墙和顶棚的石膏墙面，触摸起来感到比较温暖，同时不会"结露"。

（二）石膏制品尺寸

由于含湿量或温度发生变化时，石膏制品的长度变化是极小的。石膏制品的平衡含湿量一般小于 1％。必须防止其长期受潮和长期处于 60℃ 以上的温度中，否则二水石膏结构会发生明显变化。

# 第七节　天然半水石膏细度对制品强度影响

（1）天然建筑石膏粉细度与标稠需水量关系。

细度与天然建筑石膏水化过程中标稠需水量的关系：在 80～100 目时，变化较小；100～120 目时，需水急剧增加；120～180 目时，需水量增加缓慢。

（2）不同细度情况下，石膏制品的结晶晶粒大小没有明显的差别，然而其致密度和搭接点数目则有所不同。

（3）天然建筑石膏的细度大小对制品强度有类似的效应。细度为 80～120 目时，制品强度出现最大值。

（4）天然建筑石膏制品断口截面孔隙率受细度的影响，在 120 目前几乎随细度增加而呈线性下降，120 目后则稍有上升。

（5）天然石膏在制品生产中，石膏粉的细度不宜过大，以 120 目为最佳。若要选取细度大于 160 目的粉来提高强度，如果没有特殊需要，很不经济。

## 第八节　建筑石膏浆体使用时间对性能的影响（以抹灰石膏为例）

### 一、早期脱水

在建筑石膏未完全水化之前，抹灰也会偶然地缺水；这是由于承受墙吸收了太多的水分，导致石膏浆体干燥得太快。这样，未水化的或未完全水化的部分石膏则以惰性粉末的形态存在于抹面里产生收缩、开裂和粉化，本行业把出现的粉化区域或大小不一的粉化斑点叫做"干态缺陷"。

### 二、过晚硬化

如果在建筑石膏凝结过程中形成的二水石膏晶体交错排列过晚，就会形成浆体内二水石膏晶粒之间没有完全地键合，使浆体成为一个晶粒并行排列的物质。此时，浆体就如同用惰性粉末与水混合制成的。这样在料浆的干燥过程中，可能出现收缩、开裂和粉化。

实际上，二水石膏晶体交错排列的过晚现象，多由以下因素造成：

（1）在拌和石膏料浆时，过分地搅拌浆体（形成"碎晶"熟石膏）；

（2）对石膏浆体搅拌过晚，破坏了正在交错排列的晶体。

### 三、潮湿

如果石膏浆体保持在潮湿状态，它就没有足够的强度。因为二水石膏晶体已经完成了交错排列，此时，自由水就起到润滑晶体表面的作用，使得这些晶体之间非常易于产生滑动。在这种情况下，石膏浆体就会失去它的初始稠度，并产生"泌水"现象。

### 四、表面掉粉

在抹灰石膏抹面的压光施工中，使用的面层抹灰石膏是由细颗粒组成的灰浆。这种浆料的使用厚度一向很薄，使得料浆里的晶体能够嵌入尚未完全凝结的潮湿抹面的孔隙里，然而在这项施工中，也会产生凝结时间的问题，其原因是基层石膏抹面的表面上没有足够的孔隙，石膏抹面已经完全凝结；所用的面层灰提取出来后的时间太久，它已经完全水化，或者已经发干，不能再继续进行水化。在上述情况下，抹灰工继续施工就会产生石膏"碎晶"的浆料，不能与抹面层成为一体，结果在抹面的表面上形成一层毫无黏附性的粉状石膏。

## 第九节　影响建筑石膏性能的诸多因素

### 一、对建筑石膏强度的影响因素

（一）建筑石膏本身性质的影响

**1. 建筑石膏的品位**

石膏的纯度对建筑石膏的强度有显著的影响。石膏中所含杂质的种类及含量对二水石膏晶体的形貌、标稠需水量等都有一定影响，并可导致强度降低。

**2. 建筑石膏的细度**

建筑石膏细度对石膏的水化有一定的影响。颗粒度小，石膏与水接触面积大，溶出速率较快，形成过饱和溶液也就快，有利于石膏晶体的成核，从而提高石膏硬化体的强度。但随着颗粒度进一步减小，比表面积增加，颗粒在液体中团聚程度明显增加，难以分散，标准稠度用水量也相应增加，导致石膏硬化体孔结构劣化。因此，生产实践中石膏的细度应适度。

**3. 建筑石膏的相组成**

在通常的建筑石膏生产过程中，除产生主要成分半水石膏外，还有一定量的未脱水的二水石膏和可溶性无水石膏（Ⅲ型无水石膏），它们的存在都会对建筑石膏的性能产生影响。适量的二水石膏可以作为晶胚，缩短石膏水化的诱导期，加快其凝结速度，具有一定的促凝效果，其促凝效果随二水石膏表面积和粗糙度增加而增加，有可能导致石膏水化过快。Ⅲ型无水石膏在陈化过程中可以很快吸收空气中的水分而转化为半水石膏。这种半水石膏由于是二次形成的，与一次形成的半水石膏相比，具有较少的表面裂隙和较低的分散度，比表面积相对减少，有可能导致建筑石膏初始水化过快，需水量不易掌握、凝结结时间不正常、质量不稳定等；未脱水二水石膏的晶种作用也是造成建筑石膏水化过快的重要原因。因此，在生产实践中一定要控制它们的含量。

（二）建筑石膏水化条件的影响

**1. 水化温度**

不同温度时，半水石膏的溶解度不同，二水石膏的析晶速度也不同。石膏溶解度随温度的变化，石膏过饱和度随温度的提高而降低。在水灰比适当而又不变的条件下，当温度较高时，石膏浆体系的过饱和度较小，则液相中形成的晶核少，晶体较粗大，晶粒接触点少，强度较低。

**2. 水膏比的影响**

对胶凝材料来说，水胶比是一个重要的参数。一方面，水胶比直接影响胶凝材料新拌浆体的流动性能；另一方面，水胶比又对胶凝材料硬化体的性能（强度、密度、耐久性等）产生重要的影响。水膏比对石膏硬化体的孔隙率有很大影响，石膏硬化体的抗折强度和抗压强度随着孔隙率的降低而升高。而孔隙率又主要取决于材料的组成和水膏比。

（三）外加剂对建筑石膏的影响

石膏应用时，往往并不是单一组分，常常会加入多种外加剂以改善石膏的性能。缓凝剂是使用最多的外加剂之一，其目的是调整石膏的凝结硬化时间，以满足施工的需要。尽管对缓凝剂的作用机理说法不一，但有一点已被证实，缓凝剂可以改变二水石膏晶体形貌，使晶体普遍粗化，从而显著降低石膏硬化体的强度。减水剂可以在保持石膏浆体流动度不变的情况下大幅度降低拌和用水量，提高成型后石膏的密实度，从而提高强度。另外，其他外加剂（如促凝剂、胶粘剂）也会对石膏硬化体的强度产生影响。

（四）使用环境对建筑石膏的影响

石膏制品的使用环境（温度和湿度）对其强度也会产生一定的影响。建筑石膏属于气硬性胶凝材料，耐水性很差，在潮湿环境中其强度会大大降低。

综上所述，石膏硬化体的强度受胶凝材料的品质、水化条件、外加剂等多方面的影响，其中水膏比和外加剂的影响最为显著。

（五）不同方式生产对建筑石膏需水量的影响

用回转窑生产的建筑石膏比用沸腾炉生产的建筑石膏标准稠度需水量大，而用沸腾炉生产的建筑石膏又比多相石膏的标准稠度需水量大。

刚生产的建筑石膏的内比表面积较大，陈化一段时间后，其内比表面积就会缩小。因此，陈化一段时间后建筑石膏的标准稠度需水量就会变小。

## 二、AⅢ无水石膏对建筑石膏性能的影响

低温煅烧工艺煅烧出的建筑石膏中有可能不再含有Ⅲ型无水石膏，大部分为半水石膏和少部分二水石膏。因为无水石膏极易吸收水分，因此有附着水就不会有无水石膏。当煅烧温度为160℃持续2h时，半水石膏的含量较多，此时的石膏相组成较为稳定，新生产的建筑石膏热粉添加减水剂时几乎没有减水效果，通过测试建筑石膏粉水化热效应，陈化粉中AⅢ含量少，减水增强效果明显；新生产未经陈化的建筑石膏热粉中存在大量的AⅢ时，其活性高，水化速度快，减水剂还未分散，二水石膏晶核已经开始生长，导致减水剂失效。

依据半水石膏生产和水化原理，通过差热分析和半水石膏水化热效应分析熟石膏粉中AⅢ来源对熟石膏粉性能的影响及作用机理，在石膏生产建材产业化过程中得出以下结论：

煅烧建筑石膏理论和差热分析：石膏低温脱水分两步进行，生成半水石膏和AⅢ；石膏脱水出现两个吸热峰，且仅相差6℃，并存在重叠现象。相分析结果与差热分析结果说明熟石膏粉中存在不同相混合物。

半水石膏粉煅烧最佳工艺：煅烧温度为170℃±5℃，焙烧时间1.5h，熟石膏粉通过陈化，控制结晶水含量4.8%～5.2%，有利于提高建筑石膏粉质量。活性高、水化速度快的AⅢ降低建筑石膏质量，其消除方法是通过陈化使得AⅢ转变为半水石膏，控制指标是测试熟石膏粉结晶水含量，增加强度，有利于生产石膏建材推广应用。

经过煅烧的建筑石膏，由于含有一定量的性质不稳定的AⅢ无水石膏和少量的二水石膏，使得物相组成不稳、分散度大、吸附活性高，导致粉体标准稠度用水量增加、强度降低、凝结时间不稳定，此时建筑石膏需要陈化，以改善其物理性能。

当建筑石膏粉中AⅢ无水石膏含量较高，同时二水石膏含量也较高时，陈化虽然能减少无水石膏的含量，但是并不能对其性能起到明显的改善，尤其是凝结时间，因为二水石膏含量高，其减弱缓凝剂的缓凝效果，使加入缓凝剂的石膏凝结时间不会发生明显的变化。

建筑石膏的膨胀特性还取决于其内是否存在AⅢ无水石膏，建筑石膏硬化时，膨胀率为0.05%～0.15%；而AⅢ无水石膏硬化时膨胀率0.7%～0.8%。高含量的可溶性无水石膏和在高温下煅烧的无水石膏，就具有较大体积增长的特点。高强石膏的膨胀，一般在0.2%以下。用掺加生石灰的方法可以控制体积膨胀（掺加1%生石灰，膨胀率可降至0.1%以下）。当进一步硬化和干燥时，会发生0.05%～0.1%的收缩。

## 三、半水石膏（HH）与复水半水石膏（HH′）的性能区别及对建筑石膏性能的影响

就半水石膏而言，可以分为一次半水石膏（HH）和复水半水石膏（HH′）。所谓一次半水石膏，就是由二水石膏部分脱水，失去3/2个水分子，形成带有1/2$H_2O$的半水石膏；而复水半水石膏，则是由二水石膏完全脱水形成Ⅲ型无水石膏后，经过陈化吸附1/2水分子，形成的半水石膏。过去一般认为，这两种半水石膏对硬化体的宏观性能是相同的。但近几年的研究发现，在石膏的炒制工艺中，如果使熟石膏粉中含有一定量的Ⅲ型无水石膏，然

后经过适当的陈化，往往可使建筑石膏的性能得到很好的改善。

在建筑石膏的生产工艺中，通过采取适当的工艺措施和陈化制度，使建筑石膏粉中含有最大量的半水相，既可改善建筑石膏的工作性能，延长凝结时间，又可提高建筑石膏的力学性能，以满足不同厂家的需求。

## 四、二水石膏对建筑石膏性能的影响

水化生成的二水石膏显微结构对硬化体强度有很大的影响：二水石膏因生长环境不同，可成为针状、棒状、板状、片状等不同形态。一般认为针状二水石膏晶体和相关的能产生有效搭接的晶体对石膏的抗折强度非常重要；而短柱状的二水石膏晶体能产生较高的抗压强度，但对抗折强度的作用很小。而板状、片状、层状晶体结构相对松散，对力学强度不利。

除了晶体的形态，晶体之间的结晶接触点也对宏观性能产生重要的影响。石膏硬化体在形成结晶结构网以后，它的许多性质为接触点的特性和数量所决定。硬化体的强度为单个接触点的强度及单位体积中接触点的多少所决定。晶体越细小，晶体之间的搭接越密实，单位体积的结晶接触点越多，则强度越高。

建筑石膏中残余的二水石膏在其水化过程中起到晶核的作用，可以促进水化，缩短凝结时间，使其标准稠度用水量上升，降低石膏强度。当二水相含量由 2% 增加至 8% 时，初凝时间减少 4min，终凝时间减少 4min；欠烧二水石膏含量≤4.00% 时，在建筑石膏内掺入合适的缓凝剂后，建筑石膏的凝结时间将显著延长；而当建筑石膏内二水石膏含量较高时，同等的掺量对延长建筑石膏的凝结时间效果并不理想，当二水相含量过高时，建筑石膏的 2h 抗压强度及抗折强度较低。

在煅烧石膏过程中，为了不残留二水石膏，Ⅲ型无水石膏不可避免地会产生。对此，可采用陈化的办法使Ⅲ型无水石膏与空气中水分结合重新转变成半水石膏。陈化过程与石膏料层的厚度、陈化仓的湿度、陈化时间等有关。通过测试陈化期内石膏结晶水的含量从理论上确定陈化效果。一般当半水石膏的结晶水控制为 4.5%～5% 时，可用于配制抹灰石膏，这样有利于产品质量的稳定以及缓凝剂用量的相对稳定。

半水石膏中常含有少量二水石膏，二水石膏产生的主要原因有两个：其一是煅烧半水石膏时温度过低，颗粒状物料中心的二水石膏没有脱水，残留在半水石膏中；其二是由于半水石膏在储存、运输中潮解生成的二水石膏。二水石膏在石膏水化过程中起促凝作用，较多的二水石膏使缓凝剂用量成倍增加，甚至调整不出较理想的凝结时间。因此生产单相型抹灰石膏，必须严格控制二水石膏相，即煅烧时采用过烧的方法，再通过陈化处理，在包装、运输、储存中严禁受潮，一旦发生半水石膏潮解，就不能用于抹灰石膏。

## 五、建筑石膏凝结和硬化时间相关因素的影响

建筑石膏的凝结和硬化时间取决于原料的性能及其制备的条件、保存的时间和条件、加水量（水膏比）、凝结料和水的温度、搅拌条件及采用哪些外加剂。

建筑石膏凝固时间是一个至关重要的技术参数，根据使用工艺的不同，对建筑石膏凝固时间要求也有较大差异。影响建筑石膏凝固时间的因素很多，如原料的性能、制备条件、结晶水含量、颗粒度、保存时间和条件、水膏比、调和胶结料的水温以及搅拌胶结料的速度等。因此除了在生产过程中进行严格控制外，一般均在石膏胶结料中掺入外加剂来改变石膏胶结料的凝固时间。加速建筑石膏水化速度的为促凝剂；反之，降低溶解度而延缓水化速度

的为缓凝剂。

用添加剂可以调整建筑石膏的凝结时间。很多无机酸和盐可用于促凝，尤其是硫酸及其盐。典型的是二水硫酸钙，磨细的二水硫酸钙是强促凝剂。其促凝机理是因为增加了硫酸钙的溶解度、溶解速率及硫酸钙的晶核数量。有机酸及其盐和生物高分子聚合物（如蛋白质）分解而得的有机胶体还有盐酸、硼酸等可作缓凝剂。其缓凝机理是因为高分子胶体延长了石膏水化硬化的诱导期。能降低半水石膏溶解度和溶解速率的物质或能降低二水石膏晶体生长速率的物质都能起缓凝作用。

## 六、建筑石膏放热速度和热量对其强度影响

建筑石膏的凝结硬化很快，初终凝时间只有 2～12min，早期强度发展很快，1.5h 的强度可以达到烘干强度的 1/2～1/3。这与它们的放热速度和热量有关。建筑石膏的水化放热时间是在终凝后 5～10min 开始，持续 10～20min 结束。放热时的最高温度可达 40℃以上。如此之多的热量和温度，使存在于石膏体内的附着水迅速蒸发出去，强度随之迅速增长。在放热期间，由水化热量所蒸发的附着水量占总水量的 20%～30%。

## 七、温度对浆体结构强度发展的影响

石膏浆体在其硬化过程中存在着结构的形成和结构的破坏这一对矛盾。其影响因素虽然是多方面的，但最本质的因素还是与石膏在水中的过饱和度有关。因此，石膏浆体的结构强度发展受温度、水固比和半水石膏的细度等因素的影响。

（1）硬化浆体的最大塑性强度随浆体硬化时的温度而变，60℃时比 20℃时大；

（2）硬化浆体产生初始结构强度时，所需的水化物也随硬化时的温度而变，60℃时为 25%，20℃时仅为 10%左右；

（3）在温度为 60℃时，硬化浆体达到最大塑性强度的时间（$t_1$）与水化过程结束的时间（$t_2$）基本一致，而在温度为 20℃时，硬化浆体达到最大塑性强度的时间早于水化过程结束的时间。

## 八、石膏硬化结构的强度影响

石膏硬化结构的强度，不仅与过饱和度有关，而且与过饱和度形成的速度有关，也就是与半水石膏胶结料的溶解度和溶解速度有关。溶解速度快，过饱和度形成得快，有利于初始结构的形成。溶解速度慢，过饱和度持续的时间长，则在初始结构形成之后，水化物仍继续增加，开始可使结构密实，但到一定界限值后，水化物的增加，将引起内应力的增大，最后导致最终强度的降低。因此，为了得到较高的结构强度，必须创造良好的水化条件，例如适宜的温度、物料的细度和水膏比等，以保证在结晶结构的形成和发展过程中，结晶体的数量和大小要增长适度，既不致产生破坏结构的内应力，又应有足够数量的结晶体使结构密实，接触面积增大。

石膏硬化体的强度主要受其密度及气孔率和气孔尺寸的影响，因此可以说标准稠度需水量是影响石膏硬化体的主要因素。在密度相同的情况下，石膏硬化体的强度受其湿度的影响，湿度超过 5%时其强度随干燥程度而提高，湿度为 5%时的强度达到干燥强度的一半。湿度为 1%～5%时，强度随干燥程度的提高而显著提高。

### 九、养护条件对建筑石膏的强度影响

养护条件的好坏，也会影响建筑石膏试件的强度，正常养护条件：湿度为 10％～15％，温度为 20～25℃。在任何情况下，都应该保证使石膏试件达到恒重强度，特别是在冬季更应注意，没有养护室时，一般试件 7d 强度也不能达到它的恒重强度。

影响熟石膏粉物理性能的因素很多，而且这些因素之间是相互制约的，只有彼此兼顾，既要考虑成型工艺对石膏制品性能（如强度、吸水率、气孔率等）的要求，也要考虑生产工艺对建筑石膏物理性能（如凝结时间、膨胀率等）的要求，才能选择出最佳的工艺参数。最佳工艺参数是在掌握相关使用条件对建筑石膏物理性能影响的基础上，通过生产实践取得的。

# 第十节　加入无机材料对建筑石膏性能的影响

## 一、熟石膏中加入水硬性材料的影响

用水硬性材料对石膏改性，既可提高制品的强度，又能大大改善其抗水性。

当普通石膏制品处于饱和水状态时，强度损失可达 70％，这主要是石膏硬化浆体中的水化产物具有较大的溶解度，特别是浆体中的结晶接触点处更大。在制品中掺入适量能与石膏反应，并形成低溶解度、高结合力的水硬性物质，将有利于石膏制品的性能改善。

由于建筑石膏原料品质、生产方式、工艺、温度等诸多因素差异的影响，因此试验结果并不能完全一致，这里将一些在建筑石膏中加入无机材料的试验结果提供给大家参考。

**1. 不同水泥对脱硫建筑石膏胶凝材料性能和微观结构的影响**

为了提高建筑石膏制品的强度和耐水性，前人曾做了大量的研究工作，其中利用掺合料是一个重要的研究方面，也就是在建筑石膏中掺入一定量具有水化、胶结能力且能发挥增强、抗水功能的无机或有机物质，其中应用较多的为普通硅酸盐水泥和铝酸盐水泥。

掺入水泥后，抗折强度出现的变化主要是因为建筑石膏和水泥的水化产物起到增加强度的作用。

单掺铝酸盐水泥比单掺普通硅酸盐水泥和复掺两种水泥对提高抗压强度的效果好。这是因为单掺铝酸盐水泥的凝结时间增加，有利于二水石膏晶体的成核、长大以及水泥水化产物的增加。

水泥水化产物的两个性质决定了复合胶凝材料具有更高强度的可能。首先，水泥水化产物的强度比较高；其次，这些水化产物不溶于水。而这些产物的分布和存在状态也会对增强过程产生重要影响。水化产物对建筑石膏的改性主要有两种作用：填充作用和胶结作用。

由于建筑石膏凝结过快，硬化体中存在大量孔隙，这是多余水分从结构中蒸发所形成的。水泥和建筑石膏与水混合后，在空间较大的孔隙内形成钙矾石，钙矾石晶体填充于空隙内部，降低了整体结构的孔隙率，并改善建筑石膏晶体间的相互作用力。然而，水泥水化产物的数量应该受到严格控制，过量钙矾石的膨胀作用可以直接将石膏硬化体胀裂。

**2. 高铝水泥对脱硫建筑石膏的影响**

用高铝水泥取代部分脱硫建筑石膏，研究其对脱硫建筑石膏的增强、耐水、改性作用，

探索应用脱硫建筑石膏生产轻质、高强、耐水建材制品的情况。

石膏制品掺入 2%～5% 的硫铝酸盐水泥，能使抗压强度提高约 50%、抗折强度提高 13% 左右，并可提高抗水性，这是因为硫铝酸盐水泥中的铝酸三钙与石膏反应生成了钙矾石，钙矾石是一种难溶于水的针状晶体结构，具有很高的强度及稳定性。但硫铝酸盐水泥掺量大于 5% 时，有可能因膨胀率太大而导致石膏制品的开裂。

掺入不同量高铝水泥的石膏制品与纯石膏制品相比可使制品的抗压强度几乎是直线上升，而抗折强度表现为开始增幅大，而后变缓的趋势。抗折强度的影响，可能与钙矾石形成特点有关，在少量钙矾石形成时，由于它分布于结构体内，且以针状晶体出现，体积也有一定的膨胀。因此，加强了结构体的强度，特别是抗折强度。随着晶体含量的增加，过多的膨胀则抵消了新相生成所带来的好处，因此抗折强度变化率较小。综合考虑对抗折、抗压的影响，其掺量为 3%～5% 可取得较好的效果。

随着水泥加入量的增加，石膏制品的软化系数显著增加。很显然，由于制品中适量的不溶水化物的出现，大大改善了制品的抗水性，并且绝对强度大大高于纯石膏制品。

**3. 高铝水泥对脱硫建筑石膏凝结时间的影响**

随高铝水泥掺量的增加，脱硫建筑石膏的标准稠度用水量不断减小，凝结时间也随着高铝水泥掺量的增加而逐渐延长，当高铝水泥掺量大于 10% 时，初凝和终凝时间分别延长，原因是高铝水泥取代了一部分脱硫建筑石膏，使得标准稠度用水量变小，而且水泥颗粒分散在石膏晶体当中，生成新的难溶性水化产物，抑制了石膏的水化进程，使得凝结时间不断延长。

**4. 高铝水泥对脱硫建筑石膏强度的影响**

掺入高铝水泥后，试件的 2h 及 28d 强度相比于纯石膏均有所提高，而且高铝水泥掺量越大，试件的 2h 及 28d 强度越高。

掺加高铝水泥的试件抗折和抗压强度随着龄期的延长不断提高，其中抗折强度增长明显，试件的 28d 抗压强度也出现了不同程度的增长，高铝水泥掺量越大，试件的后期强度越高，而且都比纯石膏的 28d 抗压强度要高，试件的强度提高有两方面原因：一是由于高铝水泥的掺加使胶凝材料体系的标准稠度用水量减小，降低了试件拌和时的水灰比；二是高铝水泥自身水化所生成的水化产物有利于改善石膏的力学强度，在一定的掺量范围内，高铝水泥的掺量越高，改善的效果越好。

**5. 高铝水泥对脱硫建筑石膏耐水性能的影响**

纯石膏的软化系数和吸水率分别为 0.44 和 38.62%，当掺入高铝水泥后，试件的软化系数明显增大，而且掺量越大，软化系数也越大，在掺量为 20% 时达到最大值 0.70。试件的吸水率随着高铝水泥掺量的增加不断下降，在掺量为 20% 时试块的吸水率为 28.23%，相比于纯石膏降低了 26.90%。说明高铝水泥的加入能有效改善石膏的耐水性。

**6. 脱硫建筑石膏与 42.5 普通硅酸盐水泥复掺的试验结果**

脱硫建筑石膏与 42.5 普通硅酸盐水泥复掺试验结果见表 9-1。

表 9-1　脱硫建筑石膏与 42.5 普通硅酸盐水泥复掺试验

| 参数 | 1 | 2 | 3 | 4 | 5 |
|---|---|---|---|---|---|
| 建筑石膏（g） | 1000 | 980 | 940 | 920 | 880 |
| 普硅水泥（g） | 0 | 20 | 60 | 80 | 120 |

续表

| 参数 | 1 | 2 | 3 | 4 | 5 |
|---|---|---|---|---|---|
| 标稠（%） | 55 | 57 | 58 | 58 | 58 |
| 初凝（min） | 8 | 8 | 8 | 7 | 7 |
| 终凝（min） | 21 | 23 | 20 | 16 | 14 |
| 2h 抗折（MPa） | 2.01 | 2.72 | 2.45 | 2.54 | 2.18 |
| 2h 抗压（MPa） | 7.02 | 8.71 | 8.32 | 8.44 | 7.88 |
| 干抗折（MPa） | 4.58 | 5.6 | 5.58 | 5.52 | 5.25 |
| 干抗压（MPa） | 14.81 | 16.52 | 17.01 | 16.31 | 15.87 |
| 24h 浸水后抗折（MPa） | 1.56 | 2.12 | 2.26 | 2.31 | 2.37 |
| 24h 浸水后抗压（MPa） | 6.57 | 7.43 | 8.21 | 8.40 | 8.55 |

通过上述试验，可以看出：

（1）随着脱硫建筑石膏掺量的减少，普通水泥掺量的增加，其标准稠度呈现不断增大的规律。

（2）随着脱硫建筑石膏掺量的减少，水泥掺量的增加，其初终凝时间均出现不同程度的减小。这是因为水泥有加快水化的作用。

（3）在脱硫建筑石膏与水泥的复合胶凝材料中，水泥掺量为 0~2% 时，其 2h 抗折、抗压强度不断增大。当掺量为 2% 时，其抗折、抗压强度分别为 2.72MPa 和 8.71MPa，分别较未掺水泥的石膏强度增加 35% 和 24%。

（4）在脱硫建筑石膏与水泥的复合胶凝材料中，水泥掺量为 0~6% 时，其干抗折、抗压强度逐渐增大，其后不断减小。当掺量为 6% 时，其抗折、抗压强度分别为：5.58MPa 和 17.01MPa，分别较未掺水泥的脱硫建筑石膏强度增加 22% 和 15%。

（5）随着水泥掺量的不断增大，其 24h 浸水后抗折、抗压强度不断增大，表明耐水性不断增强。因此，在脱硫建筑石膏中掺入水泥可以有效改善其耐水性能。

## 二、掺入粉煤灰对建筑石膏的影响

利用脱硫建筑石膏复合掺粉煤灰及其活性激发材料，可生产脱硫建筑石膏粉煤灰墙体材料（砌块、条板、纤维板等）、石膏粉体建材（抹灰石膏、石膏保温胶料）、脱硫高强石膏粉煤灰室内地坪材料等胶结材料。

脱硫建筑石膏复合掺入粉煤灰及其活性激发材料的胶结料，既可以保持建筑石膏早强快硬的基本特性；又能在粉煤灰与激发材料的作用下生成水硬性产物改善石膏产品的耐水性和强度。

其机理为胶结料水化初期是脱硫建筑石膏快速水化成二水石膏晶体，成为硬化体主体主要胶结料，而粉煤灰在激发剂碱组分与二水石膏的作用下逐渐水化（其水化反应是在脱硫石膏硬化体中进行的），产生水化硅酸钙与钙矾石，此硬化体是以脱硫二水石膏晶体为结构骨架，钙矾石晶体与水化硅酸钙凝胶分布在二水石膏晶体周围，未水化的粉煤灰颗粒填充于石膏晶体的空隙，增加了硬化体的密实度，同时也改变了石膏硬化体中，石膏晶体结构是唯一强度来源的状况。在脱硫石膏粉煤灰胶结料中石膏晶体发挥主要作用，加上粉煤灰的集料效应，硬化体可有效减小水的侵蚀作用和水分的扩散速度，提高了耐水性能及硬化体后期强度，因此在脱硫建筑石膏粉煤灰胶结料中，只要不改变建筑石膏早强快硬的特性，粉煤灰掺量适当加大是有利而无弊的。

适宜脱硫建筑石膏符合粉煤灰胶结料的激发剂有水泥、水泥熟料、生石灰粉、硫酸钠、氢氧化钠等。激发剂最好采用多种激发剂复合及其他外加剂相结合的方法（如石灰复合硫酸钠激发剂及添加萘系减水剂、三聚氰胺减水剂、聚羧酸类减水剂）。

脱硫建筑石膏粉煤灰胶结料中，粉煤灰的质量指标应符合国家标准《用于水泥和混凝土中的粉煤灰》（GB/T 1596—2017）中要求的Ⅰ级、Ⅱ级粉煤灰或比表面积 550 ㎡/kg 以上的磨细粉煤灰的质量指标。在干混建材中使用的粉煤灰，含水率必须小于 0.5%（表 9-2）。

表 9-2　脱硫建筑石膏在胶结料中的质量要求

| 用途 | 初凝时间（min） | 2h 抗折强度（MPa） | 陈化时间（h） |
|---|---|---|---|
| 墙体材料 | >2.5 | >2.8 | >3 |
| 干粉建材 | >7 | >3.2 | >7 |

脱硫石膏干混砂浆产品用砂细度为 20～40 目、40～60 目，含水率小于 0.5%，含泥量小于 5%。

脱硫石膏粉煤灰胶结料的应用，其关键是合理的激发粉煤灰的火山灰活性，但不能影响脱硫建筑石膏的基本性能（强度与凝结时间）。

脱硫石膏粉煤灰胶结料在水化初期受脱硫建筑石膏水化的控制，所以随着粉煤灰掺量的增加，胶结料标准稠度用水量减少，凝结时间延长，早期强度下降，因此粉煤灰掺量一般应控制在 35% 以下，这样对石膏胶结料的强度和凝结时间的影响都不大。

采用脱硫建筑石膏复合掺粉煤灰及其活性激发材料，生产脱硫石膏砌块、条板、纤维板、粉刷石膏等产品，在保持了建筑石膏基本性能的基础上，耐水性也有了显著的提高，并综合利用了电厂的两种工业废弃物，其生产成本都较低，市场竞争力强，拓宽了石膏建材的使用范围，可以应用于较潮湿环境中，有利于废物质资源综合利用，前景较为广阔。

脱硫建筑石膏复合粉煤灰胶凝材料，是通过对粉煤灰活性的激发来提高石膏建材产品的性能，降低石膏建材产品的成本，从而扩大石膏建材产品的市场竞争能力，促进工业副产石膏的综合利用。表 9-3 即笔者所做的相关试验。

表 9-3　脱硫建筑石膏复合粉煤灰试验结果

| 试样编号 | 脱硫建筑石膏 | 粉煤灰 | 激发剂 |
|---|---|---|---|
| A1 | 100 | 0 | 0 |
| A2 | 100 | 0 | 2 |
| A3 | 94 | 6 | 2 |
| A4 | 88 | 12 | 2 |
| A5 | 82 | 18 | 2 |
| A6 | 76 | 24 | 2 |
| A7 | 70 | 30 | 2 |
| A8 | 64 | 36 | 2 |
| A9 | 58 | 42 | 2 |

粉煤灰的掺入量对脱硫建筑石膏标准稠度及凝结时间的影响见表 9-4。

表 9-4　粉煤灰的掺入量对脱硫建筑石膏标准稠度及凝结时间的影响

| 项目 | 编号 | A₁ | A₂ | A₃ | A₄ | A₅ | A₆ | A₇ | A₈ | A₉ |
|---|---|---|---|---|---|---|---|---|---|---|
| 标准用水量（mL） | | 62 | 61 | 61 | 60 | 60 | 60 | 59 | 59 | 58 |
| 凝结时间<br>（min） | 初凝 | 2.30 | 2.30 | 2.30 | 2.30 | 2.30 | 2.30 | 3.30 | 3 | 3 |
| | 终凝 | 3.30 | 5 | 5 | 5 | 5 | 6 | 6 | 7 | 7 |

从表 9-4 中测得随着粉煤灰掺量的增加，脱硫建筑石膏复合胶凝材料的标准用水量逐渐减少。初凝时间随着粉煤灰掺量的增加而延长，但延长时间不大，终凝时间比初凝时间有明显延长，这表明在脱硫建筑石膏中加入粉煤灰对脱硫建筑石膏早强快硬的基本特征没有大的影响。

粉煤灰掺量对脱硫建筑石膏强度的影响见表 9-5。

表 9-5　粉煤灰掺量对脱硫建筑石膏强度的影响

| 项目 | 编号 | A₁ | A₂ | A₃ | A₄ | A₅ | A₆ | A₇ | A₈ | A₉ |
|---|---|---|---|---|---|---|---|---|---|---|
| 2h 强度<br>（MPa） | 抗折 | 3.72 | 3.75 | 3.85 | 3.66 | 3.57 | 3.38 | 3.36 | 2.91 | 2.38 |
| | 抗压 | 11.41 | 12.06 | 12.69 | 12.22 | 11.89 | 11.26 | 10.80 | 9.69 | 9.07 |
| 14d 强度<br>（MPa） | 抗折 | 7.11 | 6.75 | 6.58 | 7.83 | 6.79 | 6.51 | 5.57 | 5.39 | 4.50 |
| | 抗压 | 17.21 | 26.68 | 27.18 | 28.10 | 26.18 | 24.48 | 21.81 | 18.51 | 15.85 |

从表 9-5 试验结果可知，在脱硫建筑石膏中粉煤灰掺量为 6％时，2h 湿抗折、抗压强度为最高；粉煤灰掺量为 12％～18％时，2h 湿抗压强度不低于脱硫建筑石膏原有强度；粉煤灰掺量大于 18％时，2h 湿强度明显下降；粉煤灰掺量达到 42％时，脱硫建筑石膏粉煤灰复合胶凝材料的 2h 湿强度还可达到《建筑石膏》（GB/T 9776—2008）中 2.0 等级标准的强度要求。

从试验结果表明，脱硫建筑石膏粉煤灰复合胶凝材料在试验室条件下，自养 14d 强度（特别是抗压强度）有了明显的提高。当粉煤灰掺量在 36％时，14d 抗压强度高于原脱硫建筑石膏强度；粉煤灰掺量在 12％时，其抗压强度提高了 63.28％，因此粉煤灰的掺入对石膏胶凝材料强度的压折比有明显提高。

分析表明，在脱硫建筑石膏粉煤灰复合胶凝材料中，建筑石膏仍是胶凝材料中发挥强度的主体，粉煤灰在激发剂的作用下是在石膏硬化体中进行慢速、长时间的水化反应，因此脱硫建筑石膏粉煤灰复合胶凝材料后期强度高。

粉煤灰的掺入量对脱硫建筑石膏软化系数、保水率、干密度的影响见表 9-6。

表 9-6　粉煤灰的掺入量对脱硫建筑石膏软化系数、保水率、干密度的影响

| 项目 | 编号 | A₁ | A₂ | A₃ | A₄ | A₅ | A₆ | A₇ | A₈ | A₉ |
|---|---|---|---|---|---|---|---|---|---|---|
| 软化系数 | | 0.4 | 0.24 | 0.43 | 0.41 | 0.43 | 0.45 | 0.45 | 0.46 | 0.5 |
| 保水率（％） | | 84.59 | 84.69 | 85.87 | 86.46 | 86.75 | 86.88 | 87.22 | 88.56 | 88.70 |
| 干密度（kg/m³） | | 1214.85 | 1214.85 | 1203.13 | 1175.78 | 1167.97 | 1171.88 | 1144.53 | 1085.94 | 1109.38 |

表 9-6 测试结果说明：脱硫建筑石膏硬化体随着粉煤灰掺量的加大，干密度逐渐变小，当粉煤灰的掺入量达到 42％时，其干密度降低了 10.6％。

从试验结果中可以得知，脱硫建筑石膏的保水性随着粉煤灰掺量的提高，显上升趋势。当粉煤灰的掺入量达到 42％时，保水性比原脱硫建筑石膏的保水性增加了 4.11％。

在表 9-6 中也可得知，脱硫建筑石膏粉煤灰复合胶凝材料的软化系数随着粉煤灰的增加而提高，在粉煤灰的掺入量达到 48％时，由原脱硫建筑石膏软化系数的 0.4 增加到 0.5。

在脱硫建筑石膏中根据不同石膏建材产品的要求掺入不同量的粉煤灰后均可达到石膏建材产品各项性能指标的要求。如进一步调整合适的激发剂，可使脱硫建筑石膏粉煤灰复合胶凝材料不但能符合石膏建材产品的各项指标，而且降低了原料成本。这也是处理燃煤电厂脱硫石膏与粉煤灰两大固体废弃物的有效途径之一。

以脱硫建筑石膏和粉煤灰为主要原料，在激发剂的作用下，脱硫建筑石膏粉煤灰胶结料的物理力学性能在保持建筑石膏早强快凝的基础上均有不同程度的提高，14d 抗压强度由原脱硫建筑石膏的 17.21MPa 提高到 28.10MPa。即使粉煤灰掺量达到 36％时，其 14d 抗压强度也大于原脱硫建筑石膏 14d 抗压强度。其胶结料较原脱硫建筑石膏的干密度、保水性、软化系数都有明显的改善。试验证明粉煤灰掺入脱硫建筑石膏中的集料效应有利于各项性能的提高，对处理燃煤电厂两大固体废弃物、降低石膏建材成本、扩大应用领域都有广泛的前景。

## 三、云母对建筑石膏性能的影响

建筑石膏与云母的复掺做了相关的试验，结果见表 9-7。

表 9-7　建筑石膏与云母复掺试验结果

|  | 1 | 2 | 3 | 4 |
|---|---|---|---|---|
| 石膏（g） | 1000 | 1000 | 1000 | 1000 |
| 云母（g） | 0 | 3 | 6 | 9 |
| 2h 抗折（MPa） | 1.83 | 2.2 | 1.89 | 2.10 |
| 2h 抗压（MPa） | 6.87 | 7.49 | 6.60 | 7.02 |
| 干抗折（MPa） | 4.12 | 4.41 | 4.20 | 3.48 |
| 干抗压（MPa） | 14.24 | 14.50 | 15.68 | 14.42 |

通过上述试验，可以看出：

（1）在建筑石膏中掺入云母后，会不同程度地增加其强度。

（2）当云母的掺入量为 3‰时，石膏胶凝材料的 2h 强度达到 2.2MPa 和 7.49MPa，较原石膏分别增加了 20％和 9％。

（3）当云母的掺入量为 6‰时，石膏胶凝材料的干强度达到 15.68MPa，较纯建筑石膏的强度高了 10％。

## 四、重钙对建筑石膏性能的影响

天然石膏与重钙的单掺做了相关的试验，结果见表 9-8。

表 9-8  天然石膏与重钙单掺试验结果

|  | 1 | 2 | 3 | 4 | 5 | 6 | 7 | 8 |
|---|---|---|---|---|---|---|---|---|
| 石膏（g） | 1000 | 1000 | 1000 | 1000 | 1000 | 1000 | 1000 | 1000 |
| 重钙（g） | 0 | 20 | 40 | 60 | 80 | 100 | 150 | 200 |
| 初凝（min） | 6 | 6 | 5 | 6 | 7 | 8 | 8 | 8 |
| 终凝（min） | 19 | 19 | 18 | 19 | 19 | 21 | 20 | 20 |
| 干抗折（MPa） | 4.63 | 3.97 | 4.64 | 5.15 | 4.32 | 4.09 | 3.53 | 3.74 |
| 干抗压（MPa） | 14.23 | 13.81 | 13.70 | 13.32 | 12.48 | 11.06 | 10.82 | 10.19 |

通过上述试验，可以看出：

（1）随着天然建筑石膏中重钙含量的不断增大，其初、终凝时间得到了不同程度的延长；当掺量为 10％时，其初终凝时间分别为 8min 和 21min，分别较纯石膏凝结时间延长 33％和 11％。

（2）在天然建筑石膏中掺入重钙后，会不同程度地降低其强度，尤其是干抗压下降比较明显。

脱硫石膏与重钙在掺入适量缓凝减水剂的条件下的相关试验，试验结果见表 9-9。

表 9-9  脱硫石膏与重钙在掺入适量缓凝减水剂试验结果

|  | 1 | 2 | 3 | 4 | 5 | 6 | 7 | 8 | 9 |
|---|---|---|---|---|---|---|---|---|---|
| 脱硫石膏（g） | 1000 | 975 | 950 | 925 | 900 | 875 | 850 | 825 | 800 |
| 重钙（g） | 0 | 25 | 50 | 75 | 100 | 125 | 150 | 175 | 200 |
| 缓凝减水剂 | 2.5 | 2.5 | 2.5 | 2.5 | 2.5 | 2.5 | 2.5 | 2.5 | 2.5 |
| 初凝（min） | 2 | 3 | 3 | 4 | 5 | 4 | 5 | 5 | 5 |
| 终凝（min） | 9 | 8 | 8 | 8 | 9 | 9 | 9 | 8 | 9 |
| 自养 14d 抗折（MPa） | 3.62 | 3.92 | 3.92 | 4.15 | 4.5 | 4.05 | 4.58 | 4.36 | 4.78 |
| 自养 14d 抗压（MPa） | 12.02 | 14.14 | 13.26 | 13.28 | 13.65 | 12.82 | 14.50 | 15.64 | 16.68 |

通过上述试验，可以看出：

在加入适量缓凝减水剂的条件下，脱硫石膏与重钙的胶凝材料自养 14d 的抗折、抗压强度不断增大，与单掺重钙的石膏强度规律正好相反，因此，重钙应与缓凝减水剂复合使用，对其强度增加明显，效果更佳。当掺量为 20％时，自然 14d 抗折、抗压强度分别为 4.78MPa 和 16.68MPa，分别较纯建筑石膏强度高 32％和 39％，强度提高较为显著。

随着重钙掺量的增加，凝结时间尤其是初凝时间得到不同程度的延长，当掺量为 20％时，其初凝时间 5min，较纯石膏初凝时间延长 1.5 倍。

## 五、生石灰对建筑石膏的影响

脱硫石膏与生石灰的单掺做了相关的试验，试验结果见表 9-10。

表 9-10  脱硫石膏与生石灰单掺试验结果

|  | 1 | 2 | 3 | 4 | 5 | 6 |
|---|---|---|---|---|---|---|
| 脱硫石膏（g） | 1000 | 1000 | 1000 | 1000 | 1000 | 1000 |
| 生石灰（g） | 0 | 25 | 50 | 75 | 100 | 125 |
| 初凝（min） | 7 | 14 | 22 | 25 | 84 | 48 |
| 终凝（min） | 19 | 24 | 37 | 48 | 112 | 64 |
| 7d 抗折（MPa） | 3.78 | 2.62 | 1.74 | 1.50 | 1.19 | 1.08 |
| 7d 抗压（MPa） | 9.25 | 7.23 | 5.77 | 5.18 | 4.82 | 4.77 |
| 浸水 7d 抗折（MPa） | 1.49 | 1.47 | 1.27 | 1.26 | 1.09 | 1.04 |
| 浸水 7d 抗压（MPa） | 5.43 | 4.76 | 4.76 | 4.96 | 4.37 | 4.31 |

通过上述试验，可以看出：

（1）随着生石灰掺量的不断增大，其初终凝时间得到了大幅的延长；当掺量为脱硫建筑石膏的 10％时，初终凝结时间达到最长，分别较纯脱硫建筑石膏延长 7 倍和 3.4 倍，而后凝结时间开始缩短。

（2）不论是 7d 强度还是浸水强度，随着生石灰掺量的不断增加，脱硫建筑石膏强度均出现了较为明显的下降。

## 六、膨润土对建筑石膏的影响

脱硫建筑石膏与膨润土的单掺做了相关的试验，试验结果见表 9-11。

表 9-11  脱硫石膏与膨润土单掺试验结果

|  | 1 | 2 | 3 | 4 | 5 |
|---|---|---|---|---|---|
| 建筑石膏（g） | 1000 | 1000 | 1000 | 1000 | 1000 |
| 膨润土（g） | 0 | 3 | 6 | 9 | 12 |
| 初凝（min） | 5 | 6 | 6.5 | 7 | 7 |
| 终凝（min） | 16 | 19 | 19 | 19.5 | 19.5 |
| 干抗折（MPa） | 4.43 | 4.57 | 4.93 | 5.28 | 4.41 |
| 干抗压（MPa） | 12.06 | 13.69 | 14.28 | 15.16 | 14.06 |

通过上述试验，可以看出：

（1）随着膨润土掺量的不断增大，建筑石膏初终凝时间都有不同程度地延长；当掺量为 9‰时，其初终凝时间分别为 7min 和 19.5min，分别较纯建筑石膏凝结时间延长 40％和 22％。

（2）随着膨润土掺量的不断增大，建筑石膏强度不断增大；当掺量为 9‰时，其绝干强度达到最大，抗折、抗压强度分别为 5.28MPa 和 15.16MPa，分别较纯建筑石膏强度高 19％和 26％，而后开始下降。

## 七、矿渣微粉对建筑石膏的影响

建筑石膏与矿渣的单掺做了相关的试验，试验结果见表 9-12。

表 9-12 脱硫石膏与矿渣单掺试验结果

| | 1 | 2 | 3 | 4 | 5 | 6 | 7 | 8 | 9 |
|---|---|---|---|---|---|---|---|---|---|
| 建筑石膏（g） | 1000 | 970 | 940 | 910 | 850 | 790 | 730 | 670 | 510 |
| 矿渣粉（g） | 0 | 30 | 60 | 90 | 150 | 210 | 270 | 330 | 490 |
| 标稠（%） | 61 | 60 | 60 | 59 | 59 | 59 | 59 | 57 | 55 |
| 初凝（min） | 5 | 5 | 5 | 5 | 6 | 6 | 6 | 7 | 7 |
| 终凝（min） | 16 | 16 | 16 | 16 | 18 | 18 | 18 | 19 | 19 |
| 干抗折（MPa） | 4.95 | 4.73 | 4.75 | 4.74 | 4.55 | 3.94 | 3.78 | 3.51 | 2.36 |
| 干抗压（MPa） | 15.03 | 17.07 | 16.55 | 16.36 | 15.48 | 13.56 | 12.33 | 12.55 | 9.84 |

通过表可以看出：随着矿渣含量的增加，建筑石膏标稠用水量逐渐下降，建筑石膏初终凝时间缓慢延长，干抗折、抗压强度刚开始下降幅度较小；其后随着掺量的增加大幅下降。当掺量为 3%～15% 时，干抗压强度较纯石膏的强度大，起到降低成本，增加强度，增加建筑石膏耐水性的作用。

脱硫石膏与矿渣及生石灰复掺试验结果见表 9-13。

表 9-13 脱硫石膏与矿渣及生石灰复掺试验结果

| | 1 | 2 | 3 | 4 | 5 | 6 | 7 | 8 | 9 |
|---|---|---|---|---|---|---|---|---|---|
| 石膏（g） | 1000 | 900 | 800 | 700 | 600 | 900 | 800 | 700 | 600 |
| 矿渣（g） | 0 | 95 | 190 | 285 | 380 | 90 | 180 | 270 | 260 |
| 生石灰（g） | 0 | 5 | 10 | 15 | 20 | 10 | 20 | 30 | 40 |
| 初凝（min） | 8 | 9 | 10 | 13 | 12 | 11 | 9 | 12 | 13 |
| 终凝（min） | 19 | 17 | 20 | 22 | 24 | 21 | 21 | 23 | 23 |
| 干抗折（MPa） | 6.65 | 6.24 | 7.28 | 8.30 | 5.51 | 6.28 | 7.00 | 7.22 | 7.38 |
| 干抗压（MPa） | 18.88 | 19.11 | 17.56 | 22.31 | 17.78 | 19.47 | 19.34 | 20.17 | 18.78 |

通过上述试验，可以看出：

（1）随着建筑石膏掺量的不断减少，矿渣、生石灰掺量的增加，其胶凝材料的凝结时间逐渐延长。

（2）若矿渣掺量减少，生石灰掺量增多，则凝结时间延长，说明其中生石灰的缓凝作用较为明显，矿渣对凝结的时间影响较小。

（3）通过对石膏、矿渣、生石灰的复掺，其掺量分别为 70%、28.5% 和 1.5% 时，复合胶凝材料的绝干强度最高，达到 8.30MPa 和 22.31MPa，分别较纯建筑石膏强度提高 25% 和 18%，强度提高较为明显。

## 八、灰钙对建筑石膏的影响

建筑石膏与灰钙的单掺做了相关的试验，试验结果见表 9-14。

表 9-14　脱硫石膏与灰钙单掺试验结果

|  | 1 | 2 | 3 | 4 | 5 |
|---|---|---|---|---|---|
| 石膏（g） | 900 | 800 | 700 | 600 | 500 |
| 灰钙（g） | 100 | 200 | 300 | 400 | 500 |
| 标稠（%） | 58 | 61 | 63 | 65 | 68 |
| 初凝 | 11 | 14 | 14 | 17 | 18 |
| 终凝 | 22 | 30 | 28 | 36 | 34 |
| 7d 抗折（MPa） | 1.56 | 1.12 | 0.89 | 0.72 | 0.48 |
| 7d 抗压（MPa） | 6.84 | 5.59 | 5.21 | 4.72 | 4.08 |
| 14d 抗折（MPa） | 2.04 | 1.35 | 1.38 | 0.85 | 0.64 |
| 14d 抗压（MPa） | 6.10 | 6.00 | 4.50 | 4.26 | 3.86 |

通过表可以看出：随着灰钙含量的增加，标稠用水量缓慢上升；初终凝时间大幅延长，石膏 7d、14d 抗折、抗压强度随着灰钙掺量的增加强度逐渐下降。灰钙效果类似生石灰的作用。

### 九、脱硫建筑石膏与天然建筑石膏复合的性能影响

脱硫建筑石膏与天然建筑石膏的复掺做了相关的试验，试验结果见表 9-15。

表 9-15　脱硫石膏与天然建筑石膏的复掺试验结果

|  | 1 | 2 | 3 | 4 | 5 | 6 | 7 | 8 | 9 |
|---|---|---|---|---|---|---|---|---|---|
| 脱硫石膏 | 1000 | 0 | 800 | 700 | 600 | 500 | 400 | 300 | 200 |
| 天然石膏 | 0 | 1000 | 200 | 300 | 400 | 500 | 600 | 700 | 800 |
| 初凝（min） | 3 | 5 | 3 | 4 | 5 | 4 | 4 | 4 | 5 |
| 终凝（min） | 7 | 15 | 10 | 11 | 14 | 14 | 13 | 12 | 16 |
| 2h 抗折（MPa） | 3.66 | 2.97 | 4.46 | 4.17 | 4.25 | 3.88 | 3.38 | 3.22 | 3.42 |
| 2h 抗压（MPa） | 12.74 | 9.44 | 13.89 | 11.62 | 12.58 | 11.53 | 10.57 | 11.16 | 10.35 |
| 干抗折（MPa） | 5.89 | 6.06 | 7.43 | 7.78 | 7.78 | 7.36 | 7.35 | 7.09 | 6.99 |
| 干抗压（MPa） | 25.82 | 15.54 | 24.69 | 24.13 | 24.30 | 22.23 | 21.50 | 18.41 | 19.35 |

通过表 9-15 可以看出：随着脱硫石膏的减少，天然石膏的增多，天然石膏较脱硫石膏的初终凝时间较长，因此，随着掺量的变化，初终凝时间逐渐延长。

当脱硫石膏掺量为 80%，天然石膏掺量为 20% 时，其 2h、干抗折、抗压强度较纯脱硫石膏或天然石膏的强度都高。其后随着掺量的变化，其 2h、干抗折、抗压强度整体上呈现出递减的趋势。

## 第十一节　外加剂对建筑石膏性能的影响

### 一、外加剂研究方面存在的问题

尽管国内外在石膏外加剂的开发与应用方面进行过不少研究，并取得了一定的成绩，但

是因为研究工作不够系统、深入，在石膏外加剂作用机理、外加剂分子结构与性能关系等关键问题方面没有突破，致使国内外在石膏外加剂与石膏基材料方面存在下面四方面的问题急需解决。

（1）有关石膏外加剂的基础研究非常薄弱，对减水剂的研究仅停留在对流动性和强度影响上，而对减水剂结构、适应性、吸附特点、流动度经时性损失的研究非常缺乏。

对于缓凝机理的认识只是笼统地认为缓凝剂形成难溶盐覆盖在半水石膏表面，阻碍其溶解与水化，对缓凝剂的影响因素与使用方法、缓凝剂降低强度内在原因认识较模糊。

保水剂的研究仅局限于可溶性聚合物对石膏保水性的影响。对关于石膏外加剂分子结构与性能关系、外加剂吸附作用及其对石膏界面结构与动电性能的影响、外加剂对石膏水化速率与硬化体显微结构的影响、外加剂使用效果的影响因素与使用方法等基础问题缺乏系统、深入的研究，以至于如何选择与使用外加剂、如何控制石膏流动度经进性损失、如何进行外加剂复合等一系列问题得不到可靠的理论指导，严重制约了石膏外加剂技术的发展。

（2）石膏基材料的相组成、晶体形貌、流变性、水化与凝结特点均与水泥存在显著差异，照搬混凝土外加剂是不可取的。但是，由于缺乏石膏外加剂理论的指导，应用中往往盲目使用混凝土外加剂，普遍存在"高效"外加剂低性能，造成高效减水剂的减水率低、流动度经时性损失大、增强效果不明显，缓凝剂强度损失过大等缺陷。外加剂适应性差，使用效率低，极大地制约了它在石膏基材料中的广泛应用。

（3）单一外加剂功能的局限性，使石膏基材料往往要同时使用多种外加剂，高效多功能复合外加剂是石膏外加剂的发展方向。由于对石膏外加剂复合原理不清楚，使用中只是把几种外加剂机械地加合在一起，不但不能产生复合超叠加效应，有时反而出现外加剂相互影响、降低效能的现象。

（4）石膏外加剂利用率与应用水平低，石膏基材料技术经济水平亟待提高。受外加剂掺量大、价格高的影响，粉刷石膏的外加剂费用占其成本的40％以上，使粉刷石膏价格居高不下，影响了其推广利用。外加剂是模型石膏的关键技术，但我国目前一般不掺外加剂，故只能生产中、低档模型石膏，高级模型石膏则完全依赖进口。建筑石膏即使在使用时也很少使用外加剂，水膏比一般超过0.7，强度徘徊在3～4MPa。

针对以上情况，应对石膏外加剂分子结构与性能的关系、外加剂吸附特性、吸附膜结构与性能、外加剂对水化速率与硬化体微结构的影响进行深入、系统的研究，揭示石膏外加剂的作用本质及其内在规律。深入研究外加剂复合的互补、增强行为，揭示复合外加剂超叠加效应的本质，建立石膏外加剂复配原理，为石膏高效多功能复合外加剂的研究与开发指明方向。明确外加剂的使用范围和使用方法，使人们更加科学合理地使用外加剂，研究以外加剂技术提升石膏基材料技术经济性的实用技术，形成以复合外加剂改性、制备高性能石膏基材料的技术体系。

## 二、缓凝剂对建筑石膏的影响

### （一）建筑石膏水化放热阶段及缓凝剂对其水化放热进程影响

建筑石膏水化放热分为三个阶段。第一阶段石膏与水接触释放出溶解热，水化温度升高，但在一定时间内水化温度增长缓慢；第二阶段为加速期，水化温度迅速升高；第三阶段水化速率减慢，温度达到峰值。水化温度的加速阶段对应于石膏初凝到终凝时期，温度峰值出现在终凝时间之后。掺入缓凝剂后，在初凝后开始加速升温，终凝时开始大量放热，温度迅速升高，温度峰值出现在终凝后，表明在初凝之前的诱导期是结晶准备阶段，晶核尚未长大与相互搭接，在初凝之后开始急剧结晶，终凝之后晶体大量搭接，形成结晶结构网。与空白样比较，高蛋白使石膏初期水化温度明显降低，表明它对建筑石膏水化初期有明显的抑制作用。

（二）缓凝剂对建筑石膏作用效果的影响因素

溶液 pH 值对缓凝剂，尤其是羟基羧酸盐类缓凝剂的作用效果有很大影响。应用表明，每一种缓凝剂都有一个最佳效果的 pH 值范围，调节合适的 pH 值有利于发挥缓凝剂的最佳作用效果。对大多数缓凝剂来说，最佳 pH 值为中偏碱性。

在不同 pH 值下，缓凝剂对石膏凝结时间和强度有不同的影响

通过应用 pH 值对缓凝剂作用效果的影响，一方面可以在一定掺量下，调节 pH 值使缓凝剂的作用效果达到最佳；另一方面，有助于了解缓凝剂在石膏中形成沉淀或络合物的稳定性，从而对缓凝剂的缓凝机理研究有一定的指导作用。本文选取柠檬酸、多聚磷酸钠和骨胶三种典型类型的缓凝剂。

在 pH 值为 7～10 阶段，掺加柠檬酸的石膏凝结时最长，pH 值低于或高于 10 时，凝结时间都比 7～10 阶段要短。在 pH 值超过 10 时，凝结时间呈现降低趋势，但仍比酸性条件下凝结时间长，因而柠檬酸调节石膏凝结时间适于偏碱性环境。掺加柠檬酸后，pH 值的变化对石膏的抗折、抗压强度影响不明显。石膏中掺加柠檬酸后，石膏在中性和碱性环境中强度偏高，在酸性环境中强度偏低。不掺加酸或碱时，掺加柠檬酸的石膏浆体 pH 值为 3.2，因而要达到较长的凝结时间和较高的强度，需要掺加一定量的碱将 pH 值调到偏碱性，但碱性不宜过高，pH 值不要超过 10。

掺加多聚磷酸钠后，当 pH 值小于 7 时，凝结时间与 pH 值基本无关；当 pH 值为 7～11 阶段时，凝结时间随 pH 值增加而延长；当 pH 值大于 11 后，凝结时间又略有下降，而且碱性条件下比酸性条件下的凝结时间长。掺加多聚磷酸钠后，石膏强度在碱性条件下较高，在酸性条件下较低。不掺加酸或碱时，掺入多聚磷酸钠的石膏浆体 pH 值为 9，因而环境到碱性（pH 值为 9～11），可以使石膏凝结时间偏长，同时强度偏高。

无论是否掺入缓凝剂，石膏凝结时间均随石膏细度增加而缩短，但当石膏比表面积达到 $11236cm^2/g$ 时，凝结时间又略升高。石膏掺加缓凝剂后，石膏细度从 $5265cm^2/g$ 增加到 $8164cm^2/g$ 时，石膏凝结时间大幅度缩短，比表面积的增大对缓凝剂的作用效果具有一定的抵消作用。当细度在到 $8164cm^2/g$ 后，凝结时间与细度关系不大。掺加缓凝后石膏颗粒比表面积为 $5165～8164cm^2/g$ 时，石膏细度对石膏凝结时间影响显著。建筑石膏细度的变化对石膏硬化体的绝干强度影响不如对凝结时间影响显著。随着石膏细度的增加，石膏硬化体的绝干强度基本都呈现下趋势。但对不掺缓凝剂和掺柠檬酸的建筑石膏，当比表面积从 $5265cm^2/g$ 增加到 $8165cm^2/g$ 时，石膏强度有所增加。

由于各种石膏的相组成、成分及杂质含量不同，缓凝剂在石膏中的作用效果也就不同。

石膏中掺入不同的缓凝剂，缓凝时间随掺量变化的规律各不相同。柠檬酸在掺量为 0.01%～0.2% 时，石膏的缓凝时间随掺量变化的趋势比较平缓，当掺量大于 0.2% 时，石膏的掺量缓凝时间随着掺量增加而突然增长；骨胶蛋白质石膏缓凝剂、对石膏具有很强的缓凝作用时，并且缓凝时间不因掺量的变化发生突变现象，凝结时间增长比较平缓，这一特性有利于控制石膏材料的施工，根据操作时间的需要，可以任意调节石膏的凝结时间。

（三）骨胶蛋白质缓凝剂的掺量对石膏强度的影响

缓凝剂对石膏的作用是多方面的，对石膏起到缓凝作用的同时，对石膏硬化体的强度均有一定程度的负面作用，并且不同缓凝剂对石膏强度的影响程度不同。

（1）骨胶蛋白质石膏缓凝剂与柠檬酸和多聚磷酸钠具有共同的特性，随缓凝时间的延长，石膏材料的强度损失率呈持续增长的趋势，抗折强度和抗压强度损失率的变化趋势基本相同。

（2）在掺量相同的条件下，掺骨胶蛋白质石膏缓凝剂的石膏强度损失率比掺柠檬酸和多聚磷酸钠缓凝剂的均低。随着掺量的增加，掺入柠檬酸和多聚磷酸钠的石膏强度损失率增长幅度更快，在掺量为 0.01% 时，石膏的缓凝时间基本接近，但强度损失率却比骨胶蛋白质石膏缓凝剂高近 4 倍；在掺量为 0.3% 时，石膏强度损失率接近 80%。虽然骨胶蛋白质石膏缓凝剂的石膏强度损失率随缓凝时间的延长也在增长，但增长幅度很小，在 0.3% 时石膏抗折强度损失率为 30%，抗压强度损失率只有 25%，远远小于掺柠檬酸和多聚磷酸钠的石膏强度损失率。

一般认为，二水石膏的结晶状态和晶粒大小对石膏硬化体的宏观性能具有重要的影响，二水石膏中针状晶体和能产生有效交叉搭接晶粒越细小，则晶界增多，晶体内部缺陷的扩展阻力增加；而石膏中粗晶粒的应力集中效应显著时，使裂纹容易继续扩展而降低石膏的强度。因此，掺入骨胶蛋白质石膏缓凝剂的样品与纯石膏样强度较高，而掺入柠檬酸或多聚磷酸钠的石膏强度损失严重。

（3）骨胶蛋白质石膏缓凝剂的缓凝效果好，在较低的掺量下以明显延长石膏的凝结时间。且缓凝时间随缓凝剂的掺加量均匀变化，不发生对掺量不敏感或跳跃式突变的现象，这种性能便于调节石膏的凝结时间和容易控制生产。

（4）骨胶蛋白质石膏缓凝剂最明显优势在于：在缓凝进间相同条件下，掺加该缓凝剂的石膏强度损失率远远小于其他两者。当缓凝时间达到 2h 时，抗压强度损失率仅为 16.7%，同条件下柠檬酸和多聚磷酸钠对石膏的强度损失率均超过 50%。

（5）骨胶蛋白质石膏缓凝剂的石膏硬化体的微观结构影响较小，晶体形貌与基准样十分相似。掺加了柠檬酸和多聚磷酸钠之后，石膏晶体形貌由细长的针状变成短粗的柱状，石膏体中平均孔径明显增大，孔形恶化，因此，对强度的影响明显。

在不同 pH 值条件下，缓凝剂对石膏的作用效果是不相同的。柠檬酸适合在中性偏碱性条件下作石膏的缓凝剂，多聚磷酸钠适合在碱性条件下作石膏的缓凝剂，骨胶则在中性条件下，对石膏的缓凝剂效果最好。

（四）石膏专用缓凝剂分别与木钙、TG 复掺使用时，随石膏专用缓凝剂掺量的增多对胶凝材料的用水量影响不大

石膏专用缓凝剂、TG 的掺量均为 0.20% 时，脱硫石膏胶凝材料的凝结时间较长，强度较高，脱硫石膏胶凝材料的综合性能最佳。

石膏胶凝材料中单掺石膏专用缓凝剂时，胶凝材料凝结时间要比单掺木钙凝结时间长得多，但强度远不如单掺石膏专用缓凝剂时的强度，因此，在实际使用中石膏专用缓凝剂与木钙复掺效果相对较好。

0.15% 木钙与石膏专用缓凝剂复掺使用，石膏专用缓凝剂的最佳掺量为 0.22% 时，脱硫石膏胶凝材料的强度较好。

当石膏专用缓凝剂与 TG、木钙三者复掺使用时，它们的掺量分别为 0.20%、0.1%时，胶凝材料的强度较好。适当增加石膏专用缓凝剂的掺量，胶凝材料的凝结时间能得到有效的延长。

（五）高蛋白缓凝剂

高蛋白缓凝剂在不同添加量及不同 pH 值的情况下对脱硫建筑石膏性能的影响见表 9-16。

表 9-16　高蛋白缓凝剂在不同添加量及不同 pH 值的情况下对脱硫建筑石膏性能的影响

| 高蛋白缓凝剂用量（%） | 建筑石膏 pH 值 | 标稠（%） | 凝结时间（min） | |
|---|---|---|---|---|
| | | | 初凝 | 终凝 |
| 0.25 | 7 | 48 | 222 | 243 |
| | 9 | 48 | 214 | 240 |
| | 11 | 48 | 252 | 329 |
| | 13 | 45 | 272 | 356 |
| 0.3 | 7 | 48 | 266 | 307 |
| | 9 | 47 | 204 | 326 |
| | 11 | 48 | 262 | 360 |
| | 13 | 44 | 296 | 436 |
| 0.4 | 7 | 47 | 486 | 351 |
| | 9 | 47 | 312 | 490 |
| | 11 | 48 | 280 | 370 |
| | 13 | 44 | 380 | 562 |

高蛋白缓凝剂在不同 pH 值的情况下对建筑石膏性能的影响见表 9-17。

表 9-17　高蛋白缓凝剂在不同 pH 值的情况下对建筑石膏性能的影响

| 缓凝剂及用量（%） | 建筑石膏 pH 值 | 标稠用水量（%） | 凝结时间（min） | | 强度（MPa） | |
|---|---|---|---|---|---|---|
| | | | 初凝 | 终凝 | 干抗折 | 干抗压 |
| 高蛋白缓凝剂 0.15 | 7 | 52 | 97 | 123 | 3.68 | 13.27 |
| | 9 | 52 | 130 | 155 | 3.93 | 11.85 |
| | 11 | 51 | 132 | 154 | 3.66 | 12.00 |
| | 13 | 51 | 133 | 200 | 3.65 | 12.14 |

试验结果表明：对于高蛋白缓凝剂来说，碱性越强，对于其缓凝效果越好，缓凝时间越长。

在不同 pH 值的条件下，缓凝效果及强度也都有所不同，其都有一个最佳作用效果的 pH 值范围，调配合理的 pH 值有利于发挥缓凝剂的最佳效果，对大多缓凝剂来说，在偏碱条件下缓凝剂效果较好，试验结果同时表明缓凝剂用量越大，建筑石膏的凝结时间越长，强度越低，泌水现象越严重。因此我们要创造最佳条件，进行 pH 值的调整，降低缓凝剂的使用量，提高产品质量。

（六）柠檬酸钠对建筑石膏性能的影响

建筑石膏由于其具有轻质、防火、易加工等特点，已获得越来越广泛的关注。但由于建筑石膏凝结硬化快，不能满足部分石膏基材料的成型与施工的需要。因此，选择适宜的缓凝剂及掺量，可实现对石膏基胶凝材料凝结时间的大范围调节，来满足不同施工工艺的要求。本文研究了柠檬酸钠不同掺量对脱硫建筑石膏的凝结时间和强度的影响。

**1. 不同柠檬酸钠掺量对脱硫建筑石膏的缓凝作用**

不同柠檬酸钠掺量对脱硫建筑石膏凝结时间的影响见表 9-18。

表 9-18　不同柠檬酸钠掺量对脱硫建筑石膏凝结时间的影响

| 编号 | 水膏比 | 柠檬酸钠掺量（％） | 初凝时间（min） | 延长率（倍） | 终凝时间（min） | 延长率（倍） |
|---|---|---|---|---|---|---|
| 1 | 0.63 | 0 | 4 | 0 | 8.5 | 0 |
| 2 | 0.63 | 0.05 | 10 | 1.50 | 17 | 0.89 |
| 3 | 0.63 | 0.10 | 18 | 3.50 | 27 | 2.00 |
| 4 | 0.63 | 0.15 | 26 | 5.50 | 42 | 3.67 |
| 5 | 0.63 | 0.20 | 27 | 5.75 | 46 | 4.11 |
| 6 | 0.63 | 0.25 | 29 | 6.25 | 55 | 5.11 |
| 7 | 0.63 | 0.30 | 30 | 6.50 | 58 | 5.44 |
| 8 | 0.63 | 0.35 | 33 | 7.25 | 60 | 5.78 |

柠檬酸钠对建筑石膏具有显著的缓凝效果，可见，随着柠檬酸钠掺量的增加，建筑石膏的凝结时间显著增加。当掺量小于 0.15％时，建筑石膏的初凝时间的增加呈直线上升状态，当掺量超过 0.15％时，建筑石膏初凝时间的延长变得平缓。而终凝时间随着缓凝剂掺量的增加一直呈现增长状态。

没有掺柠檬酸钠时，建筑石膏的初、终凝时间分别为 4min 和 8.5min；当掺量为 0.10％时，建筑石膏的初凝时间为 18min，终凝时间为 27min；掺量增加至 0.15％时，初终凝时间相对于空白建筑石膏的凝结时间分别延长了 5.5 倍和 3.9 倍，时间增幅最为显著，故柠檬酸钠掺量为 0.10％～0.15％时对建筑石膏的缓凝效果最为突出。其后凝结时间增速开始变缓，缓凝效果增加不太显著；掺量为 0.35％时，建筑石膏的初终凝时间分别成为 33min 和 60min，相对于掺量为 0.15％时的建筑石膏分别延长了 27％和 43％，时间增幅不大，故柠檬酸钠掺量为 0.15％～0.35％时对建筑石膏的缓凝效果不显著。

**2. 不同柠檬酸钠掺量对建筑石膏的强度影响**

柠檬酸钠对建筑石膏的抗折、抗压强度的影响关系如图 9-2 所示。由图 9-2 可以看出，随着柠檬酸钠掺量的增加，建筑石膏的干抗折、干抗压强度均呈现逐渐降低的趋势。以柠檬酸钠掺量为 0 的建筑石膏强度为基准强度：在柠檬酸钠掺量分别为 0.05％、0.10％、0.15％、0.20％、0.25％、0.30％时抗折强度损失率分别为 17％、25％、36％、39％、44％、50％；抗压强度损失率分别为 12％、43％、47％、51％、64％、72％。由此可见，柠檬酸钠对建筑石膏抗压强度降低程度明显大于对其抗折强度的降低幅度。并且当柠檬酸钠的掺量大于 0.15％时，其抗折抗压强度的损失率降低幅度明显减缓。

柠檬酸钠缓凝剂的掺入不同程度地降低了石膏硬化体的强度，并且随着掺量的增加，强度不断降低。缓凝时间越长，强度损失越大。因此，柠檬酸钠掺量的选择要综合考虑脱硫建筑石膏的凝结时间和强度，使用量建议不超过 0.10％。

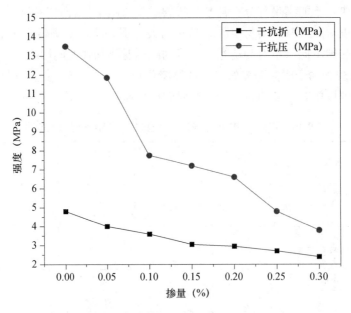

图 9-2　柠檬酸钠不同掺量对脱硫建筑石膏强度的影响

## 三、聚乙烯醇对建筑石膏性能的影响

聚乙烯醇对建筑石膏性能的影响见表 9-19。

表 9-19　聚乙烯醇对建筑石膏性能的影响

|  | 1 | 2 | 3 | 4 | 5 |
|---|---|---|---|---|---|
| 石膏（g） | 1000 | 1000 | 1000 | 1000 | 1000 |
| 聚乙烯醇（g） | 0 | 2 | 4 | 6 | 8 |
| 初凝（min） | 5 | 5 | 6 | 7 | 7 |
| 终凝（min） | 16 | 18 | 19 | 20 | 21 |
| 干抗折（MPa） | 4.43 | 4.65 | 5.38 | 6.16 | 6.44 |
| 干抗压（MPa） | 12.06 | 12.57 | 14.03 | 13.79 | 14.08 |

通过上述试验，我们可以看出：

（1）随着聚乙烯醇掺量的不断增大，其初、终凝时间均得到不同程度地延长；当掺量为 8‰时，其初终凝时间分别为 7min 和 21min，分别较纯石膏凝结时间延长 40％和 31％，缓凝效果较为明显。

（2）随着聚乙烯醇掺量的不断增大，石膏强度不断增大；当掺量为 8‰时，其干抗折、抗压强度分别为 6.44MPa 和 14.08MPa，分别较纯建筑石膏强度提高 45％和 17％，提高较为显著。

## 四、羧甲基纤维素（CMC）对建筑石膏性能的影响

CMC 复合粉煤灰及水泥对脱硫建筑石膏性能的影响见表 9-20。

表 9-20 CMC 复合粉煤灰及水泥对脱硫建筑石膏性能的影响

| 实验组号 | 试样编号 | 用料配比（g） | | | | | 标准稠度用水量（%） | 凝结时间（min） | | 干强度（MPa） | |
|---|---|---|---|---|---|---|---|---|---|---|---|
| | | 脱硫石膏 | 缓凝剂 | CMC | 粉煤灰 | 水泥 | | 初凝时间 | 终凝时间 | 抗折 | 抗压 |
| 第一组 | A1 | 100 | 0.25 | 0.3 | — | — | 83 | 44 | 65 | 1.55 | 6.42 |
| | A2 | 100 | 0.25 | 0.4 | — | — | 83 | 149 | 172 | 1.16 | 5.51 |
| | A3 | 100 | 0.25 | 0.5 | — | — | 78 | 305 | 327 | 0.45 | 3.77 |
| | A4 | 100 | 0.25 | 0.6 | — | — | 85 | 155 | 182 | 0.26 | 3.60 |
| 第二组 | B1 | 96 | 0.25 | 0.3 | 4 | — | 73 | 88 | 102 | 2.0 | 7.17 |
| | B2 | 92 | 0.25 | 0.3 | 8 | — | 71 | 89 | 126 | 2.22 | 7.66 |
| | B3 | 88 | 0.25 | 0.3 | 12 | — | 68 | 100 | 183 | 2.04 | 7.29 |
| | B4 | 84 | 0.25 | 0.3 | 16 | — | 66 | 107 | 225 | 2.16 | 8.48 |
| | B5 | 80 | 0.25 | 0.3 | 20 | — | 65 | 130 | 207 | 1.67 | 6.90 |
| 第三组 | C1 | 94 | 0.25 | 0.4 | 4 | 2 | 74 | 74 | 125 | 2.77 | 11.27 |
| | C2 | 88 | 0.25 | 0.4 | 8 | 4 | 73 | 47 | 77 | 3.08 | 12.11 |
| | C3 | 82 | 0.25 | 0.4 | 12 | 6 | 70 | 32 | 45 | 3.29 | 12.31 |
| | C4 | 76 | 0.25 | 0.4 | 16 | 8 | 69 | 18 | 25 | 2.76 | 12.89 |
| | C5 | 70 | 0.25 | 0.4 | 20 | 10 | 61 | 16 | 23 | 3.37 | 14.24 |

（1）从第一组试验中，我们可以看出：在掺入缓凝剂的量一定的情况下，随着 CMC 掺量的增加，脱硫建筑石膏的初终凝时间逐渐延长；在 0.5% 时，初终凝时间达到最长，而后时间开始缩短。在强度方面，随着 CMC 掺量的增加，脱硫建筑石膏的强度不断下降。

（2）从第二组试验中，我们可以发现：在 CMC 掺量和缓凝剂掺量一定的前提下，加入粉煤灰，对于石膏的强度有明显的增强作用。这是因为石膏对于粉煤灰也有一定的激发作用。随着粉煤灰掺量的不断增大，标准稠度不断减少，凝结时间不断延长。当粉煤灰掺量为 16% 时，强度较高。

（3）从第三组试验中，我们可以发现：在 CMC 掺量和缓凝剂掺量一定的前提下，按相同比例加入粉煤灰和水泥。随着掺量的不断增大，标准稠度不断减少，凝结时间不断缩短，强度不断增大。

综上所述，对比第二组和第三组试验可以看出，第三组比第二组的凝结时间要缩短很多，但其强度比第二组的要高。

## 五、减水剂对建筑石膏的影响

由于石膏水化需要的水量为 18.6%，而实际拌和时要使石膏砂浆达到合适的施工性，用水量是理论需水量的 3 倍左右，多余的水分将在石膏砂浆硬化过程中挥发掉。大量的拌和水挥发后将给石膏制品或石膏砂浆中留下空隙，降低了石膏砂浆的密实度和强度。添加适量的减水剂、可以不同程度地减少石膏砂浆拌和用水量，改善石膏砂浆的施工性，改变石膏砂浆硬化体的孔结构，提高硬化体的密实度和强度。

石膏减水剂在应用过程中遇到的一个很突出的问题就是流动度经时损失问题。石膏凝结硬化很快，使得石膏浆体流动度经时损失严重，流动度经时损失较小是理想的石膏体系减水剂。复配缓凝剂是抑制石膏砂浆流动度经时损失有效的技术手段，但缓凝剂掺量过大时会损失石膏砂浆硬化体的强度。

陈化的程度将影响一定稠度的用水量，即新炒制的石膏比陈化过的用水量大，因为大量水分的吸收，形成了二水石膏晶核，加速了水化。

因为煅烧后的石膏在自然陈化过程的相当长时间内，缓慢而且连续地改变其性质，于是人们发明了许多人工陈化的方法，使它在储存过程不再发生变化。利用干燥作用的原理进行人工陈化，即在煅烧之前，原料石膏中加入约 0.2% 的氯化钙或类似的盐类。而许多潮湿剂都能影响石膏调制成一定稠度的用水量。其中大部分是减低用水量的，即为众所周知的塑化剂，例如烷基磺酸盐或三聚氰胺树脂，也可以加入絮凝剂使用水量增加。为了使具有一定水膏比的料浆稳定，防止出现沉淀或离析，可加入增稠剂（如纤维素和淀粉醚），这些物质对用水量的影响是很小的。

### 六、引气剂在建筑石膏中的作用

引气剂也称为加气剂，是一种粉末状的阴离子型表面活性剂，使用引气剂可在产品中引入大量均匀分布、稳定而封闭的微小气泡，有助于提高石膏砂浆的泵送性。

引气剂可广泛用于石膏砂浆（特别是轻质石膏抹灰砂浆）中，可改善石膏砂浆产品的施工性、光滑性、塑性等，同时引气剂可以提高产品在低温环境下的抗冻性能。

引气剂在石膏中应用的主要特征如下：

（1）增加石膏砂浆拌和物的稳定性和黏性，减少泌水和离析现象的发生。

（2）由于引气作用能补偿级配不良骨料的细粒部分，提高石膏的质量。

（3）添加引气剂的砂浆更容易抹面。

（4）减少石膏砂浆表面的缺陷，如麻面、陷坑等。

# 第十章　建筑石膏应用产品简述

## 第一节　石膏板类材料

### 一、纸面石膏板

纸面石膏板是以建筑石膏为主要原料，加入少量添加剂与水搅拌后，连续浇注在两层护面纸之间，再经封边、压平、凝固、切断、干燥而成的一种轻质建筑板材。

根据《纸面石膏板》（GB/T 9775—2008），纸面石膏板按其功能分为普通纸面石膏板、耐水纸面石膏板、耐火纸面石膏板以及耐水耐火纸面石膏板四种。

（一）普通纸面石膏板（代号 P）

普通纸面石膏板是以建筑石膏为主要原料，掺入适量纤维增强材料和外加剂等，在与水搅拌后，浇注于护面纸的面纸与背纸之间，并与护面纸牢固地粘结在一起的建筑板材。

普通纸面石膏板是最为经济与常见的品种，主要用于建筑物的隔墙、吊顶、贴面板等，适用于无特殊要求的使用场所，使用场所连续相对湿度不超过 65%。因为价格的原因，很多人喜欢使用 9.5mm 厚的普通纸面石膏板来做吊顶或间墙，但是由于 9.5mm 普通纸面石膏板比较薄、强度不高，在潮湿条件下容易发生变形，因此建议选用 12mm 以上的石膏板。同时，使用较厚的板材也是预防接缝开裂的一个有效手段。

（二）耐水纸面石膏板（代号 S）

耐水纸面石膏板是以建筑石膏为要原料，掺入适量纤维增强材料和耐水外加剂等，在与水搅拌后，浇注于耐水护面纸的面纸与背纸之间，并与耐水护面纸牢地粘结在一起，旨在改善防水性能的建筑板材。

它主要用于连续相对湿度不超过 95% 的使用场所的场所，如厨房、卫生间、室内停车库等需要抵抗间歇性潮湿和水汽的场合，也可用于满足临时外部暴露的需要。它可以阻止水汽的渗透，而不使内层龙骨锈蚀、破坏，板面适于粘贴各种装饰材料，包括瓷砖或部分轻质石材。

（三）耐火纸面石膏板（代号 ID）

耐火纸面石膏板是以建筑石膏为主要原料，掺入无机耐火纤维增强材料和外加剂等，在与水搅拌后，浇注于护面纸的面纸与背纸之间，并与护面纸牢固地粘结在一起，旨在提高防火性能的建筑板材。

其板芯内增加了耐火材料和大量玻璃纤维，如果切开石膏板，可以从断面处看见很多玻璃纤维。质量好的耐火纸面石膏板会选用耐火性能好的无碱玻纤，一般的产品都选用中碱或高碱玻纤。其主要用于有特殊要求的场所，如电梯井道、楼梯、钢梁柱的防火背覆以及防火墙和吊顶。

（四）耐水耐火纸面石膏板（代号 SH）

耐水耐火纸面石膏板是以建筑石膏为主要原料，掺入耐水外加剂和无机耐火纤维增强材料等，在与水搅拌后，浇注于耐水护面纸的面纸与背纸之间，并与耐水护面纸牢固地粘结在一起，旨在改善防水性能和提高防火性能的建筑板材。

它主要用于既要求防火又要求防水的建筑隔墙，如电梯井。

除国标分类方法之外，国内外还有如下特殊性能的纸面石膏板：

（五）分解甲醛石膏板

分解甲醛石膏板是在普通纸面石膏板、耐水纸面石膏板、耐火纸面石膏板或耐水耐火纸面石膏板的板芯添加了甲醛净化剂，能够持续降低室内甲醛 20～40 年。其原理分为三步：第一步是吸附室内空气中的甲醛；第二步甲醛净化剂与吸附的甲醛发生反应；第三步甲醛被分解为无害的碳水化合物永久停留在板芯中。其效果是一般和活性炭之类的产品所不可比拟的。因为活性炭只能吸附甲醛，吸附饱和后即会二次释放甲醛，造成二次污染。它是长时间"化学性分解"甲醛，而不是临时性物理吸附后又散发的板。其主要用于建筑物尤其是家庭装修的隔墙、吊顶、贴面板等。

（六）特级耐火石膏板

特级耐火石膏板是以建筑石膏为主要原料，掺入适量的玻璃纤维、蛭石、轻集料、纤维增强材料和外加剂构成芯材，并与玻璃纤维薄毡牢固地粘结在一起的建筑板材。此产品属于不燃级材料，主要用在钢结构防火外包和管道的防火外包。

（七）耐水汽纸面石膏板

耐水汽纸面石膏板是板芯为高纯度建筑石膏，板面为两层高质量的护面纸，背面复贴一层带聚酯膜的金属片，从而隔断水蒸气的侵蚀。其适用于贴面墙、吊顶、隔断等需要控制蒸汽的场合。

（八）耐冲击纸面石膏板

耐冲击纸面石膏板在板芯中添加玻璃纤维、蛭石等材料，使用高密度、单位质量大、强度高的护面纸，这种板的单位质量比普通板要高 30％以上，因而具有较高的抗折强度，较高的耐冲击性以及良好的耐磨性能。其主要用于隔墙、独立墙、井道围护墙以及其他交通量大的场所。

（九）隔声纸面石膏板

隔声纸面石膏板是用高纯度的建筑石膏或者在板芯中添加特殊助剂和矿物质，制成高密度板芯，并用高质量的护面纸构成的一种板材。由于它具有特殊的有回弹力的高密度板芯而获得优良的隔声性能，使声音在通过它时有很大程度的衰减，通过使用保温层和不同层数的隔声石膏板，可以达到特殊的隔声效果，从而适用于具有隔声要求的隔墙。

（十）高强度纸面石膏板

高强度纸面石膏板是使用高品位石膏芯材，高强度护面纸制成的一种比普通板强度更高的板材。它有更强的抗冲击力和更好的固定强度，适用于医院、学校、高档住宅等对耐久性要求高的场所。

（十一）井道衬墙板

井道衬墙板由外加蛭石、玻璃纤维、烟灰等材料的板芯和特制的呈灰色护面纸构成。板厚25mm，板宽600mm，最长3600mm，适用于井道墙壁系统，为电梯井道、竖井及其他只能在一面安装墙壁的地方提供防火保护作用。

## 二、纤维石膏板

纤维石膏板（或称石膏纤维板，无纸石膏板）是一种以建筑石膏粉为主要原料，以各种纤维为增强材料，以及少量化学添加剂制成的一种新型建筑板材。

建筑石膏主要成分是半水石膏，在半水石膏中加入一定量的水后，水分进入硫酸钙的晶体中生成二水石膏，这时，在二水石膏的晶体之间建立一定的连接，使石膏凝结体有一定的强度。这种石膏晶体之间的连接脆性较大。为了改善它的性能，可在石膏凝结体中或表面加入一定量的纤维材料，如木质纤维、废纸纤维、玻璃纤维等，以增加板材的韧性。

纤维石膏板具有特殊的轻质高强、隔声吸声、保温隔热、可塑性好（可钉、钻、刨、锯、贴面等）、握钉力强、防虫鼠蛀蚀、A级防火、抗开裂、绿色环保、方便施工等优点。

纤维石膏板用于干燥房屋和船舱的内壁装修，可广泛用于剧院、音乐厅、KTV、歌舞厅、中学、机场、车站、会议室、研究室，实验室、办公室、商场、学校、隧道、消防通道、医院、大学、精密车间、厂房、住宅中的客厅、浴室、厨房、卫生间等隔墙，外墙内保温板，防静电高架地板，吊顶等。

## 三、石膏刨花板

石膏刨花板是以建筑石膏粉为基体，木质刨花（如木刨花、亚麻屑、甘蔗渣等）为增强材料压制成的板材。

石膏刨花板的产品标准为《石膏刨花板》（LY/T 1598—2011）。

石膏刨花板同时具有纸面石膏板和普通刨花板的优点，板材强度较高，易加工，板材尺寸稳定性好，施工中破损率低。石膏刨花板具有较好的防火、防水、隔热、隔声性能以及较高的尺寸稳定性，无游离甲醛等有害气体的释放，属绿色环保建材。石膏刨花板还兼有建筑石膏和木材两种材料的性能。如石膏刨花板的可加工性，像木材一样可锯、刨、钻、铣、钉等加工，同时具有建筑石膏良好的阻燃性能和较小的吸水厚度膨胀率。

石膏刨花板按品种分，可分为素板和表面装饰板。素板，即未经装饰的石膏刨花板。表面装饰石膏刨花板的品种目前主要包括微薄木饰面石膏刨花板、三氯氰胺饰面石膏刨花板、PVC薄膜饰面石膏刨花板等。

石膏刨花板适用于作公用建筑与住宅建筑的隔墙、吊顶、复合墙体基材等。用作墙体材料，适合用于纸面石膏板的配套龙骨，对石膏刨花板也同样适用。

# 第二节 石膏墙体材料

## 一、石膏砌块

石膏砌块是以建筑石膏为主要原料，经水搅拌、机械成型和干燥制成的建筑石膏制品，其外形为长方体，纵横边缘分别设有棒头和棒槽。生产中可加入纤维增强材料或其他集料，也可加入发泡剂、憎水剂、无机胶凝材料等。

石膏砌块是一种新型、轻质、环保的绿色建筑材料。石膏砌块具有施工便捷、尺寸精度高、保温、节能、隔声、防火、环保、轻质、高强、抗震、调湿、可再生利用等优势，是我国建筑节能和建筑技术创新重点推广的新型建筑材料。国内市场需求已开始呈现不断增加的趋势，国内生产企业也在不断发展壮大。

国际上已公认石膏砌块是可持续发展的绿色建材产品。其在欧洲占内墙总用量的 30％以上。除我国外，亚洲有多个国家与地区生产石膏砌块。非洲、北美洲、南美洲、大洋洲均生产石膏砌块。

中国自 20 世纪 80 年代引进石膏砌块。在这 30 多年间，石膏砌块也在稳步发展。根据 T/ CBMF 36— 2018《石膏砌块》，石膏砌块分类方法如下：

（一）按结构分类

（1）空心石膏砌块：带有水平或垂直方向预制孔洞的砌块，代号 K；

（2）实心石膏砌块：无预制孔洞的砌块，代号 S。

（二）按实心部位的密度分类

（1）低密度石膏砌块，代号 D；

（2）中密度石膏砌块，代号 Z；

（3）高密度石膏砌块，代号 G。

（三）按表观密度分类

石膏砌块可分为 B06、B08、B11、B15 四个类别。

（四）按 2h 吸水率和软化系数分类

（1）普通石膏砌块：对吸水率和软化系数无要求的石膏砌块，代号 H3；

（2）H2 型防潮石膏砌块：2h 吸水率不大于 5％，软化系数不小于 0.6 的石膏砌块，代号 H2；

（3）H1 型防潮石膏砌块：2h 吸水率不大于 2.5％，软化系数不小于 0.85 的石膏砌块，代号 H1。

根据《石膏砌块》（JC/T 698— 2010），石膏砌块的规格法如下：

石膏砌块的规格尺寸应符合表 10-1 的规定。如需其他规格和外观，由供需双方协商确定。空心石膏砌块的示意图如图 10-1 所示，实心石膏砌块的示意图如图 10-2 所示。

表 10-1　规格尺寸

mm

| 项目 | 规格尺寸 |
| --- | --- |
| 长度 $L$ | 500、600、666 |
| 高度 $H$ | 250、333、500 |
| 厚度 $T$ | 80、100、120、150、180、200 |

石膏砌块适用于建筑物中非承重外墙、内墙（包括内隔墙、分户墙、厨房及卫生间隔墙等）的石膏砌块。由于石膏砌块具有施工便捷、尺寸精度高等特点，非常适合应用在装配式建筑体系。

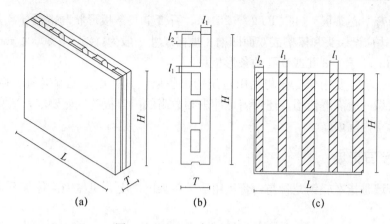

图 10-1　空心石膏砌块的示意图

（a）空心石膏砌块整体示意图；（b）空心石膏砌块俯视图；（c）空心石膏砌块纵向截面图

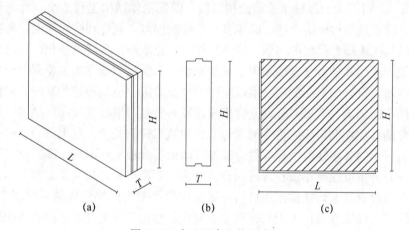

图 10-2　实心石膏砌块示意图

（a）实心石膏砌块整体示意图；（b）实心石膏砌块俯视图；（c）实心石膏砌块纵向截面图

说明：

$L$——石膏砌块的长度；

$H$——石膏砌块的高度；

$T$——石膏砌块的厚度；

$l_1$——孔与孔之间和孔与板面之间的最小壁厚；

$l_2$——孔与榫头之间的距离。

## 二、石膏空心条板

　　石膏空心条板是以建筑石膏为主要材料，或添加适当的辅料，或功能外加剂等，加水搅拌成料浆，经浇注成型、抽芯、干燥等工艺制成的轻质板材，为了提高板材的抗弯强度，在成型时，还可在板材的两侧各加设一层玻纤网布。

　　石膏空心条板具有质量轻、强度高、隔热、隔声、防火、吸声以及调节室内湿度等特点等性能，板面平整光滑、可锯、可刨、可钻、施工简便、施工效率高。依靠条板两棱边的榫和槽的互相咬合，用少量的石膏胶粘剂即可成墙，安装不仅方便、速度快，且易达到施工规范要求的精度。由于墙面平整，几乎不需要再抹水泥砂浆或抹灰石膏，减少了湿作业，安装完毕可立即进入装饰工序，加速了施工进度。

根据《石膏空心条板》（JC/T 829—2010），石膏空心条板形状与混凝土空心楼板类似，空心条板的长边应设棒头和棒槽或双面凹槽。规格尺寸一般为（2100～3000）mm×600mm×（60～120）mm、7孔、8孔或9孔的条形板材。

石膏空心条板主要用于工业与民用建筑的内隔墙，其特点是无须龙骨。由于改善了脆性，不仅可以做一般隔墙使用，还可满足冲击频数高的门口板的性能要求，适宜用作多层及高层住宅非承重内隔墙。

### 三、机喷石膏墙

机喷石膏墙是指在轻钢龙骨与石膏板组成的骨架隔墙上，机械喷涂抹灰石膏构成的复合墙体。

机喷石膏墙可广泛用于房屋的围护结构，特别适用于框架结构体系建筑的非承重墙。该墙体整体性强，有利于提高房屋的抗震性能，达到抗震设防烈度9度要求；自重轻，是传统墙材质量的1/3，可以大大减轻承重墙结构荷载，降低主体结构工程造价，并能根据设计需求灵活隔断，使建筑结构经济合理；墙体具有良好的保温、隔声和防火性能，解决了传统轻钢龙骨围护结构无法随意吊挂的问题；墙体配件工厂化生产，现场机械化、标准化组装，施工速度是传统工艺的2倍。复合墙利用工业废弃物——脱硫石膏作为主要原料研发制成，属于绿色环保材料，符合国家新型墙材推广应用的产业政策，也是理想的装配式墙材。随着我国墙体材料的不断创新与发展，轻钢龙骨机喷脱硫石膏复合墙体呈现出广阔的应用前景。

轻钢龙骨的各项性能指标应符合国家标准《建筑用轻钢龙骨》（GB/T 11981—2008）的规定。纸面石膏板的各项性能指标应符合标准《纸面石膏板》（GB/T 9775—2008）的规定。

机喷抹灰石膏是以脱硫建筑石膏粉和石英砂为主要原材料，加入添加剂和填充料等配制而成的一种黄色复合物料，在施工现场与一定比例的水混合搅拌形成的一种新型建筑砂浆。采用机械喷涂工艺喷涂在石膏板上与轻钢龙骨构成复合墙，可提高墙体的整体刚度及节能与隔声等性能。机喷石膏砂浆的性能指标应符合《抹灰石膏》（GB/T 28627—2012）对底层抹灰石膏的规定。

### 四、现浇石膏墙

现浇石膏墙是以改性建筑石膏为主要原料，必要时可加入纤维增加材料，通过现场支模，使用专用机械现场加水搅拌后浇注入模成型，经自然干燥制成的轻质墙体。种类按厚度划分，一般分为100mm、120mm、150mm、200mm厚四种规格，特殊种类可根据设计要求施工。现浇石膏墙板干燥后的密度为1100kg/m³左右。

改性建筑石膏是指以化学石膏或天然石膏为原料，通过煅烧并添加相关助剂混合而成的粉状原料，适合于现浇石膏墙板应用。只要控制石膏的凝结时间、标准稠度用水量、抗折强度、抗压强度等指标即可。

现浇石膏墙板具有质量轻、抗压强度高，抗冲击、隔声、保温、防火、干收缩小、板面平整、安装简易快捷、施工速度快、节能环保等特点。无毒、无味、无污染，可替代黏土砖作砌块，节约土地。

现浇石膏墙板可广泛用于民用建筑的非承重围护结构，特别适用于框架结构体系建筑的非承重墙。该墙体整体性强，有利于提高房屋的抗震性能，达到抗震设防烈度8度及8度以下要求。

## 第三节　石膏干混建材

### 一、抹灰石膏

抹灰石膏是以半水石膏（$CaSO_4 \cdot 1/2H_2O$）和 II 型无水硫酸钙（II 型 $CaSO_4$）单独或两者混合后作为主要胶凝材料，掺入外加剂制成的抹灰材料。

石膏基胶凝材料是一种传统的建筑材料，已有几千年的应用历史。根据相关资料报道，美国、德国、日本、法国、英国等国家把抹灰石膏作为主要的内墙粉刷抹灰材料，用量占总抹灰材料的 60%～85%。近年来，我国抹灰石膏的产品开发、应用研究也在不断快速地推进中，已开发出多种抹灰石膏系列产品，工程需求量以每年超过 5% 的速度递增，具有非常广泛的市场发展空间和潜力。

抹灰石膏具有保水性好，粘结力强，强度适中，良好的施工性能，凝结硬化速度快，施工效率高，与基层墙体间的粘结性能较好，干燥后收缩率小于万分之五，高效防空鼓、防开裂，可明显降低墙体开裂、空鼓脱落等常见质量通病的发生，显著提高工程质量。抹灰石膏还具有质轻、防火、保温隔热等特点，能起到调节室内湿度、改善居住环境的作用。可广泛代替传统的水泥砂浆（混合砂浆）由于室内干燥区域墙体的刮糙找平。

抹灰石膏之所以能够在几乎所有的基材表面抹灰而不空鼓、不开裂，其最主要的原因就是它具有良好的保水性能。

根据《抹灰石膏》（GB/T 28627—2012），抹灰石膏分为以下几个种类：

（1）面层抹灰石膏：用于底层抹灰石膏或其他基底上的薄层找平或饰面的石膏抹灰材料。

（2）底层抹灰石膏：用于基底找平的石膏抹灰材料，通常含有集料。

（3）轻质底层抹灰石膏：含有轻集料的底层抹灰石膏。

（4）保温层抹灰石膏：具有保温功能的石膏抹灰材料。

抹灰石膏适用住宅楼、办公楼、酒店、医院、厂房、体育场馆、机房等室内室内干燥区域基层墙体和顶棚部位。抹灰石膏和现浇混凝土、砖砌体、混凝土砌块、加气混凝土砌体、新型砌体等等墙体和顶棚材料都具有良好的粘结效果。抹灰石膏不得用于室外，不得用于厨房、卫生间等室内潮湿环境，也不得用于室内有腐蚀性介质的环境。

抹灰与基层粘结牢固，可以避免传统水泥砂浆抹面层出现开裂、空鼓、脱落现象，特别适用于加气混凝土等新型轻质墙体和顶棚。

轻质抹灰石膏和保温型抹灰石膏换可用于住宅的分户墙和分户楼板的保温，以及内墙保温板的抗裂防火保护面层。

### 二、石膏自流平

石膏自流平是以半水石膏、无水石膏或两者的混合物为主要胶凝材料、和/或骨料、填料及外加剂所组成的新拌状态下具有一定流动性的石膏基室内地面用自流平材料，俗称自流平石膏。

石膏自流平的产品标准为《石膏基自流平砂浆》（JC/T 1023—2007）。

石膏基自流平砂浆，是一种在混凝土楼板垫层上能自流动摊平，即在自身重力作用下形成平滑表面，成为较为理想的建筑物地面找平层，是铺设地毯、木地板和各种地面装饰材料的基层材料。自流平石膏可以直接在垫层上浇灌出找平层，待其硬化后，用户即可根据自己意愿在石膏找平层上做饰面层。

采用自流平石膏施工的地面，尺寸准确，平整度好，不空鼓、不开裂。浇灌 24h 后即可在上面行走；48h 后可以在上面进行作业。因其平整度高，干燥后，一般不需进行修整，可直接在地面上铺贴 PVC 板或地毯等。若做实木地板或粘贴地面砖，用胶粘剂量极少，既减少了楼地面质量，又节省了大量胶粘剂。

由于自流平石膏地面导热系数低于水泥砂浆地面，脚踩在其上面没有冰冷感觉。采用自流平地面找平材料做高标准室内地面省时、省工，不用高级抹灰工即可完成；作业时轻松方便，效率高；并且能采用泵送施工，日铺地面可为 $1000\sim2000\mathrm{m}^2$。用这种方法，还可以做出无缝大面积地面。自流平石膏在日本和西欧国家应用比较普遍，有成熟的生产技术及配套的施工机具。国内已经在逐渐推广和大面积应用石膏自流平。

相对于传统的细石混凝土找平材料，石膏基自流平砂浆的收缩率小、不开裂、平整度高、早强、施工速度快等显著优点。

石膏自流平主要用于民用建筑的室内干燥区域的混凝土楼板垫层找平、保温隔声浮筑楼板的垫层找平，以及地板采暖系统的垫层找平。

### 三、粘结石膏

是以高纯度半水石膏为胶凝材料，配以多种环保添加剂，经工厂严格控制生产的石膏基粘结材料。

粘结石膏的产品标准为《粘结石膏》（JC/T 1025—2007）。

粘结石膏主要用于快速粘贴保温板、石膏板等材料，具有干缩率小、不开裂、耐火性能好、早强快凝、施工快捷、附着力极强、粘接力强、薄厚皆宜、用途广泛、轻质节材、无毒无味，绿色环保，适合于各种不同材料的基底等特点。

粘结石膏的主要用途如下：

（1）粘结石膏适用室内贴面墙Ⅰ型和龙骨衬垫贴面墙系统，用来粘贴纸面石膏板，衬垫龙骨或室内的保温绝缘材料、复合内保温板；

（2）粘结石膏线条；

（3）可以用来填补墙面开凿的管线槽；

（4）特殊接缝部位如石膏板与水泥墙阴角，可以用来填缝，调节两种材质的伸缩性；

（5）填补水泥墙上的细密裂纹。

### 四、石膏腻子

石膏腻子是以半水石膏（$CaSO_4\cdot1/2H_2O$）为主要胶凝材料，掺入适量的辅料及外加剂配置而成，用于表面批刮找平或装饰的材料。

与传统水泥或树脂类腻子材料相比，石膏腻子充分利用石膏材料的优良特性，可显著改善室内居住环境。石膏腻子具有质感细腻、呼吸性、防火性、易打磨和不易干缩裂缝、起粉及空鼓脱落等性能优势，石膏腻子酸碱度呈中性更加亲和人体，用于室内面层批刮装饰或涂装前的打底，更有益于体健康。因此，石膏腻子具有生态环保、健康、优良的装饰性能，是一种健康功能型室内装饰材料，在提高装饰装修材料的功能性改善室内居住环境方面具有显著优势，顺应未来室内绿色建材的发展趋势，其技术及产品将是绿色建筑宜居装饰材料的首选石膏腻子作为一种新型绿色环保材料，在国内外室内装饰中已被逐渐采用、既符合了绿色建筑的需求，又是提升居住舒通性和健康的必然选择，应大力推广和应用。

石膏腻子可广泛应用于建筑物内部面层薄层批刮装饰或涂装装饰前的打底，也可作为其他室内用制品面层的装饰和处理。

### 五、嵌缝石膏

嵌缝石膏是以建筑石膏为主要原料，掺入外加剂，混合均匀后，用于石膏板材之间填嵌缝隙或找平用的粉状嵌缝材料。

嵌缝石膏的主要配套材料是增强用的接缝带，是由加强材料制成的狭带，它埋置于石膏嵌缝石膏内部，以加强石膏板接缝强度。接缝带有两种，一种由能够满足增强接缝用的特殊纸，经过电火花或机械打孔处理，切割成一定宽度的接缝纸带，具有透气好、与嵌缝石膏粘结良好的特点。另一种是由一定规格的玻璃纤维网格布表面涂有特制被覆胶粘剂，经过适当的加工工艺制成的接缝带，具有抗拉强度高、尺寸稳定性好，能与嵌缝石膏粘结良好的玻纤接缝带。

嵌缝石膏的产品标准为《嵌缝石膏》（JC/T 2075—2011）。

嵌缝石膏具有干缩强度低，收缩变形小，和易性好，易施工，粘结力强，不含甲醛和有机化合物，无毒无害，绿色环保，是室内装潢装饰必不可少的配套产品。

嵌缝石膏主要适用于有建筑墙体板缝填充，如水泥板、石膏板、顶板和钉孔等接缝处和钉眼等填充孔洞、缝隙修补以及其他需要嵌缝部位，以及局部墙面不平整的修补。

## 第四节　石膏装饰材料

石膏装饰制品以建筑石膏为主要原料，并按产品的不同品种、不同生产工艺掺入不同的外加剂制成。

### 一、罗马柱、石膏线条等

罗马柱和石膏线条的主要原料为石膏粉，通过和一定比例的水混合灌入模具并加入纤维增加韧性，可带各种花纹。其花色品种多样、规格不一，包括石膏柱、角花、角线、平底线、圆弧线、花盘、花纹板、门头花、壁托、壁炉、壁画、阁龛，以及各式石膏立体浮雕、艺术品等。产品艺术感强，广泛应用于各类不同的建筑风格、不同档次的建筑室内艺术装饰。它的装饰造型可使楼堂馆所富丽堂皇、气势雄伟；居室雍容华贵、温馨典雅。

罗马柱和石膏线条具有实用美观，价格低，具有防火、防潮、保温、隔声、隔热功能，并能起到豪华的装饰效果。

石膏装饰制品常见的品种与规格如下

（一）罗马柱

石膏柱属于典型的西洋风格装饰件，有罗马式、爱奥尼克式和科林斯式三种款式。产品根据其截面形状分为圆柱（整圆柱、半圆柱）和方柱（整方柱、半方柱）两大类。

（1）圆柱：成型产品多为半圆的柱身、柱头和柱脚散件，安装中以散件组装成整圆柱或半圆柱。因而不但要求产品花饰美观，同时也要求柱身、柱头、柱脚组成半圆柱和由两个半圆柱组合成整圆柱的组合拼装，对称造型性能良好。

（2）方柱：多按设计需要，采用石膏条纹板和石膏线条在施工现场拼做。罗马柱规格：按设计尺寸在施工现场拼做。

（二）石膏角线

石膏角线是石膏装饰制品中安装应用量最大，花饰、款式及宽、厚度规格最繁多的大宗产品，用于顶棚和墙体的阴角装饰。

（三）石膏平底线

石膏平底线是一种形似石膏角线，但背部平整的石膏线条，用于室内平面方框装饰造型，多以石膏角花镶配四角，也用作顶棚阴角和吊顶造型绕墙四周的压线条、挂镜线装饰。

（四）石膏角花

石膏角花分 A 类和 B 类。A 类花饰自成一格，自组装饰构图。B 类是石膏角花中的大类。石膏角花背部平整，使用时镶配于石膏平底线方框装饰造型的四角。

（五）石膏圆弧线

石膏圆弧线为圆弧状，因其背部不同而分为 A 类、B 类。A 类为石膏角线在拼方框造型时镶配四角的过渡弧。B 类与石膏角花的 B 类相同，背部平整，但其平面形状为弧形，用于镶配石膏平底线方框造型的四角。

（六）石膏花盘

石膏花盘花饰款式多样，形体大小、质量悬殊。其用于室内灯具、顶棚和墙壁装饰。规格以圆形为主，其他有椭圆形、长方形、正方形、多边形、异形和分块组合形等，单件质量 3～30kg 不等。

（七）其他品种

一类是样式较单一的产品，如门头花、壁托、阁龛、花纹板及条纹板等；另一类样式繁多，如浮雕壁画及各式浮雕、立体圆雕等艺术装饰品。多种规格，因产品而异。

罗马柱主要用于楼、堂、馆、所的大厅装饰，也可用于民居中的大厅装饰。

## 二、装饰石膏板

装饰石膏板是一种以建筑石膏为主要原料，掺入适量纤维增强材料和外加剂，与水一起搅拌成均匀的料浆，经浇注成型、干燥而成的不带护面纸或其他覆盖物的装饰板材。

装饰石膏板的产品标准为《嵌装式装饰石膏板》（JC/T 800—2007）。

轻薄型装饰石膏板虽然图案逼真，外观新颖、强度高、重量轻、防潮、防火、防潮、易加工、安装简单等特点。

装饰石膏板品种繁多，包括普通装饰石膏板、嵌装式装饰石膏板、新型装饰石膏板及大型装饰板块等，其中，嵌装式装饰石膏板四周具有不同形式的企口，安装非常方便。装饰石膏板按功能分有装饰板、吸声板、通风板；按材性分有普通板、耐火板、防潮板；按花纹分有平纹、浅浮雕、深浮雕；按安装方法分有明龙骨和暗龙骨等；与各种装饰条、角、线、石膏灯座及石膏柱等配套使用，可形成富丽堂皇、典雅华贵的风格。

装饰石膏板通常用于各种建筑物吊顶的装饰装修，如卧室、客厅、酒吧、舞厅、剧院、礼堂、办公楼、餐厅、商店、会议室、大型报告厅、体育馆和大会堂等。

### 三、玻璃纤维增强石膏装饰制品（GRG）

GRG（Glass Fiber Reinforced Gypsum）的中文全名是玻璃纤维增强石膏。它是采用高密度 α-石膏粉、增强玻璃纤维，以及一些微量环保添加剂制成的预铸式新型装饰材料。

GRG 的产品标准为《装饰石膏板》（JC/T 799—2016）。

采用的高强石膏（如 α-石膏或改良石膏）的 GRG，其抗折强度大于 5MPa。GRG 可任意造型，可根据设计师的设计任意造型，进行大面积无缝密拼，形成完整造型；也可以生产大块，并易于分割；现场加工性能好，安装迅速灵活，特别是对洞口、弧形、转角等细微之处，可确保无任何误差。这些特性使 GRG 成为要求个性化的建筑师的首选，它独特的材料构成方式足以抵御外部环境造成的破损、变形和开裂。GRG 产品表面光洁平滑呈白色，材质表面光洁、细腻，白度达到 90% 以上，并且可以和各种涂料及面饰材料良好地粘结，形成极佳的装饰效果、环保安全。此种材料可制成各种平面板、各种功能型产品及各种艺术造型，是目前国际建筑装饰界流行的声学产品和高档室内装饰材料。

GRG 具有、性能稳定、强度高、抗冲击、不易变形、不易下陷、耐火、优异的声学反射性能、会呼吸、可任意造型、加工周期短、施工方便、损耗低、质量轻、绿色环保使用寿命长等诸多优点。

GRG 是集功能与装饰为体的新型装饰材料，常用于高档大型公用建筑的墙面和吊顶，是 21 世纪以来建筑界较为流行的新颖产品之一。用其制成的各种具有声学和装饰功能的大型构件用于剧院、博物馆、艺术中心等公用建筑的吊顶和墙面，造型新颖、美观、安全可靠。

GRG 除做吊顶、墙面构件外还可按设计师的要求，制作各种形状复杂、美观典雅的室内装饰品，装饰效果独特。

# 参考文献

[1] 陈燕，岳文海，董若兰，等．石膏建筑材料［M］．2 版．北京：中国建材工业出版社，2012.

[2] 向才旺．建筑石膏及其制品［M］．北京：中国建材工业出版社，1998.

[3] 法国石膏工业协会．石膏［M］．杨得山，译．北京：中国建筑工业出版社，1987.

[4] （苏）布特·奥克男柯夫．胶凝物质工艺学（下册）［M］．南京工学院代工系水泥工学教研组，译．北京：中国建筑工业出版社，1957.

[5] （苏）布德尼柯夫．石膏的研究与应用［M］．樊发家，曾宪靖，高康武译．北京：中国工业出版社，1963.

[6] 王祁青．石膏基建材与应用［M］．北京：化学工业出版社，2009.

[7] 卢志诚．中国石膏矿床成因类型［J］．地质论评，1983（05）：457.

[8] 杨昌炎，潘玉，何康，等．天然石膏的改性［J］．武汉工程大学学报，2014，36（10）：1-6.

[9] 李爱玲．天然石膏及其开发利用研究进展［J］．矿产与地质，2004（05）：498-501.

[10] 韩喜子．石膏矿地下开采技术及灾害防治措施研究［J］．黑龙江科技信息，2015（15）：37.

[11] 张健，张世雄．石膏矿床冲击地压灾害形成原因及其防范［J］．新型建筑材料，2005（06）：9-11.

[12] 李全明，付士根，王云海．石膏矿地下开采技术及灾害防治措施研究［J］．中国矿业，2008（04）：76-78.

[13] 郑怀昌，赵小稚，李明，等．采空区顶板大面积冒落危害及其控制［J］．化工矿物与加工，2004，33（12）：28-31.

[14] 魏军才．邵东县城石膏矿老采空区地面变形原因及防治对策［J］．湖南地质，2001（01）：47-52.

[15] 刘剑平，张淑兰．火连寨石膏矿岩石参数测试与误差分析［J］．有色矿冶，1999（01）：7-13.

[16] 张建新．天然硬石膏水化硬化及活性激发研究［D］．重庆大学，2009.

[17] 赵云龙，徐洛屹．石膏干混建材生产及应用技术［M］．北京：中国建材工业出版社，2016.

[18] 赵云龙，徐洛屹．石膏应用技术问答［M］．北京：中国建材工业出版社，2016.

[19] 全国水泥标准化技术委员会．GB/T 5484—2012 石膏化学分析方法［S］．北京：中国标准出版社，2013.

[20] 全国非金属矿产品及制品标准化技术委员会．GB/T 5483—2008 天然石膏［S］．北京：中国标准出版社，2009.

[21] 郭泰民．工业副产石膏应用技术［M］．北京：中国建材工业出版社，2010.

［22］全国轻质与装饰装修建筑材料标准化技术委员会．JC/T 2074—2011 烟气脱硫石膏［S］．北京：中国建材工业出版社，2012.

［23］全国白度标准样品标准化技术工作组．GB/T 5950—2018 建筑材料与非金属矿产品白度测量方法［S］．北京：中国标准出版社，2008.

［24］全国水泥标准化技术委员会．GB/T 176—2017 水泥化学分析方法［S］．北京：中国标准出版社，2017：11.

［25］全国轻质与装饰装修建筑材料标准化技术委员会．GB/T 23456—2018 磷石膏［S］．北京：中国标准出版社，2018.

［26］全国轻质与装饰装修建筑材料标准化技术委员会．JC/T 2073—2011 磷石膏中磷、氟的测定方法［S］．北京：中国建材工业出版社，2012.

［27］中国建筑材料联合会．GB 6566—2010 建筑材料放射性核素限量［S］．北京：中国标准出版社，2011.

［28］胡术刚，马术文，王之静，等．钛白废酸废水治理及副产石膏应用探讨［J］．中国资源综合利用，2003（9）：2-8.

［29］李国忠，赵帅，于洋．钛石膏在建筑材料领域的应用研究［J］．砖瓦，2008（3）：58-60.

［30］陈德谦．攀枝花钛石膏在水泥生产中的应用研究［J］．水泥，2011（6）：17-20.

［31］隋肃，高子栋，李国忠．钛石膏的改性处理和力学性能研究［J］．硅酸盐通报，2010，29（1）：89-93.

［32］刘巧玲．钛石膏杂质分析及其建材资源化研究［D］．重庆：重庆大学，2004.

［33］黄伟．工业副产石膏在建筑材料中的应用［D］．济南：济南大学，2010.

［34］朱平静，罗茜，刘洪．硫酸法钛白石膏的纯化工艺研究［J］．西昌学院学报，2012（26）：67-69.

［35］魏绍东，冯圣君，魏艳．钛白废酸的综合利用研究现状［J］．无机盐工业，2009（41）：4-7.

［36］江莹．钛石膏除铁试验研究［J］．化工管理，2015（34）：199-200.

［37］王凌云，丁明，张纪黎．钛石膏除铁及综合利用现状［J］．广州化工，2016（15）：33-35.

［38］王培铭．无机非金属材料学［M］．上海：同济大学出版社，1999.

［39］戎延团．再生石膏性能变化及外加剂影响研究［D］．重庆大学，2015.

［40］孙铁石，徐洛屹，赵云龙．石膏建筑材料生产与质量控制［M］．北京：中国建材工业出版社，2003.

［41］牟国栋．半水石膏水化过程中的物相变化研究［J］．硅酸盐学报，2002，30（4）：532-536.

［42］杜勇．建筑磷石膏改性研究与应用［D］．重庆大学，2010.

［43］彭家慧．建筑石膏减水剂与缓凝剂作用机理研究［D］．重庆大学，2004.

［44］Lathar Scheller，Markus Mueller，Hans-Bertram Fisher，et al. 用二水硫酸钙促进半水熟石膏的凝结［C］．中国建筑材料联合会石膏建材分会成立大会暨第五届全国石膏技术交流大会论文集，2010，100-106.

［45］刘伟华．无机外加剂对 α 半水石膏性能的影响及其作用机理研究［D］．河北理工大

学，2005.

[46] 叶青青. 颗粒级配对 α 半水石膏水化和强度的影响 [D]. 浙江大学，2010.

[47] 仲超，夏强，蒋林华. 硼砂对脱硫建筑石膏水化的影响及其机理分析 [J]. 新型建筑材料，2011，38（10）：5-8.

[48] 赵洁，刘云霄，张春苗，脱硫建筑石膏水化特性与机理分析 [J]. 硅酸盐通报，2018，37（8）：2583-2587.

[49] 常秀丽. 脱硫石膏的性能研究 [D]. 哈尔滨工业大学，2011.

[50] 张丽英，喻德高，杨新亚，等. 半水石膏性能与微观结构的探讨 [J]. 武汉理工大学学报，2006，28（5）：33-35.

[51] 许积智，陈雯浩. 石膏脱水相及其水化的研究 [J]. 硅酸盐学报，1983，11（4）：414-421.

[52] 张建新. 天然硬石膏水化硬化及活性激发研究 [D]. 重庆大学，2009.

[53] 万体智，白冷，彭家惠，等. 天然硬石膏水化硬化研究 [J]. 非金属矿，2008，31（4）：1-3.

[54] 李丹，浅议水膏比对石膏材料强度的影响 [J]. 建筑，2012（5）：75-76.

[55] Yousuf, M.；Mollah, A. et al. Chemical and physical effects of sodium lignosulfonate supe rplasticizer on the hydration of portland cement and solidification/stabilization consequences [J]. Cement & Concrete Research 1995，25（3）：671 – 682.

[56] 王培铭，潘伟. 缓凝剂和减水剂作用于半水石膏水化硬化的研究进展 [J]. 材料导报，2011，25（13）：91-96.

[57] 郭瑞堂，徐宏建，潘卫国. 石灰石/石膏湿法脱硫中温度和金属离子对石膏结晶特性的影响 [J]. 中国电机工程学报，2010（26）：29-34.

[58] Wang, Aiqin；Zhang, Chengzhi et al. The theoretic analysis of the influence of the particle size distribution of cement system on the property of cement [J]. Cement & Concrete Research 1999，29（11）：1721-1726.

[59] 王爱勤，张宁生. 颗粒级配对水泥性能影响的探讨 [J]. 水泥工程，1996（6）：16-20.

[60] 李逢仁，熟石膏陈化机理的研究 [J]. 武汉理工大学学报，1982（3）：54-69.

[61] 裴锐，余红发，姜毅. 石膏脱水相陈化动力学机理及物理力学性能 [J]. 沈阳建筑工程学院学报，1999（1）：56-59.

[62] 张翔，影响纸面脱硫石膏板性能的因素及关键技术 [D]. 西安建筑科技大学，2014.

[63] 王宏霞. 烟气脱硫石膏中杂质离子对其结构与性能的影响 [D]. 中国建筑材料科学研究总院，2012.

[64] 陈曲仙. 氟铝杂质离子和有机酸添加剂对脱硫石膏结晶过程的影响实验研究 [D]. 湘潭大学，2014.

[65] 瞿金东，彭家惠，张建新，等. 大分子缓凝剂对建筑石膏水化进程的影响及缓凝机理 [J]. 硅酸盐学报，2008，36（7）：896-900.

[66] 张建新，吴莉，彭家惠，等. 缓凝剂对石膏水化过程和硬化体微结构的影响 [J]. 新型建筑材料，2003（7）：1-3.

[67] 李东旭，冯春花. 凝剂对脱硫建筑石膏性能的影响 [J]. 硅酸盐通报，2014，33

(5)：1231-1235.

[68] 李庚英，林芳辉，彭家惠．建筑石膏缓凝剂的研究 [J]．汕头大学学报：自然科学版，1998（2）：27-32.

[69] Badens, Elisabeth et al. Crystallization of gypsum from hemihydrate in presence of additives [J]. Journal of Crystal Growth 1999，198（3）：704-709.

[70] I. Odler. Relationships between pore structure and strength of set gypsum pastes Part II：Influence of chemical admixtures [J]．ZKG，1999，10：266-268.

[71] J. Willianason, A. J. Lewry. The setting of gypsum plaster part I The hydration of calcium sulphate hemihydrate [J]．Journal of Materials Science，1994，29：5279-5284.

[72] S. Seufert, C. Hesse, F. Goetz-Neunhoeffer, et al. Quantitative determination of anhydrite III from dehydrated gypsum by XRD [J]．Cement & Concrete Research，2009，39：936-941.

[73] K. Serafeimidis, G. Anagnostou. The solubilities and thermodynamic equilibrium of Anhydrite and gypsum [J]．Rock Mech Rock Eng.，2015，48：15-31.

[74] 喻德高，杨新亚，杨淑珍，等．半水石膏性能与微观结构的探讨 [J]．武汉理工大学学报，2006，28（5）：27-29.

[75] 朱大勇，王君，金旭，等．耐水型磷石膏砌块的制备及其防水机理的研究 [J]．新型建筑材料，2017，44（1）：68-70.

[76] 王志，俎全高，杜亮波．改善建筑石膏耐水性能的研究 [J]．新型建筑材料，2007，34（4）：64-66.

[77] 曹杨，李国忠，李建权，等．玻璃纤维/石膏复合材料的耐水性能研究 [J]．武汉理工大学学报，2007，29（7）：42-46.

[78] 刘润章．石膏防水性能研究 [J]．西北民族大学学报（自然科学版），2000（1）：28-31.

[79] Veeramasuneni S, Capacasa K. Method of making water-resistant gypsum-based article：US, US7892472 [P]．2011.

[80] Greve D R, O'Neill E D. Water-resistant gypsum products：US, US3935021 [P]．1976.

[81] 隋肃，李建权，关瑞芳，等．石膏制品的耐水性能研究 [J]．建筑材料学报，2005，8（3）：328-331.

[82] 张国辉，关瑞芳，李建权，等．复合型石膏防水剂的研制 [J]．济南大学学报（自然科学版），2006，20（2）：116-120.

[83] 潘红，李国忠，王英姿．PPF 增强脱硫石膏砌块力学性能与耐水性能研究 [J]．墙材革新与建筑节能，2013（4）：29-32.

[84] Wang X, Liu Q, Reed P, et al. Siloxane polymerization in wallboard：US, US 7815730 B2 [P]．2010.

[85] 曹青，张铭，徐迅．有机硅 BS94 对建筑石膏防水性能的影响 [J]．新型建筑材料，2010，37（4）：78-80.

[86] 王东，刘凯．有机硅憎水剂对不同石膏性能的影响 [J]．四川建材，2013，39（1）：14-16.

[87] 冯启彪，任增茂，田斌守，等．石膏-水泥-粉煤灰系复合胶凝材料的研究［J］．新型建筑材料，2009，36（6）：14-16.

[88] 姜洪义，袁润章．石膏基新型胶凝材料高强耐水机理的探讨［J］．武汉理工大学学报，2000，22（1）：22-24.

[89] 张志国，高玲艳，杨伶凤，等．脱硫石膏制耐水石膏砌块的研究［J］．粉煤灰综合利用，2009（2）：27-30.

[90] 闫亚楠．磷石膏制高性能石膏粉及耐水石膏砌块研究［J］．砖瓦世界，2010（10）：22-22.

[91] Hansen W C. Setting and hardening of gypsum plaster［J］. Mater Res Stand，1963：359-363.

[92] 彭家惠，张建新，陈明凤，等．大分子缓凝剂对建筑石膏水化进程的影响及缓凝机理［J］．硅酸盐学报，2008，36（7）：896-900.

[93] 黄滔，彭小芹，王淑萍，等．蛋白类缓凝剂对建筑石膏的适应性［J］．建筑材料学报，2018.21（4）：608-613.

[94] 宁永成．有机波谱学波谱解析［M］．北京：科学出版社，2014.

[95] 蔡群，何英，黄兆龙，等．明胶与钙镁离子的配位作用［J］．红河学院学报，2005，（3）：10-12.

[96] 石燕，刘凡，葛辉，等．微胶囊形成过程中蛋白质二级结构变化的红外光谱分析［J］．光谱学与光谱分析，2012，（32）：1815-1819.

[97] 曹栋，史苏佳，张永刚，等．酰胺 I 带和酰胺 III 带测定花生磷脂酶 D 的 $\alpha$-螺旋和 $\beta$-折叠含量［J］．化学通报，2008，（11）：877-880.

[98] 汪少芸．蛋白质纯化与分析技术［M］．北京：中国轻工业出版社，2014.

[99] 朱淮武．有机分子结构波谱解析［M］．北京：化学工业出版社，2012.

[100] 彭家惠，张建新，瞿金东，等．三聚磷酸钠对建筑石膏水化进程的影响及缓凝机理研究［J］．硅酸盐通报，2007（26）：1053-1057.

[101] 彭家惠，陈明凤，瞿金东，等．柠檬酸对建筑石膏水化的影响及其机理研究［J］．建筑材料学报，2005（8）：94-99.

[102] 彭家惠，白冷，瞿金东，等．柠檬酸对建筑石膏缓凝作用影响因素的研究［J］．重庆建筑大学学报，2007（29）：110-112.

[103] 李玉书，叶立媛．聚乙烯醇添加物对石膏胶凝材料性能的影响［J］．湖南大学学报：自然科学版，1994，21（6）：124-127.

[104] 王静，桑晓明．不同添加剂对石膏模型性能的影响［J］．华北理工大学学报（自然科学版），2001，23（s1）：42-46.

[105] 柳华实，葛曷一，王冬至，等．玻璃纤维表面处理对玻璃纤维/石膏复合材料力学性能的影响［J］．居业，2004，25（5）：34-36.

[106] 曹杨，李国忠，李建权，等．玻璃纤维/石膏复合材料的耐水性能研究［J］．武汉理工大学学报，2007，29（7）：42-46.

[107] 刘开平，蒋星月，温久然，等．磷酸对石膏制品耐水性能的影响研究［J］．非金属矿，2015（6）：19-22.

[108] 阮长城，黄绪泉，刘立明，等．石膏防水性能研究现状和进展［J］．化学与生物工

程，2014，31（2）：14-18.

[109] 毋博，赵志曼，田睿，等．改性磷建筑石膏防水性能研究［J］．非金属矿，2018，41（5）：34-37.

[110] 耿飞．耐水型石膏复合胶凝材料研究［D］．长安大学，2015.

[111] Chuanbei Liu, Jianming Gao, Yongbo Tang, et al. Early hydration and microstructure of gypsum plaster revealed by environment scanning electron microscope［J］. Materials Letters, 234 (2019)：49-52.

[112] 李艳超．聚乙烯醇与无机材料对脱硫建筑石膏改性研究［D］．河北农业大学，2013.

[113] 黄洪财，马保国，邢伟宏，等．不同类型减水剂对建筑石膏性能影响的研究［J］．新型建筑材料，2008，35（2）：1-4.

[114] 马金波，谢刚，余强，等．减水剂对磷建筑石膏砌块的物理性能影响［J］．硅酸盐通报，2016，35（1）：92-96.

[115] Yuyan Huang, Chao Xu, Haoxin Li, et al. Utilization of the black tea powder as multifunctional admixture for the hemihydrate gypsum［J］, Journal of Cleaner Production (2018)，doi：10. 1016/j. jclepro. 2018. 10. 304.

[116] 姜洪义，磷石膏颗粒级配、杂质分布对其性能影响的研究［D］．武汉理工大学．

[117] 陈红霞，冯菊莲，王霞，等．粉磨对脱硫石膏性能的影响、北新集团建材股份有限公司技术中心，北京 100096

[118] 刘姚君，汪澜，周宗辉．氯离子对脱硫石膏的性能影响研究、济南大学、山东省建筑材料制备与测试技术重点实验室，山东济南 250022：

[119] 杨波．湿法烟气脱硫石膏制备建筑石膏影响因素探讨．上海市建筑科学研究院（集团）有限公司，上海 200032

[120] 王宏霞，张文生，张建波．杂质对烟气脱硫石膏热脱水性能的影响．（中国建筑材料科学研究总院绿色建筑材料国家重点实验室，北京 100024）

[121] 李美，彭家惠，张欢，等．共晶磷对石膏性能的影响及其作用机理．（重庆大学材料科学与工程学院，重庆 400045）

[122] 李连进．包装机械选型设计手册［M］．北京：化学工业出版社，2013.

[123] 刘广文．干燥设备设计手册［M］．北京：机械工业出版社，2009.

[124] 刘广文．干燥设备选型及采购指南［M］．北京：中国石化出版社，2004.

[125] 曹恒武，田振山．干燥技术及其工业应用［M］．北京：中国石化出版社，2004.

[126] 岳永飞，孙中心，刘永忠．蒸汽管回转干燥机传热系数研究［J］．石油化工设备，2008，37（3）：8-12.

[127] 邢召良，王宏耀，陈洪军，等．蒸汽回转石膏煅烧机的应用［J］．新型建筑材料，2007（2）：15-18.

[128] 任有欢，张羽飞，刘永肖，等．以饱和蒸汽为热源煅烧脱硫石膏的工艺技术及应用［J］．全国工业副产石膏综合利用技术协作网年会．

[129] 贺华波，李红林，刘军，等．新型间接式干燥机的开发研究［J］．机械，2004（1）：44-46.

[130] 周惠群．水泥煅烧技术及设备：回转窑篇［M］．武汉理工大学出版社，2006.

[131] 吕新宇，王猛，杨欢，等．间接换热式列管回转干燥机传热系数的研究［J］．常州

大学报（自然科学版），2010，22（2）38-41.

[132] 陈全德．新型干法水泥技术原理与应用［M］．北京：中国建材工业出版社，2004.

[133] 法国石膏工业协会．石膏［M］．杨得山译．北京：中国建筑工业出版社，1987.

[134] 金国淼．干燥设备［M］．北京：化学工业出版社，2002.

[135] 张铖．新型带式输送机设计手册［M］．北京：冶金工业出版社，2001.

[136] 杨伦，谢一华．气力输送工程［M］．北京：机械工业出版社，2006.

[137] 闫友静，张贺，于世峰．脱硫石膏煅烧工艺及煅烧设备浅析［J］．新型建筑材料，2018（2）：100-102.

[138] 李玉山．石膏粉煅烧技术与节能工艺设计探索［J］．非金属矿，1999（3）：23-25.

[139] Ralph Lewis，蒋延华．新的改进石膏煅烧方法［J］．建筑人造板，1998（3）：34-38.

[140] 李启云．热工基础及设备［M］．北京：中国建筑工业出版社，1981.

[141] 韩泰伦．最新石膏生产工艺技术管理及防污染措施操作实务全书［M］．长春：吉林电子出版社，2004.

[142] 刘淑红．煅烧时间和煅烧温度对建筑石膏三相的影响［J］．四川建材，2014，04（5）：34-37.

[143] ［苏］A.B. 伏尔任斯基，A.B. 弗朗斯卡娅．石膏胶结料和制品［M］．吕昌高，译．北京：中国建筑工业出版社，1980.

[144] 曾庆杰，戴海霞．建筑石膏的特性及应用探讨［J］．河南建材，2014（05）：94-95.

[145] 李美，彭家惠，张建新，等．磷建筑石膏的特性及其改性［J］．硅酸盐通报，2012，31（03）：553-558.

[146] 续荣贵，汪永和，冯春花．脱硫石膏用作建筑石膏的处理工艺研究［J］．江苏建筑，2013（03）：102-105.

[147] 叶蓓红，谈晓青．适用于制备粉体石膏建材的脱硫建筑石膏［J］．粉煤灰，2011，23（01）：29-32＋43

[148] 赵俊梅，张金山，李侠．无机掺合料改善脱硫建筑石膏耐水性试验研究［J］．山西建筑，2012，38（20）：105-106.

[149] 胶凝物质工艺学、［苏］布特、奥克写柯夫著、南京工学院化工系水泥工学教研组译、建筑工业出版社。

[150] 刘淑红．煅烧时间和煅烧温度对建筑石膏三相的影响［J］．四川建材，2014，04（5）：34-37.

[151] 马咸尧，李健萍．半水石膏粉细度对制品强度的影响［J］．非金属矿，1994（5）：34-35.

[152] 刘禧龄．相关使用条件对熟石膏粉物理性能的影响［J］．陶瓷，1993（4）：52-55.

[153] 布德尼柯夫．石膏的研究与应用［M］．北京：中国工业出版社，1963.

[154] 王祁青．石膏基建材与应用［M］．北京：化学工业出版社，2009.

[155] 全国轻质与装饰装修建筑材料标准化技术委员会．GB/T 9775—2008 纸面石膏板［S］．北京：中国标准出版社，2009.

[156] 全国人造板标准化技术委员会．LY/T 1598—2011 石膏刨花板［S］．北京：中国标准出版社，2011.

［157］全国轻质与装饰装修建筑材料标准化技术委员会．JC/T 698—2010 石膏砌块［S］．北京：中国建材工业出版社，2011．

［158］全国轻质与装饰装修建筑材料标准化技术委员会．JC/T 829—2010 石膏空心条板［S］．北京：中国建材工业出版社，2011．

［159］全国轻质与装饰装修建筑材料标准化技术委员会．GB/T 28627—2012 抹灰石膏［S］．北京：中国标准出版社，2013．

［160］全国轻质与装饰装修建筑材料标准化技术委员会．JC/T 1023—2007 石膏自流平砂浆［S］．北京：中国建材工业出版社，2007．

［161］全国轻质与装饰装修建筑材料标准化技术委员会．JC/T 1025—2007 粘结石膏［S］．北京：中国建材工业出版社，2007．

［162］全国轻质与装饰装修建筑材料标准化技术委员会．JC/T 2075—2011 嵌缝石膏［S］．北京：中国建材工业出版社，2012．

［163］全国轻质与装饰装修建筑材料标准化技术委员会．JC/T 800—2007 嵌装式装饰石膏板［S］．北京：中国建材工业出版社，2008．

［164］全国轻质与装饰装修建筑材料标准化技术委员会．JC/T 799—2016 装饰石膏板［S］．北京：中国建材工业出版社，2017．